中国轻工业“十四五”规划教材
高等学校粮食工程专业教材

通风除尘与气力输送

（第二版）

吴建章　主编

Ventilation Dust Removing and Pneumatic Conveying (Second Edition)

中国轻工业出版社

图书在版编目（CIP）数据

通风除尘与气力输送 / 吴建章主编. -- 2 版.
北京：中国轻工业出版社，2025. 5. -- ISBN 978-7-5184-4752-7

Ⅰ. TU834. 6；TH232

中国国家版本馆 CIP 数据核字第 2024TC4886 号

责任编辑：巩孟悦
策划编辑：马　妍　　责任终审：李建华　　封面设计：锋尚设计
版式设计：致诚图文　　责任校对：刘小透　晋　洁　　责任监印：张　可

出版发行：中国轻工业出版社（北京鲁谷东街 5 号，邮编：100040）
印　　刷：河北鑫兆源印刷有限公司
经　　销：各地新华书店
版　　次：2025 年 5 月第 2 版第 1 次印刷
开　　本：787×1092　1/16　印张：23.75
字　　数：599 千字
书　　号：ISBN 978-7-5184-4752-7　定价：58.00 元
邮购电话：010-85119873
发行电话：010-85119832　010-85119912
网　　址：http://www.chlip.com.cn
Email：club@chlip.com.cn

211400J1X201ZBW

第二版前言 Preface

通风除尘与气力输送已经成为粮食加工、储运、港口装卸等生产过程不可缺少的部分，在改善生产环境条件和卫生、减少污染、防止粉尘爆炸等方面起着越来越重要的作用。本领域无论在工程应用上，还是科学研究中，新的研究方法、研究成果和应用以及新的国家标准、规范等不断涌现，因此，很有必要对第一版内容进行修订。

本书在第一版的基础上进行了较大幅度的修订、完善和优化，删除落后的、基本淘汰的内容，增加新兴的、实用的知识点，紧跟行业和学科发展。如第一章空气流动的流体力学原理，增加了空气流动数值模拟基础一节，也对部分内容、章节进行了调整；第二章粉尘控制基础知识，更新了国家标准，也增加了粉尘防爆等内容；第三章离心式通风机，将上一版第五章中的风机噪声一节调至本章；第四章、第五章也都进行了修订；第六章增加了气固两相流数值模拟等内容。

本书的编写力求内容简洁、系统和全面，叙述简明、扼要，突出原理分析，计算数据可靠，并配有例题和详尽的计算资料。

本书适用于高等学校粮食工程专业、食品科学与工程专业以及相关专业方向如粮食机械方向、散料加工与储运方向等学生的学习，也可供相关专业工程技术人员参考。

本书由河南工业大学粮油食品学院吴建章副教授任主编、山东建筑大学杨开敏副教授任副主编。具体编写分工如下：中南林业大学吴跃编写第一章第一节至第五节，山东建筑大学杨开敏编写第一章第六节、第六章第七节，河南工业大学吴建章编写第二章、第四章、第五章、第六章第一节至第六节、第七章、附录部分以及全书插图的重新绘制和整修等，吉林工商学院王鸿编写第三章。

本书编写过程中，得到了多位专家、教授的支持和帮助，河南工业大学及粮油食品学院的有关领导也为本书的编写给予了大力支持，在此一并致谢。另外，在编写过程中，编者参阅了大量文献资料，在此，也向这些文献的作者们表示感谢！

由于编者水平有限，书中难免有疏漏和不足之处，恳请广大读者批评指正。

编　者

2025 年 1 月

目录 | Contents

第一章

CHAPTER 1

空气流动的流体力学原理

学习目标

1. 掌握空气的性质。
2. 掌握空气流动的运动方程和能量方程。
3. 掌握空气的流动阻力和能量损失计算。
4. 掌握空气流动的基本参数测定方法。
5. 了解空气流动的数值模拟。

通风除尘与气力输送均是以空气作为工作介质，通过组织空气的流动将粉尘或散状物料输送到指定地点。由于通风除尘与气力输送是借助空气的运动来实现的，因此，掌握必要的流体力学基本原理，是掌握通风除尘与气力输送原理和设计、计算通风除尘与气力输送系统的基础。

什么是流体呢？简单说，流体是气体和液体的统称，是对能流动的物质的一种描述。从力学特征上，流体是一种受到任何微小剪切力作用都能连续变形的物质。同为流体的气体和液体也是有区别的，气体没有一定的体积，不存在自由表面，具有显著的压缩性和膨胀性；而液体具有一定的体积，有自由表面，一般情况下不具有压缩性和膨胀性。但是，当气体的流速较低时，可以忽略其压缩性和膨胀性，这时气体和液体具有不可压缩的共同特性。

本章主要学习通风除尘与气力输送中有关空气流动的流体力学基础知识，包括空气的性质，空气管流连续方程、能量方程和动量方程，空气流动阻力和能量损失计算以及空气流动的基本参数测试技术，空气流动数值模拟基础知识等。

第一节　空气的性质

一、空气的组成

空气是由多种成分组成的混合气体，主要由干洁空气、水蒸气（水汽）和悬浮微粒组成。干洁空气是空气最主要的成分，由氮、氧、氩、二氧化碳、氖和其他一些微量气体组成，其组成成分比较稳定。水蒸气占比较小，平均不到0.5%，而且随着时间、地点和气象条件等不同而有较大变化，其变化范围可达0.01%～4%，空气中水蒸气含量的变化对空气的物理性质和状态的影响非常显著。空气中的悬浮微粒主要指自然因素变化而排放到空气中的各种固体、液体微粒。

干洁空气、水汽和悬浮微粒为空气的自然组成成分，又称为空气的本底物质。本底的某个组分在含量上有显著变化时或空气中本来不存在的物质在空气中大量出现时，即意味着空气受到了污染（一般水汽含量的变化除外）。

二、空气的基本物理量

体积、压强和温度是描述空气状态的三个常见物理量，是理想气体状态方程的重要参数。对一定质量的气体来说，如果体积、压强和温度这三个量都不改变，则认为该气体处于一定的状态中。如果这三个物理量同时发生变化或者其中有两个发生变化，则认为该气体状态发生改变。值得注意的是，不会出现仅改变一个量的情况。除此之外，湿度也是描述空气状态的基本物理量。

（一）密度和重度

1. 密度

单位体积空气具有的质量称为空气的密度。用符号“ρ”表示，单位为 kg/m^3。其表征空气在空间的密集程度。如空气的密度：$\rho_a=1.2kg/m^3$。

2. 重度

单位体积空气具有的重量称为空气的重度。用符号“γ”表示，单位为 N/m^3。如空气的重度：$\gamma_a=11.77N/m^3$。重度与密度之间的关系：

$$\gamma=\rho g \tag{1-1}$$

式中 g——重力加速度，m/s^2，一般取 $g=9.81m/s^2$。

（二）空气的压强

空气的压强是由于空气分子不停地做无规则的热运动、分子间不断地相互碰撞形成的对管道的撞击力。对管壁而言，作用在管壁上压力的大小取决于单位时间内受到分子撞击的次数以及每次撞击力量的大小。单位时间撞击次数越多，每次撞击的力量越大，作用于管壁的压力也越大。空气的压强可以用式（1-2）表示：

$$p=\frac{2}{3}n\left(\frac{1}{2}mv^2\right) \tag{1-2}$$

式中 p——压强，N/m^2 或 Pa；

n——单位体积内空气分子数；

$\frac{1}{2}mv^2$——分子平移运动的平均动能。

根据度量基准不同，压强可以区分为绝对压强和相对压强两种。

1. 绝对压强

绝对压强是指以绝对真空（$p=0$）为基准度量的压强，用 p_s 表示，其值 $p_s\geq0$。

2. 相对压强

相对压强是指以当地大气压（p_0）为基准度量的压强，用 p 表示。压强可以用压力表测量，压力表直接读出的压强数值通常为相对压强，也称为表压。相对压强可能为正，可能为负，也可能为零。负的相对压强绝对值称为真空度，相对压强计算如式（1-3）所示：

$$p = p_s - p_0 \tag{1-3}$$

绝对压强、相对压强和大气压的关系，如图 1-1 所示。

常用的压强单位有三种：

（1）单位面积上的力　在国际单位制中，以牛顿（N）为力的单位，平方米（m^2）作为面积的单位，于是压强的单位是 N/m^2，此即压强的国际单位，简称帕，用 Pa 表示，即 $1N/m^2 = 1Pa$。在实际工程上，常以千克（kg）为力的单位，于是压强的单位是 kg/m^2，此即压强的工程单位。压强的国际单位和工程单位之间的换算关系为：$1kg/m^2 = 9.8Pa$。

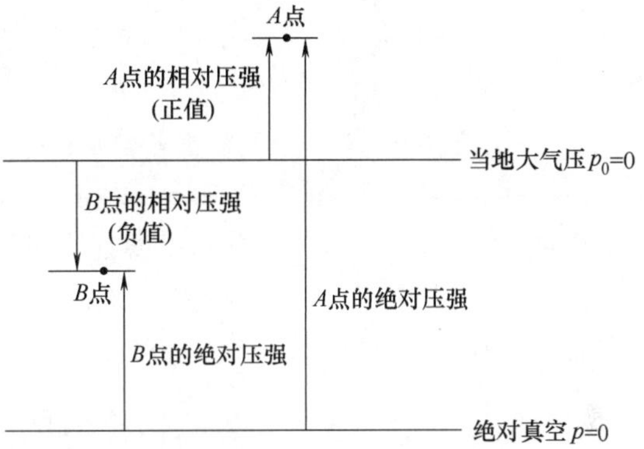

图 1-1　绝对压强、相对压强和大气压的关系

（2）液柱高度　在测定管道中空气的压强时，常采用装有水或水银的 U 型压力计为测量仪器，液柱高度可反映出压强的大小。

（3）大气压　国际上把海拔高度为 0、空气温度为 0℃、纬度为 45°时测得的大气压强称为 1 个物理大气压，它等于 $10336kg/m^2$。工程上为简化起见，取 $10000kg/m^2$ 为一个工程大气压。

各压强单位之间换算关系：

$$1\text{ 物理大气压} = 10336kg/m^2 = 10336mmH_2O = 760mmHg$$

$$1\text{ 工程大气压} = 10000kg/m^2 = 10000mmH_2O = 736mmHg$$

$$1MPa = 10^6Pa$$

$$1Torr = 1mmHg = 133.322Pa$$

（三）温度

温度是表示物体冷热程度的物理量，根据分子运动论，温度是大量分子运动之动能的结果。空气温度的高低表明了空气分子热运动速度的大小。

在工程上，温度有摄氏温标和绝对温标两种表示方法。使用摄氏温标表示的温度即摄氏温度，单位为℃，常用小写字母 t 表示。绝对温标为热力学温度单位，它把分子运动速度为 0 时的温度定义为 0K，K 是热力学温度的单位，常用大写字母 T 表示。

热力学温度（T）和摄氏温度（t）之间的关系为：

$$T = 273 + t \tag{1-4}$$

（四）湿度

空气中水蒸气的含量称为空气的湿度。

1. 绝对湿度

单位体积空气中所含水汽的质量称为空气的绝对湿度，其单位与密度单位相同。

在一定的温度和压力下，单位体积空气能容纳的水蒸气量是有极限的，超过这一极限值，多余的水蒸气就会凝结出来，这种含有极限值水蒸气的空气称为饱和空气，其所含的水蒸气量称为饱和湿度。

2. 相对湿度

单位体积空气中实际含有的水蒸气量与相同温度下的饱和水蒸气含量之比称为空气的相对湿度，有时也称为饱和度，用符号 φ 表示：

$$\varphi=\frac{d}{d_H}\times100\% \tag{1-5}$$

式中 φ——相对湿度，%；

d——某温度下，$1m^3$ 空气的水分含量，kg/m^3；

d_H——同温同压下，饱和状态时 $1m^3$ 空气的水分含量，kg/m^3。

水分向空气中蒸发的快慢和相对湿度直接相关。φ 值小，表示空气干燥，吸收水分能力强；φ 值大，则空气潮湿，吸收水分能力弱。空气的相对湿度一般在 30%～80%。当相对湿度的数值高于 80%时为高湿度空气，低于 30%时为异常干燥状态。

三、空气的流动性

流动性是流体与固体间最本质的区别。固体没有流动性，在剪切力的作用下可以保持平衡状态，而流体无论是处于静止还是运动状态，几乎都不能承受拉力。因此，流体具有抵抗压缩变形的能力，而没有抵抗拉伸变形的能力。

空气有从压力高的地方向压力低的地方流动的性质。空气不流动时在相互连通的空间内各处的压力是相同的，但当空气流动时，其压力会发生变化。

四、空气的压缩性和膨胀性

空气在一定的温度下受到压力作用体积缩小、密度增大的特性称为空气的压缩性；在压强一定时，空气因温度增加而体积增大、密度减小的特性称为空气的膨胀性。压缩性和膨胀性也称为空气的弹性。

空气在压缩或膨胀的过程中，遵循理想气体状态方程，即：

$$p=\rho RT \tag{1-6}$$

式中 p——空气的绝对压强，Pa；

ρ——空气的密度，kg/m^3；

R——气体常数，对于空气，$R=287N\cdot m/(kg\cdot K)$；

T——热力学温度。

由式（1-6）可得到空气密度和重度的计算式：

$$\rho=\frac{p}{RT} \tag{1-7}$$

$$\gamma=\frac{p}{RT}g \tag{1-8}$$

由式（1-7）和式（1-8）可知，影响空气的密度或重度大小的因素为空气的压强 p 和温度 T。

根据空气的密度或重度是否随压强或温度等因素的变化而变化，空气可划分为可压缩空气和不可压缩空气两种模型。

当空气的重度 $\gamma_a \neq$ 常数时，空气为可压缩气体，具有压缩性和膨胀性。

当空气的重度 $\gamma_a =$ 常数时，空气为不可压缩气体，不具有压缩性和膨胀性。

可压缩气体和不可压缩气体都是相对而言的，实际工程中是否考虑压缩性，要视具体情况而定。在通风工程中，如果气流的温度和压强的变化在整个流动过程中变化不大，或当气流的速度比这种气体在当时温度下的音速小得多时，所引起的重度变化可忽略不计，此时可以将气体看作不可压缩气体进行计算。对于一般的通风除尘与气力输送风网，空气的流动均可认为是不可压缩气体流动；而对于高真空气力输送、正压气力输送风网，空气多看作可压缩气体。

在通风工程上，将温度为 20℃、绝对压强为 760mmHg、相对湿度为 50% 的空气称为通风工程上的标准空气。通风工程上的标准空气重度 $\gamma_a = 11.77\text{N/m}^3$、密度 $\rho_a = 1.2\text{kg/m}^3$。

[例 1-1] 通风管道某断面上空气的压强为-100mmHg，空气的温度为 20℃，当地大气压为 760mmHg。求该断面空气的重度。

解：相对压强=绝对压强-大气压

-100mmHg 为相对压强，绝对压强为（760-100）mmHg

$$\gamma = \frac{p}{RT}g = \frac{(760-100)\times 13.6\times 9.81}{287\times(273+20)}\times 9.81 = 10.27\ (\text{N/m}^3)$$

五、空气的黏滞性

在管道两断面间存在压强差或者位置高度差时，流体就会在管道中流动。流体流动时，在流体内部质点间会产生内摩擦力来阻止流体的相对运动，这种性质称为黏滞性，或黏性。从力学角度看，空气的黏滞性是气体抵抗剪切变形的特性；从分子运动论看，空气的黏滞性是由于空气分子间的吸引力以及空气分子因不规则热运动碰撞之后的动量交换所引起的。

空气在管道中以一定的速度流动时，紧贴管道内壁的空气质点黏附在内壁上，流速为零；而位于管道轴心线上的空气质点，距内壁最远，受内壁的影响最小，因而流速最大。即从管道内壁到管道轴心线，空气质点的速度逐渐增大。空气质点这样的速度分布，即黏滞性的影响，如图 1-2 所示为空气在管道中流动的速度分布特点。

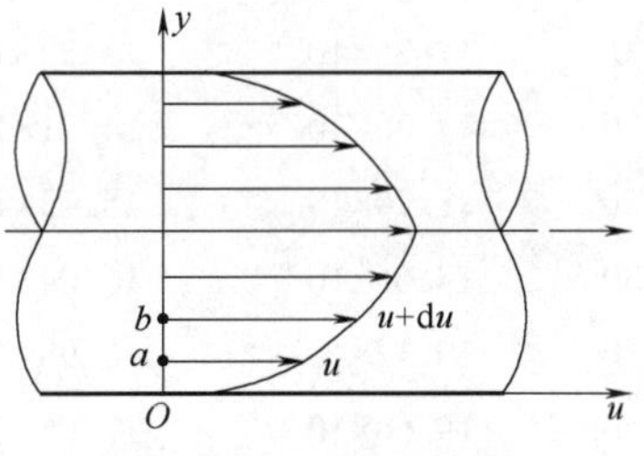

图 1-2 空气在管道中流动的速度分布特点

因为各流层的速度不同，因而流层之间存在相对运动，速度快的层会对速度慢的层产生一个拖动力使其加速，而速度慢的层会对速度快的层产生一个阻止其向前运动的阻力，拖动力和阻力是一对大小相等、方向相反的力，分别作用在两个紧挨着但速度不同的流层上，这就是黏滞性的表现，称为内摩擦力或黏滞力。在垂直流动方向上，设有厚度为 dy（m），速度为 u（m/s），速度增量为 du（m/s）的分层，在流动方向上的速度梯度为 du/dy（1/s），根据牛顿内摩擦定律，流体发生相对运动时流体内部质点间产生的内摩擦力大小为：

$$f = \mu A\frac{du}{dy} \tag{1-9}$$

式中 f——内摩擦力，N；

μ——流体的动力黏性系数，Pa·s；

A——流层之间接触面面积，m^2；

$\frac{du}{dy}$——速度梯度，1/s。表示某管道断面上，质点速度沿垂直于速度方向 y 上的变化率。

由式（1-9）可知，气体内摩擦力的大小与气体的性质有关，与质点间的速度梯度成正比，与气体层的接触面积成正比。当质点间的速度梯度为零，即气体处于静止或相对静止状态时，内摩擦力为零，表明静止气体没有黏滞性，称为理想气体，否则称为实际气体。

因为黏性系数 μ 具有力学量纲，故称为动力黏性系数，也称为气体黏度。μ 值越大，空气的黏性越高。

在工程计算中，经常出现动力黏性系数 μ 与气体密度 ρ 的比值，将其称为气体的运动黏性系数，即：

$$\nu=\frac{\mu}{\rho} \tag{1-10}$$

式中　ν——气体的运动黏性系数，m^2/s；

ρ——气体的密度，kg/m^3。

通风工程上的标准空气，其动力黏性系数 $\mu=18.20\times10^{-6}$Pa·s，运动黏性系数 $\nu=15.12\times10^{-6}m^2/s$。

黏滞性对气体的运动影响很大，是空气流动产生阻力的根本原因，气体的黏滞性越大，气体流动时需要克服的内摩擦力就越大，导致机械能量损失越大，因此，在实际工程中必须考虑黏滞性的影响。

实际空气不同温度时的黏性系数和密度见表 1-1。

表 1-1　　实际空气不同温度时的黏性系数和密度

温度/℃	动力黏性系数/（Pa·s）	运动黏性系数/（m^2/s）	密度/（kg/m^3）		
			相对湿度 50%	相对湿度 75%	相对湿度 100%
-10	16.63×10^{-6}	12.43×10^{-6}	1.341	1.341	1.341
0	17.25×10^{-6}	13.33×10^{-6}	1.292	1.291	1.290
10	17.70×10^{-6}	14.21×10^{-6}	1.244	1.243	1.241
20	18.20×10^{-6}	15.12×10^{-6}	1.200	1.197	1.195
30	18.65×10^{-6}	16.04×10^{-6}	1.156	1.151	1.147
40	19.12×10^{-6}	16.98×10^{-6}	1.112	1.105	1.097
50	19.60×10^{-6}	17.95×10^{-6}	1.067	1.054	1.042

第二节　空气管流连续方程

一、空气的流动

力是改变物体运动状态的原因，由于压强的不平衡因而引起了空气的流动。根据空气流动边界的特点，将空气流动分为管流、射流和汇流三种。

1. 管流

空气在管道中的流动，简称管流。通风除尘、气力输送系统组织的空气流动主要是在管道中完成的，因而掌握管道中空气的流动及其运动规律极为重要。

2. 射流

空气以一定的速度从管道端头、容器或管道上的条缝、孔口等处流出，在空气中沿气流运动方向形成一股气流，这股气流称为通风射流。射流周围没有固体边壁，四周受到大气压的作用。

射流是一种常见的流动现象，与管流不同，射流流动中的剪切作用并不是由壁面形成的，而是由各层流体的速度差形成的。

射流的特点是中央有一股气流的速度高于四周流体的速度，典型的射流为流体流入无限大静止环境的流动。

3. 汇流

空气由管流进口吸入时，进风口附近的空气流向进风口形成汇流。

二、描述流体运动的方法

根据描述流体运动是着眼于流体质点的运动，还是着眼于流场空间点上流动参数的变化，将描述流体运动的方法分为拉格朗日法和欧拉法。

（一）拉格朗日法

拉格朗日法以流场中单个流体质点作为研究对象，跟踪每个流体质点运动的全过程，记录该质点在运动过程中各物理量及其变化规律；再综合流场中所有流体质点的运动，得到整个流场流体的运动规律。

某流体质点（a_1，b_1，c_1）在空间运动时，它在直角坐标系中的位置将是时间 t 的函数：

$$\left.\begin{aligned} x&=x(a_1,b_1,c_1,t)\\ y&=y(a_1,b_1,c_1,t)\\ z&=z(a_1,b_1,c_1,t)\end{aligned}\right\} \tag{1-11}$$

式中，a_1、b_1、c_1 是与流体质点初始位置相关的常数，代表质点在 $t=t_0$ 时刻所处的空间位置。当研究所有流体质点在空间的运动时，由于各个质点在 $t=t_0$ 时刻的坐标（a，b，c）不一样，各个质点在任意时刻的空间位置将是 a、b、c、t 这四个参数的函数：

$$\left.\begin{aligned} x&=x(a,b,c,t)\\ y&=y(a,b,c,t)\\ z&=z(a,b,c,t)\end{aligned}\right\} \tag{1-12}$$

当 a、b、c 固定时，式（1-12）代表某个确定流体质点的运动轨迹；当 t 固定时，式（1-12）代表 t 时刻流体各质点所处的空间位置，所以式（1-12）可以描述所有质点的运动。这里用来识别和区分不同流体质点的参数 a、b、c 都应看作自变量，它们与时间 t 一起称为拉格朗日变量。显然，在 $t=t_0$ 时刻，各质点的坐标等于 a、b、c，即：

$$\left.\begin{aligned} x_0&=x(a,b,c,t_0)=a\\ y_0&=y(a,b,c,t_0)=b\\ z_0&=z(a,b,c,t_0)=c\end{aligned}\right\} \tag{1-13}$$

同理，其他物理量也应该是 t 及 a、b、c 的函数。描述流体运动的拉格朗日法以一组数（a，b，c）作为标记，这组数称为拉格朗日坐标或随体坐标。流体质点不管什么时候运动、运动到哪儿，其拉格朗日坐标不变。换言之，拉格朗日法着眼于流体质点，将流体质点的运动表示为拉格朗日坐标和时间的函数。

某流体质点在 Δt 时间间隔内由 A 点移动到 B 点，根据速度的定义，该流体质点的运动速度可表示为：

$$V=\lim_{\Delta t\to 0}\frac{r(t+\Delta t)-r(t)}{\Delta t}=\lim_{\Delta t\to 0}\frac{\Delta r}{\Delta t} \tag{1-14}$$

式中，$r=r(a, b, c, t)$ 代表该质点空间位置的矢径。对于某一确定的流体质点，a、b、c 为一组确定常数。由式（1-14）可得：

$$V=\frac{\mathrm{d}r}{\mathrm{d}t} \tag{1-15}$$

当研究对象是所有流体质点时，（a，b，c）也是自变量。对于任意流体质点，其速度应表示为如下偏导数的形式：

$$V=\frac{\partial r}{\partial t} \tag{1-16}$$

式（1-16）为拉格朗日法中速度的表示形式。若把速度 V 在笛卡尔直角坐标系中写成分量的形式，可有 $V=u\mathrm{e}_x+v\mathrm{e}_y+w\mathrm{e}_z$，其中各个分量的表达式为：

$$u=\frac{\partial x}{\partial t},\ v=\frac{\partial y}{\partial t},\ w=\frac{\partial z}{\partial t} \tag{1-17}$$

同理，流体质点的加速度为：

$$a=\frac{\partial^2 r}{\partial t^2} \tag{1-18}$$

在笛卡尔直角坐标系中的分量形式为：

$$a_x=\frac{\partial^2 x}{\partial t^2},a_y=\frac{\partial^2 y}{\partial t^2},\ a_z=\frac{\partial^2 z}{\partial t^2} \tag{1-19}$$

类似地，流体的密度、压强和温度等物理量也可以表示为 a、b、c、t 四个参数的函数：

$$\rho=\rho(a,b,c,t) \tag{1-20}$$

$$p=p(a,b,c,t) \tag{1-21}$$

$$T=T(a,b,c,t) \tag{1-22}$$

（二）欧拉法

与拉格朗日法不同的是，欧拉法以充满运动流体质点的空间——流场，作为研究对象。欧拉法不直接追究单个质点的运动过程，而是固守于流场各空间点，通过观察流动空间中每一个空间点上运动要素随时间的变化规律，把足够多的空间点综合起来而得出整个流场流体的运动情况。

在流场中任取固定空间，同一时刻该空间各点流体的速度有可能不同，即速度 u 是空间坐标（x，y，z）的函数；而对某一固定的空间点，不同时刻被不同的流体质点占据，速度也有可能不同，即速度 u 又是时间 t 的函数。综合起来，速度是空间坐标和时间的函数，即：

$$u=u(x,y,z,t) \tag{1-23}$$

或

$$u_x=u_x(x,y,z,t) \tag{1-24}$$

$$u_y=u_y(x,y,z,t) \tag{1-25}$$

$$u_z=u_z(x,y,z,t) \tag{1-26}$$

同理

$$p=p(x,y,z,t) \tag{1-27}$$

$$\rho=\rho(x,y,z,t) \tag{1-28}$$

式中，x、y、z、t 称为欧拉变量。

同样，欧拉法中某空间点的加速度是指某时刻占据该空间点的流体质点的加速度。而求该点的加速度就要追踪观察该质点沿程速度变化，此时速度 $u=u(x,\ y,\ z,\ t)$ 中的坐标 x、y、z 就不能视为常数，而是时间 t 的函数，即：

$$x=x(t),y=y(t),z=z(t) \tag{1-29}$$

则速度可表示成：

$$u=u[x(t),y(t),z(t),t] \tag{1-30}$$

因此，欧拉法中质点加速度应按复合函数求导法则导出：

$$a=\frac{\mathrm{d}u}{\mathrm{d}t}=\frac{\partial u}{\partial t}+\frac{\partial u}{\partial x}\frac{\mathrm{d}x}{\mathrm{d}t}+\frac{\partial u}{\partial y}\frac{\mathrm{d}y}{\mathrm{d}t}+\frac{\partial u}{\partial z}\frac{\mathrm{d}z}{\mathrm{d}t}=\frac{\partial u}{\partial t}+u_x\frac{\partial u}{\partial x}+u_y\frac{\partial u}{\partial y}+u_z\frac{\partial u}{\partial z} \tag{1-31}$$

其分量形式为：

$$\left.\begin{aligned}a_x=\frac{\mathrm{d}u_x}{\mathrm{d}t}=\frac{\partial u_x}{\partial t}+u_x\frac{\partial u_x}{\partial x}+u_y\frac{\partial u_x}{\partial y}+u_z\frac{\partial u_x}{\partial z}\\a_y=\frac{\mathrm{d}u_y}{\mathrm{d}t}=\frac{\partial u_y}{\partial t}+u_x\frac{\partial u_y}{\partial x}+u_y\frac{\partial u_y}{\partial y}+u_z\frac{\partial u_y}{\partial z}\\a_z=\frac{\mathrm{d}u_z}{\mathrm{d}t}=\frac{\partial u_z}{\partial t}+u_x\frac{\partial u_z}{\partial x}+u_y\frac{\partial u_z}{\partial y}+u_z\frac{\partial u_z}{\partial z}\end{aligned}\right\} \tag{1-32}$$

由式（1-32）可知，欧拉法中质点加速度由两部分组成：第一部分$\frac{\partial u}{\partial t}$表示空间某一固定点上流体质点的速度对时间的变化率，称为“时变加速度或当地加速度”，它是由流场的非恒定性引起的；第二部分 $u_x\frac{\partial u}{\partial x}+u_y\frac{\partial u}{\partial y}+u_z\frac{\partial u}{\partial z}$表示由于流体质点空间位置变化引起的速度变化率，称为“位变加速度或迁移加速度”，它是由流场的不均匀性引起的。

应用欧拉法研究流体运动时，所选取的固定空间区域称为控制体，其边界面称为控制面。控制体的形状、体积和位置根据所研究的问题任意选定，流体可不受影响地通过。取控制体对流体进行研究是流体力学中很重要的研究方法。

拉格朗日法和欧拉法研究流体运动是观察同一客观事物的不同途径，两种方法的表达式虽然不同，但可以互相转换。

（三）质点导数

流体质点的物理量随时间的变化率称为该物理量的质点导数。质点导数的概念和表达式在拉格朗日法中是很常见的。例如，任意一个流体质点（a，b，c）的速度对于时间的变化率就是这个质点的加速度：

$$\frac{\partial V(a,b,c,t)}{\partial t}=a(a,b,c,t) \tag{1-33}$$

在欧拉法中，物理量是空间坐标 q_1、q_2、q_3 及时间 t 的函数。例如，速度 $V=V(q_1,\ q_2,$

q_3）对时间的偏导数$\frac{\partial V}{\partial t}$代表的是空间固定点（$q_1$，$q_2$，$q_3$）上流体的速度随时间的变化率。很明显，这并不是某一个确定的流体质点的速度对于时间的变化率。那么在欧拉法中，应该如何表示流体质点的物理量随时间的变化率呢？这里以笛卡尔直角坐标系中速度的质点导数为例，讨论欧拉法中质点导数的计算方法。

已知欧拉法中流体运动的速度场 $V=V(x, y, z, t)$ 在 t 时刻空间点 $P(x, y, z)$ 上的流体质点速度为 $V_P=V_P(x, y, z, t)$。经过时间间隔 Δt 之后，该流体质点移动的空间位移为 $V\Delta t$，并占据了空间 $P'(x+u\Delta t, y+v\Delta t, z+w\Delta t)$ 点，如图 1-3 所示。

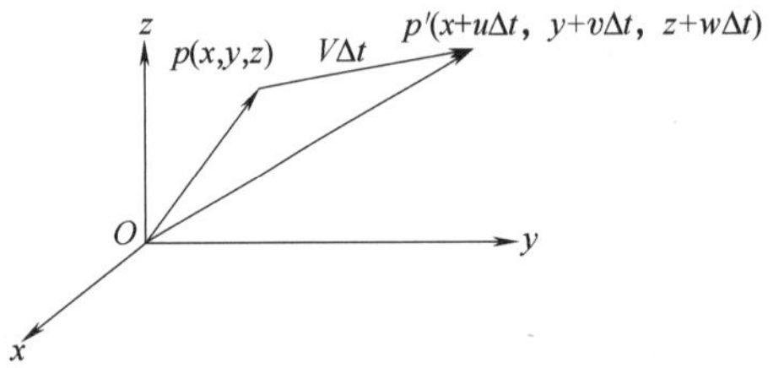

图 1-3　质点运动

在 $t+\Delta t$ 时刻，空间 P'点上流体质点的速度可表示为式（1-34）：

$$V_{P'}=V(x+u\Delta t, y+v\Delta t, z+w\Delta t, t+\Delta t) \quad (1-34)$$

经过 Δt 时间间隔后，该流体质点的速度变化量为式（1-35）：

$$\Delta V=V_{P'}-V_P=V(x+u\Delta t, y+v\Delta t, z+w\Delta t, t+\Delta t)-V(x, y, z, t) \quad (1-35)$$

将式（1-35）右端用泰勒级数进行展开，可得式（1-36）：

$$\begin{aligned}\Delta V &=\frac{\partial V}{\partial t}\Delta t+\left(u\frac{\partial V}{\partial x}+v\frac{\partial V}{\partial y}+w\frac{\partial V}{\partial z}\right)\Delta t+O(\Delta t^2)\\ &=\left(\frac{\partial V}{\partial t}+V\cdot\Delta V\right)\Delta t+O(\Delta t^2)\end{aligned} \quad (1-36)$$

根据流体质点加速度的定义，即流体质点速度 V 随时间的变化率，可得欧拉法中流体质点速度的质点导数，即加速度：

$$a=\lim_{\Delta t\to 0}\frac{\Delta V}{\Delta t}=\frac{\partial V}{\partial t}+V\cdot\Delta V \quad (1-37)$$

在本书中，采用 D/Dt 代表欧拉法中的质点导数，式（1-37）可以表示为：

$$a=\frac{\mathrm{D}V}{\mathrm{D}t}=\frac{\partial V}{\partial t}+V\cdot\nabla V \quad (1-38)$$

从式（1-38）可以看出，欧拉法中质点加速度由两部分组成，其中$\partial V/\partial t$ 称为当地加速度或局部加速度，它表示在空间固定位置上，流体速度对于时间的变化率，它由流场非定常性引起，对于稳定流动$\frac{\partial V}{\partial t}=0$；式（1-38）右端第二项 $V\cdot\nabla V$ 称为对流加速度或迁移加速度，它由流场的空间不均匀性引起。对于流场中的其他物理量也可以采用类似方法求得它们在欧拉法中的质点导数。例如，密度、压强的质点导数分别为：

$$\frac{\mathrm{D}\rho}{\mathrm{D}t}=\frac{\partial\rho}{\partial t}+V\cdot\nabla\rho \quad (1-39)$$

$$\frac{\mathrm{D}p}{\mathrm{D}t}=\frac{\partial p}{\partial t}+V\cdot\nabla p \quad (1-40)$$

进一步推广，可以得到欧拉法中任意物理量 φ 的质点导数表达式：

$$\frac{\mathrm{D}\varphi}{\mathrm{D}t}=\frac{\partial\varphi}{\partial t}+V\cdot\nabla\varphi \quad (1-41)$$

在本书中，将式（1-42）称为质点导数算子：

$$\frac{\mathrm{D}}{\mathrm{D}t}(\cdot)=\frac{\partial(\cdot)}{\partial t}+V\cdot\nabla(\cdot) \tag{1-42}$$

三、流体管流的速度分布

（一）层流和紊流

流体在管道中的流动状态存在着层流和紊流两种流型。英国物理学家雷诺在 1883 年通过实验首先发现了流体管流的这两种流型，并在实验的基础上确定了两种流型的判断方法。

雷诺从实验中得到，流动状态的转变与流速、管径大小、流体的黏滞性等因素有关。将这些因素按一定规则组成一个无量纲量，称为雷诺数。雷诺数的计算：

$$Re=\frac{VD}{\nu} \tag{1-43}$$

式中　Re——雷诺数；

D——管道直径，m；

V——平均流速，m/s；

ν——流体的运动黏性系数，m^2/s。

雷诺数的大小是判断流动类型的准则数。雷诺数 Re 是一个无量纲量，一般通风工程上取 $Re=2320$ 作为判定管道中流动状态的标准，即：

$Re<2320$，层流流型

$Re=2320$，临界状态

$Re>2320$，紊流流型

紊流是工程中最常见的流动，当流体处于紊流状态时，流体微小流束做复杂不规则运动，表征流体运动状态的物理量如速度、压强等在不断变化，因此，紊流实质上是非定常流动。虽然大部分流体流动为紊流，但层流也广泛存在于小管径、小流量、大黏度的流动场合，如机械润滑系统、地下水渗流问题等，黏性流体在圆管中的流动是最具代表性的层流流动。

（二）不同流型管流的速度分布规律

流体的流动状态不同，管流断面上质点的速度分布也不同。

层流流型时管流的速度分布如图 1-4（1）所示。空气流动在管道断面轴心线上流速最大，管道内壁处速度最小，趋于零，速度分布曲线呈抛物线形状。

紊流流型时的速度分布如图 1-4（2）所示。空气流动同样具有在管道断面轴心线上流速最大，在管道内壁处速度为零的特点，速度分布呈对数曲线形状。由于紊流时流体质点存在径向速度，因此速度分布曲线在轴心区域较层流速度分布曲线平坦。

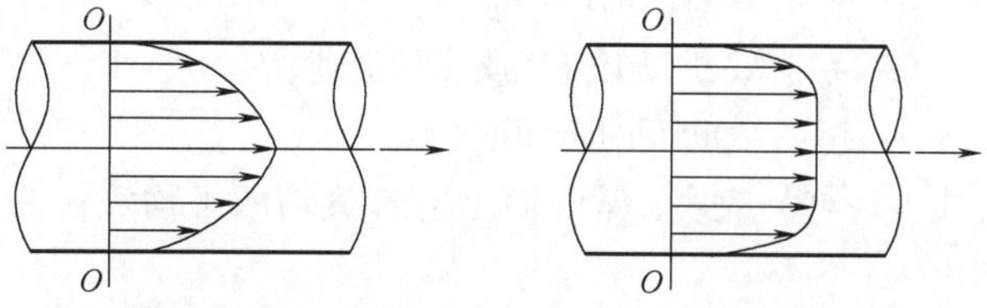

(1) 层流流型的速度分布　　(2) 紊流流型的速度分布

图 1-4　层流和紊流管流断面的速度分布

四、流量和平均流速

（一）流量

单位时间内通过某有效断面的流体量称为流量。有效断面指通风管道中垂直于流动方向的横断面。流量有体积流量（Q）、质量流量（M）和重量流量（G）三种表示方式，它们之间的关系为：

$$M=Q\rho(\mathrm{kg/s}) \tag{1-44}$$

$$G=Q\gamma(\mathrm{N/s}) \tag{1-45}$$

对于通风管道，常用体积流量表示，此时流量即风量。当空气流动具有压缩性和膨胀性或进行理论计算、公式推导时，常采用质量流量。

（二）平均流速

虽然空气管流时不同的流型速度分布规律不同，但在通风工程上，所研究的并不是管流中空气分子的微观运动，而是空气在外力作用下的宏观机械运动，如空气流速的大小、风量的高低等。因此，常用平均流速来表示管流断面空气实际流速的大小。

假设管流某有效断面上空气质点的速度以平均流速 V 均匀分布，则以平均流速 V 流过某有效断面的流量 Q_p 与以实际流速流过该有效断面的流量 Q_s 相等。即：

$$Q_p=Q_s \tag{1-46}$$

式（1-46）称为平均流速的流量相等原则。

在某管流上任取一有效断面 n—n，断面积为 A。在有效断面 n—n 上取一微小流束，设微小流束的断面积为 $\mathrm{d}A$，流速为 u，则在断面积为 A 的管流断面上，实际流量 Q_s 为：

$$Q_s=\int_A u\mathrm{d}A \tag{1-47}$$

而以平均流速计算的流量为：

$$Q_p=VA \tag{1-48}$$

根据式（1-46）、式（1-47）和式（1-48），管流某有效断面的平均流速计算表达式为：

$$V=\frac{\int_A u\mathrm{d}A}{A}=\frac{Q_p}{A} \tag{1-49}$$

式中　Q_p——以平均流速计算的体积流量；

V——有效断面的平均流速；

u——有效断面上空气质点的流速；

A——有效断面的断面面积。

式（1-49）表明，某断面上空气流动的平均流速为断面的体积流量与该断面面积的比值。

五、连续方程

连续方程是流体力学的基本方程之一。连续方程虽具有多种表达形式（一元、二元和三元流），但本质上，连续方程是质量守恒定律在流体力学中的具体数学表达式。

一般情况下，流体的各个运动要素是在三维空间（x，y，z）内发生的，这样的空间运动形式称为三元流。在三元流的情况下，其流速矢量在空间 x、y、z 三个方向上都有速度分量。

若流体的运动要素在二维空间（平面）内发生变化，则这样的平面运动形式就称为二元流。前面所述的欧拉法和拉格朗日法，都是把流体运动质点运动状况作为三元流或二元流来研究的。

若流体的运动要素可近似地认为仅沿一个坐标方向变化，则这样的流体运动形式就称为一元流。一元流动法以最小流束和总流为分析研究对象，在分析微小流束和总流的运动情况时认为流速和压强近似地只是沿流程一个坐标的函数。

（一）一元稳定流连续方程

在稳定流流场中，取一微小流束，任取两断面：断面 1 和断面 2。断面参数分别为：面积 dA_1、dA_2，流速 u_1、u_2，密度ρ_1、ρ_2。稳定流情况下微小流束的形状不随时间变化，无侧表面的流体流出流入，因此流体只能从两端有效断面 dA_1、dA_2 出入。

在 dt 时间内，通过有效断面 dA_1、dA_2 的质量流量分别为 $M_1=\rho_1 u_1 dA_1 dt$、$M_2=\rho_2 u_2 dA_2 dt$。根据质量守恒定律，有：

$$M_1=M_2 \tag{1-50}$$

$$\rho_1 u_1 dA_1 dt=\rho_2 u_2 dA_2 dt \tag{1-51}$$

$$\rho_1 u_1 dA_1=\rho_2 u_2 dA_2 \tag{1-52}$$

式（1-52）即微小流束的连续方程。

设微小流束断面 1、断面 2 所在的总流有效断面分别为 1—1 断面和 2—2 断面，断面上流体的平均流速分别为 V_1 和 V_2，密度分别为 ρ_1 和 ρ_2，断面面积分别为 A_1 和 A_2，将式（1-52）积分可得一元稳定流总流的连续性方程：

$$\int_{A_1}\rho_1 u_1 dA_1 = \int_{A_2}\rho_2 u_2 dA_2 \tag{1-53}$$

$$\rho_1 V_1 A_1=\rho_2 V_2 A_2 \tag{1-54}$$

式（1-54）即稳定流可压缩流体的连续性方程。

对于不可压缩流体，其密度 $\rho_1=\rho_2$，相应的连续性方程为：

$$V_1 A_1=V_2 A_2 \tag{1-55}$$

即

$$Q_1=Q_2 \tag{1-56}$$

式（1-55）、式（1-56）即稳定流不可压缩流体的连续性方程。方程表明，稳定流时，体积流量是沿程不变的。式（1-55）变形可以得到平均流速和断面面积之间的关系：

$$\frac{V_1}{V_2}=\frac{A_2}{A_1} \tag{1-57}$$

式（1-57）表明，一元稳定流不可压缩流体的平均流速与断面面积成反比。

通风工程中常将流动的空气看成是连续流体，即全部流动空间充满空气质点，质点与质点之间不存在间隙，这就是流体运动的连续性条件。根据质量守恒定律，稳定流时流入的流体流量 Q_1 与流出的流体流量 Q_2 相等；非稳定流时，流入的流体流量与流出的流体流量的差值等于流体流量的变化量。

如果管流断面为圆形，则不可压缩空气的连续方程可变为：

$$\frac{V_1}{V_2}=\frac{D_2^2}{D_1^2} \tag{1-58}$$

式中 D_1——平均速度 V_1 处的管道直径，m；

D_2——平均速度 V_2 处的管道直径，m。

［例 1-2］ 某通风管道，管道直径为 260mm，平均风速为 13m/s，判断风管内空气流动的流型。

解：假设管道内的空气为通风工程上的标准空气，则：

$$Re=\frac{VD}{\nu}=\frac{13\times260\times10^{-3}}{15.12\times10^{-6}}=2.24\times10^{5}$$

因为，$Re=2.24\times10^{5}>2320$

所以，空气流动的流型为紊流。

［例 1-3］ 某通风管道，管道直径为 260mm，问平均风速为多少时，空气流动的流型为紊流。

解：因为 $Re=2320$ 为临界状态

所以，根据 $Re=\frac{VD}{\nu}$，得：

$$V=\frac{Re\nu}{D}=\frac{2320\times15.12\times10^{-6}}{260\times10^{-3}}=0.13(\text{m/s})$$

即当管道的平均风速 $V>0.13$m/s 时，空气流动的流型为紊流。

在粮食加工厂，通风管道的气流速度一般都在 10m/s 以上，管道直径多大于 80mm，也即通风除尘和气力输送管道中空气流动的流型均为紊流流型。

［例 1-4］ 某锥形风管，大端直径 $D_1=200$mm 处的气流速度为 $V_1=10$m/s，小端直径为 $D_2=160$mm。计算直径 D_2 处的平均风速 V_2 和管道风量 Q_1（m^3/s）。

解：因为 $\frac{V_1}{V_2}=\frac{D_2^2}{D_1^2}$

所以 $V_2=\frac{D_1^2}{D_2^2}V_1=\frac{200^2}{160^2}\times10=15.63$（m/s）

因为 $Q=AV$

所以 $Q_1=A_1V_1=\frac{\pi D_1^2}{4}V_1=\frac{3.14\times(200\times10^{-3})^2}{4}\times10=0.31$（$\text{m}^3$/s）

（二）空间运动连续性微分方程

在流体力学中，认为流体是连续介质，流动时将连续地充满整个空间。在流场中任取微元正六面体 $ABCDEFGH$ 作为控制体，其边长为 dx、dy 和 dz，分别平行于 x、y、z 轴。设流体在该六面体形心 $O'(x, y, z)$ 处的密度为 ρ，速度 $u=u_xi+u_yj+u_zk$。根据泰勒级数展开，并略去二级以上的无穷小量，可得 x 轴方向的速度和密度变化，如图 1-5 所示。

在 x 轴方向，单位时间流进与流出控制体的流体质量差为：

$$\Delta m_x=\left[\rho u_x-\frac{\partial(\rho u_x)}{\partial x}\frac{\mathrm{d}x}{2}\right]\mathrm{d}y\mathrm{d}z-\left[\rho u_x+\frac{\partial(\rho u_x)}{\partial x}\frac{\mathrm{d}x}{2}\right]\mathrm{d}y\mathrm{d}z=-\frac{\partial(\rho u_x)}{\partial x}\mathrm{d}x\mathrm{d}y\mathrm{d}z \tag{1-59}$$

同理，在 y 轴、z 轴方向单位时间流进与流出控制体的流体质量差为：

$$\Delta m_y=-\frac{\partial(\rho u_y)}{\partial y}\mathrm{d}x\mathrm{d}y\mathrm{d}z \tag{1-60}$$

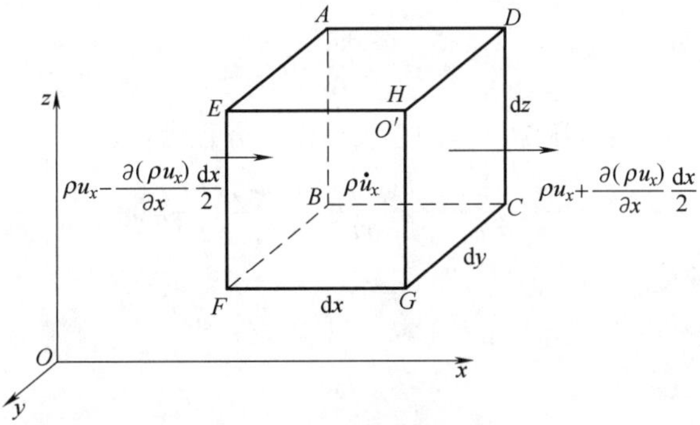

图 1-5　连续性微分方程

$$\Delta m_z = -\frac{\partial(\rho u_z)}{\partial z}\mathrm{d}x\mathrm{d}y\mathrm{d}z \tag{1-61}$$

单位时间流进与流出控制体总的质量差为：

$$\Delta m_x+\Delta m_y+\Delta m_z = -\left[\frac{\partial(\rho u_x)}{\partial x}+\frac{\partial(\rho u_y)}{\partial y}+\frac{\partial(\rho u_z)}{\partial z}\right]\mathrm{d}x\mathrm{d}y\mathrm{d}z \tag{1-62}$$

由于流体连续地充满整个控制体，而控制体的体积又固定不变，所以，流进与流出控制体的总质量差只可能引起控制体内流体密度发生变化。因此，由密度变化引起单位时间控制体内流体的质量变化为：

$$\left(\rho+\frac{\partial\rho}{\partial t}\right)\mathrm{d}x\mathrm{d}y\mathrm{d}z-\rho\mathrm{d}x\mathrm{d}y\mathrm{d}z = \frac{\partial\rho}{\partial t}\mathrm{d}x\mathrm{d}y\mathrm{d}z \tag{1-63}$$

根据质量守恒定律，单位时间流进与流出控制体的总的质量差，必等于单位时间控制体内流体的质量变化，即：

$$-\left[\frac{\partial(\rho u_x)}{\partial x}+\frac{\partial(\rho u_y)}{\partial y}+\frac{\partial(\rho u_z)}{\partial z}\right]\mathrm{d}x\mathrm{d}y\mathrm{d}z = \frac{\partial\rho}{\partial t}\mathrm{d}x\mathrm{d}y\mathrm{d}z \tag{1-64}$$

简化得：

$$\frac{\partial\rho}{\partial t}+\frac{\partial(\rho u_x)}{\partial x}+\frac{\partial(\rho u_y)}{\partial y}+\frac{\partial(\rho u_z)}{\partial z}=0 \tag{1-65}$$

式（1-65）即为可压缩流体的连续性微分方程。由方程的推导过程可以看出，连续性方程实质上是质量守恒定律在流体力学中的应用。因此，任何不满足连续性方程的流动是不可能存在的；在推导过程中不涉及流体的受力情况，故连续性方程对理想流体和黏性流体均适用。

以下是几种特殊情形下的连续性微分方程。

（1）对稳定流，$\frac{\partial\rho}{\partial t}=0$，式（1-65）可简化为：

$$\frac{\partial(\rho u_x)}{\partial x}+\frac{\partial(\rho u_y)}{\partial y}+\frac{\partial(\rho u_z)}{\partial z}=0 \tag{1-66}$$

（2）对不可压缩均质流体，ρ 为常数，式（1-66）可简化为：

$$\frac{\partial u_x}{\partial x}+\frac{\partial u_y}{\partial y}+\frac{\partial u_z}{\partial z}=0 \tag{1-67}$$

式（1-67）适用于三维稳定与非稳定流动。对二维不可压缩流体，不论流动是否稳定，可简化为：

$$\frac{\partial u_x}{\partial x}+\frac{\partial u_y}{\partial y}=0 \tag{1-68}$$

（3）柱坐标系下，三维可压缩流体的连续性微分方程为：

$$\frac{\partial \rho}{\partial t}+\frac{\partial(\rho u_r)}{\partial r}+\frac{\partial(\rho u_\theta)}{r\partial \theta}+\frac{\partial(\rho u_z)}{\partial z}+\frac{\rho u_r}{r}=0 \tag{1-69}$$

式中　u_r——径向分速度；

u_θ——周向分速度；

u_z——轴向分速度。

对不可压缩均质流体，式（1-69）可简化为：

$$\frac{\partial u_r}{\partial r}+\frac{\partial u_\theta}{r\partial \theta}+\frac{\partial u_z}{\partial z}+\frac{u_r}{r}=0 \tag{1-70}$$

柱坐标系下的连续性微分方程可由直角坐标系下的连续性微分方程经坐标变换得到，也可通过在流场中建立控制体的方法导出。

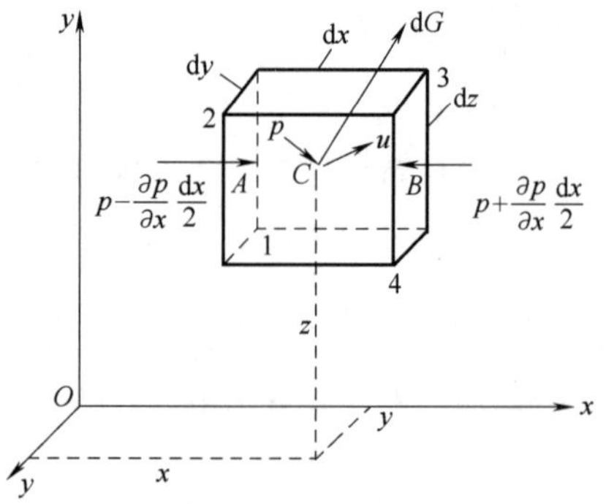

图 1-6　微元六面体受力分析

（三）欧拉运动微分方程

在流场中取一微元六面体流体，其边长为 dx、dy、dz，如图 1-6 所示，根据牛顿第二定律，作用在微元六面体上的合外力在某坐标轴方向投影的代数和等于此流体微元质量乘以其在同轴方向的分加速度。

在 x 轴方向，$\sum Fx=ma_x$，可得：

$$\mathrm{d}G_x+\left(p-\frac{1}{2}\frac{\partial p}{\partial x}\mathrm{d}x\right)\mathrm{d}y\mathrm{d}z-\left(p+\frac{1}{2}\frac{\partial p}{\partial x}\right)\mathrm{d}y\mathrm{d}z=ma_x \tag{1-71}$$

因为　$a=\frac{\mathrm{d}u}{\mathrm{d}t}$，$a_x=\frac{\mathrm{d}u_x}{\mathrm{d}t}$，$a_y=\frac{\mathrm{d}u_y}{\mathrm{d}t}$，$a_z=\frac{\mathrm{d}u_z}{\mathrm{d}t}$

所以，流体微元沿 x 轴方向的运动方程为：

$$\rho X\mathrm{d}x\mathrm{d}y\mathrm{d}z-\frac{\partial p}{\partial x}\mathrm{d}x\mathrm{d}y\mathrm{d}z=\rho\mathrm{d}x\mathrm{d}y\mathrm{d}z\frac{\mathrm{d}u_x}{\mathrm{d}t} \tag{1-72}$$

整理后得：

$$X-\frac{1}{\rho}\frac{\partial p}{\partial x}=\frac{\mathrm{d}u_x}{\mathrm{d}t} \tag{1-73}$$

同理，y 轴方向：

$$Y-\frac{1}{\rho}\frac{\partial p}{\partial y}=\frac{\mathrm{d}u_y}{\mathrm{d}t} \tag{1-74}$$

z 轴方向：

$$Z-\frac{1}{\rho}\frac{\partial p}{\partial z}=\frac{\mathrm{d}u_z}{\mathrm{d}t} \tag{1-75}$$

式（1-73）、式（1-74）和式（1-75）即为欧拉运动微分方程，又称为理想流体的运动微分方程。它是研究理想流体各种运动规律的基础，对可压缩性流体和不可压缩性流体都是适用的。

第三节　空气管流能量方程和动量方程

一、流体静力学基本方程

如果流体相对于某一坐标系静止不动，称流体在力学上处于平衡状态。研究静止流体平衡的科学称为流体静力学。世间万物都处在不停息的运动之中，即运动是绝对的，而静止是相对的。一切静止（或平衡）都是相对于某个参考坐标系的静止（或平衡）。以地球作为参考坐标系，流体相对地球无运动则视为流体静止。若把参考坐标系固定在某一容器上并随容器一起运动，流体相对于运动容器处于静止状态则称为相对静止。处于静止或相对静止状态时，流体之间没有相对运动，流体的黏性作用表现不出来。

作用在流体上的力按其作用特点可分为表面力和质量力。表面力是作用于所研究的流体微元体表面的力，其大小与作用面积的大小成正比。表面力有两种，一种是与流体表面相垂直的法向力，如压力；另一种是与流体表面相切的切向力，如黏性流体流动时所产生的内摩擦力。对静止的流体或流动的理想流体，不存在切向力，只有法向力。其大小除了用总的作用力来度量外，也常用单位面积所受的表面力来度量。若表面力与被作用面垂直，则此力称为压力或应力。静止流体中，作用在某点任意取向的面积元上压应力的大小，称为流体静压强。流体静压强有两个重要特性：

（1）流体静压强的方向总是和作用面相互垂直并且指向该作用面，即沿着作用面的内法线方向。

（2）静止流体内部任意点处的流体静压强在各个方向都是相等的。

质量力是指作用在所研究流体中每一质点上并与其质量成正比的力，如重力和惯性力。质量力除了用总的作用力来度量外，也常用单位质量力来度量。

在静止流体中，任取一微元体，其边长分别为 dx、dy、dz，并分别与 x 轴、y 轴、z 轴平行。微元体的中心点的流体静压强为 p。由于静压强是空间坐标的连续函数，那么在垂直于 x 轴的左、右两个微元面中心上的静压强可以通过泰勒级数展开获得，略去二阶以上无穷小变量后，分别等于$-\frac{1}{2}\frac{\partial p}{\partial x}\mathrm{d}x$ 和 $p+\frac{1}{2}\frac{\partial p}{\partial x}\mathrm{d}x$。

当微元体足够小时，上述压强可以视为作用在微元面上的平均压强。此外，假设微元体的平均密度为 ρ，用 f_x、f_y、f_z 表示单位质量流体所受质量力沿坐标轴 x、y、z 的分量，那么微元体所受质量力沿 x 轴的分量为 $f_x\rho\mathrm{d}x\mathrm{d}y\mathrm{d}z$。当微元体处于平衡状态时，沿 x 方向受力平衡方程为：

$$\left(p-\frac{1}{2}\frac{\partial p}{\partial x}\mathrm{d}x\right)\mathrm{d}y\mathrm{d}z-\left(p+\frac{1}{2}\frac{\partial p}{\partial x}\mathrm{d}x\right)\mathrm{d}y\mathrm{d}z+f_x\rho\mathrm{d}x\mathrm{d}y\mathrm{d}z=0 \tag{1-76}$$

简化得：

$$f_x-\frac{1}{\rho}\frac{\partial p}{\partial x}=0 \tag{1-77}$$

同理，y 方向和 z 方向的受力平衡方程为：

$$f_y-\frac{1}{\rho}\frac{\partial p}{\partial y}=0 \tag{1-78}$$

$$f_z-\frac{1}{\rho}\frac{\partial p}{\partial z}=0 \tag{1-79}$$

写成矢量形式，可得：

$$f-\frac{1}{\rho}\nabla p=0 \tag{1-80}$$

式中　∇p——压强的空间梯度。

把式 $f_x-\frac{1}{\rho}\frac{\partial p}{\partial x}=0$，$f_y-\frac{1}{\rho}\frac{\partial p}{\partial y}=0$，$f_z-\frac{1}{\rho}\frac{\partial p}{\partial z}=0$ 分别乘以 dx、dy、dz 之后相加，则有：

$$f_x dx+f_y dy+f_z dz=\frac{1}{\rho}\left(\frac{\partial p}{\partial x}dx+\frac{\partial p}{\partial y}dy+\frac{\partial p}{\partial z}dz\right) \tag{1-81}$$

因为 $p=p(x, y, z)$ 为空间坐标的函数，式（1-81）右边括号内表示压强 p 的全微分，即：

$$dp=\frac{\partial p}{\partial x}dx+\frac{\partial p}{\partial y}dy+\frac{\partial p}{\partial z}dz \tag{1-82}$$

所以

$$dp=\rho(f_x dx+f_y dy+f_z dz) \tag{1-83}$$

式（1-83）就是静止流体的平衡微分方程式，是欧拉提出的，故也称为欧拉平衡方程式。它表示流体在质量力和表面力作用下的平衡条件，对于某种具有一定密度的流体，只要知道了单位质量力在各个坐标方向的分量，就可以利用欧拉平衡方程式求出静压强的分布规律。

在实际工程中，作用在流体上的质量力通常只有重力，在重力场中 $f_x=f_y=0$，$f_z=-g$。取容器的底平面为 xy 平面，z 轴垂直向上，流体为均质不可压缩流体，密度为 ρ，式（1-83）可变为：

$$dp=-\rho g dz \tag{1-84}$$

积分可得：

$$p=-\rho gZ+C \tag{1-85}$$

或

$$Z+\frac{p}{\rho g}=C \tag{1-86}$$

式（1-85）或式（1-86）为重力场中均质不可压缩流体的压强表达式，是流体静力学基本方程形式之一，是能量守恒定律在流体静力学中的具体体现。C 为积分常数。表明在重力作用下，静止不可压缩均质流体中任何一点的压强势能和位置势能之和是常数，即静能头保持不变，但位势能和压强势能之间可以相互转换。

式（1-85）或式（1-86）中 Z 表示流体中某点距基准面的高度，称为位置高度。由于 $Z=Zmg/(mg)$，所以也表示单位质量流体所具有的位势能。

$\frac{p}{\rho g}$ 表示单位质量流体所具有的压强势能。位势能和压强势能之和为总势能，即静能头。

液体可视为不可压缩流体，在静止液体中取任意两点，则有：

$$\frac{p_1}{\rho}+gZ_1=\frac{p_2}{\rho}+gZ_2 \tag{1-87}$$

或

$$p_2=p_1+\rho g(Z_1-Z_2) \tag{1-88}$$

假设点 1 处于液面上，液面上的压强为 p_0，距液面深度 h 处的点 2 压强为 p，则有：

$$p=p_0+\rho gh \tag{1-89}$$

式（1-88）和式（1-89）均称为流体静力学基本方程式，式（1-89）为流体静力学基本方程的常见形式。表明在重力场作用下，静止液体内部压强的变化规律。

流体静力学基本方程式是以液体为研究对象进行推导的，且液体的密度为常数。对于气体，当气体压强、温度变化不大时，气体密度变化甚微，工程上气体密度可视为常数，故静力学基本方程也适用于气体。

假设空气的状态变化过程为等温变化，因为空气的重度 $\gamma=\rho g=\frac{p}{RT}g$，所以式（1-84）可变为：

$$\mathrm{d}p+\frac{pg}{RT}\mathrm{d}z=0 \tag{1-90}$$

对式（1-90）积分得：

$$\ln p_2-\ln p_1=-\frac{g}{RT}(z_2-z_1) \tag{1-91}$$

如果点 1 的位置在地表面上，即 $z_1=0$ 时，压强 p_1 为大气压，即 $p_1=p_a$；z_2 表示距地面高度为 H 的某点，该点的压强为 p，即 $p_2=p$，则有：

$$\ln\frac{p}{p_a}=-\frac{g}{RT}H \tag{1-92}$$

式（1-92）即空气等温变化时大气压强 p 随高度 H 的变化规律。

二、空气管流的能量方程

空气管流的能量方程即流体管流能量方程在通风管道上的应用，其研究管流中气流的能量沿管道各断面的变化规律。

（一）理想流体的能量方程

图 1-7 所示为理想流体稳定流时的管流，假设流体的流动过程中不具有压缩性和膨胀性，也没有黏滞性，流体的密度为 ρ。

如图 1-7 所示，在管流上任意取 1—1 断面和 2—2 断面。1—1 断面的高度为 Z_1，流速为 V_1；2—2 断面的高度为 Z_2，流速为 V_2。假设在 Δt 时间内，流体由 1—1 断面和 2—2 断面流到 1′—1′断面和 2′—2′断面位置。则 1—1 断面和 1′—1′断面之间的流体质量 m 等于 2—2 断面和 2′—2′断面之间的流体质量 m，而且 1—1 断面和 2—2 断面之间的流体在 Δt 时间内动能的变化量等于 2—2 断面和 2′—2′断面之间的流体动能与 1—1 断面和 1′—1′断面之间的流体动能之差，即：

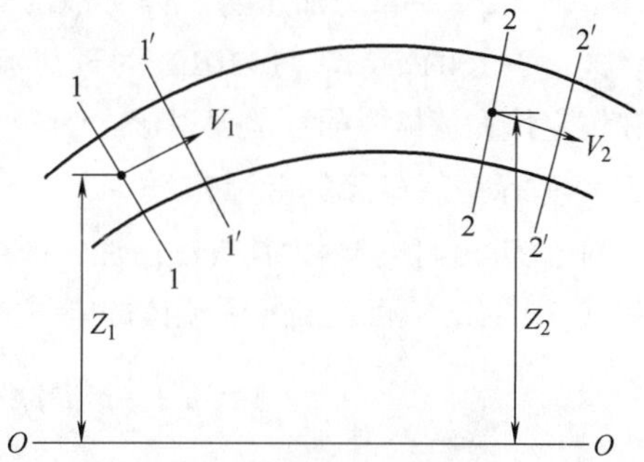

图 1-7　理想流体稳定流管流能量方程推导示意图

$$\Delta E_K=\frac{1}{2}mV_2^2-\frac{1}{2}mV_1^2 \tag{1-93}$$

这部分流体在 Δt 时间内重力势能的变化量为：

$$\Delta E_G = mgZ_2 - mgZ_1 \tag{1-94}$$

所以，这部分流体在 Δt 时间内总机械能的变化量为：

$$\Delta E = \Delta E_K + \Delta E_G = \frac{1}{2}mV_2^2 - \frac{1}{2}mV_1^2 + mgZ_2 - mgZ_1 \tag{1-95}$$

设 1—1 断面和 2—2 断面处的压强分别为 p_1、p_2，则在 Δt 时间内作用在 1—1 断面上的力 $F_1 = p_1A_1$；作用在 2—2 断面上的力 $F_2 = p_2A_2$，则作用在这部分流体上压力所做的总功为：

$$W = (p_1A_1V_1 - p_2A_2V_2)\Delta t \tag{1-96}$$

根据连续方程，对于 1—1 断面和 2—2 断面，有：

$$A_1V_1 = A_2V_2 = \frac{m}{\rho \Delta t} \tag{1-97}$$

所以，式（1-96）为：

$$W = (p_1 - p_2)\frac{m}{\rho} \tag{1-98}$$

根据功能原理，$\Delta E = W$，以及式（1-95）和式（1-96），有：

$$\frac{1}{2}mV_2^2 - \frac{1}{2}mV_1^2 + mgZ_2 - mgZ_1 = (p_1 - p_2)\frac{m}{\rho} \tag{1-99}$$

式（1-99）简化后为：

$$p_1 + \frac{1}{2}\rho V_1^2 + \rho g Z_1 = p_2 + \frac{1}{2}\rho V_2^2 + \rho g Z_2 \tag{1-100}$$

式（1-100）两边同除以 ρg 得：

$$\frac{p_1}{\rho g} + Z_1 + \frac{V_1^2}{2g} = \frac{p_2}{\rho g} + Z_2 + \frac{V_2^2}{2g} \tag{1-101}$$

式中　p_1、p_2——管流 1—1 断面、2—2 断面上流体的压强，Pa；

V_1、V_2——管流 1—1 断面、2—2 断面上流体的平均流速，m/s；

Z_1、Z_2——管流 1—1 断面、2—2 断面的高度，m；

ρ——流体的密度，kg/m^3；

g——重力加速度，$g = 9.81 m/s^2$。

式（1-100）或式（1-101）为理想流体管流的能量方程表达式，即伯努利方程，是能量守恒定律在流体中的数学表现形式。

（二）实际空气管流的能量方程

对于实际流体，因为具有黏滞性，即存在流动的能量损失，因此，根据理想流体的能量方程式（1-100）可得到实际流体的能量方程：

$$p_1 + \frac{1}{2}\rho V_1^2 + \rho g Z_1 = p_2 + \frac{1}{2}\rho V_2^2 + \rho g Z_2 + \Delta p \tag{1-102}$$

式中　Δp——流体由 1—1 断面流到 2—2 断面的能量损失，Pa。

对于通风管道，由于空气的重度值比较小，管道的高度差不大，在通风系统中可以忽略空气位能的变化，即 $(Z_1 - Z_2)\rho g \approx 0$，由于 $\rho g = \gamma$，所以，通风管道的能量方程为：

$$p_1 + \frac{V_1^2}{2g}\gamma = p_2 + \frac{V_2^2}{2g}\gamma + \Delta p \tag{1-103}$$

式中　p_1、p_2——管流 1—1 断面、2—2 断面上气体的压强，Pa；

V_1、V_2——管流 1—1 断面、2—2 断面上空气的平均流速，m/s；

γ——空气的重度，N/m^3；

g——重力加速度，$g=9.81m/s^2$；

Δp——空气由 1—1 断面流到 2—2 断面的能量损失，Pa。

式（1-103）即不可压缩空气管流的能量方程。表明空气由 1—1 断面流到 2—2 断面，单位体积空气在 1—1 断面上所具有的能量与 2—2 断面单位体积空气所具有的能量加上空气由 1—1 断面流到 2—2 断面的能量损失相等，即能量守恒。在这里，压强赋予了能量的意义，即表示单位体积空气所具有的能量：$N\cdot m/m^3$。也就是说，压强具有力的大小和能量的双重意义。

有效断面上空气所具有的压强 p，通风工程中常称为静压，用符号 H_{st} 表示。其意义指气体给予与气流流动方向平行的物体表面的压强。

$\frac{V^2}{2g}\gamma$ 表示单位体积空气所具有的动能，常称为动压，用符号 H_d 表示。

而将静压与动压之和称为全压，用符号 H_o 表示。全压的意义是单位体积空气所具有的全部能量。

$$H_{st}+H_d=H_o \tag{1-104}$$

所以，式（1-104）可简化为：

$$H_{st1}+H_{d1}=H_{st2}+H_{d2}+\Delta H \tag{1-105}$$

或

$$H_{o1}=H_{o2}+\Delta H \tag{1-106}$$

式中　H_{st1} 和 H_{st2}——分别表示 1—1 断面和 2—2 断面的静压；

H_{d1} 和 H_{d2}——分别表示 1—1 断面和 2—2 断面的动压；

H_{o1} 和 H_{o2}——分别表示 1—1 断面和 2—2 断面的全压；

ΔH——空气由 1—1 断面流到 2—2 断面的能量损失。

式（1-106）还可表示为：

$$\Delta H=H_{o1}-H_{o2} \tag{1-107}$$

式（1-107）表明，任意两断面间的能量损失为两断面的全压差。任意两断面间的能量损失也即两断面压强的变化量，因此能量损失也称为压力损失。

因为：

$$H_d=\frac{V^2}{2g}\gamma \tag{1-108}$$

所以，可以利用式（1-108）计算管道内气流速度。即：

$$V=\sqrt{\frac{2gH_d}{\gamma}} \tag{1-109}$$

式中　V——平均速度，m/s；

H_d——平均动压，N/m^2；

γ——空气重度，N/m^3。

［例 1-5］　通风管道某有效断面上的平均动压为 18×9.81Pa，计算平均速度。

解：风管内空气的重度按通风工程上的标准空气选取，即 $\gamma=11.77N/m^3$

$$V=\sqrt{\frac{2gH_d}{\gamma}}=\sqrt{\frac{2\times9.81\times18\times9.81}{11.77}}=17.16(m/s)$$

［例 1-6］ 如图 1-8 所示，风管直径 $D=100\text{mm}$，在喇叭形进口处测得水柱高度为 $h=16\text{mm}$，空气密度为 1.2kg/m^3。不计喇叭形进风口阻力，计算风管中的风量（m^3/h）。若风管中实际风量为 $420\text{m}^3/\text{h}$，计算喇叭形进口阻力 Δp（Pa）。

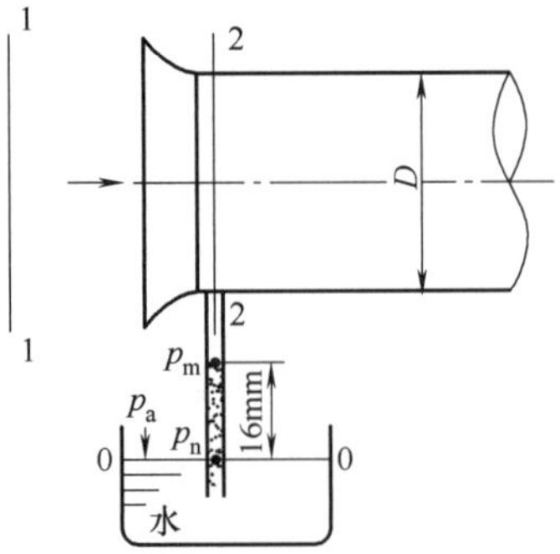

图 1-8 计算题举例

解：在图 1-8 中，距喇叭形进风口一定距离的大气中取 1—1 断面，则 1—1 断面的断面参数：

空气流速 $V_1\approx 0$，断面压强 $p_1=0$

在测压管所处的风管断面取 2—2 断面，忽略空气的势能，则 $p_2=p_m$。

测压管水池的表面压强为大气压 p_a，则 $p_a=p_n$。p_a 用相对压强表示，则 $p_n=0$。

根据流体静力学基本方程，$p_n=p_m+h\gamma_{水}$

所以，$p_2=-h\gamma_{水}$。

因为，$p_1+\frac{V_1^2}{2g}\gamma=p_2+\frac{V_2^2}{2g}\gamma+\Delta p$

所以，$0+0=-16\times 9.81+\frac{V_2^2}{2g}\times 1.2\times 9.81+0$

$V_2=16.17$（m/s）

$Q=AV=\frac{\pi D^2}{4}V_2=\frac{3.14\times(100\times 10^{-3})^2}{4}\times 16.17=0.13$（$\text{m}^3/\text{s}$）

实际风量为 $420\text{m}^3/\text{h}$，即 $Q=420\text{m}^3/\text{h}$

$V=\frac{Q}{A}=\frac{420}{3600\times\frac{3.14\times(100\times 10^{-3})^2}{4}}=14.86$（m/s）

列 1—1 断面和 2—2 断面的能量方程：

$0+0=-16\times 9.81+\frac{14.86^2}{2\times 9.81}\times 1.2\times 9.81+\Delta p$

$\Delta p=2.49\times 9.81$（Pa）

在能量方程式中，因为等式两边均有静压和全压，所以，静压或全压可以用绝对压强表示，也可用相对压强表示。用相对压强表示则可以简化计算。

三、动量方程及动量矩方程

流体运动除了遵守质量守恒和能量守恒普遍规律外，还必须遵守动量守恒原理。动量方程即为动量守恒定律在流体运动中的具体表现，它反映了流体运动的动量变化与作用力之间的关系。

（一）流体运动的动量方程

1. 积分形式动量方程

动量方程适用于求解流体与固体之间的相互作用，是动量守恒定律应用于流体流动问题的结果。根据动量守恒定律，系统内流体动量随时间的变化率等于作用在系统上外力之和，即有：

$$\frac{\mathrm{D}}{\mathrm{D}t}\iiint_{\forall_s}\rho V\mathrm{d}\forall = \sum(F)_s \tag{1-110}$$

式（1-110）中，$\iiint_{\forall_s}\rho V\mathrm{d}\forall$ 为系统的动量；$\sum(F)_s$ 为作用在系统上外力的矢量和。借助雷诺输运方程，把这一针对系统的方程转换成适用于控制体的方程。仅需将雷诺输运方程中物理量 Q 取为单位体积流体的动量 ρV，即 $Q=\rho V$。即可得积分形式动量方程：

$$\frac{\mathrm{D}}{\mathrm{D}t}\iiint_{\forall_s}\rho V\mathrm{d}\forall = \frac{\partial}{\partial t}\iiint_{\forall_s}\rho V(V\cdot n)\mathrm{d}S = \sum(F)_s \tag{1-111}$$

对于定常流动：

$$\frac{\partial}{\partial t}\iiint_{\forall_{\mathrm{CV}}}\rho V\mathrm{d}\forall = 0 \tag{1-112}$$

将式（1-111）代入式（1-112）中，可得稳定流动条件下的动量方程：

$$\sum(F)_s = \iint_s\rho V(V\cdot n)\mathrm{d}S \tag{1-113}$$

式（1-113）表示，在稳定流动时，作用于控制体上的合力等于流出、流入控制面的净动量流率。式（1-113）是一个矢量方程，在笛卡尔直角坐标系下，可分解成沿 x、y、z 三个坐标轴方向的分量方程，即：

$$\left.\begin{aligned}\sum F_x &= \iint_s\rho u(V\cdot n)\mathrm{d}S\\ \sum F_y &= \iint_s\rho v(V\cdot n)\mathrm{d}S\\ \sum F_z &= \iint_s\rho w(V\cdot n)\mathrm{d}S\end{aligned}\right\} \tag{1-114}$$

式（1-114）的物理意义与式（1-113）相同，即在稳定流动条件下，作用于控制体上的合力沿三个坐标轴的分量（投影）与流出和流入控制面的净动量流率在三个坐标轴的分量（投影）相等。

（1）合力项　动量方程中的合力项 $\Sigma(F)_s$，表示作用在系统上所有外力的矢量和。在推导雷诺输运方程时，系统与控制体在初始时刻是重合的，因此，作用在系统上的合力可看作是作用在控制体上的合力，它包括作用在控制体上的所有质量力和作用在控制面上的所有表面力，即：

$$\Sigma(F)_s = \Sigma(F_m+F_s)_s \tag{1-115}$$

令 f_m 表示单位质量的质量力，则总质量力可表示为：

$$F_m = \iiint_{\forall_{\mathrm{CV}}} f_m\rho\mathrm{d}\forall \tag{1-116}$$

若质量力仅是重力且令其方向沿坐标 z 轴负向，那么单位质量的质量力可以写成 $f_m=-ge_z$。控制体上的表面力由下列两种力组成：①控制面上固体表面产生的力；②控制面上周围流体的压强和黏性应力。计算时需要特别注意压强的方向，控制面上外部压强垂直于表面并指向控制体内部，而控制面的单位矢量 n 定义为外法向，两者刚好相反。因此，压力的公式为：

$$F_p = \iint_s p(-n)\mathrm{d}S \tag{1-117}$$

若在全闭合控制面上作用均匀压强 p_u（如大气压强 p_a），因控制面是闭合的，所以围绕控制面的均匀压强所产生的静压力为 $F_{p_u}=0$，即：

$$F_{p_u} = \iint_s p_u(-n)\mathrm{d}S = -p_u\iint_s n\mathrm{d}S = 0 \tag{1-118}$$

因此，若作用在控制面上的总压强包含这个均匀压强 p_u，为简化计算，可将总压强减去均匀压强（如大气压强 p_a），然后计算压力，其结果是相同的。若 $p_u=p_a$，则：

$$F_p = \iint_s (p-p_a)(-n)\mathrm{d}S = \iint_s p_g(-n)\mathrm{d}S \tag{1-119}$$

式中，p_g 为相对压强（或表压）。用此法可简化压力的计算。

（2）净动量流率项　式（1-113）中，控制体的净动量流率项 $\iint_s \rho V(V\cdot n)\mathrm{d}S$ 是对控制面的面积分。通常情况下，当控制面上流体速度分布不均匀时，要通过积分才能求出。但若适当选择控制体，使 V 和 ρ 在控制面上均匀分布，这时净动量流率为流出和流入控制体的动量流率之差，可通过式（1-120）计算：

$$\iint_s \rho V(V\cdot n)\mathrm{d}S = \sum(\rho QV)_o - \sum(\rho QV)_i \tag{1-120}$$

式中，下标 o 和 i 分别代表控制体出口和入口。式（1-120）是矢量方程，求解时同样可将其在笛卡尔直角坐标系中分解为沿 x、y、z 三个坐标方向的分量：

$$\begin{cases}\iint_s \rho u(V\cdot n)\mathrm{d}S = \sum(\rho Qu)_o - \sum(\rho Qu)_i \\ \iint_s \rho v(V\cdot n)\mathrm{d}S = \sum(\rho Qv)_o - \sum(\rho Qv)_i \\ \iint_s \rho w(V\cdot n)\mathrm{d}S = \sum(\rho Qw)_o - \sum(\rho Qw)_i\end{cases} \tag{1-121}$$

在使用式（1-121）时，应特别注意坐标方向与速度分量 u、v、w 方向之间的关系。如果坐标方向与速度分量方向一致，动量流率项为正值；如果坐标方向与速度分量方向相反，动量流率项为负值。动量方程适用于求解流体与固体之间的相互作用问题。在应用动量方程时，应选择合适的控制体，确定合适的坐标系。然后，将已知外力、动量向所确定的坐标轴投影，求得在该方向上的分量。假定待求力的方向与所确定的坐标方向一致，若最后计算结果是正值，则待求力的方向与假定一致，沿坐标轴正向；若计算结果是负值，则待求力的方向与假定相反，即沿坐标轴负向。

2. 微分形式动量方程

与连续方程的推导方式相同，为推导微分形式动量方程，在流体中任意选取一个正六面体流体微元（简称微元六面体），各边长分别为 dx、dy、dz。对这一微元六面体应用牛顿第二定律得：

$$\sum F = \rho\mathrm{d}x\mathrm{d}y\mathrm{d}z\frac{\mathrm{D}V}{\mathrm{D}t} \tag{1-122}$$

考虑 x 方向的动量平衡关系，有：

$$\sum F_x = (\mathrm{d}F_m)_x + (\mathrm{d}F_s)_x = \rho\mathrm{d}x\mathrm{d}y\mathrm{d}z\frac{\mathrm{D}u}{\mathrm{D}t} \tag{1-123}$$

其中，$(dF_m)_x=\rho f_x dxdydz$ 为作用在微元六面体上质量力沿 x 方向的分量；$(dF_s)_x$ 为作用在微元六面体上表面力沿 x 方向的分量。在黏性流体中，根据作用面的法线方向（简称法向）与表面力的方向是否相同，可将表面力分成两部分：法向应力与切应力，并用应力的两个下标分别表示应力作用面的法向和应力方向，第一个下标表示应力作用面的法向，第二个下标表示应力方向，例如，σ_{xy} 表示作用在 yz 平面（法向为 x 正向）上的应力在 y 方向的分量。应力 σ_{xx}、σ_{yy}、σ_{zz} 都有相同的两个下标，表示应力方向与作用面法向一致，称为法向应力或正应力；应力 σ_{xx}、σ_{yz}、σ_{zx} 的两个下标不同，表示应力的方向平行于作用面，称为切应力。由微元六面体六个控制面上的应力引起的沿 x 方向的表面力 $(dF_s)_x$ 可归纳成表 1-2。

表 1-2　控制面上的表面力沿 x 方向的分量

控制面	表面力				净表面力
yz	左面	$-\sigma_{xx}dydz$	右面	$\left(\sigma_{xx}+\frac{\partial\sigma_{xx}}{\partial x}dx\right)dydz$	$\frac{\partial\sigma_{xx}}{\partial x}dxdydz$
xz	前面	$-\sigma_{yx}dzdx$	后面	$\left(\sigma_{yx}+\frac{\partial\sigma_{yx}}{\partial y}dy\right)dzdx$	$\frac{\partial\sigma_{yx}}{\partial y}dxdydz$
xy	下面	$-\sigma_{zx}dxdy$	上面	$\left(\sigma_{zx}+\frac{\partial\sigma_{zx}}{\partial z}dz\right)dxdy$	$\frac{\partial\sigma_{zx}}{\partial z}dxdydz$

根据表 1-2，可以得到沿 x 方向净表面力为：

$$(dF_s)_x=\left(\frac{\partial\sigma_{xx}}{\partial x}+\frac{\partial\sigma_{yx}}{\partial y}+\frac{\partial\sigma_{zx}}{\partial z}\right)dxdydz \tag{1-124}$$

对于黏性流体，应力由流体静压强和黏性应力组成。由于静压强 p 的方向垂直于它的作用面，所以它仅对法向应力 σ_{xx} 有贡献，对切应力σ_{yx} 和 σ_{zx} 没有影响。黏性应力对法向应力、切应力都有贡献，用τ_{xx}、τ_{yx}、τ_{zx} 表示相应的黏性应力，则有：

$$\sigma_{xx}=-p+\tau_{xx},\sigma_{yx}=\tau_{yx},\sigma_{zx}=\tau_{zx} \tag{1-125}$$

其中，$-p$ 表示静压强始终沿作用面的内法向。将式（1-125）代入式（1-124），得：

$$(dF_s)_x=\left(-\frac{\partial p}{\partial x}+\frac{\partial\tau_{xx}}{\partial x}+\frac{\partial\tau_{yx}}{\partial y}+\frac{\partial\tau_{zx}}{\partial z}\right)dxdydz \tag{1-126}$$

将式（1-126）和 $(dF_m)_x$ 的表达式代入式（1-123）中，左右同除以 $dxdydz$，可得 x 向微分形式的动量方程：

$$\rho\frac{Du}{Dt}=\rho f_x-\frac{\partial p}{\partial x}+\frac{\partial\tau_{xx}}{\partial x}+\frac{\partial\tau_{yx}}{\partial y}+\frac{\partial\tau_{zx}}{\partial z} \tag{1-127}$$

同理可得 y 向、z 向微分形式的动量方程：

$$\rho\frac{Dv}{Dt}=\rho f_y-\frac{\partial p}{\partial y}+\frac{\partial\tau_{xy}}{\partial x}+\frac{\partial\tau_{yy}}{\partial y}+\frac{\partial\tau_{zy}}{\partial z} \tag{1-128}$$

$$\rho\frac{Dw}{Dt}=\rho f_z-\frac{\partial p}{\partial z}+\frac{\partial\tau_{xz}}{\partial x}+\frac{\partial\tau_{yz}}{\partial y}+\frac{\partial\tau_{zz}}{\partial z} \tag{1-129}$$

（二）流体运动的动量矩方程

动量方程反映了流体运动的动量变化与作用力之间的关系，它描述了外力系主矢量引起质心运动的变化，反映了质点系的动力学规律。动量矩方程反映了质点系的动量矩和质点系受机械作用的冲量矩之间的关系，它在旋转机械中有着重要应用。应用动量矩方程可推导出叶轮机械的基本方程，以解决机械与流体能量转换问题，还可以用来确定流体与固体边界间作用力的位置等问题。

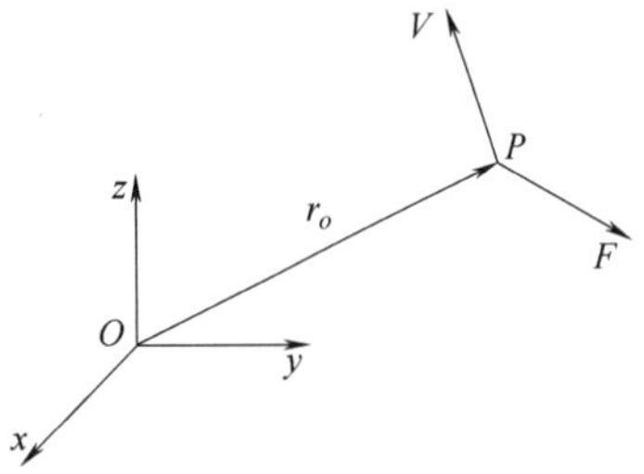

图 1-9　动量矩原理示意图

动量矩守恒定律给出作用在流体质点上的净力矩与质点角动量随时间变化率之间的关系。

如图 1-9 所示，距原点 O 矢径为 r_O 的空间 P 点处质量为 m_p 的流体质点，其运动速度为 V 且受到外力 F 的作用，则力 F 对点 O 的力矩 M_O，与流体质点对 O 点的角动量随时间的变化率相等，即：

$$M_O=r_O\times F=\frac{\mathrm{d}}{\mathrm{d}t}[r_O\times(m_pV)] \tag{1-130}$$

对于由许多质点组成的流体系统，动量矩守恒定律可用式（1-131）表示：

$$\sum(M_O)_s=\frac{D}{Dt}\iiint_{\forall_s}r_O\times\rho V\mathrm{d}\forall \tag{1-131}$$

式中　$\sum(M_O)_s$——作用在系统上的外力矩的矢量和；

$\iiint_{\forall_s}r_O\times\rho V\mathrm{d}\forall$——系统的角动量。

与动量方程的处理方法类似，可应用雷诺输运方程，把对系统的动量矩方程转换成对控制体的动量矩方程。雷诺输运方程中系统的物理量 Q 取为单位体积角动量 $r_O\times\rho V$，即 $Q=r_O\times\rho V$，并代入雷诺输运方程，即可得：

$$\frac{\mathrm{D}}{\mathrm{D}t}\iiint_{\forall_s}(r_O\times\rho V)\mathrm{d}\forall=\frac{\partial}{\partial t}\iiint_{\forall_{CV}}(r_O\times\rho V)\mathrm{d}\forall+\iint_{\forall_{CV}}(r_O\times\rho V)\times(V\times n)\mathrm{d}S \tag{1-132}$$

代入式（1-131），有：

$$\sum(M_O)_s=\frac{\partial}{\partial t}\iiint_{\forall_{CV}}(r_O\times\rho V)\mathrm{d}V+\iint_{s}(r_O\times\rho V)\times(V\times n)\mathrm{d}S \tag{1-133}$$

对于稳定流动

$$\frac{\partial}{\partial t}\iiint_{\forall_{CV}}(r_O\times\rho V)\mathrm{d}\forall=0$$

式（1-133）成为：

$$\sum(M_O)_s=\iint(r_O\times\rho V)\cdot(V\cdot n)\mathrm{d}S \tag{1-134}$$

式（1-134）为稳定流动的动量矩方程，等号左边合力矩的下标 s 代表对系统的力矩。由于在推导雷诺方程时，初始时刻系统与控制体是重合的，故 $\sum(M_O)$ 也可以看作是作用在控制体上所有外力矩的矢量和。因此，式（1-134）的物理意义为稳定流动时，作用在控制体上所有外力矩的矢量和，等于流入、流出控制面的净角动量流率。

在分析转动流体机械时，往往仅需要采用沿转轴方向的动量矩方程。此时，可以选择在柱坐标中分析问题，并将坐标 z 轴与流体机械的转轴重合。如果叶轮入口、出口截面 1 与 2 处流动都是均匀的（或取平均值），并且考虑到只有与 r 垂直的速度分量才会产生转矩，式（1-134）沿 z 轴的投影形式可以表示为：

$$\sum M_{轴}=(r_2 v_{\theta 2}-r_1 v_{\theta 1})Q \tag{1-135}$$

式中，Q 为流经流体机械的质量流量；$v_{\theta 1}$ 与 $v_{\theta 2}$ 为流体在入口、出口截面 1 与截面 2 的绝对速度的切向分量；r_1 与 r_2 为 $v_{\theta 1}$ 与 $v_{\theta 2}$ 至转轴的距离。通常情况下，速度分量$v_{\theta 1}$ 与 $v_{\theta 2}$ 与叶片切向速度 v 同方向时取正，反之为负。

在应用动量方程时需要注意两个关键步骤：第一步要选好控制体，把要研究的问题集中在控制面上，尽量减少未知量的个数；第二步是正确选择坐标系，尽量减少方程的个数，列标量形式方程时注意外力的作用方向、速度的方向及它们投影的正负。

第四节　流动阻力和能量损失

空气的黏滞性表现为空气流动时有流动阻力，当空气克服阻力流动时，就要消耗能量，即存在能量损失，因此，黏滞性是流体能量损失的根本原因。根据边界形状和大小是否沿程变化和主流是否脱离固体边壁或形成漩涡，把能量损失分为沿程能量损失和局部能量损失两大类，相应地把流动阻力分为沿程摩擦阻力和局部阻力。虽然能量方程表明了管道任意两断面间的能量损失为两断面的全压差，但是在还没有制作好管道或者管道没有安装好的情况下，断面的全压是无法测定的，更无从谈起管道任意两断面间的能量损失即流动阻力的计算。本节从通风管道的设计方面学习通风管道流动阻力的类型和计算。

一、沿程摩擦阻力和沿程摩擦能量损失

空气在直长管道中流动时，流速恒定不变，流动阻力只有沿程不变的切应力，称为沿程摩擦阻力，简称沿程摩阻。

空气在直长管道中流动克服沿程摩阻损失的能量，称为沿程摩擦能量损失，简称沿程损失。

空气在直长管道中流动，沿程摩擦阻力产生的主要原因表现在两个方面：首先是空气在直长管道中流动时由于空气的黏滞性而存在于空气内部质点之间的内摩擦力；其次是空气与管道内壁之间的外摩擦力。

在直径为 D 的直长管道中，沿空气流动方向任取两断面 1—1 断面和 2—2 断面：两断面之间管道长度为 L，空气的平均速度为 v，空气重度为 γ，1—1 断面的全压为 H_{o1}，2—2 断面的全压为 H_{o2}，则空气由 1—1 断面流到 2—2 断面的沿程摩阻或沿程损失为：

$$H_m=H_{o1}-H_{o2} \tag{1-136}$$

或

$$H_m=\frac{\lambda}{D}L\frac{v^2}{2g}\gamma \tag{1-137}$$

式中　H_m——沿程摩擦阻力或沿程损失，Pa；

D——直长管道的直径，m；

L——直长管道的长度，m；

v——直长管道内的平均风速，m/s；

γ——管道内空气的重度，N/m³；

λ——沿程摩擦阻力系数，它与管流的流型密切相关。见本书附录一除尘风管计算表。

式（1-137）为沿程摩阻或沿程损失的计算公式。式（1-137）还可表示为：

$$H_m = RL \tag{1-138}$$

式中 R——每米长风管所具有的沿程摩擦阻力，即单位摩阻，Pa/m。可通过本书附录一的第二部分查到。

对于非圆形管道，一般采用其当量直径计算沿程摩擦阻力，即：

$$H_m = \frac{\lambda}{D_{当}} L \frac{V^2}{2g} \gamma \tag{1-139}$$

式中 $D_{当}$——非圆形管道的当量直径，m。

非圆形管道的当量直径可以用流速当量直径或流量当量直径表示。

1. 流速当量直径

假设有一圆形管道，其气流速度与矩形管道的气流速度相等，而且圆形管道的单位摩阻也等于矩形管道的单位摩阻，则这个圆管道的直径即为该矩形管道的流速当量直径。可按式（1-140）进行计算：

$$D_v = \frac{2ab}{a+b} \tag{1-140}$$

式中 D_v——流速当量直径，m；

a——矩形管道的宽，m；

b——矩形管道的高，m。

2. 流量当量直径

假设有一圆形管道，其管内空气流量与矩形管道内的空气流量相等，而且圆形管道的单位摩阻也等于矩形管道的单位摩阻，则该圆形管道的直径即为矩形管道的流量当量直径。可按式（1-141）进行计算：

$$D_Q = 1.265\left(\frac{a^3b^3}{a+b}\right)^{0.2} \tag{1-141}$$

式中 D_Q——流量当量直径。

二、局部阻力和局部能量损失

当空气流经管道中的局部管件或设备时，由于在边界变化的区域出现了旋涡和速度的重新分布，从而使流动阻力大大增加，这种阻力称为局部阻力，空气流动克服局部阻力引起的能量损失，称为局部损失。

边界急剧变化的区域，常称为局部构件。常见的局部构件有弯头、阀门、三通、变形管、风帽、进风口、出风口等，通风管道中的吸风罩、除尘器等设备也是局部构件。

局部阻力的产生，主要原因是管道边界的局部变化引起了空气速度的重新分布，因而附加了空气质点的相对运动和变形，也加剧了质点间的摩擦与相互撞击，从而使能量受到额外的损失；另外管道的边界局部变化还引起了空气主流与边壁的分离并最终导致旋涡的产生，而产生的旋涡消耗主流的能量。

局部阻力或局部损失按式（1-142）计算：

$$H_j=\zeta\frac{V^2}{2g}\gamma \qquad (1-142)$$

式中　H_j——局部阻力或局部损失，Pa；

ζ——局部构件阻力系数。常用局部构件的阻力系数见本书的附录二和附录三；

V——局部构件的进口风速，m/s；

γ——空气重度，N/m^3。

局部阻力的计算，关键是局部构件阻力系数 ζ 的确定，下面介绍几种常见的局部构件。

（1）弯头　弯头在通风管道中起改变空气流动方向的作用。根据管道截面是圆形或是方形，对应的弯头有圆弯头和方弯头两种形式，分别如图 1-10、图 1-11 所示。

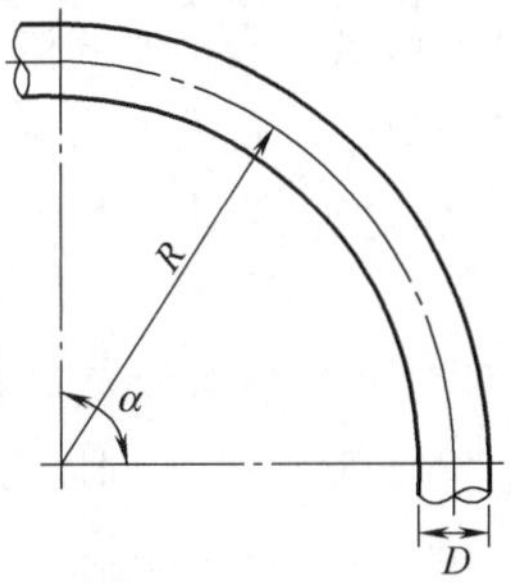

图 1-10　圆弯头

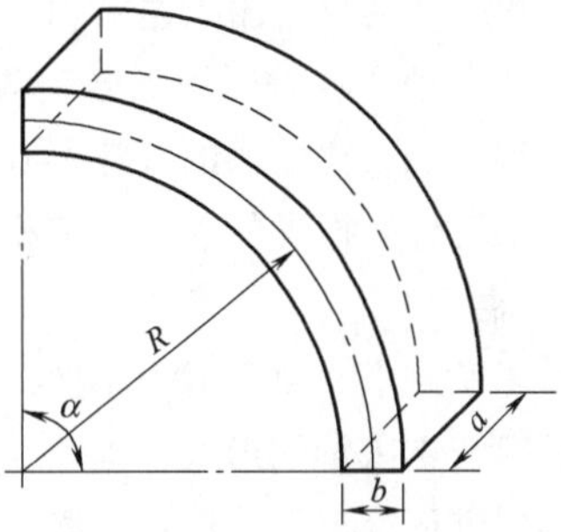

图 1-11　方弯头

描述弯头规格，一般需要三个基本参数，即：①曲率半径 R；②转角 α；③管道参数，如圆弯头的直径 D，方弯头的宽和高。

弯头的曲率半径，一般描述成管道直径的倍数，如 $R=1.5D$。弯头曲率半径的大小，表示管道改变方向时是急或是缓，在除尘风网中弯头的曲率半径一般取 1~2 倍管道直径大小，即 $R=(1\sim2)D$。弯头的转角表示弯头的转向是多少度，如 90°弯头、45°弯头等。

弯头的阻力系数由曲率半径、转角等参数（分节制作的弯头还要选定节数）查弯头阻力系数表即可确定，见本书附录二。

（2）阀门　阀门在除尘风网中起调节管道中风量大小的作用，在除尘风网中最常见的阀门有插板阀和蝶阀两种，分别如图 1-12、图 1-13 所示。

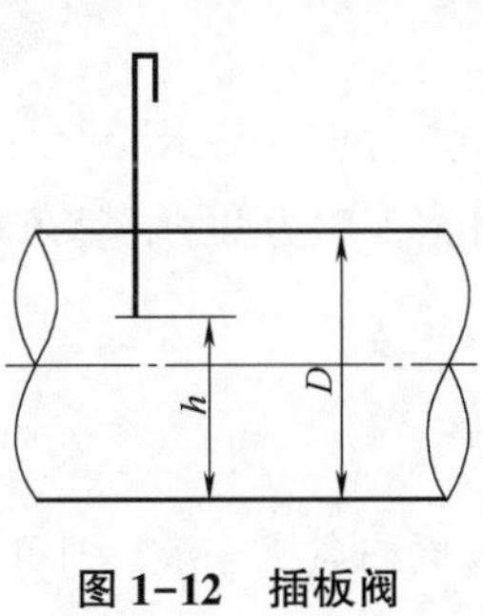

图 1-12　插板阀

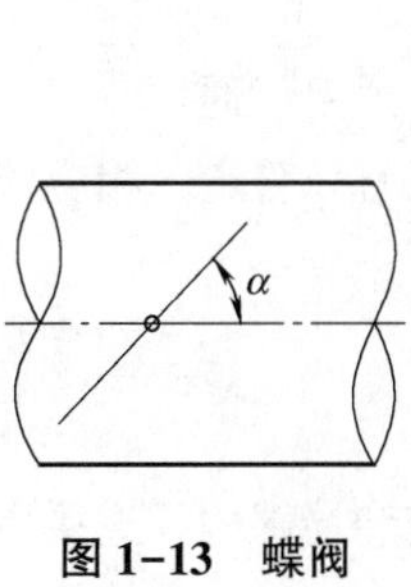

图 1-13　蝶阀

一般在压强较低的管段中使用插板阀，在压强较高的管段中使用蝶阀。可根据蝶阀的倾角或插板阀的开启程度查附录二得到阀门的阻力系数。

（3）三通　三通是除尘风网中最常见的局部构件，作用是将支流管道内的风量并入主管

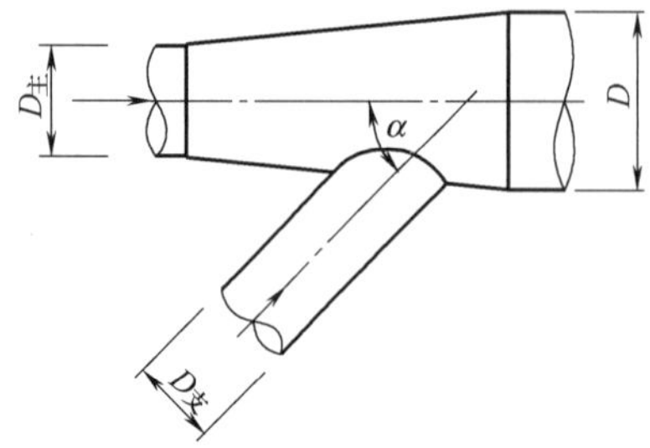

图 1-14　三通

道，三通的结构如图 1-14 所示。

由图 1-14 可知，描述三通的主要参数有支流管道与主管道的夹角 α，主管道的直径 $D_主$ 和流速 $V_主$，支流管道的直径 $D_支$ 和流速 $V_支$ 等。

根据三通夹角 α、主流管道直径与支流管道直径的比值（$D_主/D_支$）和支流管道内气流速度与主流管道内气流速度的比值（$V_支/V_主$），查阅本书附录三三通阻力系数表即可分别得到三通主流管道的阻力系数 $\zeta_主$ 和三通支流管道的阻力系数 $\zeta_支$。

在查阅三通的局部阻力系数时，三通主流管道的阻力系数 $\zeta_主$ 和三通支流管道的阻力系数 $\zeta_支$ 有时会是负值。这是因为三通是两股不同能量的气流汇合的区域，当两股气流能量相差较大时，则其中能量比较低的气流所在的管道阻力系数就可能为负值。负的阻力系数表明这股气流碰撞、汇合后损失的能量少于得到的能量，但主流、支流管道的阻力系数不可能同时出现负值。

（4）汇集风管　在除尘风网的一段管道上，当局部构件三通比较多而且又相距比较近时，常采用汇集风管的形式，即将主管道做成一锥形管道，各支路管道分别以合适的夹角、间距连接到锥形管道上。汇集风管如图 1-15 所示。

对于汇集风管的阻力，可按式（1-143）计算：

$$H_汇 = 2R_大 L \tag{1-143}$$

式中　$H_汇$——汇集风管的阻力，Pa；

$R_大$——锥形管大头风速和直径对应的单位摩阻，Pa/m；

L——锥形管道的长度，m。

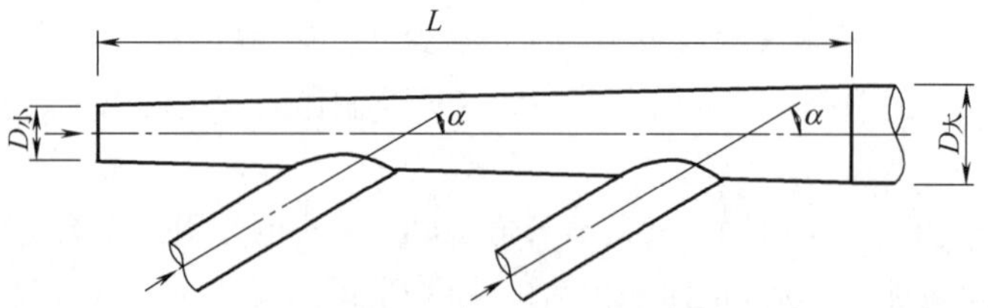

图 1-15　汇集风管

当通风管道上三通比较多且相距不是很集中时，仍采用常规的连接方式，即相邻两个三通之间为一段直长管道，相应流动阻力的计算按沿程摩阻和局部阻力分别计算求和而得。

三、管网总阻力和管网特性曲线

（一）管网

直长管道和局部构件连接所组成的系统，称为管网。管网与风机连接，即可完成特定的通风任务。管网一般由直长管道和局部构件组成。

（1）直长管道　通风管道的形状，一般为圆形管，也有因现场条件或工艺要求部分采用矩形管道。

（2）局部构件　局部构件在管网中主要起连接作用，连接直长管道或设备，有的还起着改变流动方向、调节风量的作用。局部构件可归纳为以下几种类型。

① 变形管：如方变圆、圆变方等。

② 变径管：如锥形管。

③ 节流阀：如插板阀、蝶阀等。

④ 除尘设备：如除尘器、产尘设备等。

⑤ 其他构件：如弯头、三通、风帽等。

一般局部构件所用材料厚度，与连接管道的壁厚相同，并且要求连接处无凸台、不漏气，局部构件内壁要光滑、无凸起等。

（二）管网总阻力

对于任一管网，因为都由直长管道和局部构件连接组成，所以，空气在管网中流动产生的流动阻力即管网总阻力。管网总阻力为管网中所有直长管道的沿程摩阻和管网中所有局部构件的局部阻力之和，即：

$$\sum H=\sum H_{\mathrm{m}}+\sum H_{\mathrm{j}} \tag{1-144}$$

式中　$\sum H$——管网总阻力；

$\sum H_{\mathrm{m}}$——管网中所有直长管道的沿程摩阻之和；

$\sum H_{\mathrm{j}}$——管网中所有局部构件的局部阻力之和。

（三）管网特性曲线

将管网的总阻力$\sum H$与通过管网的总风量Q变化关系绘成的曲线称为管网特性曲线，即$\sum H-Q$曲线。

因为：

$$H_{\mathrm{m}}=\frac{\lambda}{D}L\frac{V^2}{2g}\gamma, H_{\mathrm{j}}=\zeta\frac{V^2}{2g}\gamma, Q=AV \tag{1-145}$$

所以，由式（1-144）和式（1-145）得：

$$\sum H=\sum\frac{\lambda}{D}L\frac{V^2}{2g}\gamma+\sum\zeta\frac{V^2}{2g}\gamma=\left(\sum\frac{\lambda}{D}L\frac{1}{2g}\gamma+\sum\zeta\frac{1}{2g}\gamma\right)\left(\frac{Q}{A}\right)^2 \tag{1-146}$$

即：

$$\sum H=KQ^2 \tag{1-147}$$

式中　$\sum H$——管网的总阻力；

Q——管网的总风量；

K——管网阻力系数。

式（1-147）即管网特性曲线方程。管网制造安装完毕、尺寸结构一定时，管网阻力系数K就是一个定值，不同的管网，K值不同。K值表征了管网的阻力特性，因而称之为管网阻力系数。

将式（1-147）在$\sum H-Q$坐标图上用图形表示出来，即管网特性曲线，是一条二次曲线，如图1-16所示。当风量为零时，风网的总阻力为零；当风量增加时，风网总阻力与风量成平方关系增加。管网阻力系数K值越大曲线越陡，K值越小曲线越平坦。在图1-16中，$K_1>K>K_2$。

［例1-7］　某直长风管管长$L=4.2\mathrm{m}$，直径$D=200\mathrm{mm}$，平均风速$V=14\mathrm{m/s}$，计算沿程摩擦阻力。

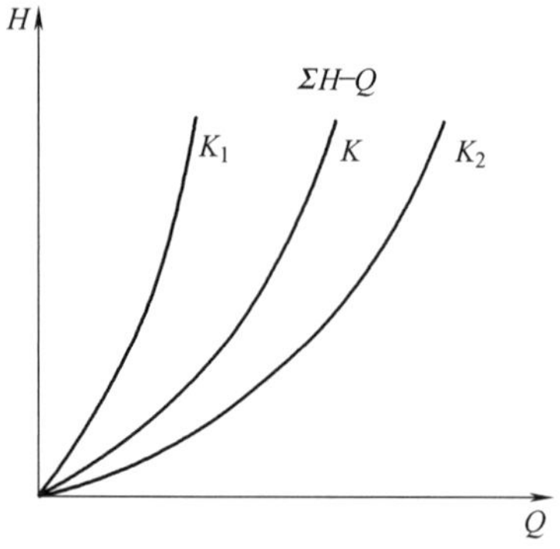

图 1-16　管网特性曲线

解：因为 $V=14\text{m/s}$，$D=200\text{mm}$

查阅附录一除尘风管计算表得：$H_d=12.01\times9.81\text{Pa}$，$\lambda/D=0.102$

所以有：$H_m=\dfrac{\lambda}{D}L\dfrac{V^2}{2g}\gamma=0.102\times4.2\times12.01\times9.81=5.15\times9.81\ (\text{Pa})$

［例 1-8］　某直长风管管长 $L=6\text{m}$，直径 $D=215\text{mm}$，平均风速 $V=10\text{m/s}$，计算沿程摩擦阻力。

解：根据附录一除尘风管计算表，表中无 $D=215\text{mm}$ 的直径，可用插入法计算阻力系数。

在平均风速 $V=10\text{m/s}$ 这一行，在直径 210 和 220 对应的阻力系数之间插入法计算得：

$$\frac{\lambda}{D}=0.0991+\frac{0.0935-0.0991}{220-210}\times(215-210)=0.0963$$

$$H_d=6.12\times9.81\text{Pa}$$

所以

$$H_m=\frac{\lambda}{D}L\frac{V^2}{2g}\gamma=0.0963\times6\times6.12\times9.81=3.54\times9.81(\text{Pa})$$

［例 1-9］　已知某三通，主流管道直径 $D_{主}=320\text{mm}$，支流管道直径 $D_{支}=200\text{mm}$，夹角 $\alpha=30°$，主流管道气流速度 $V_{主}=13\text{m/s}$，支管道气流速度 $V_{支}=13\text{m/s}$，计算三通的局部阻力。

解：因为三通 $\alpha=30°$，$\dfrac{D_{主}}{D_{支}}=\dfrac{320}{200}=1.6$，$\dfrac{V_{支}}{V_{主}}=\dfrac{13}{13}=1.0$

所以，

查阅附录三的 30°三通主流管道的阻力系数表，得 $\zeta_{主}=0.19$

查阅附录三的 30°三通支流管道的阻力系数表，得 $\zeta_{支}=0.08$

因为　$H_j=\zeta\dfrac{V^2}{2g}\gamma$

所以，

$$H_{主}=\zeta_{主}\frac{V_{主}^2}{2g}\gamma=0.19\times\frac{13^2}{2\times9.81}\times11.77=19.26(\text{Pa})$$

$$H_{支}=\zeta_{支}\frac{V_{支}^2}{2g}\gamma=0.08\times\frac{13^2}{2\times9.81}\times11.77=8.11(\text{Pa})$$

第五节　压强、风速和风量的测定

一、压强的测定

在通风系统测定中，压强是表征气体状态的重要参数，而且流速、流量等参数的测量，实质上也需要转换成压强的测量，因此通风管道内空气的压强测定最为常见。

测定压强的仪表统称为测压计。根据测量方式的不同，大致可以分为两类，一类是金属式压强表（一般称为压力表）；另一类是液柱式测压计。压力表一般利用金属的变形来测量压强，如波登管测压计以及膜片式测压计等，现代测量动态压强的应变式和压电晶体式压强传感器属于这一类。液柱式测压计是根据流体静力学基本方程，利用液柱高度直接测出压强。

测量压力的装置一般由三部分组成：感受压力的测压管，传输部分和压力显示部分。

1. 测压管

测压管是感受气体压强的仪器或元件，应用最广泛的就是毕托管，有标准型毕托管和 S 型毕托管两种，用紫铜或不锈钢制成。毕托管一般与压力计配合使用。

（1）标准型毕托管　标准型毕托管如图 1-17 所示，管内有两个通路。一个通路是在端部中心留有小孔，测量时此孔应正对气流以感受全压；另一个通路是在管的侧面，管壁上钻有小孔，测定时，小孔垂直于气流方向，感受静压。这两个测孔测到的压力差值即为动压值。

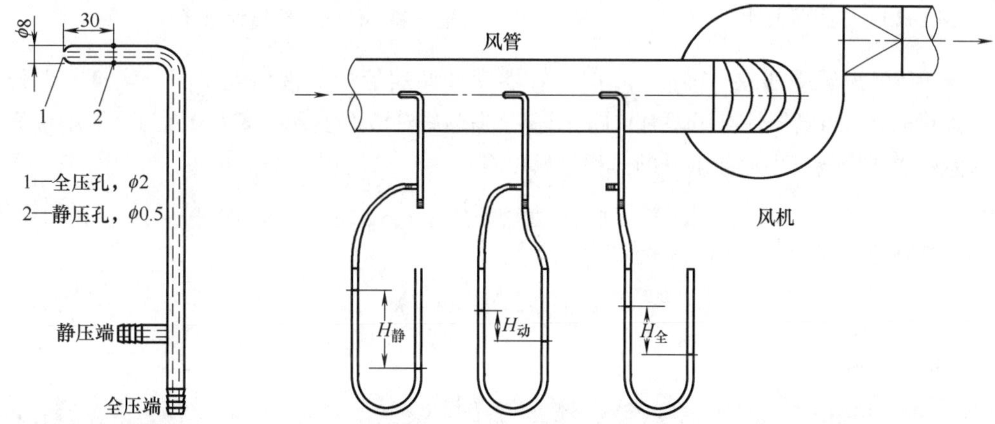

(1) 毕托管的外形和结构　　(2) 用毕托管测定全压、静压和动压连接图

图 1-17　标准型毕托管及其压力测定

（2）S 型毕托管　S 型毕托管如图 1-18 所示，它有两个背对背的测孔，一个正对气流测全压，一个背对气流感受静压。因此，测孔和管径均较大，适用于测定含尘浓度较高的气体。但其误差较大，具有方向性，即背对背的两个测孔互换位置再来测定，其测定值将有所不同。

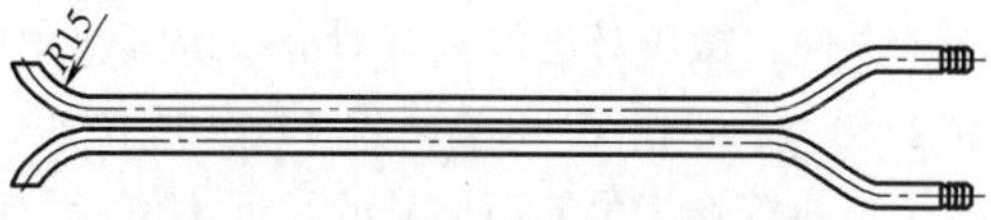

图 1-18　S 型毕托管结构示意图

2. 压力计

常用的压力显示仪表是液柱式压力计。

（1）U 型压力计　U 型压力计是最简单的液体压力计（图 1-19），可装水、汞等作为工作液，根据所测压力范围来选取。当 U 型管中注入水时，U 型压力计中的液柱高度差 Δp，即为所测压强。

（2）倾斜式微压计　倾斜式微压计原理如图 1-20 所示，它实际上就是 U 型压力计的一根管子变粗成为一个容器，另一根管子可倾斜摆动。一般容器直径为 100mm，倾斜管直径 5mm。因为容器的段截面积 A_2 比倾斜管截面积 A_1 要大得多，只要容器中液体变动很微小的高度 h_2，就可以在倾斜管上反映出很大的液柱高度变化 h_1。减小倾斜管的角度 α 可以使读数更大一些，从而提高读数准确度。读数时不需看容器内液面高度，只读取倾斜管内的液柱长度 L。

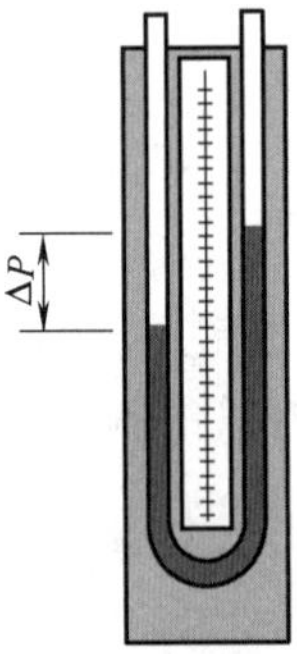

图 1-19　U 型压力计

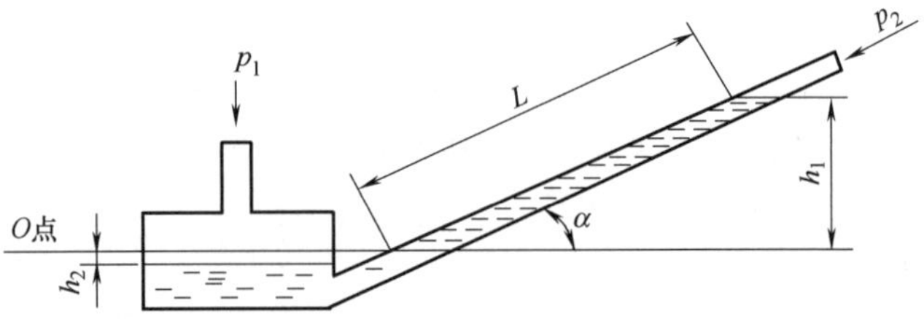

图 1-20　倾斜式微压计原理

当微压计不感受压差，即 $p_1=p_2$ 时，容器中和倾斜管中的液面处于同一高度，即处于 0-0 水平面上。当微压计有压差时，即 $p_1>p_2$，则倾斜管液面上升高度 h。因为容器中液面下降的体积等于倾斜管中液面上升的体积，所以有：

$$h_2A_2=LA_1 \tag{1-148}$$

同时容器中液面下降 h_2，二者的液面高差为：

$$h=h_1+h_2=L\sin\alpha+\frac{A_1}{A_2}L \tag{1-149}$$

所测的压强差为：

$$\Delta p=p_1-p_2=h\gamma=\gamma L\left(\frac{A_1}{A_2}+\sin\alpha\right)=kL \tag{1-150}$$

式（1-150）中，$\gamma\left(\frac{A_1}{A_2}+\sin\alpha\right)$ 用 k 表示，即 $k=\gamma\left(\frac{A_1}{A_2}+\sin\alpha\right)$，称为微压计的系数或倾斜常数。

由式（1-150）可知，在一定条件下，微压计的系数 k 与倾斜管的倾斜角度 α 有关。为了测量方便，微压计已经刻有对应一定倾斜角度的 k 值，如国产某型号倾斜式微压计的 k 值有 0.2、0.3、0.4、0.6、0.8 这 5 档。将微压计上的倾斜测量管固定在相应的倾斜常数 k 值上，在倾斜管上读出液面上升的长度 L 值后，即可由式（1-150）计算出压强差。

因为 $A_2 \gg A_1$，所以式（1-150）可简化为：

$$\Delta p=\gamma L\sin\alpha \tag{1-151}$$

从图 1-20 可知：

$$L=\frac{h_1}{\sin\alpha} \tag{1-152}$$

所以，倾斜式微压计读数 L 将 h_1 放大了 $\frac{1}{\sin\alpha}$ 倍。

倾斜式微压计的量程一般为 0~200mmH_2O。倾斜压力计通常采用酒精（$\rho=810kg/m^3$）

作为工作液，但读数仍为 mmH_2O。

（3）补偿式微压计　补偿式微压计（图 1-21）的量程为 0~120mmH_2O，是一种精度较高的压力计。它除了作一般微小压差的测量外，还用于校正其他压力计（如倾斜式微压计）。

补偿式微压计用水作为工作液体。测压时，将短管 11、12 与测压点相连，压力大的接短管 11。这时容器 2 中的水被压入容器 1 中。按顺时针转旋鼓 9 以调整容器 1 的位置，使容器 2 中的水位仍保持在初始位置（顶针 7 的针尖与水面接触），此时容器 1 的上升高度（由垂直刻度与水平刻度盘上读得），即为 11、12 两短管所接受的压差。测量的精度由观察三角形顶针的针尖与水面接触的准确度来保证。

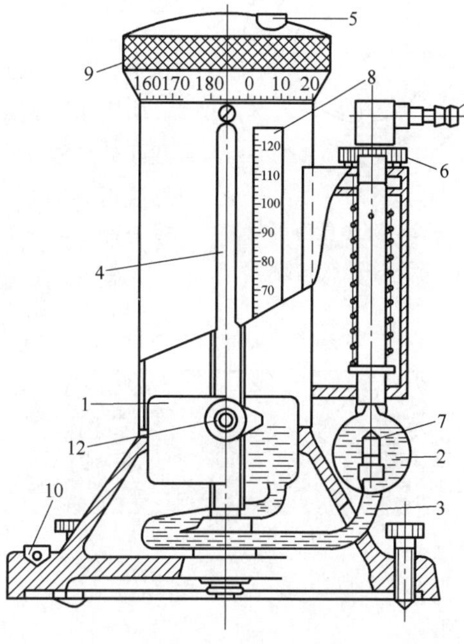

图 1-21　补偿式微压计

1、2—容器；3—橡皮管；4—螺杆；5—柱销；6—轮盘；7—指示顶针；8—垂直刻度；9—旋鼓；10—水准器；11、12—短管

3. 压力传感器

随着压强测量仪器、仪表的发展，出现了各种类型的压力传感器。压力传感器工作时将压力参数转换为电信号输出，因此可以和各种现代仪器、仪表连接。压力传感器通常由压力敏感元件和信号处理单元组成。

压力传感器类型较多，如绝对压力传感器、表压力传感器、真空压力传感器、差压变送器等。

二、风速、风量的测定

（一）风速的测定

气流速度的测定包括测量速度的大小和方向，但对通风系统中管道内风速的测定，一般只测量速度的大小。

1. 通过测定动压计算风速

对于通风除尘与气力输送，管道中气流速度都比较高，即流型多为紊流，所以常通过采用测量管道轴心线上的动压来计算平均速度，即：

$$V=k\sqrt{\frac{2gH_{\mathrm{dmax}}}{\gamma_a}} \tag{1-153}$$

式中　V——平均速度，m/s；

k——平均速度系数，紊流流态一般取 0.9；

H_{dmax}——管道轴心线上的动压，Pa；

γ_a——空气重度，N/m^3。

如果为通风工程标准空气，则式（1-153）可简化为：

$$V=1.162\sqrt{H_{dmax}} \tag{1-154}$$

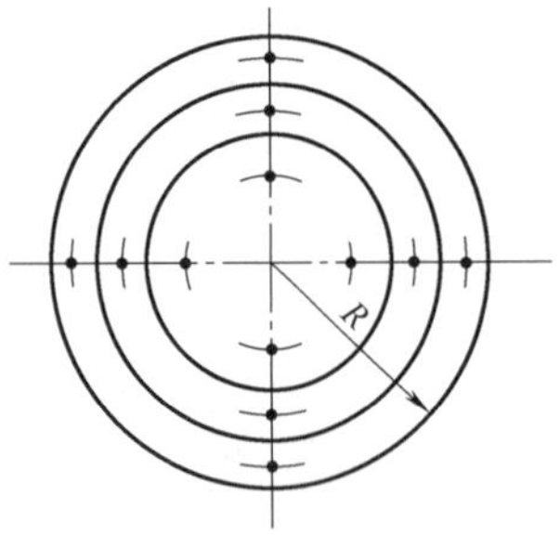

图 1-22　圆形管道等截面分环法测点布置

风量可由平均速度计算出：

$$Q=VA \quad (m^3/s) \tag{1-155}$$

式中　A——通风管道截面面积，m^2。

为了提高测定结果的准确性，断面测点的布置多采用等截面分环法。即将圆形管道断面分成若干个等面积的圆环，然后再将等面积的圆环二等分，此等分圆与在断面上直径的交点即为测点。如图 1-22 所示。

圆形通风管道等截面分环法测点距管内壁距离见表 1-3。

表 1-3　圆形通风管道等截面分环法测点距管内壁距离（R 为管道半径）

管径/mm		130	130～200	200～450	450～650
环数/环		1	2	3	4
测点数/个		2	4	6	8
测点序号	1	0.293R	0.134R	0.086R	0.064R
	2	0.707R	0.500R	0.293R	0.210R
	3	—	1.500R	0.591R	0.388R
	4	—	1.866R	1.409R	0.646R
	5	—	—	1.707R	1.354R
	6	—	—	1.914R	1.612R
	7	—	—	—	1.790R
	8	—	—	—	1.936R

按等截面分环法所测数据可按式（1-156）～式（1-158）计算。

平均全压：

$$H_{全}=\frac{H_{全1}+H_{全2}+\cdots+H_{全n}}{n} \tag{1-156}$$

平均静压：

$$H_{静}=\frac{H_{静1}+H_{静2}+\cdots+H_{静n}}{n} \tag{1-157}$$

平均动压：

$$H_{动}=\left(\frac{\sqrt{H_{动1}}+\sqrt{H_{动2}}+\cdots+\sqrt{H_{动n}}}{n}\right)^2 \tag{1-158}$$

测点所处管道断面位置的选择，应尽量避免前后局部构件如弯头、阀门等的影响，尽量放在直长管道的中部。

2. 直接测定风速

风速的测定还可采用热线风速仪、转杯式风速仪等仪器直接测试读出。

热线（膜）风速仪是在流场中放置细金属丝或金属薄膜对其通电加热，利用它的冷却率与流体速度的函数关系来测量流速的仪器，它由探头和放大电路两部分组成。有热线式和热膜式两种，它们的结构形式多种多样，图 1-23 为其中的一种。热线或热膜风速仪的工作原理是相同的，热线式适用于气体，热膜式适用于液体。

常用的热线式风速仪测量范围有 0.05～5m/s、0.05～10m/s 及 0.05～30m/s 三种，适用于气体干净或含尘浓度较低的作业环境。

转杯式风速仪是通过固定在支架上的半球形或抛物形的空杯旋转测定风速的。在风的作用下空杯绕轴旋转，其转速正比于风速。

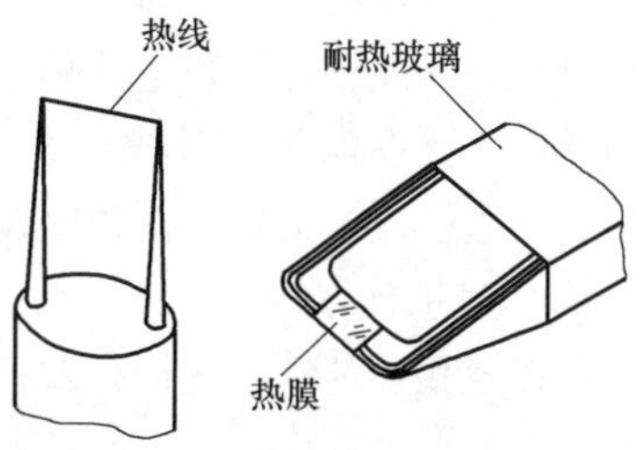

图 1-23　热线、热膜探头

（二）风量的测定

通风管道风量的测定可用转子流量计、孔板（或喷嘴、文丘里管）流量计等直接读出。但在通风除尘与气力输送系统中，更常用的方法是通过测定气流速度和管道面积计算得到。

第六节　空气流动数值模拟基础

一、数值模拟及其步骤

计算流体力学或计算流体动力学（Computational Fluid Dynamics，CFD）是用电子计算机和离散化的数值方法对流体力学问题进行数值模拟和分析的一个分支，通过计算机数值计算和图像显示的方法，在时间和空间上定量描述流场的数值解，从而达到对物理问题研究的目的。同时，CFD 是目前国际上一个强有力的研究领域，是进行传热、传质、动量传递及燃烧、多相流和化学反应等研究的核心和重要技术，广泛应用于航天、汽车、涡轮机等设计及生物医学工业、化工处理工业等诸多工程领域。

CFD 的基本思想是把原来在时间域及空间域上连续的物理量的场，如速度场和压力场等，用一系列有限个离散点上变量值的集合来代替，通过一定的原则和方式建立起关于这些离散点上场变量之间关系的代数方程组，然后求解代数方程组获得场变量的近似值。其可以看作是在流动基本方程控制下对流动的数值模拟。通过这种数值模拟，我们可以得到极其复杂流场内各个位置上的基本物理量（如速度、压力、温度、浓度等）的分布，以及这些物理量随时间的变化情况。

采用 CFD 的方法对空气流动进行数值计算，通常步骤如下。

（1）建立反映工程问题或物理问题本质的数学模型。具体地说就是要建立反映问题各个量之间关系的微分方程及相应的定解条件，这是数值模拟的出发点。空气流动基本控制方程通常包括质量守恒方程、动量守恒方程、能量守恒方程以及这些方程相应的定解条件。

（2）寻求高效率、高准确度的计算方法，即建立针对控制方程的数值离散化方法，如有限差分法、有限元法、有限体积法等。这里的计算方法不仅包括微分方程的离散化方法及求解方法，还包括坐标系的选取和边界条件的处理等。

（3）编制程序和完成计算，包括计算用网格划分、初始条件和边界条件的输入以及控制参数的设定等。由于求解的问题比往往较复杂，如 Navier-Stokes 方程就是一个十分复杂的非线性方程，因此，合理确定求解方法和完成求解过程涉及的工作量特别大。需要注意的是，数值求解方法在理论上不是绝对完善的，所以一般都需要通过实验加以验证，正是从这个意义上讲，数值模拟又被称作数值试验。

（4）显示计算结果，计算结果一般通过图表等方式显示，这对检查和判断分析模拟工作的质量以及最终的结果分析有着重要参考意义。

二、空气流动控制方程组

为了解决科学技术和工程实践中的空气流动问题，首先应对研究对象中的空气性质和运动现象进行抽象简化，凝练和提出反映问题本质的理论模型，并运用基本的物理定律和反映此物理过程特点的特殊规律建立空气流动的基本方程组。方程组应该是封闭的，即方程的个数要与其中出现的未知物理量的数目相等。然后，根据具体问题的初始条件和边界条件，求解方程组，计算流场内各物理量的分布。

对有限的流体体积，讨论它的质量、动量和能量的变化率，然后再根据基本物理定律写出的方程组就是积分形式的流体力学方程组。部分方程已在本章前面内容中介绍，此处为方便说明问题，仅简要复述，且方程采用张量形式。

在流场中任取一体积的流体，其周界面为 σ，外法线单位矢量为 n。设流体密度为 ρ，流体速度为 u，$u_n=u\cdot n$；时间为 t；$\frac{\mathrm{d}}{\mathrm{d}t}$为随体导数，则 $\int\frac{\partial\rho}{\partial t}\mathrm{d}\tau$ 为 τ 空间内流体质量的增加率，$\int\rho u_n\mathrm{d}\sigma$ 为单位时间内通过界面 σ 流出的流体质量。

根据质量守恒得出：

$$\int\frac{\partial\rho}{\partial t}\mathrm{d}\tau+\int\rho u_n\mathrm{d}\sigma=0 \tag{1-159}$$

设 F 为作用在单位质量流体上的体积力，P 为应力张量，$P_n=n\cdot P$；则总动量变化率为 $\frac{\mathrm{d}}{\mathrm{d}t}\int\rho u\mathrm{d}\tau=\int\rho\frac{\mathrm{d}u}{\mathrm{d}t}\mathrm{d}\tau$；$\tau$ 内体积力总和为 $\int\rho F\mathrm{d}\tau$；表面力总和为 $\int P_n\mathrm{d}\sigma$。

由动量变化定律给出动量守恒方程：

$$\int\rho\frac{\mathrm{d}u}{\mathrm{d}t}\mathrm{d}\tau=\int\rho F\mathrm{d}\tau+\int P_n\mathrm{d}\sigma \tag{1-160}$$

设 U 为单位质量流体的内能，u 为速度，q 为单位时间内热源给单位质量流体的能量，T 为热力学温度，Q 为热流密度矢量，由傅里叶传热定律可知 $Q=-k\nabla T$；单位时间内由热源给流体的热量为 $\int\rho q\mathrm{d}\tau$；因传热由界面流入的热量为 $\int k\frac{\partial T}{\partial n}\mathrm{d}\sigma$；$\tau$ 内流体总能量的时间变化率为$\frac{\mathrm{d}}{\mathrm{d}t}\int\rho\left(U+\frac{u^2}{2}\right)\mathrm{d}\tau$；单位时间内体积力做功为 $\int\rho F\cdot u\mathrm{d}\tau$；表面力做功为 $\int P_n\cdot u\mathrm{d}\sigma$。

根据能量守恒定律有：

$$\int\rho\left(U+\frac{u^2}{2}\right)\mathrm{d}\tau=\int k\frac{\partial T}{\partial n}\mathrm{d}\sigma+\int\rho F\cdot u\mathrm{d}\tau+\int P_n\cdot u\mathrm{d}\sigma+\int\rho q\mathrm{d}\tau \tag{1-161}$$

式（1-159）~式（1-161）组成了积分形式的流体力学方程组。可用它研究流场中物理量的总体变化关系，也可用它导出间断面上的条件。

流体力学基本方程组通常指的是其微分形式的方程组。从上面积分形式的方程组出发，把式（1-159）~式（1-161）中的面积分化成体积分形式，并假定各被积函数（流场中物理量及其有关的偏导数）连续，就可得到如下微分形式的方程组：

$$\frac{\partial \rho}{\partial t}+\nabla\cdot(\rho u)=0 \tag{1-162}$$

$$\rho\frac{\mathrm{d}u}{\mathrm{d}t}=\rho F+\nabla\cdot P \tag{1-163}$$

$$\rho\frac{\mathrm{d}U}{\mathrm{d}t}=\rho q+\nabla\cdot(k\nabla T)+\nabla\cdot(u\cdot P)-u\nabla\cdot P \tag{1-164}$$

式（1-162）~式（1-164）为CFD仿真过程中求解的流体流动控制方程，其适用于单相流体流动和换热过程的求解。如果物理现象涉及多组分和多相流情况，需要在上述方程组的基础上补充增加反映新增相特征的若干相应方程。

对于气力输送和气流分选等涉及气固耦合的两相流，其求解过程中的建模方法有两种：欧拉-欧拉模型方法和欧拉-拉格朗日模型方法。欧拉-欧拉模型方法将固相和气相视为相互渗透的两个连续体，采用颗粒流动动力学理论方法，通过求解附加方程来计算颗粒间的相互作用。此方法的主要缺点是计算所需的时间较长，同时，该方法在显示粒子轨迹和模拟粒子-粒子和粒子-壁碰撞方面有一定的局限性。

在欧拉-拉格朗日方法中，气相被视为连续体，仍然在欧拉坐标系下建立，通过气相的Navier-Stokes方程计算出不考虑固相时的流场。而固相则使用离散相轨道模型，通过跟踪大量的粒子，计算施加在粒子上的所有力，以求得它们的新位置和速度，固相可以与气相进行动量、质量和能量的交换等。欧拉-拉格朗日模型方法是模拟密集颗粒流问题的首选方案。

目前常见的模拟气固流动的离散相模型（DPM），采用的方案几乎都是求解平均方程以捕捉气相的流体特征，颗粒相仍是通过直接模拟的方式来求解，采用一定的离散元法技术跟踪颗粒-颗粒、颗粒-壁面相互作用的细节，然后通过界面相互作用力项实现流体与颗粒之间的质量、动量和能量的传递。在DPM中，一个基本假设是固相体积分数非常低，它可以作为单向耦合方式（流体只影响粒子运动）或双向耦合方式（粒子运动也影响流体运动）。此外，在求解粒子运动方程时，忽略了粒子间的相互作用。

离散相轨道模型针对连续相的湍流脉动对离散相的影响，主要有两种处理方法：忽略湍流脉动影响的颗粒确定轨道模型和考虑湍流脉动影响的颗粒随机轨道模型。颗粒确定轨道模型应用较广泛，但它由于没有考虑湍流脉动对离散相的影响，不能准确反映颗粒的分布状态，具有一定的缺陷。为了准确模拟离散相，在确定轨道模型的基础上，考虑了湍流脉动对离散相的影响，将离散相运动方程中的瞬时速度分为时均速度和脉动速度，来实现跟踪颗粒的运动轨迹，此时的计算工作量会大幅增加。

由于DPM中粒子是单独跟踪的，因此对于高体积分数颗粒系统的计算成本较高，而且，对于具有高体积分数颗粒的系统（如流化床中的颗粒），颗粒与颗粒之间的相互作用已经不能够忽略，因此需要采用四向耦合方法（流体影响颗粒运动、颗粒影响流体运动、颗粒相互影响）。

FLUENT软件中的去噪扩散概率模型（DDPM）和CPFD软件中的MP-PIC方法，通过使用包裹（parcel）的概念，用一个力来表示包裹与包裹之间的相互影响。这些方法因为模拟使用的粒子数量较少且允许更大的时间步长，比DPM方法计算效率更高。

因此，欧拉-拉格朗日模型对于稀疏和密稠两相流，分别有 DPM 和 DDPM 模型，其方程分别如下。

DPM 气相控制方程：

$$\tau_p = -p_p I + \varepsilon_p \mu_p(\nabla\vartheta_p + \nabla\vartheta_p^T) + \varepsilon_p\left(\lambda_p - \frac{2}{3}\mu_p\right)\nabla\cdot\vartheta_p I \tag{1-165}$$

$$\frac{\partial(\rho\vartheta_i)}{\partial t} + \frac{\partial(\rho\vartheta_i\vartheta_j)}{\partial x_j} = -\frac{\partial p}{\partial x_i} + \frac{\partial\tau_{ij}}{\partial x_j} + \rho g_i + F_i \tag{1-166}$$

DPM 颗粒相控制方程：

$$m_p\frac{d\vartheta_p}{dt} = F_D + F_G + F_B + F_A + F_C + F_M + F_S \tag{1-167}$$

DDPM 气相控制方程：

$$\frac{\partial}{\partial t}(\varepsilon_g\rho_g) + \nabla\cdot(\varepsilon_g\rho_g\vartheta_g) = 0 \tag{1-168}$$

$$\frac{\partial}{\partial t}(\varepsilon_g\rho_g\vartheta_g) + \nabla\cdot(\varepsilon_g\rho_g\vartheta_g\vartheta_g) = -\varepsilon_g\nabla p + \nabla\cdot\tau_g + \varepsilon_g\rho_g g + k_{gp}(\vartheta_p - \vartheta_g) \tag{1-169}$$

DDPM 颗粒相控制方程：

$$\frac{d\vartheta_p}{dt} = F_D(\vartheta_p - \vartheta_g) + \frac{g(\rho_p - \rho_g)}{\rho_D} + F_{\text{interaction}} \tag{1-170}$$

$$\tau_p = -P_p I + \varepsilon_p\mu_p(\nabla\vartheta_p + \nabla\nabla\vartheta_p^T) + \varepsilon_p\left(\lambda_p - \frac{2}{3}\mu_p\right)\nabla\cdot\vartheta_p I \tag{1-171}$$

式中 τ_p——固相应力-应变张量，kg/(m · s^2)；
τ_g——气相应力-应变张量，kg/(m · s^2)；
p_p——固体压力，Pa；
I——单位张量；
x——坐标；
F_i——固体和气体所作用的力；
ε_p——固体体积分数；
ε_g——气体体积分数；
μ_p——剪切黏度，kg/(m · s)；
∇——哈密顿算子；
ϑ_p——固体速度矢量，m/s；
ϑ_g——气体速度矢量，m/s；
T——热力学温度，K；
λ_p——固体体积黏性，kg/(m · s)；
m_p——颗粒质量，kg；
F_D——阻力力；
F_G——重力力。

三、数学模型的求解与处理

运用 CFD 技术进行数值分析仿真时，常用的离散方法有有限差分法、有限元法和有限体积法，三者各有所长。对于气液、气固和液固等两相流甚至是三相流的情况，还涉及离散元法，其主要特性如下。

1. 有限差分法

有限差分法是数值解法中最经典的方法之一。它是将求解区域划分为差分网格，用有限个网格节点代替连续的求解域，然后将偏微分方程（控制方程）的导数用差商来代替，推导出含有离散点上有限个未知数的差分方程组。该方法的产生和发展比较早，也比较成熟，较多用于求解双曲线和抛物线形问题。用它求解边界条件复杂，尤其是椭圆形问题时，不如有限元法或有限体积法方便。

目前，对于线性偏微分方程的定解问题，差分方法已经形成了较成熟的算法格式与软件，并能对其进行较完善的理论分析。对于非线性问题，有效的算法及其理论分析正在迅速发展之中。在用差分法求解发展方程时，主要任务是在保证稳定性和收敛性的前提下，提出更有效的差分格式，例如，当采用显格式时，其计算量虽比隐格式小，但稳定性相对变差，对定解条件的要求比隐格式高。如果采用无条件稳定的隐格式，计算量又比显格式的计算量大，因此，针对不同的情况可采取不同的差分格式以使计算效率更高。

简单来说，有限差分离散就是用有限差商代替微分方程中的导数。差分格式从格式的精度来划分，有一阶格式、二阶格式和高阶格式；从差分的空间形式来考虑，可分为中心格式和逆风格式；考虑时间因子的影响，差分格式还可分为显格式、隐格式、显隐交替格式等。目前常见的差分格式，主要是上述几种形式的组合，不同的组合构成不同的差分格式。

构造差分的方法有多种形式，目前主要采用的是泰勒级数展开方法。其基本的差分表达式主要有四种形式：一阶向前差分、一阶向后差分、一阶中心差分和二阶中心差分，其中前两种格式为一阶计算精度，后两种格式为二阶计算精度。通过对时间和空间不同差分格式的组合，可以组合成不同的差分计算格式。在图 1-24 所示的差分网格中，n 方向为对时间项进行离散，j 方向为对空间项进行离散，则：

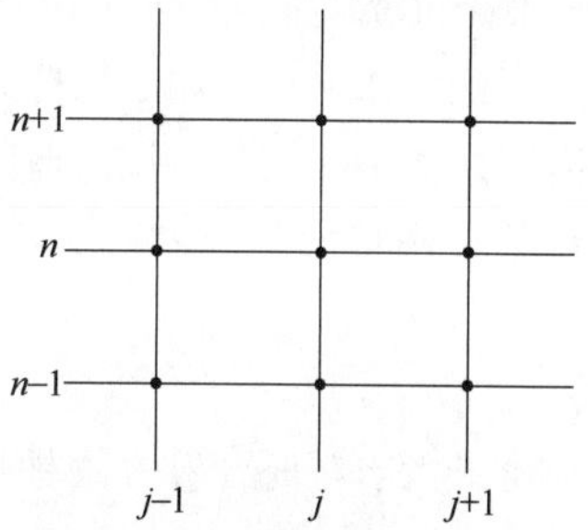

图 1-24　差分网格

向前差分

$$\left(\frac{\partial \Gamma}{\partial x}\right)_j^n \approx \frac{\Gamma_{j+1}^n - \Gamma_j^n}{\Delta x} \tag{1-172}$$

向后差分

$$\left(\frac{\partial \Gamma}{\partial x}\right)_j^n \approx \frac{\Gamma_j^n - \Gamma_{j-1}^n}{\Delta x} \tag{1-173}$$

中心差分

$$\left(\frac{\partial \Gamma}{\partial x}\right)_j^n \approx \frac{\Gamma_{j+1}^n - \Gamma_{j-1}^n}{\Delta x} \tag{1-174}$$

其中，Γ 表示变量，代表各种物理量；n 表示时刻；j 代表空间位置；Γ_j^n 表示时刻 $n\Delta t$ 和位置 $j\Delta x$ 的 Γ 值；Δt 和 Δx 则分别表示时间步长和空间步长。

下面以一个简单的系数为常数的线性微分方程为例，讨论逆风格式和蛙跳格式。

$$\frac{\partial \Gamma}{\partial t} + u\frac{\partial \Gamma}{\partial x} = 0 \tag{1-175}$$

设速度 u 的正方向与 x 轴的正方向一致，空间差分的形式随 u 的方向分别采用前差分或后差分。

向前差分

$$\frac{\Gamma_j^{n+1}-\Gamma_j^n}{\Delta t}+u\frac{\Gamma_{j+1}^n-\Gamma_j^n}{\Delta x}=0,\ u<0 \tag{1-176}$$

向后差分

$$\frac{\Gamma_j^{n+1}-\Gamma_j^n}{\Delta t}+u\frac{\Gamma_j^n-\Gamma_{j-1}^n}{\Delta x}=0,\ u>0 \tag{1-177}$$

稳定条件

$$c=u\frac{\Delta t}{\Delta x}\leqslant 1 \tag{1-178}$$

蛙跳格式也是一种常用的差分格式，它在时间和空间上都采用中心格式。当这种格式用于仅含对流项的方程时，有非常好的稳定性，差分格式如下：

$$\frac{\Gamma_j^{n+1}-\Gamma_j^{n-1}}{2\Delta t}+u\frac{\Gamma_{j+1}^n-\Gamma_{j-1}^n}{2\Delta x}=0 \tag{1-179}$$

这种格式在时间和空间上均为二阶精度，因而为了计算 $n+1$ 层的值，需要 $n-1$ 和 n 层的已知值。此外，还可以看出，后一偶数层的 Γ 实际上等于前一偶数层的 Γ 值加上一个变化量，而跳过其间层的奇数层，这就是蛙跳格式的来历。

2. 有限元法

有限元法的基础是变分原理和加权余量法，其基本求解思想是把计算域划分为有限个互不重叠的单元，在每个单元内，选择一些合适的节点作为求解函数的插值点，将微分方程中的变量改写成由各变量或其导数的节点值与所选用的插值函数组成的线性表达式，借助于变分原理或加权余量法，将微分方程离散求解。采用不同的权函数和插值函数形式，便构成不同的有限元法。

有限元法最早应用于结构力学，后来随着计算机的发展慢慢用于流体力学的数值模拟。在有限元法中，把计算域离散剖分为有限个互不重叠且相互连接的单元，在每个单元内选择基函数，用单元基函数的线形组合来逼近单元中的真解，整个计算域上总体的基函数可以看为由每个单元基函数组成的，则整个计算域内的解可以看作是由所有单元上的近似解构成。

常见的有限元计算方法是由变分法和加权余量法发展而来的里兹法和伽辽金法、最小二乘法等。根据所采用的权函数和插值函数的不同，有限元法也分为多种计算格式。从权函数的选择来说，有配置法、矩量法、最小二乘法和伽辽金法，从计算单元网格的形状来划分，有三角形网格、四边形网格和多边形网格，从插值函数的精度来划分，又分为线性插值函数和高次插值函数等。不同的组合同样构成不同的有限元计算格式。

对于有限元法，其基本思路和解题步骤归纳如下。

（1）建立积分方程　根据变分原理或方程余量与权函数正交化原理，建立与微分控制方程等价的积分表达式，这是有限元法的出发点。

（2）区域单元剖分　根据求解区域的形状及实际问题的物理特点，将区域剖分为若干相互连接、不重叠的单元。区域单元剖分是使用有限元法的前期准备工作，这部分工作量比较大，除了给计算单元和节点进行编号和确定相互之间的关系之外，还要表示节点的位置坐标，同时还需要列出自然边界和本质边界的节点序号和相应的边界值。

（3）确定单元基函数　根据单元中节点数目及对近似解精度的要求，选择满足一定插值条件的插值函数作为单元基函数。有限元法中的基函数是在单元中选取的，由于各单元具有规则的几何形状，在选取基函数时可遵循一定的法则。

（4）单元分析 将各个单元中的求解函数用单元基函数的线性组合表达式进行逼近，再将近似函数代入积分方程，并对单元区域进行积分，可获得含有待定系数（即单元中各节点的参数值）的代数方程组，称为单元有限元方程。

（5）总体合成 在得出单元有限元方程之后，将区域中所有单元有限元方程按一定法则进行累加，形成总体有限元方程。

（6）边界条件的处理 一般边界条件有三种形式，分为本质边界条件（狄里克雷边界条件）、自然边界条件（黎曼边界条件）、混合边界条件（柯西边界条件）。对于自然边界条件，一般在积分表达式中可自动得到满足。对于本质边界条件和混合边界条件，需按一定法则对总体有限元方程进行修正满足。

（7）解有限元方程 根据边界条件修正的总体有限元方程组，是含所有待定未知量的封闭方程组，采用适当的数值计算方法求解，可求得各节点的函数值。

3. 有限体积法

有限体积法，又称控制体积法。其基本思路是：将计算区域划分为一系列不重复的控制体积，并使每个网格点周围有一个控制体积；将待解的微分方程对每一个控制体积积分，便得出一组离散方程。其中的未知数是网格点上因变量的数值。为了求出控制体积的积分，必须假定值在网格点之间的变化规律。从积分区域的选取方法来看，有限体积法属于加权剩余法中的子区域法；从未知解的近似方法来看，有限体积法属于采用局部近似的离散方法。简言之，子区域法属于有限体积法的基本方法。

有限体积法得出的离散方程，要求因变量的积分守恒对任意一控制体积都得到满足，所以在整个计算区域内也自然能够得到满足，这是有限体积法最大的优点。有一些离散方法，如有限差分法，仅当网格极其细密时，离散方程才满足积分守恒，而有限体积法即使在粗网格情况下也显示出准确的积分守恒。

下面以一维稳态扩散方程为例，讨论有限体积的求解过程：

$$\frac{\mathrm{d}}{\mathrm{d}x}\left(\Gamma\frac{\mathrm{d}\phi}{\mathrm{d}x}\right)+S=0 \tag{1-180}$$

要离散该方程，就首先要生成网格，如图 1-25 所示。将一维计算域划分为 5 段，每个网格单元就是一个有限控制体，两端边界为 A 和 B，即每个网格单元有一个节点，如 W、P 和 E，节点一般为网格单元的中心点，也是变量保存的位置。两个相邻节点的中点是网格单元的边界。

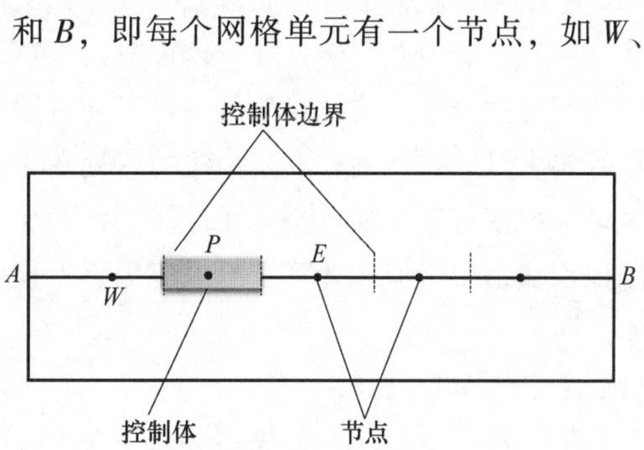

图 1-25 网格示意图

网格与边界之间的距离关系如图 1-26 所示。

扩散方程的离散主要包括两个部分：散度的离散和梯度的离散。

（1）散度的离散

$$\Delta x=\delta x_{we} \tag{1-181}$$

扩散方程在控制体单元 ΔV（边界为 A）上的积分有：

$$\int \frac{\mathrm{d}}{\mathrm{d}x}\left(\Gamma \frac{\mathrm{d}\phi}{\mathrm{d}x}\right)\mathrm{d}V + \int S\mathrm{d}V = \int n \cdot \left(\Gamma \frac{\mathrm{d}\phi}{\mathrm{d}x} i\right)\mathrm{d}A + \int S\mathrm{d}V$$
$$= \left(\Gamma A \frac{\mathrm{d}\phi}{\mathrm{d}x}\right)_{\varepsilon} - \left(\Gamma A \frac{\mathrm{d}\phi}{\mathrm{d}x}\right)_{w} + \bar{S}\Delta V = 0 \tag{1-182}$$

其中，ϕ 为变量，A 是边界面的面积，$\bar{S}$ 为控制体单元内的平均值，S 为源项，Γ 为扩散系数，ΔV 为控制体单元。从图 1-26 来看，在边界 w 处，边界的法向量 n 是指向 x 轴负向的，所以 $n \cdot i=-1$。

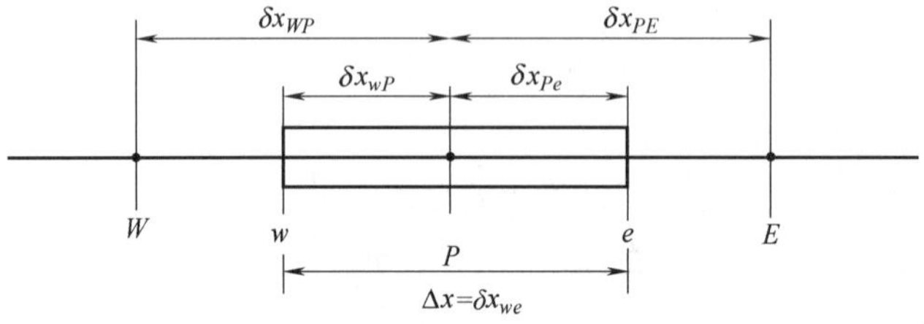

图 1-26　网格与边界之间的距离关系

（2）梯度的离散　式（1-182）仅是半离散方程，需要进一步对梯度项$\frac{\mathrm{d}\phi}{\mathrm{d}x}$进行离散。从式中可见，梯度项都是位于单元边界面位置的，而边界处不保存变量值，边界面两边的节点会保存变量值，因此可以用有限差分法求解边界面的导数，比如用二阶中心差分格式：

$$\left(\Gamma A \frac{\mathrm{d}\phi}{\mathrm{d}x}\right)_{w} = \Gamma_{w} \frac{\phi P-\phi W}{\delta x_{WP}} \tag{1-183}$$

$$\left(\Gamma A \frac{\mathrm{d}\phi}{\mathrm{d}x}\right)_{\varepsilon} = \Gamma_{\varepsilon} \frac{\phi E-\phi P}{\delta x_{PE}} \tag{1-184}$$

源项 $\bar{S}\Delta V$ 通常是变量 ϕP 的函数，这里假设为线性关系，即：

$$\bar{S}\Delta V=S_{u}+S_{P\phi P} \tag{1-185}$$

代入即得一维扩散方程的有限体积求解方程：

$$\Gamma_{\varepsilon}A_{\varepsilon} \frac{\phi E-\phi P}{\delta x_{PE}}-\Gamma_{w}A_{w} \frac{\phi P-\phi W}{\delta x_{WP}}+(S_{u}+S_{P\phi P})=0 \tag{1-186}$$

如上所述，就离散方法而言，有限体积法可视作有限元法和有限差分法的中间产物，三者各有所长。有限差分法直观，理论成熟，精度可选，但是对于不规则区域问题处理难度较大，虽然借助网格生成技术的帮助可以使有限差分法应用于不规则区域，但是对于区域的连续性等要求较严；使用有限差分法的好处在于易于编程，易于并行。有限元法适合于处理复杂区域，精度可选；缺点是消耗计算资源巨大，并行效果也不如有限差分法和有限体积法。有限体积法适用于流体计算，可以应用于不规则网格，适用于并行，但是计算精度最高只能达到二阶。

4. 离散元法

离散元法是专门用来解决不连续介质问题的数值模拟方法，也被称为散体单元法，是 Cundall 于 1971 年提出的一种不连续数值方法模型。离散元理论是由分析离散单元的块间接触入手，找出其接触的本构关系，建立接触的物理力学模型，并根据牛顿第二定律建立力、加速度、速度及其位移之间的关系，而后对非连续、离散的单元进行模拟仿真。

离散元法的一般求解过程：将求解空间离散为离散元单元阵，并根据实际问题用合理的连接元件将相邻两单元连接起来。单元间相对位移是变量，由力与相对位移的关系可得到两单元间法向和切向的作用力。对单元在各个方向上与其他单元间的作用力以及其他物理场对单元作用所引起的外力求合力和合力矩，根据牛顿运动第二定律可以求得单元的加速度。进行时间积分，进而得到单元的速度和位移。从而得到所有单元在任意时刻的速度、加速度、角速度、线位移和转角等物理量。

离散元法具体的求解过程分为显式解法和隐式解法。显式解法用于动力问题的求解或动态松弛法的静力求解，显式解法无须建立像有限元法那样的大型矩阵，只需将单元内的运动分别求出，计算比较简单，数据量较少，并且允许单元发生很大的平移和转动，可以用来求解一些含有复杂物理力学模型的非线性问题，时间积分采用中心差分法，由于条件收敛的限制，使得计算步长不能太大，因而增加了计算时间。而隐式解法是用于求解静力问题的静态松弛法，隐式解法的动态松弛法直接寻找导块体失去平衡后达到再平衡的力-位移关系，建立隐式方法解联立方程组，并通过迭代求解以完全消除块体的残余力和力矩。

四、 CFD 求解过程

无论是空气流动问题、传热问题，还是气力输运等传质问题，无论是稳态问题还是瞬态问题，其求解过程都可以归纳为以下步骤。

1. 建立控制方程

通过 CFD 方法求解任何问题，首先要明确物理过程的性质，建立或选择能够反映该过程特征的控制方程，一般的流体流动工况使用流体控制方程式（1-162）~式（1-164）即可求解。如果流动处于湍流流动状态时，控制方程组中还要添加湍流方程。

2. 确定边界条件与初始条件

初始条件与边界条件是控制方程有确定解的前提，控制方程与相应的初始条件、边界条件的组合构成对一个物理过程完整的数学描述。

3. 划分计算网格

采用数值方法求解控制方程时，都是想办法将控制方程在空间区域上进行离散，然后求解得到离散方程组。要想在空间域上离散控制方程，必须使用网格。

4. 建立离散方程

对于在求解域内建立的偏微分方程，理论上是有真解的（精确解或解析解）。但是由于所处理的问题自身的复杂性，一般很难获得方程的真解。因此，就需要通过数值方法把计算域内有限数量位置（网格节点或网格中心点）上的因变量当作基本未知量来处理，从而建立起一组关于这些未知量的代数方程组，通过求解代数方程组来得到这些节点值，从而计算域内其他位置上的值则根据节点位置上的值来确定。

5. 离散初始条件和边界条件

通常情况下，所给的初始条件和初始边界是连续的，求解时需要对应生成的网格，将连续性的初始条件和边界条件转化为特定节点上的值。此时，连同在上一阶段得到的离散控制方程就能完成对方程组的定值求解。

6. 给定求解控制参数

在离散空间上建立了离散化的代数方程组，并施加离散化的初始条件和边界条件后，还需给定流体的物理特性参数和湍流模型中相应的经验系数等。此外，计算过程的控制相关的迭代计算的控制精度、瞬态问题的时间步长和结果文件输出频率等参数也需要给出。

7. 求解离散方程

在进行上述设置后，形成了满足定解条件的代数方程组。对于这些方程组数学上已有相应的成熟解法，如线性方程组可采用 Gauss 消去法或 Gauss-Seidel 迭代法求解。商用 CFD 软件往往提供不同的解法供选择，以适应不同类型的问题，这属于求解器设置的范畴，相应的具体设置通常与上一阶段同步完成。

8. 判断解的收散性

对于稳态问题的解，或是瞬态问题在某个特定时间步上的解，往往要通过多次迭代才能得到。有时因为网格类型或网格尺寸、对流项的离散插值格式等选取的原因，可能导致解的发散。对于瞬态问题，若采用显式格式进行时间域上的积分，当时间步长过大时，也可能造成解的振荡或发散。因此，在迭代过程中，要对解的收敛性随时监视，并在系统达到指定精度后结束迭代过程。

9. 显示和输出计算结果

通过上述求解过程得到计算节点上的解后，需要通过适当的方式将整个计算域上的结果表示出来。通常可以采用线值图、矢量图、等值线图、流线图等方式，CFD 软件的后处理模块一般情况下都可以实现上述功能，另外，有很多第三方的软件也可以完成计算结果的后处理任务。

五、常用 CFD 软件及其应用

1. PHOENICS

PHOENICS 是世界上第一套计算流体动力学与传热学的商用软件，它是 Parabolic Hyperbolic Or Elliptic Numerical Integration Code Series 的缩写，由英国皇家学会 D. B. SPALDING 教授及 40 多位博士历经 20 多年完成。PHOENICS 已广泛应用于航空航天、船舶、汽车、暖通空调、环境等各个领域。PHOENICS 软件具有如下特点。

开放性：PHOENICS 最大限度地向用户开放了程序，用户可以根据需要添加用户程序、用户模型。PLANT 及 INFORM 功能的引入使用户不再需要编写 FORTRAN 源程序，GROUND 程序功能使用户修改添加模型更加任意、方便。

CAD 接口：PHOENICS 可以读入几乎任何 CAD 软件的图形文件。

运动物体功能：可以定义物体运动，克服了使用相对运动方法的局限性。

多种模型选择：提供了多种湍流模型、多相流模型、多流体模型、燃烧模型、辐射模型等。

双重算法选择：既提供了欧拉算法，也提供了基于粒子运动轨迹的拉格朗日算法。

多模块选择：提供了若干专用模块，用于特定领域的分析计算。如 COFFUS 用于煤粉锅炉炉膛燃烧模拟，FLAIR 用于小区规划设计及高大空间建筑设计模拟，HOTBOX 用于电子元器件散热模拟等。

2. FLUENT

FLUENT 是由美国 FLUENT 公司于 1983 年推出的 CFD 软件，它是继 PHOENICS 软件之后的第二个投放市场的基于有限体积法的软件，于 2006 年被 ANSYS 收购。FLUENT 是目前功能最全面、适用性最广、国内使用最广泛的 CFD 软件之一，其主要有以下特点。

具有强大的网格支持能力，支持界面不连续的网格、混合网格、动/变形网格以及滑动网格等。值得强调的是，FLUENT 软件还拥有多种基于解的网格的自适应、动态自适应技术以及动网格与网格动态自适应相结合的技术；它允许用户根据解的具体情况对网格进行修改。

包含三种算法：非耦合隐式算法、耦合显式算法、耦合隐式算法，是商用软件中最多的。

包含丰富而先进的湍流模型，使得用户能够精确地模拟无黏流、层流、湍流，湍流模型包含 Spalart-Allmaras 模型、$k-\omega$ 模型组、$k-\varepsilon$ 模型组、雷诺应力模型（RSM）组、大涡模拟模型（LES）组以及最新的分离涡模拟（DES）和 V2F 模型等；另外用户还可以定制或添加自己的湍流模型。

可用于二维平面、二维轴对称和三维流动分析，可完成多种参考系下流场模拟、稳定与非稳定流动分析、不可压缩流体和可压缩流体计算、层流和湍流模拟、多相流分析、固体与流体耦合传热分析、传热和热混合分析等。

使用 C/C++语言编写，可实现动态内存分配及高效数据结构，具有很大的灵活性与很强的处理能力，从而大大提高了对计算机内存的利用率；高效率的并行计算功能，提供多种自动/手动分区算法；提供了友好的用户界面，并为用户提供了二次开发接口（UDF）。

3. COMSOL Multiphysics

COMSOL Multiphysics 是以有限元法为基础的一款数值仿真软件，通过求解偏微分方程（单场）或偏微分方程组（多场）来实现真实物理现象的仿真，被称为“第一款真正的任意多物理场直接耦合分析软件”。目前 COMSOL 在流体动力学、热传导、声学、结构力学等领域得到了广泛的应用。主要有以下特点。

求解多场问题：软件预先写好了对应各个领域的偏微分方程和方程组，并提供自定义偏微分方程输入接口。

完全开放的架构：用户可在图形界面（GUI）中轻松自由定义所需的专业偏微分方程，并提供 MATLAB 接口，与 MATLAB 进行混合编程。

任意独立函数控制的求解参数：材料属性、边界条件、载荷均支持参数控制。

专业的计算模型库：内置各种常用的物理模型，用户可方便地选择并进行必要的修改；内嵌丰富的 CAD 建模工具，用户可直接在软件中进行二维和三维建模；全面的第三方 CAD 导入功能，支持当前主流 CAD 软件格式文件的导入。

强大的网格剖分能力：支持多种网格剖分，支持移动网格功能。

多国语言操作界面：易学易用，方便快捷的载荷条件，边界条件、求解参数设置界面。

思考题

1. 名词解释

流体；空气的压强；拉格朗日法；欧拉法；质点导数；空气的压缩性和膨胀性；相对压强；绝对压强；真空度；平均速度；流量；黏滞性；全压；静压；动压；层流；紊流；沿程摩阻；局部阻力；管网特性曲线；数值模拟。

2. 单位换算

200mmHg=________ mmH_2O=________ kg/m^2=________ kg/cm^2

$100mmH_2O$=________ kg/m^2=________ N/m^2=________ Pa=________ kPa

3. 某风管断面压强为-40mmHg，空气温度20℃，当地大气压为760mmHg。计算该断面空气的重度。

4. 某地区大气压强为750mmHg，分别计算空气温度35℃和-10℃时的空气重度。

5. 某通风管道，管道直径为200mm，平均风速为14.5m/s，判断空气流动流型。如果管道直径为150mm，空气流动的流型为紊流，问平均风速至少为多少？

6. 除尘风网中的某段风管为锥形管道，锥形管道的大端直径 $D_1=300mm$，气流速度 $V_1=16m/s$，小端直径 $D_2=250mm$。计算风速 V_2 和风量 Q_1。

7. 计算1200m高空大气的空气重度（假设空气等温变化）。

8. 某水池表面为一个工程大气压，水池底面上的压强为 $3kg/cm^2$，计算水的深度。

9. 通风管道某有效断面上的平均动压为 $18\times9.81N/m^2$，计算平均速度。如果管道直径为150mm，计算管道风量 Q（m^3/s）。

10. 在一水平水管中，截面积 $3cm^2$ 处的静压为 $400g/cm^2$，截面积 $2cm^2$ 处的静压为 $280g/cm^2$，两截面间的能量损失是 $100g/cm^2$。分别计算两截面的流速 V_1、V_2 和流量（m^3/min）。

11. 根据下图，计算不计能量损失时风管中的风速和风量（m^3/h）。若能量损失为 $20kg/m^2$，风管中的风速和风量为多少？

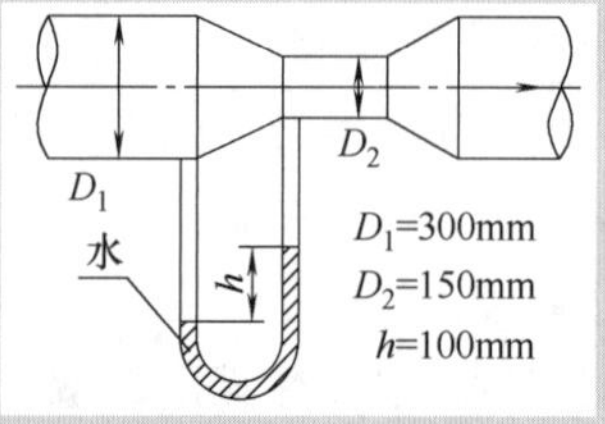

12. 某直长风管管长 $L=10m$，直径 $D=280mm$，平均风速 $V=14m/s$，计算沿程摩擦阻力。

13. 某直长风管管长 $L=7m$，直径 $D=140mm$，平均风速 $V=12m/s$，计算沿程摩擦阻力。

14. 某风管管长 $L=3.2m$，直径 $D=220mm$，风量 $Q=1800m^3/h$，计算沿程摩擦阻力。

15. 某三通，主流管道直径 $D_{主}=360mm$，支流管道直径 $D_{支}=260mm$，夹角 $\alpha=30°$，主流管道气流速度 $V_{主}=14m/s$，支管道气流速度 $V_{支}=13m/s$，计算三通的局部阻力。

16. 某直长风管长 $L=3m$，直径 $D=180mm$，平均风速 $V=14m/s$，直长管道的末端连接一弯头，弯头曲率半径为 $1.5D$，转角90°，分别计算：①直长管段的沿程摩擦阻力和弯头的局部阻力；②这段管道的总阻力。

17. 某风管上安装有一蝶阀，蝶阀的角度为45°，已知管道内的平均风速为14.5m/s，计算蝶阀的阻力。如果将蝶阀更换为插板阀，管道的直径为320mm，确定插板阀的开启程度。

18. 自己确定弯头各参数，分别绘出圆形弯头、矩形弯头的三视图。

19. 某三通，主流管道直径 $D_{主}=360mm$，支流管道直径 $D_{支}=260mm$，夹角 $\alpha=45°$，其余参数自己确定，试绘制该三通的三视图。

20. 简述空气流动的数值模拟及其意义。数值模拟的方法有哪些？

CHAPTER 2

第二章 粉尘控制基础知识

学习目标

1. 掌握粉尘的类型及其危害。
2. 掌握粉尘爆炸的概念、条件和预防措施。
3. 掌握粉尘的空气动力学特性及其意义。
4. 掌握粮食工业粉尘的产生、特性和控制方法。
5. 掌握粉尘防爆、粉尘控制的相关国家标准和规范。

第一节 粉尘概述

一、粉尘的概念

粉尘是对能较长时间悬浮于空气中颗粒物的总称，是空气的主要污染物质之一。在GB/T 16418—2008《颗粒系统术语》中，粉尘定义为由空气中粒度小于76μm的颗粒物组成。

根据悬浮于空气中颗粒物的性质、来源和产生过程等特点，粉尘可具体分为以下四种类型。

1. 粉尘（dust）

在装卸、筛分、输送、入仓、混合、打包或者研磨、粉碎等过程中，物料中的部分微细颗粒或研磨后的粉粒体会在各种力（如物料与工作面之间的撞击力、空气流动的空气动力等）的作用下离开物料主流扬散到空气中形成粉尘。

在粉尘的形成过程中，仅伴随着物理变化，如位置的迁移、颗粒粒径的变化。由于粉尘产生的过程不同，粉尘的粒径大小不一。粉尘粒径小的可以不足0.1μm，大的可以超过500μm，但能较长时间悬浮于空气中的粉尘粒径一般小于76μm，并以粒径在0.1~10μm的数量最多。

粒径大于10μm的粉尘，在一定的空气环境中可以在自身重力作用下发生沉降，形成降尘沉积到各种表面；而粒径小于 10μm 的粉尘则不易沉降，形成粉尘云即含尘空气，能长期在空气中漂浮。粉尘云会随着呼吸进入人体，对人体健康造成危害。

2. 烟尘（fume）

在物料燃烧时产生的未充分燃烧微粒或残存不燃的灰分、金属熔炼中产生的氧化微粒或升华凝结物以及化学反应等过程中产生的微细颗粒物扬散到空气中形成烟尘。

在烟尘的形成过程中，往往伴随着化学反应，因而烟尘是由各种化合物构成的成分复杂且不固定的混合物。烟尘的粒径一般小于 1μm，其中较多的粒径为 0.01~0.1μm。

3. 雾（mist）

悬浮于空气中的液体微粒，称为雾。雾一般是由于蒸汽的凝结、液体的雾化以及化学反应等过程所形成，粒径一般在 0.1~10μm，包括水雾、漆雾、油雾、酸雾、碱雾等。

4. 烟雾（smog）

烟雾指空气在自然气象条件下形成的雾和人类活动排出的烟尘的混合体。如历史上著名的伦敦烟雾、洛杉矶烟雾等。

烟雾是在一定的气象条件下发生化学反应形成的，属于二次污染物。在二次污染物中危害最大的是光化学烟雾，主要有以下三种类型。

（1）伦敦型烟雾　空气中未燃烧的煤尘、燃煤的排放物二氧化硫（SO_2）与空气中水蒸气混合并发生化学反应形成的烟雾，称为硫酸烟雾，因首次发生在英国伦敦，也称伦敦型烟雾。1952 年 12 月 5 日至 9 日，地处泰晤士河河谷地带的伦敦市，工厂、家庭燃煤等排出的煤烟尘、SO_2 在无风、低温、有雾等气象条件下发生化学反应形成刺激性烟雾，结果诱发人体呼吸道疾病，造成 4000 多人死亡。

（2）洛杉矶型烟雾　汽车、工厂等污染源排放到空气中的氮氧化物或碳氢化物经过光化学作用形成的烟雾，称为光化学烟雾，也称洛杉矶型烟雾。1943 年 5 月至 10 月，美国洛杉矶晴朗的天空中，汽车排放的尾气经光化学反应生成了浅蓝色刺激性烟雾，结果造成大量喉痛、咳嗽等呼吸道疾病患者，其中 400 多人死亡。

（3）工业型光化学烟雾　氮肥厂排放的氮氧化物、炼油厂排放的碳氢化物经光化学反应形成的烟雾，称为工业型光化学烟雾。

虽然悬浮于空气中的颗粒物分为多种类型，但因习惯叫法，包括本书以后章节所指粉尘均为物料在机械加工过程中产生，即为仅发生物理变化而没有发生化学反应形成的粉尘。

在粉尘控制工程中，将产生粉尘的设备、机构或地点称为尘源或污染源。含有粉尘的空气称为含尘空气或污染空气。

含尘空气从胶体化学角度称为气溶胶，分散相为粉尘颗粒，分散介质为空气。

从不稳定的气溶胶胶体中离析出的颗粒物质沉降到各类物体的表面，形成降尘，也称积尘或落尘。降尘来源于空气中的粉尘，是粉尘的一部分，虽然仅位置发生了变化，由空气中沉降到了地面或其他表面，但是性质显著不同。降尘是评价大气质量的重要指标之一，在粉尘控制工程上，尤其粉尘的防爆工作中，降尘的及时清扫和控制也是非常重要的一项内容，不可忽视。

二、粉尘的来源

空气中的粉尘主要来源于自然过程和人类活动两个方面。自然过程包括火山活动、森林火灾、土壤和岩石的风化、宇宙落物、沙尘暴、海水溅沫等。自然过程产生的粉尘造成对空气的污染，目前人类还无法控制，但自然过程产生的粉尘又多具有暂时性、局部性和偶然性，总会随时间的延续自动消失，因此空气中粉尘的来源主要是人类活动造成的。

人类活动的类型是多种多样的，但粉尘的来源主要集中在以下几种活动过程。

1. 工农业生产过程

粉尘产生于各种各样的工农业生产过程，如矿物开采、农产品加工、耐火材料生产、水泥生产、化工、纺织生产、机械制造等。在原材料或产品的运输、粉碎、加工以及由各种原料加工制造成成品的过程中，都会有大量固体颗粒物扬散或排放到空气中。由于原材料不同，工艺流程、设备、操作和管理的条件、水平限制，排放粉尘的种类、数量、组成、性质等方面差异很大。近年来，随着广大人民群众环保意识的提高、国家各项环境保护法律、法规等的强制实施，许多企业的生产工艺、设备和粉尘控制技术等都在不断改进和完善，力求减少生产过程中粉尘等污染物的排放量。

工农业生产过程产生的粉尘，归纳起来具体产生于以下两类过程。

（1）物料的装卸、输送、进出仓、包装及筛分、混合等过程。这类过程的特点是，物料的运动或落差，产生了粉尘。常将这类过程中产生的粉尘称为夹杂性粉尘或伴随性粉尘。

（2）物料的粉碎、研磨过程。这类过程的特点是，粉尘是由于生产设备对物料的加工而产生的。常将这类过程中产生的粉尘称为再生性粉尘。再生性粉尘的性质、用途与原料加工的在制品或产品一致，一般可回收利用。

2. 燃料燃烧过程

燃料燃烧过程会产生大量的粉尘、烟尘等固体污染物和气态污染物。如火力发电厂、炼焦厂、钢铁厂等工业企业的燃料燃烧过程，以及火灾、锅炉和生活炉灶燃料的燃烧过程等，还包括各类燃油交通工具的尾气。我国能源以煤为主，所以燃料燃烧过程产生的颗粒污染物主要为煤烟尘。燃料燃烧过程还包括物料被加热时产生的蒸气在空气中的凝结和氧化物，金属冶炼、矿石烧结等过程均会产生金属蒸气，如锌、铅等；在冷却过程中凝结、氧化成氧化锌、氧化铅固体微粒。

3. 交通运输

车辆、轮船、飞机等交通工具燃料燃烧后排放的尾气中均含有固态的、液态的和气态的污染物，陆地行驶的各种车辆行走时也常常造成地面粉尘的飞扬等。当前，随着各种交通工具的大量增加，无论是在交通拥挤的城市，还是在一些偏远的县城、村镇，交通造成的空气污染不容忽视。同时，清洁能源交通工具的发展蔚然成风。

4. 战争

战争引起的爆炸、燃烧，包括核试验等，也是空气中粉尘的来源之一。

空气中的粉尘来源于人类活动的多个方面，但目前仍以工业企业生产中粉尘的排放为主要来源。数量众多的工业企业使得粉尘的排放点星罗棋布，因此加强对各类工业企业生产中粉尘的控制、粉尘控制技术的进一步改进和管理水平的提高，对减少粉尘的排放、改善大气质量环境十分重要。

三、粉尘的分类

粉尘可根据多种特征进行分类，目的是从多方面了解粉尘的性质，评价粉尘的危害程度，以便选择合适的粉尘控制技术。

1. 按粉尘的成分分类

（1）无机性粉尘　粉尘的主要成分为无机物，如石英加工、铁矿开采、水泥生产中产生的粉尘。这类粉尘包括矿物性粉尘、金属性粉尘和人工制造的无机粉尘。

矿物性粉尘，如石英、石棉、滑石等。金属性粉尘，如铝、铁、锡、铅、锰等金属及化合物粉尘。人工制造的无机粉尘，如水泥、玻璃纤维、金刚砂等。

（2）有机性粉尘　粉尘的主要成分为有机物，如谷物粉尘、动物骨粉和人工合成的有机性粉尘。包括植物性粉尘、动物性粉尘和人工合成有机粉尘。

植物性粉尘，如谷物、烟草、木材、棉、麻、茶、甘蔗等加工过程中产生的粉尘。动物性粉尘，如畜毛、羽毛、角粉、骨质等加工过程中产生的粉尘等。人工合成有机粉尘，如炸药和有机农药、有机染料、合成树脂、合成橡胶、合成纤维、塑料等加工过程中产生的粉尘。

（3）混合性粉尘　为多种不同类型粉尘的混合物。

2. 按有无毒性分类

（1）有毒性粉尘　如铅尘，含铬、镉、锰的粉尘，进入人体会产生中毒症状。

（2）无毒性粉尘　如谷物类粉尘、水泥粉尘等。这类粉尘没有毒性，但并不意味着对人体没有危害，其通过呼吸进入人体肺部会导致尘肺病。

（3）放射性粉尘　具有放射性物质产生的粉尘。自然界中存在着高放射物质，如铀、镭、钚等，称为核能源，使用这些能源的技术称为核能技术。放射性粉尘，主要来源于核工业的泄漏事故以及全球的核武器试验等过程。

3. 按燃烧、爆炸特性分类

（1）燃烧、爆炸性粉尘　悬浮到空气中达到一定浓度后，遇到火源会急剧燃烧并发生爆炸的粉尘，如各种各样的有机性粉尘。无机粉尘中的部分类型粉尘也容易发生燃烧和爆炸，如铝粉、铁粉、镁粉、煤尘等。燃烧、爆炸性粉尘也称可燃性粉尘。

（2）非燃烧、爆炸性粉尘　如石英、石棉、滑石、石英加工、水泥等生产中产生的粉尘，不会燃烧，更不会发生爆炸。

4. 从卫生学角度分类

（1）呼吸性粉尘　能随着人体的呼吸过程经气管、细支气管进入肺泡并沉积在肺泡内的粉尘。这类粉尘粒径一般小于 5μm。

（2）非呼吸性粉尘　不会随着人体的呼吸过程到达肺泡的粉尘。这类粉尘粒径一般大于 5μm。

5. 按粉尘存在状态分类

（1）浮尘　悬浮在空气中的粉尘，也称飘尘、粉尘云等。

（2）降尘　沉积在各种物体表面的粉尘，也称积尘、粉尘层等。

浮尘和降尘可以相互转化。出现浮尘现象意味着空气受到了污染；而出现降尘，意味着含尘空气中的粉尘有所减少，空气得到了一定程度的净化。降尘如果不及时清理，可转化为浮尘污染空气。

第二节　粉尘的危害

粉尘飞扬到空气中，使空气中含有一定量的外来物质，从而造成了对空气的污染。污染的空气对人体健康、对生产、对环境都将产生重要的影响和危害，有些粉尘遇到火源甚至会发生燃烧和爆炸，造成人员伤亡及巨大的财产损失。

一、粉尘对人体健康的危害

粉尘对人体健康的危害主要为呼吸系统。呼吸系统的主要器官有鼻、咽头、喉头、气管、支气管和肺。鼻、咽头、喉头、气管一起称为上呼吸道，下呼吸道由支气管和肺组成。

人体每时每刻都在呼吸着空气，因而空气中悬浮的粉尘也每时每刻随着空气的吸入和呼出进入人体和排出人体，在这个过程中部分粉尘可能在呼吸道和肺泡中被截留、沉降和吸附。一般认为粒径大于10μm的粉尘流经上呼吸道时，容易被鼻毛、分泌黏液等阻流，经咳嗽、喷嚏等反射作用而被排出。而粒径小于5μm的粉尘则会到达下呼吸道，浸透入肺泡，在肺部沉积，沉积的粉尘逐渐引起肺部组织的纤维化病变以至硬化，最终发生尘肺病，造成呼吸困难。

尘肺病是由于人体长期吸入某一种粉尘而引起的肺弥漫性间质纤维性改变为主的疾病。它是职业性疾病中影响面最广、危害最严重的一类疾病。

在不同的生产场所，可以接触到各种不同种类、性质的粉尘。如在采矿、建筑施工、铸造、耐火材料及陶瓷等行业，接触的粉尘主要是含石英成分的混合粉尘；石棉开采、加工制造石棉制品时接触的是石棉或含石棉的混合粉尘；焊接、金属加工、冶炼时接触金属及其化合物烟尘；农业、粮食加工、制糖工业、动物管理以及纺织工业等，接触植物或动物性有机粉尘为主。因而尘肺病的种类多种多样，如矽肺、石棉肺、煤工尘肺、石墨尘肺、炭黑尘肺、滑石尘肺、水泥尘肺、铝尘肺、电焊工尘肺及铸工尘肺等。

粉尘对人体健康的危害程度与粉尘的性质、粒径大小、空气中粉尘含量以及在含尘空气中的滞留时间等因素关系密切。

粉尘的化学性质直接影响着对人体危害的程度，因为化学性质决定了粉尘参与和干扰体内正常生理过程的程度和速度。

铅尘或含铅粉尘：铅在空气中以颗粒形式存在，通过呼吸进入肺部和血液。当血液中铅含量达到60μg/100g时，就会出现铅中毒，引起疲劳、头痛和贫血。当血液中铅含量达到120μg/100g时，就会出现急性铅中毒，引起心肺衰竭以至死亡。铅是一种累积性的有毒粉尘，容易在骨骼内蓄积，即致病具有潜伏期。

含有二氧化硅的粉尘：游离二氧化硅对致肺纤维化作用最强烈，是尘肺病中最严重的一种职业病，称为矽肺病。矽肺病是一种慢性进行性疾病，潜伏期5~10年甚至更长。但在短时间内吸入高含量游离二氧化硅粉尘时，潜伏期更短，甚至几个月就可发病。矽肺病的主要症状是气短、胸闷、咳嗽等。

含铬、镉、锰的有毒性粉尘，会损害人的神经、肾脏，引起中毒以至死亡；镍尘可致癌；其他尘肺病如石棉肺、硅酸盐肺、金属尘肺、碳素尘肺等都与粉尘性质密切相关。

粉尘的粒径大小是粉尘危害程度的又一重要指标。粉尘粒径越小，在空气中就越不容易沉降，甚至高效率的除尘器也无能为力，能够在空气中长期悬浮，这类粉尘即呼吸性粉尘。粒径小，表面活性大，化学活性高，加剧了参与人体生理效应的发生和发展速度。人体肺泡总面积达 $90m^2$，且富含毛细血管，肺部吸收物质的速度极快，仅次于静脉注射。一些粉尘虽然没有毒性，但因其粒径微细，进入血液后参与体内新陈代谢，也会造成人体的某些病症。

粉尘粒径越小，吸附性也显著增加，被吸附或吸附其他有害气体、液体、细菌、病菌等微生物或某些金属元素（如镍、铅、铬等），加剧了粉尘对人体健康的危害程度。1952 年的“伦敦烟雾”事件中，空气中的二氧化硫就是以微细粉尘为载体而被吸入人体肺部的。

因此，虽然有些粉尘是无毒性的，但经过呼吸系统进入人体之后，对人体都是有危害的。进入人体的粉尘除了通过呼吸系统途径外，还可以通过消化道、皮肤和黏膜进入人体，从而对人体的器官或组织造成危害。

二、粉尘对生产的影响

粉尘对生产的影响是多方面的。

1. 导致操作环境的恶化

粉尘的形成首先造成操作环境能见度的下降，使操作工人视力范围缩小，容易造成误操作出现各种事故，如伤人、损坏设备、出废品等。其次，操作环境空气质量的恶化既不利于工人身心健康，也不利于生产的正常进行。

2. 对产品品质的影响

粉尘的形成造成生产环境的恶化，既影响产品的质量、外观，使产品品质下降以至出现不合格品，也影响生产设备的正常运行。在集成电路、航空航天、电子仪器生产中，粒径 0.3μm 的粉尘就能造成线路针孔、短路或断路；在医药生产车间，粉尘的存在即意味着药品的污染、纯度的下降；在食品生产中，含粉尘的空气环境同样会造成对食品的污染和使食品的品质下降。

一般在空气中含粉尘多的地方，微生物的含量也较高，因此，产品受到粉尘污染的同时，还受到病菌等微生物的污染。

3. 对设备的影响

悬浮在空气中的大粒径粉尘会在重力作用下自由沉降，在设备表面沉积，既影响设备外观，又影响设备的正常散热，加速了设备的锈蚀、老化等，影响设备的使用寿命。

在通风系统中，含有粉尘的空气在管网中流动，对管道、弯头，对除尘器，尤其布袋除尘器的滤布均有磨损作用。含尘气流的粉尘磨损性与气流速度的 2~3 次方成正比，气流速度越高，粉尘对管件或设备内表面的磨损越严重。

含尘空气进入通风机、罗茨鼓风机、空气压缩机等动力设备，会加速关键部件的磨损，使设备性能下降，造成维修费用上升以至报废。

空气无处不在、无孔不入，含粉尘的空气进入到某些精密仪器、微型轴承中，会对设备造成污染和加速轴承的磨损。

三、粉尘爆炸

对于有机性粉尘，其最大特性就是能够或容易燃烧并发生爆炸，因此，有机性粉尘也称可燃性粉尘。发生粉尘的燃烧和爆炸，是粉尘最严重的危害，也是工业生产中最大的安全事故和安全隐患。粉尘爆炸的直接后果是设备、厂房被炸毁，造成人员伤亡和巨大的经济损失。

（一）粉尘爆炸及其条件

悬浮于空气中的可燃性粉尘达到一定浓度时，遇到火源发生急剧氧化燃烧反应，同时放出大量的热量以及使气体体积急速膨胀、压力瞬间升高、发出声响的现象，称为粉尘爆炸。

有机物质能够燃烧，这是有机物的显著特性，但要达到急剧燃烧，甚至发生爆炸，是有条件的。一般认为，粉尘发生燃烧爆炸的条件为：①足够的可燃性粉尘悬浮到空气中达到一定的粉尘浓度；②密闭空间；③氧气；④火源。

在粉尘发生燃烧爆炸的四个条件中，设备大多为密闭结构，厂房也是密闭的，而且操作人员还要进行现场设备的操作、管理等工作，密闭空间和氧气这两个条件天然存在，因而粉尘爆炸的防护主要从降低粉尘浓度和防火两方面进行。

在实际工程中，由于引起粉尘燃烧爆炸的火源形式多种多样，如物料燃烧的火焰、电火花、高温表面、摩擦与撞击产生的热和火花、化学反应热及静电放电等，火源可以说是防不胜防，所以，粮食工业预防粉尘燃烧爆炸，最有效、最经济的方法就是利用通风除尘装置来降低空气的粉尘浓度和对降尘进行及时清扫等。

（二）粉尘爆炸的机理

一般认为，粉尘爆炸的机理是，悬浮于空气中的可燃性粉尘达到燃烧爆炸的粉尘浓度范围时，遇到有足够热量或温度的火源，随即氧化燃烧放出大量的热，引起气体压力的突增和无法控制的膨胀效应，产生第一次爆炸，这次爆炸是在相对密闭状态的容器中如机器内部或房间内进行的。如果粉尘燃烧爆炸时产生的高压气体能在密闭体的薄弱部位泄压排出，那么火焰将以高达 1000m/s 的超音速传播扩散，压力可增至 1000kPa。强大的压力波会将积聚在各种表面的降尘扬起，再次达到燃烧爆炸的粉尘浓度范围，造成破坏力更强的二次爆炸并发生爆炸的连锁反应。

虽然粉尘扬到空气中形成的粉尘云可被点燃继而爆炸，但并不是所有的粉尘云都会如此。扬到空气中的粉尘云只有达到一定的浓度范围才可以被点燃和爆炸。

悬浮于空气中的粉尘发生燃烧爆炸所必须达到的某最低浓度，一般称为爆炸下限浓度（minimum explosive concentration，MEC）。粉尘的爆炸下限浓度与粉尘的种类、性质、含水量、粒径分布、现场通风情况、火源强度等因素相关。大多数可燃性粉尘的爆炸下限浓度在 $20\sim60g/m^3$。部分粉尘的爆炸下限浓度（MEC）如表 2-1 所示。

表 2-1　部分粉尘的爆炸下限浓度（MEC）

粉尘名称	爆炸下限浓度/（g/m^3）	粉尘名称	爆炸下限浓度/（g/m^3）
谷仓粉尘	227.0	木屑	65.0
面粉	30.2	棉花	25.2
亚麻粉尘	16.7	染料	270.0
玉米	45	煤粉	114.8
奶粉	7.6	咖啡	42.8
烟草粉尘	10.1	铝粉	58.0

粮食粉尘的爆炸下限浓度一般为 40～200g/m^3。国内外研究者大多取粮食粉尘的爆炸下限浓度为 50g/m^3。粮食粉尘燃烧爆炸最猛烈的浓度（最危险粉尘浓度）范围一般为 500～1000g/m^3。

具有燃烧爆炸性的粉尘（具有自燃性的粉尘除外）自己是不会燃烧爆炸的，必须具有一定温度和能量的点火源存在，粉尘才能被点燃，继而引发粉尘爆炸。粉尘被点火源加热发生燃烧时的最低加热温度称为最低点火温度（minimum ignition temperature，MIT），粉尘被点燃时的点火源能量的最低值称为最低点火能量（minimum ignition energy，MIE），它们均随着粉尘性质的不同而变化。

大多数谷物和面粉粉尘的最低点火温度在 400～500℃，最低点火能量在 20～120mJ。但是，有时即使是在 200℃，粉尘也有可能被点燃而引发粉尘爆炸。

粉尘爆炸伴随着压力的快速升高。在一个密闭的容器中进行粉尘的燃烧爆炸性实验，结果表明，爆炸压力可以达到 700～1000kPa，这样大的压力足可以使机器设备、厂房等受到严重的损伤甚至是彻底的毁坏。图 2-1 所示为发生粉尘爆炸事故筒仓顶盖被炸开，图 2-2 所示为发生粉尘爆炸事故炸开的斗式提升机机壳，图 2-3 所示为发生粉尘爆炸事故后的面粉厂，图 2-4 所示为发生粉尘爆炸事故后的工作塔。

图 2-1　粉尘爆炸事故筒仓顶盖被炸开

图 2-2　粉尘爆炸事故炸开的斗式提升机机壳

（三）燃烧爆炸性粉尘的类型和粉尘爆炸危害的特点

能发生燃烧、爆炸的粉尘类型主要有以下几种。

（1）植物性粉尘　如粮食粉尘、麦芽粉尘、面粉、玉米粉、淀粉、糖粉、可可粉以及烟草、亚麻等。

（2）动物性粉尘　如鱼粉等。

（3）金属性粉尘　如铝粉、镁粉等。

（4）矿物性粉尘　如煤尘、活性炭等。

（5）人工合成产品粉尘　如火药、染料等。

其他类型粉尘如部分化学品、药品，化肥、塑料等也能够引起燃烧和爆炸。

粉尘爆炸与其他类型的爆炸危害都是相同的，但粉尘爆炸的危害有以下特点：

（1）粉尘爆炸有发生二次爆炸的可能性。初始爆炸的压力波会将降尘再次扬起，在新的空间达到新的爆炸浓度并发生二次粉尘燃烧和爆炸。

图 2-3　粉尘爆炸事故后的面粉厂

图 2-4　粉尘爆炸事故后的工作塔

（2）粉尘爆炸往往同时产生有毒性气体。

（四）粉尘燃烧爆炸的预防

粉尘燃烧爆炸的预防是一个系统工程，需要从多个方面同时进行。如生产工艺、设备和电气的设计；建筑设计；粉尘控制和积尘清扫；防火、温度监测与静电排放；隔爆、抑爆与泄爆；加强管理等。但总的来讲，粉尘燃烧爆炸的预防一般从以下方面进行。

1. 防止粉尘爆炸条件的形成

首先通过设置通风除尘风网进行高浓度空间空气中粉尘的捕捉、控制以及通过无二次扬尘的清扫方式如真空清扫装置等进行积尘的及时清扫，从而使工作场所的含尘浓度远远低于爆炸下限；其次通过各种防火、温度监测、防爆电机电气、静电排放等措施减少火源等。

2. 减少粉尘燃烧爆炸的损失

通过抑爆、隔爆、泄爆以及消防措施等减少爆炸的损失。

（1）抑爆　在爆炸初始阶段探测燃烧爆炸的发生和阻止燃烧爆炸的发展，将爆炸控制在预定的范围内。如采用一种抑爆控制器，一旦探测到粉尘爆炸的信息，即可启动声、光报警器，同时切断电源、停车、关闭隔爆门、开启灭火装置等。

（2）隔爆　将爆炸的传播通过一定装置隔断，防止爆炸的蔓延。隔爆可采用物理隔爆、化学隔爆或其他隔爆装置。如在粮食加工设备、输送设备中，采用光电控制隔爆门关闭进出料口，隔断爆炸产生的压力波、火焰的传播，避免引起更大范围的燃烧爆炸。

（3）泄爆　在易燃易爆的生产设备上或有易燃易爆危险物的加工车间或设施上，设置足够泄爆面积的泄爆口，泄爆口上安装泄爆膜片或泄爆灭火器。当发生粉尘燃烧爆炸时，产生的爆炸压力首先将泄爆膜片击穿，达到泄压、灭火、保护设备和厂房的目的。

3. 加强生产安全管理，明确防火防爆责任制

虽然粉尘的燃烧爆炸是因工业生产中不可预测的一些因素引起的，但是绝大多数仍然是

人为的失误或设备疏于保养等原因造成的。为避免发生火灾、粉尘的燃烧爆炸和把发生燃烧爆炸事故的危害减至最低程度，完善和规范的生产管理，对操作人员的安全培训，生产设备及时、有效的测试和维护等都至关重要。如加强维修作业时的安全操作管理。动火作业前，必须清除现场各个部位的积尘，尤其是设备内部的积尘，并堵住各流料口，进行操作区域溜管、风管等构件的固定、隔离等；维修作业完成后认真清理现场，确保没有残留火星或过热物体后，方可离开。再如定期测试加工车间是否有发热、撞击火花、强烈振动、接触不良、接地不良、漏电等现象；检查车间内是否有积尘等。

四、粉尘对环境的影响

环境是人类进行生产和生活活动的场所，是人类赖以生存和发展的物质基础。环境由空气、水、土地、森林、海洋、矿藏、草原等元素组成，人体通过新陈代谢作用与周围环境进行能量传递和物质交换。人体吸入氧气，呼出二氧化碳；摄入水和营养物质，排出汗、尿、粪便，从而维持人体的生长和发育。工业生产的迅速发展，在一定程度上造成了对环境的影响和污染，虽然生产工艺和净化技术都在不断进步和完善，但向空气中排放的粉尘量仍在不断增加。粉尘污染的直接对象是空气，而污染的空气对人体健康有很大的影响和危害。粉尘污染对水体、土壤、植物、自然景观、人文遗迹和建筑设施等也都存在着影响和危害。

粉尘沉降到水体中，在水体中继续沉降或悬浮或漂浮。悬浮的粉尘危害最大，能减少光的穿透能力，减少水中植物的光合作用并妨碍水体的自净作用；悬浮物堵塞鱼鳃导致鱼的死亡；悬浮物还是各种污染物的载体，可随水的流动迁移，形成流动的污染源。

空气中的颗粒物能散射和吸收阳光，使能见度下降，影响交通安全，增加汽车、航空飞行事故，颗粒物还会使云雾增多，影响气候。

空气中的粉尘降落到植物的叶片上，能堵塞叶子上的气孔，抑制叶片的呼吸作用，同时妨碍植物的光合作用，抑制植物生长。

粉尘对自然景观、人文遗迹等的影响也是显而易见的。粉尘通过沉积、磨损、洗除、化学性反应等途径造成对各种材料的腐蚀和破坏。粉尘在潮湿环境中更容易玷污建筑物、雕塑品，腐蚀金属和油漆表面等。

粉尘污染物对空气的影响和危害，在有些国家和地区已形成社会公害，对人体健康、经济的持续发展，甚至人类的生存都带来了巨大威胁。

第三节　粉尘的特性

粉尘的形成过程虽然仅发生了物理变化，但由于粉尘粒径微细，又具有许多不同于母体的特性。

粉尘具有形状、粒径、比表面积和密度四个基本特性，还具有流动性、黏附性、荷电性、燃烧爆炸性、吸湿性等多种特性。

一、粉尘的物理特性

（一）粉尘的形状

由外部的面或线条组合而呈现的外表构成粉尘的形状。由于粉尘的来源和形成条件千差万别，因而粉尘的形状各种各样。

粒度及质量相同但形状不同的颗粒，其空气动力学特性显著不同。以球形颗粒为基准来衡量颗粒的形状差异即球形度（φ）。它表征颗粒形状与球形颗粒不一致的程度。各种形状颗粒中，球形颗粒最为规整，且表面积最小。

球形度 $\varphi=1$ 时颗粒为球形，其他形状的粉尘颗粒 φ 值均小于 1。φ 越小，表明颗粒的球形度越差。部分形状颗粒的球形度如表 2-2 所示。

表 2-2　颗粒的球形度 φ

颗粒形状	φ 值	颗粒形状	φ 值
球体	1.0	石英砂	0.0554~0.628
碎块	0.63	煤粉	0.696
立方体	0.806	薄长片	0.515

（二）粒径和粒径分布

表示粉尘大小的尺寸，称为粉尘的粒径，也称粉尘的粒度。

粉尘的粒径对于形状规则颗粒，可用其特征几何尺寸表示，如球形颗粒可用其直径表示，正方体形颗粒可用其长宽高来表示。但是实际工程中粉尘的形状是多种多样且不规则的，即多是非球形颗粒，对于非球形颗粒也采用粒径表示其尺寸大小，但此时的粒径表示的是粉尘的某一个特征尺寸。常用的粒径表示方法有单个尘粒的单一粒径和由不同大小粉尘组成的颗粒群的平均粒径等。

1. 单一粒径

（1）投影径　投影径是指尘粒在显微镜下所观察到的粒径。如图 2-5 所示为粉尘的投影径，有四种粒径表示方法。

① 长径：不考虑尘粒方向的最长径。

② 短径：不考虑尘粒方向的最短径。

③ 定向径：尘粒在投影面上两平行切线之间的距离。定向径可取尘粒任意方位上的两平行线之间的距离。

④ 面积等分径：将尘粒的投影面积二等分的直线长度。

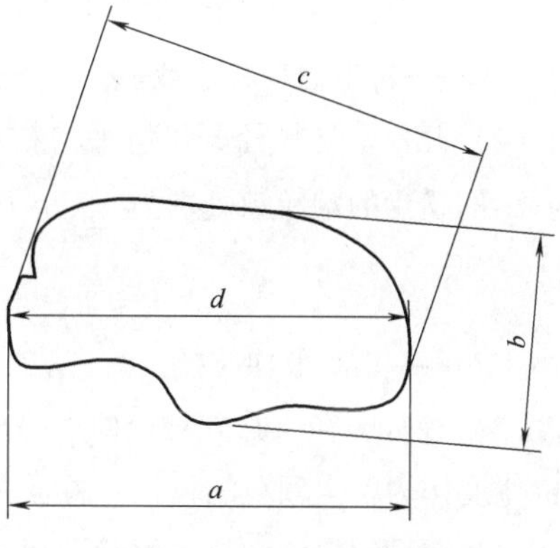

图 2-5　粉尘的投影径

a—长径；*b*—短径；*c*—定向径；*d*—面积等分径

（2）空气动力径　在重力作用下的常温常压静止空气中，粉尘颗粒的沉降速度与密度为 1000kg/m^3 的球形颗粒沉降速度相同时的球形颗粒直径，即空气动力径。

（3）斯托克斯粒径（stokes 径，d_{st}）　在层流区内（粉尘粒子的雷诺数 $Re<0.2$）的空气动力径即为斯托克斯粒径。

$$d_{st}=\sqrt{\frac{18\mu u_f}{(\rho_s-\rho_a)g}} \tag{2-1}$$

式中 μ——空气动力黏性系数，Pa · s；

u_f——沉降速度，m/s；

ρ_s——粉尘密度，kg/m^3；

ρ_a——空气密度，kg/m^3；

g——重力加速度，9.81m/s^2。

同一粉尘可以采用不同定义的粒径。不同定义的粒径，数值不同。一般根据粉尘控制技术的不同要求、不同用途来选择粒径表示方法。

（4）体积当量直径　指与实际颗粒体积相同的某球形颗粒的直径。

体积当量直径属于等效粒径。等效粒径是指一个实际颗粒的某一物理特性与同质球形颗粒相同或相近时，这个球形颗粒的直径。表面积当量直径、斯托克斯粒径、空气动力径、等效筛分粒径等都属于等效粒径。目前，粉尘粒径测试仪器测出的粒径多为等效粒径。

2. 平均粒径

粉尘是由不同粒径的颗粒组成的群体。对于颗粒群体，如面粉、粉尘等，因其颗粒数量多、颗粒大小不一，往往采用平均粒径来描述颗粒群体或粉体的粒径。

（1）算术平均粒径　算术平均粒径指用粉尘粒径的总和除以粉尘的颗粒数。

$$\bar{d}=\frac{\sum d_i n_i}{N} \tag{2-2}$$

式中 $\bar{d}$——算术平均粒径；

d_i——第 i 种粉尘粒径；

n_i——粒径为 d_i 的粉尘颗粒数；

N——粉尘的颗粒总数。

（2）几何平均粒径　几何平均粒径指 N 个粉尘粒径的连乘积的 N 次方。设粒径为 d_1、$d_2 \cdots d_N$ 的粉尘的颗粒数分别为 n_1、$n_2 \cdots n_N$，则：

$$\bar{d}_g=\sqrt[N]{d_1^{n_1} d_2^{n_2} \cdots d_N^{n_N}} \tag{2-3}$$

式中 $\bar{d}_g$——几何平均粒径。

（3）筛分粒径　筛分粒径即用筛分法确定的粉尘粒径，是以粉尘颗粒可以通过的最小筛孔的宽度作为粉尘颗粒的粒径。粒径在 40μm 之上的粉尘可以采用筛分法表示粒径。

取一定量的粉体物料，用筛孔尺寸分别为 d_1、d_2、d_3、…、d_n、d_{n+1} 的 $n+1$ 个筛子进行筛分。

设：d_1 到 d_2 的粒级的平均粒径为 D_1，占总质量的百分比为 x_1；d_2 到 d_3 的粒级的平均粒径为 D_2，占总质量的百分比为 $x_2 \cdots d_m$ 到 d_{m+1} 的粒级的平均粒径为 D_m，占总质量的百分比为 x_m，则：

$$D_1=\sqrt{d_1 d_2}\,;\ D_2=\sqrt{d_2 d_3}\,;\ \cdots;\ D_m=\sqrt{d_m d_{m+1}}$$

所以，粉体的平均粒径：

$$\bar{d}_s = \frac{1}{\sum_{i=1}^{m}\left(\frac{x_i}{D_i}\right)} \tag{2-4}$$

或

$$\bar{d}_s = \sum_{i=1}^{m} x_i D_i \tag{2-5}$$

3. 粒径分布

粉尘是由各种不同形状、不同粒径的颗粒组成的颗粒群体，为了评价粉尘系统的粒径组成，在除尘技术中常采用粒径分布来表示不同粒径范围内所含的粉尘个数或质量。粒径分布又称分散度，对应于粉尘的个数或质量，有计数分散度和质量分散度两种表示方法。

粒径分布的测定结果可以用列表法或图示法表示。如列表法，是将粒径分成若干个区段，然后分别给出每个区段的颗粒数或质量（用百分数表示）。将粒径分成若干个区段，即按一定的粒径范围分组，称为粉尘的粒级，如常用的粉尘粒级 0~5μm、5~10μm、10~20μm、20~40μm、40~60μm、60μm 以上等。而图示法则是以粒径为横坐标，以颗粒数（也称频率）或者质量为纵坐标绘出测定结果，这种方法绘制的图形也称直方图或矩形图。将图示法中所绘图的矩形中点连接起来得到的曲线称为粒度分布曲线。

粉尘的粒径分布具有一定的规律性，如具有正态分布的特点。在某些场合下为了便于数学分析常用函数形式表示粒径分布规律，最常用的函数有正态分布函数、对数正态分布函数、罗辛-勒姆拉函数等。如粉尘粒径的正态分布，其特点是对称于粒径的算术平均粒径，当已知算术平均粒径（$\bar{d}$）和标准偏差（σ）时，该正态分布函数就可确定。在（$\bar{d}-\sigma$）到（$\bar{d}+\sigma$）的粒径区间包括了 68.3%的粉尘颗粒，而在（$\bar{d}-2\sigma$）到（$\bar{d}+2\sigma$）的粒径区间则包括了 95.5%的粉尘颗粒。

由粉尘的粒径分布，可以评价粉尘对人体的危害程度、选择合适的除尘器类型和评价对除尘器性能的影响等。

在实际工程中，还可按粒径（d_s）大小对粉尘颗粒进行分类。

粗颗粒：d_s=50~1000μm；

细颗粒：d_s=10~50μm；

微粒：d_s=0.1~10μm；

烟雾：d_s=0.001~0.1μm。

粒径较大的粗颗粒，具有较高惯性，因此，粗颗粒具有在重力作用下迅速沉降的趋势；而细颗粒则倾向于在空气中保持悬浮。

4. 中位径

按照样品中粉尘的粒数或者质量分成相等的两部分的颗粒直径，即中位径（D_{50}）。中位径是反映粉体粒度特性的重要指标之一，也是平均粒径的一种表示形式。如某粉尘样本，其中位径 D_{50}=9μm，说明粒径>9μm 的颗粒的数量占总颗粒的数量为 50%，粒径<9μm 的颗粒的数量也占 50%。

除了中位径（D_{50}）之外，还可根据需要选取其他任意粒径进行评价，如 D_{30}，其意义是一个样品的累计粒度分布数达到 30%时所对应的粒径，它的物理意义是粒径小于它的颗粒占 30%。

（三）颗粒的比表面积

颗粒的比表面积指单位质量粉尘的表面积，用单位 m^2/kg 表示。微细粒径粉尘的重要特征之一就是比表面积大。

$$S_{ss}=\frac{A}{m} \tag{2-6}$$

式中 S_{ss}——比表面积，m^2/kg；

A——粉尘的表面积，m^2；

m——粉尘的质量，kg。

对于粒径为 d_s、密度为 ρ_s 的球形颗粒，比表面积为：

$$S_{ss}=\frac{6}{\rho_s d_s} \tag{2-7}$$

对于颗粒群：

$$S_{ss}=\frac{A}{m}=\frac{\int_0^{\infty}A(d_s)n(d_s)d(d_s)}{\int_0^{\infty}m(d_s)n(d_s)d(d_s)} \tag{2-8}$$

式中 n——粉尘的颗粒数。

粉尘的许多物理、化学性质与其比表面积有很大关系。粒径微细颗粒常常表现出显著的物理和化学活性，如氧化、吸附、溶解、生理效应、催化、燃烧爆炸及毒性等，都会因颗粒粒径微细、比表面积大而被加速、增大和剧烈。

粉尘的比表面积一般在 5~100000m^2/kg。部分粉尘的比表面积如表 2-3 所示。

表 2-3 部分粉尘的比表面积

粉尘类型	比表面积/（m^2/kg）	粉尘类型	比表面积/（m^2/kg）
细粉尘	10000.0	水泥粉尘	240.0
粗粉尘	170.0	细沙	5.0

（四）真实密度和堆积密度

由于粉尘是由许多微小颗粒组成的颗粒群体，因而，粉尘的密度有真实密度和堆积密度之分。

1. 真实密度

在密实堆积状态（粉尘颗粒之间没有任何空隙）下，单位体积粉尘的质量即真实密度。

2. 堆积密度

自然堆积状态下，单位体积粉尘的质量即堆积密度。通常所指的物料密度多为堆积密度，也称容重。

在自然堆积状态下，粉尘颗粒之间的空隙体积与粉尘总体积之比称为空隙率。真实密度和堆积密度之间存在以下关系：

$$\rho_s=(1-\varepsilon)\rho_s' \tag{2-9}$$

式中 ρ_s'——真实密度，kg/m^3；

ρ_s——堆积密度，kg/m^3；

ε——空隙率。

对于一种粉尘，其真实密度是定值，而堆积密度则会随堆积状况、空隙率大小而变化。球形颗粒的空隙率一般为0.3~0.4，非球形颗粒的空隙率高于球形颗粒的空隙率。

真实密度对于除尘器的设计具有重要意义。在设计料斗、存仓、输送等构件、设施和设备时应按堆积密度进行设计计算。

（五）粉尘的黏附性和凝聚性

粉尘黏附在物体表面或粉尘之间相互附着的现象，称为黏附性。

产生黏附的原因可以归结为黏附力的存在，但实际影响黏附现象的因素很多，机理很复杂。粉尘的主要黏附力有范德华力、静电引力和毛细管力。一般认为，粉尘粒径越小、水分含量越高、有显著带电性，黏附性越高。

黏附性的存在有利于粉尘的捕集，但往往带来的危害更多，如难以输送、堵塞管道和筛孔、滤布难以清灰等。

微细粉尘相互接触而结合成较大颗粒的性质，称为粉尘的凝聚性。粉尘因凝聚而粒径增大，更易于捕捉。因此，粉尘的凝聚性对粉尘的净化具有重要意义。

粉尘可以在重力、离心力、电力、电场力等外力作用下凝聚，可以在声场或超声波作用下凝聚，可以在布朗运动中凝聚，也可以在具有速度梯度的气流中凝聚。

（六）粉尘的流动性

粉尘的流动性，是指粉尘全部或部分发生相对位置变化的特性。粉尘的流动现象是粉尘的动力学性质之一。

使静止的粉尘产生流动性，必须对其施加一定的能克服粉尘黏附性的外力。影响粉尘流动性的因素有粉尘的形状、表面特征、粒径大小及水分含量等。

评价粉尘流动性的指标有粉尘的静止角、滑动角等。

粉尘从一定高度的漏斗中连续落到一水平板上，堆积成圆锥体，圆锥体的母线同水平面的夹角称为粉尘的静止角，也称安置角、堆积角、安息角等。

可以根据粉尘的静止角大小将粉尘的流动性分为好、中、差三类。静止角$<30°$的粉尘，其流动性最好；静止角等于$30°\sim45°$的粉尘，其流动性中等；静止角$>45°$的粉尘，其流动性差。粉尘的静止角一般为$35°\sim50°$。

一般来讲，粉尘粒径越小，粉尘间黏附性增强，静止角增大，流动性变差；空气的相对湿度越大，粉尘表面的吸附水量越多，导致粉尘间的黏附性增强，粉尘流动性变差；粉尘的形状倾向于非球形和颗粒表面越粗糙，粉尘的静止角增大，流动性变差。

将粉尘置于倾斜的板上，粉尘在倾斜的板上开始滑动时的倾斜角称为粉尘的滑动角。滑动角表示的是粉尘与壁面的摩擦特性。粉尘的滑动角一般为$40°\sim55°$。

粉尘全部滑落时的滑动角通常比开始滑动时的角度大10°以上。由于粉尘的黏附性，粉尘的滑动角也可能$>90°$。

可通过对粉尘施加振动、通入空气等方法增大粉尘的流动性。

粉尘的流动性是确定粉尘料仓排料锥斗、溜管等装置倾斜角的依据。

（七）粉尘的荷电性和比电阻

在粉尘形成和运动的过程中，由于相互的摩擦、碰撞、放射线照射、接触带电体等原因带有一定电荷的性质称为粉尘的荷电性。粉尘荷电性的来源有：

（1）粉尘产生时，有些呈电中性的颗粒会由于摩擦失去某种电荷而带正电荷或负电荷。

（2）粉尘颗粒吸附了空气中的带电离子而带电荷。

（3）空气中运动的粉尘发生摩擦而带电荷。

（4）粉尘颗粒在外加电场的作用下带电荷。

粉尘的荷电性可改变粉尘的某些物理性质，如黏附性、凝聚性和在空气中的沉降速度等，这些性质有利于粉尘的捕集、控制和除尘，如电除尘器就是利用粉尘的荷电性除尘的。

但粉尘的荷电性带来的危害性更大，微细粒径粉尘的带电增加了在人体呼吸道和肺部的沉积；给滤布除尘器的清灰带来困难；粉尘荷电性带来的黏附性还会降低粉尘流动性和引起堵塞事故；更重要的是粉尘的荷电性还是粉尘燃烧和爆炸最危险的潜在火源。

粉尘的导电性能常用电阻率表示。厚度为 1cm，面积为 $1cm^2$ 的粉尘层所具有的电阻值，称为粉尘的电阻率，单位为 $\Omega \cdot cm$。

粉尘的电阻率与空气的温度、湿度、化学杂质含量等有关，一般在 150~200℃ 时电阻率会出现最大值。粉尘的电阻率在 $10^4 \sim 10^{10}\Omega \cdot cm$ 时，可以利用电除尘器进行净化。

（八）粉尘的燃烧性和爆炸性

悬浮于空气中的可燃性粉尘达到一定浓度，遇到火源，发生急剧燃烧和爆炸的特性称为粉尘的燃烧性和爆炸性。粉尘的燃烧性和爆炸性实质是指可燃粉尘的剧烈氧化作用，瞬间产生大量的热量和燃烧产物，在有限空间造成很高的温度和压力，属于化学爆炸。

粉尘的粒径小，总表面积大，因而粉尘系统的自由表面能增加，提高了粉尘的化学活性，尤其提高了粉尘的氧化产热能力。所以，粉尘的分散度对燃烧性和爆炸性有很大影响，大颗粒粉尘或物料不可能爆炸。一般情况下，粉尘分散度高，燃烧点火温度将降低。

（九）粉尘的吸湿性

粉尘吸收空气中水分，增加了粉尘的含湿量，称为粉尘的吸湿性或亲水性。能够吸收空气中水分或溶解于水的粉尘，称为吸湿性粉尘。

粉尘湿度增加后，能增加粉尘的黏附性、凝聚性，有利于捕捉微细粒径粉尘，但同时也会造成过滤式除尘器的筛滤部件——滤布的清灰困难，以及粉尘流动性变差、发生堵塞等。粉尘湿度增加能降低粉尘荷电性。

粉尘颗粒的吸湿性使原有的固-气界面被固-液界面代替，形成了液体对粉尘的浸润。液体对粉尘的浸润程度取决于液体的力学性质，即表面张力的大小、颗粒表面结构和清洁度等因素。表面张力小的液体，就容易浸润粉尘颗粒。粉尘颗粒形状越不规则、粒径越小、表面有离子键等，其吸湿性越好。粉尘的吸湿性还受温度、压力、含水率等影响。湿式除尘器的除尘机理就是利用了粉尘的吸湿性。

（十）粉尘的磨损性

粉尘的磨损性是指粉尘在流动过程中对固体边壁的磨损性能。粉尘的磨损性与粉尘的形状、硬度、大小、密度等因素密切相关。表面具有锐沿棱角的粉尘比表面光滑的粉尘磨损性大；粒径大的粉尘比粒径小的粉尘磨损性大。

粉尘对通风管道的磨损性与气流速度的 2~3 次方成正比，在高速气流下，粉尘对管壁的磨损尤为严重。气流中粉尘含量高，磨损性也大。

为了减轻粉尘的磨损，延长设备或管道寿命，应选取合适的气流速度、合适材料的管道与壁厚。对于易磨损部位，应安装耐磨内衬或特殊结构等。

二、粉尘的空气力学特性

粉尘飞扬到空气中的运动状况和对粉尘的控制都与粉尘的空气力学特性密切相关。粉尘的空气力学特性主要指粉尘的阻力系数或沉降速度、悬浮速度。

1. 气流对颗粒的阻力

气流绕过固体外围作相对运动称为绕流运动，如风绕过烟囱、河流中水绕过桥墩等的运动均属绕流运动；在通风除尘工程上，粉尘颗粒在空气中的沉降等也是绕流运动。在发生绕流运动时，气流对绕流物体存在着作用力，此力在平行于来流方向上的分力称为绕流阻力；在垂直于来流方向上的分力称为升力。绕流阻力的形成与附面层的形成和分离关系密切。

当具有一定流速的气流绕过某物体时，由于气体的黏滞性作用，贴近物体表面的气流质点受到阻滞作用，流速下降，越接近物体表面，流速下降越多。将物体表面气流流速由零增加到绕流前流速值99%的气流层厚度，称为附面层。显然，气流绕过物体流动时，物体表面的气流分为两个区域，一个是具有流速梯度的区域，即附面层；另一个是附面层以外的没有速度梯度的主流区。因此，发生绕流时流动阻力主要是产生于附面层内的摩擦阻力。

当气流绕离物体时，由于物体边界的消失，尤其在减速增压这种边界情况下，因为物体表面的气流速度趋于零，而且向前流动流速下降、压力升高，这时就会出现气流与物体边界发生脱离并由此造成旋涡的形成，从而产生能量损失，此即发生由于附面层的分离形成的阻力，同样属于绕流阻力。

绕流阻力的表达式为：

$$F_r = CA\frac{\rho_a}{2}u^2 \tag{2-10}$$

式中　F_r——绕流阻力，Pa；

u——颗粒与气流之间的相对速度，m/s。如果空气是静止的，u 为颗粒的速度；

A——颗粒在垂直于气流方向平面上的投影面积，m^2；

ρ_a——空气密度，kg/m^3；

C——阻力系数。

式（2-10）表明，对于在气流中运动的某颗粒，绕流阻力的大小与颗粒的阻力系数、投影面积及颗粒与气流之间的相对速度成正相关关系。如果颗粒的阻力系数、相对速度固定不变，则颗粒的投影面积越大，绕流阻力就越大。所以，当颗粒的投影面积最小时，绕流阻力最小。

对于直径为 d_s 的球形颗粒，式（2-10）可变换为：

$$A = \frac{\pi}{4}d_s^2$$

$$C = \frac{F_r}{A\dfrac{\rho_a}{2}u^2} = \frac{8F_r}{\pi\rho_a u^2 d_s^2} \tag{2-11}$$

式（2-11）表明颗粒的阻力系数 C 与物料的粒径大小 d_s、相对速度 u 及气体性质有关，所以，阻力系数反映了颗粒在空气中运动的空气动力学性质。

2. 沉降速度

在边界无限的静止空气中，颗粒在浮重（即重力与浮力之差）的作用下自由下落。随着下落速度的逐渐增大，颗粒受到的绕流阻力 F_r 也逐渐增大，最后当下落速度达到某一数值 u_f 时，阻力与浮重相等，此时颗粒就以这一速度作恒速沉降，恒定速度 u_f 就称作颗粒的沉降速度。沉降速度是颗粒下落运动的最大速度，因此，沉降速度也称为颗粒的终端速度。

对于直径为 d_s 的球形颗粒，在空气中的浮重为：

$$w_s=\frac{\pi}{6}d_s^3(\rho_s-\rho_a)g \tag{2-12}$$

设颗粒的沉降速度为 u_f，则颗粒受到的空气阻力为：

$$F_r=CA\frac{\rho_a}{2}u_f^2 \tag{2-13}$$

颗粒在静止空气中处于等速沉降状态时，满足力的平衡，即 $F_r=w_s$，即有：

$$\frac{\pi}{6}d_s^3(\rho_s-\rho_a)g=CA\frac{\rho_a}{2}u_f^2 \tag{2-14}$$

从而解得沉降速度：

$$u_f=\sqrt{\frac{4gd_s(\rho_s-\rho_a)}{3C\rho_a}}=3.62\sqrt{\frac{d_s(\rho_s-\rho_a)}{C\rho_a}} \tag{2-15}$$

式中 u_f——球形颗粒沉降速度，m/s；

d_s——球形颗粒直径，m；

ρ_s——颗粒的真实密度，kg/m³；

ρ_a——空气密度，kg/m³；

g——重力加速度，9.81m/s²。

式（2-15）表明，沉降速度大小与颗粒的粒径、密度、阻力系数以及空气的密度有关。即与颗粒直径、密度大小成正相关关系，与阻力系数成负相关关系。

3. 悬浮速度

将某一球形颗粒置于垂直向上的气流中，如果气流的速度小于颗粒的沉降速度，则颗粒沉降；如果气流的速度大于颗粒的沉降速度，则颗粒将随着气流上升；如果气流的速度等于颗粒沉降速度，颗粒则处在某一位置上既不上升也不下降，呈悬浮状态，此时的气流速度称为该颗粒的悬浮速度。

显然，在颗粒处于悬浮状态时，满足力学平衡关系式：$F_r=w_s$，所以，悬浮速度与沉降速度在数值上是相等的，但意义不同。

在研究悬浮速度时，是向上运动的气流的作用力使颗粒处于悬浮状态，所以气流对颗粒的绕流阻力 F_r 此时也称为空气动力。

当气流的速度大于颗粒的悬浮速度时，颗粒将随着气流上升，这种运动状态即实现了气流输送颗粒物料的功能，即气力输送。或者说，此时物料颗粒受到了气流的控制。因此，悬浮速度是粉尘控制、气力输送技术中的重要技术参数。

式（2-15）也为单颗粒物料悬浮速度的理论计算公式。它表明，颗粒直径 d_s 和颗粒的真实密度 ρ_s 越大，即颗粒较大和较重时，颗粒的悬浮速度大，意味着需要较高的气流速度才能使颗粒悬浮。而颗粒的阻力系数越大，则其沉降速度即悬浮速度越小，意味着较低的气流速度就能使颗粒悬浮。

阻力系数 C 是计算颗粒悬浮速度的关键参数，它是雷诺数 Re 的函数，即：

$$C=\frac{a}{Re^{k}} \tag{2-16}$$

式（2-16）中，a 和 k 的值按雷诺数 Re 的大小选定。

当 $Re\leqslant 1$ 时，称为斯托克斯区，$a=24$，$k=1$，则：

$$C=\frac{24}{Re}=\frac{24\nu}{u_{f}d_{s}} \tag{2-17}$$

当 $1<Re\leqslant 500$ 时，称为奥仑区，$a=10$，$k=0.5$，则：

$$C=\frac{24}{Re^{0.5}} \tag{2-18}$$

当 $500<Re\leqslant 2\times10^{5}$ 时，称为牛顿区，$a=0.44$，$k=0$，则：

$$C=0.44 \tag{2-19}$$

在粉尘控制系统中，粉尘与气流的相对运动状态一般都处在 $Re\leqslant 1$ 的范围内，所以，由式（2-15）和式（2-17）得：

$$u_{f}=\frac{g(\rho_{s}-\rho_{a})d_{s}^{2}}{18\mu} \tag{2-20}$$

在通风工程上，一般物料密度 ρ_{s} 远远大于空气密度 ρ_{a}，可取 $\rho_{a}\approx 0$，式（2-20）可简化为：

$$u_{f}=\frac{g\rho_{s}d_{s}^{2}}{18\mu} \tag{2-21}$$

考虑到颗粒的形状非球形、运动空间有限（如管道内）等因素的影响，实际颗粒的悬浮速度为：

$$u_{f}=3.62\frac{1}{\sqrt{\varphi}}\sqrt{\frac{d_{s}(\rho_{s}-\rho_{a})}{C\rho_{a}}}\left[1-\left(\frac{d_{s}}{D}\right)^{2}\right] \tag{2-22}$$

式中　D——管道直径，m；

φ——颗粒的形状修正系数，见表 2-4。

表 2-4　颗粒的形状修正系数 φ

颗粒形状	φ 值	颗粒形状	φ 值
当量球体	1.0	不规则椭圆体	1.06
半球体、棱形体	1.76	不规则块体	2.27
正方体	1.86	细长椭圆体	3.00
不规则球体	1.17	圆板片	5.00

在实际工程中，由于颗粒形状、有限空间（如管道边壁），以及管道中颗粒与颗粒之间和颗粒与管壁之间的碰撞、摩擦等的影响，颗粒群的悬浮速度要比单颗粒的悬浮速度小，而这些因素在理论计算中又难以全面考虑，因此，对于颗粒群的悬浮速度大多通过实验测出。部分粉尘颗粒的悬浮速度如表 2-5 所示。

表 2-5　　部分粉尘颗粒的悬浮速度

物料名称	悬浮速度/(m/s)	物料名称	悬浮速度/(m/s)
面粉	1.5~2	滑石粉	0.5~0.8
麦壳、碎麦皮	0.6~3.9	水泥	0.22
面粉次粉	1.5~3.0	玉米淀粉	1.5~1.8
粗麸皮	2.5~3.5	玉米皮	2~4
细麸皮	1.5~3.5	米糠	2~3

飞扬到空气中的粒径微细粉尘，由于悬浮速度小，很容易达到力的平衡，所以在空气中不易沉降，可以长时间悬浮于空气中。粉尘在空气中长时间悬浮的特性，称为粉尘的悬浮性。一般来讲，在静止空气中，粒径>10μm 的粉尘呈加速沉降的特性；粒径 0.1~10μm 的粉尘呈等速沉降特性；粒径<0.1μm 的粉尘具有基本不沉降的特性。粉尘的悬浮特性，加剧了空气污染的长期性。

第四节　粮食工业粉尘的产生及特点

一、粮食工业生产的特点

粮食工业粉尘的产生，与其原料、生产工艺、生产设备和产品类型等因素密切相关。

1. 原料特点

粮食是人类食用的农产品的总称，主要指小麦、玉米、稻谷、油料及其在制品、半成品和成品。粮食工业是对粮食进行加工和生产的行业的总称。广义地讲，粮食工业还包括饲料加工业、杂粮杂豆加工以及农产品的干燥、储运等。它们共同的特点是，粮食工业加工的对象——原料，都是散状农产品物料，而且属于有机物质。

对于小麦、稻谷、玉米等这些未加工的农产品，在粮食加工中常称为原粮。在我国，由于农业机械化程度相对较低，在原粮的收获、干燥、运输等环节中都会有各种各样的杂质混入，尤其一些微细颗粒物杂质如泥灰、沙土、粮粒的壳皮等。

粮食属于有机物质，并且部分原粮如小麦、稻谷等粮粒表面生长有麦毛、稻芒等，因而在加工过程中不断地经过溜管、输送设备、加工设备时，粮粒表面由于和管道、设备的摩擦、碰撞等，总会有表皮、麦毛或稻芒等的脱落，不断产生新的微细粉尘飞扬到空气中污染空气。而且粮粒表面及其沟槽中也往往黏附了很多泥土，在具有撞击、摩擦作用的清理、加工设备中也会随粮粒表皮的脱落而形成新的粉尘。因此，粮食加工过程中粉尘的产生是不可避免的。

2. 生产特点

在粮食加工过程中，由于原粮及其所含杂质特性和最终加工产品的要求，其加工过程均含有输送、清理（筛分）、入仓、研磨或粉碎、包装等工序，最终产品呈粉状或颗粒状。

在输送过程中，散状原粮及其在制品的进入、流出时的落差和在输送过程中的抛洒以及输送设备工作面对物料的冲击、摩擦等，都会使物料中的微细物料离开物料主流飞扬到空气中。如皮带输送机的进料端，物料下落到输送带上时的冲击、挤压极易使粉尘扬出；而物料高速下落时携带的诱导空气又易使进料斗内形成正压，因而加剧了粉尘的飞扬。如在皮带输送机的转运点、落料端等粉尘的产生均是如此。

原粮的清理，就是利用加工设备的各种作用如筛分作用、打击作用等清理出原粮中的各种杂质，并使其符合净粮要求，从而满足加工和食用品质。如在筛分过程中，由于原粮受到筛面的振动和穿过筛孔的落差等，原粮中的微细颗粒或分离出的轻质杂质等都容易被扬出。

粮食的加工不是制粉就是制粒，因而研磨和粉碎是其主要加工手段。在研磨制粉或制粒工序中，由于研磨设备的密闭不严以及半成品或成品还要输送、筛理取粉、包装等，成品中的微细颗粒也容易离开物料主流飞扬到空气中。

总之，在粮食的输送、清理和加工过程中均伴随有粉尘产生。可以说，粮食加工中的每一台设备既是加工设备又是扬尘设备（尘源）。

二、粮食工业粉尘的燃烧爆炸特性

粮食工业的加工企业中，不同工序产生的粉尘是有区别的。在原粮的清理工序中，产生的粉尘多属于夹杂性粉尘，如泥沙、灰杂、粮粒皮屑等，这类粉尘是在原粮的收获、干燥、运输过程中混杂进去的，又在加工车间的输送、清理过程中被扬出。在粮食的制粉或研磨工序中，产生的粉尘则属于再生性粉尘，即这类粉尘是在粮食的粉碎或者研磨过程、或者在在制品的筛分过程中产生的，来源于粮粒本身。

粮食工业产生的粉尘无论是夹杂性粉尘或是再生性粉尘，主要成分均属于有机性粉尘。所以，粮食工业粉尘的最显著特性就是其燃烧爆炸特性。国内外粮食工业粮食粉尘燃烧、爆炸的案例也证明了粮食工业粉尘的燃烧爆炸特性。

1785 年，意大利都灵的一家面包店面粉粉尘发生燃烧爆炸，揭开了世界粮食工业粉尘爆炸的历史序幕。在美国，1900—1975 年 76 年间，发生粮食粉尘爆炸的次数为 682 次，死亡人数 449 人，受伤人数 1337 人。其中在 1958—1975 年 18 年间共发生粮食粉尘爆炸 192 次，1979—1988 年 10 年间共发生粮食粉尘爆炸 204 次，仅 1980 年就发生粮食粉尘爆炸 44 次。在日本，1952—1975 年 24 年间共发生粮食粉尘爆炸 177 次，死亡 75 人，伤 410 人。1982 年 10 月 18 日，在法国东部城市梅斯，一家麦芽厂的 7 个钢筋混凝土立筒库中的 4 个被粉尘爆炸炸毁。表 2-6 所示为 1993—2014 年美国农业粉尘爆炸的统计资料。

在我国，粮食工业粉尘爆炸也曾有发生。1965 年，北京某面粉厂发生粉尘燃烧爆炸，磨粉机磨门被炸开，火焰跑到五楼烧红了管道、除尘器等。最引起人们关注的是 1981 年 12 月 10 日广州某港口散粮立筒库发生粉尘爆炸，炸开了斗式提升机机筒、机头，最后强大的气流压力和冲击波，炸毁了部分立筒仓仓顶盖板和仓顶层罩棚的围墙、屋面和设备，造成 7 名工人受伤。2002 年 1 月，上海松江的一家饲料加工厂发生粉尘爆炸，导致 8 人受伤。

频繁发生的粉尘燃烧、爆炸，使人们认识到了粮食工业粉尘治理的重要性和迫切性。为了加强对粮食工业粉尘爆炸性的认识，搞好粉尘控制技术和管理工作，我国对粮食工业粉尘燃烧、爆炸等安全方面的工程设计、生产管理等均在相关标准、规范中作出详细规定。

表 2-6　　1993—2014 年美国农业粉尘爆炸的统计资料

年份	爆炸次数/次	死亡/人	伤者/人	发生粉尘爆炸的设施类型			
				筒仓	饲料厂	面粉/玉米/食品厂	其他
1993	13	2	20	9	0	1	3
1994	15	1	14	7	3	2	3
1995	14	1	12	4	4	0	6
1996	13	1	19	4	4	1	4
1997	16	1	14	9	2	1	4
1998	18	7	24	11	3	0	4
1999	7	0	19	3	4	0	0
2000	8	1	12	2	1	0	5
2001	9	1	7	4	2	0	3
2002	9	1	8	6	0	0	3
2003	8	2	8	4	2	1	1
2004	6	0	4	1	2	0	3
2005	13	2	11	7	5	1	0
2006	9	0	8	5	1	2	1
2007	7	0	6	5	1	0	1
2008	19	0	9	14	3	2	0
2009	8	0	12	4	1	2	1
2010	11	0	17	7	2	2	0
2011	9	6	4	5	2	2	0
2012	10	0	8	8	1	1	0
2013	7	1	7	2	3	2	0
2014	7	0	14	5	1	1	0
总计	236	27	257	126	47	21	42

GB 15577—2018《粉尘防爆安全规程》规定了粉尘防爆安全总则、粉尘爆炸危险场所的建（构）筑物的结构与布局、防止粉尘云与粉尘层着火、粉尘爆炸的控制、除尘系统、粉尘控制与清理、设备设施检修和个体防护等内容。适用于粉尘爆炸危险场所的工程及工艺设计、生产加工、存储、设备运行与维护等环节。

GB 15577—2018《粉尘防爆安全规程》是我国粉尘防爆领域一系列标准中的核心标准，对伴随可燃粉尘产生的各类生产企业的粉尘防爆、安全生产和管理，具有权威、科学、实用、全面的指导意义。该标准要求，企业应辨识所存在的粉尘爆炸危险场所，确定可燃性粉尘爆炸危险性以及粉尘爆炸危险场所的数量、位置、危险区域等，分析存在的粉尘爆炸危险因素，评估粉尘爆炸风险，并制定能消除或有效控制粉尘爆炸风险的措施。在具有粉尘爆炸危险场所的出入口、生产区域及众多危险设备设施等部位，应设置显著的安全警示标识标志等。

GB 17440—2008《粮食加工、储运系统粉尘防爆安全规程》将粮食粉尘按爆炸性危险程度划分为 20 区、21 区、22 区和非危险区域。

20 区：在正常操作过程中，粮食粉尘的产生是连续的，或经常的，其数量足以形成可燃性粉尘与空气混合物和/或可能形成无法控制的和极厚的粉尘层的场所。

21 区：在正常操作条件下，粮食粉尘的产生是非正常的，或偶然的，其可能出现的数量足以形成可燃性粉尘与空气混合物的粮食粉尘，但未划为 20 区的场所。

22 区：未划分为 21 区的场所。在正常操作条件下，粮食粉尘的产生是不可能发生的。但在异常条件下可能出现粮食粉尘的堆积或可能出现粉尘层，并且在空气中产生粮食粉尘混合物，如果不能保证排除粮食粉尘堆积或粉尘层，则应划分为 21 区。

非危险区域：采用无洞孔的墙体和防火弹簧门与 20 区、21 区、22 区隔开的区域。

凡在 20 区、21 区、22 区使用的工艺、设备和电气等必须满足防爆要求。

目前，我国有关粉尘防爆的标准体系已经相对完善。国家标准有 GB 50016—2014《建筑设计防火规范》、GB 15577—2018《粉尘防爆安全规程》、GB/T 15605—2008《粉尘爆炸泄压指南》、GB 17440—2008《粮食加工、储运系统粉尘防爆安全规程》、GB/T 17919—2008《粉尘爆炸危险场所用收尘器防爆导则》、GB 17918—2008《港口散粮装卸系统粉尘防爆安全规程》、GB 19081—2008《饲料加工系统粉尘防爆安全规程》等。

安全生产行业标准有 AQ 4273—2016《粉尘爆炸危险场所用除尘系统安全技术规范》、AQ 4229—2013《粮食立筒仓粉尘防爆安全规范》、AQ 4230—2013《粮食平房仓粉尘防爆安全规范》、AQ 3009—2007《危险场所电气安全防爆安全规范》等。

另外，有关粉尘防爆的标准还有行业标准、地方标准及企业标准等。

三、粮食工业粉尘的产生

微细颗粒物料离开物料主流而悬浮于周围空气中的过程，称为粉尘的尘化。粉尘的产生过程或含尘空气的形成过程常称为粉尘的尘化过程。

（一）空气流动是粉尘飞扬的主要动力

悬浮于空气中的粉尘，粗颗粒粉尘倾向于沉降，即在空气中停留的时间短。而细颗粒粉尘则倾向于随气流运动，其中<0.1μm 的粉尘运动类似空气分子运动；粒径在 1~20μm 的粉尘极易随气流运动。如真实密度为 1000kg/m^3 的粉尘，在静止空气中发生自由落体时，不同颗粒的沉降速度如下。

$d_s=0.1\mu m$：　　$u_f=4\times10^{-7}m/s$

$d_s=1\mu m$：　　$u_f=4\times10^{-5}m/s$

$d_s=100\mu m$：　　$u_f=0.5m/s$

这些数值说明，不同粒径粉尘在空气中的运动能力显著不同。仅在重力作用下，微细颗粒粉尘没有离开它们悬浮于其中的空气而独立运动的能力。

从卫生方面，对人体危害最大的正是这些微细颗粒粉尘，尤其粒径<10μm 的粉尘。这些粒径粉尘长期悬浮于空气中，不易沉降，会随着人的呼吸进入人体，并且细粉尘在生理上对人体的影响更直接。

物料在机器设备中流动或被加工时，物料所受到的力有机械力、重力、分子扩散力、气流对物料的空气动力等。

当粉尘受到分子扩散力的作用而运动时，由于粉尘的质量远大于空气分子质量，粉尘在

1s 内的运动距离只有 1.2×10^{-6}m，因此，分子扩散力的作用可完全忽略不计。

当粉尘受到机械力作用以某一初速度 u_0 作水平运动时，粉尘在空气阻力作用下将呈减速运动。若粉尘的初速度 $u_0=10$m/s，经过 0.01s 后，经计算粉尘的速度为 5×10^{-5}m/s，粉尘的运动距离为 8×10^{-3}m，表明粉尘在机械力的作用下运动时，粉尘颗粒速度丧失非常迅速，它几乎不能依靠机械力给予的动能独立飞扬。

一般室内的气流速度在 0.2~0.3m/s，若安装有通风系统或门窗打开有穿堂风时，室内气流速度更高，比重力、机械力、分子扩散力作用下的颗粒速度高得多，因此，粉尘的运动主要受室内气流支配和控制。也就是说，微细粒径粉尘实际上是没有在空气中独立运动能力的，控制它们的运动就是控制气流的运动，或者说控制了空气的流动也就控制了粉尘的运动。

（二）一次尘化过程

一般认为，粉尘的尘化是连续两种作用共同作用的结果：一次尘化作用形成局部含尘空气；二次扩散作用将局部含尘空气飞扬、带走。

一次尘化即一次污染，主要指物料中的粉尘或微细颗粒离开物料主流的飞扬过程；二次扩散即一次尘化形成的局部或小范围污染空气扩散到更大范围的过程。

在粮食加工企业，一次尘化包含以下几种作用。

（1）诱导空气造成的尘化作用　散状物料在管道或设备内高速流动时，或者设备的工作部件在高速运转时，能带动周围的空气随其运动，这部分运动的空气称为诱导空气。如物料在溜管内快速流动时，产生的诱导空气具有较高的流动速度，物料在溜管末端堆积起来、速度降低，而诱导空气则由于惯性继续流动，极容易将物料堆积时扬出的微细颗粒物即粉尘带出。

诱导空气造成的尘化作用的另一个重要原因是物料下落时诱导的大量空气在设备内部聚集，形成了正压气流，从而造成设备内外的压力差，于是设备内具有一定正压的含尘气流就从设备缝隙逸出。根据物料颗粒粒径大小，诱导空气量与降落距离的1/2 或2/3 次方成比例，物料落差越小，其诱导空气量就越少。适当减小溜管或溜槽倾角，增加物料与流道边壁的摩擦和碰撞，也可降低诱导空气的能量。

（2）剪切、挤压等造成的尘化作用　物料从高处沉降时，物料与空气之间发生绕流运动，即物料与空气之间存在着剪切作用，物料中的细颗粒可在剪切气流的作用下飞扬到周围空气中。物料在下落时颗粒疏松，颗粒间充满了空气，而当物料落到某一工作面上时，物料颗粒的堆积、挤压作用使颗粒间的空气被瞬间挤出，即以较高的速度从物料堆中冲出，从而将物料中的微细颗粒带出并形成含尘空气。

（3）物料与空气的置换作用　物料入仓、装包或进入料斗时，或物料从高处下落时，必将置换出同体积的空气，这些置换出的空气具有一定的速度，能带走物料中的微细粉尘。

（4）无规则通风射流的尘化作用　门、窗及其缝隙的通风射流、通风管道的漏缝或某些设备的缝隙向外喷射出的无规则射流，也是粉尘飞扬的动力之一。

实质上，生产中微细粒径颗粒及粉尘的扬出，往往是上述几种作用综合的结果。

（三）二次扩散

二次扩散不属于粉尘尘化的内容，但它作用于已尘化的空气悬浮物上，进一步使粉尘扩散，范围变得更大，即对一次尘化起到推波助澜作用。

二次扩散主要指二次气流的作用，二次气流是区别于粉尘尘化气流的。粉尘尘化的气流即一次气流是伴随生产过程产生的，是与物料流动紧密相关的；而二次气流是与物料的运动无关的、属于外来的。

当门、窗打开时由于室内外温差或压差作用形成的室内流动空气、设备的振动等原因造成的空气流动、人员行走形成的流动空气等均属于二次气流。

二次气流的速度和方向决定着粉尘扩散的快慢、方向和范围的大小。二次气流速度越大，粉尘扩散作用越明显。

以上分析可知，粉尘总是依附于气流而运动的，即粉尘的尘化和传播都离不开气流的动力作用。所以，对粉尘的控制，就是控制气流：减弱和控制一次尘化气流，消除和隔断二次扩散气流，有目的组织有效空气流动实现粉尘的控制。

（四）二次污染

由于自然沉降过程降落到各种表面上的粉尘，或者通过粉尘控制装置捕捉到的粉尘再次飞扬到空气中的过程，称为二次污染。二次污染显然不同于二次扩散。

二次污染的形成机理实质上是一次尘化和二次扩散的恶性循环，是应当避免的。二次污染的形成反映了粉尘控制系统中粉尘收集装置的缺陷以及生产管理的漏洞。

几种污染源排放的污染物相互接触、混合并发生反应形成新的污染物污染空气的过程，也称为二次污染，这种二次污染物的形成包含着化学反应，是一种危害更严重的污染，如光化学烟雾等。

在粮食加工企业，粉尘的二次污染物来源主要为降尘（即积尘、落尘），其次为通过粉尘控制装置已收集的粉尘。降尘粒径微细，堆积疏松，集中于设备机壳内部或车间的角落处，最易被电焊、切割作业、静电等产生的火星或其他火源点燃发生燃烧、爆炸。沉降在车间墙壁、管道等各种表面上的降尘更是粉尘爆炸传播时再次扬起的不断达到新的粉尘燃烧爆炸浓度的源泉。因此降尘是发生粉尘爆炸最严重的潜在安全隐患。沉降到设备、管道、墙壁等各种表面的降尘也影响车间的卫生和景观。

通风除尘装置中除尘器分离出的粉尘的收集，在工厂中多被忽视，而再次成为粉尘飞扬的污染源是最不经济的。对于已收集到的粉尘，应该采用专门的输送设备和打包技术进行管理，粉尘的收集、运输等技术应该向无扬尘工艺发展。

第五节 粮食工业粉尘控制

一、粮食工业粉尘控制的方法

通过有效组织空气流动的方法来控制工业生产中产生的粉尘、有害气体等污染物是粮食工业粉尘控制的基本方法，也是工业卫生与安全的主要技术措施之一。

空气的流动形成风，有目的地组织空气流动以完成某种功能的技术即通风技术，具体地讲就是为达到合乎卫生要求的空气质量标准，对车间或居室进行换气的技术。将室内不符合卫生标准要求的污染空气排到室外的通风方法称为排风；将新鲜空气或达到卫生标准要求的空气送到室内的通风方法称为送风。

通风技术根据不同的生产条件和环境要求分为多种方法。

1. 自然通风和机械通风

从组织空气的流动是否需要动力方面，分为自然通风和机械通风。

（1）自然通风　依靠室外风力造成的风压或室内外空气温度差造成的热压使空气流动的方法称为自然通风。风压是指风力在建筑物迎风面与背风面之间产生的气压差；热压是由于室内外空气温度差并导致空气密度变化而引起的气压差。

自然通风是在自然气象条件下形成的，无须人为提供动力，是一种既经济又节能的方法。有些条件下，可充分利用建筑物的某些构件或室内余热进行自然通风。但由于自然通风是利用某些气象条件形成的，因而这种通风的稳定性和可靠性较差，在工业生产中一般不予考虑。

（2）机械通风　依靠通风机等空气机械设备的作用驱使空气流动、造成有限空间通风换气的方法称为机械通风。由于通风机等空气机械设备产生的风量和风压可根据需要来选定，因而这种通风方法能够满足不同场所人们所需要的通风量，并能有效地控制通风所需要的气流方向和流速大小。又由于机械通风不受自然条件限制，可根据需要随时进行通风，因而适用性强，应用广泛。

机械通风有送风式和排风式两种。自然通风没有设备、没有电耗，省钱，但是其进风不稳定、不均匀、无法净化，而且室外空气直接进入车间，空气中的尘土、昆虫等污染物也会在通风的同时进入车间污染产品。因此现代化的粮食加工车间、食品车间和卫生要求较高的厂房绝对禁止自然通风，而必须进行机械通风。通风工程上的机械通风一般是指符合生产工艺需要的、人们能够控制的通风，对空气都进行了各种处理，并且符合卫生要求。

2. 全面通风和局部通风

从通风作用的范围方面，分为全面通风和局部通风。

（1）全面通风　对整个车间进行通风换气即全面通风，也称稀释通风。它一方面用清洁空气稀释室内空气中有害物质浓度，同时还不断地把污染空气排出室外，使室内空气中的有害物浓度不超过卫生标准规定的最高允许浓度。全面通风的效果与通风量的大小和流动空气的组织密切相关。全面通风可以是自然通风，也可以是机械通风。

（2）局部通风　针对局部污染源或局部区域进行通风换气的方法即局部通风。局部通风分为排风和送风两种方式，不等有害物质飞散到工作区域之前就将其从污染源处排走的通风方式为局部排风；将新鲜空气或者符合卫生要求的空气送到操作区域的通风方式即局部送风。

在粮食加工行业，粉尘控制多采用机械式的局部排风通风方式，即将废气或含有有害物质的空气抽走并经过净化处理后排到室外。

利用通风的方法排除环境中因粉尘飞扬而产生的污染空气，并同时对污染空气进行净化而且达到污染空气排放标准的技术称为通风除尘技术，简称通风除尘。具体来说就是为达到合乎卫生要求的空气质量标准，对车间或居室进行空气洁净的技术，且排放空气中有害物浓度达到国家排放标准。

通风除尘是保证粮食加工企业有一个良好的操作环境、良好的生产环境而广泛采用的方法，更是可燃性粉尘防爆技术措施中最有效、最经济的方法，也是环境保护技术中空气污染控制所普遍采用的方法。此外，通风除尘在粮食加工中还可起到对加工设备或物料的除湿降温、促使物料风选和分级、回收含尘气流中有用物料等多种工艺效果。

二、粮食工业通风除尘系统的组成

粮食工业通风除尘系统一般由吸尘罩、通风管道、除尘器和风机四部分构成，如图 2-6 所示。

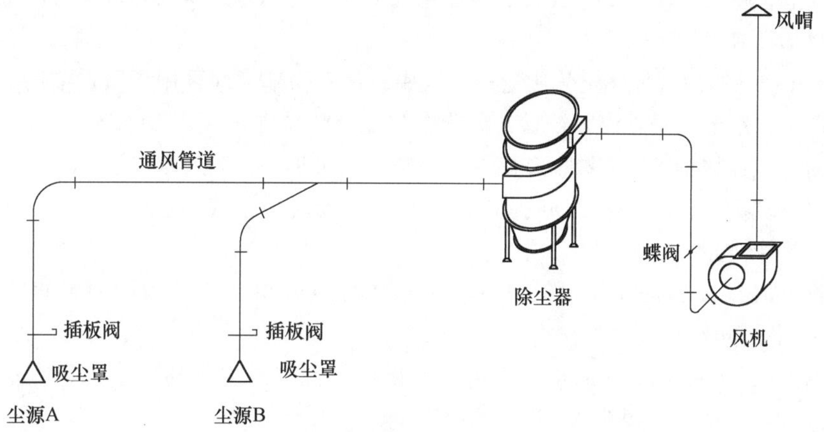

图 2-6 粮食工业通风除尘系统的组成

1. 吸尘罩

吸尘罩是通风除尘系统含尘空气的捕集装置，它靠近尘源安装，又称吸风罩、排风罩等。

2. 通风管道

通风管道是通风除尘系统中空气流动的通道，其作用是将吸尘罩收集的污染空气安全地输送到净化设备（如除尘器），并把净化后的符合排放标准的尾气排放到大气中。

3. 除尘器

除尘器即净化装置，是将通风管道送来的污染空气进行净化的设备。如除尘器将含尘空气中的粉尘进行分离和回收，使排放的空气含尘浓度符合环保要求。有时，为了满足粉尘回收工艺或者尾气排放标准的环保要求，在一个除尘系统中可以采用两台或多台除尘器串联的形式连续地对含尘气流进行粉尘分离。

4. 风机

风机是组织空气流动的动力源，是除尘系统的重要组成部分。风机属于空气机械，是对气体输送和气体压缩机械的简称。从能量角度看，它把旋转的机械能转变为气体的压力能和动能，从而驱使空气流动。

三、粉尘控制的标准

（一）含尘浓度和粉尘评价类型

单位体积空气中粉尘的含量称为含尘浓度，含尘浓度是评价环境空气被粉尘污染程度的主要指标之一。含尘浓度有三种表示方法。

（1）质量浓度　单位体积空气中所含的粉尘质量，单位：mg/m^3。

（2）计数浓度　单位体积空气中所含的粉尘的颗粒数，单位：粒/m^3。

（3）粒径计数浓度　单位体积空气中所含的某一粒径范围（Δd_s）内粉尘的颗粒数，单位：粒/($\Delta d_s \cdot m^3$)。

质量浓度是当前通风除尘技术中普遍采用的含尘浓度表示方法，而计数浓度、粒径计数浓度则主要用于洁净技术中。粉尘对人体健康的危害程度与粉尘的粒径大小关系最为密切，粒径越小，危害越大，而质量浓度表示的是空气中粉尘的总量，对人体危害程度最大的微细粉尘的含量却没有表示出来。

在 GB 3095—2012《环境空气质量标准》中，污染物浓度即采用了质量浓度，而且将粉尘等颗粒污染物细分为总悬浮颗粒物、颗粒物 PM_{10}、颗粒物 $PM_{2.5}$、铅和苯并［a］芘等。总悬浮颗粒物、颗粒物等指标的数值越高，表明空气质量越差，对人体的危害越大。

总悬浮颗粒物（total suspended particles，TSP）：指环境空气中空气动力学当量直径小于等于 100μm 的颗粒物。

颗粒物 PM_{10}（particulate matter，PM_{10}）：指环境空气中空气动力学当量直径小于等于 10μm 的颗粒物，也称可吸入颗粒物。

颗粒物 $PM_{2.5}$（particulate matter，$PM_{2.5}$）：指环境空气中空气动力学当量直径小于等于 2.5μm 的颗粒物，也称细颗粒物。

铅：指存在于总悬浮颗粒中的铅及其化合物。

苯并［a］芘（benzo［a］pyrene，BaP）：指存在于颗粒物（粒径小于等于 10μm）中的苯并［a］芘。

（二）粉尘控制的卫生标准和排放标准

1. 卫生标准

工业生产中产生的粉尘等有害物必须进行控制，这既是《中华人民共和国职业病防治法》的要求，也是工业生产自身安全与卫生的要求。为此，我国制定了 GBZ 1《工业企业设计卫生标准》和 GBZ 2《工作场所有害因素职业接触限值》等一系列职业卫生标准。这些标准是工业企业设计、预防性和经常性监督检查、监测的依据。

我国最早使用的卫生标准是 1956 年颁布的标准-101—1956《工业企业设计暂行卫生标准》，对 53 种有害物质明确了工作场所的最高容许浓度；在 1962 年修订为国标建 GBJ 1—1962《工业企业设计卫生标准》，1979 年再次修订为 TJ 36—1979《工业企业设计卫生标准》；2002 年该标准重新修订后分为两个标准：GBZ 1《工业企业设计卫生标准》和 GBZ 2《工作场所有害因素职业接触限值》。GBZ 1《工业企业设计卫生标准》在 2010 年进行了修订。而 GBZ 2《工作场所有害因素职业接触限值》分别在 2007 年和 2019 年再次进行了修订。

GBZ 1—2010《工业企业设计卫生标准》规定了工业企业的选址、整体布局与厂房设计、工作场所的基本卫生要求，如防尘与防毒、防暑与防寒、防噪声与振动、防非电离辐射及电离辐射、采光与照明、工作场所微小气候、辅助用室等方面的内容，以保证工业企业的设计符合卫生要求。

GBZ 2《工作场所有害因素职业接触限值》分为两个部分：第 1 部分为化学有害因素；第 2 部分为物理因素。GBZ 2.1—2019《工作场所有害因素职业接触限值》为 GBZ 2 的第 1 部分。

GBZ 2.1—2019《工作场所有害因素职业接触限值》规定了工作场所职业接触化学有害因素的卫生要求、检测评价及控制原则，适用于工业企业卫生设计以及工作场所化学有害因素职业接触的管理、控制和职业卫生监督检查等。

GBZ 2.1—2019《工作场所有害因素职业接触限值》中，职业接触是指劳动者在职业活动中通过呼吸道、皮肤黏膜等与职业性有害因素之间接触的过程。职业接触限值（occupational exposure limits；OELs）是指职业性有害因素的接触限制量值，指劳动者在职业活动过程中长期反复接触对机体不引起急性或慢性有害健康影响的容许接触水平。化学有害因素包括工作场所存在或产生的化学物质、粉尘及生物因素。化学因素的职业接触限值可分为时间加权平均容许浓度、短时间接触容许浓度和最高容许浓度三类。粉尘等颗粒污染物的接触限值分为总尘浓度和呼吸性粉尘浓度两种。

（1）时间加权平均容许浓度（permissible concentration-time weighted average，PC-TWA）指以时间为权数规定的8h工作日、40h工作周的平均容许接触浓度。

（2）最高容许浓度（maximum allowable concentration，MAC）　指工作地点、在一个工作日内、任何时间均不应超过的有毒化学物质的浓度。

（3）短时间接触容许浓度（permissible concentration-short term exposure limit，PC-STEL）在遵守“时间加权平均容许浓度”的前提下，容许最短时间（15min）接触的浓度。

（4）呼吸性粉尘　可到达肺泡区（无纤毛呼吸性支气管、肺泡管、肺泡囊）的粉尘。

（5）总尘　可进入整个呼吸道（鼻、咽、喉、气管、支气管、细支气管、呼吸性细支气管、肺泡）的粉尘，简称为总尘。

在上述的定义中，工作场所指劳动者进行职业活动、并有用人单位直接或间接控制的所有工作地点。工作地点指劳动者从事职业活动或进行生产管理而经常或定时停留岗位或作业的地点。

GBZ 2.1—2019《工作场所有害因素职业接触限值》有关粉尘的接触限值如表2-7所示。

表2-7　　工作场所空气中粉尘职业接触限值（GBZ 2.1—2019）

序号	粉尘种类	时间加权平均容许浓度/（mg/m^3）		临界不良健康效应
		总尘	呼尘	
1	白云石粉尘	8	4	尘肺病
2	玻璃钢粉尘	3	—	尘肺病，呼吸道，皮肤刺激
3	茶尘	2	—	哮喘
4	沉淀 SiO_2（白炭黑）	5	—	上呼吸道及皮肤刺激
5	大理石粉尘（碳酸钙）	8	4	眼、皮肤刺激；尘肺病
6	电焊烟尘	4	—	电焊工尘肺
7	二氧化钛粉尘	8	—	下呼吸道刺激
8	沸石粉尘	5	—	尘肺病，肺癌
9	酚醛树脂粉尘	6	—	上呼吸道刺激
10	工业酶混合尘	2	—	皮肤、眼、上呼吸道刺激

续表

序号	粉尘种类	时间加权平均容许浓度/（mg/m^3）		临界不良健康效应
		总尘	呼尘	
11	谷物粉尘（游离 SiO_2 含量<10%）	4	—	上呼吸道刺激；尘肺；过敏性哮喘
12	硅灰石粉尘	5	—	—
13	硅藻土粉尘（游离 SiO_2 含量<10%）	6	—	尘肺病
14	过氯酸铵粉尘	8	—	肺间质纤维化
15	滑石粉尘（游离 SiO_2 含量<10%）	3	1	滑石尘肺
16	活性炭粉尘	5	—	尘肺病
17	聚丙烯粉尘	5	—	—
18	聚丙烯腈纤维粉尘	2	—	肺通气功能损伤
19	聚氯乙烯粉尘	5	—	下呼吸道刺激；肺功能改变
20	聚乙烯粉尘	5	—	呼吸道刺激
21	铝尘：铝金属、铝合金粉尘 氧化铝粉尘	3 4	— —	铝尘肺；眼损害；黏膜、皮肤刺激
22	麻尘（游离 SiO_2 含量<10%）：亚麻 黄麻 苎麻	1.5 2 3	— — —	棉尘病
23	煤尘（游离 SiO_2 含量<10%）	4	2.5	煤工尘肺
24	棉尘	1	—	棉尘病
25	木粉尘（硬）	3	—	皮炎、鼻炎、结膜炎；哮喘、外源性过敏性肺炎；鼻咽癌等
26	凝聚 SiO_2 粉尘	1.5	0.5	—
27	膨润土粉尘	6	—	鼻、喉、肺、眼刺激；支气管哮喘
28	皮毛粉尘	8	—	过敏性肺泡炎；支气管哮喘
29	人造矿物纤维绝热棉粉尘（玻璃棉、矿渣棉、岩棉）	3	— —	质量浓度：皮肤和眼刺激 纤维浓度：呼吸道不良健康效应
30	桑蚕丝尘	8	—	眼和上呼吸道刺激；肺功能损伤
31	砂轮磨尘	8	—	轻微致肺纤维化作用
32	石膏粉尘	8	4	上呼吸道、眼和皮肤刺激；肺炎等
33	石灰石粉尘	8	4	眼、皮肤刺激；尘肺
34	石棉（石棉含量 10%以上）：粉尘 纤维	0.8 0.8f/mL	— —	石棉肺；肺癌、间皮瘤
35	石墨粉尘	4	2	石墨尘肺
36	水泥粉尘	4	1.5	水泥尘肺

续表

序号	粉尘种类		时间加权平均容许浓度/（mg/m^3）		临界不良健康效应
			总尘	呼尘	
37	炭黑粉尘		4	—	炭黑尘肺
38	碳化硅粉尘		8	4	尘肺病；上呼吸道刺激
39	碳纤维粉尘		3	—	上呼吸道、眼及皮肤刺激
40	矽尘	10%≤游离 SiO_2 含量≤50% 50%<游离 SiO_2 含量≤80% 游离 SiO_2 含量>80%	1 0.7 0.5	0.7 0.3 0.2	矽肺
41	稀土粉尘（游离 SiO_2 含量<10%）		2.5	—	稀土尘肺；皮肤刺激
42	洗衣粉混合尘		1	—	皮肤、眼和上呼吸道刺激；致敏
43	烟草尘		2	—	鼻咽炎；肺损伤
44	萤石混合性粉尘		1	0.7	矽肺
45	云母粉尘		2	1.5	云母尘肺
46	珍珠岩粉尘		8	4	眼、皮肤、上呼吸道刺激
47	蛭石粉尘		3	—	眼、上呼吸道刺激
48	重晶石粉尘		5	—	眼刺激；尘肺
49	其他粉尘		8	—	

注：① 表中列出的各种粉尘（石棉纤维尘除外），凡游离 SiO_2 等于或高于 10%者，均按矽尘职业接触限值对待。

② 其他粉尘，指游离 SiO_2 低于 10%，不含有石棉和有毒物质，而尚未制定容许浓度的粉尘。

2. 排放标准

对工业生产中粉尘的控制，国家不但制定了卫生标准，同时还制定了环境排放标准。

我国最早的环境排放标准是 GBJ 4—1973《工业“三废”排放试行标准》，由国家计委、国家建委和卫生部在 1973 年联合发布。改革开放之后，我国的工农业生产蓬勃发展，尤其 20 世纪 90 年代之后，面对日渐严重的环境污染问题，大气污染物排放标准体系发生了重大变化。1996 年，发布了 GB 16297—1996《大气污染物综合排放标准》，并且形成了“以综合排放标准为主体，行业排放标准为补充，行业排放标准优先”的排放标准格局，火电、水泥等高污染排放行业有了专门适用的大气污染物排放标准。

由于我国幅员辽阔，各地区经济发展水平不同、生产技术不同以及实际环境质量状况差异等原因，为了更好地管理大气污染物的排放，许多省、市或地区颁布了地方大气污染物排放标准，如北京、广东、上海、山东和重庆等省市根据本地实际情况制定或修订了大气污染物综合排放标准，既满足国家《中华人民共和国大气污染防治法》的要求，又与 GB 3095—2012《环境空气质量标准》相对应，以适应新形势下地方社会经济发展水平、环境质量现状和环境目标，发挥环保标准在经济与环境协调发展中的引导、调控作用，满足大气环境管理工作的需要。

在 GB 16297—1996《大气污染物综合排放标准》中，详细规定了 33 种大气污染物的排放限值，同时规定了标准执行中的各种要求。适用于现有污染源大气污染物排放管理以及建设项目的环境影响评价、设计、环境保护设施竣工验收及其投产后的大气污染物排放管理。

排放标准是以实现大气质量标准为目标，对污染源规定所允许的排放量或排放浓度，以便直接控制污染源、防止大气污染。污染源对外排放的污染物数量，一般有 3 种表示方法。

（1）最高允许排放浓度　指处理设施后排气筒中污染物任何 1h 浓度平均值不得超过的限值；或指无处理设施排气筒中污染物任何 1h 浓度平均值不得超过的限值。

（2）最高允许排放速率　指一定高度的排气筒任何 1h 排放污染物的质量不得超过的限值。

（3）无组织排放监控浓度限值　指监控点的污染物浓度在任何 1h 的平均值不得超过的限值。无组织排放指大气污染物不经过排气筒的无规则排放。低矮排气筒的排放属有组织排放，但在一定条件下也可造成与无组织排放相同的后果。因此，在执行“无组织排放监控浓度限值”指标时，由低矮排气筒造成的监控点污染物浓度增加不予扣除。

GB 16297—1996《大气污染物综合排放标准》中有关粉尘等颗粒污染物的排放限值如表 2-8 所示。

表 2-8　污染源大气污染物排放限值（有关粉尘等颗粒污染物部分，GB 16297—1996）

污染物		最高允许排放浓度/(mg/m^3)	最高允许排放速率/(kg/h)				无组织排放监控浓度限值	
			排气筒/m	一级	二级	三级	监控点	浓度/(mg/m^3)
现有污染源	颗粒物	22（炭黑尘、染料尘）	15	禁排	0.60	0.87	周界外浓度最高点	肉眼不可见
			20		1.0	1.5		
			30		4.0	5.9		
			40		6.8	10		
		80（玻璃棉尘、石英粉尘、矿渣棉尘）	15	禁排	2.2	3.1	无组织排放源上风向设参照点，下风向设监控点	2.0（监控点与参照点浓度差值）
			20		3.7	5.3		
			30		14	21		
			40		25	37		
		150（其他）	15	2.1	4.1	5.9	无组织排放源上风向设参照点，下风向设监控点	5.0（监控点与参照点浓度差值）
			20	3.5	6.9	10		
			30	14	27	40		
			40	24	46	69		
			50	36	70	110		
			60	51	100	150		
新污染源	颗粒物	18（炭黑尘、染料尘）	15		0.15	0.74	周界外浓度最高点	肉眼不可见
			20		0.85	1.3		
			30		3.4	5.0		
			40		5.8	8.5		
		60（玻璃棉尘、石英粉尘、矿渣棉尘）	15		1.9	2.6	周界外浓度最高点	1.0
			20		3.1	4.5		
			30		12	18		
			40		21	31		

续表

污染物		最高允许排放浓度/(mg/m^3)	最高允许排放速率/(kg/h)				无组织排放监控浓度限值	
			排气筒/m	一级	二级	三级	监控点	浓度/(mg/m^3)
新污染源	颗粒物	120 (其他)	15		3.5	5.0	周界外浓度最高点	1.0
			20		5.9	8.5		
			30		23	34		
			40		39	59		
			50		60	94		
			60		85	130		

表 2-9 所示为江苏省 2021 年 5 月 14 日颁布的地方标准 DB 32/4041—2021《大气污染物综合排放标准》中部分大气污染物的排放限值，该标准对 40 种污染物进行了排放限值的确定，表 2-10 所示为单位边界大气污染物排放监控浓度限值（摘录）。

表 2-9 江苏省大气污染物有组织排放限值（摘录）

序号	污染物		最高允许排放浓度/(mg/m^3)	最高允许排放速率/(kg/h)	监控位置
1	颗粒物	石棉纤维及粉尘	1.0(或者 1 根纤维/cm^3)	0.36	车间排气筒出口或生产设施排气筒出口
		炭黑尘、染料尘	15	0.51	
		沥青烟	20	0.11	
		其他	20	1	
2	二氧化硫	燃烧(焚烧、氧化)装置、固定式内燃机、发动机制造测试工艺	20	—	
		其他	20	1.4	
3	氮氧化物(以 NO_2 计)	炸药、火工及焰火产品制造	300	0.77	
		燃烧(焚烧、氧化)装置、固定式内燃机、发动机制造测试工艺	200	—	
		其他	100	0.47	
…	…	…	…	…	…

表 2-10 单位边界大气污染物排放监控浓度限值（摘录）

序号	污染物		监控浓度限值/(mg/m^3)	监控位置
1	颗粒物	石棉纤维及粉尘	生产装置不得有明显的无组织排放	
		炭黑尘、染料尘	肉眼不可见	边界外浓度最高点
		其他颗粒物	0.5	
2	二氧化硫		0.4	
3	氮氧化物		0.12	
…	…		…	

该地方标准中，最高允许排放浓度指排气筒中大气污染物任何 1h 浓度平均值不得超过的限值，最高允许排放速率指排气筒中大气污染物任何 1h 所排放污染物的质量不得超过的限值。

制定排放标准的目的是加强对大气污染的控制，使环境和人体的健康得到更好保护。排放浓度的规定是以居住区空气中最高容许粉尘浓度为依据的，即从烟囱或排气口向外排放的粉尘，经过大气的混合、扩散和稀释后，落到地面的粉尘浓度不致对居民健康和环境造成危害。

近年来，随着人们环境保护意识的显著提高和我国环境保护工作的大力推进，制定和更新了一系列的大气污染排放国家标准和地方标准。在一些地区或者行业，根据空气污染控制技术的具体现状、水平以及结合本地区、本行业的实际情况也先后制定了地区性或者行业性的排放标准。地区或行业的排放标准比 GB 16297—1996《大气污染物综合排放标准》中的规定更为严格。

国家排放标准有：GB 13271—2014《锅炉大气污染物排放标准》、GB 4915—2013《水泥工业大气污染物排放标准》、GB 9078—1996《工业炉窑大气污染物排放标准》、GB 37823—2019《制药工业大气污染物排放标准》，GB 27632—2011《橡胶制品工业污染物排放标准》等。

地方标准有：山东省发布的 DB 37/2376—2019《区域性大气污染物综合排放标准》，陕西省发布的 DB 61/T 941—2018《关中地区重点行业大气污染物排放标准》，江苏省发布的 DB 32/4041—2021《大气污染物综合排放标准》，山西省发布的 DB 14/1929—2019《锅炉大气污染物排放标准》，河南省发布的 DB 41/2089—2021《锅炉大气污染物排放标准》，北京市发布的 DB 11/1488—2018《餐饮业大气污染物排放标准》等。

思考题

1. 名词解释

粉尘；烟尘；烟雾；积尘；尘源；一次尘化；二次污染；粉尘爆炸；沉降速度；悬浮速度；含尘浓度；通风除尘。

2. 简述粉尘的来源和分类。
3. 粉尘有哪些危害？
4. 粉尘爆炸的条件是什么？如何预防粉尘爆炸？
5. 简述粉尘爆炸的机理。哪些粉尘容易发生粉尘爆炸？粉尘爆炸的危害有哪些特点？
6. 粉尘有哪些物理特性？
7. 什么是粉尘的空气动力学特性？有何意义？
8. 粮食工业的粉尘有哪些特点？
9. 简述粮食工业粉尘的产生。
10. 简述粮食工业粉尘的控制方法。
11. 简述我国粉尘控制的卫生标准和排放标准。
12. 简述粮食工业通风除尘系统的组成及每一部分的作用。

第三章 离心式通风机

CHAPTER 3

学习目标

1. 掌握离心式通风机的构造、工作原理、性能参数和性能曲线。
2. 掌握离心式通风机的工作点、工况调节及选用。
3. 掌握罗茨鼓风机的性能特点和应用。

风机属于空气输送机械，是对气体输送和气体压缩机械的简称。从能量角度看，它把旋转的机械能转变为气体的压力能和动能，从而驱使空气流动。风机是通风除尘与气力输送系统的重要组成部分，是粉尘控制和气力输送系统中有效地组织空气流动的动力源。

通常所说的风机一般指通风机、鼓风机、压缩机或罗茨鼓风机，而不包括容积式鼓风机和压缩机，如活塞式压缩机等。

风机是各类型工业领域广泛使用的动力设备，种类繁多。不同种类的风机各有其不同的结构特点、工作原理和适用范围等。

第一节 风机概述

一、风机的类型

（一）按工作原理分类

从工作原理方面，风机分为容积式空气机械和透平式空气机械两类。

（1）容积式空气机械 依靠在气缸内往复运动的活塞或旋转运动的部件的作用，使气体体积缩小而提高空气的压力，如罗茨鼓风机、活塞式空气压缩机等。

（2）透平式空气机械 又称叶轮式空气机械，利用高速旋转的叶轮对气流做功，从而提高气体的压力和风速，如离心式通风机（鼓风机、压缩机）、轴流式通风机（鼓风机）等。

（二）按空气通过风机产生的压力分类

（1）风扇　排气压力不超过 10×9. 81Pa。

（2）通风机　排气压力不超过 1500×9. 81Pa。

（3）鼓风机　排气压力在 1500×9. 81～20000×9. 81Pa。

（4）压缩机　排气压力大于 20000×9. 81Pa。

二、通风机

通风机是一种能接收机械能的旋转式机械，它借助于一个或多个装有叶片的叶轮来保持空气或其他气体连续的流过通风机，而且其单位质量功一般不超过 25kJ/kg。从气流进入和排出通风机的流动方向，通风机可以分为以下几种类型。

（1）离心式通风机　气体沿风机轴向方向进入叶轮内部，并在叶轮旋转时离心力的作用下被压缩后沿径向方向流出叶轮外沿。离心式通风机结构如图 3-1 所示。

（2）轴流式通风机　气体沿风机轴向进入叶轮，在旋转叶片的流道中又沿着轴线方向流出风机。轴流式通风机相比于离心式通风机，具有流量大、压力低及外形体积小的特点，轴流式通风机结构如图 3-2 所示。

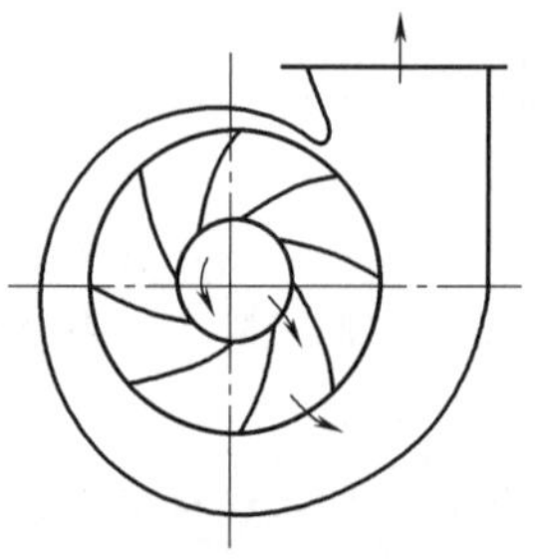

图 3-1　离心式通风机结构

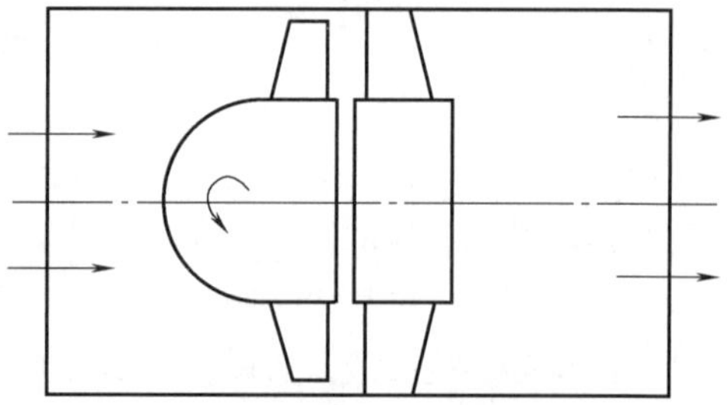

图 3-2　轴流式通风机结构

（3）子午加速轴流通风机　子午加速轴流通风机叶轮叶道的截面面积沿气流流动方向逐渐减小，因此气流经过叶轮后，流动速度增加，子午加速轴流通风机叶轮如图 3-3 所示。子午加速轴流通风机全压系数高，效率高且效率曲线平坦，出口动压大。

（4）混流式通风机　在混流式通风机的叶轮中，气流的流动方向处于轴流式和离心式之间，沿锥面流动。混流式通风机叶轮如图 3-4 所示。

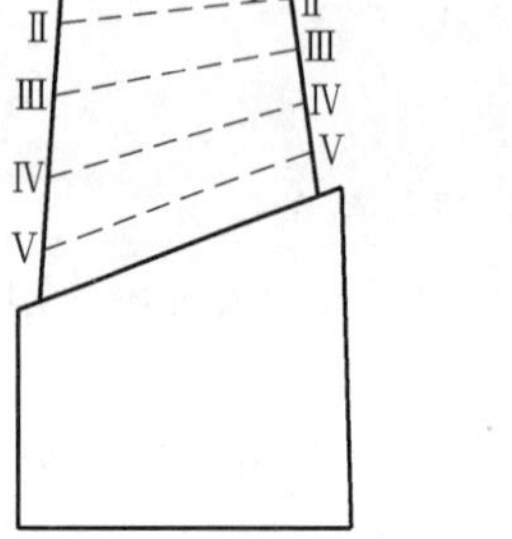

图 3-3　子午加速轴流通风机叶轮

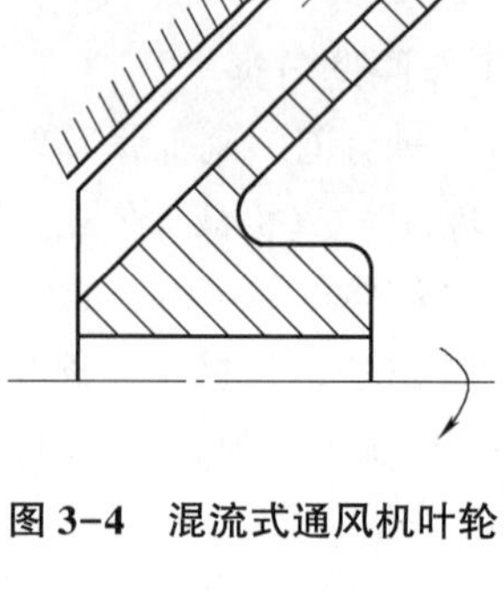

图 3-4　混流式通风机叶轮

（5）横流式通风机　叶轮为多叶片筒形，气流沿着和叶轮轴线垂直的方向从转子一侧的叶栅进入叶轮，通过叶轮转子内部后，由叶轮转子的另一侧将气流排出。横流式通风机具有窄而细长的出口截面，气流流动不乱，出口动压高，但效率低，横流式通风机结构如图 3-5 所示。

（6）多级通风机　有两个或更多叶轮串联工作的通风机（两个叶轮即 2 级通风机，多个叶轮即多级通风机）。在多级通风机的相邻叶轮之间可以有导叶或连接管道。

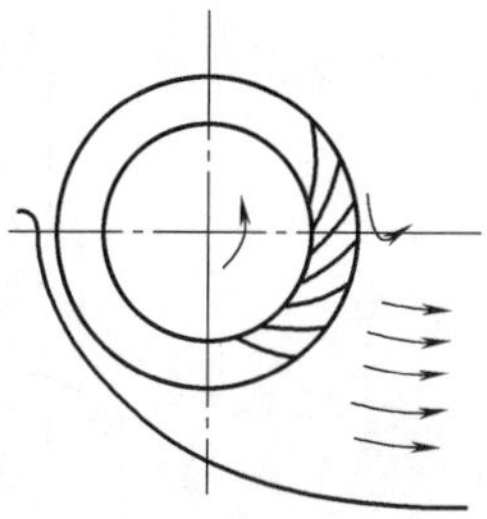

图 3-5　横流式通风机结构

三、离心式通风机

在通风除尘系统和一般的气力输送风网中，离心式通风机（鼓风机）最为常用。离心式通风机可根据气流通过风机后产生压力的高低分为低压离心式通风机、中压离心式通风机和高压离心式通风机三种类型。

（1）低压离心式通风机　压力小于 100×9.81Pa。

（2）中压离心式通风机　压力范围 100×9.81～300×9.81Pa。

（3）高压离心式通风机　压力范围 300×9.81～1500×9.81Pa。

在通风除尘系统中，常用的风机为中、低压离心式通风机，而用于气力输送系统中的风机一般为高压离心式通风机（鼓风机）。因此本章重点介绍离心式通风机的构造、工作原理、性能参数和选用。对通风除尘与气力输送系统中的其他类型风机，如罗茨鼓风机、空气压缩机等气源设备仅作简单介绍。

在本书所涉及的通风除尘与气力输送风网中采用的离心式通风机，由于离心式通风机产生的压力不是很高，被输送气体的重度变化不是很大，常把气体当作不可压缩气体处理，即进入离心式通风机的空气重度和流出离心式通风机的空气重度相同，不再考虑空气的压缩性和膨胀性。

第二节　离心式通风机的构造和工作原理

一、离心式通风机构造

离心式通风机由进风口、叶轮、机壳、轴及轴承四部分组成，如图 3-6 所示。

（一）进风口

进风口位于离心式通风机机壳的侧面，形状以圆筒形、圆锥形、圆弧形和流线形短管最为常见，如图 3-7 所示。

进风口起着将气流均匀地导向叶轮，同时尽量避免涡流产生、流动阻力最小的作用。图 3-7 中，流线形进风口的气流流动性能最好但制造复杂，圆筒形进风口性能最差但制造容易。无论何种形式的进风口，离心式通风机的进风口的管道截面一般做成收敛形。

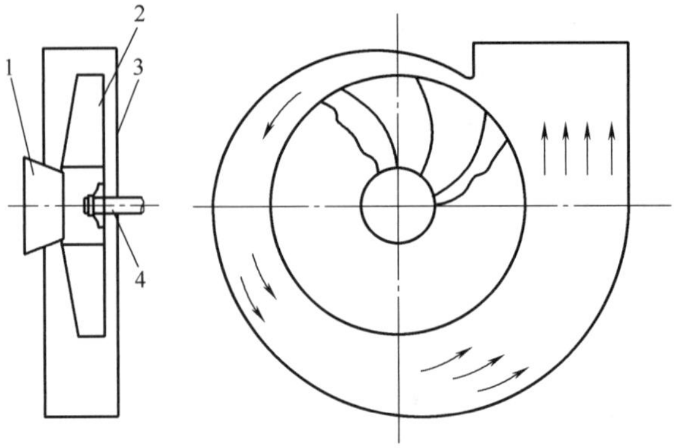

图 3-6　离心式通风机结构

1—进风口；2—叶轮；3—机壳；4—轴及轴承

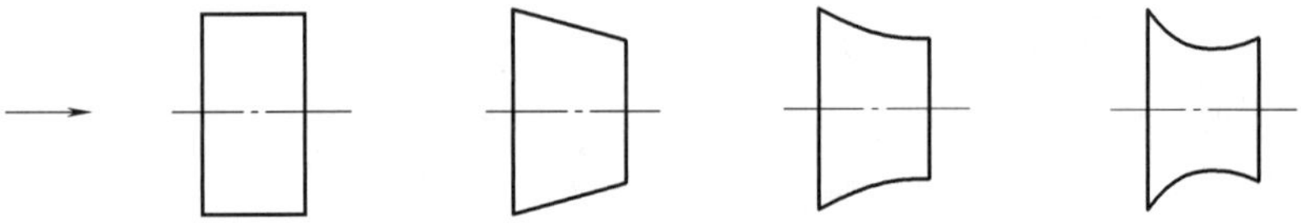

图 3-7　离心式通风机进风口的形式

（二）叶轮

叶轮是离心式通风机唯一的运转部件，也是对气流做功的部件，正是叶轮的旋转对气流做功才使得通过风机的气流压力得到升高。

叶轮即离心式通风机的转子，由前盘、后盘和固定于前后盘之间的叶片组成。不同风机的差别，主要表现在叶轮的前盘和叶片的形式上。

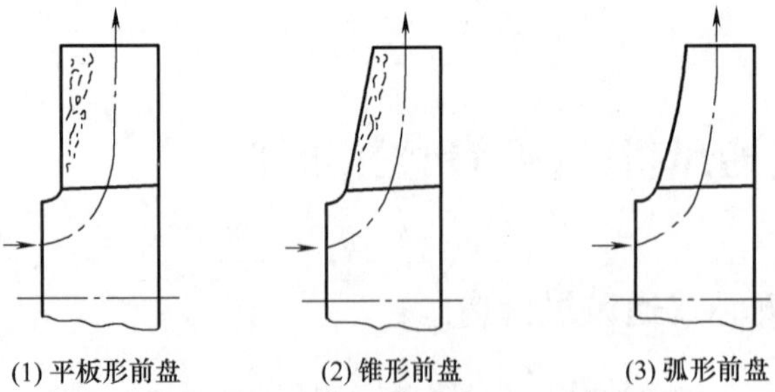

图 3-8　平板形、锥形和弧形前盘

叶轮的前盘有平板形、锥形和弧形三种形式，如图 3-8 所示。对于平板形前盘的叶轮，气流轴向进入叶轮后由于离心力作用径向流出叶轮时，流动损失最大，效率较低，但易于制造；弧形前盘叶轮的流动损失最小、效率最高，但制造工艺复杂；锥形前盘叶轮效率、制作工艺难度居中。

叶轮的后盘为平板形圆板，用铆接或焊接固定于轮毂上，轮毂通常由铸铁制成，用于固定轴。

叶轮的叶片有曲线形（弧形）、直线形和机翼形三种基本形状，如图 3-9 所示。

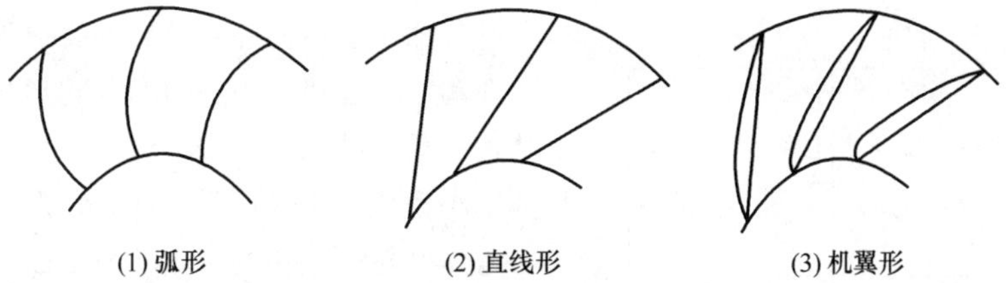

图 3-9 叶片的基本形状

从空气动力学性质看，机翼形形状的叶片最符合流体的流动规律，流动损失最小，直线形叶片流动损失最大；但从制造角度看，机翼形形状的叶片最难制造，而直线形叶片最简单。

叶片与前盘、后盘的连接一般采用焊接或铆接，焊接比铆接重量轻，流道光滑。叶片在与前盘、后盘焊接安装时，有三种安装方式。根据安装叶片时叶片的出口安装角 β_2 大小以及叶片的弯曲方向与叶轮的旋转方向可将离心式通风机叶轮的叶片分为前向叶片、后向叶片以及径向叶片，相应的风机可分为前向叶片风机、后向叶片风机以及径向叶片风机。

（1）前向叶片　叶轮上叶片出口安装角 $\beta_2>90°$，叶片弯曲方向与叶轮旋转方向一致，如图 3-10（1）所示。

（2）后向叶片　叶轮上叶片出口安装角 $\beta_2<90°$，叶片弯曲方向与叶轮旋转方向相反，如图 3-10（2）所示。

（3）径向叶片　叶轮上叶片出口安装角 $\beta_2=90°$，如图 3-10（3）所示。

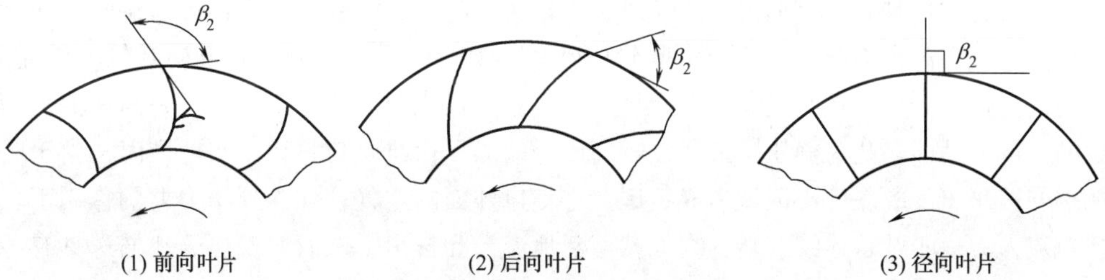

图 3-10 叶片的安装方式

叶片的不同安装方式，表现在叶轮对气流做功的大小不同，因而风机的性能参数也不同。一般对于由前向叶轮制造的风机，不论采用哪种前盘，风机效率差别不显著，而对于用后向叶轮制造的风机，采用锥形、弧形前盘与使用平板形前盘比较效率提高显著。三种叶片安装方式的风机分别具有以下性能特点。

（1）从气体获得的压力看，前向叶片风机最大，后向叶片最小，径向叶片居中。

（2）从效率方面看，后向叶片风机的效率最高，前向叶片最低，径向叶片居中。

（3）从结构尺寸看，在风量和转速一定时，达到相同的压力，前向叶轮直径最小，后向叶轮直径最大。

（4）从运行安全性方面，前向叶片风机易过载。

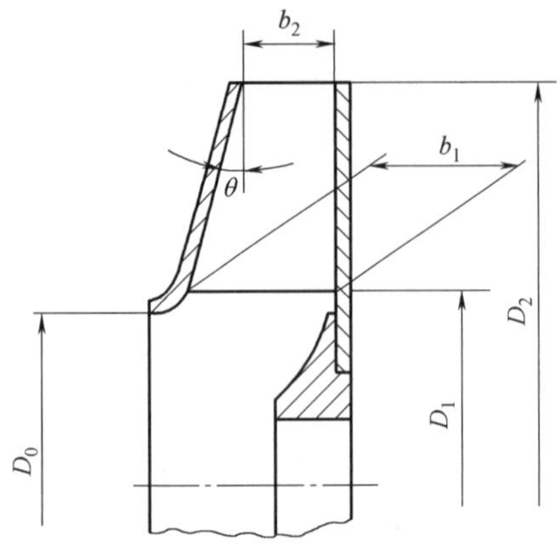

图 3-11　叶轮的结构和主要参数

D_2—叶轮外径，m；

b_2—叶片出口宽度，m；

D_1—叶轮叶片进口直径，m；

b_1—叶片进口宽度，m；

D_0—叶轮进口直径，m；

θ—叶轮前盘倾斜角

（5）从噪声方面，前向叶片叶轮的噪声最高，径向叶片居中，后向叶片叶轮的噪声最低。

在离心式通风机中，前向叶轮风机一般采用弧形叶片；后向叶轮风机中大型风机多采用机翼形叶片，中小型风机则采用弧形或直线形叶片。

常见叶轮的结构和主要参数如图 3-11 所示。

（三）机壳

离心式通风机的机壳为涡卷形，由两块侧板和一涡卷形板组成。进风口设在机壳的一侧板上，出风口设在两块侧板之间及涡卷方向上。在出风口内侧的机壳内设置有风舌，目的是避免叶轮甩出的气流在机壳内形成内部循环。

涡卷与叶轮之间的截面面积沿着叶轮旋转方向逐渐增大，因而气流在向出风口流动过程中动压减小，静压升高，目的是起到能量转换作用，尽量减少气流在机壳内的流动损失。

（四）轴及轴承

风机的轴与叶轮的轮毂装配连接。风机的轴承多为滚珠轴承或滑动轴承。

二、离心式通风机工作过程

电动机通过传动装置带动离心式通风机工作时，叶轮在涡卷形机壳内高速旋转，充满在叶轮中的空气在离心力的作用下，沿叶轮中叶片、前盘、后盘组成的通道向叶轮外沿流动，汇集到涡卷形机壳内，在经过断面逐渐扩大的涡卷形机壳时，速度逐渐降低，高速流动的气流中的一部分动能转化为静压，最后以较高成分的静压由排气口排出。与此同时，由于叶轮内的空气被甩出，叶轮中心区域形成负压，进气口外面的空气就在内外压力差的作用下，从进风口流入。由于叶轮连续旋转，空气就不断地流入和排出，从而实现连续地输送具有一定压力和速度气流的作用。

三、离心式通风机的工作原理

叶轮是离心式通风机的主要部件，当电动机带动叶轮旋转时，叶轮对气体做功，从而使气体的能量增加。下面分析研究叶轮内气体的流动规律以及叶轮对气体做功的大小。

（一）气流在叶轮内的运动和进、出口速度三角形

气流在叶轮内的运动是一种复合运动。当叶轮旋转时，位于叶轮内部的空气会随叶轮做圆周运动，因而气流具有圆周速度（u）。圆周速度的方向与空气质点所在位置的圆周切线方向相同，而圆周速度的大小与所在位置的半径呈正比，即：

$$u = r\omega \tag{3-1}$$

式中　r——空气质点到叶轮中心的距离，m；

ω——叶轮旋转角速度，rad/s。

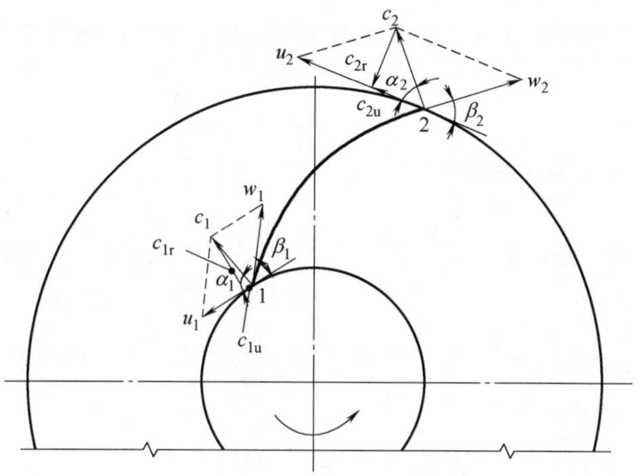

图 3-12　叶轮内空气运动的速度合成图

u—叶轮圆周速度，m/s；

w—气流相对于叶片的速度，m/s；

c—气流的绝对速度，m/s；

c_u—绝对速度在圆周速度方向上的分速度，m/s；

c_r—绝对速度的径向分速度，m/s；

α—绝对速度与圆周速度间的夹角；

β—气流的相对速度和圆周速度反向间的夹角，常称为叶片安装角

气体在叶轮内随叶轮做圆周运动的同时，还受到离心力的作用，于是气流在离心力的作用下沿叶轮的叶片方向做相对运动，空气相对于叶片运动的速度称为相对速度（w），相对速度的方向与空气质点所在位置的叶片切线方向相同。因为叶轮内叶片、前盘和后盘组成的空气流动通道即叶道的截面面积从进口到出口是逐渐增大的，故相对速度是逐渐减小的。

图 3-12 所示为叶轮内空气运动的速度合成图。字母的下标为 1 的，表示叶轮进口参数；字母的下标为 2 的，表示叶轮出口参数。

根据矢量合成的原理，将空气质点的圆周速度和相对速度叠加起来，就是空气质点在叶轮内的绝对速度，绝对速度用字母 c 表示。

（二）离心式通风机的基本方程式

离心式通风机的基本方程式由瑞士数学家欧拉首先推导出来，因而也称欧拉方程。离心式通风机的基本方程式主要研究叶轮对气流做功的大小。由于实际气体在风机内的流动非常复杂，为了简化计算，一般先作如下假设：

① 气体为理想流体，即通过风机的空气没有黏滞性，没有流动阻力，没有能量损失。原动机传给风机轴上的能量全部传给了气体。

② 叶轮中叶片的数量无限多个，且叶片无限薄。使得气体在由叶片、前盘和后盘组成的通道内的相对运动轨迹与叶片的形状完全一致。

③ 叶轮内空气的流动为稳定流。

④ 通过风机的空气为不可压缩气体。

根据动量矩定理及以上的假设，可以推导出离心式通风机的基本方程式。

1. 原动机传给风机的轴功率

$$N_1 = M\omega \tag{3-2}$$

式中　N_1——风机的轴功率，W；

M——通风机叶轮的转矩，N · m；

ω——通风机叶轮轴的旋转角速度，rad/s。

2. 气体通过风机所获得的总能量

$$N_2 = H_{T\infty} Q_T \tag{3-3}$$

式中　N_2——气体通过风机所获得的总能量，W；

$H_{T\infty}$——单位体积空气通过风机所获得的能量，也即叶片无限多、厚度无限薄时风机的理论全压，Pa；

Q_T——通风机的理论排风量，m^3/s。

因为，风机轴上的能量全部传给了气体，所以有：

$$N_1 = N_2 \tag{3-4}$$

即：

$$M\omega = H_{T\infty} Q_T \tag{3-5}$$

所以：

$$H_{T\infty} = \frac{M\omega}{Q_T} \tag{3-6}$$

3. 离心式通风机的基本方程式

根据图 3-13，稳定流时，在叶轮进风口处 $m$kg 气体对转轴的动量矩：

$$E_1 = mc_1 l_1 = \rho Q_T c_1 l_1 \tag{3-7}$$

在叶轮出风口处 $m$kg 气体对转轴的动量矩：

$$E_2 = mc_2 l_2 = \rho Q_T c_2 l_2 \tag{3-8}$$

式中　E_1、E_2——叶轮进口处、出口处气体对轴的动量矩；

m——质量流量；

c_1、c_2——叶轮进口处、出口处的绝对速度；

l_1、l_2——叶轮中心到叶轮进口处、出口处的绝对速度的垂直距离；

ρ——叶轮中空气的密度。

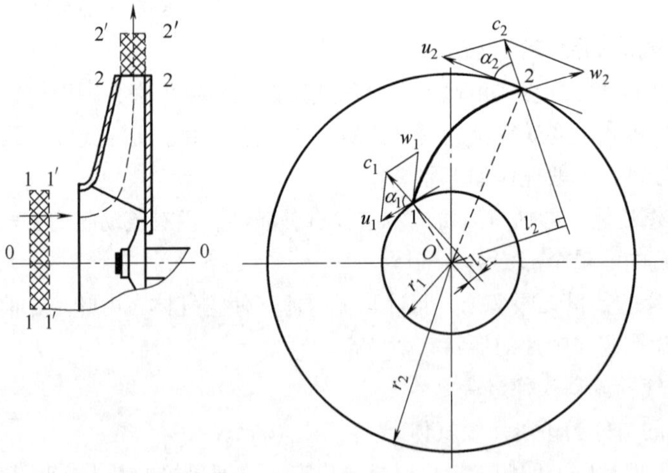

图 3-13　离心式通风机的基本方程式推导

在图 3-13 及图 3-12 中：

$$l_1 = r_1 \cos\alpha_1;\ c_{1u} = c_1 \cos\alpha_1 \tag{3-9}$$

$$l_2 = r_2 \cos\alpha_2;\ c_{2u} = c_2 \cos\alpha_2 \tag{3-10}$$

所以有：

$$E_1 = \rho Q_T c_1 l_1 = \rho Q_T c_{1u} r_1 \tag{3-11}$$

$$E_2 = \rho Q_T c_2 l_2 = \rho Q_T c_{2u} r_2 \tag{3-12}$$

根据动量矩定理，单位时间内叶轮中气流的动量矩的变化量等于外力对同轴的矩，所以有：

$$M = E_2 - E_1 \tag{3-13}$$

即：

$$M = \rho Q_T c_{2u} r_2 - \rho Q_T c_{1u} r_1 \tag{3-14}$$

所以，将式（3-14）代入式（3-6）得：

$$H_{T\infty} = \rho\omega(c_{2u} r_2 - c_{1u} r_1) \tag{3-15}$$

也即：

$$H_{T\infty} = \rho(u_2 c_{2u} - u_1 c_{1u}) \tag{3-16}$$

式（3-16）即离心式通风机的基本方程式或欧拉方程式。方程式表明，在理想情况下，单位体积空气通过风机获得的能量与空气的密度、叶轮转速以及叶轮进、出口处绝对速度的圆周分量有关。

在风机的设计和制造中，叶轮进口处的 α_1 一般设计为 90°，因而，$c_{1u}=0$，所以式（3-16）可变为：

$$H_{T\infty} = \rho u_2 c_{2u} \tag{3-17}$$

因为：

$$c_{2u} = u_2 - c_{2r}\cot\beta_2 \tag{3-18}$$

所以：

$$H_{T\infty} = \rho u_2^2\left(1 - \frac{c_{2r}}{u_2}\cot\beta_2\right) \tag{3-19}$$

因为 $u_2 = \dfrac{\pi D_2 n}{60}$，所以，当 c_{2r} 一定时，增大 D_2、n 和 β_2，风机的理论全压 $H_{T\infty}$ 随之增加。

对于前向叶片的叶轮，$\beta_2>90°$，$\cot\beta_2<0$；后向叶片的叶轮，$\beta_2<90°$，$\cot\beta_2>0$。所以，前向叶片叶轮气体流过时获得的能量最高，而气体流过后向叶轮时获得的能量最低，气体流过径向叶片叶轮获得的能量居中。

4. 实际风机的全压

对于实际风机，叶轮中叶片的数量不是无限多个，而是有限的，叶片的厚度不是无限薄，而是有一定的厚度，因而叶片间的流道较宽，使得气流不像在叶片无限多的理想叶轮中那样受到约束，结果是气流在叶轮出口处不可能与叶片形状完全一致地沿着叶片出口安装角流出，而偏向叶轮转动的相反方向，反映在叶轮的气流出口速度三角形上便是 $c_{2u}<c_{2u\infty}$，使得叶轮给予气流的能力受到限制，即实际叶轮的理论全压比叶片无限多、厚度无限薄时的叶轮理论全压低。

对于实际空气，空气是有黏滞性的，因而存在着空气流动的沿程摩擦损失，同时也存在气流流经风机收缩形进风口、叶轮进口处的转弯、扩大型叶道及涡卷形机壳等局部构件所引起的局部能量损失，这都使得实际空气流经风机后所获得的能量比理想气体通过叶轮所获得的能量低。

此外，由于风机结构上的限制，风机叶轮旋转时，气流还会从叶轮外沿处的高压区向叶轮轴心区域的低压区泄漏（图 3-14），即引起所谓的容积损失和机械损失。所以，离心式通风机所能产生的实际全压远小于理论全压值。由于实际情况下风机的各种能量损失十分复杂和难以准确计算，风机的实际全压一般通过实验方法计算得出。

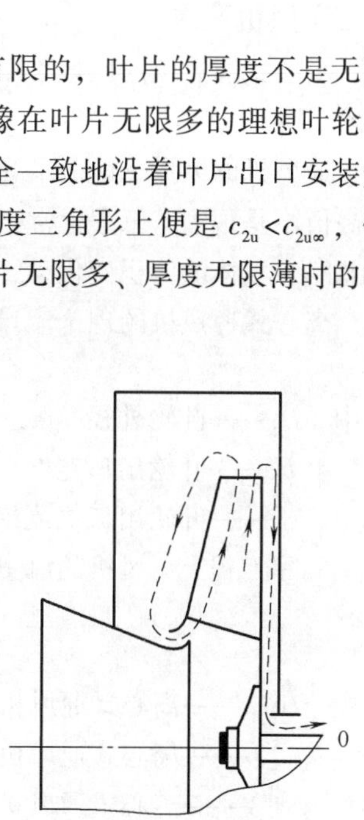

图 3-14　离心式通风机容积损失示意图

第三节 离心式通风机性能参数

一、离心式通风机的主要性能参数

（一）风机全压

单位体积空气通过风机之后所获得的能量，即离心式通风机全压，也即上述离心式通风机基本方程式中的 $H_{T\infty}$。通过离心式通风机进风口、出风口两断面的能量方程式，也可以得到风机全压：

$$H_{o1}+H_{风机}=H_{o2}$$

$$H_{风机}=H_{o2}-H_{o1} \tag{3-20}$$

式中 $H_{风机}$——风机的全压，Pa；

H_{o2}——风机出风口断面的全压，Pa；

H_{o1}——风机进风口断面的全压，Pa。

式（3-20）表明，离心式通风机的全压为风机出风口全压和进风口全压之差。因为风机的进风口断面全压为负值，所以，离心式通风机的全压也可以表示为风机出风口全压和进风口全压绝对值之和。

离心式通风机的全压越高，表明单位体积空气通过风机所获得的能量越大，也表明风机克服空气流动阻力的能力越强。

（二）风机风量

离心式通风机的风量采用体积流量表示，即单位时间内通过风机的气体体积数，单位为 m^3/h 或 m^3/s。

通风机的风量一般表示为风机进口处的体积流量。由于气体通过离心式通风机后压力的升高值不是很大，工程上常把气体作为不可压缩气体处理，即气体通过风机后密度的变化可以忽略，气体的体积变化小，认为体积流量不变，风机的进口流量等于出口流量。

离心式通风机的理论流量（Q_T）为：

$$Q_T=\pi D_2 b_2 c_{2r} \tag{3-21}$$

式中 D_2——叶轮外径，m；

b_2——叶轮出口宽度，m；

c_{2r}——叶轮出口气流绝对速度的径向分速度，m/s。

实际工程上，风机的风量常通过测定风机进口或出口上连接管道的风量确定。

$$Q_{风机}=\frac{\pi}{4}D^2V \tag{3-22}$$

式中 $Q_{风机}$——离心式通风机的实际风量，m^3/s；

D——离心式通风机进风口或出风口上连接的管道直径，m；

V——离心式通风机进风口或出风口上连接管道直径为 D 处的气流速度，m/s。

（三）风机的效率和功率

离心式通风机在把叶轮的机械能传递给气流的过程中，要克服各种各样的流动阻力和能量损失，即只有其中的一部分能量传递给了气流。风机效率的高低反映了风机传递给气体实际能量的能力。风机效率高，表明风机节能。

空气通过风机所获得的实际能量与输入风机的能量之比称为离心式通风机的效率，也即风机的输出功率与输入功率之比。

$$\eta=\frac{N_{out}}{N_{in}}\times 100\% \tag{3-23}$$

式中　η——离心式通风机的全压效率，%；

N_{out}——风机的有效功率或输出功率，kW；

N_{in}——风机的轴功率或输入功率，kW。

离心式通风机的输出功率可按式（3-24）计算：

$$N_{out}=\frac{HQ}{1000} \tag{3-24}$$

式中　Q——风机的风量，m^3/s；

H——风机的全压，Pa。

根据式（3-23）、式（3-24），离心式通风机的输入功率为：

$$N_{in}=\frac{HQ}{1000\eta} \tag{3-25}$$

所以，离心式通风机的电动机功率为：

$$N_d=\frac{HQ}{1000\eta\eta_c} \tag{3-26}$$

式中　N_d——风机的电动机功率，kW；

η_c——风机的传动效率，见表 3-1。

在实际选用电动机时，还要考虑生产工艺波动引起的电动机运转安全问题，即要附加电动机的容量安全系数，所以实际选用的电动机功率 N_{dx} 应为：

$$N_{dx}=k\frac{HQ}{1000\eta\eta_c} \tag{3-27}$$

式中　N_{dx}——实际选用的电动机功率，kW；

k——电动机容量安全系数，见表 3-2。

表 3-1　风机的传动方式与效率

传动方式	传动效率 η_c	传动方式	传动效率 η_c
电动机直联传动	100%	三角带传动	95%
联轴器直联传动	98%	平皮带传动	85%

表 3-2　电动机容量安全系数

风机轴功率/kW	安全系数 k	风机轴功率/kW	安全系数 k
<0.5	1.5	2~5	1.2
0.5~1	1.4	>5	1.15
1~2	1.3		

（四）转速

风机的转速即叶轮的旋转速度，用符号 n 表示，单位为 r/min。

风机的风量、全压、功率等性能参数都随风机转速的改变而改变。对于同一台风机，风机性能参数与叶轮转速的关系如下：

$$\frac{Q_1}{Q_2}=\frac{n_1}{n_2};\quad \frac{H_1}{H_2}=\frac{n_1^2}{n_2^2};\quad \frac{N_1}{N_2}=\frac{n_1^3}{n_2^3} \tag{3-28}$$

式中　Q_1、H_1、N_1——风机在转速 n_1 时的风量、全压、轴功率；

Q_2、H_2、N_2——风机在转速 n_2 时的风量、全压、轴功率。

式（3-28）也称为风机的比例定律。

二、离心式通风机的相似理论

在通风机的设计、制造和使用中，相似理论的应用非常重要，它主要用于通风机的相似设计和性能的相似换算。所谓相似设计，就是根据试验研究出来的性能良好、运行可靠的模型风机来设计与模型风机相似的新通风机；性能相似换算指风机的实际使用条件不同于设计条件时，将实际使用条件下的性能利用相似原理换算到设计条件下的性能。

（一）离心式通风机的相似理论

所谓两台离心式通风机相似，是指风机内叶轮与气体的能量传递过程相似以及气体在通风机内的流动过程相似。表现在两风机中任意对应点的对应参数之比相等，且为一常数，主要指几何相似、运动相似和动力相似。

1. 几何相似

两风机几何相似是指模型机（指模型风机，参数的下标用字母 M 表示）与实物机任意对应点的相应尺寸之比相等，并等于一常数，以及两机叶轮的叶片数目（用字母 Z 表示）相等，两机叶片任意对应点处的叶片安装角相等，即：

$$\frac{D_0}{D_{0M}}=\frac{b_1}{b_{1M}}=\frac{b_2}{b_{2M}}=\cdots=\frac{D_2}{D_{2M}}=C_1 \tag{3-29}$$

和

$$Z=Z_M;\beta_{A1}=\beta_{A1M};\cdots;\ \beta_{An}=\beta_{AnM} \tag{3-30}$$

几何相似是保持两机相似的必要条件，否则是找不到两机的对应点的，或是找到了对应点，对应点上的气流方向也不相同，更不可能有流动相似。几何相似还包括流道对应点上的表面粗糙度相似、叶片厚度以及叶轮与机壳的间隙相似，因为粗糙度和间隙都会影响能量损失的大小，但是由于加工精度的限制，这些在实际风机制造中是难以做到的，不过，这些尺寸的相似与否，对通风机性能来讲影响不大，可忽略不计。

2. 运动相似

运动相似也即流动相似，指气流流经几何相似的模型机和实物机时，任意对应点上的速度方向相同，大小之比相等，并等于一常数。

$$\frac{C_2}{C_{2M}}=\frac{W_2}{W_{2M}}=\frac{u_2}{u_{2M}}=\cdots=\frac{c}{c_M}=\mathrm{M} \tag{3-31}$$

对于几何相似的叶轮，运动相似，则叶轮中任意对应点上的速度三角形也相似，对应气流角相等。

$$\beta_1=\beta_{1M};\ \beta_2=\beta_{2M};\ \alpha_1=\alpha_{1M};\ \alpha_2=\alpha_{2M};\ \beta=\beta_M \tag{3-32}$$

几何相似是运动相似的先决条件。

3. 动力相似

动力相似的主要特征是运动相似的流体各对应点的力相似，即作用于任意对应点上的外力方向相同，大小之比相等，并为一常数。对于几何相似的叶轮来说，只有在动力相似的条件下才能保证气流流动的运动相似。

对于通风机内的流体，作用在流体上的力主要有惯性力 I，黏性力 R、总压力 p 等。

$$\frac{I_1}{I_{1M}}=\frac{I_2}{I_{2M}}=\frac{R}{R_M}=\cdots=\frac{p}{p_M}=M_f \tag{3-33}$$

在气体流动过程中可以不计重力的作用，又因为通风机中气体的压力较低，而且变化又小，所以也不考虑气体的压缩性和膨胀性的影响。

从动力相似可以知道，任意对应点上的雷诺数也相等。

根据气体流动的气动热力过程以及能量传递过程的相似要求，两个通风机的气流过程相似条件可归纳为：几何相似、任意对应点的速度三角形相似和雷诺数相等。两机相似，两机的全压效率大致相等。

（二）通风机性能的相似换算

通风机性能的相似换算，是根据通风机的相似定律进行的。即根据某一型号、规格的风机在某一转速下测得的性能参数，通过计算可以得到同一系列不同尺寸风机在任何转速下的性能参数。

1. 压力相似换算

对于几何相似和工况相似的两机，因为机内各项流动损失之比都等于速度平方之比，因而，两通风机的全压力之比的关系为：

$$\frac{H}{H_M}=\frac{H_T}{H_{TM}}=\frac{\rho u_2 c_{2u}}{\rho_M u_{2M} c_{2uM}} \tag{3-34}$$

根据运动相似有：

$$\frac{H}{H_M}=\frac{\rho u_2 c_{2u}}{\rho_M u_{2M} c_{2uM}}=\frac{\rho u_2^2}{\rho_M u_{2M}^2} \tag{3-35}$$

因为 $u_2=\frac{\pi D_2 n}{60}$，所以：

$$\frac{H}{H_M}=\frac{\rho}{\rho_M}\left(\frac{D_2}{D_{2M}}\right)^2\left(\frac{n}{n_M}\right)^2 \tag{3-36}$$

式（3-36）表明，几何相似的通风机，其全压与叶轮外径比的二次方成正比，与其转速比的二次方成正比。

2. 流量相似换算

对于几何相似的离心式通风机，在工况相似时，忽略容积损失的微小影响，则有：

$$\frac{Q}{Q_M}=\frac{\pi D_2 B_2 c_{2r}}{\pi D_{2M} B_{2M} c_{2rM}} \tag{3-37}$$

根据几何相似和运动相似：

$$\frac{D_2}{D_{2M}}=\frac{b_2}{b_{2M}};\ \frac{C_{2r}}{C_{2rM}}=\frac{u_2}{u_{2M}} \tag{3-38}$$

所以有：

$$\frac{Q}{Q_M}=\left(\frac{D_2}{D_{2M}}\right)^3\frac{n}{n_M} \tag{3-39}$$

式（3-39）表明，几何相似的通风机，其风量与叶轮外径比的三次方成正比，与其转速比的一次方成正比。

3. 功率相似换算

两台几何相似的通风机，在相似工况时，$\eta=\eta_M$，所以有：

$$\frac{N}{N_M}=\frac{HQ}{H_M Q_M} \tag{3-40}$$

将式（3-36）、式（3-39）代入式（3-40），有：

$$\frac{N}{N_M}=\frac{\rho}{\rho_M}\left(\frac{D_2}{D_{2M}}\right)^2\left(\frac{n}{n_M}\right)^2\times\left(\frac{D_2}{D_{2M}}\right)^3\frac{n}{n_M} \tag{3-41}$$

化简后得：

$$\frac{N}{N_M}=\frac{\rho}{\rho_M}\left(\frac{D_2}{D_{2M}}\right)^5\left(\frac{n}{n_M}\right)^3 \tag{3-42}$$

式（3-42）表明，几何相似的通风机，其功率与叶轮外径比的五次方成正比，与其转速比的三次方成正比。

4. 通风机性能的相似换算

利用相似定律可以解决相似风机之间或同一风机因转速、气体密度等改变的性能换算，表 3-3 所示为相似通风机在各种情况下的性能换算公式。

表 3-3　通风机的性能换算公式

换算项目	换算条件			
	$\rho\neq\rho_M$ $n=n_M$ $D_2=D_{2M}$	$\rho=\rho_M$ $n\neq n_M$ $D_2=D_{2M}$	$\rho=\rho_M$ $n=n_M$ $D_2\neq D_{2M}$	$\rho\neq\rho_M$ $n\neq n_M$ $D_2\neq D_{2M}$
流量换算	$Q=Q_M$	$Q=Q_M\frac{n}{n_M}$	$Q=Q_M\left(\frac{D_2}{D_{2M}}\right)^3$	$Q=Q_M\frac{n}{n_M}\left(\frac{D_2}{D_{2M}}\right)^3$
压力换算	$H=H_M\frac{\rho}{\rho_M}$	$H=H_M\left(\frac{n}{n_M}\right)^2$	$H=H_M\left(\frac{D_2}{D_{2M}}\right)^2$	$H=H_M\frac{\rho}{\rho_M}\left(\frac{n}{n_M}\right)^2\left(\frac{D_2}{D_{2M}}\right)^2$
功率换算	$N=N_M\frac{\rho}{\rho_M}$	$N=N_M\left(\frac{n}{n_M}\right)^3$	$N=N_M\left(\frac{D_2}{D_{2M}}\right)^5$	$N=N_M\frac{\rho}{\rho_M}\left(\frac{n}{n_M}\right)^3\left(\frac{D_2}{D_{2M}}\right)^5$
效率	$\eta=\eta_M$			

根据理想气体状态方程，同一气体不同状态其密度之比：

$$\frac{\rho}{\rho_M}=\frac{p}{p_M}\cdot\frac{T}{T_M} \tag{3-43}$$

式中　ρ、p、T——换算状态下的空气密度、压强和绝对温度；

ρ_M、p_M、T_M——已知状态下的空气密度、压强和绝对温度。

三、离心式通风机的无量纲性能参数

按照相似原理设计出来的风机称为系列风机，对于同一系列的离心式通风机，常采用无量纲性能参数表示风机的性能。常用的无量纲参数有流量系数 φ、全压系数 ψ、功率系数 λ 和比转数 n_s。

1. 流量系数 φ

$$\varphi=\frac{Q}{\frac{\pi D_2^2}{4}u_2} \tag{3-44}$$

式中　φ——流量系数；

Q——风量，m^3/s；

D_2——叶轮外径，m；

u_2——叶轮外沿圆周速度，m/s。

2. 全压系数 ψ

$$\psi=\frac{H}{\rho u_2^2} \tag{3-45}$$

式中　ψ——全压系数；

H——风机全压，Pa；

ρ——空气密度，kg/m^3。

3. 功率系数 λ

$$\lambda=\frac{H}{\frac{\pi\rho}{4}D_2^2u_2^3} \tag{3-46}$$

4. 比转数 n_s

比转数是离心式通风机的综合特性参数。比转数按式（3-47）计算：

$$n_s=n\frac{Q^{0.5}}{H^{0.75}} \tag{3-47}$$

式中　n——叶轮转速，r/min；

Q——风机风量，m^3/s；

H——风机全压，Pa。

对于同一台风机，在不同的工况点，对应不同的比转数，即一台风机具有无穷个比转数。为了能表示不同类型离心式通风机的特性，一般规定，在某一转速下将风机在效率最高点对应的风量、全压计算的比转数作为该风机的比转数。

比转数可以用来对离心式通风机进行分类，比转数的大小还可以反映风机的外形特征。

（1）用比转数对离心式通风机分类　在一定转速下，比转数 n_s 与风机风量的平方根成正比，与全压的 0.75 次方成反比，即比转数大，反映风机的风量大、压力低；比转数小，则风机的风量小，压力高。

低压离心式通风机：$n_s \geqslant 60$；

中压离心式通风机：$30<n_s<60$；

高压离心式通风机：$n_s \leqslant 30$。

一般离心式通风机的比转数为 15~80。

（2）比转数大小可以反映风机的外形特征　在一定转速下，比转数是风机全压和风量的函数。对于一般的离心式通风机，比转数越大，表明风机的风量越大，则在风机制造时风机叶轮的出口宽度 b_2 与其直径 D_2 之比就越大，即叶轮做得比较厚，直径小，在风机外形上机壳矮而宽；比转数越小，风机的压力就越高，则风机叶轮出口宽度 b_2 与其直径 D_2 之比就越小，即叶轮做得薄而直径大，风机外形则高而薄。

第四节　离心式通风机的性能曲线和工作点

一、离心式通风机的性能曲线

离心式通风机可以在不同的风量下工作，不同的风量时，对应的风机全压、功率和效率也不同。一般将离心式通风机的全压和风量（H-Q）、轴功率和风量（N-Q）以及效率和风量（η-Q）变化关系绘成的曲线称为离心式通风机的性能曲线，也称离心式通风机的有量纲性能曲线。

离心式通风机的性能曲线能够全面反映风机运行时各性能参数之间的变化特征，是选择合适风机、评价风机工作性能的最有效工具。

因为转速影响离心风机的性能参数，所以风机的性能曲线是与一定转速下的风机性能参数相对应的。

（一）离心式通风机的理论性能曲线

离心式通风机的理论性能曲线是根据离心式通风机的理论方程式推导出的 H_T-Q_T、N_T-Q_T 以及 η_T-Q_T 变化关系绘成的曲线。当然，在理想情况下，风机的效率 η_T 不随风量 Q_T 而变化，$\eta_T=100\%$。

根据式（3-21）得：

$$c_{2r}=\frac{Q_T}{\pi D_2 b_2} \tag{3-48}$$

将式（3-48）代入式（3-19）得：

$$H_{T\infty}=\rho\left(u_2^2-\frac{u_2 Q_T \cot\beta_2}{\pi D_2 b_2}\right) \tag{3-49}$$

对于某一台特定的风机，转速不变时，式（3-49）中 u_2、ρ、β_2、D_2、b_2 都为定值，令：$\rho u_2^2=A$；$\rho\left(\frac{u_2\cot\beta_2}{\pi D_2 b_2}\right)=B$，则式（3-49）变为：

$$H_{T\infty}=A-BQ_T \tag{3-50}$$

根据式（3-50），理想情况下，离心式通风机的 H_T-Q_T 变化关系是一条直线，直线斜率的大小随叶片安装角度 β_2 的变化而变化。理论性能曲线 H_T-Q_T 如图 3-15 所示。

在无能量损失的情况下，理论上的有效功率就是风机轴功率，所以有：

$$N_{T\infty}=Q_T(A-BQ_T) \tag{3-51}$$

根据式（3-51），可得到离心式通风机的理论性能曲线 N_T-Q_T，如图 3-16 所示。从图中可知，前向叶片风机所需的轴功率随风量增加而急剧增加，因而其电动机易过载。而后向叶片风机则不会发生过载现象。

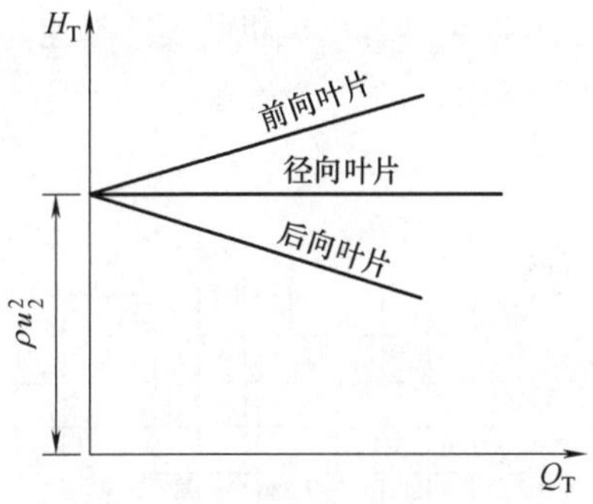

图 3-15　理论性能曲线 H_T-Q_T

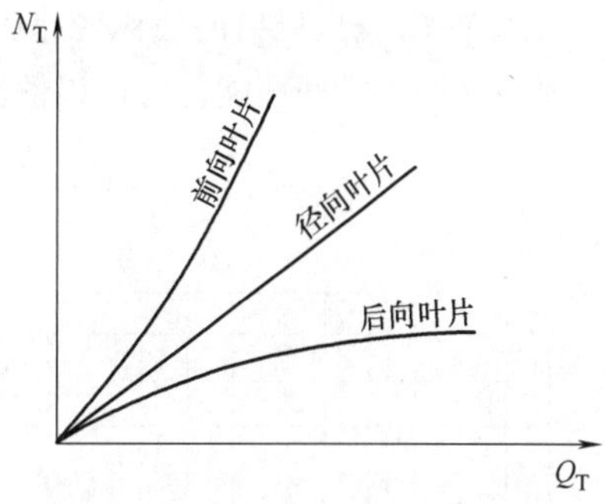

图 3-16　理论性能曲线 N_T-Q_T

（二）实际风机的性能曲线

图 3-17 所示为不同叶片安装方式风机的实际性能曲线示意图。

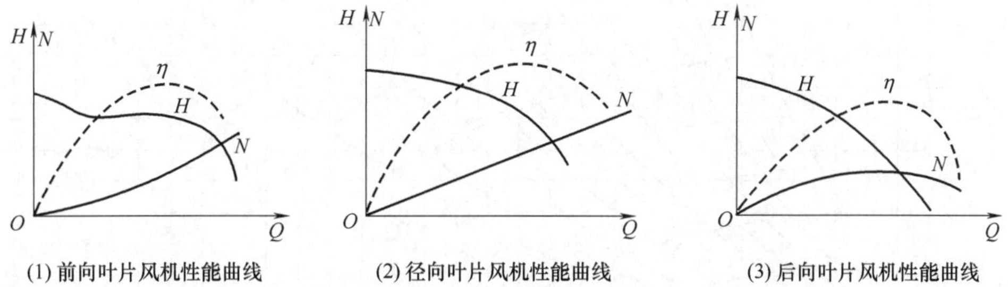

图 3-17　不同叶片安装方式风机的实际性能曲线

不同叶片安装方式风机的性能曲线不同，但有共同之处。

离心式通风机的全压均具有随着风量的增加而减小的趋势，在风量较小时具有较高的全压。

离心式通风机的轴功率对于前向叶片风机和径向叶片风机均随着风量的增加而增大；但后向叶片风机的轴功率随着风量的增加，到一定程度后有减小的趋势。

随着风量的变化，离心式通风机的效率均具有最高值。即在较低风量或较高风量时离心式通风机的效率都不高，只有在某一中等风量时效率才最高。离心式通风机的效率曲线说明离心式通风机虽然可以在不同的风量下工作，但只有在最适风量下工作时效率才最高。也即离心式通风机在最适风量所对应的全压下工作最经济。在实际工程上，一般认为风机在不低于最高效率 90%的区域内工作即是经济的或合理的。

（三）以公称转速表示的系列风机性能曲线

图 3-18 所示为 6-30 型离心式通风机以公称转速表示的系列风机的性能曲线。图中以不同机号（如 No. 5、No. 6）的风量为横坐标，压力为纵坐标绘出了等公称转速线（也是 H-Q 曲线）和等效率曲线。6-30 型离心式通风机属于高压离心式通风机。

公称转速为机号和风机实际转速的乘积，即：

$$A = n \times 风机机号 \tag{3-52}$$

式中　n——风机实际转速，r/min；

A——风机公称转速。

由图 3-18 查出风机的公称转速后，根据所选择的机号即可计算出风机的实际转速。

离心式通风机的性能还可以以性能表格（详见本书附录四）的形式表示。

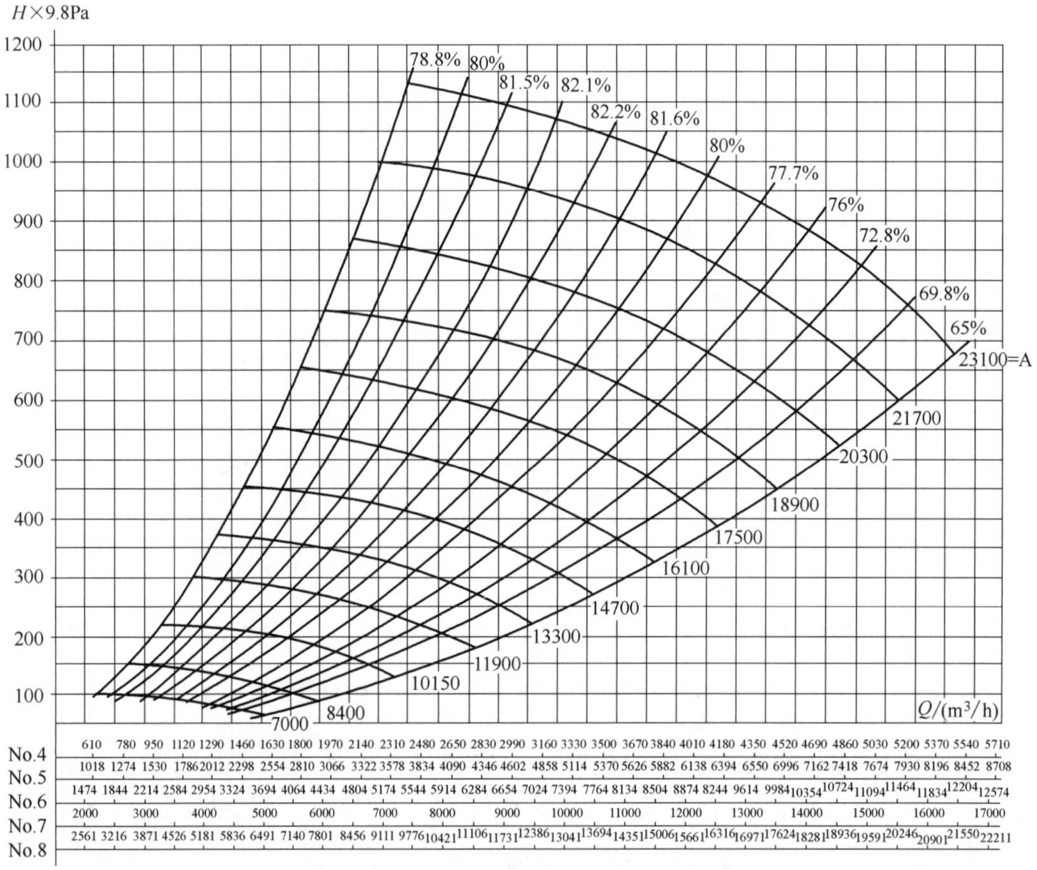

图 3-18　6-30 型离心式通风机性能曲线

利用风机的无量纲性能参数如全压系数、功率系数、比转数与流量系数变化关系绘制的曲线，称为风机的无量纲性能曲线。一组无量纲性能曲线代表了某一系列风机在各种转速下的性能特征，简化了风机的性能曲线。通过无量纲性能曲线查得无量纲参数后可根据式（3-44）~式（3-47）计算出有量纲性能参数，不再赘述。

二、离心式通风机的工作点

由上述可知，离心式通风机可以在不同的风量和压力下工作，那么当风机安装到某一管网中后，风机在什么样的风量和压力下运行呢？或风机在性能曲线上的哪一点工作呢？这就是离心式通风机的工作点问题。离心式通风机的工作点与管网特性曲线密切相关。

将离心式通风机的性能曲线（*H*-*Q* 曲线）和某一管网特性曲线（∑*H*-*Q* 曲线）画在同一坐标上，两条性能曲线的交点 *A* 就是风机在该管网中的工作点，如图 3-19 所示。

图 3-19 中，交点 *A* 既在风机性能曲线上又在管网特性曲线上，因而交点 *A*——风机的工

作点，具有双重意义：风机的全压等于管网的总阻力；风机输送的风量等于管网的总风量。即：

$$H_{风机}=\sum H \tag{3-53}$$

$$Q_{风机}=\sum Q \tag{3-54}$$

式中　$H_{风机}$——风机的全压；

$Q_{风机}$——风机的风量；

$\sum H$——管网总阻力；

$\sum Q$——管网总风量。

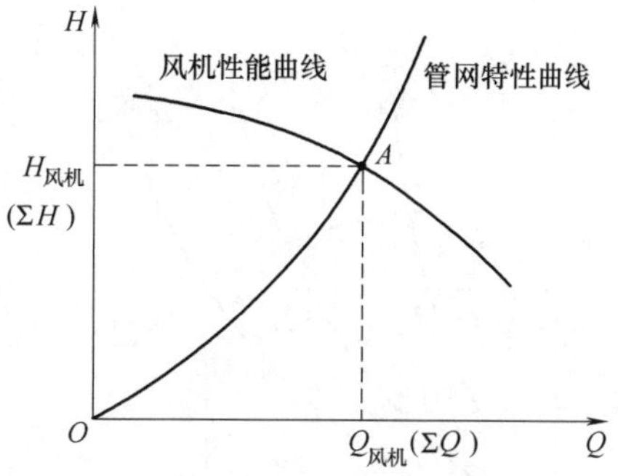

图 3-19　风机的工作点

所以，风机的工作点是选择风机的理论依据。也即如果知道了管网的总阻力和总风量，就等于知道了风机的全压和风量，因而可以由此查阅离心式通风机性能曲线，选出所需的通风机型号、规格以及计算得出风机的电动机功率等。

风机的工作点还表明，同一台风机安装在不同特性的管网中，其全压、风量不同，因而效率、所需电动机功率也会有差别。

在实际工程上，考虑到风机运行的安全性和可靠性，往往在实际管网总阻力、总风量的基础上再增加0~20%的余量来确定风机参数，即：

$$H_{风机}=(1.0\sim1.2)\sum H \tag{3-55}$$

$$Q_{风机}=(1.0\sim1.2)\sum Q \tag{3-56}$$

三、离心式通风机的工况调节与节能

通风管网在运行中，由于生产工艺或其他因素的变化，需要经常调节管网性能参数，如通风量，即意味着风机工作点的改变。改变风机的工作点或风机的工况调节常用的方法有阀门调节、调节风机转速和风机的联合工作等方法。

（一）阀门调节

阀门调节风机工作点的工作原理是，靠调节管网中阀门开启程度，即通过改变管网特性曲线来改变风机的工作点，阀门调节风机工作点原理如图 3-20 所示。

离心式通风机在管网 W_1 中运行时，其工作点为 A_1，相应的风量、全压为 Q_1、H_1。如果需要减小管网的风量，可将管网中的阀门关小，此时管网阻力增大，管网特性曲线变为 W_2，工作点移到 A_2，风机的风量、全压分别为 Q_2、H_2。显然，工作点变化后增加的压力损失 ΔH_1（即 $\Delta H_1=H_2-H_1$）是由于关小阀门而引起的。如果要增大风量，可将管网中的阀门开大，此时管网阻力减小，管网特性曲线变为 W_3，工作点移到 A_3，此时风机的风量、全压分别为 Q_3、H_3。显然，工作点变化后减小的压力损失 ΔH_2（即 $\Delta H_2=H_1-H_3$）是由于开大阀门阻力减小而引起的。

由图 3-20 可知，通过调节阀门开启程度即改变管网特性曲线来改变风机工作点，这种调节方法的优点是调节装置制作简单，操作简便，但将风机输出能量的一部分消耗在阀门上是不经济的。

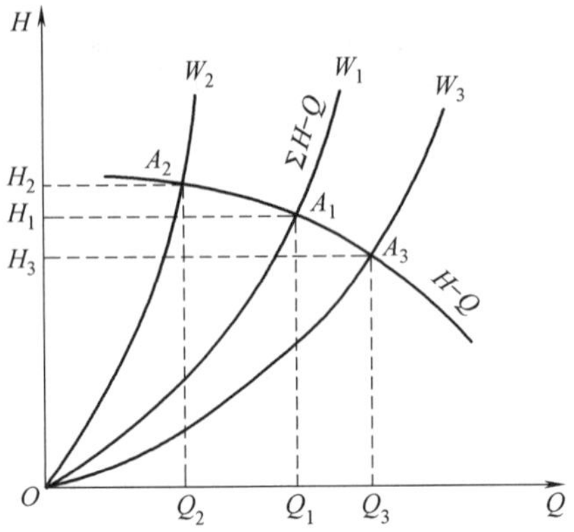

图 3-20　阀门调节风机工作点原理

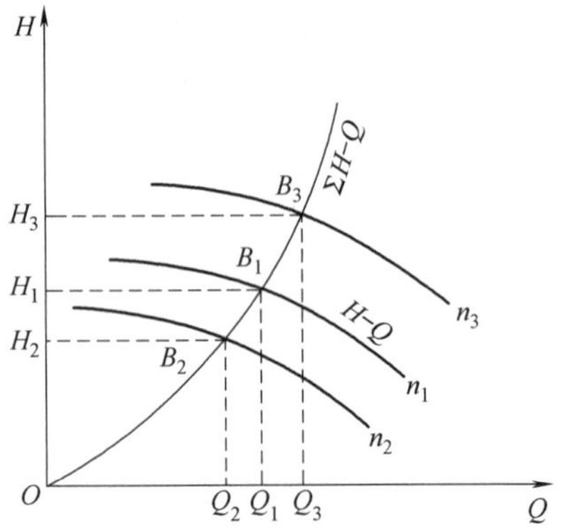

图 3-21　调节风机转速改变风机工作点原理

（二）调节风机转速

风机转速的变化影响着风机的性能参数，此即风机的比例定律：

$$\frac{Q_1}{Q_1}=\frac{n_1}{n_2}\ ;\ \frac{H_1}{H_1}=\frac{n_1^2}{n_2^2}\ ;\ \frac{N_1}{N_1}=\frac{n_1^3}{n_2^3} \tag{3-57}$$

所以，调节风机转速实质是依靠改变风机性能曲线调整风机的工作点，调节风机转速改变风机工作点原理如图 3-21 所示。

在图 3-21 中，转速为 n_1 时，风机在管网中的工作点为 B_1，相应风机的风量、压力分别为 Q_1、H_1。若需要减小管网的风量，可将风机的转速降低到 n_2，此时风机的性能曲线则下降到 n_2 位置，对应的工作点为 B_2，风机的风量、全压分别为 Q_2、H_2。相反，若管网的风量、阻力都有所增加，风机现有工作点 B_1 不能满足管网运行需要时，可将风机的转速提升到 n_3，其性能曲线则上升到 n_3 位置，工作点也随之升到 B_3，风机的风量、全压相应增加到 Q_3、H_3。

转速调节改变风机的工作点没有额外能量损失，是比较经济的改变风机工作特性的方法。风机调速的方法可以通过改变风机或电动机皮带轮大小、采用调速电动机或电动机变频技术等方法实现。

风机调速节能与电动机效率关系如表 3-4 所示。

表 3-4　风机调速节能与电动机效率关系　单位：%

风机风量	风机轴功率	调节方法								
		调节进风口阀门			调节出风口阀门			变频调速		
		电输入	总损耗	效率	电输入	总损耗	效率	电输入	总损耗	效率
40	6.4	56	49.6	11.4	77.5	71.1	8.3	9	2.6	71.1
60	21.6	64	42.4	33.8	89.5	67.9	24.1	25	3.4	86.4
80	51.2	72.5	21.3	70.6	99.5	48.3	51.5	56	4.8	91.4
100	100	106	6	94.3	107	7	93.5	108	8	92.6

注：以风机风量额定值 100%时的电动机轴功率定为 100%。

（三）风机的联合工作

当管网阻力较大或风量较大，一台风机难于满足时，可采用多台风机联合运行，即选择风机串联和并联工作。

把两台或两台以上的风机并联在一起向同一管网输送气体，称为风机的并联，如图3-22（1）所示。风机并联工作时，管网的总阻力等于每台风机的全压，而管网的总风量等于每台风机风量之和。即：

$$\sum H = H_{风机1} = H_{风机2} = \cdots = H_{风机n} \tag{3-58}$$

$$\sum Q = Q_{风机1} + Q_{风机2} + \cdots + Q_{风机n} \tag{3-59}$$

式中　$\sum H$——管网总阻力；

$\sum Q$——管网总风量；

$H_{风机n}$——第 n 台风机的全压；

$Q_{风机n}$——第 n 台风机的风量；

n——风机的数量。

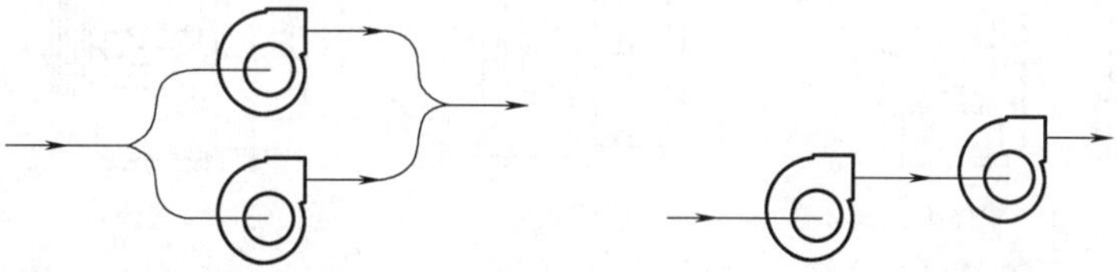

(1) 风机并联　　(2) 风机串联

图3-22　风机的串联和并联示意图

当管网阻力较大，一台风机难于满足时，可以选择两台或多台风机串联使用，如图3-22（2）所示。风机串联工作时，管网的总阻力等于每台风机全压之和，而管网的总风量等于每台风机的风量。即：

$$\sum H = H_{风机1} + H_{风机2} + \cdots + H_{风机n} \tag{3-60}$$

$$\sum Q = Q_{风机1} = Q_{风机2} = \cdots = Q_{风机n} \tag{3-61}$$

一般认为，风机的联合工作是不得已而为之，应避免使用或慎重使用。因为风机的联合工作总会有额外的压力损失，不如单机工作时的效率高，当两台风机性能不同时有可能出现适得其反的结果。决定采用风机的串联或并联工作时，应优先选择性能相同的风机，并进行风机工作点特性分析。

第五节　离心式通风机的选用

一、离心式通风机的名称

离心式通风机的名称包括用途、型号、机号、传动方式、叶轮旋转方向和出风口位置等。

离心式通风机的名称较为烦琐，但对于风机的选择和使用非常重要。下面举例说明离心式通风机名称的构成和每一部分的意义。

离心式通风机的全称，如：4-72-11　No. 5　A　右　90°

名称中每一部分的意义：

4——表示风机的全压系数乘 10 后取整的数。

72——表示风机最高效率点对应的比转数。比转数大于 60，表明为低压离心式通风机。

11——第一个“1”，表示风机的进口形式为单侧吸入；第二个“1”，表示设计顺序。

No. 5——表示风机的机号，即 5 号风机。实质上数值 5 表示风机的叶轮直径为 5dm。

A——表示风机的传动方式为 A 式。风机的传动方式一般有 A、B、C、D、E、F 6 种，如图 3-23 所示。A 表示电动机直联传动，即风机与电动机同轴；B 表示悬臂支撑皮带传动，皮带轮在轴承之间；C 表示悬臂支撑皮带传动；D 表示悬臂支撑联轴器传动；E 表示双支撑装置皮带传动；F 表示双支撑装置联轴器传动。

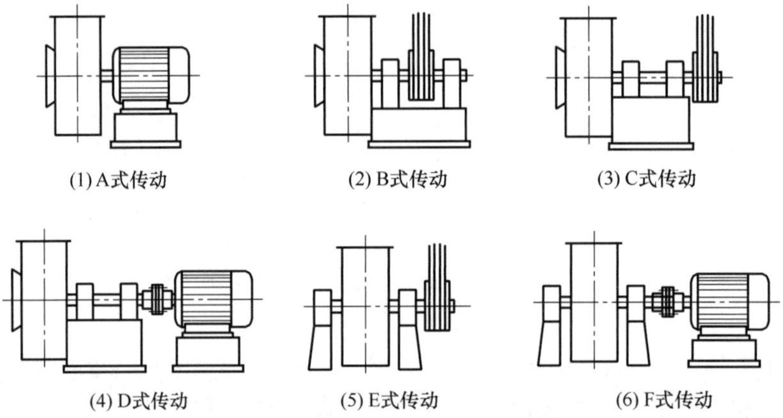

图 3-23　离心式通风机的传动方式

右——表示风机叶轮旋转方向为右旋，即顺时针方向旋转。风机叶轮旋转方向有左旋和右旋两种，站在离心式通风机皮带轮或电动机一侧确定。一台离心式通风机只能有一种传动方式。

90°——表示风机的出风口方向角度为 90°，即垂直向上排出气体。离心式通风机出风口的方向角如图 3-24 所示。

风机名称中的各项对选购风机非常重要，必须根据风网特性、现场安装等条件认真核对、确定。在有些情况下，风机也可用简称，如：4-72 No. 5，读作 4-72 五号风机。

二、离心式通风机的选用

选用离心式通风机时，不但要使风机满足管网阻力和风量大小的要求，更重要的是使风机适合管网的运行特性，如在高效区工作，适合管网的阻力变化特性、气流含尘等特点。

（一）风机的选择原则

(1) 根据风网的总压损（$\sum H$）和总风量（$\sum Q$），计算风机参数如全压和风量。

通风机样本或铭牌上所列出的风机性能参数，一般是指在标准状况下：大气压

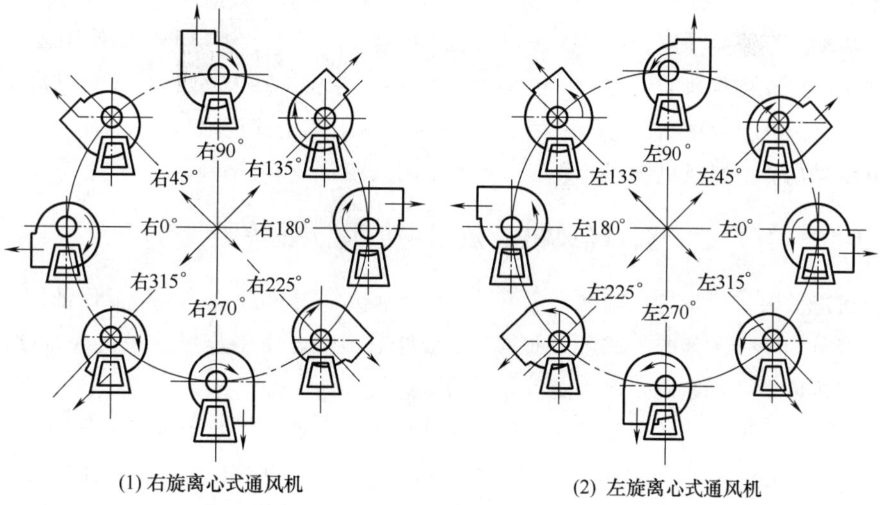

图 3-24　离心式通风机出风口方向角

760mmHg，温度 20℃，相对湿度 50%时的参数，如实际使用情况距标准状况相差较大，则需要进行参数换算。

风量：

$$Q=Q_0 \tag{3-62}$$

全压：

$$H=H_0\frac{\rho}{1.2}=H_0\frac{p_\alpha}{760}\cdot\frac{273+20}{273+t} \tag{3-63}$$

功率：

$$N=N_0\frac{\rho}{1.2}=N_0\frac{p_\alpha}{760}\cdot\frac{273+20}{273+t} \tag{3-64}$$

式中　Q、H、N——实际使用条件下的风量、全压和功率；

Q_0、H_0、N_0——标准状况下风机的风量、全压和功率，即风机铭牌上的参数；

p_α——实际使用地点的大气压力，mmHg；

t——输送气体的温度，℃；

ρ——输送气体的密度，kg/m³。

（2）根据使用的环境条件和需要的风机全压、风量大小，选择合适的风机类型。

（3）风机在高效区工作。所选风机工作点效率应在不低于风机最高效率 90%的数值范围内。

（4）风机的调节性能好。风机的性能适应风网系统的变化特性，即管网系统参数变化时，风机能够自行调整适应工艺参数的变化，而且不易过载等。

（5）风机振动小，噪声低。

（6）风机叶片不积尘，耐磨损。风机叶轮适应风网系统空气的特性，如高含尘浓度时，叶片不积灰、耐磨损等。

（二）粮食加工行业常用风机

在粮食加工行业，通风除尘系统常用的离心式通风机有 4-72、4-73、4-79、5-48 等型号，属于中低压离心式通风机。

气力输送系统常用的离心式通风机有 6-23、6-30、5-18、6-28、9-19、9-26 以及 TY

系列等型号，均属于高压离心式通风机。6-23、6-30 型离心式通风机属于传统高压风机，在小型谷物加工厂普遍使用，现在由于粮食加工厂规模的增大、楼层的增高使用较少。

其中 4-72、4-73、4-79、5-48 和 6-23、6-30、5-18、6-28 型离心式通风机属于后向叶片风机，噪声低，效率高，运转平稳。而 9-19、9-26 离心式通风机属于前向叶片风机。

部分型号离心式通风机性能参数表详见本书附录四。

三、通风机能效限定值及能效等级

通风机能效限定值是指在标准规定测试条件下，允许通风机的效率最低保证值。通风机的能效等级分为 3 级，其中 1 级能效最高，3 级能效最低。使用全尺寸风机进行性能试验，以稳定工作区内最高机组效率作为能效等级的考核值。

对于离心式通风机能效限定值，在稳定工作区内最高通风机效率 η 应不低于表 3-5、表 3-6 中 3 级的规定；采用普通电动机直联型式（A 式传动）的离心式通风机在稳定工作区内最高通风机效率应不低于表 3-5、表 3-6 中 3 级的规定；当进口有进气箱时，在稳定工作区内其各等级效率 η 应按表 3-5、表 3-6 中 3 级的规定下降 4 个百分点。

表 3-5 离心式通风机（$0.95 \leqslant \Psi < 1.55$）能效等级

全压系数 Ψ	比转数 n_s	效率 η/%																	
		No. 2<机号≤No. 2. 5			No. 2. 5<机号≤No. 3. 5			No. 3. 5<机号≤No. 4. 5			No. 4. 5<机号≤No. 7			No. 7<机号≤No. 10			机号>No. 10		
		3级	2级	1级	3级	2级	1级	3级	2级	1级	3级	2级	1级	3级	2级	1级	3级	2级	1级
$1.35 \leqslant \psi < 1.55$	$45 < n_s \leqslant 65$	43	58	61	46	59	62	49	60	63	52	61	64	56	64	67	59	65	68
$1.05 \leqslant \psi < 1.35$	$35 < n_s \leqslant 55$	45	62	65	48	63	66	51	64	67	54	65	68	59	68	71	63	69	72
$0.95 \leqslant \psi < 1.05$	$10 \leqslant n_s < 20$	49	65	70	52	66	71	55	67	72	58	68	72	62	70	75	65	73	78
	$20 \leqslant n_s < 30$	52	66	71	55	67	72	58	68	73	61	69	73	63	71	76	66	75	80

资料来源：GB 19761—2020《通风机能效限定值及能效等级》。

表 3-6 离心式通风机（$0.25 \leqslant \Psi < 0.95$）能效等级

全压系数 Ψ	比转数 n_s	效率 η/%								
		No. 2<机号<No. 5			No. 5≤机号<No. 10			机号≥No. 10		
		3 级	2 级	1 级	3 级	2 级	1 级	3 级	2 级	1 级
$0.85 \leqslant \psi < 0.95$	$5 \leqslant n_s < 15$	62	72	75	65	75	78	69	78	81
	$15 \leqslant n_s < 30$	65	74	77	68	77	80	72	80	83
	$30 \leqslant n_s < 45$	68	76	79	71	79	82	75	82	85
$0.75 \leqslant \psi < 0.85$	$5 \leqslant n_s < 15$	62	70	75	65	75	78	68	78	81
	$15 \leqslant n_s < 30$	65	72	78	68	75	81	70	78	84
	$30 \leqslant n_s < 45$	68	75	80	71	78	83	72	81	85
$0.65 \leqslant \psi < 0.75$	$10 \leqslant n_s < 30$	62	70	77	63	72	79	64	73	83
	$30 \leqslant n_s < 50$	65	72	82	66	75	83	67	76	84

续表

<table>
<tr><th rowspan="3">全压系数
ψ</th><th rowspan="3">比转数
n_s</th><th colspan="12">效率 η/%</th></tr>
<tr><th colspan="6">No. 2<机号<No. 5</th><th colspan="3">No. 5≤机号<No. 10</th><th colspan="3">机号≥No. 10</th></tr>
<tr><th colspan="2">3级</th><th colspan="2">2级</th><th colspan="2">1级</th><th>3级</th><th>2级</th><th>1级</th><th>3级</th><th>2级</th><th>1级</th></tr>
<tr><td rowspan="2">$0.55 \leq \psi < 0.65$</td><td>$20 \leq n_s < 45$</td><td colspan="2">64</td><td colspan="2">74</td><td colspan="2">81</td><td>70</td><td>76</td><td>85</td><td>73</td><td>80</td><td>86</td></tr>
<tr><td>$45 \leq n_s < 70$</td><td colspan="2">69</td><td colspan="2">75</td><td colspan="2">82</td><td>73</td><td>79</td><td>86</td><td>75</td><td>82</td><td>87</td></tr>
<tr><td rowspan="3">$0.45 \leq \psi < 0.55$</td><td>$10 \leq n_s < 30$</td><td colspan="2">67</td><td colspan="2">74</td><td colspan="2">79</td><td>69</td><td>76</td><td>81</td><td>71</td><td>79</td><td>85</td></tr>
<tr><td>$30 \leq n_s < 50$</td><td colspan="2">71</td><td colspan="2">77</td><td colspan="2">82</td><td>73</td><td>79</td><td>84</td><td>75</td><td>81</td><td>86</td></tr>
<tr><td>$50 \leq n_s < 70$</td><td colspan="2">73</td><td colspan="2">78</td><td colspan="2">83</td><td>75</td><td>80</td><td>85</td><td>77</td><td>82</td><td>87</td></tr>
<tr><td rowspan="4">$0.35 \leq \psi < 0.45$</td><td>$50 \leq n_s < 65$</td><td colspan="2">70</td><td colspan="2">79</td><td colspan="2">84</td><td>72</td><td>81</td><td>86</td><td>75</td><td>83</td><td>88</td></tr>
<tr><td rowspan="3">$65 \leq n_s < 80$</td><td colspan="3">No. 2≤机号<No. 3.5</td><td colspan="3">No. 3.5≤机号<No. 5</td><td rowspan="2"></td><td rowspan="2"></td><td rowspan="2"></td><td rowspan="2"></td><td rowspan="2"></td><td rowspan="2"></td></tr>
<tr><td>3级</td><td>2级</td><td>1级</td><td>3级</td><td>2级</td><td>1级</td></tr>
<tr><td>63</td><td>73</td><td>78</td><td>66</td><td>78</td><td>83</td><td>73</td><td>82</td><td>87</td><td>76</td><td>84</td><td>89</td></tr>
<tr><td>$0.25 \leq \psi < 0.35$</td><td>$65 \leq n_s < 85$</td><td colspan="6">—</td><td>70</td><td>79</td><td>84</td><td>72</td><td>81</td><td>86</td></tr>
</table>

资料来源：GB 19761—2020《通风机能效限定值及能效等级》。

第六节 罗茨鼓风机和空气压缩机

在通风除尘与气力输送系统中，除了使用离心式通风机以外，还要使用罗茨鼓风机或空气压缩机等空气机械。

一、罗茨鼓风机

罗茨鼓风机属于容积式空气机械。作为气体增压与输送机械，罗茨鼓风机由于其结构简单，使用维修方便，不需要内部润滑，在使用压力范围内排气量几乎不变，容积效率高等特性，在工业生产中得到了广泛应用。

（一）罗茨鼓风机结构和工作原理

传统的罗茨鼓风机主要由长圆形机壳、一对“8”字形转子和齿轮传动三部分构成，如图 3-25 所示。两转子的轴线互相平行，转子之间、转子和机壳之间具有微小间隙，使得罗茨鼓风机的进风口和排气口不直接相通。两转子由原动机通过一对同步齿轮驱动，保证两个转子转速相同、旋转方向相反。

根据罗茨鼓风机两个转子是水平安装或是垂直安装，罗茨鼓风机分为卧式罗茨鼓风机和立式罗茨鼓风机两种。卧式罗茨鼓风机的进出口在机壳垂直方向，立式罗茨鼓风机的进出口在机壳水平方向。对于一台没有连接管道的罗茨鼓风机来讲，进风口和出风口可以互换，可以根据转子旋转方向确定哪个是进风口哪个是出风口。但已连接到管网中的罗茨鼓风机，其

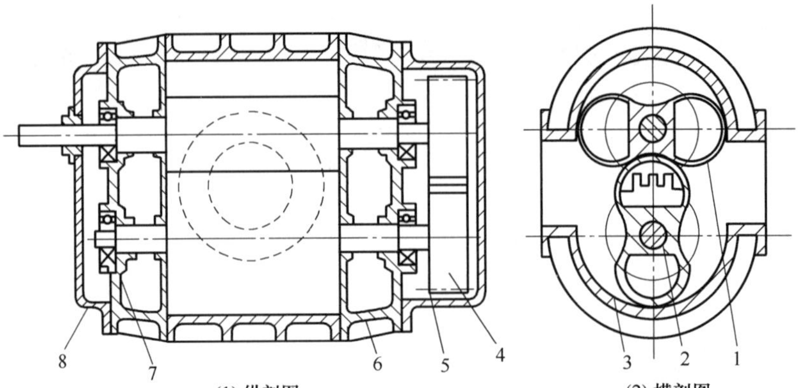

图 3-25　罗茨鼓风机的构成

1—主动转子；2—从动转子；3—机壳；4—同步齿轮子；5—主油箱；6—墙板；7—轴承；8—副油箱

进出口不能再互换。

根据转子的结构形式，转子有双叶和三叶之分，对应的罗茨鼓风机分为双叶罗茨鼓风机和三叶罗茨鼓风机。按叶轮形状有直叶和扭叶之分，如图 3-26 所示。双叶转子多为直叶，三叶转子有直叶和扭叶两种形状。就声学性能而言，三叶优于双叶，扭叶优于直叶。

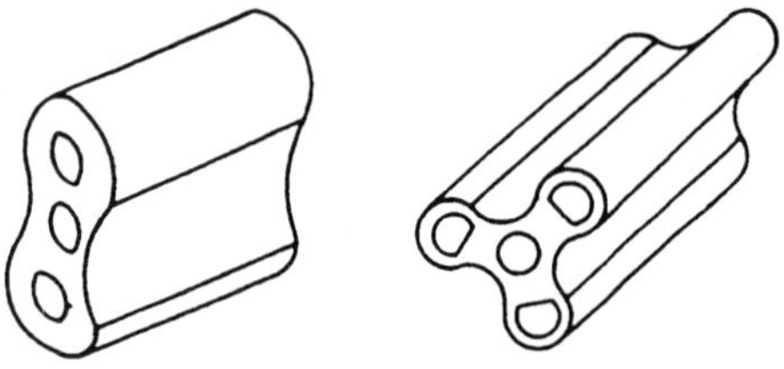

图 3-26　罗茨鼓风机转子形状

罗茨鼓风机工作时，机壳内一对位差 90° 的“8”字形转子等速反向旋转，进入机壳内被转子和机壳以及机壳两端墙板包围而形成的密闭空腔内的空气随着转子的旋转，在受到转子的作用和排气端具有一定压力的空气的压缩作用下而提高压力。罗茨鼓风机的工作示意图如图 3-27 所示。

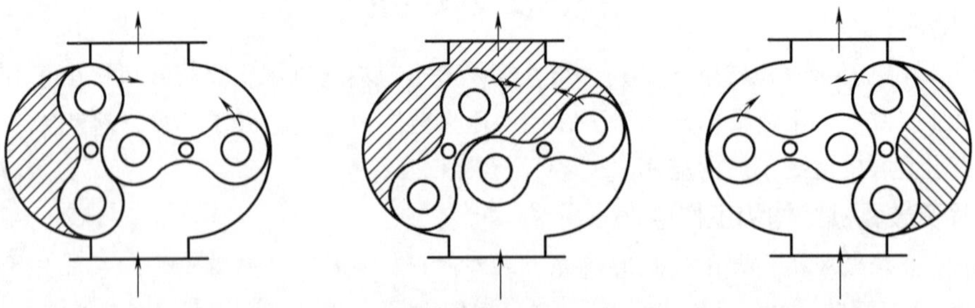

图 3-27　罗茨鼓风机的工作示意图

（二）罗茨鼓风机的性能

1. 风量

由于一个转子旋转一周与机壳形成两个密闭空腔，所以双叶罗茨鼓风机的理论风量为：

$$Q_T = 4ALn \tag{3-65}$$

式中　Q_T——双叶罗茨鼓风机理论风量，m^3/min；

A——转子与机壳内壁之间的截面面积，m^2；

L——转子长度，m；

n——转子转速，r/min。

由于罗茨鼓风机转子与转子之间、转子与机壳之间存在着间隙，因而在罗茨鼓风机工作时，会有部分空气从具有高压的排气侧通过间隙向低压的进气侧泄漏，使得罗茨鼓风机的实际风量小于理论风量。罗茨鼓风机的实际风量 Q 为：

$$Q = \eta_{容} Q_T \tag{3-66}$$

式中　$\eta_{容}$——罗茨鼓风机的容积效率。

罗茨鼓风机的容积效率数值大小与罗茨鼓风机的加工精度和压力高低有关。

显然，罗茨鼓风机的风量与转速成正比，可以通过改变转速来提高或降低风量，但在提高转速时，应注意罗茨鼓风机的允许限度及电动机功率。

罗茨鼓风机的风量，一般采用分钟流量表示，如 m^3/min。罗茨鼓风机产品样本或铭牌上的流量（风量），为标准状况下的容积流量。对于罗茨鼓风机，指进风口处于压力 101.325kPa，温度 20℃，相对湿度 50%的空气状态时，单位时间内排出的气体在进气状态下的容积；对罗茨真空泵，指进气温度 20℃，排气压力为 101.325kPa 时，单位时间内吸入的空气在进气状态下的容积。

2. 转速

罗茨鼓风机转速指其主动轴在单位时间内旋转的转数，单位：r/min。

3. 压力

罗茨鼓风机产生的压力一般用静压表示。单位：Pa 或者 kPa。

罗茨鼓风机的压力不取决于风机本身，而取决于所连接的管网阻力。也即所连接的管网阻力有多大，罗茨鼓风机就提供多大的压力。从理论上讲，只要电动机功率允许，罗茨鼓风机可以在任何压力下工作。

根据罗茨鼓风机压力变化的特点，罗茨鼓风机的连接管道上禁止安装阻力性阀门，而必须安装安全阀（即卸压阀）。

4. 轴功率

原动机传给风机轴的功率，即风机轴功率。罗茨鼓风机轴功率可以根据风机的参数计算：

$$N = \frac{HQ}{1000 \times 60 \eta_{容} \eta_{机}} \tag{3-67}$$

式中　N——罗茨鼓风机的轴功率，kW；

H——罗茨鼓风机静压，Pa；

Q——罗茨鼓风机风量，m^3/min；

$\eta_{容}$——罗茨鼓风机的容积效率，一般 $\eta_{容} = 75\% \sim 85\%$；

$\eta_{机}$——罗茨鼓风机的机械效率，一般 $\eta_{机} = 82\% \sim 92\%$。

5. 罗茨鼓风机性能曲线

罗茨鼓风机性能曲线主要指风量和压力变化关系的曲线 $Q-H$ 及轴功率和压力变化关系的曲线 $N-H$。

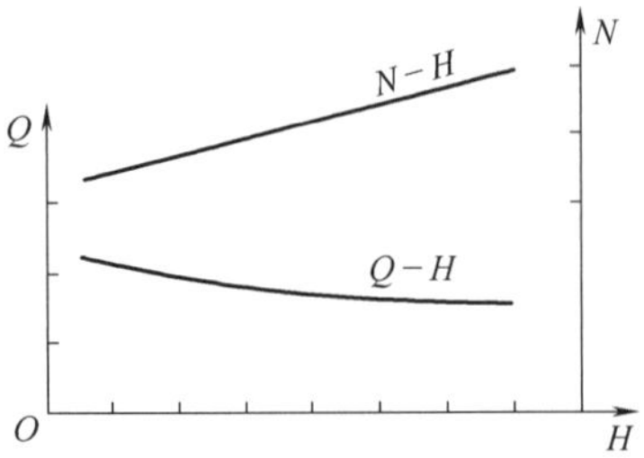

图 3-28　罗茨鼓风机的性能曲线

图 3-28 所示为罗茨鼓风机的性能曲线。从图中的 $Q-H$ 性能曲线可以看出，在一定转速下，罗茨鼓风机的压力变化量较大时，风量的变化量非常小，基本不变。

罗茨鼓风机的出风口和进风口之间是靠转子和转子之间、转子和机壳之间的精密配合隔开的，由于进出口之间压力差导致的空气在机壳内的间隙泄漏和罗茨鼓风机脉冲输气，罗茨鼓风机在运转时会发出较大的噪声，因此罗茨鼓风机必须在进出口配置消音器。此外，罗茨鼓风机要求进入风机的空气应是干净空气，否则空气中的粉尘等杂质会加速转子表面、机壳内壁的磨损而造成转子之间、转子与机壳之间的间隙增大，导致罗茨鼓风机性能下降甚至报废。

罗茨鼓风机工作时，由于部分压力能以及摩擦等，鼓风机的机壳会发热，为了保护风机安全运转，鼓风机需要冷却。一般当罗茨鼓风机升压小于 49kPa 时，采用自然冷却方式；当升压大于 49kPa 时，采用循环水冷却方式。

罗茨鼓风机既可用于正压鼓气，此时称为罗茨鼓风机，也可用于真空领域作为真空泵使用，此时称为罗茨真空泵。

选择罗茨鼓风机时，根据所连接管网的总风量和总阻力，各增加 0~20% 的余量计算出风机的参数后，选择相应参数风量和压力的罗茨鼓风机即可。

（三）罗茨鼓风机的应用

在粮食加工行业，罗茨鼓风机主要用作过滤式除尘器的反吹风清灰气源设备，气力压运输送装置和高真空气流吸运装置如吸粮机中的气源设备。作为过滤式除尘器反吹风清灰气源设备时，多采用三叶罗茨鼓风机。三叶罗茨鼓风机气流脉动性小、运转平稳、噪声低。

部分型号罗茨鼓风机性能参数详见本书附录五。

二、空气压缩机

空气压缩机的种类较多，有离心式、轴流式、螺杆式、往复式等。在粮食加工行业最常用的类型有往复式压缩机，即活塞式压缩机，属于容积式空气机械。

（一）活塞式压缩机

活塞式压缩机是依靠活塞在气缸内的往复运动进行气体压缩。如图 3-29 所示为单动式活塞压缩机的动作示意图。其工作过程包括吸气、压缩、排气。

（1）吸气过程　当活塞向右移动时，气缸内压力降低，外界空气将进气阀门推开进入气缸，直至活塞到达气缸右端。

（2）压缩过程　当活塞从最右端往回移动时，进气阀关闭，气缸内的气体被压缩。当被压缩的空气压力逐渐升高但还达不到压开排气阀时，气

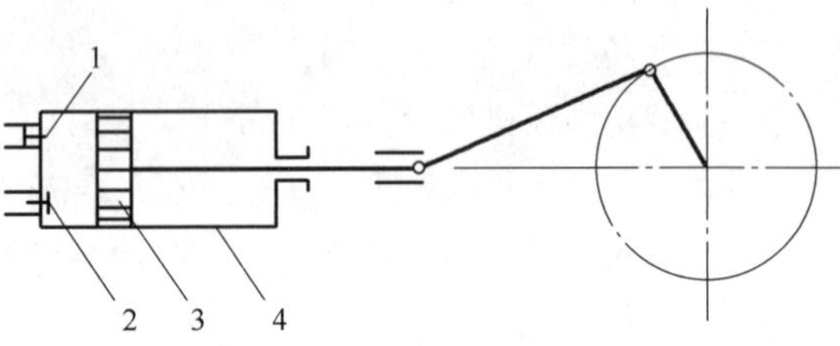

图 3-29　单动式活塞压缩机的动作示意图

1—排气阀；2—吸气阀；3—活塞；4—气缸

缸内空气压力继续升高。

（3）排气过程　当气缸内被压缩的气体压力升高达到一定值时，压开排气阀，气体进入压出管路中，直至活塞到达气缸左端位置为止。

活塞往返一次，进行上述三个过程，完成一个工作循环。如果活塞在气缸中只有一侧能够进气、压缩、排气，这种作用称为单动式压缩机；若活塞在气缸中的两侧都能进行进气、压缩、排气，这种作用称为双动式压缩机。

空气压缩机按压缩的级数，可分为单级、双级和多级压缩机；按气缸位置的不同分为卧式、立式和辐射式压缩机等。

为了避免空气压缩过程中温度过高，压缩机上均有冷却装置，如风冷或水冷。由于在压缩过程中温度的升高，润滑活塞的油会被汽化，并且压缩空气冷却后会产生冷凝的油水，因此使用空压机时必须配备油水分离器，以保证压缩空气的干净。

活塞式压缩机具有一般容积式压缩机的特点：压力变化时，风量变化不大，而且能产生较高的压力。但由于活塞式压缩机排气不连续，有脉动现象，因此使用时必须配置储气罐，同时还必须保证进入空压机空气的干净。

（二）螺杆式空气压缩机

螺杆式空气压缩机属于容积式空气机械，分为单螺杆空气压缩机和双螺杆空气压缩机两种。螺杆式空气压缩机通常指双螺杆空气压缩机。

螺杆式空气压缩机主要由转子、主机壳体和其他部件组成。转子（阴、阳转子）是螺杆式空气压缩机最核心的部件，它是通过特种加工机械，在轴上形成向外凸或向内凹的螺旋齿而形成转子，实际上是一种螺旋齿轮轴。阴、阳转子相互啮合，阳转子是主动部件，而阴转子是被动部件，类似于齿轮的啮合特性。壳体是一个呈“∞”形的气缸体，在其中装配着一对转子，它们就是相互啮合的阴、阳转子，平行布置在气缸体内，共同形成密封腔室。其他部件包括轴承、端盖、密封件等。

单螺杆压缩机（图 3-30）主要由 1 个六头螺杆和 2 个十一齿星轮及机体组成。螺杆转一圈有 12 次吸气、排气过程。螺杆高速运转时气流脉动小、排气量大。因星轮对称安装，螺杆受力完全平衡，振动和噪声比双螺杆低，由于单螺杆受力平衡，一级压缩的最高压力可比双螺杆大。

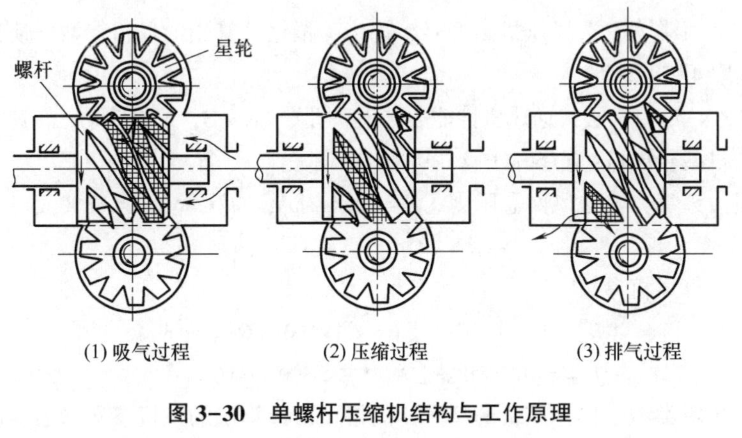

图 3-30　单螺杆压缩机结构与工作原理

双螺杆压缩机（图 3-31）具有一对互相啮合、相反旋向的螺旋形齿的阴、阳转子。转子的齿相当于活塞，转子的齿槽、机体的内壁面和两端端盖等共同构成的工作容积，相当于气缸。机体的两端设有呈对角线布置的吸气、排气孔口。随着转子在机体内的旋转运动，使工作容积因齿的侵入或脱开而不断发生变化，从而周期性地改变转子每对齿槽间的容积，达到吸气、压缩和排气的目的。互相啮合的转子，在每个运动周期内，分别有若干个相同的工作容积依次进行相同的工作过程，这一工作容积，称为基元容积。它由转子中的一对齿面、机体内壁面和端盖所形成。

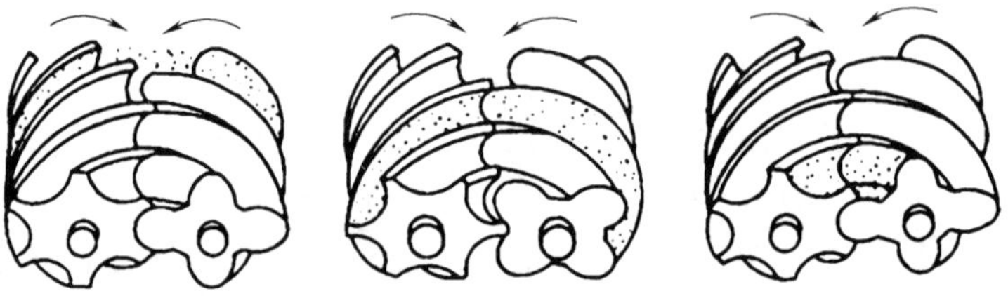
(1) 吸气过程　(2) 压缩过程　(3) 排气过程

图 3-31　双螺杆压缩机工作原理

螺杆式空气压缩机的容积流量与排气压力无关，且具有强制输气的特性，所以它能在较大的范围内保持很好的工作效率。内部零部件少，易损件也少，可靠性高。动力平衡性好，主要部件转子设计与制造合理，运动件不平衡惯性力几乎可以忽略，同时，它具有体积小、重量轻、机组占地面积小等优点。

部分国产空气压缩机性能参数见本书附录六。风机配套常用的 Y 系列电动机规格详见本书附录七。

［例 3-1］　某除尘风网总阻力 $\sum H=2100\text{Pa}$，总风量 $\sum Q=8000\text{m}^3/\text{h}$，选择风机和电动机。

解：（1）计算风机参数

$$H_{风机}=(1.0\sim1.2)\sum H=1.1\times2100=2310(\text{Pa})$$

$$Q_{风机}=(1.0\sim1.2)\sum Q=1.1\times8000=8800\ (\text{m}^3/\text{h})$$

计算风机全压 $H_{风机}$ 和风量 $Q_{风机}$ 时，在风网总阻力、总风量基础上各增加 10%的余量确定风机参数。

（2）确定风机类型，选择风机的型号、规格　根据计算出的风机参数，所选风机属于中低压风机，选取 4-79 型。

查附录四之 4-79 型离心式通风机性能表选出：机号 No. 4. 5，A 式传动，转速 2900r/min，效率 87%；电动机型号规格：Y160M1-2，功率 11kW。

［例 3-2］　某气力输送风网总阻力 $\sum H=600\text{kg/m}^2$，总风量 $\sum Q=6800\text{m}^3/\text{h}$，选择风机和电动机。

解：（1）计算风机参数

$$H_{风机}=(1.0\sim1.2)\sum H=1.1\times600=660\ (\text{kg/m}^2)$$

$$Q_{风机}=(1.0\sim1.2)\sum Q=1.1\times6800=7480\ (\text{m}^3/\text{h})$$

（2）确定风机类型，选择风机的型号、规格　由计算出的风机参数知道，所选风机应属于高压风机，本例题选取 6-30 型高压离心风机。根据图 3-18 中 6-30 型离心式通风机性能曲线，初步选择 No. 7 和 No. 6 两种机号。

① 选择机号 No. 7：在图 3-18 中，选择机号为 No. 7 的横坐标，在横坐标上找到风量为 $7480m^3/h$ 的刻度点，由此向上作垂线；在纵坐标上找到压力为 $660kg/m^2$ 的刻度点作一水平线，两条线的交点即风机的工作点，如图 3-32（1）所示。该点位于公称转速 18900r/min 和 17500r/min 的两条性能曲线之间，按比例计算出该点的公称转速：

$$A=17500+\frac{1}{3}(18900-17500)=17967\ (r/min)$$

实际转速：

$$n=\frac{17967}{7}=2567(r/min)$$

该点落在效率为 81. 5%和 82. 1%的两条线之间，按比例计算出该点的效率：

$$\eta=81.5\%+\frac{1}{2}(82.1\%-81.5\%)=81.8\%$$

所以风机轴功率为：

$$N=\frac{HQ}{1000\eta_{风机}}=\frac{660\times9.8\times7480}{3600\times1000\times0.818}=16.43\ (kW)$$

轴功率大于 5kW，根据表 3-2 选择电动机容量安全系数 $k=1.15$；风机为 C 式传动，根据表 3-1 选取传动效率 $\eta_{传}=95$□。所以，电动机功率为：

$$N_{电}=k\frac{N}{\eta_{传}}=1.15\times\frac{16.43}{0.95}=19.89\ (kW)$$

查附录七中 Y 系列电动机型号规格：Y180M-2，功率 22kW，2900r/min。

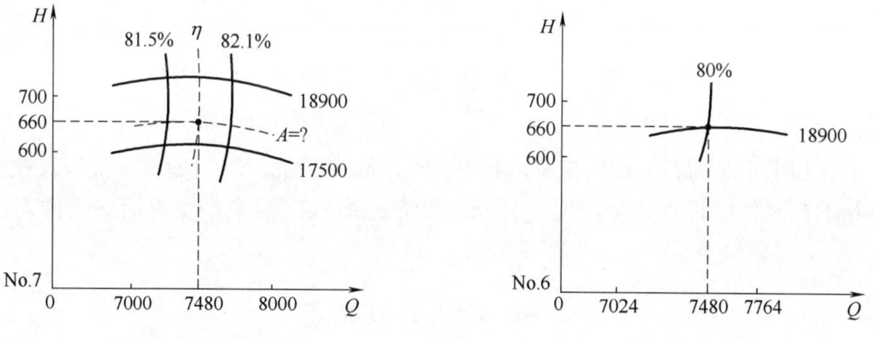

(1) 选取6-30型No.7风机　　(2) 选取6-30型No.6风机

图 3-32　6-30 型风机的选取

② 选择机号 No. 6：在图 3-18 中，选择机号为 No. 6 的横坐标，在横坐标上找到风量为 $7480m^3/h$ 的刻度点，由此向上作垂线；然后在纵坐标上找到压力为 $660kg/m^2$ 的刻度点作一水平线，两条线的交点即风机的工作点，如图 3-32（2）所示。该点位于公称转速 18900r/min 的性能曲线上，即公称转速 $A=18900r/min$。

所以，实际转速：

$$n=\frac{18900}{6}=3150\ (r/min)$$

该点也落在效率为 80%的效率曲线上，即 $\eta=80\%$，所以，风机的电动机功率为：

$$N_{电}=k\frac{HQ}{1000\eta_{风机}\eta_{传}}=1.15\times\frac{660\times9.8\times7480}{3600\times1000\times0.8\times0.95}=20.3\ (\text{kW})$$

所选电动机型号规格：Y180M-2，22kW，2900r/min。

根据以上计算结果，显然选择 6-30 型 No. 7 离心式通风机。因为 6-30 型 No. 7 离心式通风机转速低，效率高。

［例 3-3］ 某风网用的是 6-30 型 No. 6 离心式通风机，风机参数：全压 $H=250\text{kg/m}^2$，风量 $Q=3500\text{m}^3/\text{h}$，转速 2000r/min，三角带传动，电动机功率 5. 5kW。由于生产需要，需要将风机全压提高到 350kg/m^2，问风机的转速应提高到多少？这时风机风量、电动机功率各为多少？

解：因为：

$$\frac{H_1}{H_2}=\frac{n_1^2}{n_2^2};\ \frac{Q_1}{Q_2}=\frac{n_1}{n_2};\ \frac{N_1}{N_2}=\frac{n_1^3}{n_2^3}$$

所以：

$$n_2=n_1\sqrt{\frac{H_2}{H_1}}=2000\times\sqrt{\frac{350}{250}}=2366\ (\text{r/min})$$

$$Q_2=Q_1\frac{n_2}{n_1}=3500\times\frac{2366}{2000}=4141\ (\text{m}^3/\text{h})$$

$$N_2=N_1\frac{n_2^3}{n_1^3}=5.5\times\frac{2366^3}{2000^3}=9.1\ (\text{kW})$$

根据电动机性能参数，满足 9. 1kW 的电动机功率为 11kW。

第七节 风机的噪声污染及其控制

在粮食加工企业的粉尘污染控制过程中，通风除尘系统、气力输送系统以及粮食加工车间的一些工艺设备运转时又会产生一种新的污染，即噪声污染。噪声污染同样需要控制和治理。

一、噪声及其特点

（一）噪声

噪声是人们对不需要的声音的总称。从对人的生理危害和心理影响来看，噪声是使人讨厌、烦躁或对人体有不同程度伤害作用、干扰他人正常活动的声音；从噪声的特性来看，噪声是一种不同频率、声音强弱变化无规律的声音。

噪声具有声波的一切特性，具有频率 f、声速 c 和波长 λ 三个基本声学量。波长 λ 与频率 f 成反比，即声音的频率高，波长则短；频率低，波长则长。不同频率的声波，作用于人耳的感觉不同。

声波具有反射和吸收的特点，噪声同样具有这种特性。当声波遇到障碍物时，如果障碍物的尺寸大于声波的波长，声波将被反射，并在障碍物的后面形成一个声影区，这种声波的反射特性就是噪声控制的方法之一。

当声波遇到障碍物时，除了声波被反射外，一部分声波还会在障碍物内部传播，但由于阻尼作用，声能将转化为热能，从而造成声能的衰减，这种现象就是声的吸收。实验表明，不同材料的物体，对声波的吸收能力是不同的，在噪声控制中，常选用多孔性材料作为吸声材料对噪声进行吸收，来达到对噪声的控制。

（二）噪声的频率特性

人耳能够感觉到声音的频率在 20~20000Hz，即在此频率范围内的声音，人耳才能够听到，称为可闻声。频率低于 20Hz 的声音称为次声波，频率高于 20000Hz 的声音称为超声波，人耳均听不到，这种特性就是声波的频率特性。

噪声控制中，常按频率高低分成低频噪声、高频噪声和中频噪声污染三类。①低频噪声：$f<300$Hz；②中频噪声：300Hz$<f<$1000Hz；③高频噪声：$f>1000$Hz。

不同频率的噪声，控制原理不同，控制措施也不同。

二、噪声的量度和标准

由于噪声是一种物理性的污染，不同频率的噪声人的感觉差异很大，因而在评价噪声时有两种方法，一种是将噪声单纯地作为一种物理性的干扰，用描述声波客观特性的物理量来度量噪声的强弱，这就是噪声的物理性量度或称客观量度；另一种是根据人耳听觉对噪声的反映特性来度量噪声强弱的方法，称为噪声的主观量度。

（一）噪声客观量度

1. 声压和声压级

声波是一种疏密波，它使空气时而变密，时而变稀。空气变密时，空气的压强就升高，空气变稀时，空气的压强就降低。因此，当声波传来时，会使空气压强产生起伏变化，这个起伏变化的压强量称为声压。显然，声压大，声音就强；声压小，声音就弱。

人耳刚刚能听到的声音的声压，定义为听阈声压，听阈声压为 2×10^{-5}Pa；人耳能够承受的最强声音的声压为痛阈声压，痛阈声压为 20Pa。从听阈声压到痛阈声压数值相差 100 万倍，显然用声压表示声音的强弱数值小，不方便，因此引入“声压级”的概念。

对声压与听阈声压的比值取以 10 为底的对数，再乘以 20 所得的数值，称为声压级。

$$L_p = 20\lg\frac{p}{p_0} \tag{3-68}$$

式中 L_p——声压级，dB；

p——声压，Pa；

p_0——听阈声压，$p_0 = 2\times10^{-5}$Pa。

将听阈声压和痛阈声压分别代入式（3-68），得出听阈声压的声压级为 0dB，而痛阈声压的声压级为 120dB。

2. 声强和声功率级

声强是指单位时间内通过垂直于声波传播方向上的单位面积上声波的能量。声强与声压的关系：

$$I = \frac{p^2}{\rho c} \tag{3-69}$$

式中 I——声强，W/m²；

p——声压，Pa；

ρ——介质密度，kg/m³；

c——声速，m/s。

正常人耳引起听觉的声强为 10^{-12}W/m²，引起听觉疼痛的声强为 10W/m²。

声功率是指声源在单位时间内向外辐射的总能量，用 w 表示。同一声源的声功率是一个定值，声功率不能直接测定。

3. 声级的计算

当有两个或两个以上的噪声源时，噪声的叠加应依据能量叠加法进行声级的计算。

设有 n 个噪声源，每个噪声源的声压级分别为 L_1，L_2，…，L_n，则合成的总声压级为：

$$L = 10\lg\left[\sum_{i=1}^{n} 10^{\frac{L_i}{10}}\right] \tag{3-70}$$

式中 L——n 个噪声源合成的总声压级，dB；

L_i——第 i 个噪声源的声压级，dB。

两个噪声源的声压级相等时，它们合成的总声压级增加 3dB。如两个噪声源，每个噪声源的声压级均为 90dB，则两个噪声源的总声压级为 93dB。如果两个噪声源的声压级相差大于 10dB 以上，则声压级低的那个噪声源对总噪声强度没有影响。

4. 噪声的频谱

不同噪声源产生的噪声，频率不同。为了评价噪声以及更有效地进行噪声治理和控制，常将 20～20000Hz 频率范围分成若干个频段，此即频程。将噪声在不同频程下与声压级的大小绘成曲线，即噪声的频谱。图 3-33 所示为实现的某型号离心式通风机噪声频谱图。

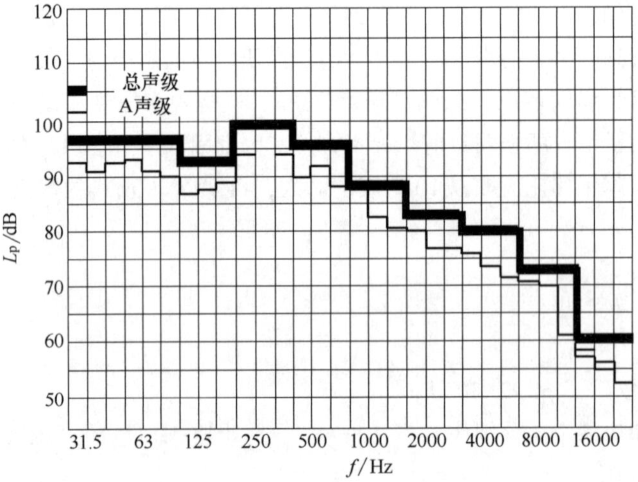

图 3-33 某型号离心式通风机噪声频谱图

在工业噪声测量中，常采用的频率分段方法有倍频程和 1/3 倍频程。倍频程是指两个相邻频率之比为 2：1 的频程，每个频程的中心频率是这一频程的上限频率和下限频率乘积的平方根。

国际电工协会规定的常用倍频程如表 3-7 所示。

表 3-7　　常用倍频程

<table>
<tr><th>频带号</th><td></td><td colspan="2">1</td><td colspan="2">2</td><td colspan="2">3</td><td colspan="2">4</td><td colspan="2">5</td><td colspan="2">6</td><td colspan="2">7</td><td colspan="2">8</td><td></td></tr>
<tr><th>中心频率/Hz</th><td></td><td colspan="2">63</td><td colspan="2">125</td><td colspan="2">250</td><td colspan="2">500</td><td colspan="2">1000</td><td colspan="2">2000</td><td colspan="2">4000</td><td colspan="2">8000</td><td></td></tr>
<tr><th>频率范围/Hz</th><td colspan="2">45</td><td colspan="2">90</td><td colspan="2">180</td><td colspan="2">355</td><td colspan="2">710</td><td colspan="2">1400</td><td colspan="2">2800</td><td colspan="2">5600</td><td colspan="2">11200</td></tr>
</table>

（二）噪声主观量度

1. 响度级

声压级不同，噪声的强度显然不同，但是声压级相同而频率不同的噪声，人耳的感受也不同。如某频率是 1000Hz 的纯音的声压级为 70dB，另一频率是 100Hz 的纯音的声压级也为 70dB，即两种声源，频率不同而声压级相同，但人的感觉 1000Hz 纯音的声音更响亮，原因是前者属于高频噪声，而后者属于低频噪声。声音的强弱称为响度，响度是人们对声音强弱的主观量度。响度常用响度级表示。

响度级就是一个把声压级和频率两个参数综合起来的数值，即以频率为 1000Hz 的纯音为基准声音，如果某噪声听起来与该纯音一样响，则该噪声的响度级等于这个纯音的声压级。

2. 人耳等响曲线

图 3-34 所示为人耳等响曲线图，由国际标准化组织（ISO）公布。图 3-34 中，等响曲线族中的任一条曲线，表示频率不同、声压级不同而响度级相等的声音。最下面的一条曲线是听阈曲线。由图可知，当噪声的频率较低时，人耳需要较高的声压级才能听到；而噪声的频率较高时，人耳需要较低的声压级就能听到。而且在频率为 3000~4000Hz 时，人耳的听觉更灵敏，因而高频噪声对人耳的危害更大。

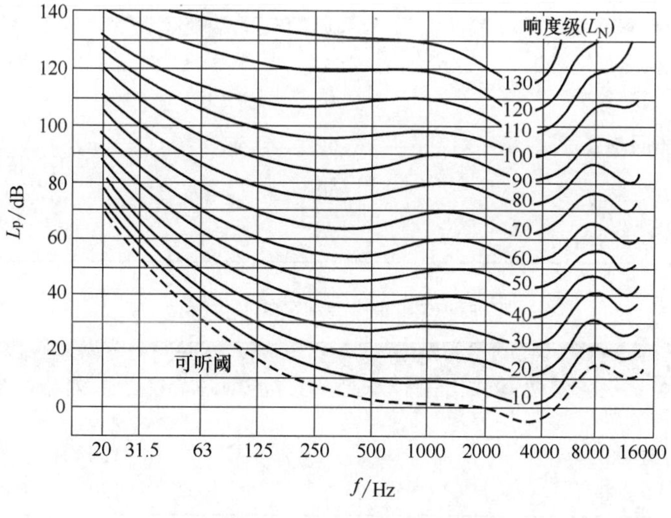

图 3-34　人耳等响曲线图

3. 噪声级

在噪声测量或进行噪声评价时，常常采用 A 声级。A 声级是一种对噪声的主观评价方法，在噪声测量仪中称为 A 记权网络。设置成 A 记权网络的测声仪器接受的声音通过时，在低频段不敏感并有较大的衰减，而在高频段则比较敏感，没有衰减，这恰与正常人耳对声音的感觉一致，这样测得的声级就称 A 声级，单位记作 dB（A）。

在噪声测量仪中，还有 B 记权网络和 C 记权网络，相应的噪声测量结果称为 B 声级和 C 声级，但在噪声控制中较少应用。

（三）噪声控制标准

噪声的标准可分为三类，即人的听力和健康保护标准，环境噪声允许标准和机电设备噪声控制标准。

1. 人的听力和健康保护标准

为了保护人们的听力和身体健康，我国 GBZ 1—2010《工业企业设计卫生标准》中规定，工作场所操作人员每周工作 5d，每天连续接触噪声 8h，稳态噪声极限值为 85dB（A），非稳态噪声等效声级的限值为 85dB（A）。每周工作日不是 5d，需计算 40h 等效声级，限制为 85dB（A），工作场所噪声职业接触限值如表 3-8 所示。生产性噪声传播至非噪声工作地点的噪声声级的卫生限制不得超过表 3-9 的规定。具有脉冲噪声工作地点的噪声声级卫生限值不应超过表 3-10 的规定。

表 3-8　　工作场所噪声职业接触限值

接触时间	卫生限值/dB（A）	备注
5d/周，=8h/d	85	非稳态噪声计算 8h 等效声级
5d/周，≠8h/d	88	计算 8h 等效声级
≠5d/周	85	计算 40h 等效声级

表 3-9　　非噪声工作地点噪声声级的卫生限值

地点名称	卫生限值/dB（A）	工效限值/dB（A）
噪声车间办公室	75	不得超过 55
非噪声车间办公室	60	
会议室	60	
计算机室、精密加工室	70	

表 3-10　　工作地点脉冲噪声声级的卫生限值

工作日接触脉冲次数/次	峰值/dB（A）
100	140
1000	130
10000	120

2. 环境噪声允许标准

为了保证居民的正常生活和工作环境的安静，我国 GB 3096—2008《声环境质量标准》规定了城市不同区域环境噪声标准（表 3-11）。噪声测点选在距居民楼或工作办公室建筑屋窗外 1m、高度距地面 1.2m 的噪声敏感区。

表 3-11 城市不同区域环境噪声标准 单位：dB（A）

适用区域	昼间	夜间	适用区域	昼间	夜间
0类，特殊住宅区	50	40	3类，工业集中区	65	55
1类，居民文教区	55	45	4类，交通干线道路两侧	70	55
2类，混合商业区	60	50			

3. 机电设备噪声控制标准

为了保证工作环境、生活环境噪声达到国家规定标准，工业企业选用的设备即机电设备的噪声就必须首先达到噪声控制标准，这就是机电设备的噪声控制标准，如电动机、空气压缩机等。

三、噪声控制的一般方法

（一）噪声控制的一般原理

噪声污染的发生必须具备三个要素，噪声源、噪声传播途径和接受者。因此，噪声污染的控制原则首先是优先进行噪声源控制，其次传播途径控制，最后是个人防护。

对于噪声源的噪声控制，主要是设计或选用低噪声设备或选用符合国家噪声标准的设备。

传播途径控制主要包括生产工艺的合理设计。将生产工艺中难以避免选用的高噪声设备尽量集中布置，如采用高噪声设备房间，或将高噪声设备与其他设备隔离等；充分利用噪声随距离增加迅速衰减的特性，将高噪声设备单独安装或设在车间较偏远的地方；利用噪声具有传播的方向性特点安装设备；利用噪声的反射和吸声特性防止噪声传播等。

在某些条件下，噪声源和噪声的传播控制都不能奏效时，个人应当进行自我防护，如佩戴耳塞、头盔，或尽量不要长时间待在高噪声环境中，或采用轮班作业等。

（二）吸声技术

从声源发出的声波遇到障碍物时，一部分会发生声波的反射，一部分声波在障碍物内传播并会由于阻尼作用而衰减。声波的反射容易引起室内声波的叠加，形成混响声，加重噪声的污染。如果在噪声源的四周设置可以吸声的材料，则混响声就会被吸声材料吸收，从而使室内的噪声强度降低，这就是吸声降噪。

多孔性吸声材料是利用材料内部松软多孔的特性来吸收一部分声能。当声波进入多孔吸声材料的空隙时，能引起空隙中空气和材料的微细纤维的振动，使一部分声能转变成热能而耗散掉，从而起到吸收声能的作用。

一般多孔性材料主要吸收中、高频噪声；板状和膜状材料主要吸收低频噪声。

吸声材料的吸声系数 α：

$$\alpha=\frac{E_{吸}}{E_{入}} \tag{3-71}$$

式中 $E_{吸}$——被材料吸收的声能；

$E_{入}$——入射到材料表面的总能量。

一般材料的吸声系数为 0~1，吸声系数 α 值越大，吸收效果越好。表 3-12 为多孔性吸声材料的吸声系数。

表 3-12　　多孔性吸声材料的吸声系数

材料名称	厚度/mm	容重/（kg/m^3）	频率/Hz 125	250	500	1000	2000	4000
超细玻璃棉	20	20	0.04	0.08	0.29	0.66	0.66	0.66
	40	20	0.05	0.12	0.48	0.88	0.72	0.66
	50	15	0.05	0.24	0.72	0.97	0.90	0.98
	100	15	0.11	0.85	0.88	0.83	0.93	0.97
矿渣棉	50	175	0.25	0.33	0.70	0.76	0.89	0.97
甘蔗纤维板	15	220	0.06	0.19	0.42	0.42	0.47	0.58
	20	220	0.09	0.19	0.26	0.37	0.23	0.21
工业毛毡	10	370	0.04	0.07	0.21	0.50	0.52	0.57
	30	370	0.10	0.28	0.55	0.60	0.60	0.59
	50	370	0.11	0.30	0.50	0.50	0.50	0.52
	70	370	0.18	0.35	0.43	0.50	0.53	0.54
聚氨酯泡沫塑料	30	45	0.07	0.14	0.47	0.88	0.70	0.77
	50	45	0.15	0.35	0.84	0.68	0.82	0.82
	80	45	0.20	0.40	0.95	0.90	0.98	0.85
微孔砖	40	450	0.09	0.29	0.64	0.72	0.72	0.83
	45	620	0.20	0.40	0.60	0.52	0.65	0.62

一种吸声材料对于不同频率的声音吸声系数 α 值是不同的，一般采用 125Hz、250Hz、500Hz、1000Hz、2000Hz、4000Hz 六个频率的吸声系数，当吸声系数的算术平均值 $\alpha>0.2$ 时，这样的材料才能作为吸声材料使用。

将吸声系数与所使用的吸声材料面积的乘积，称为吸声量，表示吸声材料的吸声效果，单位为 m^2。

常用的吸声结构有以下几种：

（1）在多孔性吸声材料后留空腔　多孔性吸声材料背后留一定厚度的空腔，即形成空气层，对吸声系数有所增加，对于中、高频噪声建议多孔性吸声材料距刚性壁面 60~100mm，对于低频噪声，其距离可增大到 200~300mm。

（2）共振吸声结构　共振吸声结构是利用共振原理作成的各种吸声结构。常用于对低频噪声的吸收。

共振频率可按式（3-72）计算：

$$f_r=\frac{600}{\sqrt{\rho\delta}} \tag{3-72}$$

式中　f_r——共振吸声结构的共振频率，Hz；

ρ——薄板面密度，kg/m^3；

δ——板后空气层厚度，cm。

一般，薄板共振吸声结构的固有频率 200~1000Hz，最高吸声系数 0.3~0.4，多用于低频噪声的吸声。

吸声技术一般对直达声不起作用，它仅减弱反射声的强度。在距声源很近的以直达声为主的区域一般不采用吸声降噪措施。

（三）隔声技术

隔声是利用墙体、各种板材以及构件作为屏蔽物或利用围护结构把噪声控制在一定区域内，使噪声在空气中的进一步传播受阻，从而达到降低噪声的目的。

1. 单层密实均匀构件的隔声性能

单层密实均匀的隔声构件，如钢板、木板、砖墙、钢筋混凝土墙等，都是常用的隔声材料。这些材料的隔声性能与材料的刚性、阻尼、密度有关。表 3-13 为单层密实均匀构件的隔声量。

表 3-13　单层密实均匀构件的隔声量　单位：dB

类别	结构	中心频率/Hz					
		125	250	500	1000	2000	4000
砖墙	1/4 砖墙	26	30	30	34	41	40
	1/2 砖墙	33	37	38	46	52	53
	1 砖墙	40	45	40	53	54	54
木板	9mm 木板	12	17	22	25	26	20
玻璃板	6mm	20	24	29	33	25	30
	9mm	20	26	30	30	32	39
钢板	3mm	22	28	34	40	45	32
	6mm	28	34	40	45	37	42
铝板	3mm	14	19	25	31	36	29
	6mm	19	25	30	36	30	32

2. 双层结构的隔声性能

双层结构是指两个单层结构中间夹有一定厚度的空气或多孔材料的复合结构。双层结构的隔声性能效果比单层结构的效果好，比同样质量的单层结构的隔声量高 5~10dB。

双层结构的隔声性能与空气层厚度有关，厚度增加，隔声量也增加。实际双层结构的空气层厚度一般为 80~100mm。

3. 隔声罩

对体积较小的噪声源可以采用隔声罩进行隔声。

隔声罩由板状隔声构件组成，一般用板厚 1.5~3mm 的钢板作为外板，用穿孔率大于 20%的多孔板作为面板，中间填充多孔吸声材料。为了提高隔声效果，应选择隔声性能较好的板材，板面最好不要与噪声设备表面平行等。

当车间内同一层有多个噪声源时，可以考虑建造一个独立的小隔间将噪声设备隔离，这就是隔声间的隔声作用。隔声间可以用木板、砖墙、水泥墙等材料建造。不管是隔声罩或是隔声间都要注意噪声设备散热问题。

4. 隔声屏

隔声屏是放在噪声源和接受者之间的隔声装置。隔声屏的隔声效果与噪声频率高低、隔声屏的大小有关。由于低频噪声波长长，绕过隔声屏的能力强，所以，隔声屏对低频噪声效果差。

隔声屏一般采用钢板、砖墙、砌块、塑料板等厚重材料制成，而且面向噪声源的一面最好为吸声材料。

隔声屏降噪主要隔离直达声，因此隔声屏应距噪声源越近越好。为了造成较大的声影区，隔声屏应足够高、足够宽。

（四）消声器

消声器是一种允许气流通过而阻止声音传播的噪声控制设备。主要用于通风管道噪声的降噪。消声器按噪声控制的原理分为阻性消声器、抗性消声器、阻抗复合消声器三种类型。

1. 阻性消声器

阻性消声器主要利用管道内壁上吸声材料的吸收噪声能量的作用使通风管道内的噪声得到衰减。

阻性消声器对中、高频噪声消声效果好，而对低频噪声效果较差。可以通过增加吸声材料厚度、密度或选择合适的穿孔率，使阻性消声器对低频噪声的降噪效果得到提高。

阻性消声器的结构形式多种多样，常见的有片式消声器、折板式消声器、室式消声器、弯头式消声器等，如图 3-35 所示。

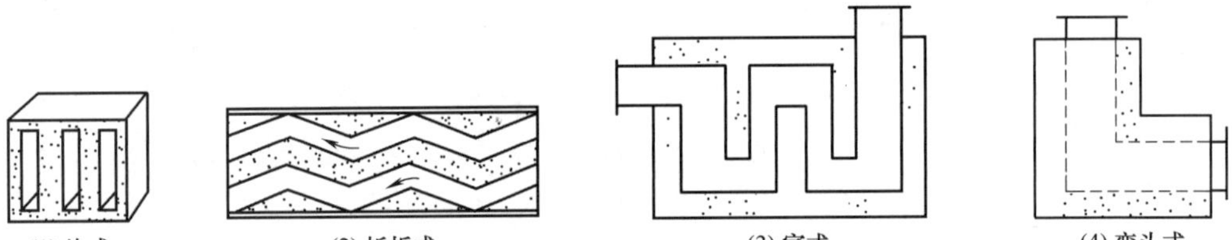

图 3-35　阻性消声器的结构

阻性消声器的长度越长，吸声系数越大，气流通道断面的周长越长，消声效果越好。

2. 抗性消声器

抗性消声器借助管道截面的突然变化或接共振腔的方法，使部分声能反射回去不再沿管道继续传播而达到消声目的。抗性消声器适用于消除中、低频噪声。

抗性消声器的结构有扩张式、共振式等几种，如图 3-36 所示。

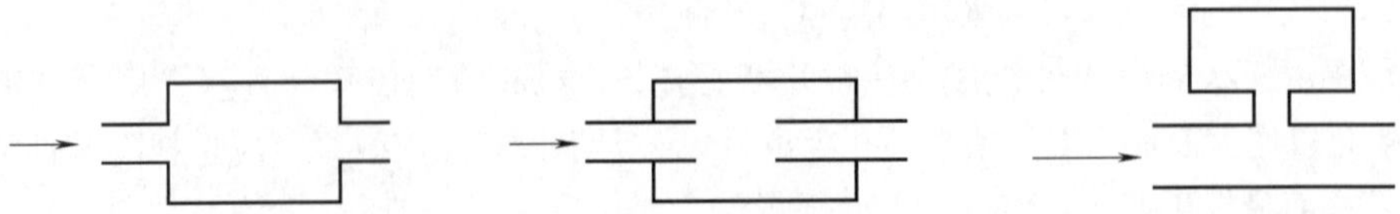

图 3-36　抗性消声器的结构

3. 阻抗复合消声器

阻抗复合消声器，结合了阻性、抗性消声器的特点，主要用于高声级的高、中低频噪声的消声。图 3-37 所示为几种类型的阻抗复合消声器的结构。

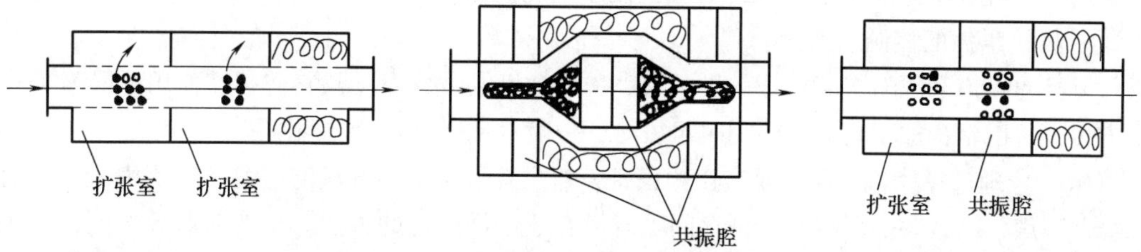

(1) 扩张室-阻性复合消声器　(2) 共振腔-阻性复合消声器　(3) 阻-抗-共复合消声器

图 3-37　阻抗复合消声器的结构

四、风机噪声及其控制

1. 风机噪声的产生

离心式通风机运转时产生的噪声，主要来源于空气动力性噪声和机械性噪声。

风机的空气动力性噪声，主要是风机的旋转噪声和涡流噪声。

风机叶轮高速旋转时，叶片做周期性运动，空气质点受到周期性力的作用，因而引起空气的压力脉动而产生的噪声，为风机的旋转噪声。风机的旋转噪声随风机转速、叶片几何形状和尺寸的变化，噪声强度不同。风机的转速、压力越高，叶轮直径越大，这种噪声越高。

叶轮高速旋转时，因气体附面层发生分离引起旋涡而产生的噪声，称为风机的涡流噪声。由于旋涡无规则的运动，时而衰减，时而生长，具有随意性，因而涡流噪声具有宽广的噪声频率。

从风机的类型来分析，离心式通风机以涡流噪声为主，罗茨鼓风机以脉动噪声为主，而轴流风机以旋转噪声为主。

机械性噪声即叶轮动平衡精度低引起的振动、轴承的磨损以及传动部分产生的振动引起的噪声。当叶片刚性不足，气流作用于叶片也会产生噪声。

2. 风机噪声的部位和指向性

风机噪声主要集中在排风口部位，而且具有很强的指向性，即在风机周围不同方向上但距噪声源相同的距离处声压级不同。噪声的频率越高，指向性越强，直达声能越集中于声源辐射的轴线附近。

一般，对于前向叶片风机，气流流过叶道时容易产生涡流，因而涡流噪声起主要作用。而对于后向叶片风机，其叶片流道长，气体流动较为均匀，不容易产生涡流，因而涡流噪声较小。离心式通风机在最高效率点工作时，风机的噪声最小，随着风量增加，风机噪声增强。

3. 风机噪声的测量

按 GB 2888—2008《风机和罗茨鼓风机噪声测量方法》进行。

测量内容：测在风机进风口或出风口的 A 声级和在频率 63Hz、125Hz、250Hz、500Hz、1000Hz、2000Hz、4000Hz、8000Hz 8 个倍频程的声压级。

测量仪器：声级计和带倍频程滤波器或用与此等效的测量仪器。常用的声级计有 ND1 型、ND2 型、ND6 型和 ND10 型等型号，从精度上又分为 0、1、2、3 类型。其中 0、1 类型主要用于实验室作标准仪器用，2、3类型用于现场测试。

4. 风机噪声的控制

风机的噪声来源于气流噪声、机械噪声和电动机电磁噪声以及它们相互作用的噪声等多个方面，所以粮食加工企业在使用时风机时，一般常从以下几个方面降噪。

（1）合理选择风机　风机是噪声源设备，粉尘控制系统中气流的组织必须使用风机，而选择低噪声、高效率的风机是降低车间噪声最有效、最经济的方法。从性能参数方面，对于同一系列风机，风机的风量、全压越大，噪声也越高，因此选择风机时给的余量不能过大，否则既浪费电能，又增大噪声。一般风机的转速越高，风机的噪声越强，所以在性能允许的情况下，应尽量选择转速低的风机。

（2）风机进出口上安装消声器　在风机进风口、排气口管道上安装消声器、减少噪声沿管道方向的传播。

（3）采用隔声技术　将风机封闭在某一空间内，隔断噪声向车间环境传播。如建造风机房，将一台或几台风机集中安装在风机房内，为了提高隔声效果，还可以在风机房的内墙上安装吸声材料等。

（4）风机的隔振　振动是产生噪声的根源。振动物体与空气接触，引起空气振动，从而形成声波的辐射，产生噪声。隔绝振动在固体构件中传递，或改变固体界面声辐射效率都有利于噪声的控制。隔振就是将风机与基础之间的刚性安装改为弹性安装，从而将风机传给基础的振动减弱，噪声也有所降低。最常用的减振器有弹簧减振器和橡胶减振器。

（5）建筑物墙壁的处理　车间内工艺设备运转时产生的噪声由于建筑墙壁的反射，也是加重室内噪声强度的一个原因。墙壁对噪声的反射，会加重室内混响声场的强度，一般室内的混响声强度可在直达声基础上增加4~12dB（A）。因此对噪声源比较集中或噪声严重的车间内墙进行降噪处理，也是噪声控制的一种简便措施。如将光滑、坚硬的墙面改成多孔板贴面或粗糙的吸声表面等。

思考题

1. 名词解释

离心式通风机；风机的全压；风机的风量；风机的性能曲线；风机的工作点；比转数；风机的比例定律；罗茨鼓风机静压；噪声；噪声频谱；声压级；阻性消声器；抗性消声器。

2. 简述离心式通风机的构造和工作工程。

3. 简述离心式通风机的性能参数。

4. 简述离心式通风机工况调节的原理和方法。

5. 简述离心式通风机的选用原则。

6. 简述罗茨鼓风机的构造、工作原理和性能特点。

7. 简述噪声的度量和控制标准。

8. 综述噪声污染控制的原理和一般方法。

9. 某除尘风网经过阻力计算，得出风网的总阻力$\sum H=2600\text{N/m}^2$，风网的总风量$\sum Q=12000\text{m}^3/\text{h}$，选择风机和电动机。

10. 某气力输送风网经过阻力计算，得出风网的总阻力$\sum H=830\text{kg/m}^2$，风网的总风量

$\sum Q=9800m^3/h$，选择风机和电动机。

11. 某风网中使用的是6-23型No. 6离心式通风机，风机参数为：全压$H=340kg/m^2$，风量$Q=4600m^3/h$，转速2100r/min，三角带传动，电动机功率5. 5kW。由于生产需要，需要将风机全压提高到$460kg/m^2$，问风机的转速应提高到多少？这时风机风量、电动机功率各为多少？

第四章 除尘器

CHAPTER 4

学习目标

1. 掌握除尘器的类型和特点。
2. 掌握离心式除尘器的特点、构造、工作原理及选用。
3. 掌握过滤式除尘器的特点、构造、工作原理及选用。
4. 掌握闭风器的特点、构造、工作原理及选用。

将粉尘从气流中分离出来的设备称为除尘器或净化装置。除尘器是通风除尘与气力输送系统保证空气排放达到环保要求的关键设备，也是污染空气中具有经济价值粉尘或物料的回收设备，同时也对通风除尘与气力输送系统空气流动的动力设备——风机，起到保护作用，减少气流中的粉尘对风机叶轮、机壳等部件的磨损。

第一节　除尘器的类型和特点

一、除尘器的类型

由于含尘气流中粉尘的种类、性质等的不同，在粉尘分离技术中有多种不同类型的除尘器。根据气流中粉尘的分离机理，除尘器分为以下几种类型。

(1) 机械式除尘器　利用机械力的作用将粉尘从气流中分离的除尘设备称为机械式除尘器。机械力主要指重力、惯性力和离心力，所以，这类除尘器主要指重力沉降室、惯性除尘器和离心式除尘器。

(2) 过滤式除尘器　除去气流中的粒径微细颗粒物，最常用的方法就是过滤，即让气流通过编织或者压制而成的纤维状过滤材料或者颗粒物料堆积的床层来实现气体净化。过滤式除尘器就是利用纤维织物或多孔填料层的筛滤作用将粉尘从气流中分离出来的一类除尘设备。过滤式除尘器的显著特点是除尘效率特别高，属于高效除尘器。

过滤式除尘器通常包含布袋除尘器（脉冲除尘器）、颗粒层除尘器和空气过滤器三种类型，分别用在不同的通风系统和场所。在通风除尘与气力输送系统中最常用的是布袋除尘器。

（3）湿式除尘器　向含尘气流中喷入雾状液滴，由于惯性作用，粉尘颗粒撞击到液滴后会凝结在液滴表面，含尘液滴粒径增大，容易利用重力、惯性力或者离心力等分离设备进行分离。利用粉尘容易溶解于水或者液体的性质将粉尘从气流中分离出来的除尘设备通称为湿式除尘器，如水浴式除尘器、冲击式除尘器等。

（4）电除尘器　是利用高压电场产生的静电力作用实现固体粒子或液体粒子与气流分离的一种方法，也称静电除尘器。电除尘器有干式和湿式两种。

电除尘器由于设备内部放电极的电晕放电，出现空气电离现象，而粮食粉尘具有燃烧爆炸特性，因此从粉尘防爆方面，粮食加工行业的除尘器禁止使用电除尘器。

除尘器分离含尘气流中粉尘的能力与所处理的粉尘粒径有着重要关系。一般，粉尘粒径越大，越容易分离，除尘器的除尘效率就越高；粉尘粒径越小，越难分离，除尘器除尘效率越低。从净化能力上，除尘器可以分为以下三种类型。

（1）粗净化除尘器　只能分离含尘气流中的粗大颗粒粉尘，能分离的粉尘粒径在 50μm 以上，对小粒径粉尘除尘效率特别低，如重力沉降室。

（2）中净化除尘器　能将粒径在 10~50μm 的粉尘从含尘气流中分离的除尘器，如惯性除尘器、离心式除尘器等。

（3）细净化除尘器　能将粒径在 10μm 以下的粉尘从含尘气流中分离出去的除尘器。如过滤式除尘器、颗粒层除尘器、湿式除尘器、静电除尘器等。

在某些除尘工程中，由于含尘气流中的粉尘具有一定范围的粒径分布，或者含尘浓度较高、所含粉尘特殊的性质等，采用一台除尘器即单一原理的除尘器净化含尘空气往往难于满足除尘要求，再加上除尘器自身的处理负荷、使用要求等问题，常常把两种或两种以上除尘机理不同的除尘器串联使用共同作用于含尘空气的除尘过程。

二、除尘器的特点

不同类型除尘器的性能特点如表 4-1 所示。在实际运行中，除尘器的各项性能会随现场运行条件而变化。

表 4-1　除尘器的类型和性能特点

型式	除尘器类型	最小捕集粉尘粒径/μm	粉尘浓度/（g/m^3）	阻力/Pa	净化程度	效率/%	
						粒径>50μm	粒径<5μm
干式	重力沉降室	50~100	>2	50~200	粗净化	>95	<20
	惯性除尘器	20~50	>2	300~800	粗净化	>95	<20
	离心式除尘器（中效）	20~40	>0.5	400~800	粗、中净化	60~85	<30
	离心式除尘器（高效）	5~10	>0.5	500~1500	中净化	80~90	<50
	电除尘器	<0.1	<30	120~200	细净化	90~99	>90
	过滤式除尘器	<0.1	<15	800~2000	细净化	>99	>98

续表

型式	除尘器类型	最小捕集粉尘粒径/μm	粉尘浓度/(g/m³)	阻力/Pa	净化程度	效率/%	
						粒径>50μm	粒径<5μm
湿式	水浴式除尘器	2	<100	200~800	粗净化	95~100	>90
	文氏管除尘器	<0.1	<15	>5000	细净化	98~100	>95
	湿式电除尘器	<0.1	<30	120~200	细净化	90~98	>98

在粮食加工行业的通风除尘系统中，最常用的除尘器为机械式除尘器和过滤式除尘器。在机械式除尘器类型中，重力沉降室、惯性除尘器只适用于分离含尘气流中的粗大颗粒粉尘，而且由于除尘效率不高等原因使用较少，而体积小、结构简单、除尘效率高的离心式除尘器得到广泛应用。在过滤式除尘器类型中，脉冲除尘器使用方便、除尘效率高，而且一般情况下，含尘气流一次过滤即可达到环境排放标准，因而脉冲除尘器最为常用。

因为粮食加工行业产生的粉尘具有燃烧、爆炸特性，因而电除尘器的使用受到限制；而对于湿式除尘器，虽然其分离粉尘的效率特别高，设备制造简单，但因为水资源的匮乏、废水的排放、废水处理和污泥运输等问题，湿式除尘器应用的范围也较小，而且用产生废水换来含尘空气的净化，虽净化了空气，却产生了废水、污泥，也是不经济、不值得的。

本章主要介绍粮食加工行业通风除尘与气力输送系统中常使用的除尘器，重点阐述离心式除尘器和过滤式除尘器的构造、工作原理和选用等内容。

第二节 除尘器的性能

虽然除尘器的类型多种多样，但除尘器运行的目的都是相同的——分离粉尘、净化空气，即除尘器的性能有许多共同之处。除尘器的性能指标主要指除尘效率、处理风量、阻力、漏风率等。在评价一台除尘器性能优劣时，还要考虑除尘器有否具有防爆措施、除尘器内部是否存灰、操作管理的难易、设备价格、运行和维护费用、使用寿命长短等因素。

一、除尘效率

除尘效率是除尘器的重要技术指标。由于除尘器的除尘效率与所处理的含尘气流中粉尘的粒径大小、粉尘的特性等因素密切相关，因而除尘器的除尘效率有多种表示方法。

1. 除尘效率

除尘效率指含尘气流经过除尘器时，单位时间内除尘器除下来的粉尘量占进入除尘器粉尘量的百分比，也称除尘器的总除尘效率。即：

$$\eta=\frac{M}{M_1}\times 100\% \tag{4-1}$$

式中 η——除尘器的除尘效率，%；

M——单位时间内除尘器除下来的粉尘量，kg/h；

M_1——单位时间内进入除尘器的粉尘量，kg/h。

式（4-1）即质量法表示的除尘器除尘效率计算方法。

如果除尘器的进口风量为 Q_1（m^3/s），出口风量为 Q_2（m^3/s）；进口气流含尘浓度为 c_1（g/m^3），出口气流含尘浓度为 c_2（g/m^3），则单位时间内随含尘气流进入除尘器的粉尘量为 $M_1=Q_1c_1$，随排放气流排出除尘器的粉尘量为 $M_2=Q_2c_2$，所以，同一时间内除尘器除下来的粉尘量为 $M=Q_1c_1-Q_2c_2$，将它们代入式（4-1），简化后可变为：

$$\eta=\left(1-\frac{Q_2c_2}{Q_1c_1}\right)\times100\% \tag{4-2}$$

式（4-2）为浓度法表示的除尘器除尘效率计算方法。因为除尘器的进出口风量、含尘浓度容易测出，因而浓度法最为实用。

如果除尘器出口风量与进口风量相等，即 $Q_2=Q_1$，则式（4-2）可进一步简化为：

$$\eta=\left(1-\frac{c_2}{c_1}\right)\times100\% \tag{4-3}$$

除尘器的作用是分离含尘气流中的粉尘，因而除尘效率是选择和评价除尘器性能的关键参数。根据除尘器除尘效率的高低，除尘器可分为三种类型。

（1）高效除尘器　除尘效率95%以上的除尘器，如过滤式除尘器、电除尘器等。

（2）中效除尘器　除尘效率在70%~95%的除尘器，如离心式除尘器等。

（3）低效除尘器　除尘效率在50%~70%的除尘器，如重力沉降室等。

2. 除尘器分级效率

对于任何类型的除尘器，总是粉尘粒径越大，越容易分离，除尘效率也越高。因此，用单一的除尘效率标定除尘器，对除尘器的选择和使用具有片面性，不能体现不同类型除尘器的使用价值，必须考虑除尘器的分级效率。

如某型号的离心式除尘器，净化粒径40μm以上的粉尘时，其除尘效率可达100%；而当净化的粒径为5μm之下的粉尘时，除尘效率还不到40%。

按照分离的粉尘粒径大小来标定的除尘效率称为除尘器分级效率。除尘器分级效率是除尘器在某一粒径范围或某一给定粒径范围的分离效率。

除尘器分级效率计算：

$$\eta_{\Delta d}=\frac{M_d}{M_{d1}}\times100\% \tag{4-4}$$

式中　$\eta_{\Delta d}$——除尘器分级效率，%；

M_d——单位时间内，除尘器除下来的 Δd 粒径范围内的粉尘质量，g/s；

M_{d1}——单位时间内，除尘器进口气流中同一 Δd 粒径范围内粉尘的质量，g/s。

分级效率和总效率的关系：

$$\eta=\sum_{i=1}^{n}\eta_{\Delta d}\varphi_{id} \tag{4-5}$$

式中　φ_{id}——进口含尘气流中，粒径范围为 Δd_i 内的粉尘质量百分数，%。

3. 多级除尘时除尘器总效率

在通风除尘风网中，常采用不同净化原理的两台或多台除尘器串联使用，联合作用来达到对含尘空气中不同粒径粉尘的彻底分离，从而达到粉尘收集和环保等要求。多个除尘器串联使用，常称为多级除尘，如两台除尘器串联使用称为两级除尘，三台除尘器串联使用称为三级除尘。

对于两级除尘，设第一级除尘器除尘效率为 η_1，第二级除尘器除尘效率为 η_2，则两级除尘时的除尘器总效率 $\eta_{1\sim2}$ 为：

$$\eta_{1\sim2}=1-(1-\eta_1)(1-\eta_2) \tag{4-6}$$

式中　$\eta_{1\sim2}$——两级除尘时的除尘器总效率；

η_1——第一级除尘器的除尘效率；

η_2——第二级除尘器的除尘效率。

如果 n 级除尘，则 n 级除尘时的除尘器总效率 $\eta_{1\sim n}$ 为：

$$\eta_{1\sim n}=1-(1-\eta_1)(1-\eta_2)\cdots(1-\eta_n) \tag{4-7}$$

式中　$\eta_{1\sim n}$——n 级除尘时的除尘器总效率；

η_n——第 n 级除尘器的除尘效率。

二、除尘器阻力

除尘器阻力是含尘气流经过除尘器的能量损失，即除尘器的能耗。除尘器的阻力一般按局部阻力计算公式计算：

$$H_j=\zeta\frac{pv^2}{2} \tag{4-8}$$

式中　H_j——除尘器阻力，Pa；

ζ——除尘器的阻力系数；

v——除尘器的进口风速，m/s；

ρ——除尘器进口空气密度，N/m^3。

除尘器的阻力也可通过测定除尘器进、出口断面的全压计算得出。

$$\Delta H=H_{o1}-H_{o2} \tag{4-9}$$

式中　ΔH——除尘器的阻力，Pa；

H_{o1}——除尘器进风口断面全压，Pa；

H_{o2}——除尘器出风口断面全压，Pa。

除尘器的阻力是除尘器运行时的一个重要经济指标，高阻力意味着高能耗。根据除尘器的阻力大小，除尘器可分为三种类型：①低阻除尘器：$\Delta H<500$Pa；②中阻除尘器：$\Delta H=500\sim2000$Pa；③高阻除尘器：$\Delta H=2000\sim20000$Pa。

三、处理风量

处理风量是指除尘器单位时间内处理含尘空气容量的大小，一般用体积流量表示。单位为每小时立方米（m^3/h）或每小时标立方米（Nm^3/h）。

处理风量是选择除尘器的重要依据之一，处理风量的大小一般为除尘系统的总风量，也即与除尘器相连接的通风管道中的风量。一般选择除尘效率高、阻力低、处理风量大、设备体积小的除尘器。

四、漏风率

漏风率指单位时间内除尘器排尘口泄漏的空气量占进口风量的百分比。即：

$$B=\frac{Q_2-Q_1}{Q_1}\times 100\% \tag{4-10}$$

式中 B——除尘器的漏风率,%；

Q_1——除尘器进风口风量，m^3/h；

Q_2——除尘器出风口风量，m^3/h。

式（4-10）中，如果除尘器出风口风量小于进风口风量，即 $Q_2<Q_1$，则除尘器漏风率为负值，表明除尘器由排尘口向外漏气；如果除尘器出风口风量大于进风口风量，即 $Q_2>Q_1$，则除尘器漏风率为正值，表明除尘器由排尘口向里进气；如果除尘器出风口风量等于进风口风量，即 $Q_2=Q_1$，则除尘器漏风率为零，表明除尘器排尘口不漏气，这是除尘器良好运行的最佳状态。

五、粉尘防爆措施

除尘器内部是含尘浓度最高的区域之一，因而对于燃烧、爆炸性粉尘，除尘器的防爆、泄爆等措施非常重要。在选择除尘器时这一方面是必须考虑的。

除尘器的防爆措施，包含两方面的内容，其一是除尘器的火源预防。对于除尘器设备本身来讲，已经具备粉尘爆炸的三个条件：内部粉尘浓度足够高，密闭，通风气流中氧气足够。因此除尘器的火源预防最为重要，如接地良好、设备静电及时排放，过滤式除尘器的滤布不产生静电或产生静电能及时排放，运行中不能对除尘器进行电焊、切割等明火作业等；其二是在除尘器上安装与粉尘燃烧、爆炸相关的检测报警装置、灭火装置、爆炸泄压装置、隔爆装置等。

六、除尘器内部积灰情况

除尘器内部积灰情况主要指除尘器运转中、运行结束后内部的粉尘积存情况。如除尘器内部已分离粉尘的排出情况、积存情况等。对于过滤式除尘器，其滤布的清灰效果、清灰的难易以及除尘器内部已分离粉尘的排灰情况等对过滤式除尘器能否正常运行都有直接影响。滤料清灰效果差，滤料上粉尘越积越多，过滤式除尘器将难以维持长时间的正常运行。除尘器排灰不彻底、有积存，既是粉尘防爆工作的安全隐患，也带来对生产的影响，如除尘器内部长期积存粉尘，容易结块、生虫、发霉，会造成堵塞排灰口、管道，发生虫害还会污染产品等。

七、管理维修

除尘器的运行管理、维护等因素也是除尘器性能的重要组成部分。除尘器是否方便管理和维护，决定着除尘器的使用和寿命。

如过滤式除尘器滤袋的更换，滤袋是过滤式除尘器的易损件，需要定期更换。更换时，最好做到快速、简单、方便和卫生等。

八、设备造价和运行费用

通风除尘是工业企业安全生产、保证环境空气洁净等的安全、卫生措施之一，而气力输送是加工车间物料的一种输送方式，均属于工业生产的辅助部分，因而风网中的主要设备如除尘器的造价和运行费用等的高低影响着其选择和正常使用。

[例4-1]　某除尘器进口含尘浓度 $c_1=1600mg/m^3$，出口含尘浓度 $c_2=140mg/m^3$，除尘器进、出口风量相等，进、出口气流中粉尘的粒径分布见表4-2。计算该除尘器的总除尘效率和分级效率。

表4-2　　除尘器进、出口气流中粉尘的粒径分布

粒径范围/μm	0~5	5~10	10~20	20~40	>40
除尘器进口/%	12	15	18	20	35
除尘器出口/%	70	17	10	3	0

解：(1) 计算除尘器的总除尘效率

因为除尘器进、出口风量相等，所以除尘器的总除尘效率为：

$$\eta=\left(1-\frac{c_2}{c_1}\right)\times100\%=\left(1-\frac{140}{1600}\right)\times100\%=91.25\%$$

(2) 计算除尘器的分级效率

0~5μm 粒径范围：

$c_1=1600\times12\%=192mg/m^3$；$c_2=140\times70\%=98mg/m^3$

$$\eta_{\Delta d}=\left(1-\frac{c_2}{c_1}\right)\times100\%=\left(1-\frac{98}{192}\right)\times100\%=48.96\%$$

5~10μm 粒径范围：

$c_1=1600\times15\%=240mg/m^3$；$c_2=140\times17\%=23.8mg/m^3$

$$\eta_{\Delta d}=\left(1-\frac{c_2}{c_1}\right)\times100\%=\left(1-\frac{23.8}{240}\right)\times100\%=90.08\%$$

10~20μm 粒径范围：

$c_1=1600\times18\%=288mg/m^3$；$c_2=140\times10\%=14mg/m^3$

$$\eta_{\Delta d}=\left(1-\frac{c_2}{c_1}\right)\times100\%=\left(1-\frac{14}{288}\right)\times100\%=95.14\%$$

20~40μm 粒径范围：

$c_1=1600\times20\%=320mg/m^3$；$c_2=140\times3\%=4.2mg/m^3$

$$\eta_{\Delta d}=\left(1-\frac{c_2}{c_1}\right)\times100\%=\left(1-\frac{4.2}{320}\right)\times100\%=98.69\%$$

>40μm 粒径范围：

$c_1=1600\times35\%=560mg/m^3$；$c_2=0mg/m^3$

$$\eta_{\Delta d}=\left(1-\frac{c_2}{c_1}\right)\times100\%=\left(1-\frac{0}{560}\right)\times100\%=100\%$$

根据式(4-5)，也可用分级效率 $\eta_{\Delta d}$ 计算除尘器的总除尘效率：

$$\eta=\sum_{i=1}^{n}\eta_{\Delta d}\varphi_{id}=0.4896\times0.12+0.9008\times0.15+0.9514\times0.18+0.9869\times0.2+1\times0.35=0.9126$$

即总除尘效率：$\eta=91.26\%$

由本例题可知，同一除尘器，处理不同粒径范围粉尘的除尘效率是不同的，汇总见表4-3。

表 4-3　　除尘器的分级效率与总除尘效率

粒径范围/μm	0~5	5~10	10~20	20~40	>40
分级效率/%	48.96	90.08	95.14	98.69	100
总除尘效率/%			91.26		

由表 4-3 可知，对于同一台除尘器，不同粒径粉尘其除尘效率不同；粉尘粒径越大，其除尘效率越高。

第三节　重力沉降室和惯性除尘器

一、重力沉降室

（一）重力沉降室的特点

重力沉降室是一种从原理到结构都非常简单的除尘器，它是依靠在特定空间中粉尘受到的地球引力作用，即粉尘自身的重力作用而向下运动与气流分离的，主体结构如图 4-1 所示。

重力沉降室特点：

（1）适合分离气流中粒径在 50μm 以上的粉尘。

（2）能耗低，阻力一般在 50~200Pa。

（3）结构简单，无运转部件，维修工作量小，造价低。

（4）占地面积大，除尘效率低。

（二）重力沉降室粉尘分离原理

重力沉降室粉尘分离的原理如图 4-1 所示。图中所示沉降室的主体部分为长度 L、宽度 b 和高度 h 的箱体，箱体的左上侧为进风口，右上侧为出风口。

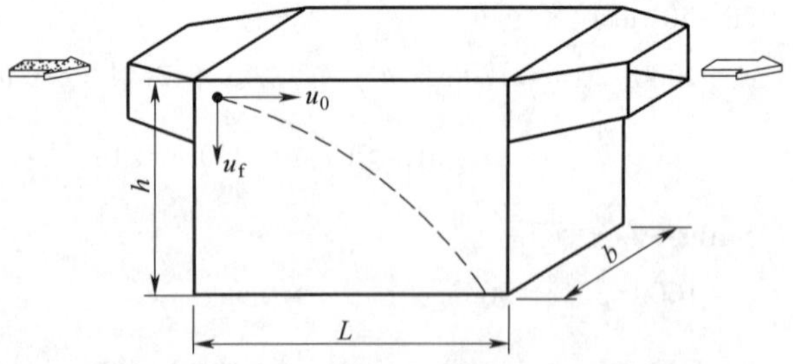

图 4-1　重力沉降室结构和粉尘分离的原理

1. 粉尘在沉降室内的水平运动

含尘空气由进风口进入沉降室后，由于沉降室截面积的突然增大，含尘气流的速度迅速降低，一般要求沉降室内水平气流速度降低到 0.5m/s 左右，即 $u_0 \leq 0.5$m/s。可以近似取粉尘在沉降室内的水平运动速度等于水平气流速度，即认为含尘气流进入沉降室后，粉尘以初速度 u_0 作水平运动。

2. 沉降室内粉尘的重力沉降

在沉降室内，含尘气流的水平流动速度非常小，从而使得气流携带粉尘的能力下降，此时，粉尘就会在重力作用下自由沉降。在沉降过程中，粉尘以沉降速度的大小匀速沉降（粉尘沉降运动的加速过程可忽略不计）。

在沉降室内，气流速度较低，一般雷诺数 $Re \leqslant 1$，沉降速度可按式（4-11）计算，即：

$$u_f = \frac{g(\rho_s - \rho_u)d_s^2}{18\mu} \tag{4-11}$$

式（4-11）表明，粉尘的沉降速度 u_f 与粉尘的粒径 d_s、粉尘的密度 ρ_s 和空气的性质（即密度、动力黏性系数等）有关。在粉尘密度、空气性质等稳定不变时，沉降速度与粉尘粒径为二次方的关系，粉尘粒径越大，其沉降速度就越大，表明越容易分离；反之，粉尘粒径越小，其沉降速度也越小，表明难以沉降，不容易分离，这也是重力沉降室只能分离粗大颗粒粉尘的原因。

3. 重力沉降室粉尘分离的条件

（1）粉尘在沉降室内的沉降时间

$$t_1 = \frac{h}{u_f} \tag{4-12}$$

式中　t_1——粉尘在沉降室内的沉降时间，s；

h——沉降室高度，m；

u_f——粉尘颗粒的沉降速度，m/s。

（2）粉尘在沉降室内的停滞时间

$$t_2 = \frac{L}{u_0} \tag{4-13}$$

式中　t_2——粉尘在沉降室内的停滞时间，s；

L——沉降室长度，m；

u_0——粉尘颗粒的水平运动速度，m/s。

（3）粉尘沉降下来不被气流带走的条件，即重力沉降室粉尘分离的条件

$$t_1 \leqslant t_2 \tag{4-14}$$

即

$$\frac{h}{u_f} \leqslant \frac{L}{u_0} \tag{4-15}$$

式（4-14）或式（4-15）表明，只有沉降时间不大于停滞时间，粉尘在沉降室内才可能沉降到底部，使得粉尘从气流中分离出来，这就是重力沉降室粉尘分离的原理。

（三）重力沉降室的设计

已知：沉降室处理风量 Q，粉尘粒径 d_s，粉尘密度 ρ_s，空气温度 t。

沉降室设计计算步骤：

（1）用式（4-11）计算粉尘的沉降速度 u_f 或查相关资料得到某种粉尘或物料的沉降速度 u_f。

（2）选取粉尘的水平运动速度 u_0，一般 $u_0 \leqslant 0.5$m/s，越低越好。

（3）选取沉降室高度 h，一般 $h \geqslant 1.5$m。

（4）计算沉降室长度 L　根据式（4-15）可知，沉降室的长度：

$$L \geqslant \frac{u_0}{u_f}h \tag{4-16}$$

（5）计算沉降室宽度

$$b = \frac{Q}{hu_0} \tag{4-17}$$

式中 b——沉降室宽度，m；

h——沉降室高度，m；

Q——沉降室处理风量，m^3/s。

由此计算出沉降室的主体最小尺寸（长、宽、高），可根据实际条件和所处位置等因素确定重力沉降室的实际尺寸大小，即在计算的长、宽、高等尺寸基础上按实际空间大小进行调整。重力沉降室的灰斗、排灰装置、进出风管道等可根据实际情况设计制作。在制作时，重力沉降室的箱体、排灰装置等必须密闭、不漏风。

将式（4-11）代入式（4-16），可计算出现有的重力沉降室（即已知沉降室的长 L、宽 b 和高 h）能够 100%分离的最小粉尘粒径 d_{smin}：

$$d_{smin} \geqslant \sqrt{\frac{18\mu h u_0}{g(\rho_s-\rho_a)L}} \tag{4-18}$$

（四）重力沉降室的应用

重力沉降室只能分离含尘空气中的粗大颗粒，如麦糠、稻壳等。在稻谷加工厂，砻谷机风网中分离大糠（稻壳）的除尘器常用重力沉降室。

二、惯性除尘器

惯性除尘器是使含尘气流与挡板发生撞击或者急剧改变气流方向，借助粉尘自身的惯性力作用与气流发生分离的除尘设备。因为利用了在特殊结构中粉尘产生的惯性力，因而惯性除尘器的除尘性能比重力沉降室有显著提高。惯性除尘器的结构较重力沉降室复杂，但其内部一般无运转部件，操作、维修简便，而且体积大大减小。性能较好的惯性除尘器能够捕集到的最小粉尘粒径可达 20μm。惯性除尘器的阻力一般在 300~1000Pa。

1. 惯性除尘器的类型

根据气流中粉尘的分离原理，惯性除尘器分为碰撞式和回转式两种类型。

碰撞式惯性除尘器是沿气流方向上设置一道或多道挡板，含尘气流碰撞到挡板上使尘粒从气流中分离出来。图 4-2 所示为挡板式惯性除尘器的一种结构。显然，气流在撞到挡板之前速度越高，也即粉尘颗粒的速度越高，而碰撞后速度越低，气流携带的粉尘则越少，除尘效率越高。

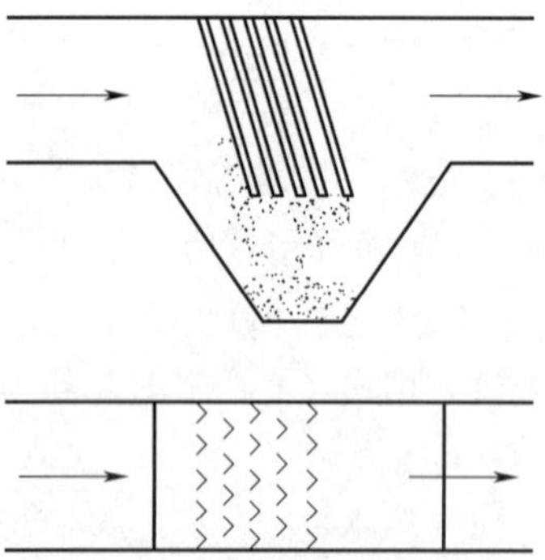
图 4-2 挡板式惯性除尘器

回转式惯性除尘器（图 4-3）是使含尘气体多次改变流动方向，在转向过程中把粉尘分离出来。气体转向的曲率半径越小，转向速度越大，除尘效率越高。

2. 惯性除尘器的应用

惯性除尘器的性能虽比重力沉降室有所提高，但惯性除尘器分离的原理也决定了它主要分离粗大颗粒粉尘，因此惯性除尘器的应用与重力沉降室类似，应用范围较小。但因惯性除尘器体积显著减小，作为预净化除尘器在某些场合也有广泛使用。

图 4-4 所示为除尘风网中常用的一种预除尘器——卧式惯性除尘器。它主要由进风口、外锥筒、内锥体、沉降箱、出风口和排尘口等部分组成。内锥体由数根长条形螺旋形叶片组成，当含尘气流由进风口进入锥筒内部后，由于内锥体上螺旋叶片的导向作用，气流围绕内

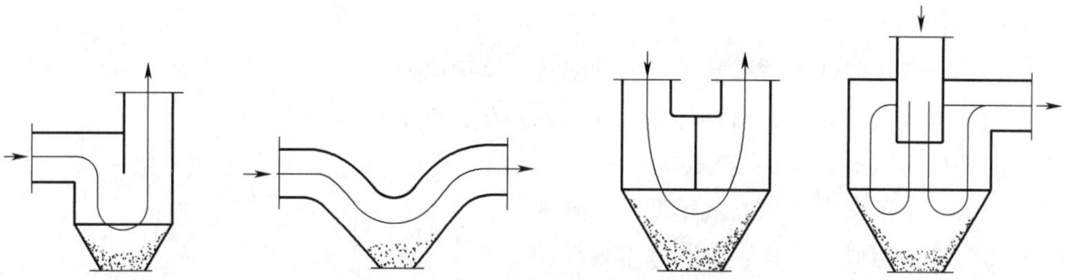

(1) 挡板回转式　(2) 弯头回转式　(3) 进出口180°转弯回转式　(4) 进出口90°转弯回转式

图 4-3 回转式惯性除尘器结构

锥体的叶片做螺旋运动，在惯性力的作用下，含尘气流中的大颗粒粉尘如粮食的碎壳、皮层等物料被甩到外锥筒内壁上，在气流和重力作用下向沉降箱的排尘口流动，最后经排尘口排出。这种惯性除尘器的排尘口上必须安装闭风器。

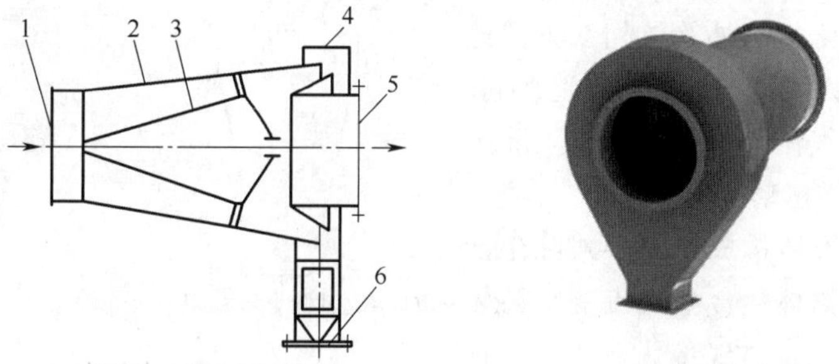

(1) 惯性除尘器结构示意图　(2) 惯性除尘器外形图

图 4-4 卧式惯性除尘器

1—进风口；2—外锥筒；3—内锥体；4—沉降箱；5—出风口；6—排尘口

第四节　离心式除尘器

离心式除尘器是利用含尘气流在做旋转运动时产生的离心力作用，将粉尘从气流中分离出来的一种除尘设备。因为离心式除尘器内气流的运动类似自然界的旋风，所以离心式除尘器又常称为旋风除尘器、刹克龙（cyclone）等。

离心式除尘器的使用始于 1886 年摩尔斯（O. Morse）的一项旋风除尘器专利，发展至今已有 100 多年的历史。100 多年来，人们对离心式除尘器的研究从未停止过。从最初应用于面粉加工行业，到今天已广泛应用于各工业领域。早期的离心式除尘器只能分离粗颗粒粉尘，现在某些型号、规格的离心式除尘器可以分离粒径 1μm 甚至更为微细的粉尘。

在惯性除尘器中，气流只是简单地从原来的路线上改变了一下或旋转一圈，而离心式除尘器中气流则进行一系列的旋转运动，所形成的离心力作用强得多，因而除尘效率也远远高于惯性除尘器。

离心式除尘器特点：

① 内部无运转部件，结构简单，容易制造，维护简便。

② 能够以较高的效率分离粒径 5~10μm 的粉尘，性能稳定，连续可靠。

③ 能耗低，压损在 500~2000Pa。

④ 进口含尘浓度可以很高或很低，无限制。

⑤ 排尘口的漏风率严重影响其除尘效率。

一、离心式除尘器的结构和工作原理

（一）离心式除尘器的结构

离心式除尘器的结构如图 4-5 所示。离心式除尘器主要由切向进风口、内筒体（排气管）、外筒体和下部开有排尘口的圆锥体组成。

离心式除尘器的进风口多为矩形，矩形进风口的一侧侧板与外筒体切线方向连接。这样的连接方式结构简单、制造便利、外观整齐，含尘气流沿切线方向进入除尘器筒体内部的旋转运动顺畅、扰动少。

外筒体、圆锥体构成了离心式除尘器的主体部分——筒体，含尘气流就在筒体内做螺旋运动。圆锥体底部为排尘口。排尘口上需要安装专门的排尘装置——闭风器，保证排尘的同时不漏气。

内筒体为有一定长度的短管，通过一块环形盖板与外筒体连接在一起。内筒体的大部分插入外筒体中，而且内筒体的下沿一般低于进风口的底板。内筒体的直径与外筒体的直径有一定的比例要求。内筒体是离心式除尘器内部旋转气流粉尘分离后净化气流的排出通道，因而也称排气管。

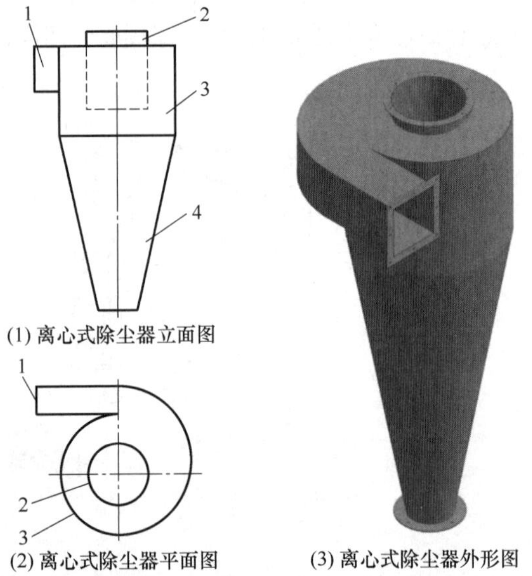

图 4-5　离心式除尘器的结构

1—进风口；2—内筒体；3—外筒体；4—圆锥体

图 4-6 所示为原始形式的离心式除尘器。没有外筒体部分，主体仅为一锥体，进风口为圆形管道。

图 4-7 所示为轴向进气的离心式除尘器。含尘气流沿轴向进入离心式除尘器，在流过外筒体与内筒体之间的导向叶片时做旋转运动，粉尘在离心力作用下被分离，而净化气体由内筒体排出。

（二）离心式除尘器的工作原理

离心式除尘器内部气流的运动比较复杂，除了气流在筒体内的切向运动、轴向运动外，还存在着径向运动。但一般认为，在离心式除尘器的工作过程中气流旋转产生的离心力起着粉尘分离的主导作用。离心式除尘器的工作原理如图 4-8 所示。

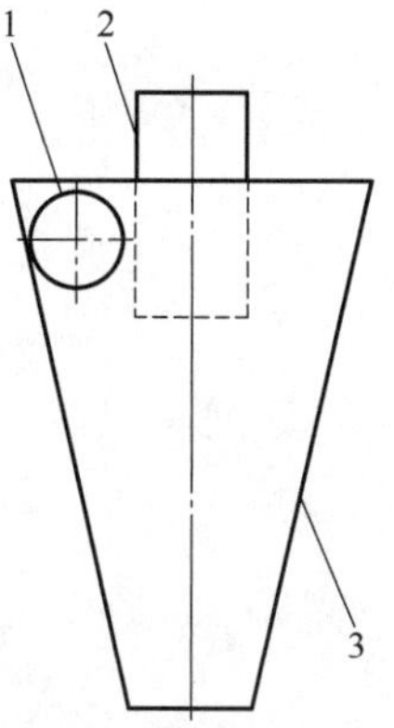

图 4-6　原始形式的离心式除尘器

1—进风口；2—内筒体；3—锥体

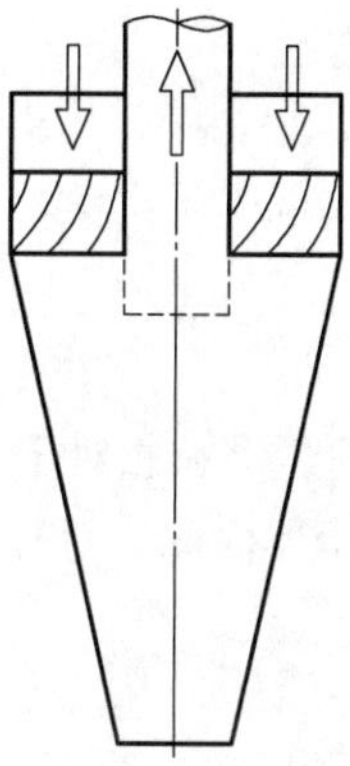

图 4-7　轴向进气的离心式除尘器

离心式除尘器工作时，含尘气流切向进入离心式除尘器筒体内部，然后沿筒体内壁做自上而下的螺旋运动（外涡旋），到达锥体底部的螺旋气流由于锥体的收缩作用，沿除尘器的轴心线又转而向上形成内涡旋经排气管排出。螺旋气流中的物料或粉尘在离心力的作用下被甩向筒体内壁，到达内壁的物料或粉尘在重力和向下气流的作用下向排尘口运动。

1. 离心式除尘器内的气流运动

含尘空气切向进入离心式除尘器筒体内部后，由于特殊的结构，气流在筒体内做螺旋运动，也称回转运动、旋流运动。空气的旋流运动有两种理想类型。

（1）强制涡　涡流内各点具有相同的旋转角速度 ω，就像旋转的刚体一样。气流旋流运动中的切向速度 u_t 与旋转半径 r 基本成正比关系，即：

$$u_t = r\omega \tag{4-19}$$

或

$$u_t / r = \omega = 常数 \tag{4-20}$$

（2）自由涡　即无摩擦流体的旋转运动，其旋流运动中的切向速度 u_t 与旋转半径 r 的关系为：

$$u_t r^n = 常数 \tag{4-21}$$

式中　n——指数，$n \leqslant 1$。$n=1$ 时，则是自由涡。实际的旋流运动中 $n=0.5 \sim 0.9$，称为准自由涡。

离心式除尘器中心部分的内涡旋为强制涡，为有旋流动；外部的外涡旋为准自由涡，属于无旋流动。外涡旋和内涡旋的气流旋转方向相同，因此，内涡旋、外涡旋的交界面上，气流的切向速度达到最大值，交界面的位置为排气管管径的 0.6~0.65 倍处。

2. 离心式除尘器内的颗粒运动和切割粒径

在旋流运动中，粒径为 d_s 的粉尘颗粒受到的离心

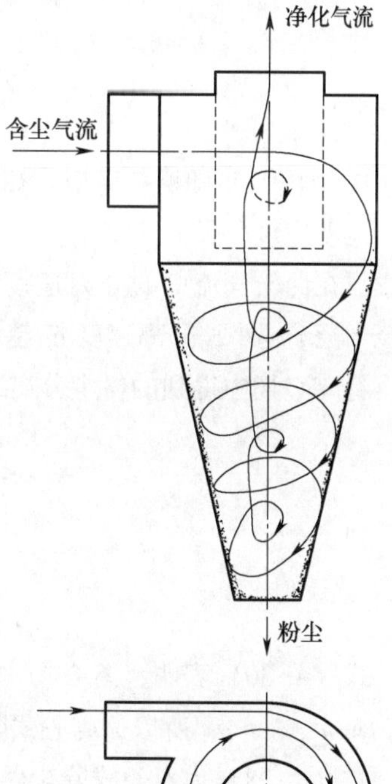

图 4-8　离心式除尘器的工作原理

力 F_L：

$$F_L=\frac{\pi d_s^3}{6}\rho_s\frac{u_t^2}{r} \tag{4-22}$$

气流对粉尘的阻力 F_r：

$$F_r=C\frac{\pi d_s^2}{4}\frac{\rho_a}{2}u_r^2 \tag{4-23}$$

式中 u_r——粉尘颗粒相对于气流的径向速度，m/s。

离心式除尘器内部，对于粉尘 $Re\leqslant1$，即斯托克斯区，有：

$$C=\frac{24}{Re}=\frac{24v}{u_r d_s} \tag{4-24}$$

所以，式（4-23）为：

$$F_r=\frac{24v}{u_r d_s}\frac{\pi d_s^2}{4}\frac{\rho_a}{2}u_r^2=3\pi v d_s u_r\rho_a=3\pi\mu d_s u_r \tag{4-25}$$

旋流运动中的粉尘，在离心力作用下向除尘器内壁运动，而气流的阻力阻碍粉尘颗粒的向外运动。当粉尘受力平衡，即 $F_L=F_r$ 时，粉尘颗粒在半径 r 的位置上做旋转运动，粉尘颗粒不向外部运动也不向内部运动。

$$\frac{\pi d_s^3}{6}\rho_s\frac{u_t^2}{r}=3\pi\mu d_s u_r \tag{4-26}$$

简化得：

$$u_r=\frac{\rho_s d_s^2 u_t^2}{18\mu r}=\frac{\rho_s d_s^2}{18\mu}\frac{u_t^2}{r} \tag{4-27}$$

$$d_s=\left(\frac{18\mu r u_r}{\rho_s u_t^2}\right)^{0.5} \tag{4-28}$$

式（4-27）即斯托克斯定律。此时的径向速度 u_r 可以看作粉尘颗粒在离心力作用下的悬浮运动速度。径向速度 u_r 与旋转半径 r 成反比。在某种意义上，式（4-27）也可认为是粉尘颗粒在回转气流中的分离速度。显然，对于一定粒径 d_s 的粉尘颗粒，切向速度 u_t 越大、旋流半径 r 越小，分离速度 u_r 越大，即越有利于粉尘颗粒的分离。

将离心场中得到的粉尘分离速度 u_r 与重力场中的粉尘沉降速度 u_f 相比得到：

$$\frac{u_r}{u_f}=\frac{u_t^2}{gr} \tag{4-29}$$

即：

$$u_r=u_f\frac{u_f^2}{gr} \tag{4-30}$$

式（4-30）表明，离心场中的粉尘分离速度 u_r 是重力场中的粉尘分离速度 u_f 的 u_t^2/gr 倍，而 $u_t^2/gr\gg1$，所以，离心式除尘器的分离效率远高于重力沉降室。

式（4-28）为离心式除尘器的切割粒径。从统计方面分析，当粉尘受力平衡时，由于气流的紊流状态，粉尘颗粒既可以向外运动被分离，也可能向内运动逃逸。常将粉尘在受力平衡情况下计算得到的粉尘粒径称为50%分离界限粒径（d_{50}），也称为分割粒径或切割粒径，此时粉尘的分离效率即50%。

切割粒径是评价离心式除尘器分离性能的重要指标之一。在1900年时，离心式除尘器

的切割粒径 $d_{50}\approx40\mu m$，1930 年时，$d_{50}\approx25\mu m$，1950 年时，$d_{50}\approx5\mu m$。现代使用的某些型号离心式除尘器切割粒径可达 $d_{50}\approx0.5\mu m$，甚至更小。

二、影响离心式除尘器除尘效率的因素

影响离心式除尘器除尘效率的因素较为复杂，但就现有的离心式除尘器结构来讲，主要有以下几点。

1. 离心式除尘器的进口气流速度

进口气流速度越大，颗粒受到的离心力就越大，越有利于粉尘的分离，而且有较大的处理风量。但进口气流速度过大，会使离心式除尘器阻力增大，而且高速气流在筒体内部形成多种旋涡，空气扰动强烈，反而会影响粉尘的分离并可将已分离出的粉尘或物料重新带走。所以，离心式除尘器的进口风速不宜太高也不宜太低，离心式除尘器的进口风速一般宜在 $u_j=10\sim18m/s$ 范围内选取。

2. 粉尘的粒径

粉尘的质量与粉尘粒径的三次方成正比，粒径越大，粉尘的质量就越高，而离心力与粉尘质量成正比，粉尘的离心力越大，越有利于分离。

3. 进口含尘浓度

进口含尘浓度指进口气流中所含的粉尘或物料量，浓度高时，会由于颗粒之间相互的碰撞、黏附和“夹持”作用，在理论上不能分离出的小粒径粉尘也能被分离出来。

实验表明，较高的进口含尘浓度不但可以提高离心式除尘器的分离效率，还有助于离心式除尘器阻力的降低。

4. 离心式除尘器的筒体直径

在进口气流速度不变的情况下，筒体直径越大，即气流的旋转半径越大，离心力越弱，不利于小粒径粉尘的分离。所以，选择离心式除尘器时应尽量选择小筒体直径。当处理风量较大时，可使用两个或多个小直径离心式除尘器并联以提高除尘效率。一般认为，具有较高除尘性能的离心式除尘器，筒体部分的高度为其直径的 1~2 倍。

5. 锥体高度

一般认为较高的锥体高度，能够增加气流在筒体内的旋转圈数和使物料受到较长时间的离心力作用，有利于提高分离效率。现代的高效离心式除尘器多数为长锥体。锥体部分的高度为筒体直径的 1~3 倍，锥体底角 25°~40°。

6. 排尘口的漏风率

离心式除尘器运行时，排尘口必须保持一定的气密性，才能发挥正常的粉尘净化功能。实验表明，当排尘口的漏风率为 5%时，离心式除尘器的分离效率下降一半；当漏风率为 15%时，离心式除尘器的分离效率为零。

离心式除尘器排尘口漏风率低或者不漏风的措施是要选择高性能的闭风器，闭风器是一种允许粉尘或者物料排出而漏风率低的装置，是各类除尘器高效率除尘的关键设备。

三、离心式除尘器的选用

1. 离心式除尘器的名称

传统的离心式除尘器名称由进风口形式和型号两部分构成。

离心式除尘器有三种进风口安装形式，如图 4-9 所示。

（1）内旋进风口形式　矩形进风口的外侧板与离心式除尘器外筒体相切，内侧板延长线与离心式除尘器内的内筒体相切，矩形进风口的上端面与外筒体的上部环形面持平，如图 4-9（1）所示。

（2）外旋进风口形式　矩形进风口的内侧板与离心式除尘器的外筒体相切，外侧板旋转 90°或者更大角度与外筒体相切，属于半圆周蜗卷进风口，如图 4-9（2）所示。

（3）下旋进风口形式　属于内旋进风口形式，但矩形进风口的上端面为向下的螺旋面，向下螺旋一周。目的是促使进入离心式除尘器的含尘气流迅速向下旋转，避免含尘气流在筒体上部形成气流的“死循环”，如图 4-9（3）所示。

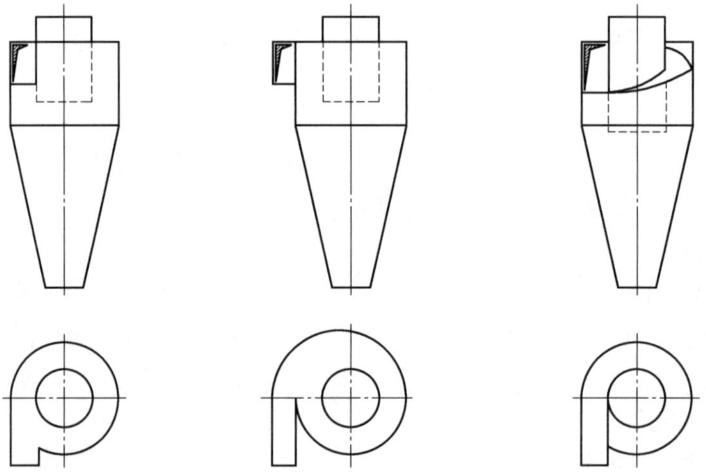

(1) 内旋进风口形式　(2) 外旋进风口形式　(3) 下旋进风口形式

图 4-9　离心式除尘器的进风口安装形式

有时候，为了区别离心式除尘器的进风口方位，从离心式除尘器的顶部向下看，进风口的气流旋转方向为顺时针方向，即为右旋进风口，逆时针方向即为左旋进风口。如图 4-9 中，三种离心式除尘器的进风口均为右旋进风口。

离心式除尘器的型号为排气管直径与外筒体直径的比值再乘以 100 后的整数，即：50 型、55 型等。

所以，离心式除尘器的名称为外旋 38 型、外旋 45 型、内旋 50 型、下旋 55 型、下旋 60 型等，这些型号也是粮食加工厂最常用的离心式除尘器，外形如图 4-10 所示。其中以下旋 55 型、内旋 50 型、下旋 60 型等最为常用。离心式除尘器的型号、规格及性能参数详见本书附录八。

每一种型号的离心式除尘器，又以外筒体直径大小为特征尺寸，表示其规格，而离心式除尘器的其他各部分尺寸多表示成外筒体直径的倍数。

2. 离心式除尘器的选择使用

离心式除尘器可以单台使用也可多台并联使用。

（1）单台使用　当处理风量较小时，可以选用一台离心式除尘器。

一般根据处理风量（$Q_{处}$）和选择合适的进口风速（u_j）通过查阅离心式除尘器性能参数表格来确定其型号和规格。

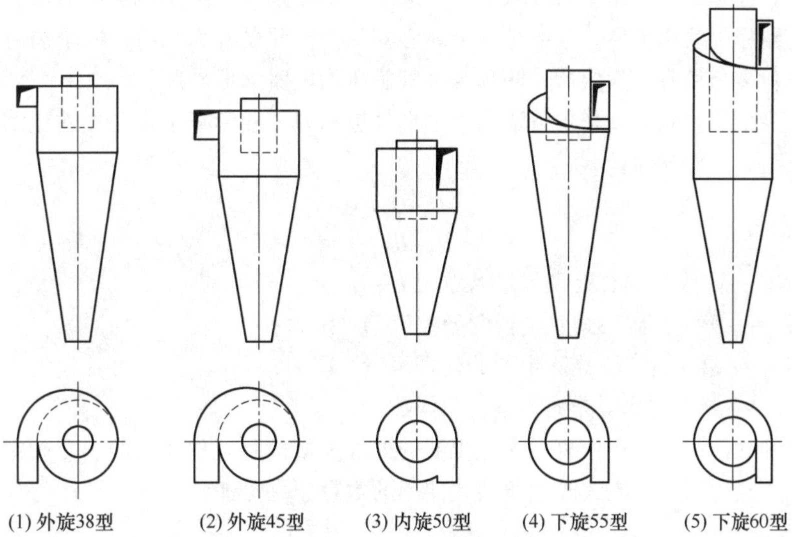

图 4-10　粮食加工厂常用离心式除尘器外形

［例 4-2］　某除尘风管的风量为 900m^3/h，选择离心式除尘器作为预除尘器，确定该离心式除尘器型号、规格。

解：本题选用下旋 55 型离心式除尘器。

由附录八下旋 55 型离心式除尘器性能表可知，选择筒体直径 D=400mm 这一列：

进口风速 $u_1=15$m/s 时，处理风量为 $Q_1=875$m^3/h，阻力 $\Delta H_1=80$kg/m^2

进口风速 $u_2=16$m/s 时，处理风量为 $Q_2=933$m^3/h，阻力 $\Delta H_2=90$kg/m^2

而本例中除尘器处理风量为 $Q_{处}=900$m^3/h，因此，采用插入法计算进口风速 u_j：

$$u_j=15+\frac{16-15}{933-875}\times(900-875)=15.43\ (\text{m/s})$$

插入法计算除尘器阻力 ΔH：

$$\Delta H=80+\frac{90-80}{933-875}\times(900-875)=84.31\ (\text{kg/m}^2)$$

所以，除尘器阻力 $\Delta H=84.31\times9.81=827.08$（Pa）。

即所选的离心式除尘器为下旋 55 型，外筒体直径 400mm，进口风速 15.43m/s，阻力 827.08Pa。

离心式除尘器的各部分尺寸为外筒体直径 D 的倍数，一般选出离心式除尘器的型号和外筒体直径即可。

（2）多台并联使用　离心式除尘器可以多台并联或串联使用，但以并联使用更为广泛且更具合理性。两台离心式除尘器串联使用，因为前后两台除尘器的除尘机理相同、处理的风量相同，一般认为第一台离心式除尘器分离不出的粉尘颗粒，第二台也难以从气流中分离出。特殊情况下，也有两台或多台离心式除尘器串联使用的。所以，在除尘风网中，多为除尘机理不同的除尘器串联使用，目的是从多个方面作用于含尘空气，使空气中的粉尘最大限度地被分离。

当处理风量较大、选择一台离心式除尘器筒体直径较大时，可以使用多个小直径离心式除尘器并联。选择离心式除尘器并联使用，既能满足处理较大除尘风量的需求，再则小直径离心式除尘器除尘效率更高。一般，两个离心式除尘器并联称为二联；四个离心式除尘器并联称为四联；多个离心式除尘器并联称为多管旋风除尘器（或旋风子）。

离心式除尘器并联时，来自管道的含尘空气被均匀分配到每个离心式除尘器中，而离心式除尘器总阻力不变，即：

$$Q=Q_1+Q_2+\cdots+Q_n \tag{4-31}$$

$$H=H_1=H_2=\cdots=H_n \tag{4-32}$$

式中 Q、H——除尘器的总处理风量、总阻力；

Q_1、H_1——第 1 台离心式除尘器的处理风量、阻力；

Q_n、H_n——第 n 台离心式除尘器的处理风量、阻力；

n——离心式除尘器的数量，为偶数。

除尘器并联使用时，单台离心式除尘器的处理风量按总处理风量的 $1/n$ 确定，选择方法同单台离心式除尘器。离心式除尘器并联使用的重点，是保证含尘空气被均匀分配到每个除尘器中。

［例 4-3］ 某除尘风网总处理风量为 7600m^3/h，选择离心式除尘器。

解：因为处理风量较大，所以采用四联形式，选择下旋 55 型。

单台除尘器处理风量：$Q_{处}=7600\div4=1900$（m^3/h）

查阅附录八下旋 55 型离心式除尘器性能表：

处理风量 $Q_{处}=1900$m^3/h，在筒体直径 550mm 和 600mm 之间，选取筒体直径 $D=590$mm。

查阅附录八下旋 55 型离心除尘器的进风口尺寸：

进风口面积为，$A_j=cb=0.45D\times0.225D$

处理风量为，$Q_{处}=A_ju_j\times3600$

所以，可计算出单台离心式除尘器的进口风速：

$1900=0.45\times0.59\times0.225\times0.59\times u_j\times3600$

$u_j=14.97$m/s

$u_j=14$m/s 时的除尘器阻力是 68kg/m^2，$u_j=15$m/s 时的除尘器阻力是 80kg/m^2

所以，$u_j=14.97$m/s 的除尘器阻力：

$$\Delta H=68+\frac{80-68}{15-14}\times(14.97-14)=79.64\ (\text{kg/m}^2)$$

即：$\Delta H_{除}=79.64\times9.81=781.27$（Pa）。

所以，所选择的离心式除尘器为：下旋 55 型四联，$D=590$mm，$u_j=14.97$m/s，$\Delta H_{除}=781.27$Pa。

四联离心式除尘器在制作时，两台做成左旋进风口，两台做成右旋进风口。下部的收集灰斗、上部的汇集风箱等构件可根据车间情况和相关内容要求制作。

第五节 过滤式除尘器

过滤式除尘器是利用多孔过滤介质——滤布，来分离含尘气流中粉尘的处理方法。由于过滤式除尘器中的滤布一般做成各种各样的袋子形状，因而又称为布袋除尘器。过滤式除尘器是除尘器中应用最广泛的一种，是含尘空气排放浓度达到环保要求的必用除尘设备。

过滤式除尘器最显著的特点是对含尘空气中微细粒径粉尘的除尘效率特别高，除尘效率一般都在99%以上，属于高效除尘器，而且从含尘空气中分离的最小粉尘粒径可达到0.01μm甚至更小。过滤式除尘器的滤布必须及时清灰，否则黏附了大量粉尘的滤布气流穿过滤布的阻力将会增高，使得通过除尘器的风量将逐渐下降，进而使整个除尘风网系统无法继续正常工作，所以过滤式除尘器的滤布清灰非常重要，这是过滤式除尘器的又一显著特点。从便于滤布清灰的角度，过滤式除尘器不宜于过滤黏附性强、吸湿性高的粉尘。过滤式除尘器可使用的滤料种类繁多，如棉、毛、人造的、天然的或其他材料等都可加工制作成滤布使用，常用的滤料有涤纶绒布、针刺呢、电力纺绸、玻璃纤维等。

一、过滤式除尘器的除尘机理

过滤式除尘器主要由筒体、滤袋及其辅助部分、滤袋的清灰系统、排灰机构和控制系统五部分构成，但含尘空气中粉尘的分离和净化工作，主要是由滤布完成。所以过滤式除尘器的除尘机理主要取决于滤布以及滤布上粉尘层的过滤效应。

1. 滤布的筛滤作用

滤布是过滤式除尘器的关键部件，当含尘气流穿过滤布时，由于滤布的筛滤作用，粉尘得以与气流分离。滤布是有孔径的，滤布的孔径一般为20~50μm，表面起绒的滤布孔径为5~10μm，当含尘空气中粉尘的粒径大于滤布孔径时，粉尘就被截留在滤布的一侧，表明粉尘被分离；而当粉尘粒径小于滤布孔径时，粉尘则随气流穿过滤布，表明粉尘未被滤布截留和分离。

滤布的筛滤作用实质上也是一种“筛分”作用，只不过筛分的物料不是固体散料而是含尘空气。滤布“筛分”作用后的筛上物即被截留下来的粉尘，而筛下物即为穿过滤布的粉尘，当然是筛下物越少越好。

2. 粉尘初层的过滤作用

新滤布过滤含尘空气一段时间后，滤布上会黏附越来越多的粉尘，由于粉尘颗粒的堆积作用，滤布的有效孔径会逐渐减小，此时滤布上的粉尘层对含尘气流的过滤成为主要方面，而滤布成了保证粉尘层存在的骨架。实质上，正是由于滤布上粉尘层的过滤作用，才使得过滤式除尘器能够除下更为微细的粉尘，过滤式除尘器的除尘效率也才显著增加，但同时气流穿过滤布的阻力也在增大。为了防止过滤式除尘器滤布上粉尘越积越多、越积越厚，滤布阻力越来越高，滤袋上的积尘必须及时清除，但清除滤布表面积尘时，不是彻底清除、打扫得干干净净，而是在滤布上还保留一层粉尘层，保留的粉尘层称为粉尘初层。

粉尘初层即与滤布接触、并在滤布表面黏附、堆积的很薄的一层粉尘。这部分粉尘已深深渗透到滤布内部并且也是和滤布黏附最强的。因此，安装新滤袋的过滤式除尘器初期除尘效率一般都是比较低的，但随后由于粉尘层的逐渐形成和存在，使得过滤式除尘器的除尘效率显著上升。

基于粉尘层有利于过滤式除尘器除尘效率的大大提高，所以，为了提高滤布自身的除尘效率，人们织造滤布时常在普通的滤布表面覆上一层有微孔的薄膜，这层薄膜即人造粉尘层。

3. 碰撞作用

含尘气流穿过滤布时，一部分粉尘由于惯性和滤布发生碰撞，发生能量交换后粉尘被滤布吸附或在重力作用下发生沉降。

4. 静电吸附作用

气流穿过滤布时，与滤布摩擦，可使滤布带电，而气流中的粉尘也会在运动中带上电荷，从而增加了粉尘和滤布之间吸附的机会。

5. 扩散作用

粒径小于0.2μm的粉尘粒子和空气分子发生碰撞后会产生不规则运动，增加了与滤布的碰撞机会，一部分粒子会被滤布或粉尘层截留，这种现象称为粉尘扩散作用。

一般通过降低过滤速度，缩小滤布纤维直径，提高气体温度等，可以增加扩散作用的效果，而且粉尘粒径越小，扩散作用越显著；而气流穿过滤布的真速度大，纤维细，粉尘粒径粗，截留效果会提高。

6. 重力沉降作用

含尘气流由进风口进入过滤式除尘器筒体内部后，由于存在较大的筒体空间，气流速度会有所降低，因而气流中的粗大颗粒粉尘会由于重力作用而发生沉降。

二、过滤式除尘器滤布的清灰

过滤式除尘器滤布的及时清灰，对除尘器能否正常运行非常重要。实质上滤布的清灰就是滤布的再生过程。及时的清灰使滤布的阻力始终维持在一个稳定的水平，只有这样，过滤式除尘器才能在过滤→清灰→过滤→清灰→……的良性循环中完成除尘工作。

1. 滤布过滤含尘空气时的阻力变化特性

对于过滤式除尘器筒体中的单个滤袋，在工作时，其阻力变化特性曲线如图4-11所示。图4-12所示为滤袋清灰效果较差时的阻力变化特性曲线。

由图4-11可知，当滤袋过滤过程中不清灰时，随着过滤时间的增长，滤布上的粉尘越积越厚，气流穿过滤布的阻力会逐渐上升（图中的曲线②）；当清灰效果良好时，滤袋阻力维持在一个稳定的数值范围内（图中的曲线①），即在阻力上限和下限之间波动。

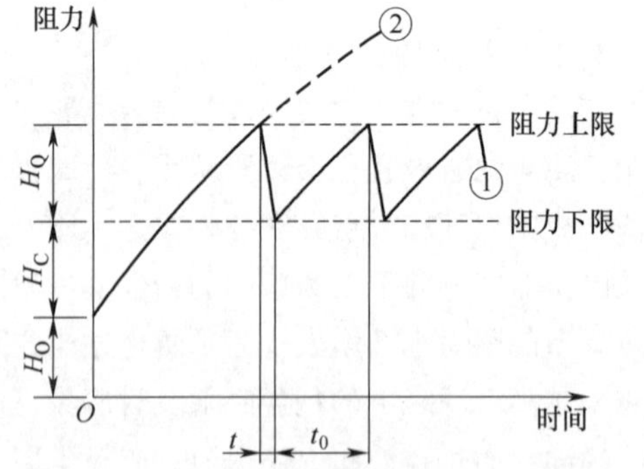

图4-11 单个滤袋过滤时的阻力变化特性曲线

t—清灰时间；t_0—清灰间隔；H_O—滤布阻力；H_C—粉尘层阻力；H_Q—清除的粉尘层阻力

①—正常清灰时的滤袋阻力变化特性曲线；

②—不清灰时的滤袋阻力变化特性曲线

图4-11中，横坐标轴上t为布袋的清灰时间，一般布袋的清灰时间都很短，在0.1~0.2s，瞬间的清灰动作使布袋变形、粉尘被振落。布袋的瞬间清灰具有脉冲的特性，因而过滤式除尘器也称脉冲除尘器。由于布袋被清灰，所以气流穿过滤袋的阻力下降；又由于清灰后，滤布上粉尘初层的保留和存在，因而此时气流穿过滤布的阻力为干净滤布的阻力与粉尘初层的阻力之和。t_0为滤布的过滤时间，也称清灰间隔。布袋的清灰时间、清灰间隔均可通过脉冲控制仪调节。

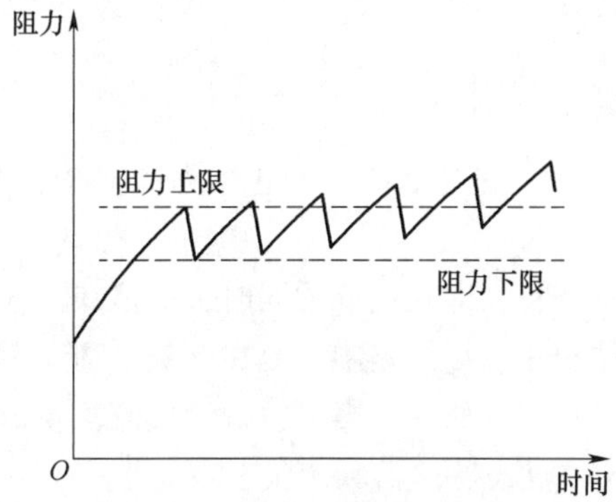

图 4-12　滤袋清灰效果较差时的阻力变化特性曲线

图 4-12 表明，滤袋虽然有清灰，但如果清灰效果不彻底或较差，即使有清灰动作，长时间后滤袋的阻力也会逐渐增加。

虽然过滤式除尘器是除尘风网中对含尘空气进行净化的除尘设备，但它对空气的流动是有阻力的。可以将过滤式除尘器简化成除尘风网中管道上的一个“阀门”，当过滤式除尘器阻力逐渐升高时，意味着这个“阀门”在逐渐关闭，而阀门逐渐关闭的结果是，通过阀门的风量逐渐下降，也就是说，当过滤式除尘器清灰效果差、阻力升高时，通过过滤式除尘器的风量将下降，即整个除尘风网的总风量将下降。因此，过滤式除尘器的及时清灰、清灰效果良好非常重要。

2. 过滤式除尘器滤袋的清灰方式

过滤式除尘器滤袋的清灰方式主要有三种：人工清灰、机械清灰和气流喷吹清灰。

（1）人工清灰　人工清灰就是操作工人根据现场过滤式除尘器运行情况的需要，利用棍、棒等工具对滤袋进行敲打等方式的清灰。

人工清灰方式是滤袋清灰方法中最原始的一种，工人劳动强度大、清灰效果不均匀而且滤袋磨损严重。现在，由于粉尘防爆等安全规程的要求，这种清灰方式的过滤式除尘器基本被淘汰。

（2）机械清灰　机械清灰是利用电动机带动某种机构运动时，滤袋受到力的作用发生变形而使黏附粉尘脱落的清灰方法。机械清灰的原理，是靠滤袋抖动时惯性力的作用以及滤袋的变形使黏附在滤袋表面的粉尘脱落。根据滤袋的抖动特点，滤袋的机械清灰方式主要有三种类型，水平振动清灰方式、垂直振动清灰方式和扭动振动清灰方式。机械清灰方式的特点是结构简单，清灰强度高，但清灰不均匀，滤袋的某些部位磨损快。

（3）气流喷吹清灰　气流喷吹清灰是利用与过滤气流相反的、具有一定压力和流动速度的气流作用，使滤袋发生瞬间变形，从而造成滤袋表面粉尘脱落的一种清灰方式。

采用气流喷吹清灰方式时，含尘气流穿过滤袋的方向为由外向内，而清灰气流的方向则由内向外。在这种方式下，喷吹的清灰气流将滤袋瞬间膨胀，膨胀的滤袋抖落滤袋外表面黏附的粉尘。为了防止由外向内穿过滤袋的含尘气流穿过滤袋时压瘪滤袋，这种过滤方式的滤袋内部套有支撑骨架。

根据喷吹气流的压力高低，气流喷吹清灰方式分为三种类型：以高压离心式通风机为喷吹气源设备的反吹风清灰方式、以罗茨鼓风机或气泵为喷吹气源设备的反吹风清灰方式和以空气压缩机为喷吹气源设备的反吹风清灰方式。

高压离心式通风机为喷吹气源设备的反吹风清灰方式，喷吹压力一般在 3000～8000Pa，高压离心式通风机的类型多选用 9-19 型，或其他型号高压离心式通风机。

罗茨鼓风机或气泵为喷吹气源设备的反吹风清灰方式，罗茨鼓风机的类型多选用三叶型罗茨鼓风机，喷吹压力一般在 0.05～0.08MPa；气泵多为 YBW 型无油滑片气泵或者 DLB 型层叠式泵。

空气压缩机为喷吹气源设备的反吹风清灰方式，空气压缩机喷吹压力一般在 0.4～0.8MPa。

3. 过滤式除尘器的清灰状态

过滤式除尘器运行时，滤袋的工作状态可分为三种：过滤状态、静止状态和清灰状态。静止状态即滤袋没有过滤空气，也没有清灰的状态。

过滤式除尘器的滤袋清灰时，如果其过滤过程不停止，即在过滤的同时进行清灰，这就是两状态的过滤式除尘器。两状态的过滤式除尘器体积小、结构紧凑，但在清灰机理上存在缺陷：滤袋过滤的同时进行清灰，清灰动作停止后，刚清下的灰尘容易被过滤气流重新带到滤袋表面，使清灰效果下降，因而在此基础上发展有三状态除尘器和四状态除尘器。

三状态除尘器工作时，在过滤状态之后有一个静止状态，静止状态之后是清灰状态，清灰状态后再次进入过滤状态，周而复始。工艺流程如下：

过滤状态→静止状态→清灰状态→过滤状态→……

三状态除尘器也可以是在过滤状态之后进入清灰状态，而在清灰状态后有一个静止状态，静止状态之后再次进入过滤状态，工艺流程如下：

过滤状态→清灰状态→静止状态→过滤状态→……

四状态除尘器工艺流程如下：

过滤状态→静止状态→清灰状态→静止状态→过滤状态→……

显然，三状态除尘器在清灰状态之后有一个静止状态，对提高清灰效果有利。而四状态除尘器在清灰状态之前、之后都有一个静止状态，清灰效果更好。

为了实现三状态或者四状态运行，一台过滤式除尘器可以有两个或多个除尘室。如一台除尘器有两个除尘室，两个除尘室交替进行过滤和清灰：即一个除尘室的滤袋进行过滤时，另一个除尘室内的滤袋进行静止、清灰和静止等待状态，然后交替进行过滤。

三、影响过滤式除尘器除尘效率的因素

1. 滤布的性能

滤布是过滤式除尘器的主要部件，除尘效率、设备阻力和维修管理都与滤布的材质及使用寿命有关，正确选择滤料对使用过滤式除尘器具有重要意义。良好的滤料必须具备：具有一定的容尘量，过滤效率高；透气性好，阻力低；容易清灰；机械性能好，抗拉、抗磨和耐折；耐腐蚀，防静电，吸湿性小等。

常用的滤布有 208 工业涤纶绒布、729 滤布、针刺滤布和复合滤布等。

208 涤纶绒布是我国早期为过滤式除尘器开发的滤布，分单面绒和双面绒两种。安装时，绒面为迎尘面。特点：表面绒毛能阻挡部分粉尘穿透滤布，有助于粉尘层的形成；清灰时滤袋膨胀，表面绒毛错位移动，使得粉尘容易脱落，这也使得滤布表面的粉尘初层容易遭到破坏，清灰后重新滤尘时过滤效率下降，而且灰尘会在绒毛间或滤布表面结成尘垢，不易清灰。

针刺滤布属于无纺织物，空隙率高达 70%～80%，是一般滤布的 1.6～2.0 倍，因而透气性好，阻力低；而且过滤效率高，容易清灰。

复合滤布是由两种或两种以上的过滤材料复合而成的滤布，复合滤布有两种类型：一种是用两种以上不同的过滤材料加工整理而成，另一种是在已有的滤布表面覆盖微孔薄膜而制

成的滤布。

滤布表面覆盖微孔薄膜制成的复合滤布，表面光滑、多微孔，空隙率高，可以实现表面过滤，使粉尘只停留在滤布表面，提高了滤料粉尘的脱落性，容易清灰。而通常的工业滤布多属于深层过滤，即粉尘容易渗透到滤布内部，使得滤布清灰困难而且阻力高。

2. 过滤风速

过滤风速是过滤式除尘器一个重要的技术参数，有时也用单位负荷表示。含尘气流穿过滤布的速度即过滤风速（单位为 m/min）。单位时间单位面积滤布所处理的空气量称为单位负荷［单位为 $m^3/(m^2 \cdot h)$］，二者本质上是相同的。

提高过滤风速，可增大过滤式除尘器的处理风量，即节省滤布，减小设备体积，但阻力也增加，同时较高的过滤风速也会把滤布上截留的粉尘再次吹起，而且滤布两侧的压差增大，会使一些微细粉尘渗入滤布内部，即穿过滤布致使排放浓度增加，除尘效率下降。较高的过滤风速还会使滤布表面粉尘层的形成加快，使得清灰次数增加，清灰系统规模增大、耗电增加和滤袋磨损加快。

一般，处理微细或难于捕捉的粉尘，机械清灰方式时，应选取较低的过滤风速。对于人工清灰方式的过滤式除尘器，过滤风速一般低于 0.5m/min；对于机械振打式清灰方式的过滤式除尘器，过滤风速一般低于 1.1m/min；对于气流喷吹式清灰方式的过滤式除尘器，过滤风速一般低于 4.0m/min。

3. 工作条件

过滤式除尘器的除尘效率与工作条件如含尘空气的温度和湿度、粉尘浓度、粉尘粒径大小、粉尘表面特性等因素关系密切。当含尘空气的温度低于露点温度时，水分会在滤布上凝结，造成粉尘层结块不易清掉。

含湿气体容易使滤袋表面黏附的粉尘变得湿润、黏结性强，尤其对于那些吸水性、潮解性和湿润性粉尘，会引起糊袋现象，这时应选择表面光滑、长纤维和容易清灰的滤布，经过表面处理的滤布和复合滤布应为高湿气体或粉尘的首选。

4. 滤袋清灰效果

滤袋的及时清灰对过滤式除尘器能否正常运行起着关键作用。如果滤袋不清灰或清灰不及时，滤布表面沉积的粉尘将越积越厚，气流通过过滤式除尘器的阻力将会越来越高，与此同时会导致通过过滤式除尘器的风量越来越小，即过滤式除尘器的处理风量降低。过滤式除尘器的处理风量降低实质是风网系统各尘源处的吸风量在降低，最终使粉尘控制系统无法正常运行。

清灰的基本要求：从滤布上迅速地、均匀地清落沉积的粉尘，同时又能保持一定的粉尘初层，并且不损伤滤袋和消耗动力较少。

四、过滤式除尘器的类型

过滤式除尘器是污染空气净化广泛使用的一类除尘器，类型较多。

1. 按滤袋形状分类

（1）圆袋式滤布除尘器　过滤式除尘器的滤布做成圆袋形状，直径一般小于 300mm。圆袋膨胀均匀，易于布置，易于清灰。

（2）扁袋式滤布除尘器　滤袋截面形状为方形或梯形，过滤面积大，长边膨胀幅度大，排列时要求有较大的间隙，易于用高压离心风机喷吹气流清灰。

2. 按过滤方向分类

（1）内滤式滤布除尘器　含尘气流由里向外穿过滤袋，粉尘被截留在滤袋的内表面。由于穿过滤袋的空气是净化空气，因此内滤式滤布除尘器可以无机壳、滤袋可以无支撑骨架，适宜于人工敲打清灰，便于换袋和检修。

（2）外滤式滤布除尘器　含尘气流由外向内穿过滤袋，粉尘被截留在滤袋的外表面。由于空气由外向内穿过滤袋，因此，滤袋内部必须有支撑骨架，以防止滤袋被吹瘪。外滤式滤布除尘器是目前普遍使用的过滤式除尘器。

3. 按清灰方式分类

所有类型的过滤式除尘器，其粉尘分离机理都是相同的——滤布的过滤作用，最大的差别就是清灰方式的不同。按清灰方式分类：

（1）机械清灰方式除尘器　如人工清灰或电动振打清灰。

（2）气流清灰方式除尘器　如空气压缩机或罗茨鼓风机等供气的高压气流喷吹清灰等。

一般，机械清灰方式装置简单、强度高，但清灰不均匀、易磨损滤布和清灰效果差，现代的过滤式除尘器已较少使用。而气流清灰方式因为清灰均匀、清灰效果好、允许有较高的过滤风速和易于实现自动控制等优点，使用广泛。

五、常用的过滤式除尘器

常用的过滤式除尘器即脉冲除尘器。脉冲除尘器是当前最常用的过滤式除尘器，分为高压脉冲除尘器和低压脉冲除尘器两种类型。早期的脉冲除尘器多为高压脉冲除尘器，方形外形。由于圆形筒体受力均匀、强度高、隔音效果好等特点，现在，无论高压脉冲或是低压脉冲除尘器多为圆筒形。高压脉冲除尘器和低压脉冲除尘器二者的含尘空气净化机理相同，均为外滤式，最大的区别主要表现在各自特有的清灰方式。

1. 高压脉冲除尘器

高压脉冲除尘器的结构如图 4-13 所示，它由四部分构成。

① 上部筒体：有净化空气排气口，反吹风清灰系统的高压脉冲阀、储气包、喷吹管及喷嘴等。

② 中部筒体：筒体上有含尘空气进气口、检修口、泄爆孔等，筒体内有滤袋及其支撑骨架，文氏管等。

③ 下部筒体：平底或锥形收集灰斗（平底灰斗有排灰机构），闭风器等。

④ 反吹风清灰控制系统及气源设备：脉冲控制仪，气源设备如空气压缩机等。

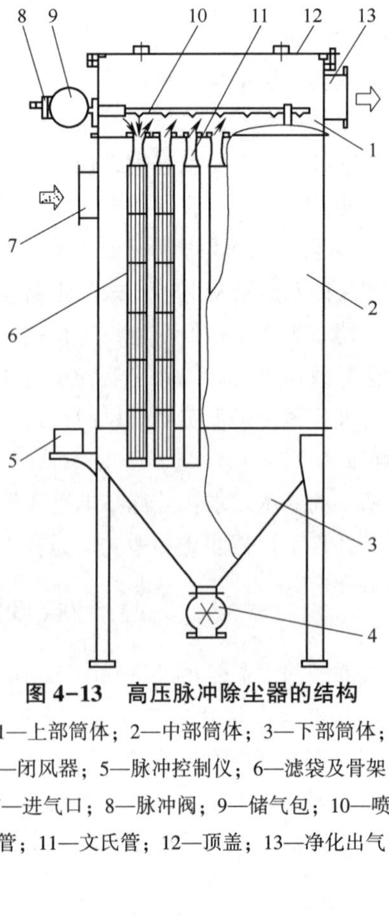

图 4-13　高压脉冲除尘器的结构

1—上部筒体；2—中部筒体；3—下部筒体；4—闭风器；5—脉冲控制仪；6—滤袋及骨架；7—进气口；8—脉冲阀；9—储气包；10—喷吹管；11—文氏管；12—顶盖；13—净化出气口

高压脉冲除尘器的气流喷吹清灰装置由储气包、脉冲阀、喷吹管、文氏管和脉冲控制仪等构成。其中，脉冲阀是气流喷吹系统的核心构件，高压脉冲除尘器的脉冲阀属于高压脉冲阀。

高压脉冲除尘器的气流喷吹清灰系统如图 4-14 所示，文氏管工作原理如图 4-15 所示，图 4-16 所示为高压脉冲阀结构示意图。

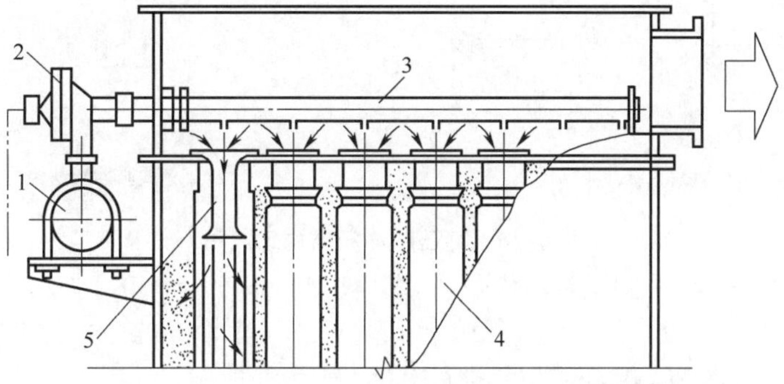

图 4-14　高压脉冲除尘器的气流喷吹清灰系统

1—储气包；2—脉冲阀；3—喷吹管；4—滤袋；5—文氏管

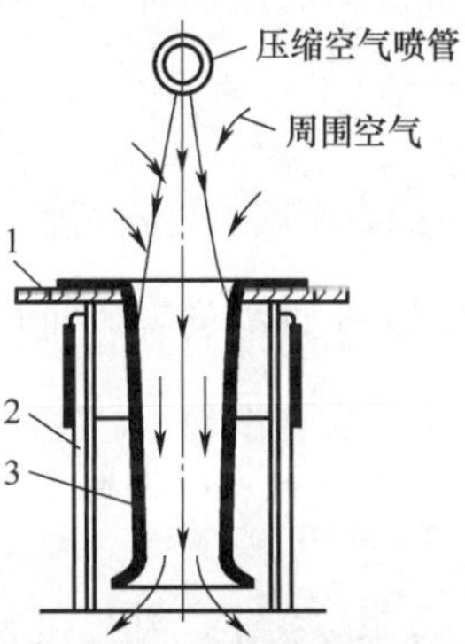

图 4-15　文氏管工作原理

1—多孔板；2—滤袋；3—文氏管

脉冲阀即电磁脉冲阀，是气流喷吹装置的喷吹管路阀门，脉冲阀的进气端连接压缩空气储气包，排气端连接喷吹管，由脉冲控制仪控制开启和关闭。图 4-16 所示为一种直角式脉冲阀结构，进气口、出气口之间呈直角，即 90°。直角阀的结构、型式有多种，不同厂家的产品有差别，但以图 4-16 所示的两种结构型式最为常见。图 4-16（1）所示为内螺纹连接方式直角阀，图 4-16（2）所示为脉冲阀的出气口通过耐压胶管与喷吹管连接的一种型式。

由图 4-16 可知，脉冲阀内大膜片把脉冲阀分成膜片前腔（前室）和背压室（后室）两个气室，当压缩空气供气后，压缩空气通过大膜片上的节流孔进入背压室，此时背压室膜片压力高于前室膜片压力，大膜片被压在脉冲阀的排气口上，脉冲阀处于“关闭”状态。

当脉冲控制仪有信号输出时，脉冲阀的电磁线圈吸动衔铁移动，控制阀的放气孔被打开与大气相通，使得脉冲阀的背压室压力迅速降低，膜片两侧产生压力差，膜片在压力差作用下产生位移，脉冲阀被打开，此时压缩空气瞬间从储气包通过脉冲阀进入喷吹管。

进入喷吹管中的高压空气经管底部的小孔或喷嘴喷出，当这股喷吹气流通过文氏管时，文氏管诱导数倍于压缩空气的周围空气进入滤袋，造成滤袋内部瞬间压力显著升高，使滤袋膨胀、变形从而实现清灰。

高压脉冲除尘器的气流喷吹清灰系统中，储气包压缩空气的供气设备主要由空气压缩机、贮气罐、过滤器、干燥机等构成。空气压缩机可以选择螺杆式或活塞式。为了保证压缩空气的洁净，减少压缩空气中油、水等成分对脉冲阀的影响，压缩空气气源设备中还配有多

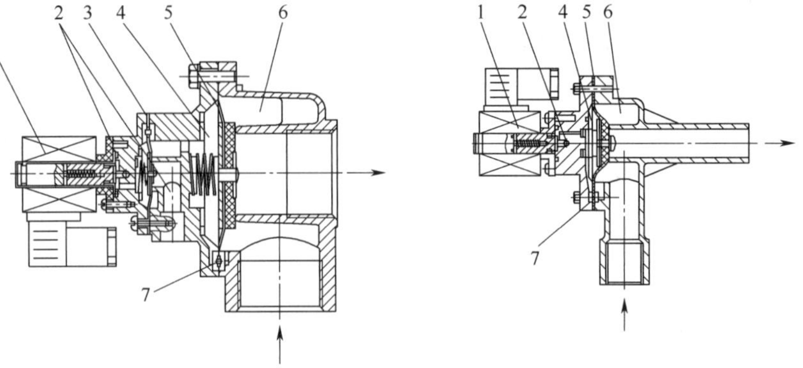

(1) 直角式脉冲阀结构Ⅰ　　(2) 直角式脉冲阀结构Ⅱ

图 4-16　高压脉冲阀结构示意图

1—电磁线圈；2—放气孔；3—小膜片；4—背压室；5—大膜片；6—膜片前腔；7—节流孔

级空气过滤器以及干燥机等对压缩空气进行净化、干燥处理。

2. 低压脉冲除尘器

低压脉冲除尘器的结构如图 4-17 所示，它由四部分构成：

① 上部筒体：含有净化空气排气口，反吹风清灰系统的储气室、低压脉冲阀、喷吹管等。

② 中部筒体：含有切向进气口，滤袋及其支撑骨架、文氏管等。

③ 下部筒体：平底或锥形收集灰斗（平底灰斗有排灰机构），闭风器等。

④ 反吹风控制系统及反吹风气源设备：如脉冲控制仪，气源设备如罗茨鼓风机或气泵等。

低压脉冲除尘器的反吹风系统主要由位于上部筒体内部的高压气室、低压脉冲阀、喷吹管、文氏管、脉冲控制仪以及气源设备罗茨鼓风机或气泵等组成。

低压脉冲除尘器的工作过程：含尘空气从中部筒体切向进入，含尘气流中的部分粗大颗粒粉尘会由于离心力作用直接落入下筒体灰斗中，其余粉尘则随气流穿过滤袋时被截留在滤袋外表面，而进入滤袋内部的净化空气则在滤袋内向上流动进入上部筒体，最后经上部筒体的排气口排出。为使除尘器的阻力不因滤尘时间增长而增加，即维持在一定范围内，如 800~1500Pa，反吹风装置在除尘器工作时也同时运行，即在脉冲控制仪的控制下，按照一定的喷吹时间、喷吹周期对滤袋进行喷吹清灰。

一般，低压脉冲除尘器采用一阀多袋或一阀一袋喷吹结构，图 4-17 所示的低压脉冲除尘器采用的是一阀两袋，即一个脉冲阀喷吹两个滤袋。图 4-18 所示为低压脉冲阀结构示意图。

低压脉冲阀的原理与高压脉冲阀相同，但低压脉冲阀的结构使得气流经过的压损更低。

确定脉冲除尘器的类型后，一般根据处理风量的大小，在计算、比较过滤风速或单位负荷后选取脉冲除尘器的具体规格。

部分脉冲除尘器的型号规格及性能详见本书附录九。

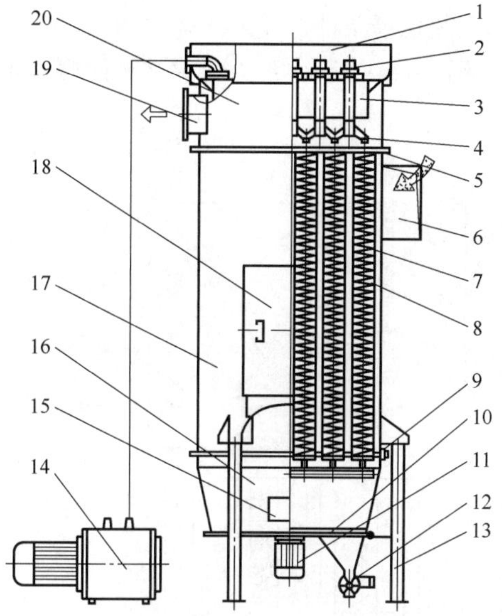

图 4-17　低压脉冲除尘器的结构

1—上筒体盖板；2—脉冲阀；3—储气室；4—喷嘴；5—多孔板；6—进气口；7—滤袋骨架；8—滤袋；9—滤袋固定架；10—排灰刮板；11—刮板电机；12—闭风器；13—支腿；14—气泵或罗茨鼓风机；15—灰斗检修门；16—下筒体；17—中筒体；18—检修门；19—净化出气口；20—上筒体

［**例 4-4**］ 某除尘风网总处理风量 $\sum Q = 9000\text{m}^3/\text{h}$，选择脉冲除尘器。

解：确定脉冲除尘器处理风量：

$Q_{处} = \sum Q = 9000\text{m}^3/\text{h}$

查阅附录九，选取低压脉冲除尘器 TBLM－78 Ⅰ，布袋长度 2m，过滤面积 57.5m^2，阻力 1470Pa，脉冲喷吹压力 49kPa，气泵功率 2.2kW；闭风器功率 1.1kW，刮板功率 1.1kW。

计算过滤风速：$u = 9000 \div 57.5 \div 60 = 2.61\text{m/min}$

过滤风速合适。

脉冲除尘器的进风口、出风口、排尘口、检查口、检修口以及泄爆孔的尺寸、位置、方位等，根据车间工艺布置图纸等确定。

3. 插入式除尘器

插入式除尘器是脉冲除尘器的一种应用形式，特别适用于安装在料仓、料斗、大型设备上或偏远处的扬尘设备上进行现场除尘。

插入式除尘器的结构与一般脉冲除尘器相比，没有收集灰斗和闭风器，滤袋清下的粉尘直接落入尘源设备内部，如料仓、料斗或输送设备等。插入式除尘器上安装有风机。插入式除尘器实质上是一种独立风网，吸尘罩、除尘器、风机和管道做成了一体。

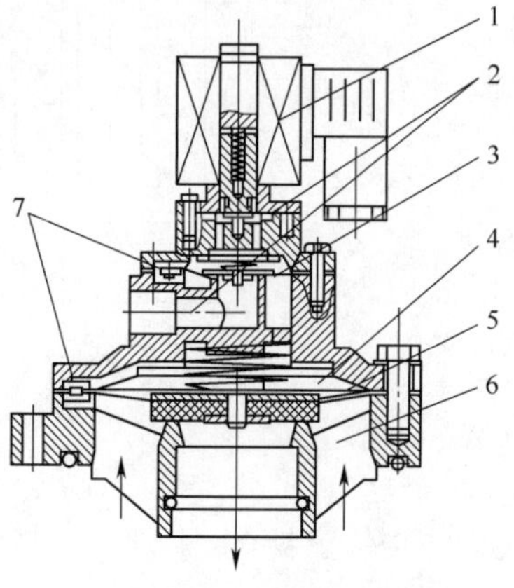

(1) 低压脉冲阀结构

(2) 低压脉冲阀外形

图 4-18　低压脉冲阀结构示意图

1—电磁线圈；2—放气孔；3—小膜片；4—背压室；5—大膜片；6—膜片前腔；7—节流孔

插入式除尘器的滤袋可以选用扁袋或圆形袋。滤袋的清灰多为空气压缩机供气的高压脉冲喷吹清灰方式，有时也采用机械振打清灰。根据安装现场条件，插入式除尘器可以做成没有下箱体机壳和有下箱体机壳两种型式。图 4-19、图 4-20 所示分别为两种常见的插入式除尘器的外形和结构。

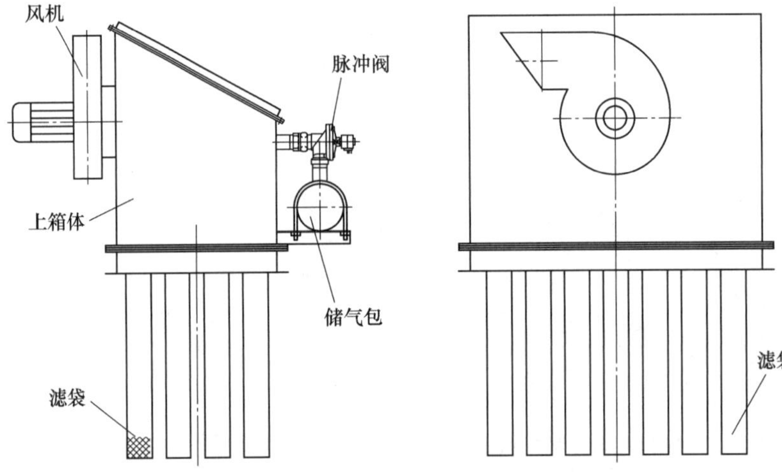

(1) 侧面图　　(2) 左视图

图 4-19　无下箱体机壳插入式除尘器

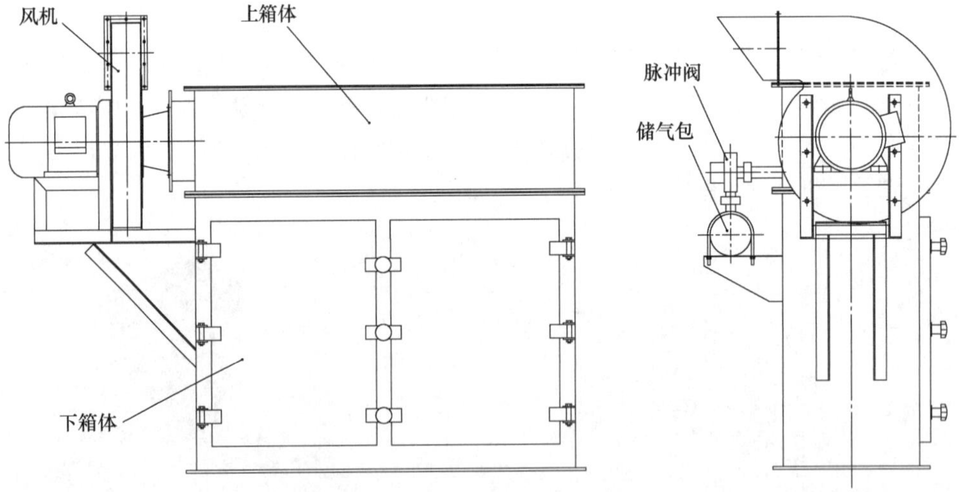

(1) 立面图　　(2) 左视图

图 4-20　有下箱体机壳插入式除尘器

图 4-19 所示为无下箱体机壳插入式除尘器，安装后滤袋位于料仓、料斗或大型设备的内部；图 4-20 所示为有下箱体机壳插入式除尘器，滤袋则位于除尘器自身的机壳内即下箱体内，下箱体的法兰直接安装在料仓、料斗或大型设备上。无论哪种插入式除尘器，滤袋清灰时，粉尘都又落回到了安装的尘源设备内部。

第六节 除尘器排灰装置——闭风器

闭风器是除尘器连续、正常运行必须配置的装置，安装在除尘器的排尘口上，是除尘器最重要的辅助设备，起着将除尘器分离的粉尘顺利、连续排出并且同时使排尘口不漏气即闭风的双重作用，闭风器的性能好坏直接影响着除尘器能否正常运行。

一、除尘器对闭风器的性能要求

闭风器安装在除尘器的排尘口上，设计或选择闭风器时，要求闭风器：

① 具有良好的密闭性能，漏风率低。

② 产量稳定，排料连续可靠。

③ 不卡料，不存料。

④ 体积小，高度低。

二、闭风器的结构和原理

在通风除尘与气力输送系统中，除尘器配套使用的闭风器主要有三种类型，分别为叶轮式闭风器、压力门式闭风器和绞龙式闭风器，其中以叶轮式闭风器最为常用。

图 4-21 所示为叶轮式闭风器的一般结构与原理。叶轮式闭风器又称旋转式闭风器、关风器、旋转阀等，也可作为供料器使用。

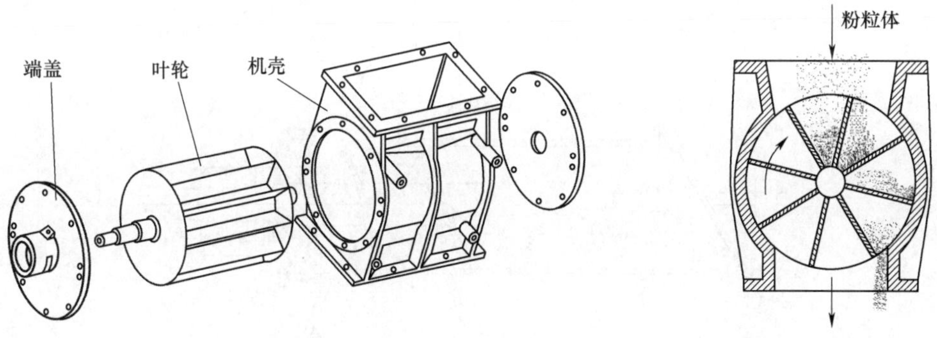

(1) 结构图　　(2) 原理图

图 4-21　叶轮式闭风器的结构与原理

叶轮式闭风器由叶轮和圆柱形的机壳构成，机壳两端用端盖密封，壳体的上部为进料口，下部为出料口。叶轮一般有 6~12 个叶片，使机壳内部空间分为 6~12 个空腔。为了减少闭风器的漏风量，叶轮与机壳、叶轮端盖与机壳端盖间的间隙非常小，一般控制在 0.025~0.8mm。当叶轮通过传动装置在壳体内旋转时，物料从进料口落入叶轮的空腔（叶室）内，并随着叶轮旋转从下部流出，而闭风器上部除尘器灰斗内的具有一定压强的空气则在此被隔断。

叶轮式闭风器的性能特点：能定量排料，而且可以通过调节叶轮的转速调节排料产量；性能稳定，结构紧凑、简单，体积小；气密性与加工精度、使用材料关系密切。

图 4-22 所示为压力门式闭风器。压力门式闭风器是依靠在垂直排料管中堆积一定高度的物料柱来完成闭风和排料工作。工作时，靠调节压力门上重锤的位置来调节垂直排料管道中物料柱的高度，使压力门式闭风器最终排料连续又始终保持一定高度的物料柱达到闭风的效果。

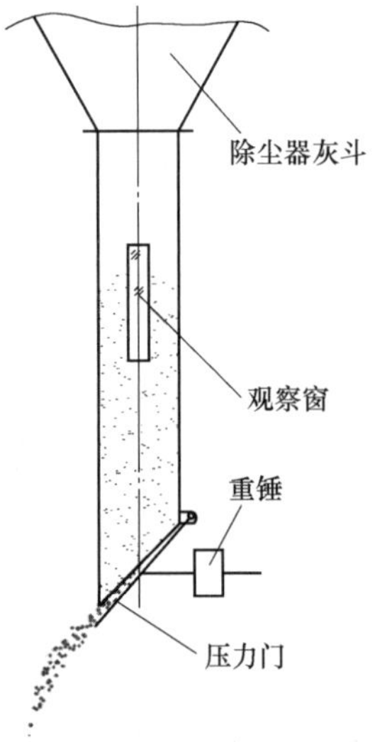

图 4-22　压力门式闭风器

压力门式闭风器的特点：结构简单，制作简便，无需动力。缺点是性能不稳定、不可靠，当除尘器灰斗内真空度较高时，需要比较高的垂直物料柱；对于黏度大、水分高、纤维性物料以及散落性差的物料，易结柱、排料不稳定，易发生堵塞现象。

图 4-23 所示为绞龙式闭风器。绞龙式闭风器工作时，物料由进料口落入到绞龙中，随着绞龙的输送作用，物料向排料口方向运动，但是由于排料口上安装有压力门，于是，在压力门和绞龙的螺旋叶片之间就形成一段比较密实的水平物料柱，随着物料的不断进入，最终水平物料柱顶开压力门开始排料，此时就达到了闭风和连续排料的作用。

绞龙式闭风器的特点：高度低，体积小，具有较强的抗堵塞、抗杂物缠绕能力。绞龙式闭风器刚开始运转时，闭风器内物料少，形不成物料柱，靠压力门闭风，没有物料排出；水平料柱形成后靠物料柱闭风，同时顶开压力门正常排料。绞龙式闭风器一般趋于水平安装或略有倾角安装。由于绞龙式闭风器内部水平物料柱较短，排料时压力门和排料口之间有缝隙，因而不适于高真空度场合的闭风和排料。

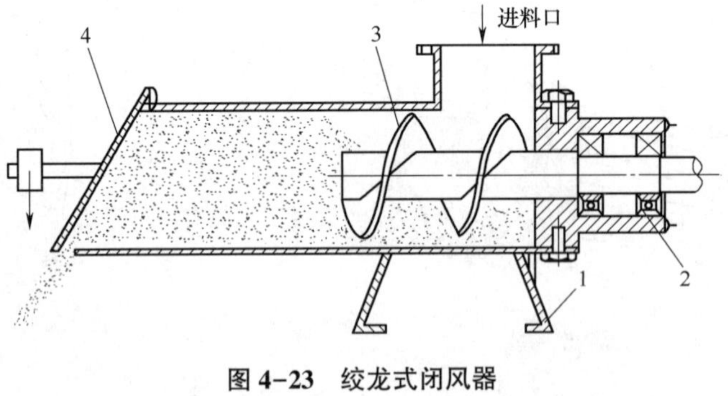

图 4-23　绞龙式闭风器

1—支架；2—轴承；3—绞龙叶片；4—压力门

三、叶轮式闭风器的性能

叶轮式闭风器由于具有性能可靠、结构简单、适应性强等优点，为当前各类除尘器所配套使用。

（一）叶轮式闭风器的型式

实际工程上叶轮式闭风器具有多种型式，图 4-24 所示为叶轮式闭风器叶轮的两种基本型式：叶轮有侧面挡板和无侧面挡板。有侧面挡板可避免物料与端盖的直接接触，减少端盖的磨损，但粉体也可通过侧面挡板与机壳间隙进入挡板和端盖的空腔，这部分粉体如果没有排料口，有时会阻碍叶轮旋转。无侧面挡板结构简单，但排放琢磨性高的物料时端盖容易受磨损，增大轴向漏气。

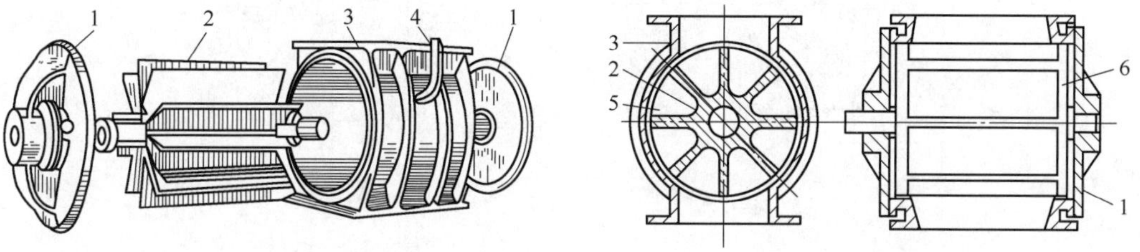

(1) 叶轮无侧面挡板　　(2) 叶轮有侧面挡板

图 4-24　叶轮式闭风器叶轮的两种基本型式

1—端盖；2—叶轮；3—机壳；4—匀压管；5—格室；6—叶轮侧面挡板

图 4-25 所示为叶轮式闭风器叶片的几种安装方式：平行式、螺旋式和“V”形式。平行式叶片叶轮的闭风器属于间断性排料，而螺旋式和“V”形式的叶轮闭风器可实现连续排料，也可改变进料口的形式实现连续排料，如图 4-26 所示。

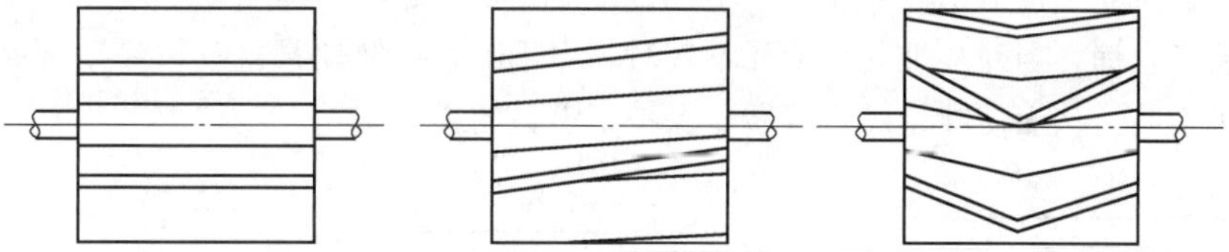

(1) 平行式　　(2) 螺旋式　　(3)“V”形式

图 4-25　叶轮式闭风器叶片的安装方式

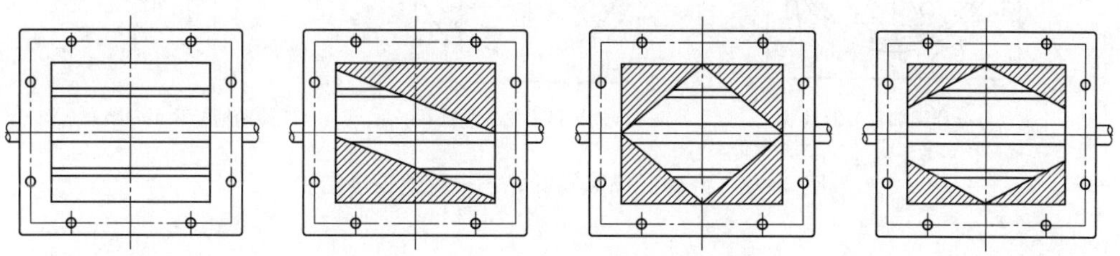

(1) 方形进口　　(2) 平行四边形进口　　(3) 菱形进口　　(4) 五边形进口

图 4-26　可以连续排料的叶轮式闭风器进料口型式

图 4-27 所示为叶轮式闭风器的两种典型进料口型式：偏口式和直口式。偏口式叶轮式闭风器即进料口和出料口中心线不在通过叶轮轴心的中心线上，这种进出料口的优点是可降低进机物料、出机物料对机壳内壁的磨损，延长机壳的使用寿命。也可降低物料卡住叶轮的机会，还可提高叶轮格室的装料量。直口式叶轮闭风器即进料口、出料口中心线与通过叶轮轴心的叶轮中心线重合，这种型式最为常用。

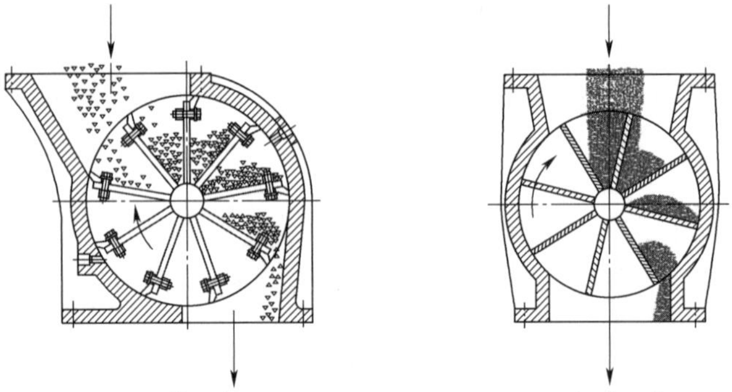

(1) 偏口式　　(2) 直口式

图 4-27　偏口式和直口式叶轮式闭风器

图 4-28 所示为叶轮式闭风器叶轮防卡死的几种安全措施。图 4-28（1）所示为在叶片端部安装刀具，刀具一般为合金钢制成，刀刃锋利。当物料中的大型杂质如木块、棍棒、绳索、铁丝等异物随叶轮旋转到达进料口一侧边沿被叶轮卡住时，锋利的刀刃可以剪断异物，从而使得叶轮正常运转不被卡死。图 4-28（2）所示为在进料口一侧安装弹性挡板的防卡措施。当叶轮内落入大型杂质或颗粒较大的物料时，大型杂质或颗粒首先被卡在叶轮和弹性挡板之间，由于弹性挡板的阻挡作用以及挡板的变形作用，大型杂质被压入叶片之间的物料之中，从而保护机壳不被卡伤、叶轮不被卡死，使叶轮正常运转。图 4-28（3）所示为传动轴链轮上安装安全销，当叶片被异物卡死不转时，由于叶轮的链轮被电动机带动强制旋转，安全销首先被切断，从而使叶轮停止旋转，保护了设备的安全。

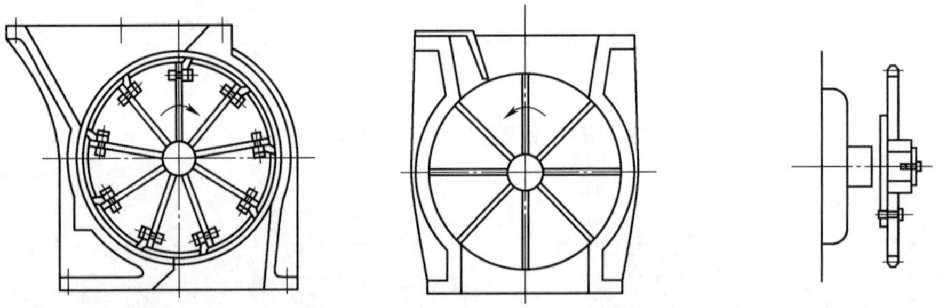

(1) 叶片端部安装刀具　　(2) 进料口一侧安装挡板　　(3) 传动轴链轮上安装安全销

图 4-28　叶轮式闭风器叶轮防卡死的安全措施

（二）叶轮式闭风器的性能

1. 叶轮式闭风器的产量

叶轮式闭风器的产量由式（4-33）计算：

$$G=0.06nVk\rho_s \tag{4-33}$$

式中　G——叶轮式闭风器的产量，t/h；

n——叶轮转速，r/min。一般 $n \leq 60$r/min，在转速 15~30r/min 较为常用；

V——叶轮的有效容积，m^3；

k——叶轮的装满系数，$k=0.6\sim0.8$；

ρ_s——物料的密度，kg/m^3。

由式（4-33）可知，叶轮式闭风器的产量与其转速正比，但是在实际工程中，并非叶轮转速越高闭风器的产量就越高。闭风器的产量与其叶轮圆周速度的关系如图4-29所示。

由图4-29可知，当叶轮的圆周速度较低时，即在叶轮的转速比较低时，随着叶轮圆周速度的增加，排料量大致与转速成正比，但当超过某一圆周速度时，产量开始下降。其原因是叶轮圆周速度超过某一值时，叶片对物料有阻挡作用，既影响了物料的进入，也影响了物料的排出，从而使叶轮空格的物料装满程度下降，同时叶轮排料能力也下降，因而产量也随之降低。

闭风器的容积效率，即实际供料的物料容积与闭风器有效容积的比值。闭风器容积效率与叶轮转速的关系如图4-30所示，图中曲线*A*的实验物料为粉状物料，如面粉、粉尘等；曲线*B*的实验物料为颗粒状物料，如小麦、大豆等。

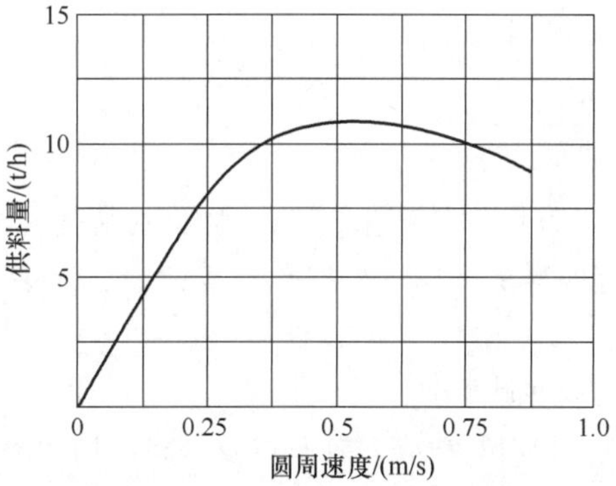

图4-29　闭风器产量与其叶轮圆周速度的关系

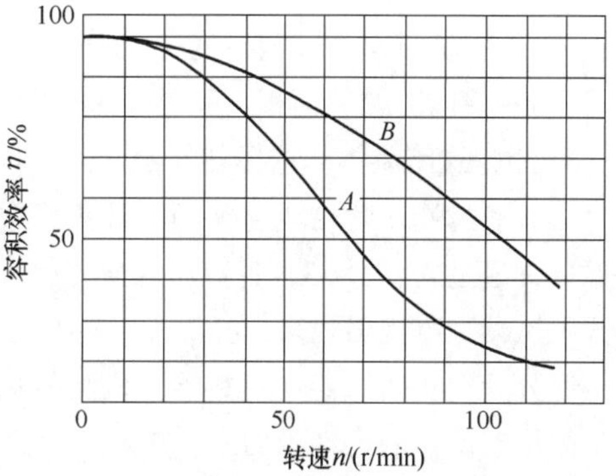

图4-30　闭风器容积效率与叶轮转速的关系

2. 叶轮式闭风器的漏风率

当叶轮式闭风器的进料口和出料口存在压差时，就会出现进料口和出料口之间的漏气现象，叶轮式闭风器的漏风率为闭风器的漏气量占进入除尘器风量的百分比。

叶轮式闭风器的漏风量为叶轮旋转时每一格室容积引起的漏风量和叶轮与壳体间隙的漏风量之和。为减少漏风量，叶轮旋转时从进料口到排料口一侧至少应保持有两个以上的叶片与壳体内壁接触，从而形成一个迷宫式密封腔。叶轮与壳体的间隙要尽量小，但间隙过小时，会由于转子的加工精度、热膨胀因素以及输送物料中粉体的阻塞，造成叶轮旋转阻力过大，甚至旋转困难，所以叶片与机壳间的间隙一般控制在一个合适的范围内。此外，叶轮的轴向间隙也必须严格控制和密封。

叶轮式闭风器的漏风量一般可按式（4-34）计算：

$$Q=Q_1+Q_2 \tag{4-34}$$

式中　Q——叶轮式闭风器的漏风量，m^3/min；

Q_1——叶轮旋转时通过叶片和机壳间形成的叶室内的空气泄漏量，m^3/min。这部分漏风量闭风器本身是无法克服的；

Q_2——叶轮与机壳间隙之间的空气泄漏量，m^3/min。这部分漏风量可通过提高加工精度和良好的密封装置、措施使其降到最低。

设叶轮与机壳间的空气总容积为 V（m^3），叶轮转速为 n（r/min），闭风器进出料口处的空气重度分别为 γ_1 和 γ_2，则由于叶轮的有效装料容积而引起的漏风量：

$$Q_1 = nV\left(\frac{\gamma_2-\gamma_1}{\gamma_2}\right) \quad (m^3/min) \tag{4-35}$$

若用闭风器排料口处的体积表示，而且在漏气时空气等温膨胀，则式（4-35）为：

$$Q_1 = nV\left(1-\frac{p_1}{p_2}\right) \quad (m^3/min) \tag{4-36}$$

式中 p_1——进料口处空气的绝对压强，Pa；

p_2——出料口处空气的绝对压强，Pa。

叶轮与机壳之间间隙的漏风量计算，一般按迷宫式密封方法近似计算：

$$Q_2 = \alpha A\sqrt{\frac{g}{\gamma_2}\left(\frac{p_2^2-p_1^2}{np_2}\right)} \quad (m^3/min) \tag{4-37}$$

式中 α——流量系数，纯空气时，α=0.65~0.85。混有粉体时，α 值变小；

A——间隙的总面积，m^2。

3. 叶轮式闭风器的选择和使用

一般通过选取叶轮转速（n）、装满系数（k）以及已知的产量（G）、物料的密度（ρ_s）等参数，通过式（4-33）计算出叶轮式闭风器的有效容积（V），根据有效容积（V）查阅叶轮式闭风器型号规格表来选择。

部分叶轮式闭风器（供料器）的型号规格详见本书附录十。

闭风器所需的电动机功率，在理论上只是消耗在物料与机壳、轴承以及密封结构的摩擦上，但在实际运行时需要的功率远比理论计算需要的功率大。

第七节 除尘器的选择

通风除尘系统选择、设计除尘器时，除了国家相关的环境保护、安全等方面的标准、规范外，需要结合生产的特点、粉尘的性质、除尘器的性能参数、设备投资及运行费用、设备占用空间的大小、管理维修是否方便等方面进行综合分析和考虑。

一、生产的特点

粮食、纺织、冶金、建材、火力发电、化工、烟草、锅炉、机械、制药等行业的生产活动过程中均有粉尘和有害物产生，通风除尘系统是其生产活动正常进行的重要组成部分。但不同行业的生产活动各有其特点，要结合生产的特点选择、设计除尘器类型。

生产活动的特点，如加工原料、产品、生产工艺、设备、厂房建筑等。尤其企业生产活动后制造的产品价值，产品的价值高，选择除尘器的范围就宽；产品的价值低，选择除尘器的范围就窄。如火力发电、冶金、建材等行业一般可以选择电除尘器、湿式除尘器和大型过滤式除尘器，而这些除尘器往往结构复杂、占地面积大、设备费用高，同时除尘效率也很高。粮食加工行业则多选择如惯性除尘器、离心式除尘器和脉冲除尘器等。

近年来，随着环境保护排放标准、车间卫生标准、生产安全标准等的不断制订、更新和提高，除尘器的选择、设计和使用越来越重要。

二、粉尘的性质

粉尘的性质包括粉尘的种类、粒径大小及分布、形状、黏附性、荷电性、化学性质、磨损特性、温度、湿度等。如黏附性大的粉尘不适合用过滤式除尘器、电除尘器等，而适于用湿式除尘器；电阻率过大或过小、容易发生燃烧和爆炸的粉尘不宜采用电除尘器；湿式除尘器既能除尘，又能脱除气态污染物，适合于火力发电、锅炉、冶金等行业污染空气的净化；对于高温、高湿的污染空气不宜采用过滤式除尘器；当污染空气中含有有害气体如二氧化硫、氮氧化物时，可以考虑采用湿式除尘器。

在粮食加工行业，由于脉冲除尘器一次净化就能达到环境排放标准的要求，脉冲除尘器最为常用。脉冲除尘器滤布的选择最为重要，要适应所处理的粉尘性质。

三、除尘器的性能参数

除尘器自身的性能特点决定着其选择和使用。除尘器最重要的性能参数是除尘效率，而除尘效率的实现与其所处理的含尘空气中粉尘的粒径分布关系密切。表4-4反映了用不同粒径的二氧化硅粉尘对除尘器除尘效率的评价，即除尘器的分级效率不同。很显然，粉尘粒径较小时，应选择过滤式除尘器。

表4-4 除尘器的分级效率

除尘器类型	总效率/%	不同粒径（μm）粉尘时的分级效率/%				
		0~5（20%）	5~10（10%）	10~20（15%）	20~44（20%）	>44（35%）
带挡板的重力沉降室	56.8	7.5	22	43	80	90
普通离心式除尘器	65.3	12	33	57	82	91
长锥体离心式除尘器	84.2	40	79	92	99.5	100
喷淋塔	94.5	72	96	98	100	100
电除尘器	97.0	90	94.5	97	99.5	100
文丘里除尘器	99.5	99	99.5	100	100	100
过滤式除尘器	99.7	99.5	100	100	100	100

注：表中括号里的数字为粉尘的质量分散度。

除尘器的处理风量、进口含尘浓度也是除尘器的重要参数。处理风量是指除尘设备在单位时间内所能净化气体的体积量，单位为每小时立方米（m^3/h）或每小时标立方米（Nm^3/h），是选择除尘器重要的因素之一。

根据处理风量设计或选择脉冲除尘器时，一般不能使除尘器在超过规定风量的情况下运行。如对于过滤式除尘器，超过规定风量即额定风量运行，滤袋容易堵塞，寿命缩短，压力损失大幅度上升，除尘效率也要降低；但也不能将处理风量选得过大，否则增加设备投资和占地面积。合理的处理风量常常是根据工艺情况和经验来决定的。

除尘器的进口含尘浓度决定了其使用环境和条件，而除尘器的进口含尘浓度是由扬尘点的生产工艺所决定的，在设计或选择过滤式除尘器时，它是仅次于处理风量的又一个重要因素，用 g/m^3 来表示。过滤式除尘器的进口含尘浓度不宜太高，理想范围为 $0.2 \sim 15g/m^3$；电除尘器的进口含尘浓度为 $30g/m^3$ 以下。对于过滤式除尘器，进口含尘浓度对压力损失和清灰周期等影响最大。进口含尘浓度增大，同一过滤面积上积灰速度加快，滤布的压力损失随之增加，结果不得不增加清灰次数、缩短清灰周期，从而增大清灰系统的规格，同时也加速了滤布的磨损。

除尘系统中，进口含尘浓度较高的条件决定了除尘器的级数。既然过滤式除尘器的进口含尘浓度不宜太高，则可在过滤式除尘器前串联一台除尘器即预净化除尘器以降低进口含尘浓度，而这台预净化除尘器的除尘效率不必太高，如可以采用重力沉降室、惯性除尘器、普通的离心式除尘器等。

四、除尘器的投资及运行费用

除尘器的投资及运行费用、日常管理和维修等因素也决定着除尘器的选择和使用。一般情况下，机械式除尘器的设备费用、运行费用都比较低；湿式除尘器、小型过滤式除尘器费用居中；而电除尘器、大型过滤式除尘器设备费用、运行费用都比较高。

思考题

1. 简述除尘器的类型及其性能特点。
2. 除尘器的主要性能有哪些？
3. 简述重力沉降室、惯性除尘器的性能特点、结构和工作原理。
4. 简述离心式除尘器的性能特点、结构和工作原理。
5. 简述影响离心式除尘器除尘效率的因素。
6. 某除尘风网需要选择离心式除尘器作为预净化除尘器，处理风量为 $760m^3/h$，选出其型号规格。
7. 某除尘风网总风量为 $12800m^3/h$，选用二级除尘。一级除尘为离心式除尘器，分别按照单台、四联选取；二级除尘为脉冲除尘器，选出其型号规格。
8. 简述过滤式除尘器的性能特点和除尘机理。
9. 简述过滤式除尘器滤袋清灰的重要性以及清灰方法。
10. 简述脉冲除尘器的性能特点、工作原理和结构。
11. 简述影响脉冲除尘器除尘效率的因素。
12. 简述闭风器的作用和常见型式。
13. 简述叶轮式闭风器的构造、工作原理和性能特点。

第五章

CHAPTER 5

通风除尘风网的设计与计算

学习目标

1. 掌握粉尘的捕捉方式和类型。
2. 掌握除尘风网的设计。
3. 掌握除尘风网的阻力计算。

第一节　粉尘的捕捉

粮食工业生产中，在装卸、输送、筛分、进出仓、包装等过程中或者粉碎、研磨等生产设备或装置中产生的粉尘，只有通过通风除尘风网有效的捕捉、收集，才不至于飞扬到周围环境中污染空气，也才能实现粉尘的回收、含尘空气的净化以及达标排放。

在通风除尘系统中，捕捉、收集粉尘或含尘气流的技术称为粉尘的捕捉技术。捕捉粉尘或含尘空气的装置常称为吸尘罩或气流分离风选器，吸尘罩也称吸风罩、排风罩、排尘罩等；气流分离风选器简称风选器或者风选，利用气流分离粮食中的轻杂、粉尘等。通风除尘系统中粉尘的捕捉大多采用吸尘罩形式，由于产生粉尘的尘源形式多种多样，因而吸尘罩的结构、外形也千变万化。

吸尘罩是通风除尘系统的重要构成部分之一，其结构是否合理、形状是否符合含尘气流的流动规律等关系着通风除尘系统能否高效率地捕捉粉尘，能否控制粉尘以及含尘气流的飞扬。

混杂在粮食中的泥土、粮食的细碎皮层、壳类杂质及细屑，在粮食的流动和加工过程中容易飞扬到空气中，成为空气的污染物质，在通风除尘工程中，统称为粉尘，也称易飞扬性轻杂或易污染性物质，均是通风除尘系统捕捉的对象。

一、粉尘的捕捉方式

粮食加工中粉尘的产生不分被动或是主动，但生产过程中粉尘的捕捉方式可以分为两种显著不同的方式：被动式粉尘捕捉方式和主动式粉尘捕捉方式。

被动式粉尘捕捉方式，是将粉尘作为粮食加工时的伴生物——空气污染物进行控制的方法，粉尘被生产设备即尘源扬出，再通过吸尘罩的吸风作用被捕捉。所以，被动式粉尘捕捉方式粉尘捕捉效果的好坏完全依赖于吸尘罩和尘源间的良好配合，这主要表现在吸尘罩必须具有合适的吸风量。合适的吸风量既能保证吸尘罩恰好捕捉住刚刚产生的含尘空气，又不吸走有用物料，且节省风量。在实际生产中，某一尘源的吸风量本来就靠实验结合经验选取，但是加工车间生产原料及原料中含杂特性是不断变化的，吸尘罩合适的吸风量更是难以准确确定，这也是目前粮食加工厂部分尘源难以完全控制而扬尘的本质原因。

主动式粉尘捕捉方式，是将粉尘当作粮食中的一类杂质而在清理工艺中采取的粉尘分离方法。它也要利用一定的吸风量捕捉粉尘，但它不是被动地接受，而是在粮食中的易飞扬性轻杂还未飞出物料主流前就从物料主流中主动地分离和捕捉。即通过有目的地组织气流作用于物料上的空气动力作用将粮食中的易飞扬性轻杂捕捉和分离。主动式粉尘捕捉方式采用的装置主要为各种型式的气流分离设备，即风选器。风选器对于粮食中轻杂、粉尘的分离和捕捉尤其有效。

二、被动式粉尘捕捉方式

（一）粉尘捕捉原理

被动式粉尘捕捉方式，是通过吸尘罩一定风量的抽吸作用使距吸尘罩口一定距离的范围内，造成合适的空气流动速度，从而将该范围内飞扬的粉尘吸入罩内，其原理如图 5-1 所示。

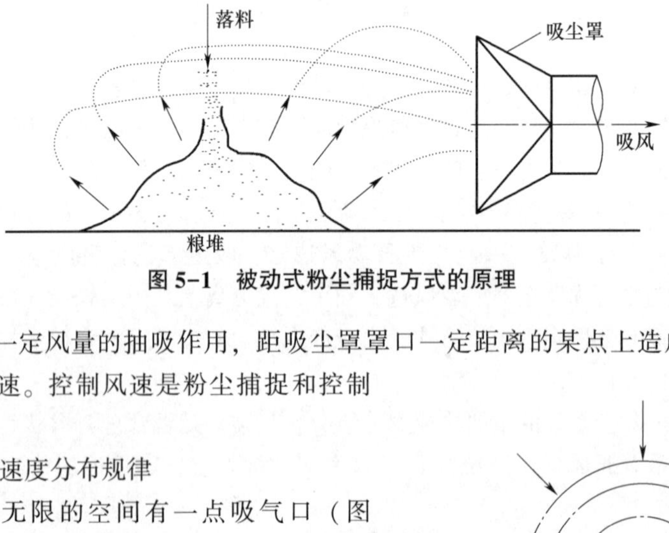

图 5-1 被动式粉尘捕捉方式的原理

通过吸尘罩一定风量的抽吸作用，距吸尘罩罩口一定距离的某点上造成的空气流动速度，称为控制风速。控制风速是粉尘捕捉和控制的关键参数。

1. 吸气口的速度分布规律

假设在边界无限的空间有一点吸气口（图 5-2），则其吸风量为：

$$Q = 4\pi r^2 v \tag{5-1}$$

式中 Q——点吸气口吸风量；

r——截面与点吸气口的距离；

v——与点吸气口距离为 r 的截面上的气流速度。

点吸气口吸气时，因为点吸气口周围在任何

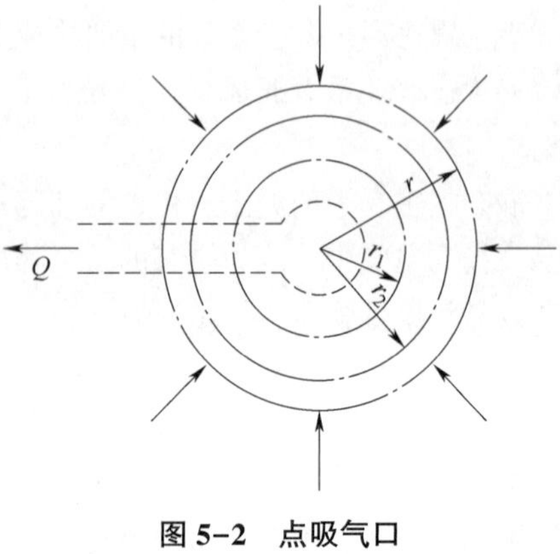

图 5-2 点吸气口

方向上的空气均有相等的机会进入吸气口，因而向点吸气口流动的空气速度相等的各点的轨迹是一个球面。所以，与点吸气口的距离为 r 的截面，实质是流动速度为 v 的一个等速球面的半径。

若以点吸气口为中心，任取两截面（图 5-2），其与点吸气口的距离分别为 r_1、r_2，两截面上的空气流速分别为 v_1、v_2，则有：

$$Q=4\pi r_1^{\ 2}v_1=4\pi r_2^{\ 2}v_2 \tag{5-2}$$

式（5-1）和式（5-2）表明，吸风量一定时，点吸气口外某截面上的空气流速与该截面到点吸气口距离的平方成反比，即随着距吸气口距离的增加，截面上的气流速度将迅速衰减，如某截面与点吸气口的距离增大 1 倍，吸风量不变，则截面上的气流速度将下降为原截面气流速度的 1/4。

点吸气口的气流速度分布规律表明，利用进气口附近的流动空气去捕捉距进气口比较远的某点上的粉尘是非常困难的，如同利用人工吸气的方式熄灭蜡烛一样。从理论上讲只要增大吸风量，就能使距进气口一定距离的某点上的空气流动速度增大，以影响该点上的粉尘飞扬并将粉尘捕捉。而在实际生产中，吸风量的增大是有限的，并且增大的吸风量由于尘源装置周围各种因素的影响，很难实现某点上空气流速真正有所增大。

2. 有挡边的点吸气口速度分布规律

假设点吸气口安装有挡边（图 5-3），挡边所在截面通过点吸气口中心，即挡边的一侧为吸气口，另一侧为吸风管道，且挡边无限大，此时吸气口的吸风量为：

$$Q=\frac{1}{2}\times 4\pi r^2 v \tag{5-3}$$

式（5-3）表明，安装挡边的点吸气口比没有挡边的吸气口节省一半吸风量；或者在一定的吸风量下，在同样距离的截面上形成的气流速度，有挡边的比无挡边的高 1 倍。

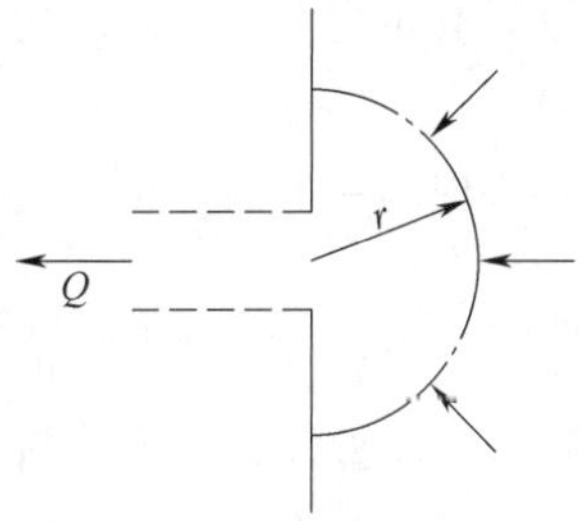

图 5-3 有挡边的点吸气口

3. 实际吸气口速度分布规律

实际工程中，不存在点吸气口，因为尘源不是一个点，而是一台设备或某个区域，有一定的体积，并且尘源的形式多种多样，但随着距吸气口距离的增加，气流速度的分布和衰减规律是相同的。最简单的吸气口就是管道的进风口，图 5-4 为直径为 D 的圆形管道进风口气流速度分布图，也即无挡边圆形管道进风口气流速度分布图。图 5-5 是直径为 D 的有挡边圆形管道进风口气流速度分布图。

图 5-4 表明，无挡边圆形管道进风口在距进风口断面 1 倍直径距离处的断面上，空气流动速度接近于零，这意味着距进风口 1 倍管道直径及以外区域内的粉尘，将不受吸气口气流的影响和控制。而图 5-5 表明，进风口加挡边后，距进风口同样距离的某点上气流速度有所增大，且进风气流作用的区域也有所增大，所以，进风口加装挡边可以改善吸尘罩的粉尘捕捉效率和扩大捕捉区域。

总之，由进气口的速度分布规律可知，被动式粉尘捕捉方式即吸尘罩不宜捕捉距进风口较远处的粉尘，进风口装设挡边可以节省吸风量或者同样的吸风量情况下扩大气流影响区域、提高粉尘捕捉效率。

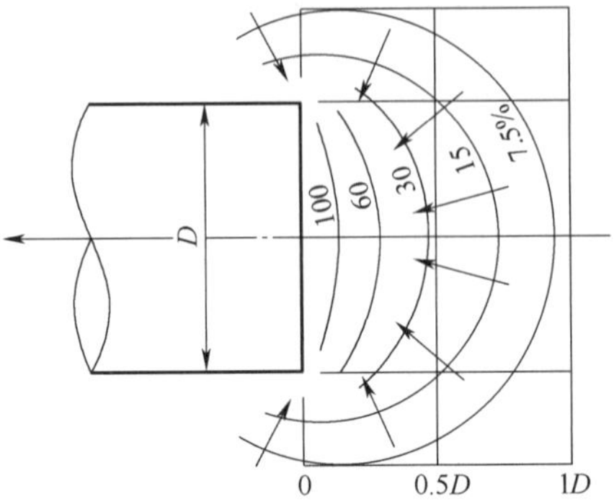

图 5-4　无挡边圆形管道进风口气流速度分布

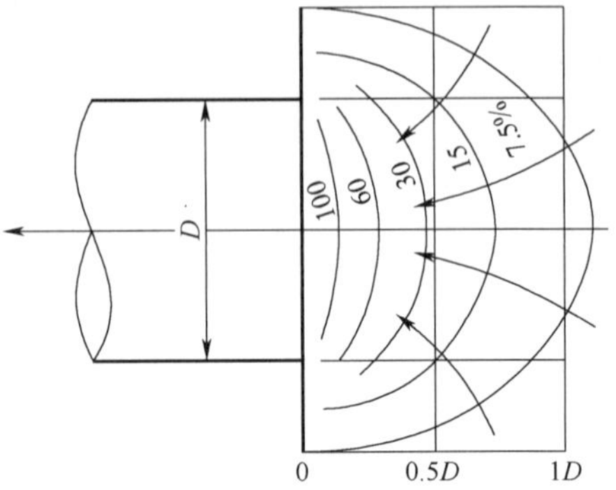

图 5-5　有挡边圆形管道进风口气流速度分布

（二）吸尘罩的设计

1. 吸尘罩的设计原则

根据吸气口的空气流动规律，被动式粉尘捕捉装置即吸尘罩的设计应遵循以下原则。

（1）尽量设计成密闭的吸尘罩。既能阻挡粉尘从尘源设备或装置向外逸出，又节省吸风量。

（2）吸尘罩应尽可能靠近尘源，但又不吸走有用物料。吸尘罩只有距尘源近，才能使罩口附近具有较高速度的气流作用到粉尘上，并将粉尘捕捉。

（3）吸尘罩罩口应对着粉尘的飞扬方向。罩口附近的空气流动方向与粉尘的飞扬方向一致，使得粉尘的捕捉更为容易。

（4）足够的吸风量。足够的吸风量，实质是指能够在吸尘罩罩口造成合适的或足够的罩口风速，作用到罩口区域的粉尘上，使粉尘向罩口运动。合适的罩口风速，对于颗粒料为3~5m/s；对于粉状物料一般不超过3m/s。无论罩口风速高还是低，都以不吸走有用物料为基准。

（5）吸尘罩内气流速度分布均匀，流动阻力低。吸尘罩的收缩角越小，罩内气流越均匀。

（6）吸尘罩不妨碍尘源设备的操作、检修而且坚固耐用。

2. 吸尘罩的形状

吸尘罩的形状多种多样，但一般都是在两种最基本的型式上变化，分别如图 5-6、图 5-7 所示。一种基本型式是“方变圆”（即变形管型式），“方”为方形的吸尘罩罩口，“圆”为收缩之后和管道连接的圆形接口；第二种基本型式是“圆变圆”（变径管型式），即罩口、管道连接口均为圆形。

根据吸尘罩与尘源设备或扬尘机构的连接状况，吸尘罩可以分为密闭吸尘罩和敞口吸尘罩（也称外部吸尘罩）两种类型。

密闭吸尘罩简称密闭罩，是把尘源密闭起来的一种吸尘罩，是尘源吸风罩设计和选择优先考虑的。其粉尘捕捉的原理是，尘源被限制在一密闭空间内，切断了一次尘化气流和室内二次扩散气流的联系，在吸风的作用下密闭罩内产生一定程度的负压，密闭罩内的空气由尘源设备或装置的缝隙由外向内流动，而密闭罩内的含尘空气不会向外逸出。

密闭罩阻止了粉尘的进一步飞扬、传播，又节省吸风量，然而由于某些尘源设备有进

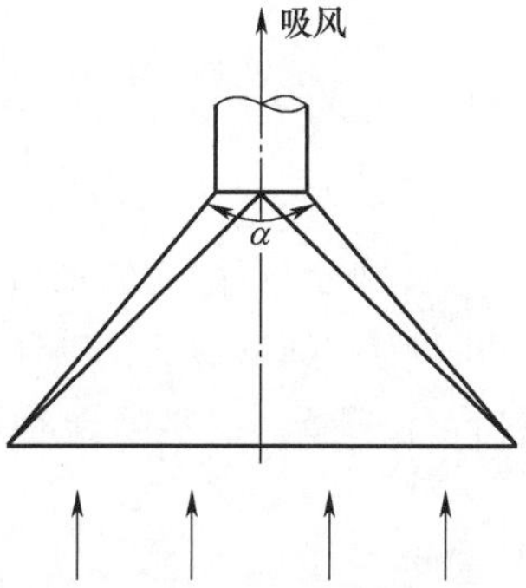

图 5-6 “方变圆”型式的吸尘罩

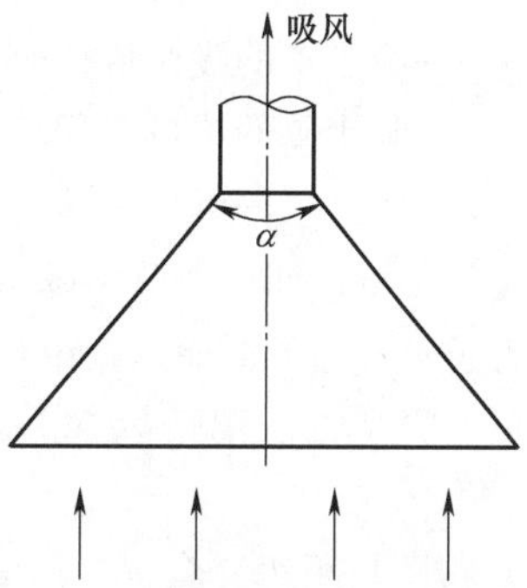

图 5-7 “圆变圆”型式的吸尘罩

料、排料的限制，而且还要进行频繁的操作、检修等，生产中这部分尘源设备往往采用敞口吸尘罩，如粮食加工厂的卸粮坑吸尘罩。图 5-8、图 5-9 所示分别为两种吸尘罩的示意图。

敞口吸尘罩即进风口速度分布规律的具体应用。

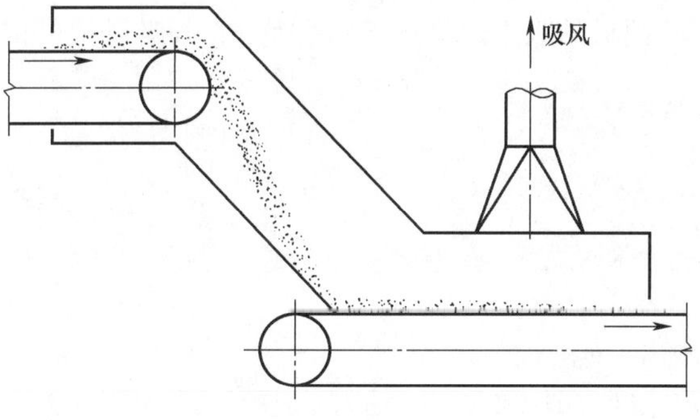

图 5-8 密闭吸尘罩

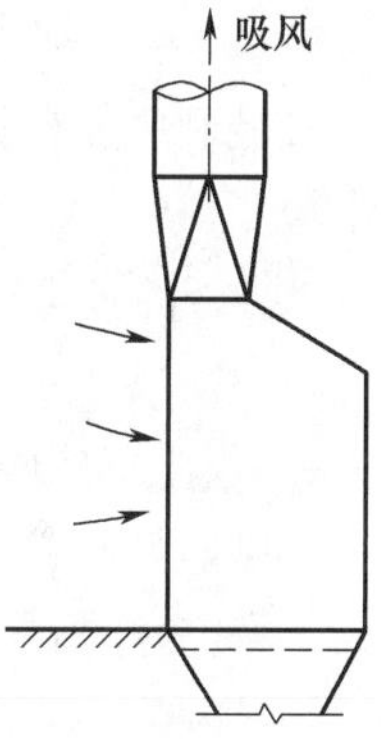

图 5-9 敞口吸尘罩

（三）吸尘罩吸风量的计算

无论什么型式的吸尘罩，最终都是通过一定的吸风量所造成的合适罩口风速达到粉尘捕捉的目的，所以，吸风量的计算是吸尘罩设计的重要内容之一。

吸风量的计算，一般认为是将罩口附近或包含在罩内的粉尘完全吸走并造成罩内有一定程度负压的空气量。具体工程设计上，吸尘罩的风量由进入罩内的诱导空气量和从尘源设备缝隙进入吸尘罩的空气量两部分组成。即：

$$Q=Q_1+Q_2 \tag{5-4}$$

式中 Q——吸尘罩的吸风量；

Q_1——流动的物料或运转的设备部件产生的诱导空气量；

Q_2——从尘源设备缝隙进入吸尘罩的空气量。

物料流动引起的诱导空气量与物料的性质、流量、落差、溜管的倾角和形状等因素有关。从尘源设备缝隙进入吸尘罩的空气量与设备缝隙长短、宽窄等情况有关，而这两方面的空气量目前均无法准确计算。实际吸尘罩的吸风量常常估算或现场调试得出。下面介绍几种简单吸尘罩的吸风量估算方法，实际工程上可以在此基础上将吸风量适当调整。

（1）按罩口风速计算的吸风量

$$Q=Av \tag{5-5}$$

式中　Q——吸尘罩的吸风量，m^3/s；

A——吸尘罩的罩口面积，m^2；

v——吸尘罩的罩口风速，m/s。

吸尘罩的罩口面积，由尘源实际的扬尘口面积计算，扬尘口即吸尘罩的实际罩口。如果为一具有长宽尺寸的截面，则由长乘以宽计算出罩口面积；如果为一圆形截面，则计算圆的面积即可。吸尘罩的罩口风速一般根据尘源设备内的物料特性选择，以不吸走有用物料为准。

（2）按罩口周边缝隙空气速度计算的吸风量

$$Q=A_f v \tag{5-6}$$

式中　Q——吸尘罩的吸风量，m^3/s；

A_f——吸尘罩周边缝隙面积，m^2；

v——吸尘罩周边缝隙空气风速，m/s。

吸尘罩周边缝隙的面积，为吸尘罩和尘源之间的缝隙面积和尘源设备本身存在的缝隙面积之和。

（3）按控制风速计算的吸风量　一侧有挡板的吸尘罩如图 5-10 所示，其吸风量可按控制风速计算。

一侧有挡板的吸尘罩吸风量计算：

$$Q=(5x^2+A)v_x \tag{5-7}$$

式中　Q——吸尘罩的吸风量，m^3/s；

A——吸尘罩罩口面积，m^2；

x——距吸尘罩罩口最远点粉尘的距离，m；

v_x——距吸尘罩罩口距离 x 处的气流速度，即控制风速，m/s。

控制风速是吸尘罩粉尘捕捉的重要参数，控制风速的选取直接影响粉尘的捕捉效果和吸风量的大小。控制风速低，组织的吸风气流捕捉不了粉尘，粉尘依旧飞扬；控制风速高，所需的吸风量巨大，通风管网、设备庞大、造价高。对于粮食加工厂，控制风速一般在 1～3m/s 之间选取。现场干扰气流弱，往下限选取；干扰气流强，往上限选取。

图 5-11 所示为另一种安装方式的吸尘罩形式（柜式吸尘罩），其吸风量计算：

$$Q=(10x^2+A)v_x \tag{5-8}$$

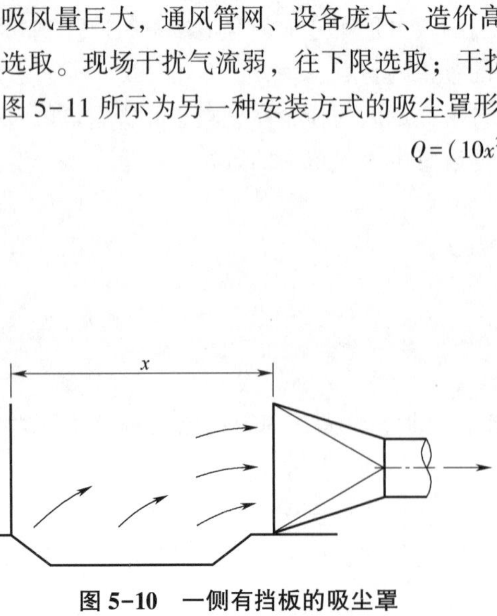

图 5-10　一侧有挡板的吸尘罩

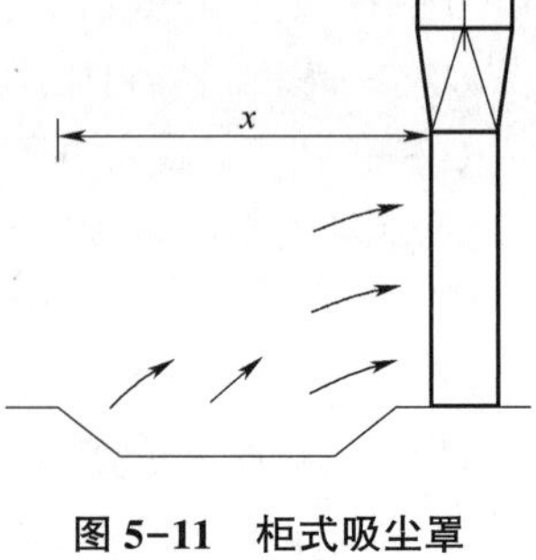

图 5-11　柜式吸尘罩

条缝形吸尘罩如图 5-12 所示。条缝形吸尘罩（罩口高长比 $h/L<0.2$）的吸风量，可以按式（5-9）计算。

$$Q=3.7xLv_x \tag{5-9}$$

式中　Q——条缝形吸尘罩的吸风量，m^3/s；

x——距吸尘罩罩口最远点粉尘的距离，m；

L——条缝形吸尘罩罩口长度，m；

v_x——距吸尘罩罩口 x 距离处的气流速度，m/s。

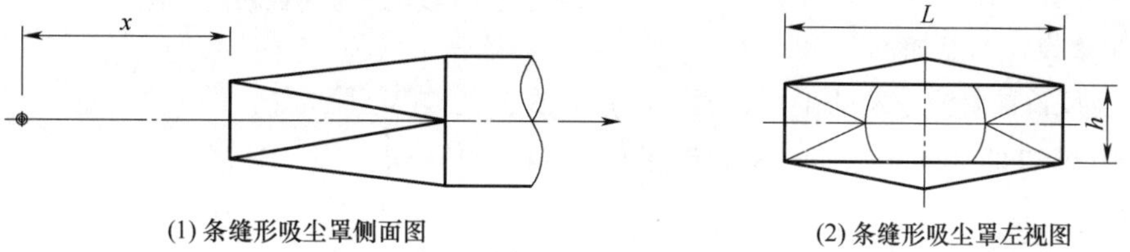

图 5-12　条缝形吸尘罩

（4）吹吸式吸尘罩风量计算　图 5-13 所示为直径相同的风管在进风和出风时管口附近气流速度的变化规律。

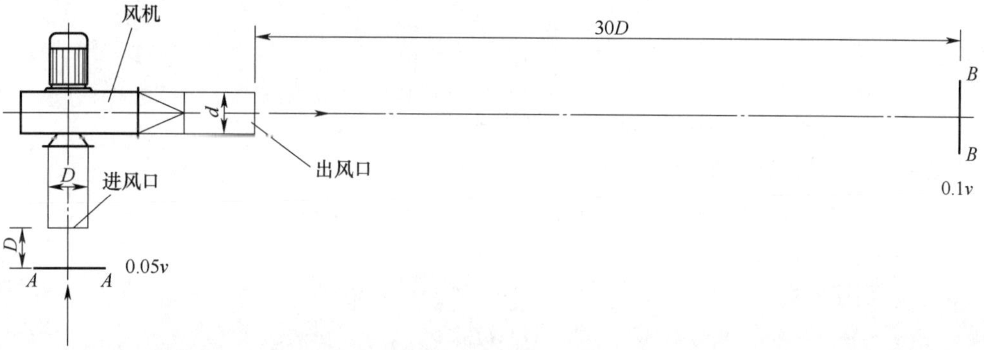

图 5-13　直径相同的风管进风口、出风口气流速度变化规律

由图 5-13 可知，相同的管道直径，出风口气流速度衰减慢，影响的距离远，在距出风口 30 倍管径处的断面 B—B 上，气流速度为管道内风速 v 的 0.1 倍，即 $0.1v$；而进风口附近气流速度衰减很快，在距进风口前端 1 倍直径处的 A—A 断面上，气流速度为管道内风速 v 的 0.05 倍，即 $0.05v$。因此，在工程上，人们常利用出风口气流即射流速度衰减慢、影响距离远的特点作为空气幕隔断尘源处或槽池内粉尘、有害气体等污染物的散发，同时由于吹气气流的卷吸作用，空气幕一侧或下方的有害物随射流气流被吹向尘源或槽池的另一端，在尘源或槽池的这端设置吸风口，从而污染物被控制和捕捉，这就是吹吸式吸尘罩粉尘控制和捕捉的原理。

吹吸式吸尘罩，使用风量少，抗外界干扰能力强，粉尘、有害气体等污染物控制效果好，而且基本不影响正常的生产和操作。图 5-14 所示为吹吸式吸尘罩粉尘控制原理。

苏联学者巴杜林把吹吸式吸尘罩对粉尘等污染物的控制归结为，射流气流速度与作用在吹吸气流上的污染气流的合适的速度之比。即只要吸风口前射流末端的平均速度能保持一定数值，就能保证对污染物的控制。这种观点把射流对污染物的控制和输送作用作为吹吸式吸尘罩粉尘控制的关键。

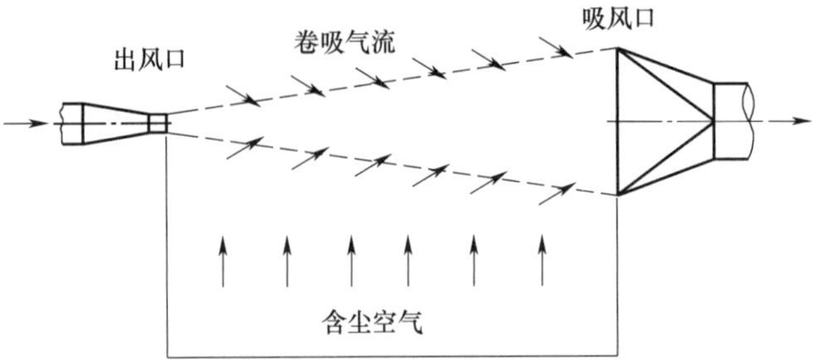

图 5-14 吹吸式吸尘罩粉尘控制原理

常温条件下，工业槽池的吹吸式吸尘罩设计要点如下。

① 吸风口前射流末端的平均速度（v_m）为吹、吸风口间距（w）的 1/2，即 $v_m=0.5w$。

② 吸风口的风量（$Q_{吸}$）为射流末端风量（Q_m）的 1.1～1.25 倍，即 $Q_{吸}=(1.1\sim1.25)Q_m$。

③ 射流出风口高度（h）一般为吹、吸风口间距的 0.01～0.15 倍，即 $h=(0.01\sim0.15)w$，但不小于 5～7mm。

④ 射流的出口速度一般不大于 10～14m/s，吸风口的气流速度不超过吸风口前射流末端的平均速度的 2～3 倍。

⑤ 射流一般为扁平出口射流，其初速度（v_0）按式（5-10）计算：

$$\frac{v_x}{v_0}=\frac{1.2}{\sqrt{\frac{0.2w}{h}+0.41}} \tag{5-10}$$

式中 v_x——射流末端轴心风速，m/s；一般取 $v_x=(2\sim3)v_m$；

v_0——射流初风速，m/s；

w——射流出口和吸风口间距，m；

h——射流出口高度，m。

⑥ 射流的初始流量：

$$Q_0=hLv_0 \tag{5-11}$$

式中 Q_0——射流的初始流量，m^3/s。

L——射流出口宽度，m。

⑦ 射流的末端风量 Q_m：

$$\frac{Q_m}{Q_0}=1.2\sqrt{\frac{0.2w}{h}+0.41} \tag{5-12}$$

吹吸式吸尘罩的设计方法较多，也可参照其他方法进行设计计算。

（5）密闭吸尘罩的吸风量　密闭吸尘罩有局部密闭罩和整体密闭罩之分。局部密闭罩只将工艺设备中容易产尘的局部部位密闭起来，而该设备的大部分在罩外。整体密闭罩则是将尘源设备全部或大部密闭起来，密闭罩基本成为了尘源的机壳。

密闭吸尘罩的特点是污染源全部密闭在罩内。吸风量小，控制有害物的效果好，不受环境气流影响，但影响操作，主要用于污染物危害较大，控制要求高的场合。

按缝隙面积计算密闭罩吸风量：

$$Q=\alpha Av \tag{5-13}$$

式中　Q——吸尘罩的吸风量，m^3/s；

α——吸风量附加系数，一般 $\alpha=1.0\sim1.3$；

A——密闭吸风罩上所有缝隙的面积之和，m^2；

v——缝隙气流速度，m/s。

按换气次数计算的密闭罩吸风量：

$$Q=Vn \tag{5-14}$$

式中　Q——吸尘罩的吸风量，m^3/min；

V——密闭吸风罩体积，m^3；

n——换气次数，次/min。

按换气次数计算密闭罩吸风量，关键是换气次数的确定。换气次数一般按罩内污染物的允许浓度大小等情况确定，或参阅相关的国家标准、规范等确定。

（四）实际工程上吸尘罩的吸风量及其阻力确定

吸尘罩的吸风量，是进行粉尘控制和捕捉的一个重要而且关键的参数。采用较高的吸风量，能满足粉尘收集和控制的需要，但往往容易造成除尘风网规模庞大，占用大量车间面积、空间，而且造价、运行费用高；较低的吸风量则达不到粉尘控制的需要。

实际工程上，吸尘罩吸风量的计算一般应结合加工原料的特性、尘源的扬尘特性、现场的影响因素等情况确定。产尘量大的尘源，吸风量可以选大些。较大的吸风量，实质表现在吸尘罩的合适罩口风速大小。

吸尘罩的阻力是通风除尘风网系统中总阻力的一部分，因为除尘风网系统中的风量都是通过设在尘源上的吸尘罩进入的。尘源设备一定的吸风量，对应空气流动时产生一定的能量损失，即阻力。在确定尘源设备的吸风量时，应同时确定尘源设备的阻力。

尘源设备的阻力一般按照局部阻力计算公式计算，或现场测试得出。

本书附录十一是粮食加工厂部分工艺设备的吸风量和阻力的参考值。

三、主动式粉尘捕捉方式

（一）粉尘捕捉原理

主动式粉尘捕捉方式即利用气流的空气动力作用分离物料中的粉尘、轻杂等物料。

1. 物料流动的组织

主动式粉尘捕捉方式装置或设备的结构设计，首先是对物料流动的组织。物料流动的组织即使物料在流动时，形成一具有稳定物料厚度、宽度以及来料均匀的物料层。

2. 气流的组织

组织具有一定速度大小、方向和与物料流同样宽度的气流作用于或穿过物料层。由于气流的空气动力作用，物料中的尘土、细屑等轻杂被气流带走，而有用物料则不随气流运动。继续按原有运动规律运动，从而使得轻杂与有用物料分开。

3. 气流速度的选取

根据粉尘、细屑等轻杂和有用物料的空气动力学性质差异，即不同的物料具有不同的悬浮速度特性，选取合适的气流速度。

如在垂直向上的气流中，选择气流速度大于物料群中某一种或一类轻杂的悬浮速度而小于谷物的悬浮速度时，气流将把这种轻杂带走，谷物由于悬浮速度大而继续沉降，从而实现轻杂与谷物的气流分离。

如在水平气流中，轻重不一的谷物颗粒及杂质混合物被水平气流加速和输送，呈平抛运动轨迹沉降。轻质物料加速快、水平运动距离远；重质物料加速慢、水平运动距离短，最后落入料斗的不同区间内，从而将物料按重质、轻质等分开。

表 5-1 为粮食加工厂部分物料实测悬浮速度，表 5-2 为小麦及其在制品悬浮速度。

表 5-1　　部分物料实测悬浮速度

物料	真实密度/（kg/m^3）	容积密度/（kg/m^3）	粒径 d_s/mm	悬浮速度 u_t/（m/s）
稻谷	1020	550	3.6	7.5
糙米	1120～1220	820	5.0～6.9(长径)	7.7～9.0
玉米	1240～1350	600～720	9×8×6	9.8～13.5
大米	1480	620～680	10×3	8～8.5
大麦	1230～1300	600～700	3.5～4.2	8.7～10.5
大豆	1180～1220	560～720	3.5～10	10
面粉	1410	610	0.163～0.197	1.5～3.0
豌豆	1260～1370	750～800	6.0～5.5	15.0～17.5
花生	1020	620～640	21×12	12～14
荞麦	1180～1280	510～700	6×4×3	7.8～8.7
燕麦	1130～1250	390～500	2.58×4	7～7.5
裸麦	1260～1440	660～790	7.5×2.3×2.2	8.4～10.5
玉米淀粉	1530～1620	—	0.06	1.5～1.8
烟叶	35～110	—	—	3.2～2.3
菜籽	1220	—	—	8.2
亚麻籽	1120	630～730	4×2.5×1.5	4.5～5.2
黑胡椒	1130～1250	390～500	2.5×4	11～12.5
葵花籽	—	260～440	11×6×4	7.3～8.4
茶叶	1360	790～940	4	6.9

表 5-2　　小麦及其在制品悬浮速度

物料	容积密度/（kg/m^3）	悬浮速度 u_t/（m/s）	物料	容积密度/（kg/m^3）	悬浮速度 u_t/（m/s）
饱满小麦	720～820	8.5～11.5	尾磨磨下物	430～500	2.5～3.5
普通小麦	680～700	7.3～8.4	粗麦心	510	4.5～5.5
虫蚀小麦	—	7.1～7.3	细麦心	530	4.0～5.0
瘦长小麦	—	6.0～6.5	粗粉	400～450	3.5～4.5
碎麦	—	5.6～6.8	特一粉	560～600	2.3～3.0
1 皮磨下物	600～750	6.0～7.0	特二粉	450～500	2.0～3.0
2 皮磨下物	400～500	5.0～6.0	标准粉	430	2.0～3.0
3 皮、4 皮磨下物	350～400	2.0～3.0	次粉	430～600	2.0～3.0
前路心磨下物	480～620	4.0～5.0	粗麸皮	150～240	2.5～3.5
后路心磨下物	400～550	12～14	细麸皮	250～340	2.5～3.5
渣磨磨下物	450～580	4.5～5.5			

（二）粉尘捕捉常用设备

粮食加工中，主动式粉尘捕捉方式常用的设备为各种型式的吸风分离器，以垂直吸风分离器和循环风吸风分离器最为典型。

垂直吸风分离器是利用垂直气流分离和捕捉物料中的易飞扬性轻杂和粉尘的设备，如图5-15所示。图5-16为空气循环使用的循环风吸风分离器。图5-17是粮食加工厂清理车间垂直吸风分离器与筛选设备配合使用的工艺，即风筛组合的轻杂分离工艺。粮食先进入筛选

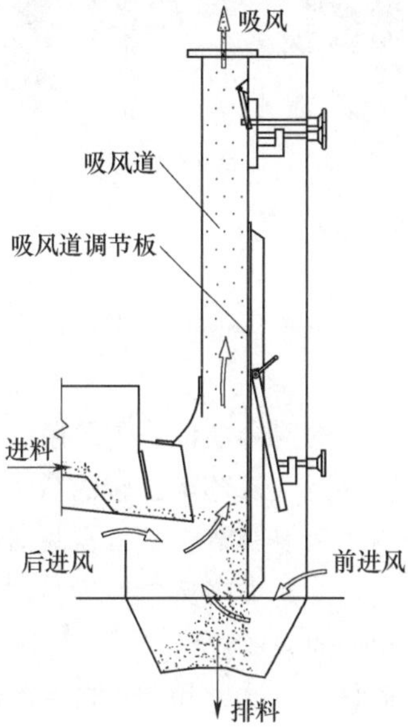

(1) 结构

(2) 外形

图5-15　垂直吸风分离器

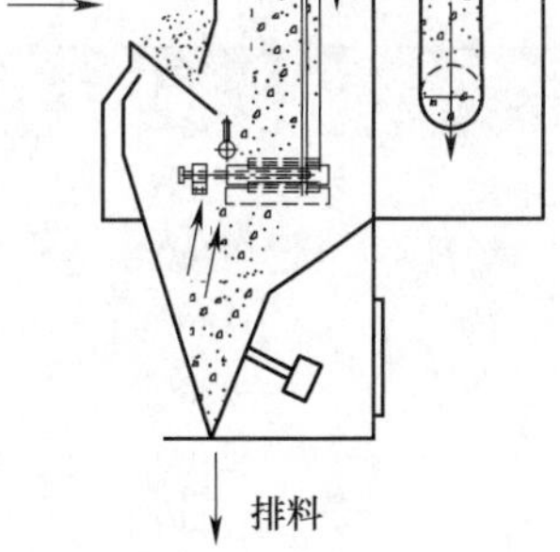

(1) 结构

(2) 外形

图5-16　循环风吸风分离器

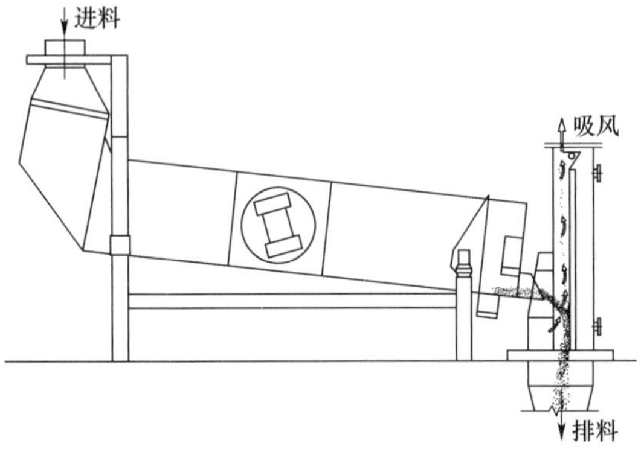

(1) 设备布置

(2) 设备外形

图 5-17　风筛组合的轻杂分离工艺

设备进行筛理，同时起到匀料的作用，排料时进入垂直吸风风选器或循环风吸风分离器进行气流分离轻杂和粉尘。

垂直吸风分离器也称垂直吸风道。运行时，粮食和轻杂的混合物以均匀厚度、宽度的物料层进入具有一定速度的垂直上升气流中，重的粮食颗粒穿过气流落下，轻的粉尘、细屑颗粒等则随气流一起向上运动，从而实现粮食与轻杂的分离。风道调节板是垂直吸风道的重要构件，垂直吸风道中吸风道的厚度可以通过风道调节板调节。调节吸风道厚度，实质是调节吸风道内空气流速的大小，以达到最佳粉尘、轻杂等颗粒物的分离效果。

循环风吸风分离器气流分离粉尘、轻杂的原理与垂直吸风分离器相同，风选结构并未发生实质性变化，不同之处是循环风吸风分离器自带风机和轻杂分离装置，空气循环利用。从环境保护方面，循环风风选器减少了向大气中排放含尘空气的量，因而得到广泛应用。循环风吸风分离器内部的轻杂分离装置一般为惯性除尘器，为了使循环风风选器内部的循环空气一直保持较低的粉尘浓度，循环风风选器需要补充一定的新风量，通过对循环风风选器进行一定量的吸风完成。

对于垂直吸风分离器、循环风吸风分离器这类主动式粉尘分离设备，吸风量由这些设备工作时的具体物料处理量以及在工艺流程中的位置确定。表 5-3 为垂直吸风分离器的技术参数，垂直吸风分离器的阻力一般为 500Pa。表 5-4 为循环风吸风分离器的技术参数，循环风吸风分离器的阻力一般选取 400Pa。

表 5-3　　垂直吸风分离器的技术参数

型号	风道厚度/mm	产量/（t/h）	风量/（m^3/h）
TFDZ50	50	3.3	1260
TFDZ50G	50	5.9	2220
TFDZ75	75	3.3~4.9	1860
TFDZ75G	75	5.9~8.9	3300
TFDZ100	100	4.9~6.6	2460
TFDZ100G	100	8.9~10.8	4440
TFDZ150	150	7.3~9.9	3050
TFDZ150G	150	13~17.7	6660

表 5-4　　循环风吸风分离器的技术参数

型号规格	额定处理量/（t/h）		吸风量/（m³/h）		动力*/kW
	清理	初清	清理	初清	
TFXH80	13	45	300	540	1.5+1.1
TFXH100	16	60	360	600	1.5+1.1
TFXH125	20	75	420	660	2.2+1.1
TFXH150	24	90	480	720	2.2×2+1.5
TFXH180	28	105	600	840	2.2×2+2.2
TFXH200	32	120	720	1080	2.2×2+2.2

注：*加号前面数字代表电动机数量，加号后面数字代表功率。

图 5-18 所示为我国粮食加工厂使用较多的一种气流分离设备——圆筒形吸风分离器。

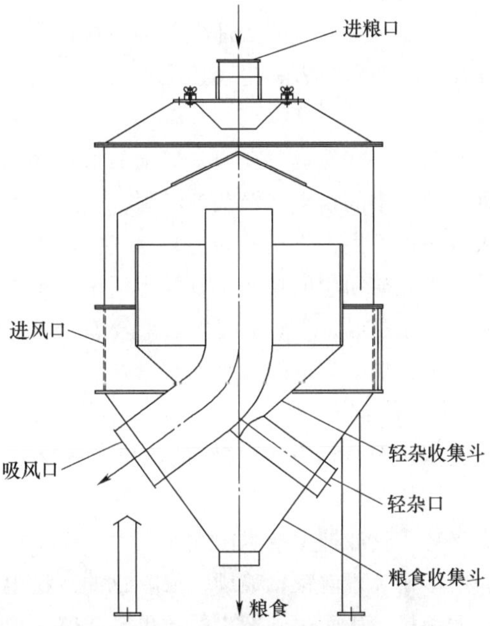

图 5-18　圆筒形吸风分离器

圆筒形吸风分离器的特点是风道长、物料分布均匀、风选充分、效果好；风选出的较重的部分轻杂就地沉降收集，无需通过通风管道进入集中除尘风网中，能耗低。表 5-5 为圆筒形吸风分离器的技术参数。

表 5-5　　圆筒形吸风分离器的技术参数

型号	额定处理量/（t/h）		吸风量/（m³/h）	
	清理	初清	清理	初清
TXFL 60	8	30	1800	2100
TXFL 80	12	50	2800	3000
TXFL 100	16	65	3500	3800
TXFL 120	20	83	4100	4500
TXFL 150	30	110	5500	6000

四、湿法抑尘技术

在粮食的储运过程中，由于粮食的卸船（车）、装车（船）、入仓、出仓以及各种输送设备的运输、转运等，粮食中粉尘的产生是难以避免的。粉尘的产生不但会造成工作环境空气污染、粮食质量的损耗，更重要的是会造成粉尘燃烧爆炸的安全隐患。如一艘容量 5 万 t 的散粮船，经过卸船机、皮带输送机、斗式提升机等设备的卸船、输送、入仓等工序，如果整个生产过程中以产生 0.1%的粉尘飞扬量计算，则飞扬到空气中的粉尘质量可达 50t。

因此，针对粮食储运过程的特点，粉尘的捕捉和控制方法除了常规的通风除尘风网外，有时也采用湿法抑尘技术。粮食中的粉尘具有溶于水或溶于某些油类溶剂的特性，在粮食输送工艺的合适位置对粮食喷洒适量雾状的水或油（食品级），但不影响粮食的储藏和食用品质，从而达到控制粉尘飞扬的方法即粮食的湿法抑尘技术。

目前，湿法抑尘技术主要有喷水抑尘技术、喷油抑尘技术和化学降尘剂抑尘技术三种。不管哪种抑尘技术，共同的特点都是通过喷洒抑尘剂最终将粮食中的粉尘等易飞扬性轻杂黏附在粮食的表面，使粮食在流动时不再有粉尘飞扬出来。

1. 喷水抑尘技术

利用水泵、雾化喷头等装置将水雾化，在粮食流动的最容易扬尘部位之前，对粮食流喷水雾，雾化的水滴被粮食及粮食中的粉尘、轻杂等吸附，从而使粉尘等易飞扬性轻杂自我黏结颗粒变大或者黏附于粮食表面而失去飞扬的能力。

喷水抑尘技术较早使用于煤矿粉尘的控制，日常生活中洒水扫地的道理也是如此。一般认为喷水抑尘技术对于粒径小于 10μm 的粉尘抑尘效果较差。而且由于喷水，增加了原料的水分含量，对原料的后期储藏、加工有可能带来不利影响。

2. 喷油抑尘技术

喷油抑尘技术起源于美国，至今已有 50 多年的历史。1972 年，美国的一家种子公司在往种子中添加油料作为种子生长的营养物质时，发现加油后的种子在加工过程中粉尘大大减少，这引起了人们的极大兴趣，喷油抑尘技术由此而产生。

喷油抑尘技术就是利用雾化装置向粮食喷洒一层雾化油，粉尘和油一同被吸附在粮食的表面，形成无法扬起的粗大颗粒，从而达到抑尘的效果。残留在粮食中的易飞扬性轻杂可以在一定时间内随粮食一起流动而不扬尘。

喷油抑尘技术与传统的通风除尘技术相比，设备简单，费用低。但油是否对粮食食用品质有潜在的风险，还需要做大量的、长期的研究。

喷油抑尘技术的关键是抑制剂种类的选取、喷洒量的控制和雾状微粒粒径的大小等。目前粮食储运中使用较多的粉尘抑制剂为食品级白油。

3. 化学降尘剂抑尘技术

化学降尘剂抑尘技术的关键是降尘剂的研究和选择。目前使用和研究较广泛的降尘剂有粉尘凝聚剂、粉尘黏结剂和起泡剂。

粉尘凝聚剂一般具有保湿、黏结双重作用。喷洒粉尘凝聚剂一方面使物料表面有一定的湿度，另一方面又使物料中微细颗粒处于凝聚状态。

粉尘黏结剂的作用是粉尘等轻杂被粉尘黏结剂覆盖到物料的表面，即喷洒的粉尘黏结剂如同一层薄膜将粉尘包裹到物料的表面。粉尘黏结剂的性质类似于乳胶涂料。

起泡剂是一种表面活性剂，其作用是在水和空气的混合物中产生大量的泡沫，喷洒到尘源上，造成密闭的泡沫覆盖体使粉尘得以湿润和得到抑制。起泡剂需要发泡器等装置发泡。

第二节　通风除尘风网的设计

一、通风除尘风网的类型

通风除尘风网是由吸尘罩、通风管道、风机和除尘器四部分连接组成的一个系统。根据尘源特性、工艺要求和经济上的考虑，除尘风网一般可组合成独立风网或集中风网两种类型。

1. 独立风网

通风除尘风网中只有一个尘源控制点，这种型式的风网称为独立风网，如图 5-19 所示。

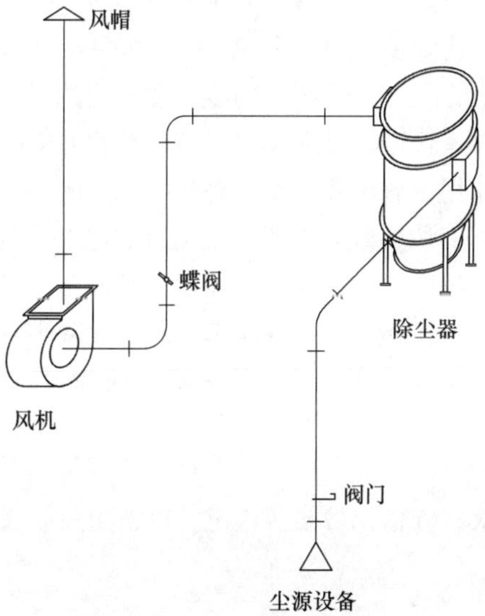

图 5-19　独立风网示意图

凡符合以下条件之一的，常组合成独立风网。独立风网组合原则：

① 尘源所需的吸风量大而且准确。

② 尘源所需的吸风量需要经常进行调节。

③ 尘源自带风机。

④ 尘源的吸出物需要单独处理。

⑤ 与其他尘源相距较远。

尘源设备或某扬尘点所需的吸风量要求比较准确，或根据生产工艺的要求需要经常调节，或尘源吸出的粉尘、物料等不能和其他粉尘或者物料混合、需要单独处理，这个吸风点一般组合成独立风网。某尘源设备自带风机，这个尘源就不适合和其他通风管网再连接到一起，适合组合成独立风网。某个尘源相距较远、通风管道太长，也适合组合成独立风网。

独立风网功能齐全，性能完善，但从经济上考虑，一组风网只控制一个尘源，制造、运行费用高，因而组合成独立风网的通风除尘系统较少，除非生产工艺对尘源的吸风有特殊需要。实际生产中尘源的控制多组合成集中风网类型。

2. 集中风网

除尘风网中有两个及以上尘源控制点，这就组合成了集中风网，如图 5-20 所示。

集中风网组合原则：

① 尘源的吸出物品质相似。

② 尘源的工作间歇相同。

③ 尘源相距较为集中。

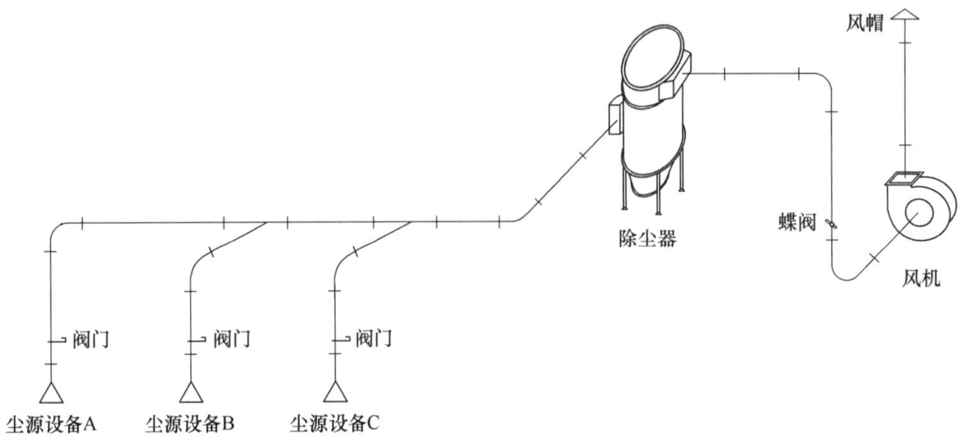

图 5-20　集中风网示意图

④ 易于管网布置、水平管道最短。

⑤ 集中风网组合的规模以能选到合适的除尘器、风机为准。

集中风网控制的尘源点多，与独立风网相比，除尘器、风机的数量并没有增加，因而比较实用和经济。但集中风网中尘源控制点的数量也不宜太多，因为尘源之间的吸风存在着相互影响。如图 5-20 中，如果调节尘源设备 C 的吸尘量，尘源设备 A 的吸尘量和尘源设备 B 的吸尘量也会发生变化。此外，集中风网中的水平通风管道不宜太长，因为水平管道中的粉尘等颗粒物始终受到与运动方向垂直的向下的重力作用，有沉降运动的趋势，风网波动、风量变小等因素都会导致水平管道内粉尘的沉降。如对于某项目的生产工艺，当组合成一组集中风网尘源控制点数量较多、选出的除尘器和风机体积庞大，或者由于处理风量大选不出合适的除尘器和风机时，可以将集中风网按生产工艺、工序和吸出物等特点分组。如某小麦加工厂的清理车间，根据生产工艺特点、粉尘特性和设备运行等特点，组合成四组除尘风网，分别是：一组独立风网——去石机风网；三组集中风网：小麦接收入仓除尘风网、毛麦清理除尘风网和光麦清理除尘风网。

除尘风网分组时，针对个别尘源比较偏远，或水平管道比较长等情况，可选用独立风网方式，或插入式除尘器等粉尘控制方式。

二、通风除尘风网的设计

通风除尘风网的设计，一般按照以下步骤进行。

（1）通风除尘风网设计的资料收集

① 收集生产环境的气象资料，如大气压、空气的温度、密度等。

② 收集生产工艺资料，了解原料特性、工艺流程、生产特点、设备布置等。

③ 分析生产设备的运行特点，如是否扬尘、扬尘部位、扬尘性质等。

④ 了解厂房建筑、结构等。

（2）确定尘源的数量、分布。

（3）确定每一尘源的吸风量和阻力。

（4）组合除尘风网，确定除尘风网的类型和风网的组数。

（5）确定每一组除尘风网中除尘器的类型和级数。

（6）在工艺流程图上绘制除尘风网系统图。

（7）根据平面图、立面图或剖面图等确定每一组风网中通风管道的走向、风机和除尘器的位置等。

（8）在平面布置图、立面图、剖面图上绘制除尘风网布置草图。

（9）绘制除尘风网轴测图，标注主要参数。

（10）进行除尘风网系统的阻力计算。

（11）在平面布置图、立面图、剖面图上绘制除尘风网布置图，并绘制大样图、设备订货图等。

除尘风网是为生产工艺服务的，先有生产工艺，再有除尘风网。因此，除尘风网的设计在生产工艺、设备确定之后进行。

进行除尘风网设计，首先是尘源的确定，即哪些地方需要吸风。一般，输送设备的进料处、排料处，各种加工设备、清理设备、混合设备、打包设备等，各种仓、缓冲仓和收集料斗，卸粮坑以及其他扬尘较高部位或需要吸风的地方等处均需要吸风。有些地方的吸风不是粉尘控制的需要，可能是设备工作原理的需要、除湿降温的需要或其他原因。

之后是每个尘源吸风量和阻力的确定。可通过设备的性能参数表格、经验数据等确定。本书附录十一提供了部分尘源设备的吸风量和阻力，可供参考使用。

根据尘源特性进行除尘风网的组合。结合生产的特点、设备或工序运行时间特点、尘源处吸出物的品质特性等组合除尘风网。如最终组合为集中风网多少组、独立风网多少组，并给每组风网命名。

对于每组除尘风网，接下来就是风网中含尘空气的净化问题，即选择和确定除尘器的类型和级数。在除尘风网中采用一台除尘器对含尘空气进行净化，即为一级除尘；如果采用两台除尘器串联起来依次对含尘空气进行净化，就是二级除尘；同样，多台除尘器串联使用，即多级除尘。除尘风网中除尘器级数的确定取决于含尘空气中粉尘的形状、粒径、粒径分布、含量多少和所选用的除尘器的性能特点等。

对于前述的几种类型除尘器，从达到环境保护排放标准方面讲，脉冲除尘器性能最好，除尘效率一般在99%以上，采用脉冲除尘器一级净化即能达到环境保护要求的排放浓度。但脉冲除尘器的工作原理和清灰方式决定了其处理的含尘空气含尘浓度不宜太高、粉尘要容易清灰等，这限制了一些场所脉冲除尘器的单独使用。即在使用脉冲除尘器时，为了减轻滤布的过滤负荷和清灰负荷，在脉冲除尘器前往往串联一台预净化除尘器，如惯性除尘器、离心式除尘器或其他类型的除尘器，也即采用二级除尘方式。当然，优先选择一级除尘。在有些时候，即使气流中粉尘粒径小、含尘浓度很高，也可以单独使用脉冲除尘器进行一级除尘。

风机在除尘风网中的位置，从理论上和安全性等方面讲，风机应安装在除尘器之后。风机安装在除尘器之后，通过风机的空气为净化空气，可以减轻空气中粉尘等颗粒物对风机叶轮、机壳等部位的磨损，有利于延长风机的使用寿命、降低噪声等。粮食加工厂的粉尘具有燃烧爆炸特性，国家相关标准、规范等规定，除尘器应放在除尘风网的负压段，即风机必须放置在除尘器之后。

在确定管道走向时，一般遵循合理、经济、美观的原则。内容包括选择合适的管道气流速度和管径，选择合适的弯头、变形（径）管、三通等局部构件，管道的走向符合气流运动规律，而且管道长度最短来布置。在粮食加工行业，通风管道的走向布置一般主张横平竖直，即水平管道的走向平行于车间的纵向或横向轴线方向，管道自下而上或由上往下走向均需垂直布置和安装。由于车间的除尘风网不止一组，所以，所有管道在车间的布置力求整齐、美观。

在除尘风网的设计过程中，弯头、三通、阀门、变形管等局部构件是少不了的，但选用的原则是相同的，在满足粉尘控制工艺要求的前提下流动阻力最小，其次外形美观。

对于弯头的设计，关键是曲率半径的选取。在通风除尘风网中，一般，管道直径较大时选取较小的曲率半径，管道直径较小时选取较大的曲率半径。或者根据相关通风管道设计规范、标准或建设项目的设计要求等选取，曲率半径较大的弯头往往需要占用较大的建筑空间等。

对于三通，一般选取夹角为30°或45°的三通，在空间允许的情况下，应优先选取30°夹角三通。

阀门是通风除尘风网中必不可少的局部构件。在每一个吸尘罩的连接管道上、风机的连接管道上均需安装阀门，目的在于风网运行时便于调节实际风量的大小。

由于尘源设备吸风口、除尘器进出风口、风机进出口的形状、尺寸各异，与通风管道连接时往往需要变形（径）管予以连接。变形（径）管的设计，一般要求边界变化要缓，收缩角不宜太大。也可根据变形（径）管的阻力系数表，选择阻力系数较小时的变形（径）管形状、尺寸。

除尘风网设计的具体工作内容，除了上述的分析、论证和方案确定外，就是在工艺流程图上绘制出除尘风网系统图，在项目的各平面图、纵剖图、横剖图上绘制风网布置草图、正式布置图，以及绘制风网轴测图、大样图、设备订货图等。

在工艺流程图上绘制出组合的除尘风网系统图，就是把组合好的风网在工艺流程图上表示出来。由此图可以看出此生产工艺中除尘风网的组数、每组除尘风网中尘源的数量和分布、除尘器类型及除尘级数、风机位置等。

绘制通风除尘风网的轴测图，即将实际的通风管道、风机、除尘器等风网设备、构件等按照三维坐标方向绘制，并连接成一完整的系统。绘制轴测图时，一般要求三维坐标每个方向上选取的比例尺相同。风网轴测图绘制完成后，要标注所有直长管道、局部构件的主要技术参数，这些技术参数是通过在平面图、剖面图上布置完风网之后得到的，如尘源的吸风量和阻力、直长管道的长度、三通夹角、弯头的曲率半径和转角等。通风管道一般采用单线条画出。

大样图主要指除尘风网的部分局部构件如变形管、变径管、风帽等的制作图和技术要求等。

订货图指除尘风网主要设备如风机和除尘器等的型号、规格，以及满足生产现场安装要求的进出风管方位，排尘口位置，检修门方位、位置，泄爆孔的方位、位置等。

图5-21、图5-22、图5-23所示分别为通风除尘风网常用设备如离心式除尘器、脉冲除尘器和离心式通风机的轴测图绘制方法示例。图5-24所示为一种四联刹克龙的轴测图示例。

图5-25为某粮食物流项目工艺流程图中组合的除尘风网系统图。图中有两组除尘风网。第一组为粮食的接收和输送风网：一级除尘，选用脉冲除尘器M1，风机F1位于除尘器之后。主要对卸粮坑、皮带输送机AB1的进料端、斗式提升机E1的进料端（也是皮带输送机

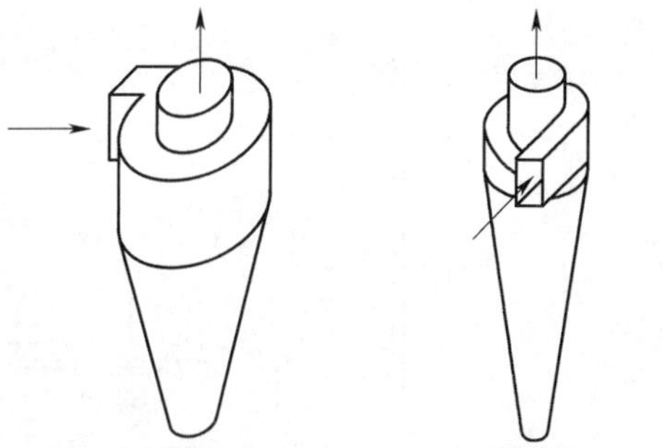

(1) 内旋形轴测图　　(2) 下旋型轴测图

图 5-21　离心式除尘器轴测图

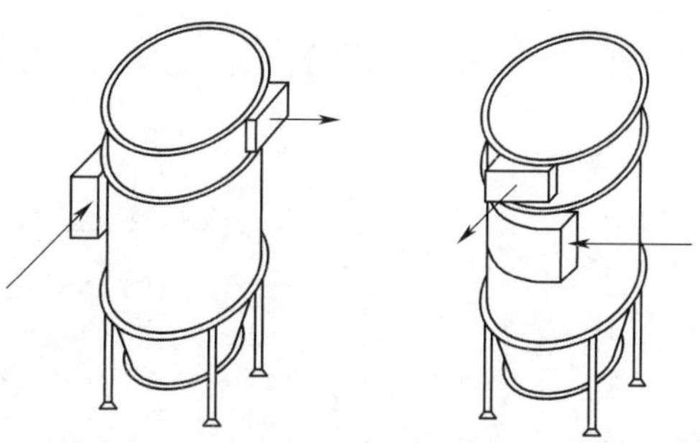

(1) 脉冲除尘器轴测图1　　(2) 脉冲除尘器轴测图2

图 5-22　脉冲除尘器轴测图

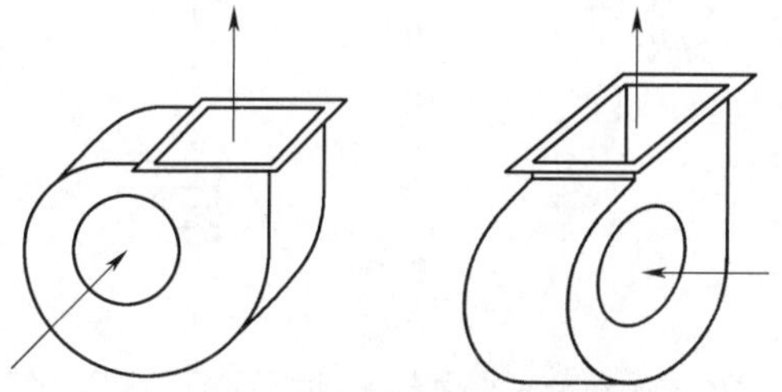

(1) 风机轴测图1　　(2) 风机轴测图2

图 5-23　离心式通风机轴测图

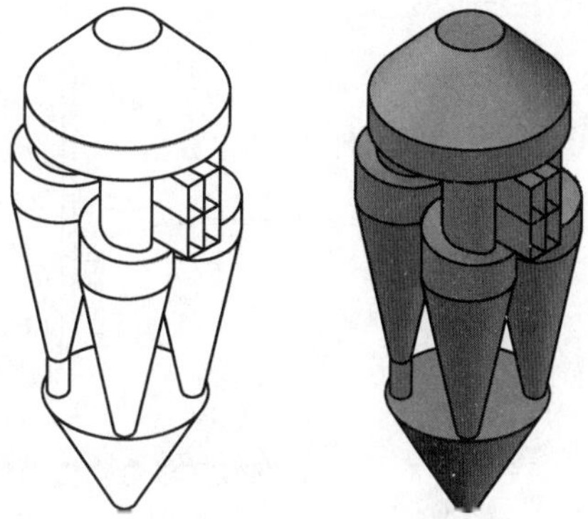

(1) 四联刹克龙轴测图　　(2) 四联杀克龙外形图

图 5-24　四联刹克龙轴测图

AB1 的卸料端）进行粉尘捕捉和控制；第二组为粮食清理风网：一级除尘，选用脉冲除尘器 M2，风机 F2 位于除尘器之后。主要对缓冲仓（也是斗式提升机 E1 的卸料端）、清理筛 QLS、E2 斗式提升机的进料端、发放仓（即 E2 斗式提升机的出料端）、皮带输送机 AB2 的进料端以及灰杂箱等进行粉尘捕捉和控制。

除尘风网轴测图如图 5-26 所示。

三、通风除尘系统设计的依据

在进行通风除尘系统设计时，除了要遵循国家、行业、地市等相关环境标准，如 GB 3095—2012《环境空气质量标准》、GBZ 1—2010《工业企业设计卫生标准》、GBZ 2《工作场所有害因素职业接触限值》以及 GB 16297—1996 粉尘排放标准《大气污染物综合排放标准》外，还要达到建设单位提出的技术指标，建设单位提出的技术指标往往高于国家标准。同时，还应遵循通风除尘、粉尘防爆、生产安全等相关标准、规范等。

对于粮食行业，通风除尘系统还应满足 LS 8001—2007《粮食立筒库设计规范》、GB 50320—2014《粮食平房仓设计规范》、GB 17918—2008《港口散粮装卸系统粉尘防爆规范》等标准、规范的要求，以及建设单位提供的生产管理技术要求等。

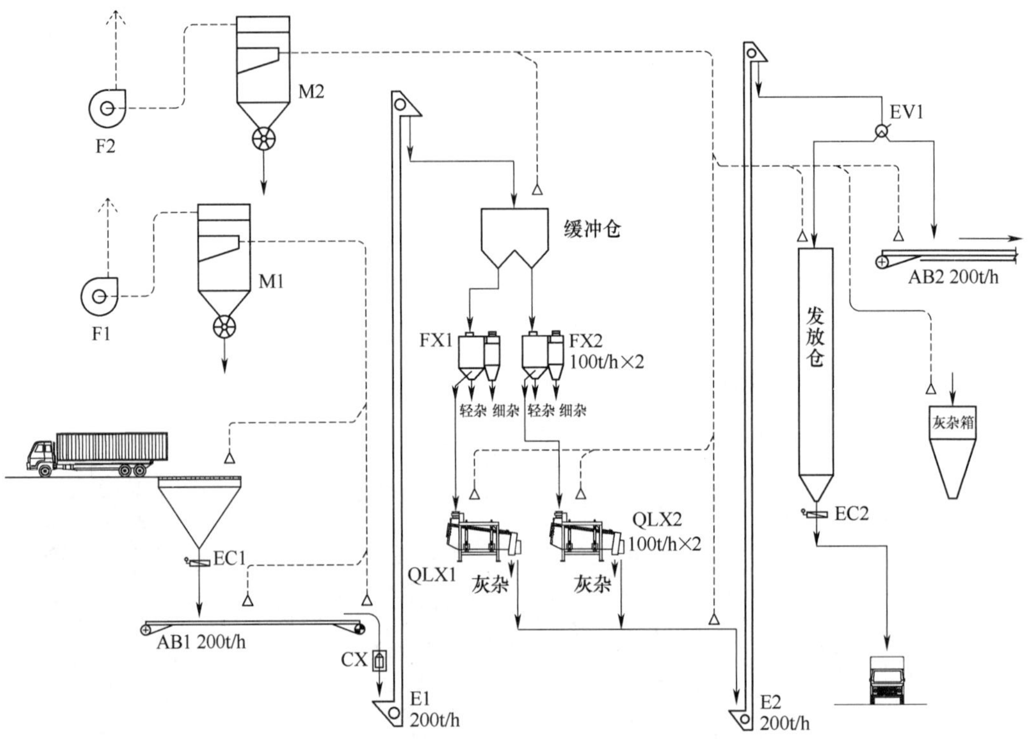

图 5-25　某粮食物流项目工艺流程图中组合的除尘风网系统图

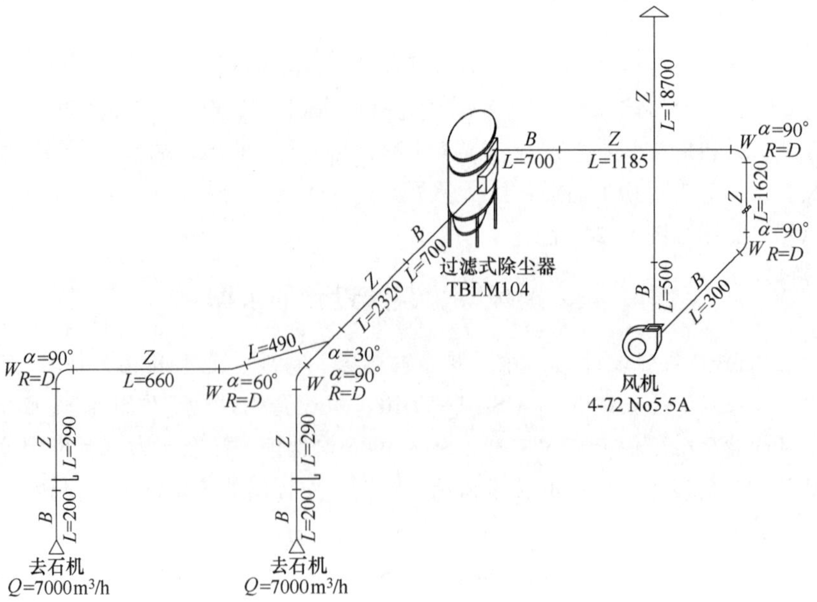

图 5-26　除尘风网轴测图

第三节　通风除尘风网的阻力计算与阻力平衡

一、通风除尘风网阻力计算的目的

通过阻力计算，可以确定以下内容。

① 选取每段通风管道合适的气流速度和计算管道直径。

② 选出合适的除尘器。

③ 选出通风除尘系统需要的风机和电动机。

④ 进行集中风网中支路的阻力平衡。

管道中的气流速度是通风除尘系统安全运行重要的技术参数之一。通过选取合适的气流速度，才能将从吸尘罩捕集的粉尘安全地输送到除尘器进行净化。安全地输送粉尘，指的是含尘空气在管道内的输送过程中不发生粉尘沉积等现象。

管道中气流速度选取的依据是粉尘等物料的悬浮速度特性。从理论上讲，在垂直管道中只要气流速度大于粉尘颗粒的悬浮速度，即可实现气流输送，但是由于实际通风管道内粉尘颗粒群的各种因素影响和生产工艺的波动等因素，使得实际选取的气流速度比物料的悬浮速度大得多。

选取气流速度时，如果选取的数值比较高，则通风管道的直径就会小，这样可以节省管材、减少投资，但气流速度高，流动阻力也高，也意味着能耗高。所以气流速度的选取不是越高越好，而是既安全又经济。在粮食行业的加工车间，通风除尘系统中管道气流速度一般在10~18m/s之间选取，特殊情况下也可选取较高的气流速度。但是，如果粉尘控制系统中某个吸尘罩吸风的作用是除湿降温、消除有害气体等污染物，则其风管气流速度可以选取的低一些。一般，当管道中粉尘浓度比较高、管道比较长尤其水平管道比较长、管网规模比较庞大等情况下，气流速度可以选得高一些；而当管道中含尘浓度比较低或是净化之后的空气输送时，可以选取较低的气流速度。但较低的气流速度，管道直径就会很大，不但车间安装时楼板、墙壁上的洞孔尺寸大、占用大量车间面积和空间，而且管道的造价也高。因此，通风管道内的气流速度需要综合分析后确定。

在工程上，通风管道的尺寸一般按照《全国通用通风管道计算表》选取定型、统一规格的基本管径，或者选取整数，如管道尺寸以0或5结尾。

通风管道的材料最常用的是薄钢板，如普通薄钢板和镀锌薄钢板，钢板厚度一般为0.5~3.0mm。也可以采用塑料板、胶合板、铝板和不锈钢板等。有些场合还可采用砖石、混凝土等建筑材料制作通风管道。

通过阻力计算选出合适的除尘器，即污染空气经过所选用的除尘器处理或净化后的排放空气，能达到相关国家标准、地方标准或行业标准的要求。与此同时，设置了通风除尘系统的车间，车间内空气卫生状况必须达到GBZ 2《工作场所有害因素职业接触限值》等标准要求的卫生指标。

通过除尘系统的阻力计算，可以计算出除尘系统的总阻力和总风量，由此可以选出该系统所需要的风机和电动机。

对于集中风网，有较多的支路，支路阻力必须与主路阻力平衡。只有这样，通风除尘风网每个吸尘罩的风量才能达到设计要求，这是通风除尘系统阻力计算重要的内容之一。

二、通风除尘风网的阻力平衡

进行风网的阻力计算时，往往选取其中的一条管路作为主路，而将其他与之并联的管路看作支路。

以图 5-27 所示为例，说明通风除尘风网主路、支路的选取和阻力平衡的方法。

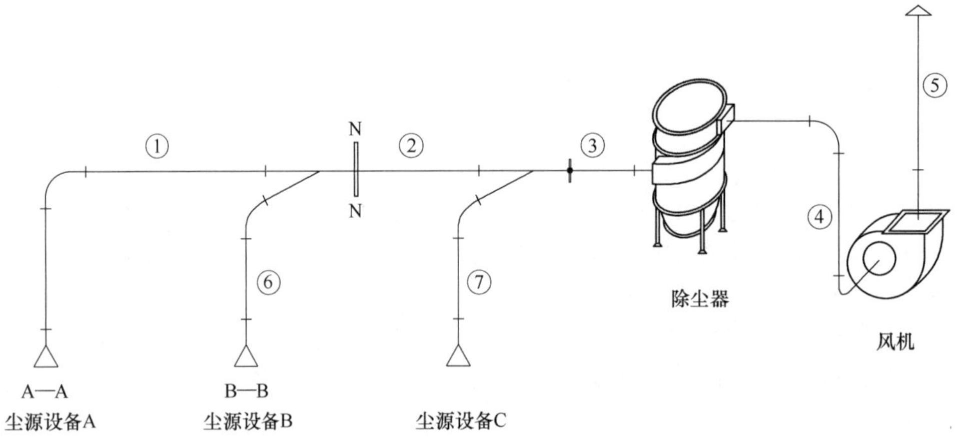

图 5-27　通风除尘风网主路、支路的选取和阻力平衡

1. 主路的选取和管段编号

选取主路时，一般遵循以下原则，至少满足其中之一。

① 路径最长，阻力最大。

② 风量最大。

所以，图 5-27 中，主路为：

尘源设备 A—管段①—管段②—管段③—除尘器—管段④—风机—管段⑤

支路为：

支路 1：尘源设备 B—管段⑥

支路 2：尘源设备 C—管段⑦

为了便于阻力计算，除尘风网中的每一段管道需要进行编号。在进行管段编号时，管段的分界点为风网中的设备或合流三通的总流断面。如在图 5-27 中，管段①和管段⑥经过三通而汇合，则三通的总流断面 N—N 就是管段①和管段②的分界面，也是管段⑥和管段②的分界面。

2. 阻力平衡

对于图 5-27 所示的通风除尘风网，风网运行时，在风机的动力作用下空气同时从尘源设备 A、尘源设备 B 和尘源设备 C 进入风网，分别经过两个三通汇合后进入管段③中，并经管段③将含尘气流送到除尘器中进行净化，粉尘被分离后由除尘器底部的闭风器排出，而净化之后的气流则通过管段④和管段⑤排放到大气中。进行阻力平衡，就是要求支路阻力与和其并联的主路阻力相等。如图 5-27 中，支路 1 的总阻力与主路尘源设备 A—管段①的总阻力相等；支路 2 的总阻力与主路尘源设备 A—管段①—管段②的总阻力相等。

在实际工程中，支路阻力与主路阻力是否阻力平衡常按式（5-15）进行计算判断：

$$\frac{|\text{支路阻力}-\text{与支路并联的主路阻力}|}{\text{与支路并联的主路阻力}}\times 100\%\leqslant 10\% \tag{5-15}$$

式（5-15）的计算结果不大于 10%，即认为阻力平衡，否则，即阻力不平衡。

式（5-15）中左侧分式的分子为支路阻力减去与支路并联的主路阻力的绝对值，在进行实际计算时，取二者中数值大的减去小的计算即可。

对于集中风网，为什么要进行阻力平衡呢？以图 5-27 中支路 1 为例，这是因为不管空气从尘源设备 A 进入还是从尘源设备 B 进入，到达三通汇合之后的 N—N 断面时的能量损失理论上是相同的。可由能量方程予以说明。

对于主路，列 A—A 断面和 N—N 断面的能量方程：

$$H_{OA}=H_{ON}+\Delta H_{A-N} \tag{5-16}$$

式中　H_{OA}——A—A 断面的全压。A—A 断面位于尘源设备 A 附近的大气中，该断面上空气流动速度为零，全压 $H_{OA}=0$；

H_{ON}——N—N 断面的全压；

ΔH_{A-N}——空气由设备 A 进入、经管段①和三通的主路部分到 N—N 断面的能量损失，即主路阻力。

同样，对于支路 1，列出 B—B 断面和 N—N 断面的能量方程：

$$H_{OB}=H_{ON}+\Delta H_{B-N} \tag{5-17}$$

式中　H_{OB}——B—B 断面的全压。B—B 断面位于尘源设备 B 附近的大气中，该断面上空气流动速度为零，全压 $H_{OB}=0$；

ΔH_{B-N}——空气由尘源设备 B 进入、经管段⑥和同一三通的支路部分到 N—N 断面的能量损失，即支路阻力。

因为，$H_{OA}=H_{OB}=0$，所以，根据式（5-16）、式（5-17），有：

$$\Delta H_{A-N}=\Delta H_{B-N} \tag{5-18}$$

式（5-18）表明，支路 1 的总阻力 ΔH_{B-N} 和与支路 1 并联的主路部分总阻力 ΔH_{A-N} 相等。这是空气流动规律的必然，是自然规律。

实际工程上，如果支路的阻力与主路阻力不平衡，那么在风网运行之后，空气流动将自动进行阻力平衡：阻力大的管路风量下降，阻力小的管路风量上升，这样的结果就使实际尘源的吸风量偏离了设计的要求，既影响尘源处粉尘的捕捉和控制，对于只有在空气参与下才能正常工作的生产设备也自然影响其工艺效果。

支路阻力不平衡时，需要重新进行阻力计算。一般只对支路进行阻力调整，最终使支路阻力达到阻力平衡，进行阻力平衡的方法有三种。

① 对支路重新进行阻力计算。调整支路的气流速度，重新计算支路阻力，使支路阻力与主路阻力平衡。

② 利用支路上的阀门进行阻力平衡。当支路阻力小于主路阻力时，可使支路上的阀门消耗一定数量的阻力来使支路阻力与主路阻力平衡。

③ 通过调节支路管径进行阻力平衡的方法（即 0.225 次方法）：

$$D_{后} = D_{前}\left(\frac{H_{前}}{H_{后}}\right)^{0.225} \tag{5-19}$$

式中 $D_{前}$——阻力不平衡时支路管道的直径；

$D_{后}$——调到阻力平衡时支路管道的直径；

$H_{前}$——阻力不平衡时的支路阻力；

$H_{后}$——阻力平衡时支路的阻力。

三、通风除尘风网的阻力计算内容和步骤

以图 5-27 为例，通风除尘风网的阻力计算内容和步骤如下。

1. 选取主路，编管段号

见上述“二、通风除尘风网的阻力平衡”中，选出主路、支路 1 和支路 2。

2. 主路的阻力计算

（1）尘源设备 A 的阻力 H_A 由于通过设计步骤已经确定尘源设备的阻力和风量，在此，直接引用即可。

（2）管段①的阻力计算 管段①的风量：Q_1 = 尘源设备 A 的吸风量，选取管段①的风速 u_1。

计算管段①中直长管道的沿程摩阻。根据 Q_1 和 u_1，查阅附录一得出：λ/d 值、D、H_d 等，由沿程摩阻公式计算管段①中直管道的沿程摩阻 H_m。

计算管段①中的弯头阻力。根据弯头的曲率半径和转角，查阅附录二中的弯头阻力系数表，得出弯头阻力系数 ζ，由局部阻力公式计算管段①中弯头的阻力 $H_{弯}$。

计算管段①中三通的主路阻力。由于三通涉及主路和支路，因此，需要把风网中支路 1 的管段⑥管道直径、风速确定出来。

根据管段⑥的风量 Q_6，选取管段⑥的风速 u_6，查阅附录一得出管段⑥的参数：λ/d 值、D、H_d。

计算：$D_{主}/D_{支}$和 $v_{支}/v_{主}$，根据三通夹角 α，查阅附录三三通阻力系数表中三通夹角 α 的三通阻力系数表，得到三通的主路阻力系数 $\zeta_{三通主}$和支路阻力系数 $\zeta_{三通支}$。

根据局部阻力公式计算出三通的主路阻力 $H_{三通主}$。

所以，管段①的总阻力：$H_{①} = H_m + H_{弯} + H_{三通主}$。

（3）管段②的阻力计算 管段②的风量确定：管段②在管段①和管段⑥的三通之后，所以：$Q_2 = Q_1 + Q_6$。

选取管段②的风速 u_2。管段②气流速度 u_2 的选择有两种可能：$u_2 \geqslant u_1$ 或 $u_2 < u_1$。为了保证管道内气流携带的粉尘、轻杂等颗粒物能被气流安全输送到除尘器，在除尘器之前的管路上，一般选取气流速度逐渐增大，即 $u_2 \geqslant u_1$。

由风速 u_2 和风量 Q_2，查阅附录一得到沿程摩阻系数，计算管段②的沿程摩阻。

管段②的局部构件为风网中第二个三通的三通主路，按照管段①中三通阻力系数的确定方法，得到此三通的主路阻力系数和支路阻力系数，计算三通主的局部阻力 $H_{三通主}$。

管段②的总阻力：$H_{②} = H_m + H_{三通主}$。

（4）管段③的阻力计算 管段③的风量确定：管段③在管段②和管段⑦的三通之后，所以：$Q_3 = Q_2 + Q_7$。

管段③风速 u_3 的选取，$u_3 \geqslant u_2$，查阅附录一得到管段③沿程摩阻系数，计算管段③的沿程摩阻。

管段③中的局部构件为除尘器进风口变形管，由于除尘器还未选出，可暂时不算（等除尘器选出后再计算）。

暂时得到管段③的总阻力：$H_{③} = H_m$。

（5）除尘器的阻力　除尘器的处理风量：$Q_{除} = Q_3 = Q_1 + Q_6 + Q_7$。

根据除尘器的处理风量 $Q_{除}$ 的大小，查阅相关除尘器性能表格选取型号、规格、主要技术参数，并得到除尘器阻力 $H_{除}$。

除尘器选出后，可以查出除尘器的各部分尺寸，如进风口、出风口尺寸等。根据进风口尺寸以及连接的管道尺寸和选定的变形（径）管长度尺寸，查阅局部构件阻力系数表得到除尘器进风口局部构件的阻力系数，从而计算出除尘器进风口变形管的局部阻力。

（6）管段④的阻力计算　管段④位于除尘器之后，其风量即除尘器处理风量。

由于管段④位于除尘器之后，含尘空气已经经过除尘器净化，所以管段④内的气流速度可以比管段③的气流速度有所减小。

管段④中的局部构件有除尘器出风口变形管、弯头、风机进风口变径管。

因为风机还未选出，风机进风口变径管局部阻力待风机选出后进行校核计算，此时暂且不算。

阻力计算方法同上。

（7）管段⑤的阻力计算　管段⑤位于风机之后，其风量等于管段④的风量。

管段⑤内的空气为净化之后的空气，为了便于管道的制作、安装，风机前后连接管道的风速一般不变，因而管道直径同管段④。

管段⑤中的局部构件有风机出风口变形管和风帽。

阻力计算方法同上。

风机进出风口变形管的局部阻力，等风机选出后进行校核计算。

（8）主路的总阻力计算　到此，可以计算出主路的总阻力：

$$H_{主} = H_A + H_{①} + H_{②} + H_{③} + H_{除} + H_{④} + H_{⑤} \tag{5-20}$$

式中　$H_{主}$——主路的总阻力；

H_A——尘源设备 A 的阻力；

$H_{①}$——管段①的阻力；

$H_{②}$——管段②的阻力；

$H_{③}$——管段③的阻力；

$H_{除}$——除尘阻力；

$H_{④}$——管段④的阻力；

$H_{⑤}$——管段⑤的阻力。

3. 支路的阻力计算及阻力平衡

（1）支路 1 的阻力计算

① 尘源设备 B 的阻力 H_B：由于通过设计步骤已经确定尘源设备的阻力和风量，在此，抄来即可。

② 管段⑥的阻力计算：

管段⑥沿程阻力计算。计算管段①的阻力时，管段⑥的风速、沿程摩阻系数、管径等参数已经得到，在此直接计算管段⑥的沿程阻力。

管段⑥局部阻力计算。管段⑥包含的局部构件有弯头、三通支。分别计算弯头、三通支的局部阻力。

管段⑥的总阻力为：$H_{⑥}=H_{m}+H_{弯}+H_{三通支}$。

所以，支路1的总阻力为：$H_{支1}=H_{B}+H_{⑥}$。

③ 支路1和主路的阻力平衡与调整：

首先计算与支路1并联的主路部分总阻力，$\sum H_{1}=H_{A}+H_{①}$。

然后进行支路阻力平衡的判断，具体方法见上述相关内容。

如果支路阻力平衡，则支路1的阻力计算完成；如果支路阻力不平衡，则对支路1再次进行阻力计算，直到阻力平衡为止。

（2）支路2的阻力计算

① 尘源设备C的阻力H_{C}：由于通过设计步骤已经确定尘源设备的阻力和风量，在此，抄来即可。

② 管段⑦的阻力计算：阻力计算方法同上。

所以，支路2的总阻力为$H_{支2}=H_{C}+H_{⑦}$。

③ 支路2和主路的阻力平衡与调整：

首先计算与支路2并联的主路部分总阻力，$\sum H_{2}=H_{A}+H_{①}+H_{②}$。

阻力平衡与计算见上述方法。

4. 计算风网的总阻力和总风量

风网的总阻力：$\sum H=H_{主}$。

风网的总风量：$\sum Q=Q_{A}+Q_{B}+Q_{C}$。

计算风网总阻力$\sum H$时，支路阻力只进行阻力平衡而不累加进去。计算风网总风量$\sum Q$时，所有尘源设备的吸风量都要进行累加。

5. 选择风机和电动机

计算风机参数如下。

风机全压：$H_{风机}=(1.0\sim1.2)\ \sum H$。

风机风量：$Q_{风机}=(1.0\sim1.2)\ \sum Q$。

由风机的全压和风量查阅相关风机性能表或性能曲线，选择风机类型、型号、规格及电动机的型号、规格等。

粮食加工、储运等行业产生的粉尘具有燃烧爆炸特性，通风除尘风网阻力计算选出的设备、构件等应满足相关粉尘防爆、安全等标准要求。

四、通风除尘风网阻力计算举例

［例5-1］ 如图5-28所示，为经过设计步骤得到的一组集中风网轴测图，进行阻力计算。

阻力计算步骤如下。

1. 选取主路，编管段号

根据图5-28所示集中风网，选取主路和支路。

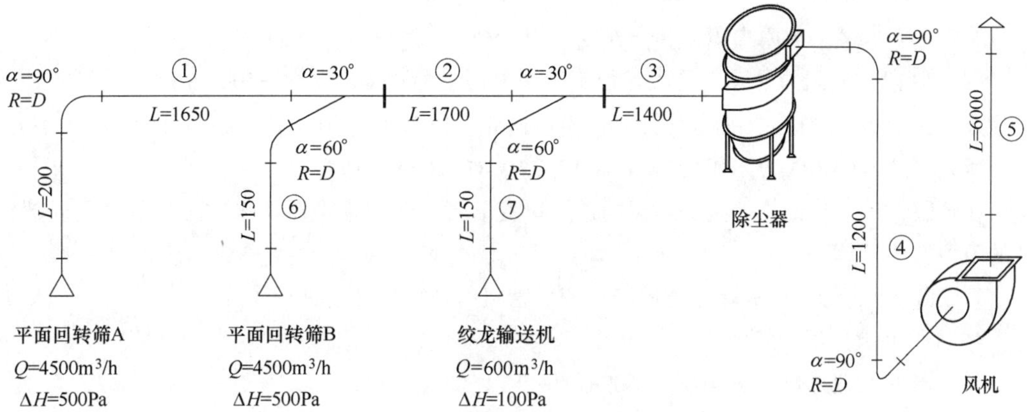

图 5-28　集中风网阻力计算举例

主路：平面回转筛 A—管段①—管段②—管段③—除尘器—管段④—风机—管段⑤

支路：支路 1：平面回转筛 B—管段⑥

支路 2：绞龙输送机—管段⑦

2. 主路的阻力计算

（1）平面回转筛 A 的阻力 H_A

$Q_A=4500m^3/h$，$H_A=500Pa$

（2）管段①的阻力计算

$Q_1=4500m^3/h$，选取管段①的风速 $u_1=14m/s$，查阅附录一，得：$D=340mm$，$H_d=12.01kg/m^2$，$\lambda/d=0.0529$

所以，管段①的沿程摩阻 $H_m=(\lambda/d)LH_d=0.0529\times(0.2+1.65)\times12.01\times9.81=11.53$（Pa）

弯头 $R=D$，$\alpha=90°$，查阅附录二局部构件阻力系数表，得出弯头阻力系数 $\zeta=0.23$

所以，$H_{弯}=\zeta\times H_d=0.23\times12.01\times9.81=27.10$（Pa）

对于管段⑥，$Q_6=4500m^3/h$，选取管段⑥的风速 $u_6=14m/s$，查阅附录一，得：$\lambda/d=0.0529$，$D=340mm$，$H_d=12.01kg/m^2$

计算：$D_{主}/D_{支}=1$，$v_{支}/v_{主}=1$，三通夹角 $\alpha=30°$，查阅附录三三通阻力系数表，$\zeta_{三通主}=0.45$，$\zeta_{三通支}=0.15$

所以，$H_{三通主}=\zeta\times H_d=0.45\times12.01\times9.81=53.02$（Pa）

所以，管段①的总阻力 $H_{①}=H_m+H_{弯}+H_{三通主}=11.53+27.10+53.02=91.65$（Pa）

（3）管段②的阻力计算

管段②位于三通之后，因而 $Q_2=4500+4500=9000$（m^3/h），查阅附录一，取 $D=450mm$，插入法计算得出风速 $u_2=15.93m/s$，$H_d=15.52kg/m^2$，$\lambda/d=0.0371$

所以，$H_m=(\lambda/d)LH_d=0.0371\times1.7\times15.52\times9.81=9.60$（Pa）

对于管段⑦，$Q_7=600m^3/h$，选取管段⑦的风速 $u_7=15.5m/s$，查阅附录一，得 $\lambda/d=0.194$，$D=120mm$，$H_d=15.5kg/m^2$

因为，三通夹角 $\alpha=30°$，$D_{主}/D_{支}=3.75$，$v_{支}/v_{主}=0.97$，查阅附录三，得：$\zeta_{三通主}=0.03$，$\zeta_{三通支}=0.03$

所以，$H_{三通主}=\zeta\times H_d=0.03\times15.52\times9.81=4.57$（Pa）

所以，管段②的总阻力 $H_{②}=H_m+H_{三通主}=9.60+4.57=14.17$（Pa）

（4）管段③的阻力计算　管段③位于三通之后，所以 $Q_3=9000+600=9600$（m^3/h），查阅附录一，取 $D=450mm$，插入法计算得出风速 $u_3=17.0m/s$，$H_d=17.7kg/m^2$，$\lambda/d=0.037$

所以，$H_m=(\lambda/d)LH_d=0.037\times1.4\times17.7\times9.81=8.99$（Pa）

在管段③中，局部构件是除尘器的进风口变形管，但因除尘器还未选出，所以此局部构件的阻力暂不计算。

管段③的总阻力 $H_{③}$ 等除尘器进风口变形管阻力计算出之后进行。

（5）脉冲除尘器的阻力

除尘器的处理风量：$Q_{除}=Q_3=9600m^3/h$，

根据除尘器的处理风量 $Q_{除}$ 的大小，查阅附录九脉冲除尘器性能表，选取脉冲除尘器：

TBLM-78Ⅰ型，滤袋长度 2m，除尘器阻力 $H_{除}=1470Pa$，处理风量 $3438\sim17190m^3/h$，过滤面积 $57.5m^2$。

计算过滤风速：$u_{过}=9600\div60\div57.5=2.78m/min$

过滤风速是脉冲除尘器的重要运行参数之一，一般不超过 3~4m/min，或者根据设计要求的过滤风速判断选用的脉冲除尘器是否合适。计算得到的过滤风速偏高时，需要选择过滤面积大一些的除尘器。

TBLM-78Ⅰ型脉冲除尘器的进风口尺寸 0.5m×0.8m，出风口尺寸 0.33m×1.29m（查阅脉冲除尘器尺寸表得到，不同厂家的脉冲除尘器进出风口尺寸可能不同）。

对于管段③：管道直径 $D=450mm$，面积 $f=0.16m^2$，脉冲除尘器进风口面积 $F=0.4m^2$。

计算面积比 $F/f=2.5$，取收缩角 $\alpha=15°$，查阅附录二局部构件阻力系数表，得阻力系数 $\zeta=0.10$

所以，除尘器进风口变形管阻力：

$H_{除尘器进}=\zeta\times H_d=0.10\times17.7\times9.81=17.36$（Pa）

所以，管段③的总阻力 $H_{③}=H_m+H_{除尘器进}=8.99+17.36=26.35$（Pa）。

（6）管段④的阻力计算　$Q_4=9600m^3/h$，查阅附录一，取 $D=500mm$，插入法计算得出风速 $u_4=13.75m/s$，$H_d=11.56kg/m^2$，$\lambda/d=0.033$

所以，$H_m=(\lambda/d)LH_d=0.033\times1.2\times11.56\times9.81=4.49$（Pa）

因为，$R=D$，$\alpha=90°$，查阅附录二中的弯头阻力系数表，得出弯头阻力系数 $\zeta=0.23$

所以，$H_{弯}=2\zeta\times H_d=2\times0.23\times11.56\times9.81=52.17$（Pa）

除尘器出风口变形管阻力计算：

对于管段④，管道直径 $D=500mm$，面积 $f=0.20m^2$，脉冲除尘器出风口面积 $F=0.43m^2$。

计算面积比 $F/f=2.2$，取收缩角 $\alpha=15°$，查阅附录二局部构件阻力系数表，得阻力系数 $\zeta=0.08$

所以，除尘器出风口变形管局部阻力：

$H_{除尘器出}=\zeta\times H_d=0.08\times11.56\times9.81=9.07$（Pa）

管段④中的局部构件还有风机进风口变形管，风机还未选出，暂时不算。

所以，管段④的总阻力 $H_{④}=H_m+H_{弯}+H_{除尘器出}=4.49+52.17+9.07=65.73$（Pa）

（7）管段⑤的阻力计算　$Q_5 = Q_4 = 9600m^3/h$，$D = 500mm$，风速 $u_5 = 13.75m/s$，$H_d = 11.56kg/m^2$，$\lambda/d = 0.033$

所以，$H_m = (\lambda/d)LH_d = 0.033 \times 6 \times 11.56 \times 9.81 = 22.45$（Pa）

对于局部构件风帽，采用伞形风帽，取 $h/d = 0.5$，查阅附录二阻力系数表，得到风帽阻力系数 $\zeta = 0.6$

所以，$H_{风帽} = \zeta \times H_d = 0.6 \times 11.56 \times 9.81 = 68.04$（Pa）

局部构件风机出风口变形管，阻力暂时不算。

所以，管段⑤的总阻力 $H_{⑤} = H_m + H_{风帽} = 22.45 + 68.04 = 90.49$（Pa）

（8）主路的总阻力计算　主路的总阻力为：

$$H_{主} = H_A + H_{①} + H_{②} + H_{③} + H_{除} + H_{④} + H_{⑤}$$
$$= 500 + 91.65 + 14.17 + 26.35 + 1470 + 65.73 + 90.49 = 2258.39 \text{（Pa）}$$

3. 支路的阻力计算及阻力平衡

（1）支路 1 的阻力计算

① 平面回转筛 B 的阻力：$Q_B = 4500m^3/h$，$H_B = 500Pa$

② 管段⑥的阻力计算：

对于管段⑥，$Q_6 = 4500m^3/h$，风速 $u_1 = 14m/s$，$\lambda/d = 0.0529$，$D = 340mm$，$H_d = 12.01kg/m^2$

所以，$H_m = (\lambda/d)LH_d = 0.0529 \times 0.15 \times 12.01 \times 9.81 = 0.93$（Pa）

弯头 $R = D$，$\alpha = 60°$，查阅附录二中的弯头阻力系数表，得出弯头阻力系数 $\zeta = 0.18$

所以，$H_{弯} = \zeta \times H_d = 0.18 \times 12.01 \times 9.81 = 21.21$（Pa）

因为，三通支路阻力系数 $\zeta_{三通支} = 0.15$

所以，$H_{三通支} = \zeta \times H_d = 0.15 \times 12.01 \times 9.81 = 17.67$（Pa）

所以，管段⑥的总阻力 $H_{⑥} = H_m + H_{弯} + H_{三通支} = 0.93 + 21.21 + 17.67 = 39.81$（Pa）

③ 支路 1 的总阻力 $H_{支1}$ 的计算：

$H_{支1} = H_B + H_{⑥} = 500 + 39.81 = 539.81$（Pa）

④ 支路 1 和主路的阻力平衡及调整：与支路 1 并联的主路阻力

$H_{主并} = H_A + H_{①} = 500 + 91.65 = 591.65$（Pa）

因为：$\dfrac{591.65 - 539.81}{591.65} \times 100\% = 8.8\%$

比值小于 10%，所以支路 1 阻力平衡。

（2）支路 2 的阻力计算

① 绞龙输送机的阻力：$Q_C = 600m^3/h$，$H_{绞龙} = 100Pa$

② 管段⑦的阻力计算：

对于管段⑦，$Q_7 = 600m^3/h$，风速 $u_7 = 15.5m/s$，$\lambda/d = 0.194$，$D = 120mm$，$H_d = 14.72 \times 9.81Pa$

所以，$H_m = (\lambda/d)LH_d = 0.194 \times 0.15 \times 14.72 \times 9.81 = 4.20$（Pa）

弯头 $R = D$，$\alpha = 60°$，查阅附录二阻力系数表，得出弯头阻力系数 $\zeta = 0.18$

所以，$H_{弯} = \zeta \times H_d = 0.18 \times 15.5 \times 9.81 = 25.99$（Pa）

因为，三通支路阻力系数 $\zeta_{三通支} = 0.03$

所以，$H_{三通支}=\zeta\times H_d=0.03\times14.72\times9.81=4.33$（Pa）

所以，管段⑦的总阻力 $H_{⑦}=H_m+H_{弯}+H_{三通支}=4.20+25.99+4.33=34.52$（Pa）

③ 支路 2 的总阻力 $H_{支2}$ 的计算：

$H_{支2}=H_{绞龙}+H_{⑦}=100+34.52=134.52$（Pa）

④ 支路 2 和主路的阻力平衡与调整：与支路 2 并联的主路阻力

$H_{主并}=H_A+H_{①}+H_{②}=500+91.65+14.17=605.82$（Pa）

因为：$\frac{605.82-134.52}{605.82}\times100\%=77.8\%$

比值大于 10%，支路 2 阻力不平衡，需要调整。因支路阻力小于与之并联的主路阻力，本题采用在支路上安装插板阀的方法进行阻力平衡。即：

$H_{阀}=H_{主并}-H_{支2}=605.82-134.52=471.13$（Pa）

因为：$H_{阀}=\zeta_{阀}\frac{v^2}{2g}\gamma=\zeta_{阀}H_d$

其中，动压 $H_d=14.72\times9.81$（Pa）

所以，代入数据，阀门的阻力系数为 $\zeta_{阀}=3.26$

查阅附录二局部构件阻力系数表，得：$h/d=0.35$

因为支路 2 的管径 $d=120$mm，所以 $h=0.35\times120=42$mm

即阀门关闭后留的间隙为 42mm。

4. 计算风网的总阻力和总风量

风网总阻力：$\sum H=H_{主}=2231.96$Pa

风网总风量：$\sum Q=Q_A+Q_B+Q_{绞龙}=9600\text{m}^3/\text{h}$

5. 选择风机和电动机

计算风机参数：

$H_{风机}=(1.0\sim1.2)\sum H=1.1\times2231.96=2455$（Pa）

$Q_{风机}=(1.0\sim1.2)\sum Q=1.1\times9600=10560$（$\text{m}^3/\text{h}$）

由此选择风机：4-72Ⅱ No. 4.7A，2900r/min。

电动机：Y160M1-2，11kW。

计算风机参数 $H_{风机}$ 时，选取的系数 1.1 包含了由于风网阻力计算过程中风机的进出口局部构件阻力以及实际工程上管道、设备等的制造、安装误差等因素影响。

风机进出口变形管局部构件的阻力计算、校核：

风机进风口管道直径 $D=500$mm，面积 $F=0.20\text{m}^2$；查阅风机手册等资料得到 4-72Ⅱ No. 4.7A，2900r/min，风机的进风口直径 $D=474$mm，面积 $f=0.18\text{m}^2$。

查附录二局部构件阻力系数表：$F:f=1.1$，取收缩角 $\alpha=15°$，计算得到阻力系数 $\zeta=0.20$

所以，风机进风口变径管局部阻力：

$H_{风机进}=\zeta\times H_d=0.2\times11.56\times9.81=22.68$（Pa）

同理，计算得到风机出风口变形管阻力系数 $\zeta=0.04$，局部阻力：

$H_{风机出}=\zeta\times H_d=0.04\times11.56\times9.81=4.54$（Pa）

风机进出口变形管阻力合计：22. 68+4. 54=27. 22Pa

累加到上述的风网总阻力 $\sum H$ 中，得到：

$\sum H'=2231.96+27.22=2259.18$（Pa）

计算校核后的风机全压：

$H'_{风机}=(1.0\sim1.2)\sum H'=1.1\times2259.18=2485$（Pa）

查阅表 5-6 所示的 4-72 Ⅱ型 No. 4. 7A 离心风机性能参数表可知，不影响所选出的风机型号、规格。

表 5-6　　4-72 Ⅱ型 No. 4. 7A 离心风机性能参数表

机号 No.	传动方式	转速/（r/min）	序号	流量/（m^3/h）	全压/Pa	电动机	
						规格型号	功率 kW
			1	8245	3152		
			2	9181	3001		
			3	10073	2806		
4. 7	A	2900	4	10790	2700	Y160M1-2	11
			5	11482	2477		
			6	12525	2084		
			7	14229	1638		

本通风除尘风网的局部构件阻力系数如表 5-7 所示。阻力计算结果如表 5-8 所示。

表 5-7　　局部构件阻力系数

局部构件		管段编号							说明
		①	②	③	④	⑤	⑥	⑦	
弯头	$R=D,\alpha=90°$	0. 23			0. 23×2				查阅附录二
	$R=D,\alpha=60°$						0. 18	0. 18	查阅附录二
三通	$\alpha=30°$ $D_{主}/D_{支}=1$ $v_{支}/v_{主}=1$	0. 45					0. 15		查阅附录三
	$\alpha=30°$ $D_{主}/D_{支}=3.75$ $v_{支}/v_{主}=0.97$		0. 03					0. 03	查阅附录三
除尘器	进口变形管			0. 1					查阅附录二
	出口变形管				0. 08				查阅附录二
风帽						0. 6			查阅附录二
	$\sum\zeta$	0. 68	0. 03	0. 1	0. 54	0. 6	0. 33	0. 21	

表 5-8　　通风除尘风网阻力计算结果

设备名称或管段编号	风量 Q/(m³/h)	风速 u/(m/s)	管长 L/m	管径 D/mm	$\Sigma\zeta$	动压 H_d/(kg/m²)	λ/D	摩阻 H_m/Pa	局部阻力 H_J/Pa	H_m+H_J/Pa	阻力累加/Pa		备注
											主路	支路	
1	2	3	4	5	6	7	8	9	10	11	12	13	14
主路													
平面回转筛 A	4500	—	—	—	—	—	—	—	500	500	500	—	—
管段①	4500	14	1. 85	340	0. 68	12. 01	0. 0529	11. 53	80. 12	91. 65	591. 65	—	—
管段②	9000	15. 93	1. 7	450	0. 03	15. 52	0. 0371	9. 60	4. 57	14. 17	605. 82	—	—
管段③	9600	17	1. 4	450	0. 1	17. 7	0. 037	8. 99	17. 36	26. 35	632. 17	—	—
除尘器	9600	—	—	—	—	—	—	—	1470	1470	2102. 17	—	—
管段④	9600	13. 75	1. 2	500	0. 54	11. 56	0. 033	4. 49	61. 23	65. 73	2167. 9	—	—
管段⑤	9600	13. 75	6	500	0. 6	11. 56	0. 033	22. 45	68. 04	90. 49	2258. 39	—	—
支路 1													
平面回转筛 B	4500	—	—	—	—	—	—	—	500	500	—	500	—
管段⑥	4500	14	0. 15	340	0. 33	12. 01	0. 0529	0. 93	38. 88	39. 81	—	539. 81	阻力平衡
支路 2													支路上安装插板阀，关闭后的间隙为 42mm，此时阻力平衡
绞龙输送机	600	—	—	—	—	—	—	—	100	100	—	100	
管段⑦	600	15. 5	0. 15	120	0. 21	14. 72	0. 194	4. 20	30. 32	34. 52	—	134. 52	

除尘风网主要设备：

离心式通风机：4-72 Ⅱ No. 5A，2900r/min。电动机：Y160M1-2，11kW

脉冲除尘器：TBLM－78 Ⅰ 型，滤袋长度 2m，处理风量 3438～17190m³/h，过滤面积 57. 3m²，过滤风速 2. 79m/min，除尘器阻力 $H_{除}$＝1470Pa

第四节　通风除尘系统设计图纸的绘制

一、通风除尘系统设计图纸绘制的内容和方法

通风除尘系统设计图纸的绘制，主要包括在工艺流程图上绘制除尘系统图，在生产车间平面图、剖面图上绘制除尘系统布置草图，绘制通风除尘系统的轴测图和绘制通风除尘系统施工图四部分内容。

1. 在工艺流程图上绘制通风除尘系统图

粮食加工厂设计一般包括工艺设计、土建设计和水电消防设计三部分，其中工艺设计部分包括总平面设计、工艺流程设计、车间设计、风网设计、传动部分设计等内容。工艺流程设计是整个工厂设计的基础，是后续各种设计项目的重要依据。工艺流程的合理与否关系到建厂投资、建厂周期以及投产后的产品品质、生产能力、出品率、生产成本、生产效率、经济效益等多项内容。

在工艺流程图上设计和绘制通风除尘系统是工艺流程设计的一项重要内容。在现代工业生产中，通风除尘系统已经成为生产活动的有机组成之一，性能好坏直接影响到整个生产线的正常和安全运行。在工艺流程图上设计除尘系统，是在充分了解、分析工艺特点、设备特点和产品特点的基础上开展的。主要内容是将生产工艺中众多需要进行粉尘控制和通风的污染源进行除尘系统的组合和设计，最终设计并绘出除尘系统图。

工艺流程图上除尘系统的通风管道一般用虚线或细点划线表示，除尘器、风机等设备用细实线表示。图 5-29 所示为某粮食仓库工作塔工艺流程图风网的组合。

在图 5-29 所示的工艺流程图中，对于工作塔内相对集中的工艺设备，设计有两组除尘风网，均为集中风网形式。而对于距工作塔较远的皮带输送机 B102、B603 的进料端粉尘捕

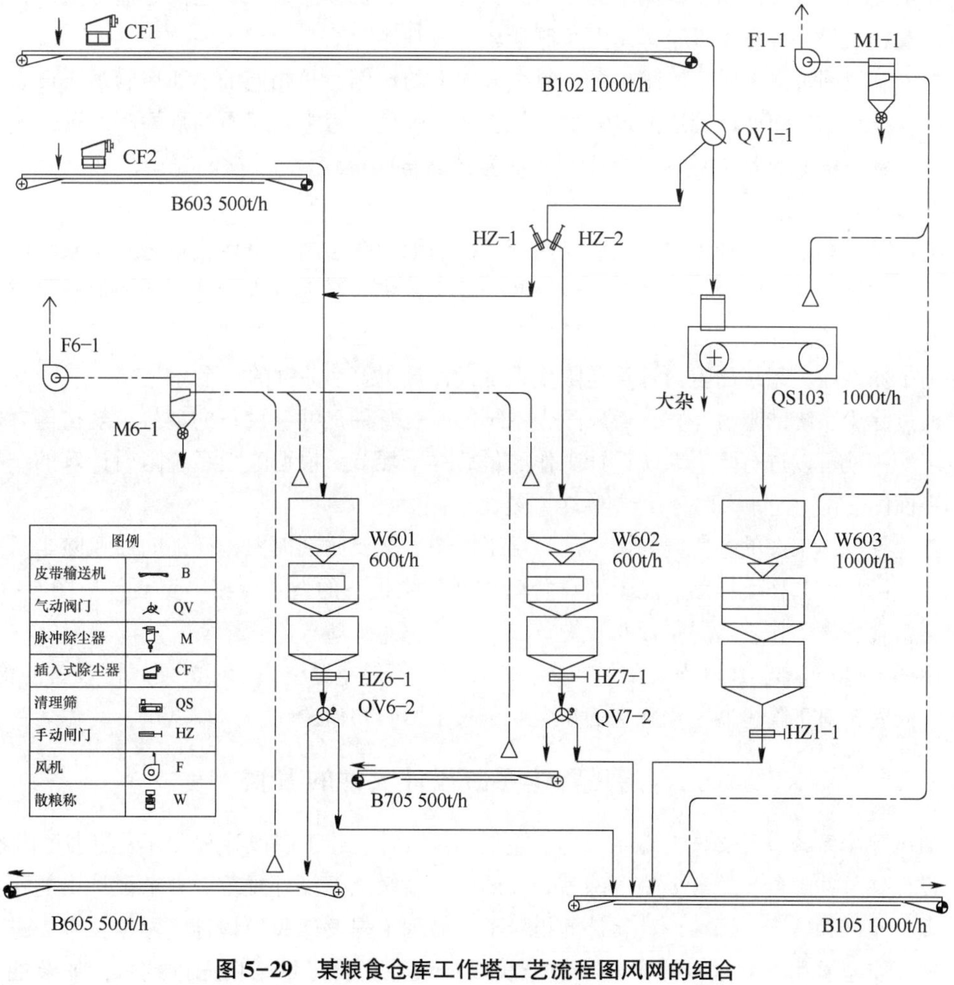

图 5-29　某粮食仓库工作塔工艺流程图风网的组合

捉和控制，如果采用集中风网形式，水平通风管道比较长，最优设计为选用插入式除尘器进行粉尘捕捉、控制。插入式除尘器净化下的粉尘就地落入输送机内，对于粮食仓库、码头的输送工艺来讲减少了粮食输送工程中的质量损耗。

2. 在车间平面图、剖面图上绘制除尘系统布置草图

工艺流程图完成之后，则进行车间设计。即在工艺流程图的指导下，进行生产设备的布置，进而进行生产车间的设计。

如在设备的布置过程中确定车间的层数、层高、每一层的进深及开间大小等，从而绘制出每一层的设备平面布置图以及剖面图、立面图等。在设备布置完成之后，则可以根据工艺流程图上的通风除尘系统图进行平面图、剖（立）面图上除尘系统的绘制工作。

在平面布置图、剖面图上绘制除尘系统时，先绘制除尘系统草图，一般在平面图和剖面图上同时或交叉进行。用单线条如点划线绘制除尘系统管道的走向、除尘器的位置、风机的位置，经过反复比较、调整，确认风管、除尘器、风机与生产设备、建筑构件等无相互干扰后，除尘系统草图即算完成。

3. 绘制通风除尘系统轴测图

在车间平面图、剖（立）面图完成除尘系统布置草图之后，通风除尘系统进一步的工作就是绘制除尘系统轴测图。根据车间平面图、剖（立）面图中通风管道的走向、通风设备的布置以及相关尺寸等在三维坐标图上绘制通风系统轴测图。

在绘制风网轴测图时，三维坐标上每个方向上的比例尺是相同的，通风管道、设备一般采用粗线条绘制；而通风管道的尺寸如直长管道的长度、弯头、三通的规格等均可通过车间平面图、剖（立）面图上绘制的除尘系统布置图测量而得到。

4. 绘制施工图

通风除尘系统的设计工作，在通风除尘系统的轴测图绘制结束后，就是除尘系统的阻力计算和绘制施工图。除尘系统的阻力计算属于除尘系统的详细技术设计，即根据空气流动的原理和方法，选择和确定管道的输送风速、管道直径、通风设备的型号规格和进行必要的阻力平衡工作。除尘系统的阻力计算是除尘系统设计最重要和关键的一个环节。

通过除尘系统的阻力计算，通风除尘系统的所有管件尺寸、设备的型号、规格等参数被确定下来，就可以进行除尘系统设计工作的最后一个环节，根据除尘系统阻力计算的结果和车间平面图、剖（立）面图，绘制除尘系统施工图。

除尘系统施工图的主要内容即车间每层平面图、必要的剖面图、详细的通风除尘系统轴测图、风网构件制作大样图、除尘器订货图以及除尘设备的型号规格一览表等。图 5-30 所示为某粮食仓库工作塔八层平面布置图。

由图 5-30 可知，风网设备集中布置在本楼层，不但布置整齐，还方便风网设备的检修、维护，同时，对于除尘器净化下来的粉尘便于集中回收和输送。

二、通风除尘系统设计文件的编制

通风除尘系统设计文件的编制，主要包括初步设计、施工图设计和设计说明书等内容。

设计文件的编制，一般要遵循国家相关的产业政策以及设计规范，力求设计出的除尘系统合理、经济和美观。即在设计文件的指导下，做到工程设计成果切合实际，技术先进，经济合理，安全适用，并在可能条件下注意美观。设计中要尽量采用先进技术，如节能、环

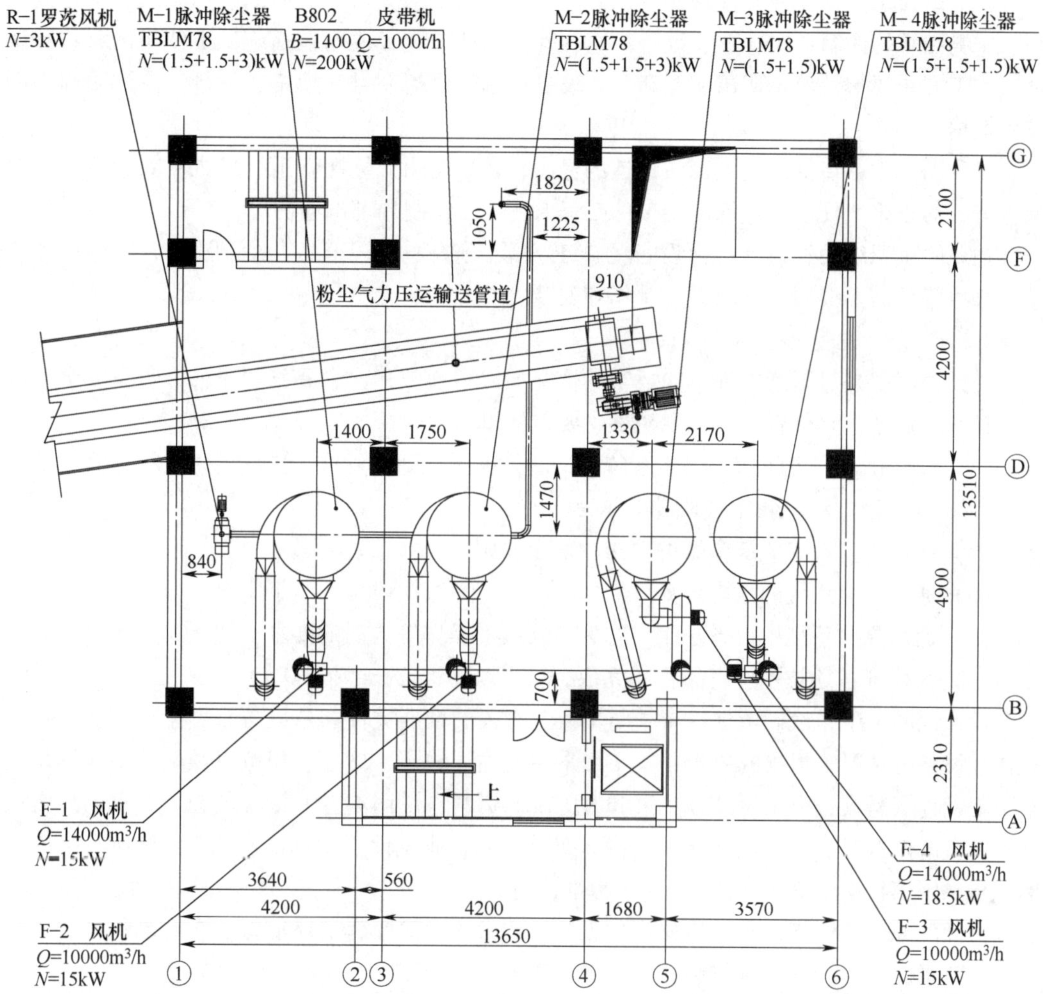

图 5-30 某粮食仓库工作塔八层平面布置图

保、高效的工艺和设备等。

1. 通风除尘系统的初步设计文件

通风除尘系统的初步设计文件一般包括工艺流程图、平（剖）面草图、系统轴测图、计算书等。

通风除尘系统的工艺流程图，在生产工艺流程图上绘出，即除尘系统图。平（剖）面草图，即按照工艺流程图绘出除尘设备如风机、除尘器的位置、管道走向及排风口位置等，属于除尘系统的初步设计，是绘制除尘系统轴测图、进行阻力计算的基础。

系统轴测图一般按 45°轴侧投影绘制，需标注管道尺寸、设备型号等。

计算书即除尘系统的阻力计算，对于通风除尘系统每一污染源或需要通风的地点的排风量、输送风速、管径、主要风道尺寸及设备的选择，应做详细的计算。

2. 施工图设计文件

在施工图设计阶段，通风除尘系统的设计文件主要包括编制图纸目录、设计图纸完善和绘制、设备一览表、设计与施工说明等。

在图纸目录中，先列设计说明和工艺流程图，然后依次列出平面图、剖面图、螺栓洞孔图、轴测图、管件制作大样图、设备一览表等。设计与施工说明包括施工中使用的材料和附件、施工安装要求及设备调试注意事项。设备一览表包括型号、规格、数量，应注明详细的技术数据。

设计图纸中，在剖面图上标注管道的标高，在平面图上标注管道、风机、除尘器的位置尺寸等。对于生产规模大、管网复杂的工程，还需要绘制局部剖面图等。

通风除尘系统的管道及各种设备的施工安装，应根据平面图、剖面图中的定位尺寸安装，某些管件需要按照大样图进行制作和安装。

3. 编写设计说明书

设计说明书是对图纸文件不能反映的情况加以书面叙述，它是指导设计、设备安装、施工和试车生产的重要资料，设计说明书主要包括以下内容。

（1）设计概述。说明通风除尘系统设计的依据、原则、要求、指导思想和特点等。

（2）通风除尘系统组合的原则和方法。

（3）通风除尘系统关键参数的要求、确定原则。

（4）通风除尘系统的阻力计算。

（5）通风除尘系统中设备选用、布置、安装、操作等方面的要求、特点。

（6）为保证各项技术经济指标的完成，所采取的工艺技术措施。

设计说明书中，设计依据主要指与本专业有关的批准文件和建设方根据生产工艺、技术条件、设备的情况等提出的要求；本工程采用的主要法规、标准、规范以及其他专业提供的本工程设计资料等；根据设计任务书和有关设计资料，说明本专业设计的内容；室内外空气计算参数的选取等。如卫生标准和环境标准《工业企业设计卫生标准》《工作场所有害因素职业接触限值》《大气污染物综合排放标准》等。

设计的原则主要指优先采用先进的工艺、技术和设备；满足环境保护、劳动保护、安全卫生的要求；方便操作、维修和管理；选择高效率、低噪声、寿命长的设备等。

设计要求主要指生产工艺各个环节或其他方面的具体要求，这些具体要求是进行项目设计的重要依据。如通风除尘系统的设计应能保证室内卫生达到《工作场所有害因素职业接触限值》的要求，噪声达到《工业企业设计卫生标准》的要求，废气排放达到《大气污染物综合排放标准》的要求；所组织的通风网络除满足生产工艺外，管网设计和布置经济、整齐、美观、维修方便等；关键设备风机应采取减振、消声等措施；管道与风机的连接应为软连接等。

通风除尘系统组合的原则和方法，主要指面对生产中众多需要通风的污染源，如何进行具体的风网设计。如某生产工艺有 58 个污染源需要通风，那么 58 个污染源设计成 1 组风网、2 组风网或是多组风网，哪些污染源设计成独立风网，哪些污染源组合设计成集中风网。

通风除尘系统关键参数选取的要求，如通风管道输送风速的确定，可以根据通风管道的布置形式提出具体的要求。如某粮食物流项目的粮食加工厂，要求车间所有通风除尘系统中水平布置的通风管道输送风速不能低于 15m/s，通风管道内粉尘输送浓度较高的管道输送风速不低于 20m/s，某些重要的污染源排风量不低于 $4000m^3/h$ 等。

通风除尘系统的阻力计算部分是设计说明书的重要内容，如关键参数的选取、设备的选型、管道直径的计算是否合理，在阻力计算部分可以很清楚地看出来。

通风除尘系统中对设备的选用，一般根据生产工艺、设备的使用情况提出要求。如某工程中的通风除尘系统中要求按照滤布的过滤风速不能超过 3m/min 来选择脉冲除尘器；对通风除尘系统中的某几组风网要求必须采用二级除尘等，甚至对一级除尘器、二级除尘器的类型、性质等均做出要求等。设备的布置、安装、操作等方面也可提出具体的要求，如风机的布置，尽量安装在同一楼层，集中在风机房中，以降低风机噪声的影响；脉冲除尘器的观察窗安装在人行通道一侧，泄爆孔不能对着操作区等。

为保证通风除尘系统各项技术经济指标的完成，可以提出一些必要的工艺技术措施等。如管道的连接必须密封不漏气或者试车前做气密性检验、风机试车需要检测风机的技术参数以验证风机是否在设计的参数下工作等。

三、通风除尘系统设计工程实例

以粮食加工厂日处理小麦 300t 清理车间为例，说明除尘系统的设计和设计文件的编制。

1. 综合分析生产工艺的特点以及对通风除尘系统的要求

收集工程设计的原始资料以及生产工艺资料，了解原料特性、工艺要求、生产特点等。分析生产设备的工作特点，是否有污染物产生和排放。了解厂房建筑结构、要求等。收集工程项目所在地生产环境的气象资料，如大气压、空气的温度、密度等。

根据生产工艺和要求确定生产中污染源的数量、分布以及污染物产生的原因、污染物特性等。根据设备性能规格结合通风理论确定每一污染源的排风量、阻力。设计除尘风网，确定除尘风网系统的类型和风网的组数。确定每一组除尘风网中除尘器的类型、级数。

2. 在工艺流程图上绘制除尘系统图

图 5-31 为日处理 300t 小麦清理流程图。在流程图上，清理工艺为从毛麦仓底部的配麦器开始到 1B 磨粉机之间的部分。通过清埋工艺的综合分析确定：去石机需要的排风量大而且准确，设计成一组风网，称为去石机风网。以小麦强力着水机为界，之前为干小麦清理部分（称为毛麦部分），这部分的所有尘源设计成一组风网，称为毛麦风网；之后为湿小麦（称为光麦部分）清理部分，这部分的所有尘源设计成一组风网，称为光麦风网。因此，日处理 300t 小麦清理流程中共设计三组除尘风网。

毛麦部分为小麦的初次清理，扬尘量大，因此，除尘系统设计成二级除尘，一级除尘选用除尘效率较高的离心式除尘器，既能保证进入二级除尘器的进口含尘浓度不太高，又体积小、节省车间空间；二级采用脉冲除尘器，保证排放空气达标。去石机风网和光麦风网均设计成一级除尘，除尘器选择脉冲除尘器。三组除尘风网系统图如图 5-31 所示，图中虚线部分表示脉冲除尘器的反吹风供气系统。

3. 在车间平面图、剖面图上绘制除尘系统布置草图

根据小麦清理流程图上组合、设计的除尘系统，在平面布置图、剖面图上绘制除尘系统布置草图。先将每组除尘系统的尘源标出，由此开始，用粗点划线绘制除尘系统管道的走向、合适的三通位置、除尘器位置、风机位置等，一般在平面图和剖面图上同时或交叉进行。经过反复比较、调整，确认风管、除尘器、风机与生产设备、建筑构件等无相互干扰后，除尘系统草图即算完成。

图 5-32 为日处理 300t 小麦清理车间二层平面除尘系统草图（其余一层、三层~六层平面除尘系统草图略）。图 5-33 为Ⅰ—Ⅰ剖面除尘系统草图（其余Ⅱ—Ⅱ剖面、Ⅲ—Ⅲ剖面、Ⅵ—Ⅵ剖面除尘系统草图略）。

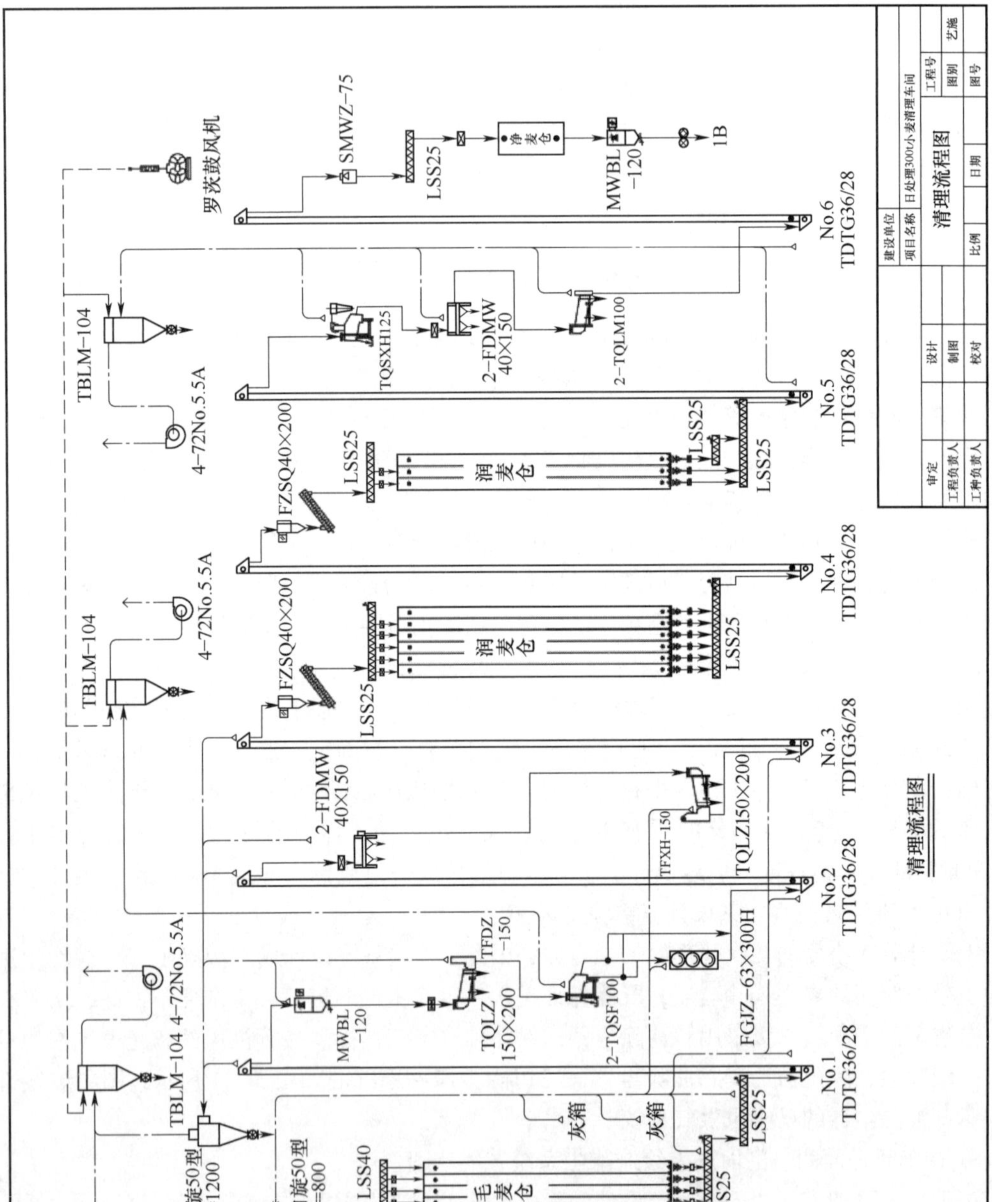

图 5-31 日处理 300t 小麦清理流程图

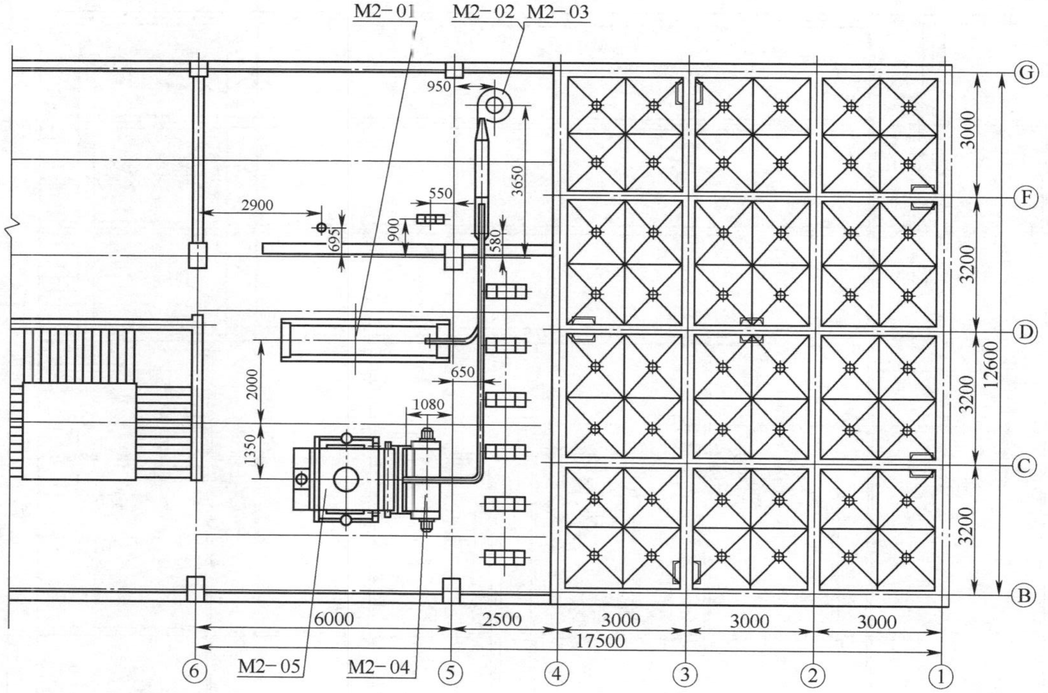

清理车间二层平面除尘系统草图

设备编号	设备名称	设备型号	台数	动力/kW	备注
M2-01	滚筒精选机	FGJZ63×300H	1	5.9	
M2-02	刹克龙	内旋50 D=800	1		
M2-03	无堵关风器	BF-130	1	0.25	
M2-04	循环风风选器	TFXH150	1		
M2-05	高效振动筛	TQLZ150×200	1	0.75×2	

				建设单位				
				项目名称	日处理300t小麦清理车间			
审定		设计		清理车间二层平面除尘系统草图			工程号	
工程负责人		制图					图别	艺施
工种负责人		校对		比例	1:100	日期	图号	

图 5-32　清理车间二层平面除尘系统草图

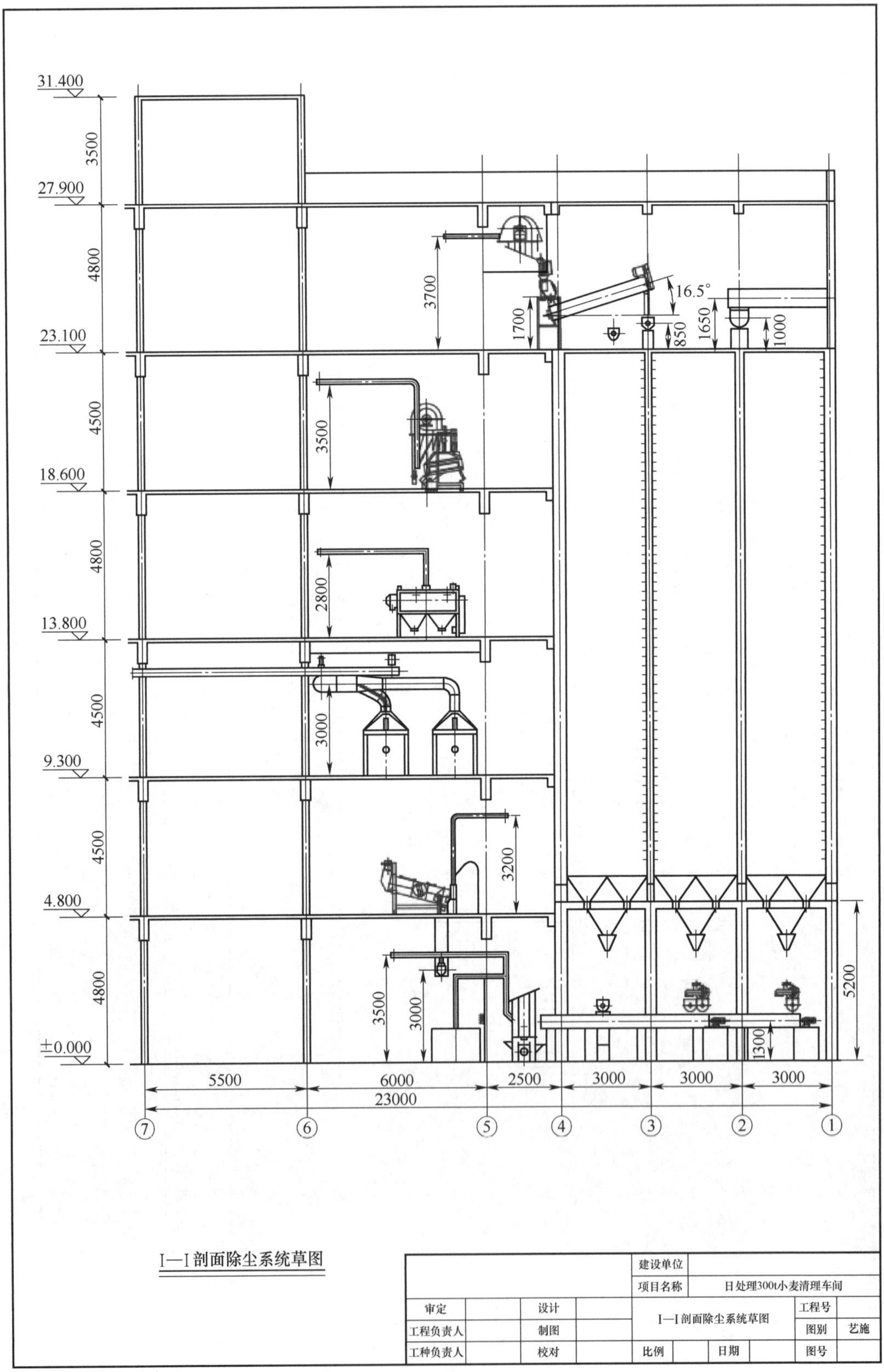

图 5-33　Ⅰ—Ⅰ剖面除尘系统草图

4. 绘制通风除尘系统轴测图和进行阻力计算

轴测图是在平面图、剖面图的除尘系统草图绘制完成之后进行的。轴测图上需要标注管道的长度和弯头、三通等构件的基本参数。

轴测图绘制完成后，进行除尘系统的阻力计算，通过阻力计算确定管道的直径，选出除尘器、风机和设计出排风罩、风帽等局部构件。

除尘系统阻力计算的方法、步骤请参考本章第三节内容，本部分阻力计算过程略。图 5-34、图 5-35、图 5-36 为经过除尘系统的阻力计算而修改、完善的日处理 300t 小麦清理车间的除尘系统轴测图。

5. 绘制施工图和编制设计说明书

根据除尘系统平面布置草图、剖面草图、轴测图以及阻力计算，在平面图、剖面图上绘制施工图。施工图中，除尘系统的管道用双线条绘出，除尘器、风机等设备按照绘制图纸采用的比例绘出，最后标注风管、设备的定位尺寸等。

图 5-37 至图 5-42 为日处理 300t 小麦清理车间每层的平面布置图。图 5-43 至图 5-46 为日处理 300t 小麦清理车间剖面图。图 5-47 为二层洞孔图（其余楼层洞孔图略），图 5-48 为除尘风网管件大样图，图 5-49 为除尘系统选用的脉冲除尘器订货图。设备清单见每层平面布置图，不再单独列出。

6. 设计说明书

设计说明书的主要内容如下。

（1）图纸目录和除尘设备一览表　图纸目录（略），除尘设备一览表（略）。

（2）除尘风网设计　日处理 300t 小麦清理车间，根据清理工艺、工艺设备以及设备运转等特点，总共设计三组除尘风网，分别是去石机风网、毛麦风网、光麦风网。去石机风网和光麦风网均为一级除尘，选用脉冲除尘器，风机位于除尘器之后。毛麦风网为二级除尘，一级除尘采用内旋 50 型离心式除尘器（即刹克龙），二级除尘为脉冲除尘器，风机位于除尘器之后。

① 除尘风网设计依据和要求：包含相关国家标准、规范和设计要求等内容。

② 除尘风网管道的制作和安装：包含风管的壁厚、弯头曲率半径、风管之间的连接方式以及风管的维护、安装支架等内容。

③ 除尘风网设备的安装和调试：每组除尘系统中，风管的所有吸口处均应设闸阀或者蝶阀，操作时，可适当调整阀门开启程度，调节排风量。管道与风机之间的连接应为软连接，所有管道的连接应保证气密性。在较长的水平风管上，每隔 4~6m 开一清灰口，便于清理管道内积尘，清灰口盖应密闭不漏气。

对于设备、管道洞孔和预埋螺栓，必须和设备、管道或者设备说明书核对后方可施工。风管洞孔可以做成圆形或者方形，方形洞孔的边长为图中所注圆洞的直径。

设备调试，应先进行除尘系统的气密性检测，达到气密性要求后方可进行系统调试。调试时应按照设备说明书的要求进行单机空载调试，调试中可对过滤式除尘器的脉冲间隔、脉冲周期进行调整。

（3）除尘系统的阻力计算　在进行除尘系统阻力计算时，水平管道风速不低于 13m/s，毛麦风网要求采用二级除尘。脉冲除尘器过滤风速不超过 3m/min。

除尘器、风机等选用国产设备。

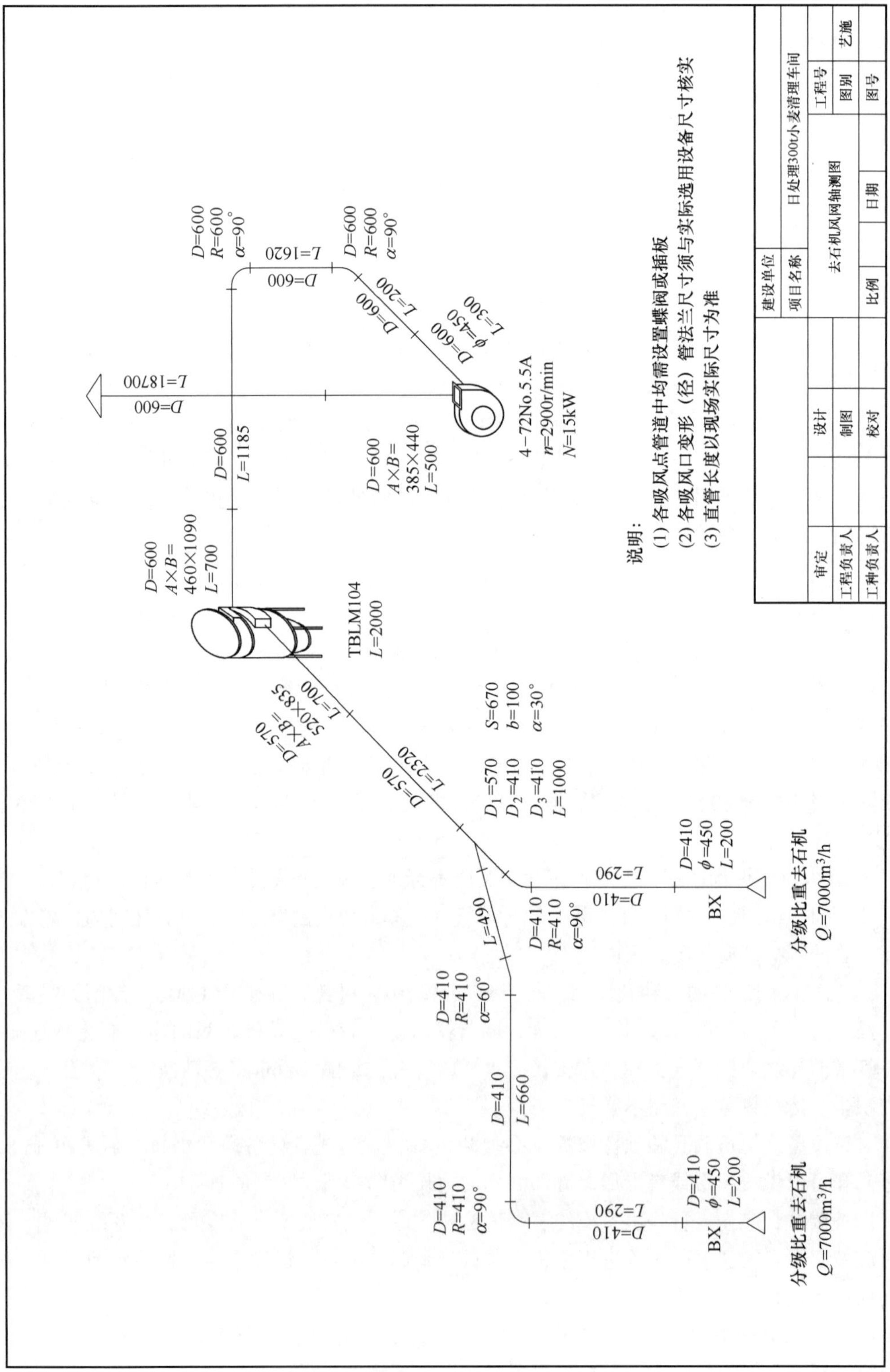

图 5-34　去石机风网轴测图

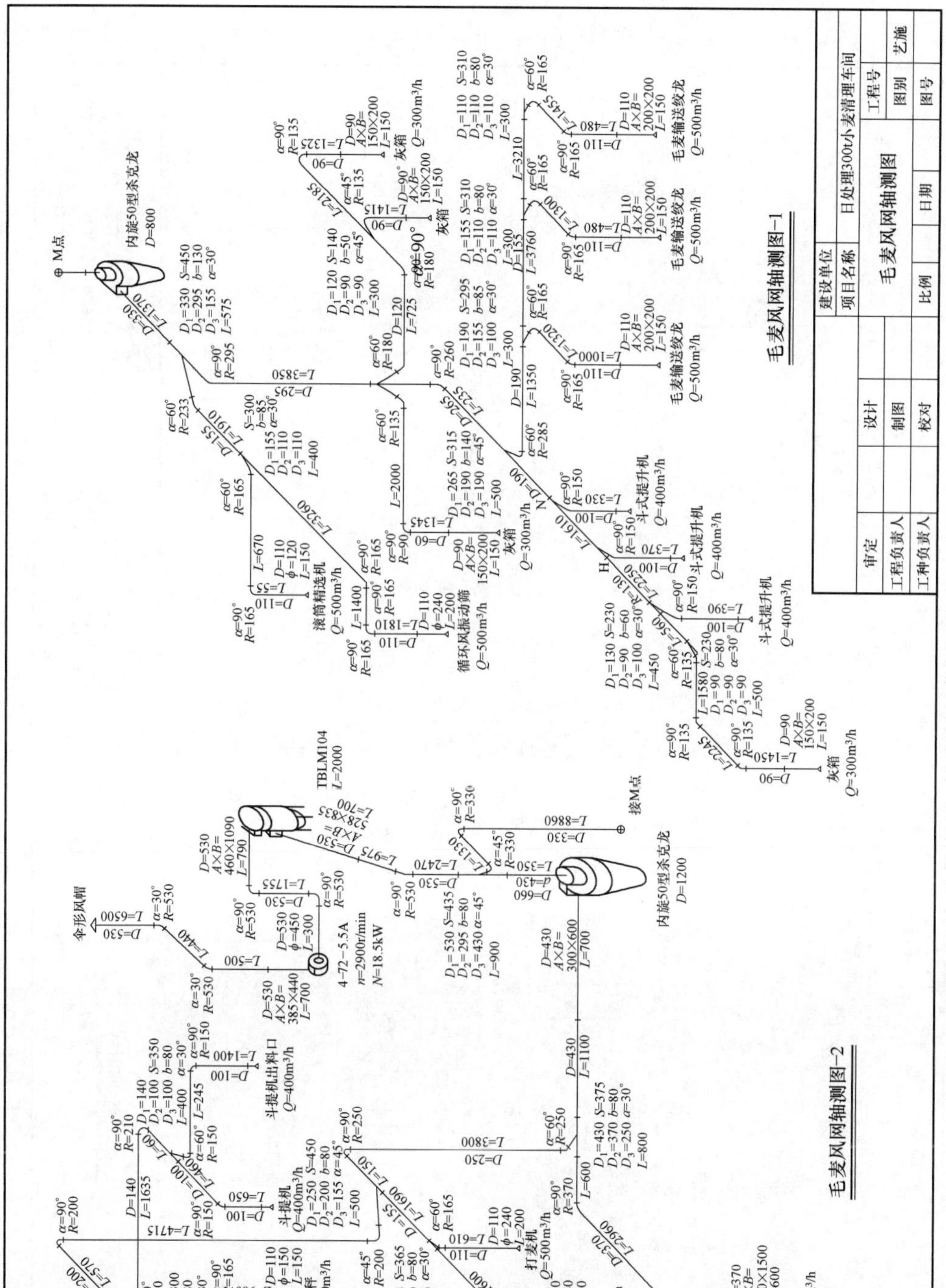

图 5-35 毛麦风网轴测图

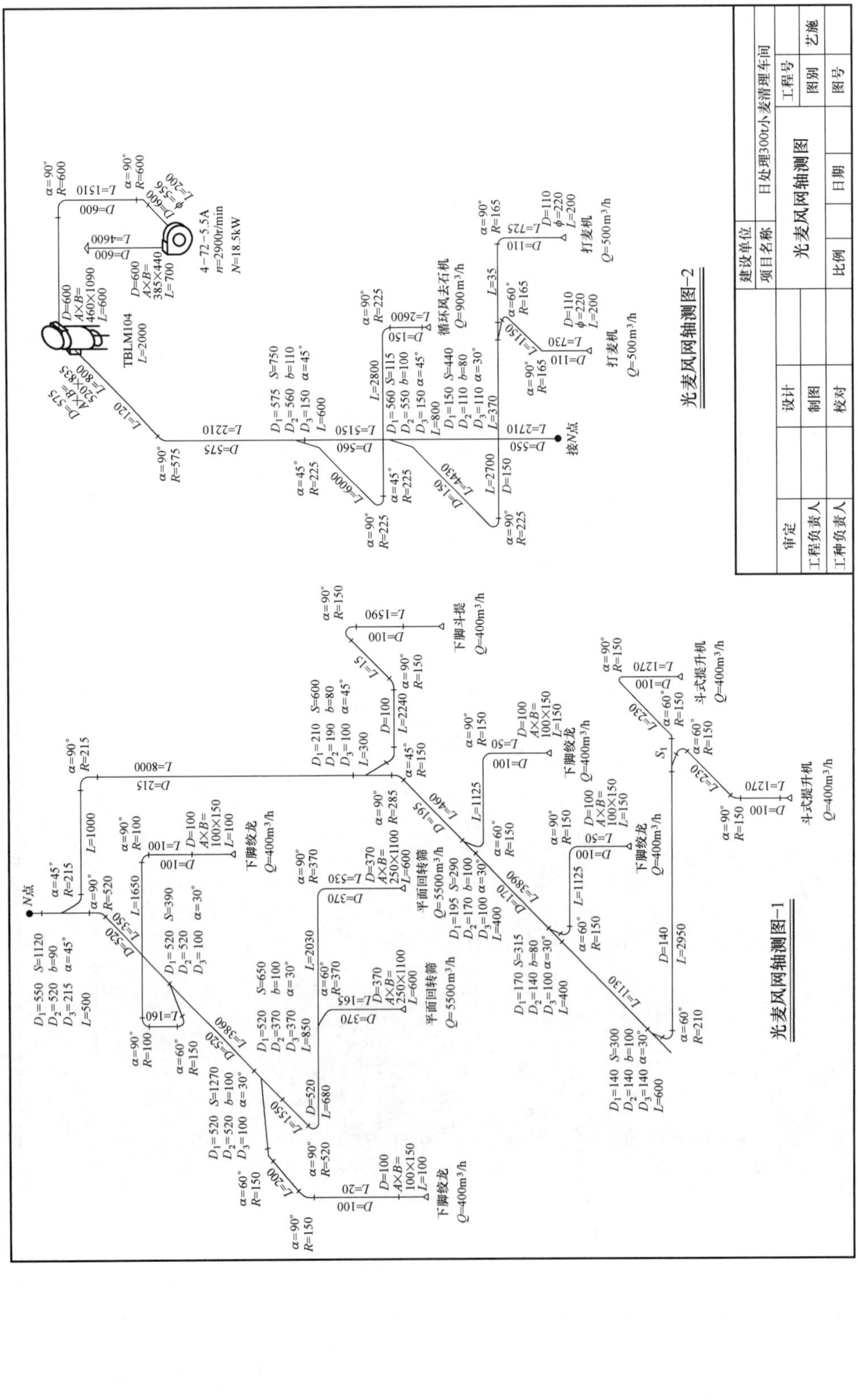

图 5-36　光麦风网轴测图

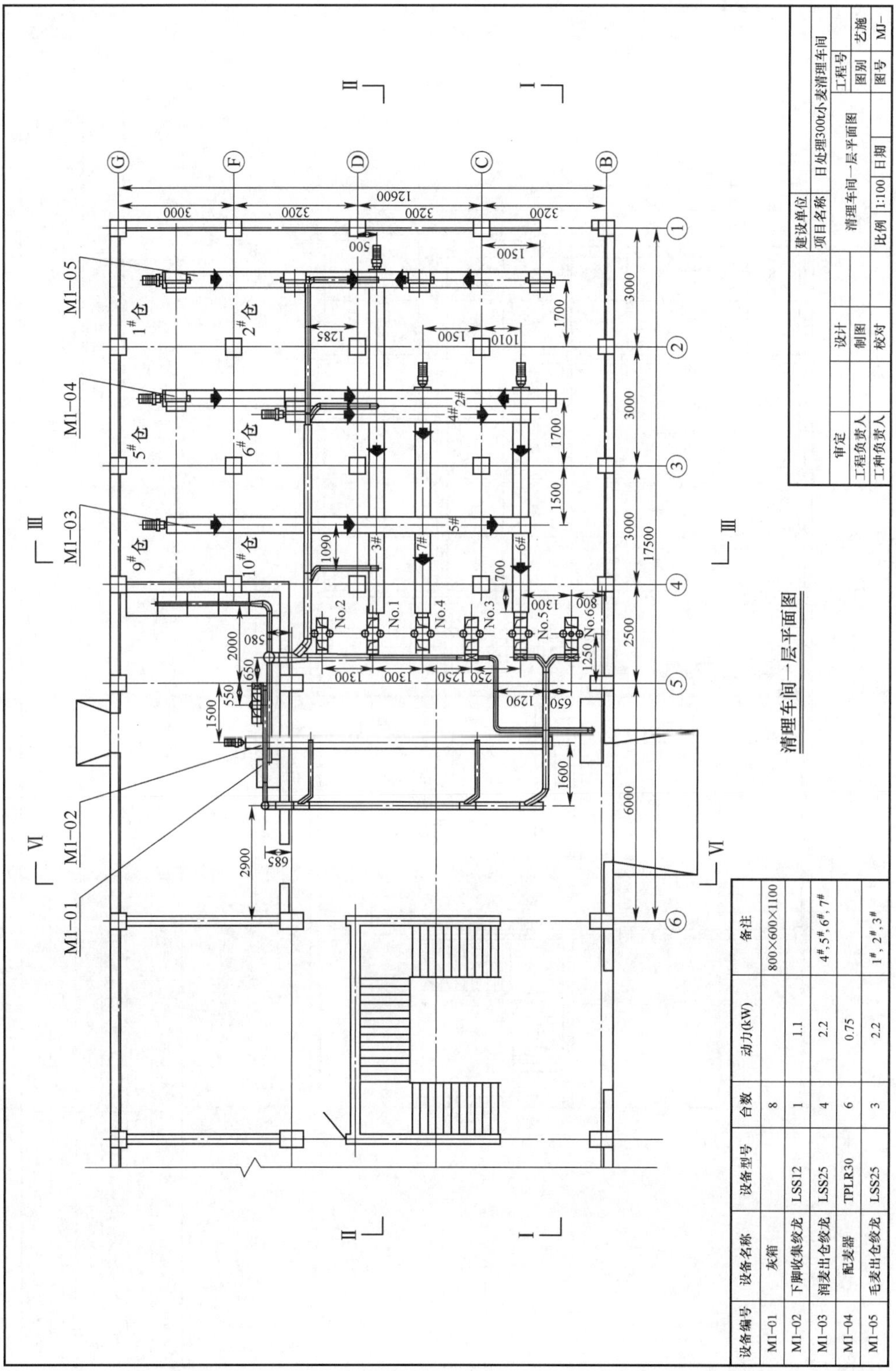

设备编号	设备名称	设备型号	台数	动力(kW)	备注
M1-01	灰箱		8		800×600×1100
M1-02	下脚收集绞龙	LSS12	1	1.1	
M1-03	润麦出仓绞龙	LSS25	4	2.2	4#,5#,6#,7#
M1-04	配麦器	TPLR30	6	0.75	
M1-05	毛麦出仓绞龙	LSS25	3	2.2	1#,2#,3#

图 5-37　清理车间一层平面图

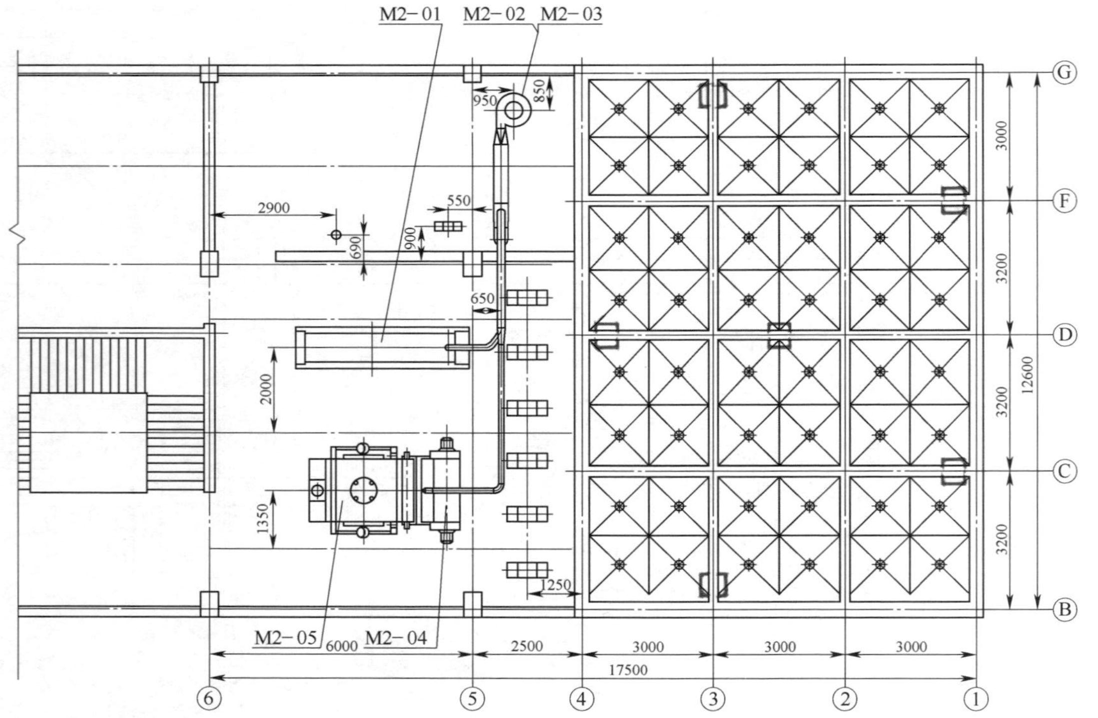

清理车间二层平面图

设备编号	设备名称	设备型号	台数	动力(kW)	备注
M2-01	滚筒精旋机	FGJZ63×300H	1	5.9	
M2-02	刹克龙	内旋50 D=800	1		
M2-03	无堵关风器	BF-130	1	0.25	
M2-04	循环风分离机	TFXH150	1		
M2-05	高效振动筛	TQLZ150×200	1	0.75×2	

				建设单位			
				项目名称	日处理300t小麦清理车间		
审定		设计		清理车间二层平面图		工程号	
工程负责人		制图				图别	艺施
工种负责人		校对		比例	1:100 日期	图号	MJ-

图 5-38　清理车间二层平面图

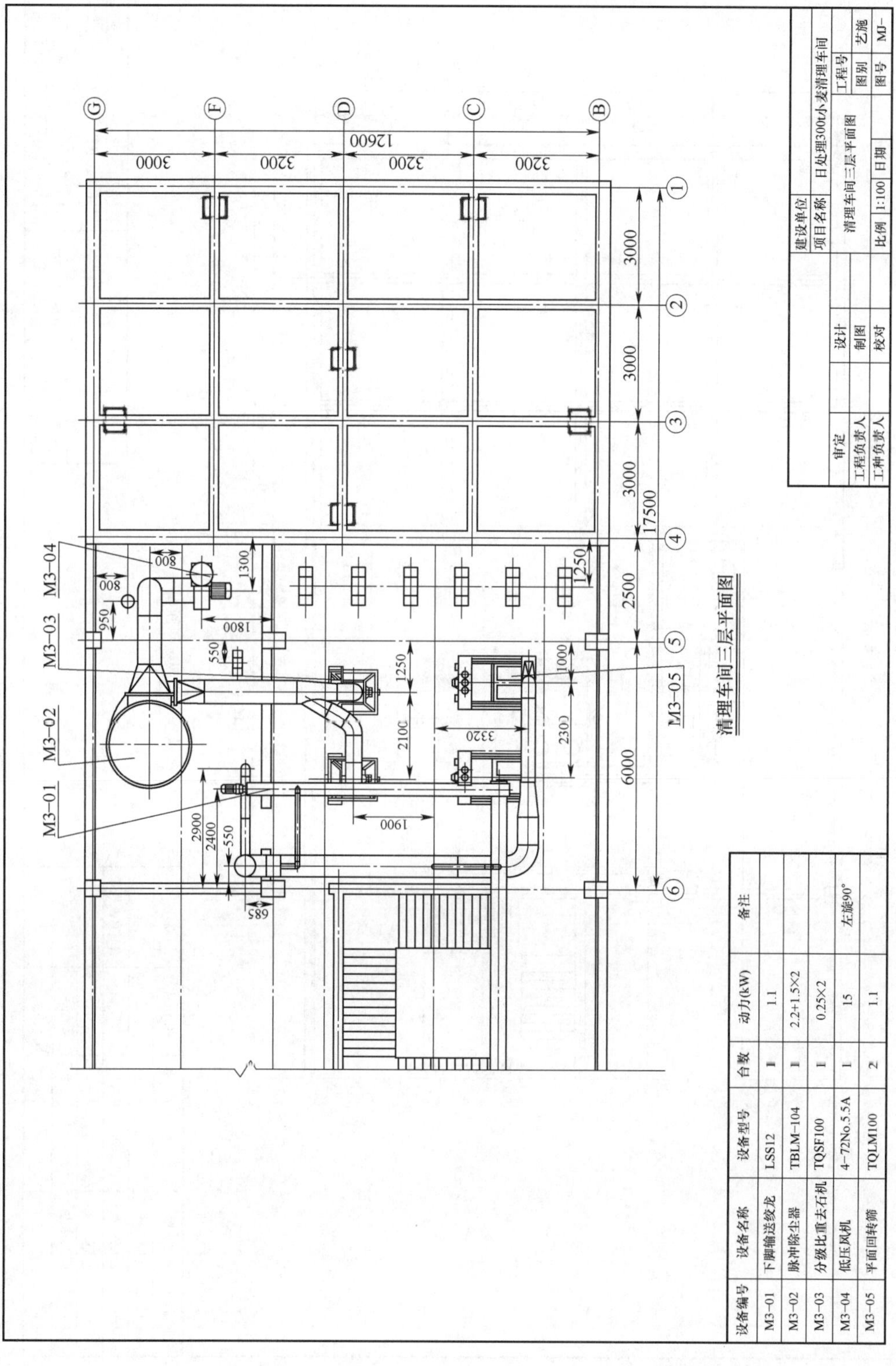

设备编号	设备名称	设备型号	台数	动力(kW)	备注
M3-01	下脚输送绞龙	LSS12	1	1.1	
M3-02	脉冲除尘器	TBLM-104	1	2.2+1.5×2	
M3-03	分级比重去石机	TQSF100	1	0.25×2	
M3-04	低压风机	4-72No.5.5A	1	15	左旋90°
M3-05	平面回转筛	TQLM100	2	1.1	

图 5-39 清理车间三层平面图

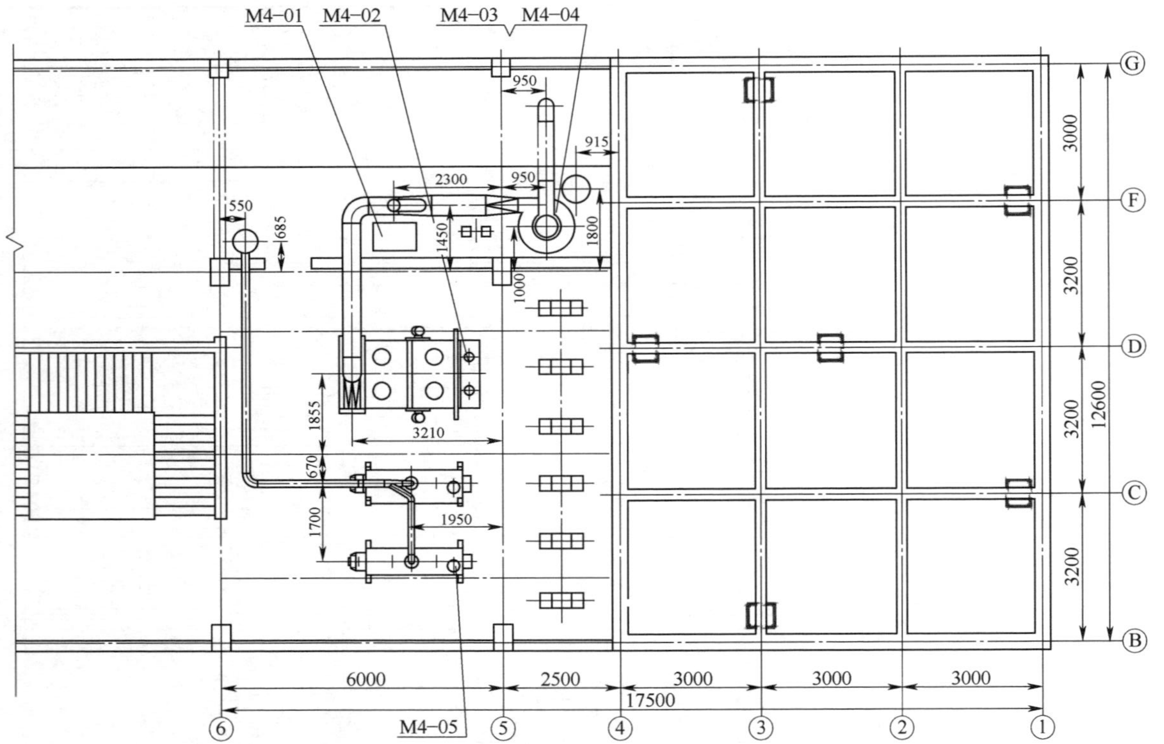

清理车间四层平面图

设备编号	设备名称	设备型号	台数	动力(kW)	备注
M4-01	350磨粉机		1	3	
M4-02	高效振动筛	TQLZ150×200	1	0.75×2	含垂直吸风道
M4-03	刹克龙	内旋50 D=1200	1		
M4-04	无堵关风器	BF-130	1	0.25	
M4-05	打麦机	FDMW40×150	2	7.5	

				建设单位				
				项目名称	日处理300t小麦清理车间			
审定		设计		清理车间四层平面图			工程号	
工程负责人		制图					图别	艺施
工种负责人		校对		比例	1:100	日期	图号	MJ-

图 5-40　清理车间四层平面图

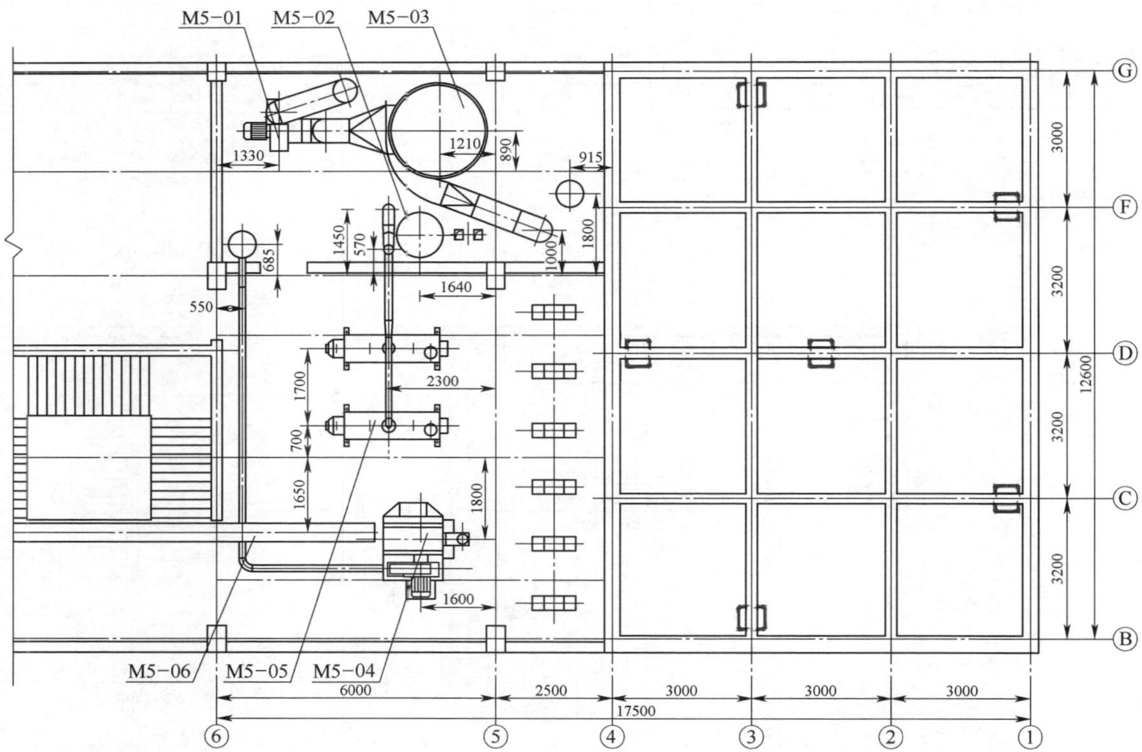

清理车间五层平面图

设备编号	设备名称	设备型号	台数	动力(kW)	备注
M5-01	低压风机	4-72No.5.5A	1	18.5	右旋90°
M5-02	下脚缓冲仓	1000	1		钢板仓
M5-03	脉冲除尘器	TBLM-104	1	2.2+1.5×2	
M5-04	循环风去石机	TOSXH125	1	0.37×2+11+0.25×2	
M5-05	打麦机	FDWW40×150	2	7.5	
M5-06	净麦绞龙	LSS25	1	3	

				建设单位			
				项目名称	日处理300t小麦清理车间		
审定		设计		清理车间五层平面图		工程号	
工程负责人		制图				图别	艺施
工种负责人		校对		比例 1:100	日期	图号	MJ-

图 5-41 清理车间五层平面图

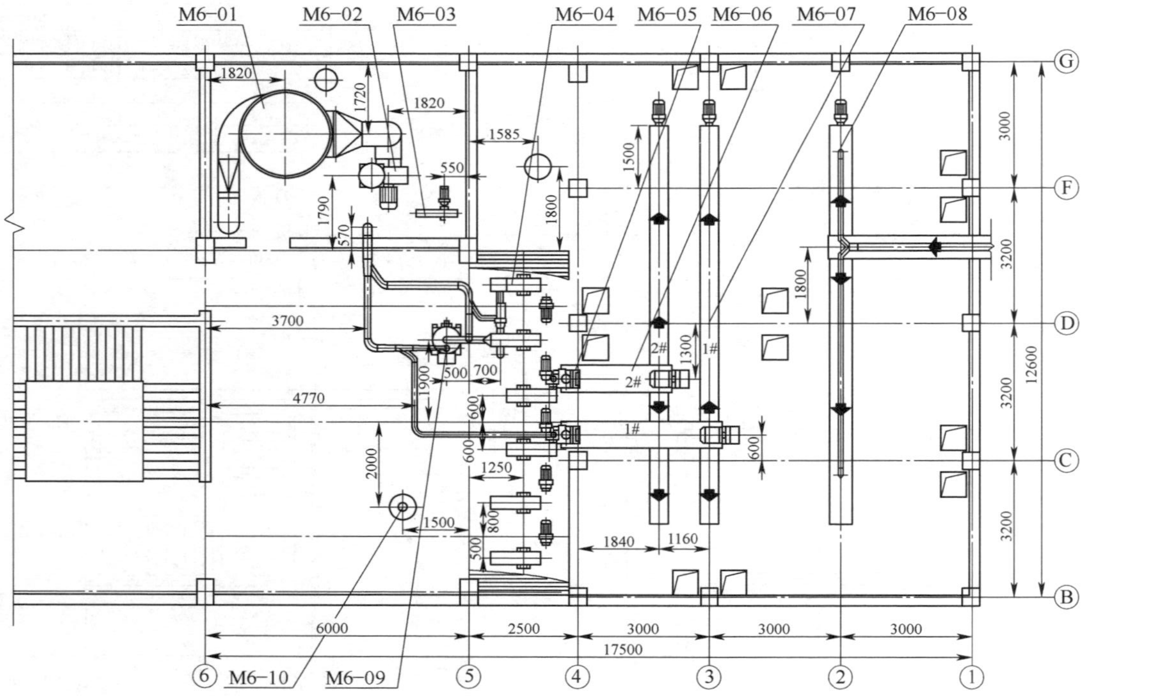

清理车间六层平面图

设备编号	设备名称	设备型号	台数	动力(kW)	备注	设备编号	设备名称	设备型号	台数	动力(kW)	备注
M6-01	脉冲除尘器	TBLM-104	1	2.2+1.5×2		M6-06	着水混合机	FZSQ40×200	2	7.5	定做
M6-02	低压风机	4-72No.5.5A	1	18.5	右旋90°	M6-07	润麦仓入仓绞龙	LSS25	2	2.2	
M6-03	下脚提升机	DTG36/13	1	1.5		M6-08	毛麦仓入仓绞龙	LSS40	1	7.5	
M6-04	小麦提升机	DTG36/28	6	7.5		M6-09	毛麦称	MWBL-120	1		
M6-05	着水控制仪		2			M6-10	雾化着水机	SMWZ-75	1	0.03	

				建设单位			
				项目名称	日处理300t小麦清理车间		
审定		设计		清理车间六层平面图		工程号	
工程负责人		制图				图别	艺施
工种负责人		校对		比例	1:100	日期	图号 MJ-

图 5-42　清理车间六层平面图

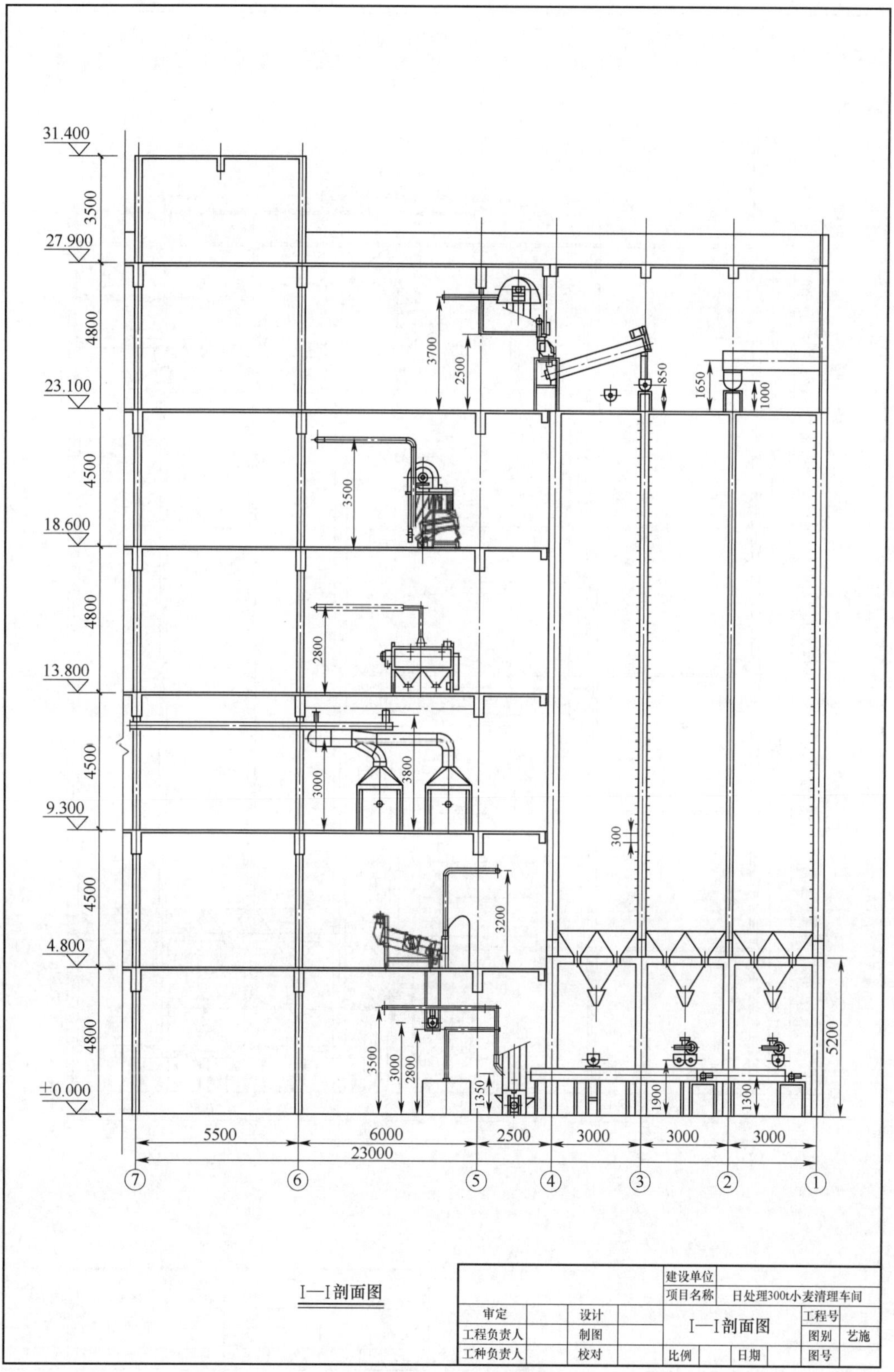
31.400
27.900
23.100
18.600
13.800
9.300
4.800
±0.000
3500
4800
4500
4800
4500
4500
4800
3700
2500
850
1650
1000
3500
2800
3000
3800
300
3200
3500
3000
2800
1350
1900
1300
5200
5500
6000
2500
3000
3000
3000
23000
⑦
⑥
⑤
④
③
②
①
Ⅰ—Ⅰ剖面图
建设单位
项目名称
日处理300t小麦清理车间
审定
设计
工程负责人
制图
工种负责人
校对
Ⅰ—Ⅰ剖面图
工程号
图别
艺施
比例
日期
图号

图 5-43　Ⅰ—Ⅰ剖面图

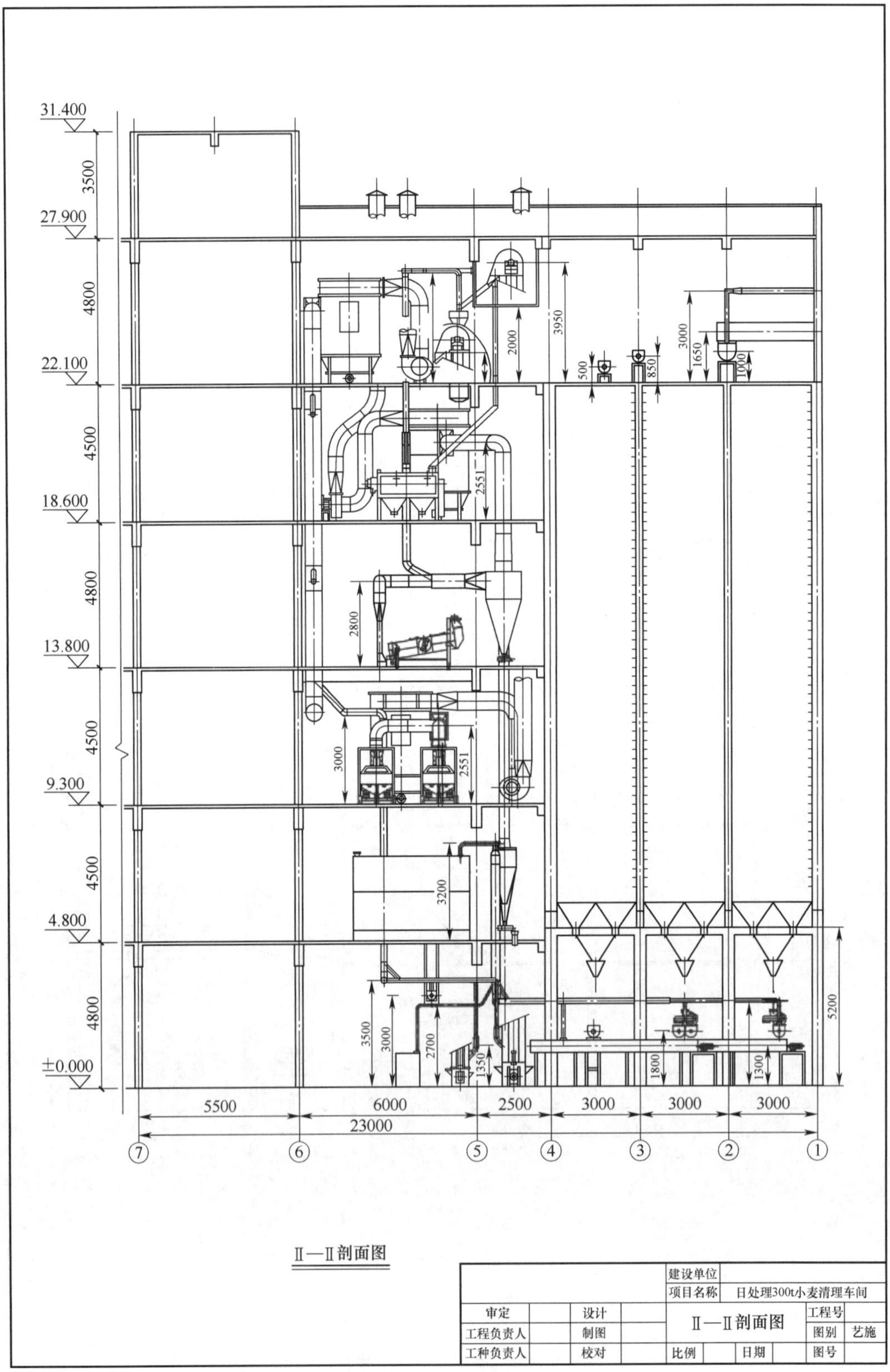
31.400
27.900
22.100
18.600
13.800
9.300
4.800
±0.000
3500
4800
4500
4800
4500
4500
4800
3950
2000
3000
1650
1000
500
850
2551
2800
3000
2551
3200
3500
3000
2700
1350
1800
1300
5200
5500
6000
2500
3000
3000
3000
23000
⑦ ⑥ ⑤ ④ ③ ② ①
Ⅱ—Ⅱ剖面图
建设单位
项目名称 日处理300t小麦清理车间
审定 设计
工程负责人 制图
工种负责人 校对
Ⅱ—Ⅱ剖面图
工程号
图别 艺施
比例 日期 图号

图 5-44 Ⅱ—Ⅱ剖面图

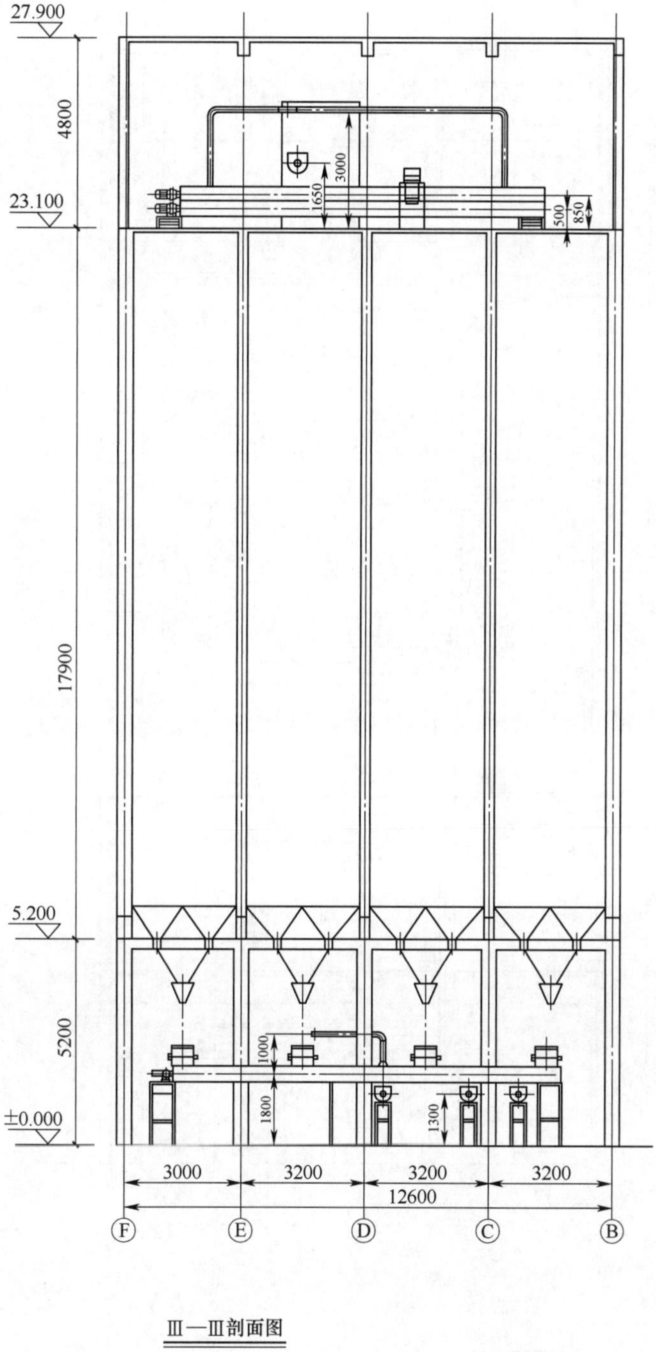

				建设单位		
				项目名称	日处理300t小麦清理车间	
审定		设计		Ⅲ—Ⅲ剖面图	工程号	
工程负责人		制图			图别	艺施
工种负责人		校对		比例　日期	图号	

图 5-45　Ⅲ—Ⅲ剖面图

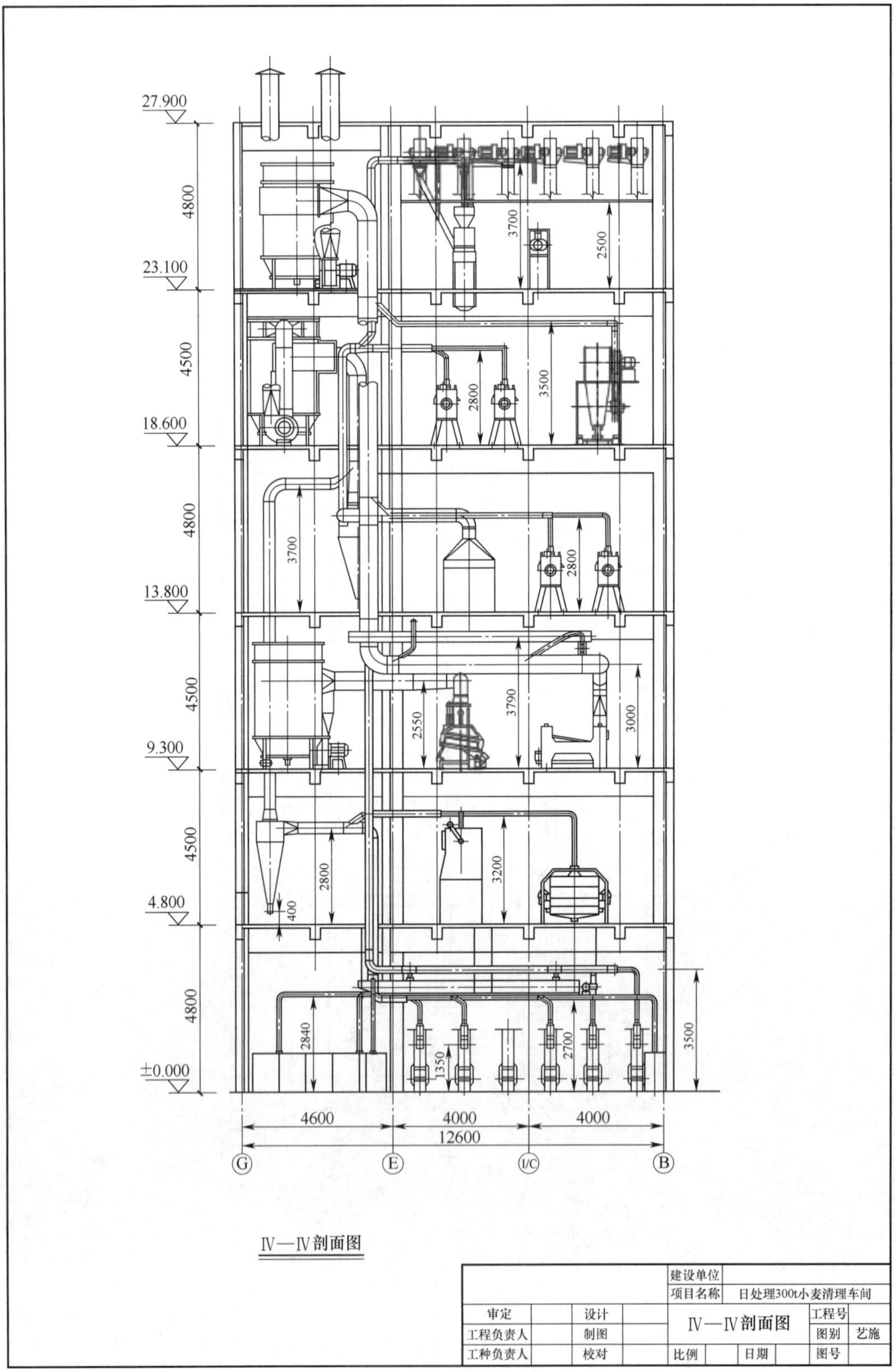
27.900
23.100
18.600
13.800
9.300
4.800
±0.000
4800
4500
4800
4500
4500
4800
3700
2500
2800
3500
3700
2800
2550
3790
3000
2800
400
3200
2840
1350
2700
3500
4600
4000
4000
12600
G
E
1/C
B
Ⅳ—Ⅳ剖面图
建设单位
项目名称
日处理300t小麦清理车间
审定
设计
工程负责人
制图
工种负责人
校对
Ⅳ—Ⅳ剖面图
工程号
图别
艺施
比例
日期
图号

图 5-46　Ⅳ—Ⅳ剖面图

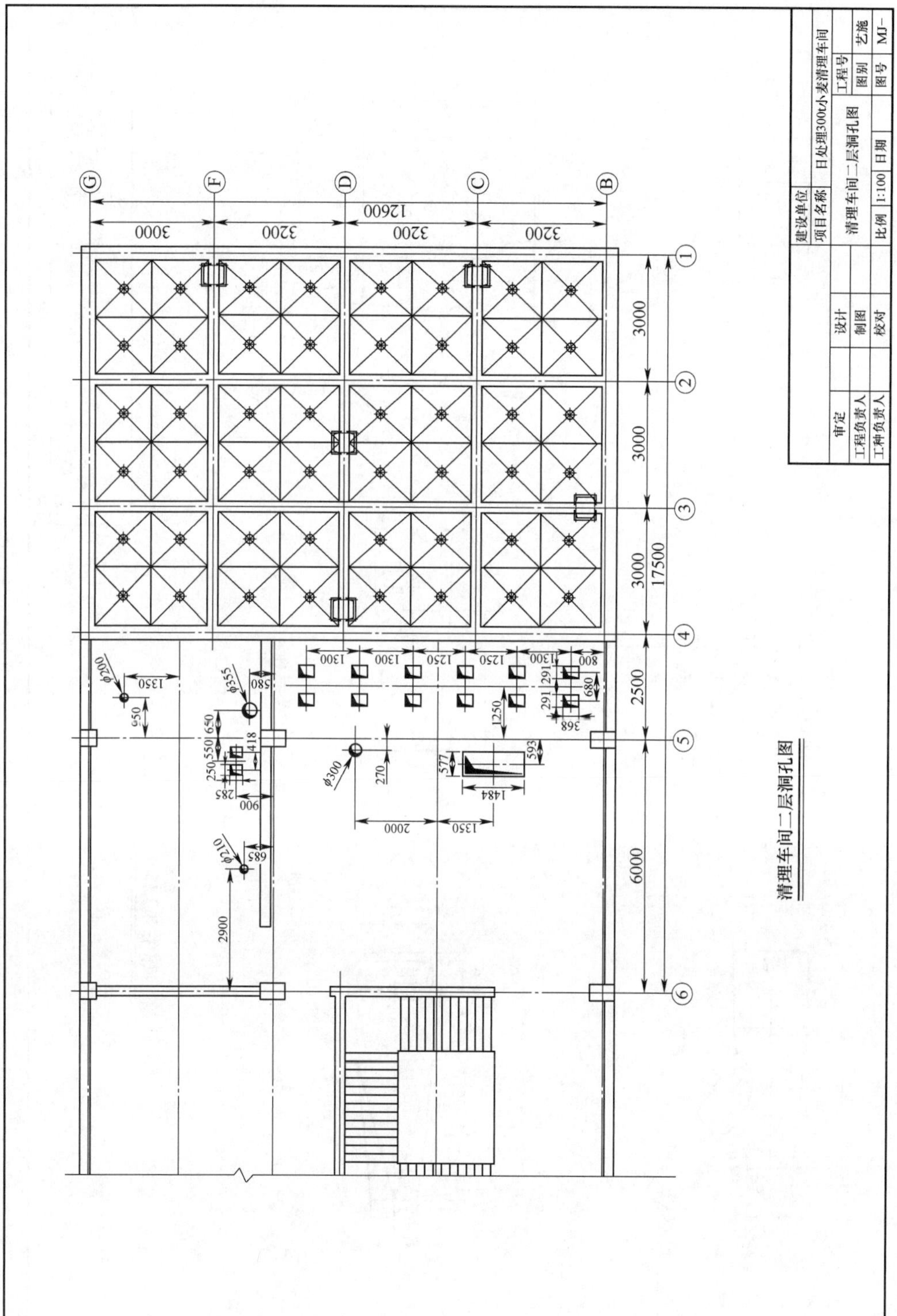

图 5-47　清理车间二层洞孔图

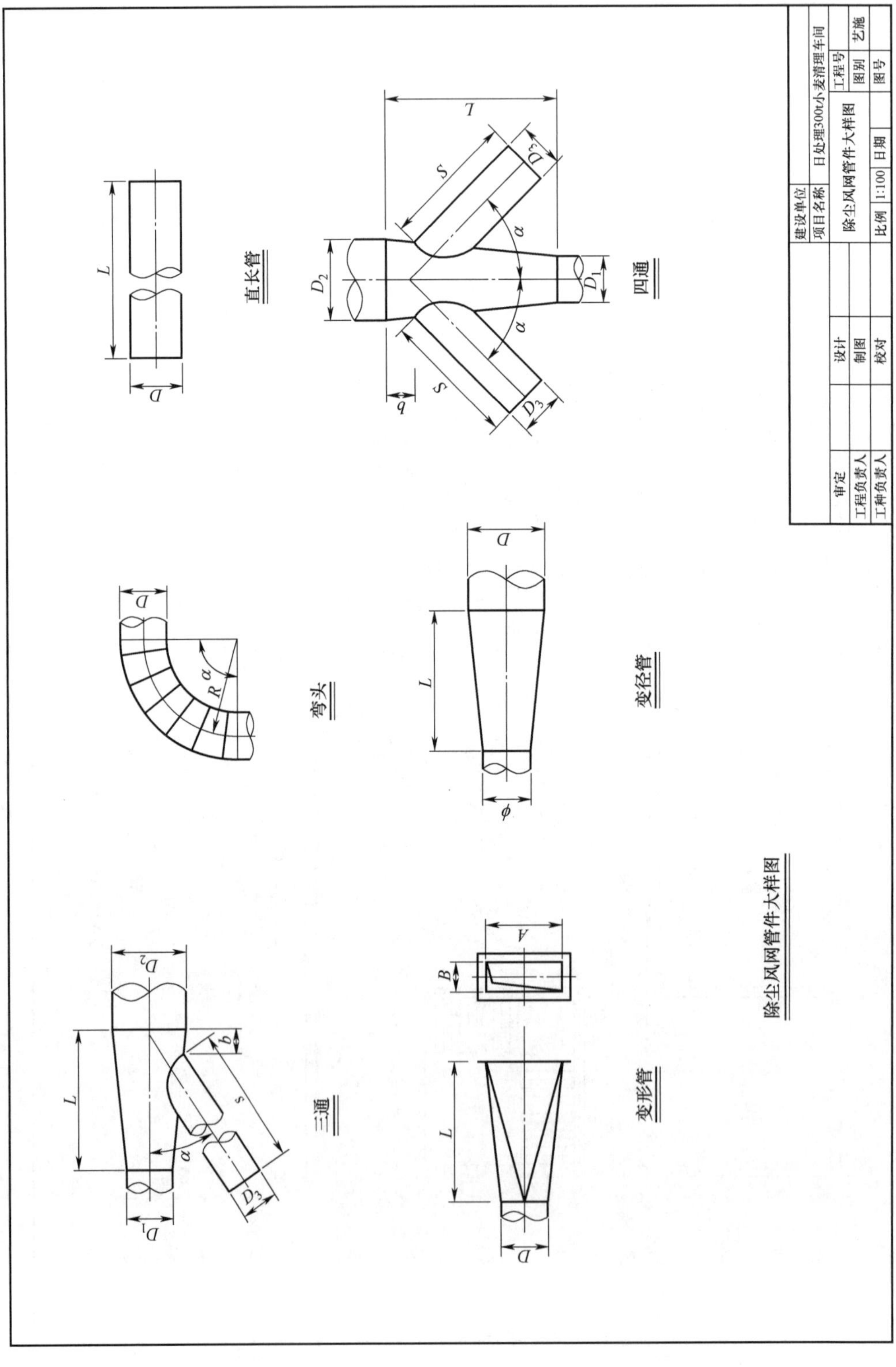

图 5-48 除尘风网管件大样图

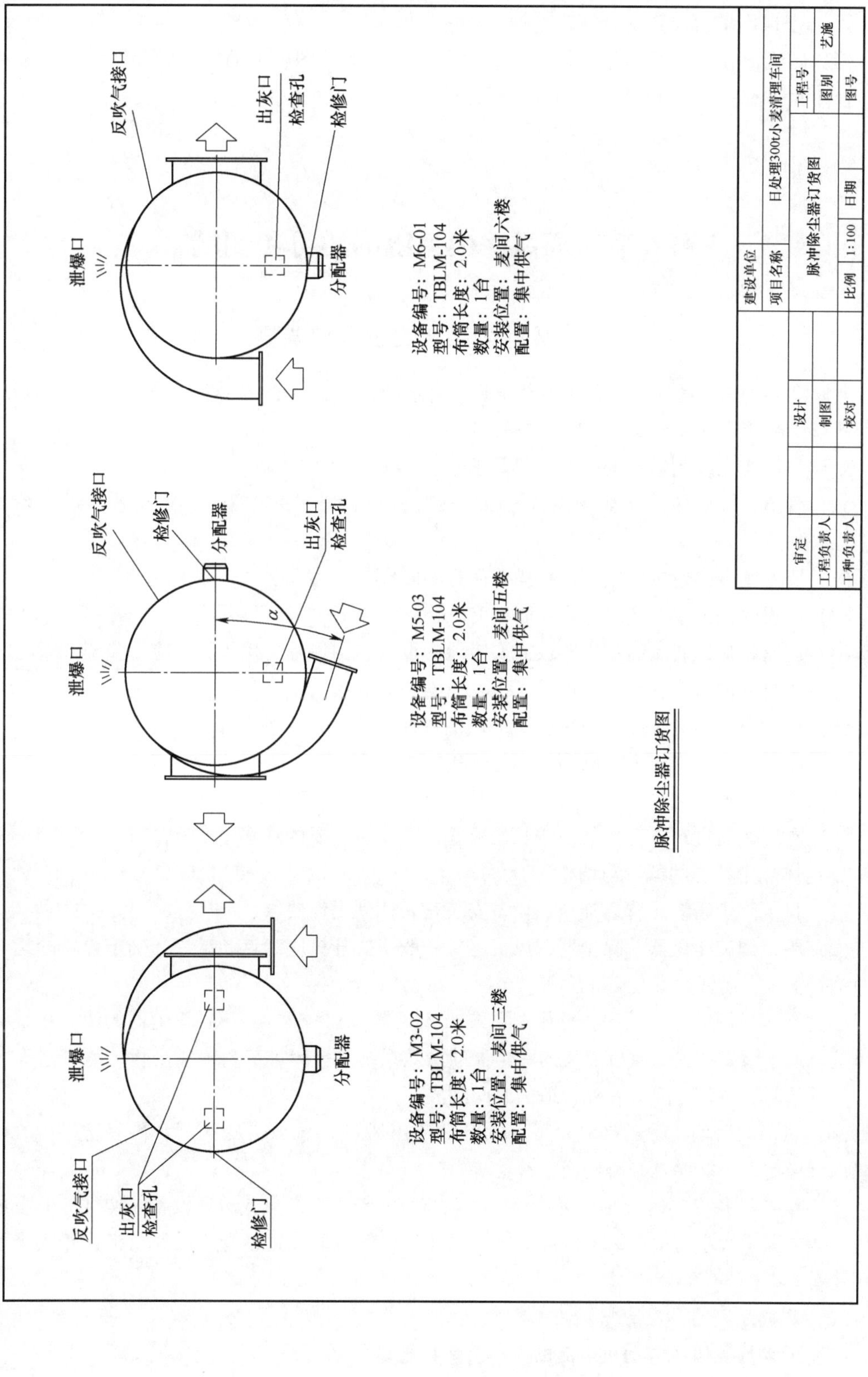

图 5-49　脉冲除尘器订货图

① 去石机风网阻力计算（计算略）。

② 毛麦风网阻力计算（计算略）。

③ 光麦风网阻力计算（计算略）。

（4）图纸部分　图纸部分包括工艺流程图、各层平面图、剖面图、洞孔图、风网轴测图、管件大样图和设备订货图等，顺序装订。

第五节　通风除尘系统的运行和测试

一、通风除尘系统的运行和调整

通风除尘系统的良好运行，离不开正确、合理的设计，精心的制造、安装，更离不开现场的开车调试和运行中的维护、管理等工作。

1. 通风除尘系统制造、安装的一般要求

（1）管道、局部构件（如弯头、阀门、三通、变形管、变径管等）严格按照设计参数制作。

（2）所有管道的连接处应有密封措施而且不漏气。

（3）风机的进出口与通风管道之间应有软连接。

（4）所有粉尘控制点的吸尘罩或需要吸风的设备、构件等连接风管上应安装调节阀门。

（5）风机的进风口管道或出风口管道上应安装调节阀门。

（6）脉冲除尘器应按照其使用说明书连接各种管道。

（7）闭风器在工作压力下的漏气率越低越好。

（8）所有管道、风网中的设备安装，都应牢固、无松动等。

（9）在闭风器进料口上或其他较长的风管上，安装必要的观察窗或检修口。

2. 通风除尘系统的运行与调整

（1）目测除尘系统的管道连接、设备安装是否达到设计要求。

（2）单机调试闭风器、除尘器、风机等。一般初次开机应为点动试机，确定设备的运转方向是否正确，运转声音是否正常等。

（3）除尘风网的开车顺序：开排灰系统（闭风器、刮板等）—开启除尘器的清灰系统—开风机。停车顺序：关闭风机—关闭除尘器的清灰系统—关闭排灰系统（刮板、闭风器等）。开、停风网时，设备之间最好有合适的时间间隔。

（4）风机的启动，一般要求关闭进风口（或出风口）管道上的阀门，再启动风机。待风机运行稳定后，缓缓打开阀门至设计位置。

（5）生产设备投料运行时，逐一检查和调节每一粉尘控制点或吸风设备、构件等的吸风情况，如吸风量大小、罩口风速的高低等，以及观察粉尘的飞扬情况，吸风气流是否吸走了有用物料。

（6）观察闭风器排灰情况。

（7）定期检测风机电动机电流的大小及变化规律。

（8）定期停车检查风机机壳内有无异物、叶轮磨损情况等。

（9）定期检修、维护除尘器各部件。尤其对于脉冲除尘器，应及时检查滤袋的清灰情况，由此判断滤袋是否需要人工清灰、维护或更换等。

（10）定期测定除尘器、吸尘罩等设备或构件的压损情况，闭风器的漏风情况和风机的全压、风量等参数。

二、通风除尘系统的测试技术

通风除尘系统管道内部空气的流动，很难通过观察确定管道、除尘设备的性能参数是否变化、是否在设计参数下运行，尤其当系统或除尘设备不能正常工作时，更得通过测试来分析和评价。

（一）测试目的

（1）评价通风除尘系统的运行是否达到设计要求，是否在最佳工艺参数下工作。

（2）分析除尘器、风机的运行状况，能否满足工艺要求，是否具有潜力。

（3）为生产规模扩大或生产设备工艺参数调整引起的风网调整准备技术资料。

（二）测试内容

除尘风网的测试，一般有以下内容。

（1）尘源设备的吸风量和阻力测试。

（2）风管内气流速度、风量的测试。

（3）除尘器的阻力、漏风量、除尘效率的测试。

（4）风机的全压、风量、效率和功率测试。

（5）管网压损特性测试。

（6）室内含尘浓度测试。

（7）排放浓度测试。

（8）风机噪声测试。

（三）测试方法

风速、风量和各种压强的测试如前所述，下面仅介绍尘源设备的吸风量和阻力、含尘浓度等的测试。

1. 尘源设备的吸风量和阻力测试

尘源设备的吸风量和阻力，一般可通过现场测试测出，测点的选取如图 5-50 所示。

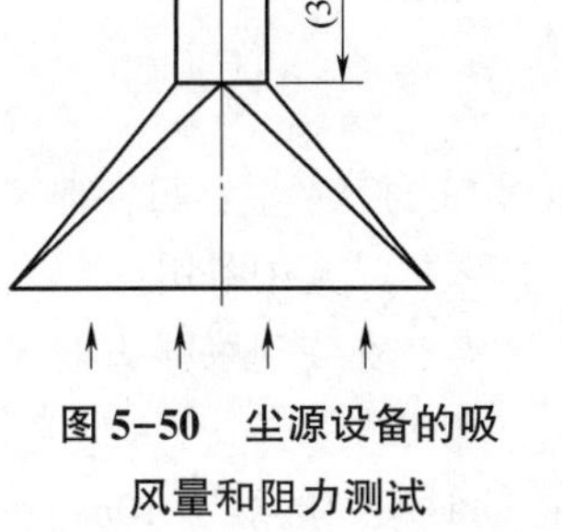

图 5-50　尘源设备的吸风量和阻力测试

在图 5-50 中，测点所处断面的选取为距吸尘罩 3~4 倍直径处。用毕托管测试时，需要首先在管道上打测试孔，一般测试孔直径 9mm。测试前需要首先调节好管网阀门的开启程度，使吸尘罩处粉尘的控制或粉尘等轻杂的分离效果等达到较好水平。用毕托管、U 型压力计以及橡胶软管连接好，测定出测点 A 处断面的全压和动压，则尘源设备的吸风量和阻力分别为：

$$Q_{设}=\frac{\pi D^2}{4}\sqrt{\frac{2gH_d}{\gamma}} \tag{5-21}$$

$$H_{设}=|H_{OA}| \quad (5-22)$$

式中 $Q_{设}$——尘源设备的吸风量，m^3/s；

D——管道直径，m；

H_d——管道上测点 A 的平均动压，Pa；

$H_{设}$——尘源设备的阻力，Pa；

H_{OA}——管道上测点 A 的全压，Pa；

γ——管道内空气的重度，N/m^3。

2. 室内含尘浓度测试

室内含尘浓度即工人操作区域的含尘浓度。测试室内含尘浓度就是评价室内含尘浓度的高低、评价是否达到了国家相关卫生标准，以及除尘风网是否达到了粉尘控制的目的，现有的生产工艺、生产环境是否还需进一步提升和治理。

（1）采样点的选取　采样点应在工人的操作区域内选取，采样点测出的粉尘浓度应能体现室内粉尘的浓度水平，能够评价粉尘对人体健康的危害程度。

① 在工人经常停留的操作区域内选取采样点，在采样点捕捉的粉尘为工人呼吸带高度水平的粉尘，即采样头距地面高度一般取 1.5m。

② 作业场所经常变化时，应在接触粉尘浓度较高的地点、时间内采样。

（2）测试原理　在测试地点用采样器采集一定体积的含尘空气，并使之通过采样器的滤膜，含尘空气中的粉尘就被截留在滤膜上，根据采样前后滤膜的质量变化量和总的含尘空气采样体积，即可计算出采样点空气的质量含尘浓度。

（3）测试仪器　测试工作区域的含尘浓度，较为传统的仪器是粉尘采样器，其工作原理如图 5-51 所示，主要由采样头、压力计、温度计、转子流量计和抽气泵等部分组成。

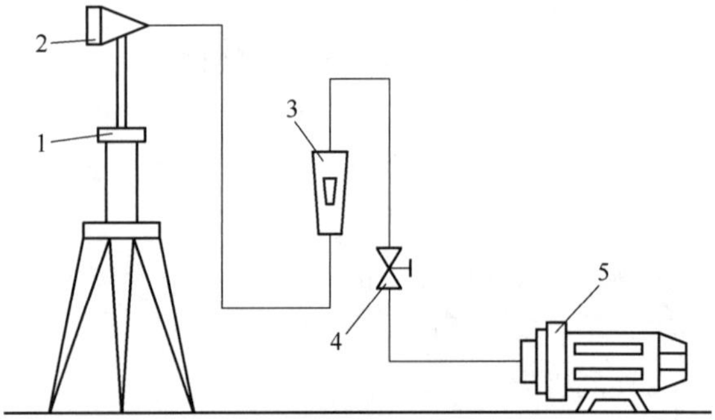

图 5-51　粉尘采样器工作原理示意图

1—三脚支架；2—滤膜采样头；3—转子流量计；4—流量调节阀；5—抽气泵

采样头是粉尘采样器的重要构件，如图 5-52 所示，它主要由顶盖、滤膜、滤膜夹和漏斗等组成。滤膜装在滤膜夹中。

滤膜为过氯乙烯纤维滤膜，当粉尘浓度低于 $50mg/m^3$，用直径为 40mm 的滤膜；粉尘浓度高于 $50mg/m^3$，用直径为 75mm 的滤膜。当作业场所温度高于 55℃ 时，采用玻璃纤维滤膜。

（4）测试方法

① 滤膜的准备：用镊子去掉滤膜两侧的衬纸，在精确度 0.0001g 的天平上称重，记录质量并编号，然后将滤膜装入滤膜夹，确认滤膜无皱折、裂隙后，放入样品盒中备用。

② 现场采样：将粉尘采样器架设在采样点，取出准备好的滤膜夹安装到采样头上（滤膜的受尘面迎向含尘气流）。

采样开始的时间应在生产作业开始 30min 之后进行。采样持续时间一般短于 10min。对

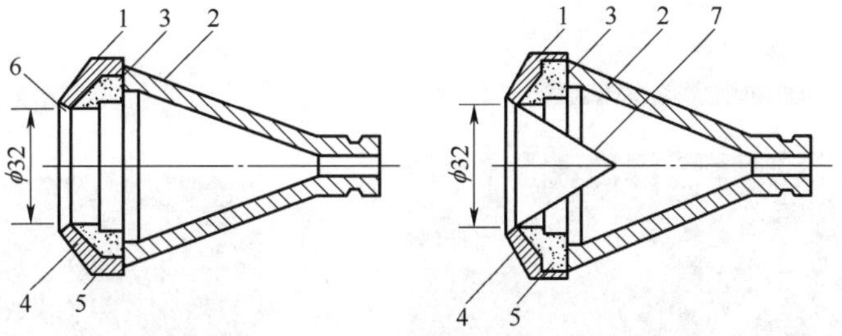

(1) 平面滤膜安装法　　(2) 锥形滤膜安装法

图 5-52 滤膜采样头

1—顶盖；2—漏斗；3—固定盖；4—锥形环；5—螺丝底座；6—平面滤膜；7—锥形滤膜

于直径 40mm 的滤膜，滤膜上的粉尘质量不应少于 1mg，但不多于 10mg；对于直径 75mm 的滤膜，滤膜应叠成锥形安装，受尘量无限制。

采样的流量一般控制在 15~40L/min。

（5）含尘浓度的计算

$$C=\frac{m_2-m_1}{Qt}\times 1000 \tag{5-23}$$

式中 C——含尘浓度，mg/m^3；

m_2——采样后滤膜的质量，mg；

m_1——采样前滤膜的质量，mg；

Q——采样流量，L/min；

t——采样时间，min。

转子流量计的流量是在温度 20℃、压强 101.3kPa 状况下标定的，当采样现场空气状况与流量计的标定状况相差较大时，流量计的读数必须进行修正。

室内含尘浓度测定时，采样点选取、测试方法等除了遵照测定仪器说明书操作以外，还要满足国家相关标准、规范等，如中华人民共和国国家职业卫生标准 GBZ/T 192.1—2007《工作场所空气中粉尘测定　第 1 部分：总粉尘浓度》等。

随着科学技术的发展，一些现代化、智能化的粉尘测试仪器大量涌现，如激光粉尘浓度测定仪、微电脑粉尘浓度测定仪等。新型粉尘浓度测定仪器不但体积小、重量轻、便于携带，而且粉尘测定操作简便、快捷，还可上传到电脑等。

图 5-53 所示为某型号直读式粉尘浓度测定仪，可以测定工作环境的总粉尘浓度和呼吸性粉尘浓度。把装好滤膜的滤膜夹从仪器的滤膜插口处插入安装好，在采样头接口装上流量校正接头、并连接流量计（不同的粉尘性质，采样头连接口连接、安装的构件不同），即可开机调试流量、并进行一系列的设定，如粉尘性质、粉尘系数、采样地址、采样时间或者定时采样等。采样结束后仪器屏幕即出现采样时间、粉尘浓度结果等。

为满足现代工厂智能控制、实时检测等的要求，还有在线粉尘检测仪如粉尘浓度传感器等。

3. 排放浓度测试

排放浓度的测试，即测定除尘风网或气力输送管网向室外排放的净化空气中粉尘的浓

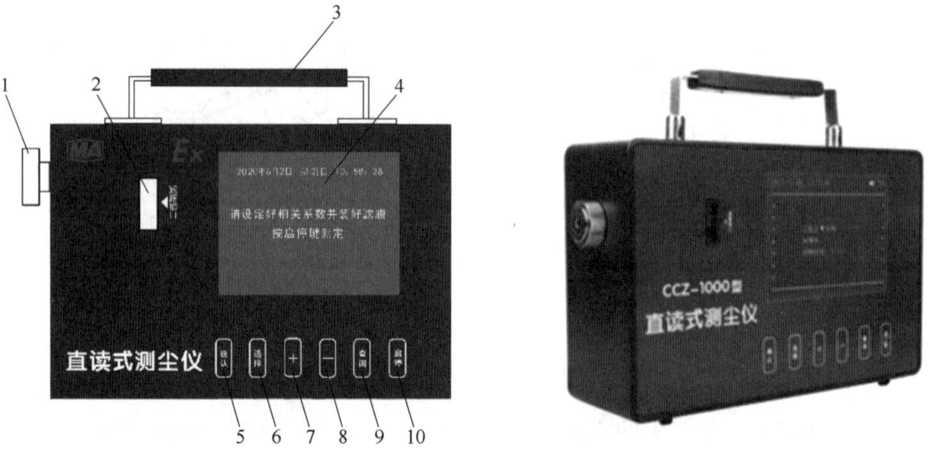

(1) 操作面板　　(2) 外观图

图 5-53　某型号直读式粉尘浓度测定仪

1—采样头接口；2—滤膜插入口；3—提手；4—液晶显示屏；5—确认键；6—选择键；7—增加键；8—减少键；9—查询键；10—启停键

度，也即管道含尘浓度测定。测定排放浓度可以评价排放浓度是否超标以及评价除尘器的除尘性能等。风管中含尘浓度的测定装置如图 5-54 所示。它与工作区域含尘浓度测定装置不同的是，在滤膜采样器之前增设了采样管，含尘气流经采样管进入采样装置。采样管的端部设有可更换的尖嘴形采样头，结构如图 5-55 所示。

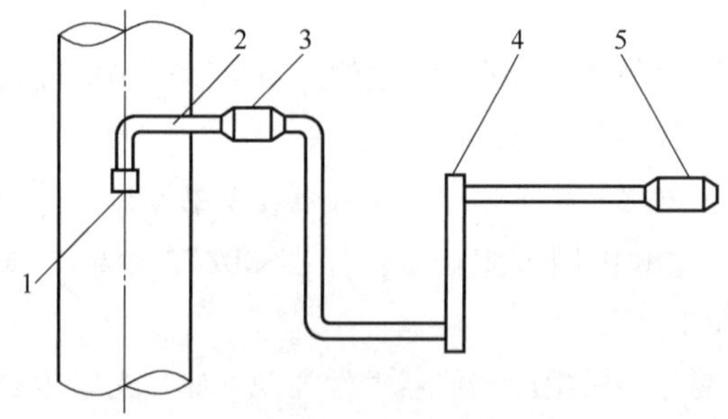

图 5-54　风管中含尘浓度测定装置

1—采样头；2—采样管；3—滤尘罐；4—流量计；5—气泵

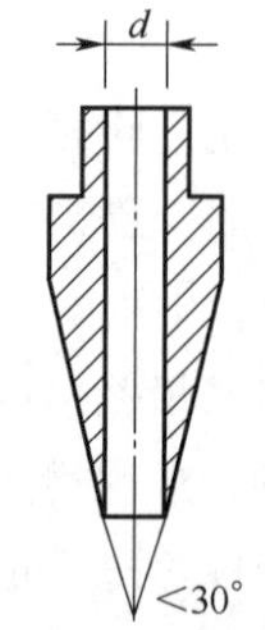

图 5-55　采样头结构

风管中含尘浓度测定时，粉尘的收集采用滤筒，如图 5-56 所示为滤尘罐内滤筒的安装示意图。滤筒的受尘面积大，容尘量大，阻力小，过滤效率高。

风管中含尘浓度的测定方法与工作区域含尘浓度测定方法不完全相同。首先，风管中含尘浓度的测定采样流量必须根据等速采样的原则进行，即采样头进口处的采样速度必须等于风管中该点的气流速度；其次，必须在风管的测定断面上多点取样，以求得平均的含尘浓度。

（1）等速采样　等速采样即在风管中采样时，要求采样头正对含尘气流方向，采样头轴线与气流方向一致，而且采样头处的采样速度等于风管中该点的气流速度。

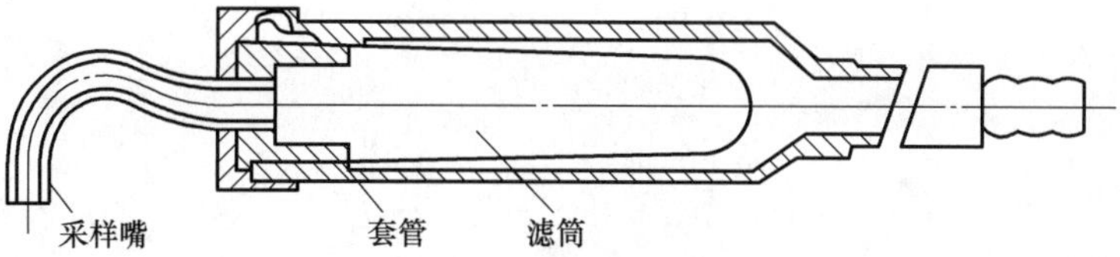

图 5-56　滤尘罐内的滤筒

如果采样流速小于风管的气流速度，处于采样头边沿的一些粗大颗粒（>3μm）本应随气流绕过采样头，但是，由于惯性的作用，粗大颗粒会按原来的方向继续前进，进入采样头内，使测定结果偏高。

如果采样流速大于风管的气流速度，处于采样头边沿的一些粗大颗粒，由于本身的惯性，不能随气流改变方向进入采样头内，而是继续沿着原来的方向前进，在采样头外通过，使测定结果比实际情况偏低。

因此，只有当采样流速等于风管内气流速度时，采样头收集到的粉尘，才能反映风管内气流的实际含尘浓度。

图 5-57 所示为在不同采样速度时粉尘运动情况。

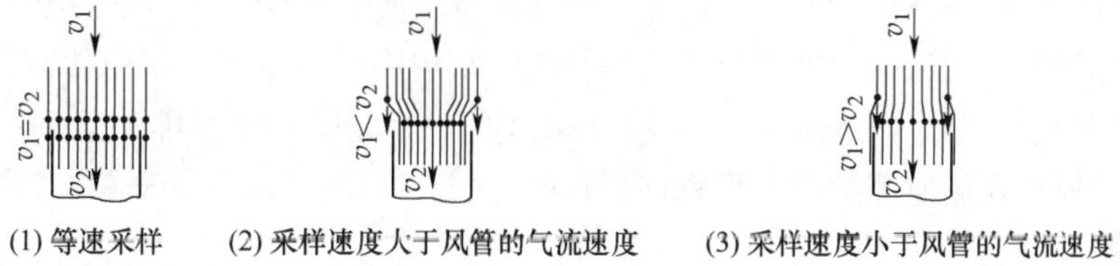

图 5-57　不同采样速度时粉尘运动情况

v_1—风管内空气速度；v_2—取样管入口处的空气速度

为了做到等速采样，在测定含尘浓度前应首先测出风管中气流速度，然后根据各测点气流速度和采样头进口直径计算出各点的采样流量。为了适应不同的气流速度，一般一套采样装置中都配有不同进口内径的采样头，如进口内径分别为 4、5、6、8、10、12mm 等。

为了防止采样管内积尘，采样管内的气流速度一般取大于 25m/s。因此，根据采样管内的气流速度等于进口断面的气流速度以及连续方程，有：

$$\frac{\pi}{4}d_0^2\times 25=\frac{\pi}{4}d^2 v \tag{5-24}$$

式中　d_0——采样管内径，m；

d——采样头进口内径，m；

v——采样头的气流速度，m/s。

等速采样时，v 就是风管内的气流速度，当采样管内径为 4、5、6mm 时，式（5-24）可简化为：

$$d_0=4\text{mm}\qquad d=\frac{20}{\sqrt{v}}\ (\text{mm}) \tag{5-25}$$

$$d_0=5\text{mm}\qquad d=\frac{25}{\sqrt{v}}\ (\text{mm})\tag{5-26}$$

$$d_0=6\text{mm}\qquad d=\frac{30}{\sqrt{v}}\ (\text{mm})\tag{5-27}$$

等速采样时的流量为：

$$Q=\frac{\pi}{4}d^2v\ (\text{m}^3/\text{s})\tag{5-28}$$

如果计算的流量大于采样器流量计的流量，应调整采样头大小，重新计算流量。

（2）采样点的布置　风管中含尘浓度的分布是不均匀的，一般在垂直管道中，含尘浓度由轴心向管壁方向逐渐增加；在水平管道中，由于重力的影响，管道下部的含尘浓度略高于上部。因此，测定管道中含尘浓度时，应首先选取在垂直管道中。

为了测出管道断面的平均含尘浓度，应在同一断面上多点采样。当断面上动压的变化较小时，常在相互垂直的直径方向上各取两点，测点距管内壁的距离为 $0.15D$（D 为风管直径）。当断面上动压的变化较大时，则在相互垂直的直径方向上各取四点，测点距管内壁的距离分别为 $0.065D$、$0.25D$。

管道粉尘浓度测试常用的仪器是管道粉尘浓度测试仪。如某型号的自动烟尘烟气测试仪，主机集成微压传感器、微处理器、直流滑片泵等，基于毕托管平行法等速采样原理，自动测量并跟踪管道内气流速度实现等速采集粉尘；集成温度传感器、压力传感器等，测量和计算动压、静压、全压、气流流速、干、湿球温度、含湿量、废气排放量等在内的所有参数；可自动选择和存储监测数据，供查询、打印等。

思考题

1. 简述粉尘的捕捉方式及特点。
2. 简述吸尘罩的工作原理和设计原则。
3. 简述主动式粉尘捕捉方式的工作原理和特点。
4. 简述除尘风网的类型及其组合原则。
5. 简述除尘风网的设计步骤。
6. 如何设计和选择弯头？
7. 如何设计和选择变形管？
8. 如何绘制风网轴测图？
9. 简述集中风网阻力平衡及阻力平衡的方法。
10. 简述除尘风网阻力计算的内容和步骤。
11. 练习绘制离心式除尘器、四联刹克龙、风机、脉冲除尘器等设备的轴测图。
12. 如何测定尘源设备的吸风量和阻力？
13. 简述室内含尘浓度和排放浓度的测定方法。
14. 根据下图独立风网的已知条件，进行独立风网阻力计算。
15. 根据下图集中风网轴测图的已知条件（缺少的条件查阅相关资料自己确定），进行集中风网阻力计算。

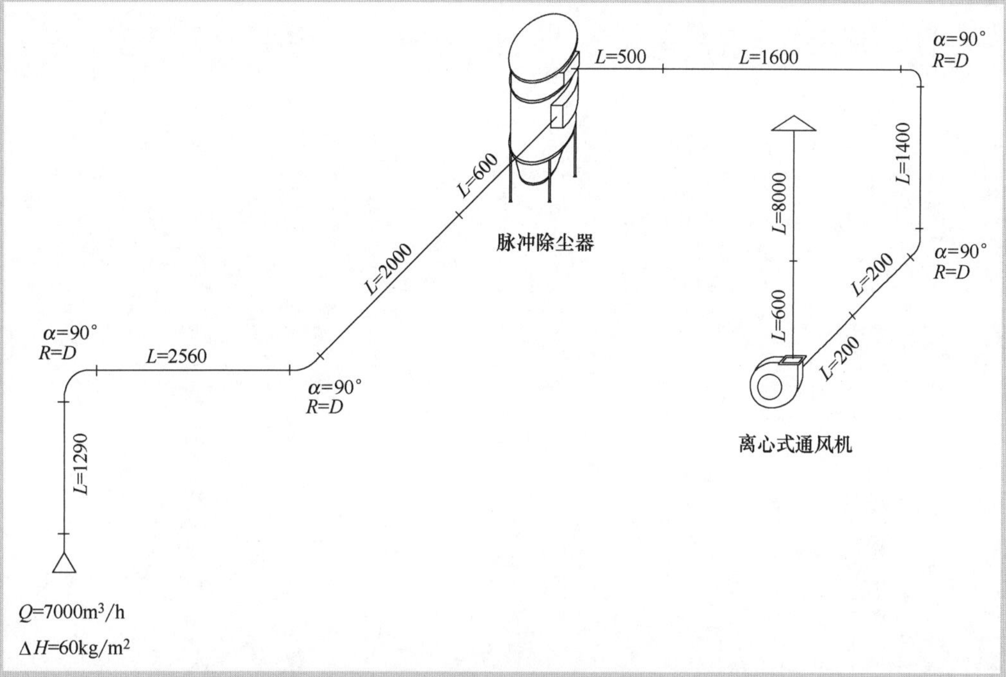

独立风网阻力计算轴测图

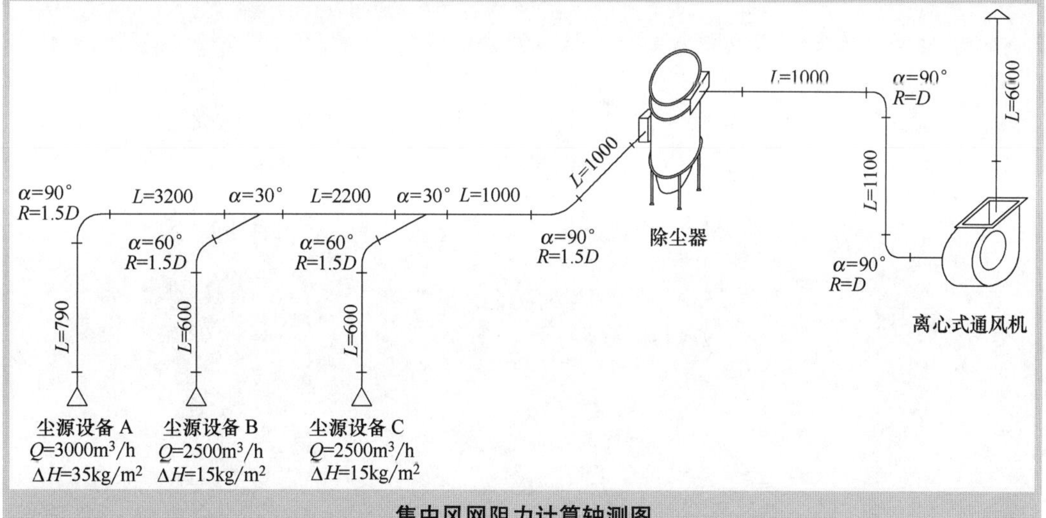

集中风网阻力计算轴测图

第六章

CHAPTER 6

气力输送

学习目标

1. 掌握气力输送的类型和特点。
2. 掌握气力输送系统的主要设备和构成。
3. 掌握气力输送的原理。
4. 掌握气力输送的设计与阻力计算。
5. 了解气固两相流数值模拟。

第一节 概　　述

一、气力输送的应用与发展

气力输送是利用空气动力通过管道输送散状物料的技术，是物料的搬运方式之一。空气流动形成风，因而气力输送又称风力输送、风运或风送。气力输送多通过管道实现，又称管道输送。

人们很早就知道借助风的动力作用来完成某项任务，如帆船、风车等。高速气流具有极大的能量，这可从龙卷风、热带风暴的破坏事件中得到证明。

使固体颗粒物料悬浮于空气中并通过管道进行输送的最初尝试，始于19世纪初期(1818年)。1853年，世界上出现了在邮局内部传递信件的气力输送装置。粉粒状物料气力输送装置的发展始于1866年斯特蒂文特对除尘器的成功研制。1882年，在俄国彼得堡港出现了世界上第一台卸散粮船的气力输送装置，当初称为谷物卸船机，即现在的吸粮机。1886年，阿林顿进行了长距离气力输送纤维物料的研究，1890年，英国的多克哈姆发明了双筒形吸嘴并对吸送谷物的气力卸船机进行了深入研究，为现代吸粮机的应用和研究奠定了理论基础。1893年，英国也出现了吸粮机。发展到20世纪30年代，在荷兰的鹿特丹港和德国汉堡港的专业散装粮食码头上，吸粮机已成为主要的卸船设备，海运粮食的90%以上是由吸粮机卸船完成的。1945年，在瑞士建成了世界上第一家气力输送面粉厂，之后，气力输送技术在粮食加工厂得到普遍使用。现在，全世界几乎所有的面粉加工厂都采用了气力输送方式输送加工过程中的在制品。

气力输送技术在我国的应用，起始于20世纪50年代港口散粮卸船的需要。1959—1962年，在天津港和大连港开始使用移动式谷物气力输送装置卸船，到20世纪90年代，我国的部分港口出现了大型气力输送卸船机，最大产量达600t/h。1958年，我国第一家采用气力输送方式输送物料的面粉厂在浙江金华建成。1966年，在江苏南京浦镇建成了采用气力输送的大米厂。之后，气力输送在粮食加工行业大范围应用、推广和研究，现在小麦加工厂制粉车间在制品的提升、输送全部采用气力输送的物料搬运方式。

气力输送技术应用于小麦加工厂制粉车间，使面粉厂的生产面貌焕然一新。首先，一系列笨重、复杂的机械输送设备被管道、卸料器、风机等所取代，节省了厂房空间、建筑面积和设备投资。其次，气力输送系统中流动的空气，在对粮食及其在制品输送的同时，还起到了对物料除湿降温、风选分级以及粉尘控制等作用，尤其能够显著抑制粉尘爆炸的发生，这是其他机械输送设备做不到的。再次，管道输送物料，管道内部无死角，因而输送系统内物料无残留，大大降低了输送装置对后续输送物料的品质影响。

气力输送技术发展至今，已广泛应用于食品、化工、建材、制药、塑料、烟草、电力等各工业领域。气力输送的形式也由最初的气力吸运发展到现在的气力压运、吸压混合输送、空气输送槽等。气力输送的距离可由几十米到数千米，输送产量可达每小时千余吨。

物料输送的管道化、密闭化和自动化，是现代散状物料输送技术的发展方向，而气力输送技术无疑是实现这种物流技术的最佳方式之一。在我国，随着粮食散装、散卸、散运和散存即“四散”技术的日益推广，气力输送技术会在粮食加工领域得到更广泛的推广和应用。

二、气力输送特点

气力输送的最显著特点，是动力来源为具有一定能量的气流，简化了传统复杂的机械装置；其次是密闭的管道输送，布置简单、灵活；再次是没有回路。

综合分析气力输送装置，有以下主要特点。

（1）输送管路占用空间小且管路布置灵活。皮带输送机或螺旋输送机主要在一个方向上输送物料，如果物料搬运路线的方向有较大的改变或者要变为提升时，往往需要第二台独立的输送设备。而对于气力输送，只需要设计出合适的弯头，输料管就可以从建筑物、设备或其他障碍物的附近绕过。输料管也可以安装在墙壁附近或天花板上，基本不占用厂房车间面积。由于可以使用软管、多路阀和快速接头，因此很容易改变和控制物料的流动方向和进、出口位置，从而灵活地实现输送粮食装卸船、车，特别是粮食的出仓和清仓作业。利用软管还可以将吸嘴伸到狭窄的角落将物料吸出。

（2）气力输送装置与其他机械输送装置相比更安全。据报道，美国每年在物料搬运的事故中，由工伤造成的工资、医疗、保险等直接、间接开支超过5亿美元。统计资料还表明，机械式输送设备比气力输送发生的事故多得多，而且在发生粉尘爆炸的事件中，因斗式提升机引起的粉尘爆炸次数占到粉尘爆炸总次数的50%以上。所以，气力输送的应用不仅能大大减少工伤事故，而且还能减少火灾和爆炸引起的安全问题。

(3) 管道输送物料，系统密闭，可以避免物料受潮、污损或混入异物，也避免了粉料对环境的污染，且输送装置内部不存料，因而更卫生。以气力吸运输送装置为例，任何的管道破损引起的空气泄漏都是向管道内的，输送的粉体或物料不会向外飞扬。而且现在，不论是气力吸运或是气力压运输送装置都能容易地将管道及设备设计成或做成全封闭式，这样将产品及环境的相互污染降至最低程度。

(4) 改善劳动条件，降低劳动强度，生产效率大大提高，有利于实现自动化。采用气力输送装置后，物料在管道中输送，运动部件少、易损件不多，所以，可以减少工人的操作、设备管理工作量以及装置维修费用。采用气力输送技术，物料管道化输送，设备的控制、操作条件都得到了较高的改善，生产效率大大提高，更易于实现自动化操作。

(5) “一风多用”，提高某些工艺设备效率。采用气力输送输送物料时，输料管内物料与气流接触充分，气流对物料有干燥、冷却、分级等多种作用，即“一风多用”，可以作为生产工艺的一个环节使用。如小麦的制粉车间，气力输送提升在制品的同时，对在制品具有显著的除湿、降温作用，因而提高了相关工艺设备的效率，如筛理设备的筛理效率大大提高；同时气力输送管道中的一部分空气来自磨粉机，也有效地对磨粉机进行了冷却和除尘，从而提高磨粉机的产量和研磨效率。

(6) 气力输送属于高速气流输送物料，因此，水分大、黏附性强、磨琢性大、容易破碎物料不宜采用气力输送，且物料粒径限制在大约 50mm 以下。

如果不考虑气力输送搬运方式输送物料功能之外的其他优点，同样的输送产量、输送距离，气力输送的能耗高于机械输送方式。

三、气力输送装置的类型

气力输送装置根据输料管内的压强是否高于大气压，分为气力吸运和气力压运两种基本类型。气力吸运即将空气和物料一起吸入管道内，靠低于大气压强的气流输送物料，风机安装在管路系统的末端，因而气力吸运也称负压输送；气力压运即利用管道内高于大气压强的正压气流携带或推动物料进行输送，风机则安装在管路系统的始端，因此气力压运也称正压输送。

1. 气力吸运

气力吸运输送装置如图 6-1 所示。物料的输送过程在风机的吸气段完成，这种输送方式具有以下特点。

(1) 供料简单方便。只要将管道的进风口放到物料堆上或将物料导流到管道的进风口处，物料自然随气流流动被吸入管道中，不需人工供料。

(2) 输送管道进料口处和输送系统内部空气压强低于大气压，因而在供料处产生的粉尘不易向外逸出，供料处工作环境空气洁净。

(3) 气力吸运输送装置容易实现从多处同时吸送物料，而集中一处卸料。

(4) 气力吸运特别适合于堆积面积广或位于深处、狭窄处或角落处物料的输送、清理。

(5) 要求输送管道、卸料器等构件气密性高。

(6) 输送产量大。

气力吸运输送方式可以有一根或多根输料管。多根输料管气力吸运输送方式广泛应用于粮食加工厂物料品种多或者需要多次提升的场合，如图 6-1 所示的气力吸运输送装置。单根

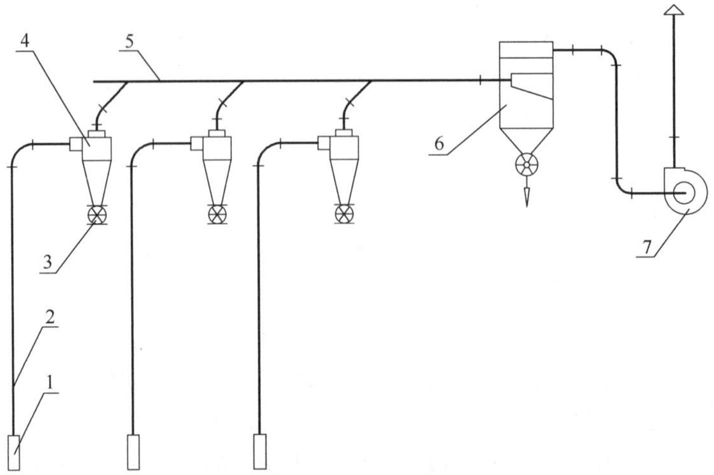

图 6-1　气力吸运输送装置示意图

1—接料器；2—输料管；3—闭风器；4—卸料器；5—汇集风管；6—除尘器；7—风机

输料管气力吸运输送方式多用于一种散料或者物料只需输送一次的场合，如谷物卸船机即吸粮机，只用一根输料管将散粮吸送出船舱即可。

图 6-2 为港口轨道移动式吸粮机示意图。图 6-2 中，垂直部分的输料管可上下伸缩，水平部分的输料管安装在臂架上，可随臂架水平伸缩，而且臂架本身还可俯仰、旋转，大大扩大了吸粮机吸嘴吸送物料的范围。吸粮机吸送的物料可直接装车，也可以通过皮带输送机输送到岸上的输送设备中继续输送，入仓或进入加工车间。

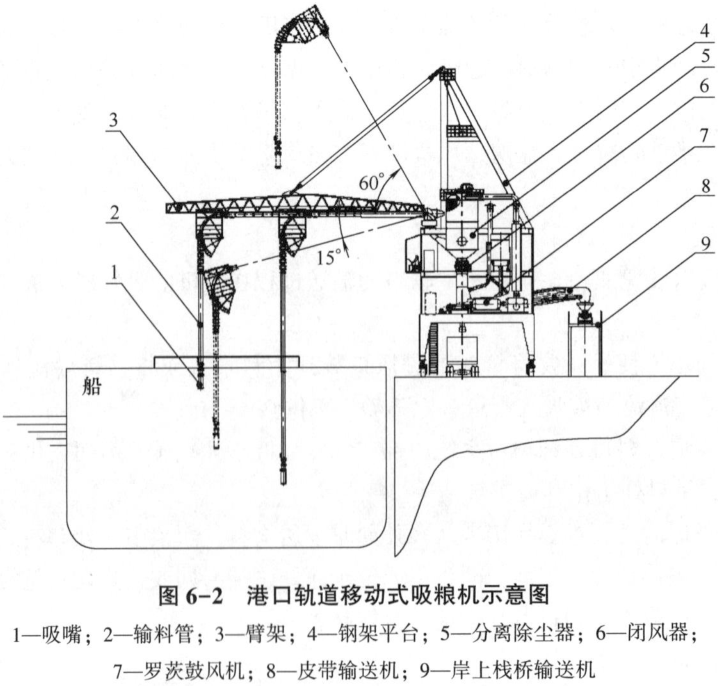

图 6-2　港口轨道移动式吸粮机示意图

1—吸嘴；2—输料管；3—臂架；4—钢架平台；5—分离除尘器；6—闭风器；
7—罗茨鼓风机；8—皮带输送机；9—岸上栈桥输送机

气力吸运输送方式根据输送管道内工作压力的高低可以分为低真空（工作压力不超过

9.8×10^3 Pa）气力输送和高真空气力输送（工作压力为 $9.8\times10^3\sim4.9\times10^4$ Pa）两种类型。

2. 气力压运

气力压运输送装置如图 6-3 所示。物料的输送过程在风机的压气段完成，这种输送方式具有以下特点。

（1）适合于从一处向多处进行分散供料，即可以实现一处供料，多处卸料。

（2）卸料容易供料难。气力压运输送装置的输料管连接于风机的排气口上，因而输料管内空气压强高于大气压，而要将大气压状态下的物料供入输料管中就比较困难。要求供料器供料的同时保持高度的气密性，即管道内的正压气流不能通过供料器逸出，否则，向外逸出的正压气流将阻止物料进入供料器从而影响向输料管供料，造成供料器产量大大降低甚至供料中断、输送失败。

气力压运输送装置卸料容易，只需将输料管末端连通到仓内或某地点后，从输料管末端喷出的物料即可在自身重力作用下自然沉降。当然，在输料管末端连接一个物料与气流的分离装置即卸料器，卸料效果会更好。

（3）输送系统要求气密性高。否则，管道中的正压气流由缝隙逸出时，造成管道内气流速度降低使输送受到影响；另外，管道内的粒径微细物料也会随气流一同逸出，污染环境。

（4）适合长距离输送。气力压运输送方式因设备少、管道布置灵活、输送距离长、容易做到多点卸料等特点，在面粉厂制粉车间的配粉工序、食品车间、饲料加工车间等的原料接收等场合得到广泛应用。

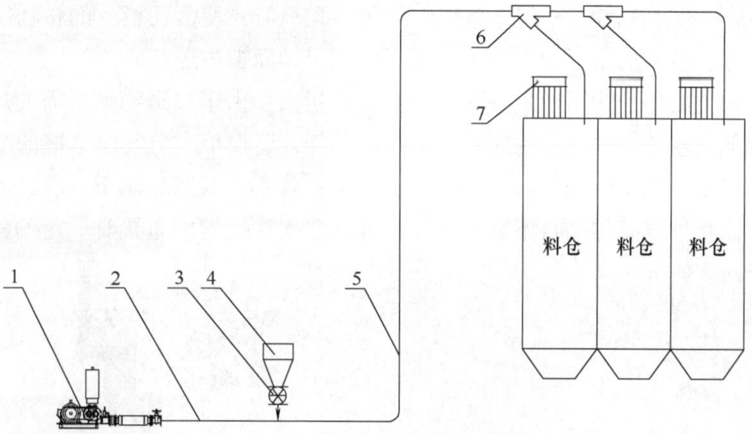

图 6-3　气力压运输送装置示意图

1—风机；2—风管；3—供料器；4—料斗；5—输料管；6—双路阀；7—仓顶除尘器

气力压运系统根据工作压力的高低分为低压压送（压力不超过 4.9×10^4 Pa）气力输送和高压压送（工作压力大于 9.8×10^4 Pa）气力输送两种类型。

相比较而言，气力吸运输送方式供料器简单，卸料器（或称分离器）是主要设备，有利于将各处物料收集到一处或几处；气力压运则卸料器简单，或利用料仓作为卸料器，而供料器复杂，供料器是输送系统的关键设备，适合于将物料从一处输送到多处。

3. 吸-压混合式气力输送

一台风机，在风机的吸气段完成气力吸运或物料提升，又将物料供入风机的压气段继续输送，即吸-压混合式气力输送类型，如图 6-4 所示。它综合了气力吸运和气力压运的共同特点，特别适合于散料的卸船（车）入仓、出仓装车或散料的清扫装车等。

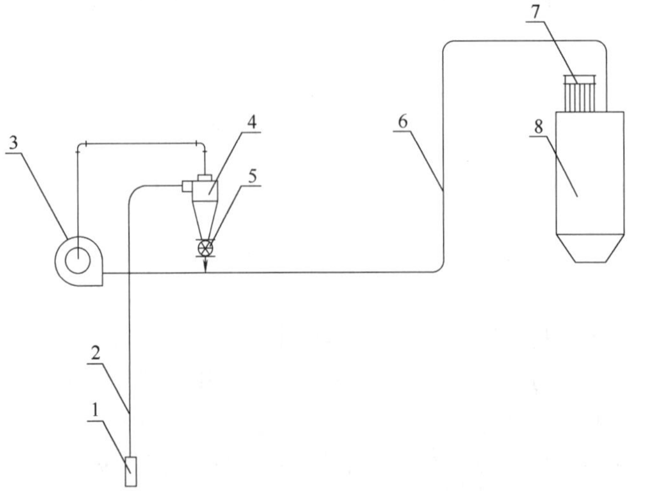

图 6-4　吸-压混合式气力输送装置原理图

1—供料器；2—吸送输料管；3—风机；4—卸料器；5—闭风器；6—压送输料管；7—仓顶除尘器；8—料仓

4. 空气输送槽

空气输送槽也是气力输送的一种类型，如图 6-5 所示，它是利用压强不高的低压气流（一般相对压强不超过 5000Pa）穿过微带斜度的多孔板时，使多孔板上的粉状物料在气流中处于流态化状态，板上的粉料便在重力作用下向下流动而被输送。

空气输送槽主要用于物料的水平输送，输送产量大；由于输送物料所需的风量小、压力低，因而电耗低。空气输送槽结构简单，无运动部件，磨损小。空气输送槽的缺点是只适用于输送干燥而且易于流态化的粉料，如面粉、水泥、煤粉、煤灰、矾土、石膏粉等，对于水分含量高、流态化性能差的物料不宜采用。此外，空气输送槽的布置有一定的斜度要求，物料只能向下输送。

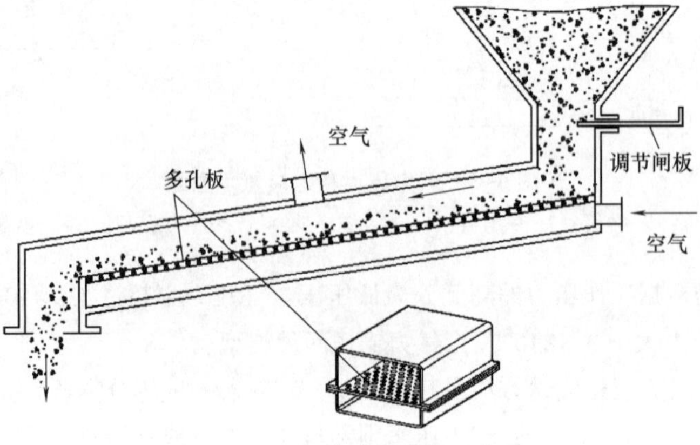

图 6-5　空气输送槽结构示意图

气力输送有多种分类方法。按照管道中物料和气流两相流动的特征，气力输送装置可分为稀相输送、密相输送和间断流输送（即栓流输送）三种。稀相输送是靠具有一定速度或动能的气流输送物料的，即管道中气流速度足够高，物料颗粒在气流中呈悬浮状态被输送，因此稀相输送也常称为悬浮输送或动压输送；密相输送和栓流输送是利用较高压力的气流进行输送的，又称静压输送或压力输送。

目前，气力输送装置以稀相输送即悬浮输送方式最为广泛，技术最为成熟，因此本章主要介绍悬浮输送方式的气力输送技术。

第二节　气力输送主要组成

气力输送系统主要由供料器、输料管、卸料器（分离器）、风机、除尘器以及其他辅助部分等组成。

一、供料器

（一）供料器及其要求

能够定量供给或排出粉粒状物料的设备称为供料器，供料器也称喂料器或接料器等。

在气力输送装置中，供料器的作用是把物料喂入输送管道中，并且在这里物料与空气得到充分混合，继而被气流加速和输送。因此，供料器是气力输送的“咽喉”部件，供料器的结构及性能对气力输送装置的输送量、工作的稳定性、能耗的高低有很大影响。尤其对于气力压运输送装置，供料器的性能是否良好，将影响整个气力压运系统能否正常运行。

在设计或者选择供料器时，应满足以下要求。

(1) 物料通过供料器喂入输料管时，应能和空气充分混合。物料均匀地分散到组织的气流中，空气动力能作用到所有喂入的物料颗粒上，从而实现气流对物料的加速、悬浮和输送作用，且不掉料、不存料。

(2) 供料器的结构要使空气通畅进入，不致产生过分的扰动和涡流，符合流体的流动规律，以减少空气和物料流动的阻力。

(3) 尽量使进入输料管的物料运动方向与气流的方向一致，避免逆向进料，以减少气流对物料的加速能量损失。

(4) 不漏气、不漏料、不积存料。在输送谷物原粮时，供料器不破碎粮食。

(5) 定量供料，供料连续可靠。

(6) 高度低，占地面积小。

在气力压运输送系统中，管道内空气压强高于大气压，因此，气力压运系统中的供料器除了满足一般供料器的要求外，还必须具备较高程度的气密性。同时，供料时进入供料器的高压气流必须设置专门的排气通道或者结构进行排放，做到既不影响供料器的产量，也不影响系统的风量。

（二）常用的供料器

气力输送常用的供料器主要有吸嘴型、三通型、叶轮型、弯头型等几种类型。

1. 吸嘴型供料器

当移动式或固定式负压气力输送装置（如吸粮机）用于车、船、仓房和其他场地堆放的散状物料的装卸、输送或清扫时，常把供料器称为吸嘴，用吸嘴对物料进行捕捉和输送。对于吸嘴，有以下要求：

① 产量大，阻力小，不掉料。在进风量一定的情况下，进料量多而且流动阻力低，进料连续、均匀、不漏料。

② 具有补风装置而且补风量大小可调。通过调节补风装置，以便获得吸送物料时最合适的输送产量以及具有防堵塞和清堵能力。

③ 轻便，容易操作，便于插入物料堆而又容易拔出、移动，能吸净仓房、容器等底部和角落的物料。

④ 能防止吸入绳头类、棍棒类、铁丝类等尺寸较长或形状特殊的杂质。在对含有或容易发生粉尘爆炸的物料作业时，还应防止吸入金属性杂质。

吸嘴主要有单筒型和双筒型两种，在小型吸粮机上一般采用重量较轻的单筒型吸嘴，在大、中型吸粮机上多采用双筒型吸嘴。

（1）单筒型吸嘴　单筒型吸嘴的结构简单，通常有直管型、喇叭口型、斜口型和扁口型等几种形式，如图 6-6 所示。

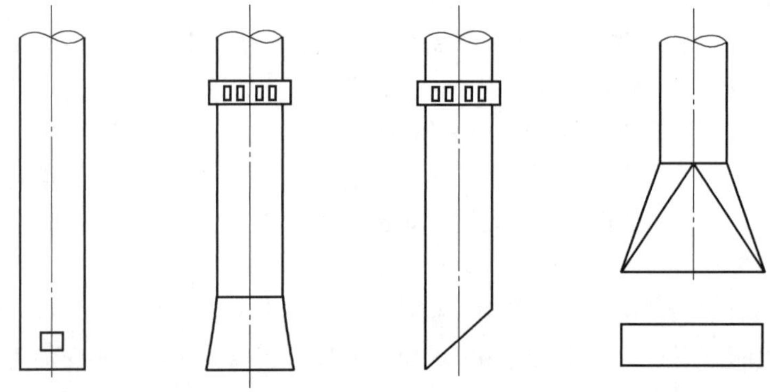

图 6-6　单筒型吸嘴

直管型吸嘴，即直接利用输料管的端部，或为通过扰性软管连接到输料管上的一段直管。直管型吸嘴结构简单，易于制作，但进口压力损失大，进风量和补风量无保证，无调节功能。当直口型吸嘴插入料堆过深时，容易被物料埋住堵死，因为无空气流入或者空气量少而使输送中断；有时也会因吸送产量过大造成管道内物料运行停顿，进而发生输料管堵塞。

直管型吸嘴供料量的稳定性差，供料量过大时容易发生吸嘴堵塞的危险，所以为了防止吸嘴被物料堵死，一般在单筒型吸嘴的端部开设有补气口即二次空气进风口。二次进风的作用是弥补一次进风口空气量的不足，使进入吸嘴的物料获得较好的加速度，或者吸嘴端部被坍塌的物料埋住以及操作不慎插入料堆过深吸嘴被物料堵死时起到清堵作用。

直管型吸嘴端部的二次进风口多为固定孔口，风量不可调节。为了根据输送情况调节输送量，必须靠频繁上下移动吸嘴来改变端部埋入料堆的深度，因此，这种吸嘴很难获得连续高效的输送效果。

喇叭口型吸嘴的端部为喇叭口形状，是为了减少一次空气和物料进入吸嘴的阻力。在喇叭口以上直管段上安装有一可转动的调节环，用来调节二次空气进风量。调节二次进风量可获得最佳的输送产量。

斜口型吸嘴主要用于船舱、仓库等残余物料或容器角落物料的清扫，也可用于成堆散料的输送。一般无风量调节及二次补风装置。

扁口型吸嘴主要便于大面积平整场地残余物料的清扫或成堆散料的输送。如房式仓地面散粮的清扫输送，如果采用圆筒型吸嘴，则不易清扫干净，而用扁口型吸嘴则可清扫得干干净净。

（2）双筒型吸嘴　双筒型吸嘴的结构，如图6-7所示。它主要由入口处做成喇叭形的内筒和可以上下活动的外筒以及支撑块、调节螺栓等部分组成。支撑块焊接在内筒的外壁上保证内外筒同心安装。内筒上端法兰与输料管法兰盘连接，物料及部分空气由内筒的喇叭形端口进入，补充空气即二次空气经内外筒之间的环形空间由上而下进入内筒。通过调节螺栓调节外筒上下移动以改变内外筒下端端面的间隙，来调节从环形空间进入内管的二次空气量，从而使物料得到有效的加速，获取最佳输送浓度和最大输送产量。

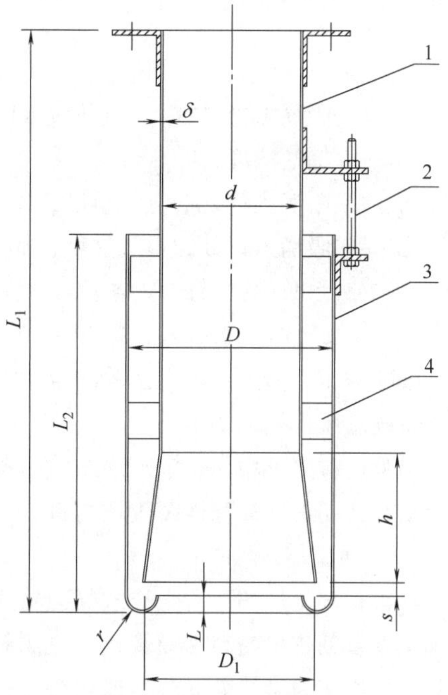

图6-7　双筒型吸嘴

1—内筒；2—调节螺栓；3—外筒；4—支撑块

双筒型吸嘴内筒的直径与其所连接的输料管直径相同。外筒直径根据吸嘴内外筒之间的环形截面面积与内筒的有效断面面积相等的原则来确定，即按式（6-1）计算：

$$D=\sqrt{d^2+(d+2\delta)^2} \tag{6-1}$$

式中　D——外筒直径，mm；

d——内筒直径，mm；

δ——筒壁的厚度，mm。

喇叭口的内径：

$$D_1=\sqrt{D^2-0.5d^2-2\delta} \tag{6-2}$$

式中　D_1——喇叭口的内径，mm。

喇叭管高度 h：

$$h\approx 4.07(D_1-d) \tag{6-3}$$

圆弧体高度 L：

$$L\approx(0.2\sim0.3)d \tag{6-4}$$

圆弧半径 r：

$$r=\frac{D-d-2\delta}{4} \tag{6-5}$$

一般，对于大型吸粮机，双筒型吸嘴内筒的总长度 $L_1\geqslant 1000$mm，外筒总长度 $L_2\geqslant 700$mm，内外筒壁厚 δ 取1.5~3.0mm。吸嘴内外筒端面间隙 s 和吸嘴插入物料中的深度，对吸送不同种类的物料和气力输送装置采用不同的气源设备风机而数值不同，可在实际运行时调整确定。

吸嘴的压力损失，可按式（6-6）计算：

$$\Delta p=\zeta\frac{u_a^2}{2g}\gamma_a(1+\mu k) \tag{6-6}$$

式中 ζ——吸嘴阻力系数，一般取 $\zeta=1.7$；

μ——输送浓度，kg/kg；

γ_a——吸嘴入口处的空气重度，N/m^3；

u_a——吸嘴入口处的空气速度，m/s；

k——系数。物料的种类不同、输送浓度不同，系数 k 不同。稻谷：$u_a=18\sim22m/s$，$\mu=18\sim40kg/kg$，$k=2.9223-0.0518\mu-0.0887u_a$。

吸嘴的压力损失也可由实验测得。吸嘴的压力损失一般在（300～1000）×9.81Pa 范围内，约为系统总压力损失的 1/3。

当吸送粒度不均匀、散落性差的物料时，可采用带松动装置的转动吸嘴，使物料不断塌落松动，从而保证吸嘴连续吸送物料。

2. 三通型供料器

在粮食加工厂的一些吸送式气力输送装置中，输送管道中的物料来源于其他加工设备，即加工设备的排出物料由溜管供入气力输送输料管中，这种情况下的供料器常称为接料器，而且多采用三通型，如立式三通接料器、诱导式接料器和卧式三通接料器等。

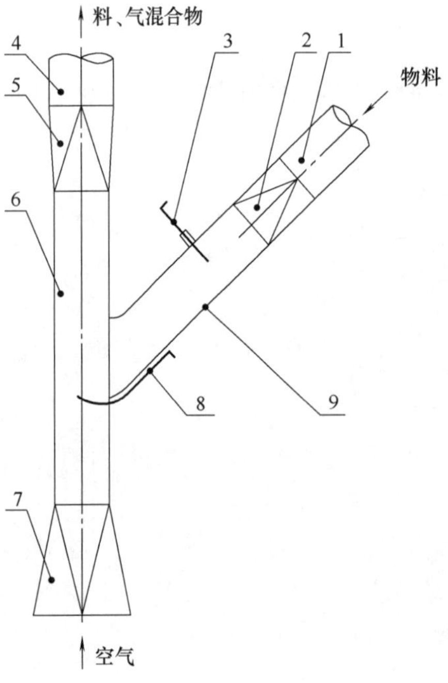

图 6-8　立式三通接料器

1—圆形溜管；2—变形管；3—插板；4—输料管；5—圆变方变形管；6—矩形风管；7—喇叭形进风口；8—弧形淌板；9—矩形溜管

（1）立式三通接料器　立式三通接料器主要用于物料垂直提升或倾斜提升的气力输送管道上，结构如图 6-8 所示。工作时，物料从圆形溜管滑入到由喇叭口进气的垂直输料管中，自下而上的气流使物料悬浮、加速和提升。为使物料能顺着气流方向进入并与气流均匀混合，立式三通接料器的进料溜管和垂直部分管道均为矩形截面，而且在进料溜管的末端装有位置可调节的弧形淌板。弧形淌板尾部的弯曲方向与垂直管道内的气流方向基本一致。当物料由矩形溜管滑过淌板时，由于淌板的导向作用，使物料具有向上的初速度，易于被向上流动的气流加速、输送和节省能量。

（2）诱导式接料器　诱导式接料器的结构如图 6-9 所示。它是立式三通接料器的一种变形，是粮食加工厂最常用的一种接料器。

诱导式接料器具有良好的空气动力学特性。物料沿圆形溜管下落，经圆变方变形管进入矩形截面的诱导式接料器，通过弧形淌板对物料进行的向上诱导作用进入自下而上的气流中。

在气流的带动下，先经过风速较高的较小截面管道进行加速、提升，然后经方变圆渐扩管进入输料管正常输送。在弧形淌板处，安装有风量调节阀门（插板阀或旋转多孔板），以控制和调节从诱导式接料器进风口进入的空气量。

根据物料的下落情况来调节弧形淌板的位置，可以使物料离开弧形淌板时的运动速度与气流方向基本一致，以达到最佳输送状态。

诱导式接料器适用于粉粒状物料，具有料、气混合性能好，阻力小（阻力系数为 0.7 左右）等优点。

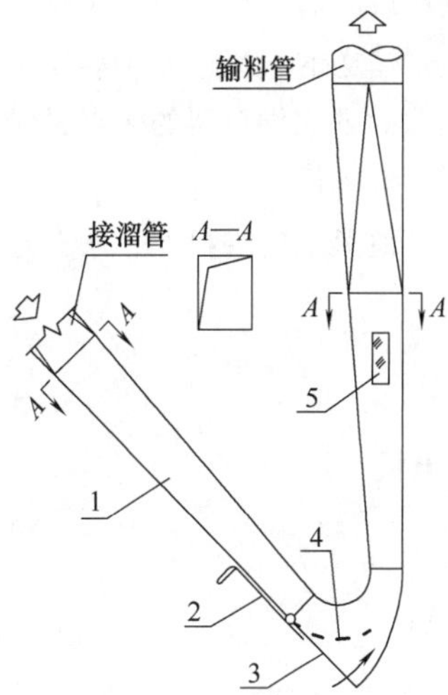

图 6-9 诱导式接料器

1—方形溜管；2—插板活门；3—进风口；4—弧形淌板；5—观察窗

（3）卧式三通接料器 卧式三通接料器的结构如图 6-10 所示，主要由进料管、进气管、隔板和输料管等部分构成。工作时，物料由进料弯管进入输料管中，物料进入方向与气流方向基本一致，并在此与进入的气流混合并被加速、输送。为防止供料量的波动引起的进料口处管道堵塞，在进料口处的水平输料管中常安装一隔板，隔板使得水平输料管空气的流动始终处于畅通状态。

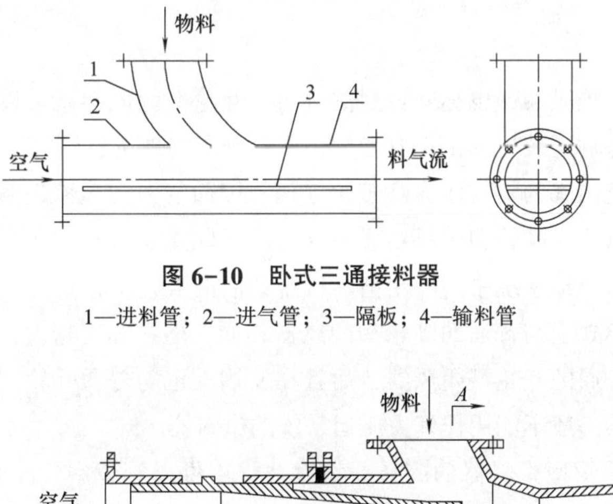

图 6-10 卧式三通接料器

1—进料管；2—进气管；3—隔板；4—输料管

卧式三通接料器主要用于水平输送管道的喂料。它高度低，体积小，可直接安装在某些加工设备底部的出料口上。

卧式三通接料器的阻力系数 $\zeta = 1.0$。

（4）喷射卧式供料器 喷射卧式供料器如图 6-11 所示。

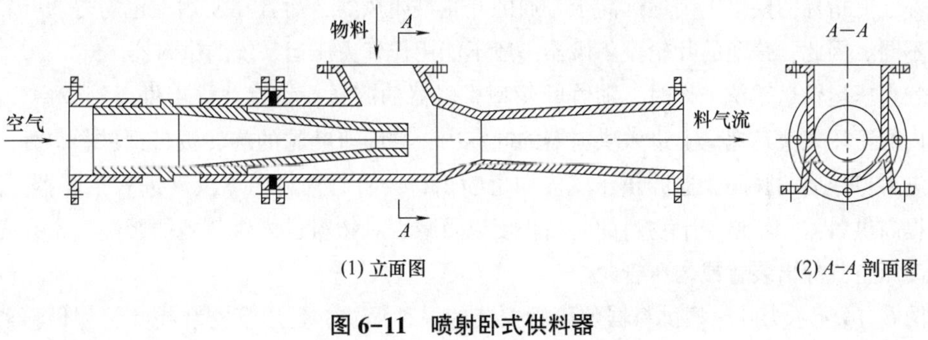

图 6-11 喷射卧式供料器

对于低压短距离气力压运输送装置，可以使用喷射卧式供料器。其工作原理是利用供料口处输送管道的收缩喷嘴使气流速度增大、动压升高、静压下降的特性，造成供料口处的静压等于或低于大气压，这样，管道内的正压空气不仅不会从供料口处喷出，反而由于引射作用，还会使少量空气和物料从供料口处被吸入输料管中，从而完成向正压空气管道的供料。

在供料口的后面有一段渐扩管，在渐扩管中气流速度逐渐减小，静压逐渐升高，使气流转换到正常输送的气流速度和静压力。

喷射卧式供料器的优点是结构简单，尺寸小，无转动部件。缺点是输送浓度低，压力损失大，效率低。

其他形式的供料器，还有弯头式、磨膛提料等，分别如图 6-12、图 6-13 所示。

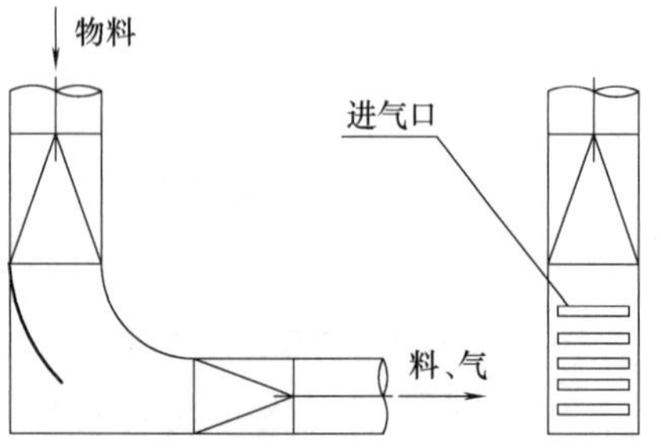

(1) 立面图　(2) 左视图

图 6-12　弯头式供料器

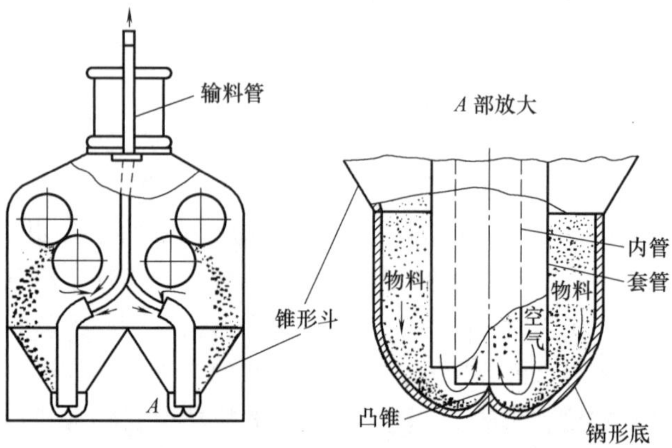

(1) 磨膛提料　(2) A 部放大图

图 6-13　磨膛提料

3. 叶轮型供料器

叶轮型供料器，即叶轮型闭风器、关风器，也称旋转型供料器。叶轮型闭风器既可以作为除尘器的排灰装置，也可以作为气力输送装置的供料器使用，而且可以实现定量供料。

在气力压运输送系统中，因为管道内部的空气压强高于大气压，因而气力压运输送系统的供料属于强制供料。强制供料的特点使得叶轮型供料器成为气力压运输送系统首选的供料器，为区别其他系统内的供料器，气力压运系统中的叶轮型供料器又称正压关风器。

气力压运系统中的叶轮型供料器形式上与普通的叶轮型闭风器相同，但在加工精度、漏风率等性能指标的要求上则远远高于普通的叶轮型闭风器，而且在使用上也与普通叶轮型闭风器不同。因此，普通的叶轮型闭风器一般不能用作气力压运系统的供料器。

气力压运输送系统工作时，随着叶轮型供料器的旋转，物料被排出供入管道中。同时，管道内的正压气流迅速向上进入供料器的叶室中，并随着叶轮的旋转被带到进料口处。在叶室与进料口连通的瞬间，这股正压气流向上喷出，会阻碍物料向下流动进入供料器。因此，为了提高供料器叶轮格室中物料的装满程度以及减少对物料进入供料器的影响，常在壳体上安装高压空气导出装置或匀压管。

图 6-14 所示为叶轮型供料器匀压管安装的一种形式。匀压管安装在叶轮型供料器的端盖上，将卸过物料之后进入叶室内的高压空气通过引压管排放到进料侧的叶室内，匀压管短，连接方便。

在气力压运输送系统中安装叶轮型供料器时，在叶轮型供料器连接的输送管道上，有时还设置旁通管和阀门，当系统压力波动、压力降低时或者喂料量突然增大造成供料器底部物料堆积堵塞管道，或者突然停车时，可以用来疏通管道。

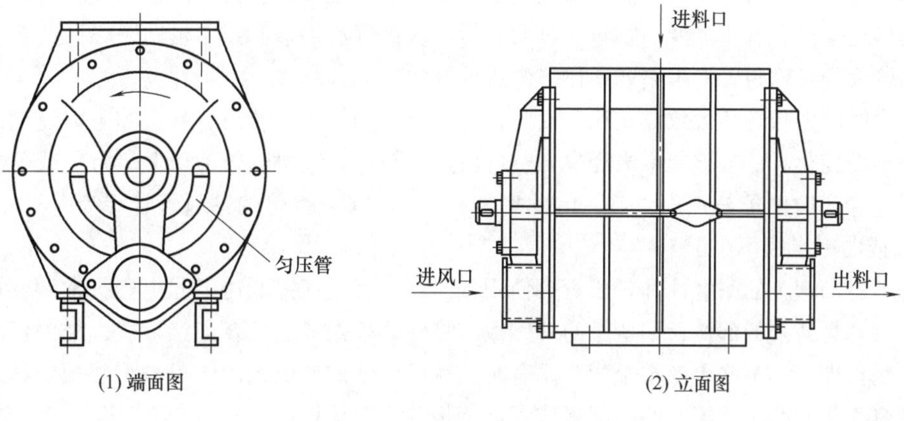

图 6-14　吹通式叶轮型供料器

二、输料管

输料管是气力输送系统中物料输送的通道，主要由直管道、弯头和分路阀等构成。

（一）输料管

在气力输送装置中，输料管主要指连接在供料器和卸料器之间的管道部分。输料管的直径一般为 60~300mm。

输料管多采用薄钢板焊接管或无缝钢管。对于低真空气力输送系统也可采用镀锌薄钢板卷制的焊接管道，但要注意管壁的厚度，管壁太薄，气力吸运工作时，有可能被吸瘪。对于输送食品原料或其他具有特殊要求的制品时，还可以采用不锈钢管或铝合金管等。为了减少管道磨损、延长管道的使用寿命，有时采用锰钢管道或内衬耐磨材料的焊接管或者其他耐磨材料管道等。

输料管也可以采用具有一定扰性的软管，如金属软管、耐磨橡胶软管、塑胶软管或套筒式软管等。在气力输送输料管道中使用软管，可扩大供料、排料的区域或灵活安装管道。在吸粮机上使用软管可以使吸嘴操作更容易、更灵活和扩大吸嘴的物料捕捉区域。但软管的阻力较大，一般软管的阻力至少是钢管的两倍，应尽量少用。

在气力输送装置中，为了便于观察管道内物料的有无和运动状况，输料管上常常每隔一定距离安装一段有机玻璃管作为观察窗使用。有时输料管全部采用有机玻璃管或者透明塑料软管。但在使用有机玻璃管和透明塑胶管道时，容易产生静电，应注意管道静电的及时排放。

输料管常由数段管道连接而成，管段间的连接可采用法兰连接，或快速接头连接，但必须有橡胶密封垫以保持管道连接处的气密性。

对于输料管，最基本的要求是管道内壁光滑，无凸起，尤其管道连接处无错位。这样的要求既可使物料输送时节省能耗、减少管道内壁障碍物对物料的阻滞作用，避免发生管道堵塞，又可减少输送过程中物料的破损，降低物料破碎率。

（二）弯头

为改变物料的输送方向，在输料管中采用了弯头、软管等。

物料运动至弯头处与其外侧壁面发生激烈的摩擦、碰撞而改变方向，因而在弯头中运动时，物料的速度会有所降低。物料通过弯头后再次被气流加速和正常输送。因此，弯头的阻力是比较大的，输料管发生堵塞往往从弯头处开始。

弯头的阻力与转角大致成正比，因此，弯头应采用较小的转角。弯头的阻力还随曲率半径的大小而变化，一般，曲率半径越大，弯头阻力越小。气力输送工程上，为了减少物料和空气通过弯头时的能量损失，弯头的曲率半径一般取 6～10 倍的输料管管径 D，即 $R=(6\sim10)D$，或曲率半径不小于 1m。

为了提高弯头的耐磨性和延长弯头使用寿命，在有些气力输送工程中弯头常做成矩形截面。并对容易磨损的部位，如弯头的外侧板，将外侧板做成法兰盘连接形式，外侧板磨损后更换外侧板即可，不必更换整个弯头。有时，在可拆卸的外侧板内还可衬耐磨板，如超高分子质量聚乙烯耐磨板、聚氨酯耐磨板或者锰钢板等，以延长弯头的维修、更换周期。图 6-15（1）所示为吸粮机输料管中常使用的弯头形式和结构，图 6-15（2）所示为粮食加工厂气力吸运装置中常使用的弯头形式。

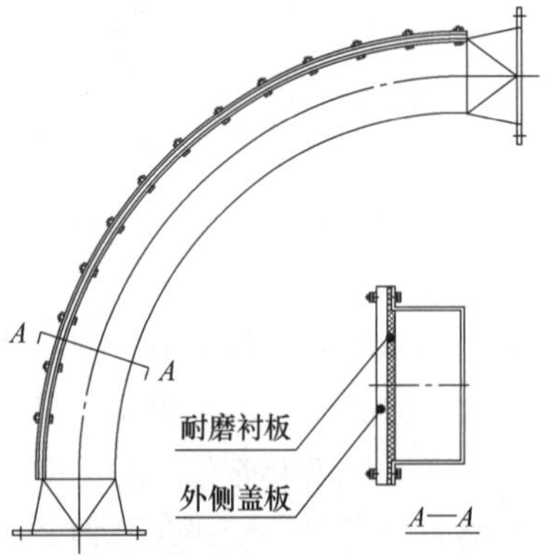

(1) 吸粮机输料管中的弯头形式和结构

(2) 粮食加工厂气力吸运装置中的弯头形式

图 6-15　输料管中弯头的形式和结构

（三）分路阀

在气力输送装置中，尤其气力压运的输料管道上，为实现一处供料，多处卸料，即从一个供料点供料实现向多个料仓或地点输送物料，常需在输料管道上安装分路阀或者多路阀。最常见的分路阀是双路阀，即分流三通。

图 6-16 所示为气力输送输料管上双路阀的一种形式和结构。料、气两相流自左侧输料管进入双路阀，图 6-16（1）所示阀体旋转位置使物料进入通道 2；图 6-16（2）所示阀体旋转位置使物料进入通道 1。

三、卸料器

吸嘴或供料器将物料供入输料管中，输料管将物料输送到要求的地点后还必须将物料从气流中分离出来，将物料从气流中分离出来的设备称为卸料器或分离器。气力输送中的卸料器与除尘器原理上是相同的，唯一的差别是卸料器要求有一定的产量、物料破碎率低等条件，而且有时产量还比较大。常用的卸料器有离心式卸料器、重力式卸料器或惯性卸料器等

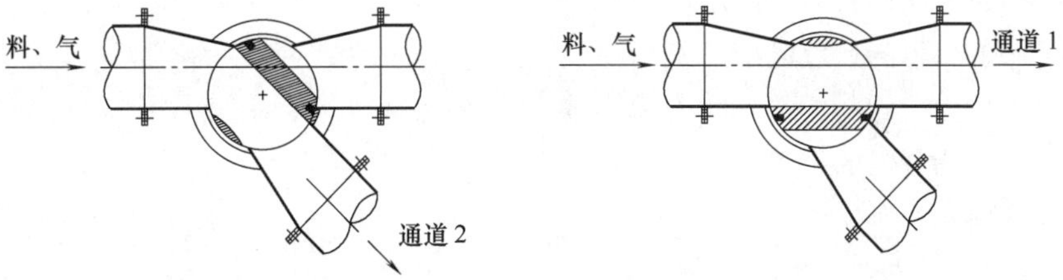

(1) 物料理入通道 2　　(2) 物料理入通道 1

图 6-16　气力输送输料管上双路阀的结构和原理图

类型。

1. 卸料器的基本要求

(1) 分离效率高　卸料器应最大限度地将输送的物料从气流中分离出来，减少物料的损失。分离效率低时，从卸料器排出的空气（尾气）中将含有一部分物料（为所输送物料中的粒径微细部分），会加重尾气净化装置——除尘器的负荷。

(2) 阻力低　卸料器的阻力低意味着消耗较低的风机能量，节能。

(3) 性能稳定，排料连续可靠　要求卸料器在运行时，分离效率稳定，排料时连续可靠，不漏气，不存料，不堵塞。

(4) 体积小，高度低，操作简便　即节省空间和占用面积小，易于维修。

有些使用场合，要求卸料器具有“一风多用”的功能。气流除了用来输送物料之外，还可用来完成某些工艺效果。例如，气力输送小麦等谷物原粮时，在卸料器内设计特殊的结构，利用气流将小麦中的轻杂分离出来，可减轻后续清理设备的负荷或简化清理工艺；还可以利用高速气流携带物料撞击到某种特制工作面上，使物料与特制工作面发生撞击、摩擦，对物料起到表面清理作用等。

2. 常用的卸料器

(1) 离心式卸料器　离心式卸料器是利用物料和气流的混合物（两相流）在做旋转运动时离心力的作用使物料与气流分离的，即离心式除尘器或刹克龙（cyclone）。离心式卸料器分离效率高，阻力低，体积小，结构简单，容易制造，维护简便，既可用来净化含尘空气作为除尘器使用，还可作为气力输送中的卸料器使用。

离心式卸料器的选择方法同离心式除尘器。离心式卸料器一般单台使用。

(2) 重力式卸料器　重力式卸料器是利用筒体有效截面的突然扩大、气流速度显著降低，使气流失去携带物料的能力，于是物料在重力的作用下从气流中沉降出来。重力式卸料器结构简单，压力损失小，但体积大，并且由于是利用重力分离物料，分离粒径微细物料的能力有限，所以重力式卸料器主要用于粗大颗粒状物料的分离。重力式卸料器也称容积式卸料器。

重力式卸料器为一筒体结构，由进料口、中部筒体和与筒体相连接的上下锥体构成。上部锥体与排气管相连接，下部锥体排料。

重力式卸料器的筒体直径 D_0 计算：

$$D_0 = 1.13\sqrt{\frac{Q}{3600u_t}} \tag{6-7}$$

式中 D_0——重力式卸料器的筒体直径，m；

Q——卸料器的处理风量，m^3/h；

u_t——重力式卸料器筒体部分有效截面上的气流速度，一般取 $u_t=(0.03\sim0.1)u_f$；u_f 为物料的悬浮速度，m/s。

重力式卸料器的压损计算：

$$\Delta p=\zeta\frac{u_a^2}{2g}\gamma_a(1+\mu k) \tag{6-8}$$

式中 Δp——重力式卸料器的压损，Pa；

ζ——重力式卸料器的阻力系数，$\zeta=3\sim6$；

γ_a——重力式卸料器进口处的空气重度，N/m^3；

μ——输料管中物料的输送浓度，kg/kg；

k——系数，$k=0.2\sim0.4$；

u_a——重力式卸料器进口风速，m/s。

设计重力式卸料器时，可选择已有的料仓或大的容器作为卸料器使用。为了提高重力式卸料器的卸料效率，一般可通过选择较低的进口气流速度、排风口距进料口最远或者在卸料器内部加装挡板等措施。

惯性卸料器的原理、结构同惯性除尘器，和重力式卸料器一样，多用于颗粒物料。

在气力压运输送装置中，末端的卸料器可选择离心式卸料器，也可直接利用料仓作为重力式卸料器使用，但料仓上部必须具有一定的空间。

四、除尘器

由于卸料器的分离效率达不到100%，所以，物料和空气的混合物经过卸料器之后，从卸料器排放的空气中仍含有一部分粒径微细的物料或粉尘，为了使空气的排放浓度达到环境排放标准的要求、回收有用物料减少经济损失以及减少风机磨损和保护风机等，在卸料器之后的管道中需安装除尘器对空气进行净化。气力输送装置中常用的除尘器有离心式除尘器和过滤式除尘器。

1. 离心式除尘器

离心式除尘器主要用于空气中粒径大于5μm或粒径较大的粉尘的分离。一般对于粒径大于20μm的粉尘，除尘效率可达80%，大于40μm的粉尘分离效率可达90%。单独使用离心式除尘器很少能达到环境排放标准要求。

2. 过滤式除尘器

在气力输送系统中，当卸料器采用离心式卸料器时，含尘空气的净化往往不再使用离心式除尘器，而多采用过滤式除尘器即脉冲除尘器。

脉冲除尘器的显著特点是对微细粒径粉尘的除尘效率特别高。脉冲除尘器是目前空气排放浓度达到环保要求的必用除尘设备。

五、风机

气力输送装置中，由于物料的输送需要消耗很高的能量，因而气力输送装置中的风机多选用高压离心式通风机或罗茨鼓风机等空气机械。

气力输送装置中的风机应满足以下要求。

① 能满足气力输送装置所需要的全压和风量。

② 风机输送的空气不含油、水等杂质成分，清洁干净。对于食品、药品、粮食等有特殊要求的物料的输送更是这样。

③ 气力输送的输送产量波动引起管网阻力波动时，要求风机的风量变化量较小。

④ 风机能够适应通过风机的空气中含有一定粒径范围、浓度的粉尘。

⑤ 风机便于使用和维护。

粮食加工厂的气力吸运输送装置中，常用的高压离心式通风机有6-30型、6-28型、5-18型、9-10型、9-19型、9-26型等，或其他类型的（如TY系列）高压离心式通风机等。

在气力压运输送装置或气力卸船机（吸粮机）装置中，风机多采用罗茨鼓风机或罗茨真空泵，有时也选用高压离心式通风机或多级离心鼓风机等。

多级离心鼓风机一般具有2～4个叶轮。具有2个叶轮，称为2级离心鼓风机；具有4个叶轮，称为4级离心鼓风机。多级离心鼓风机的性能曲线特点同普通的离心式通风机，具有风压增大风量减小的特点。在气力输送装置中，为了保持管道中的风量恒定，风机连接管道上要安装风量调节阀。

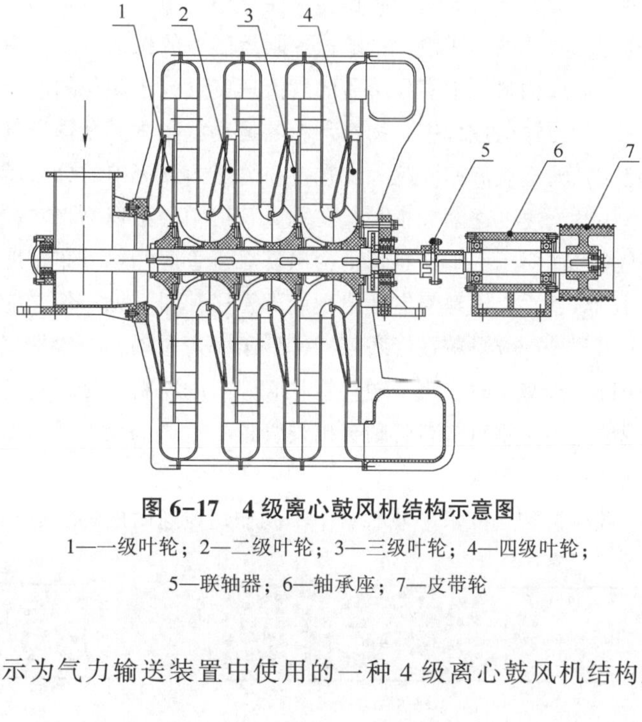

图6-17 4级离心鼓风机结构示意图

1—一级叶轮；2—二级叶轮；3—三级叶轮；4—四级叶轮；5—联轴器；6—轴承座；7—皮带轮

气力输送装置中使用的多级离心鼓风机的机壳多为钢板焊接制作，重量轻，对通过风机的空气含尘浓度高低、粉尘粒径大小等有较高的适应性。但多级离心鼓风机转速较高，一般超过3000r/min。图6-17所示为气力输送装置中使用的一种4级离心鼓风机结构示意图。

第三节 悬浮式气力输送的基本原理

一、物料颗粒的空气动力学特性

研究散状固体物料的气力输送，即研究物料颗粒在气流中的运动规律，而沉降速度、悬浮速度是物料颗粒在气流中运动的最基本特性，这个特性也称物料颗粒的空气动力学特性。

悬浮速度反映了所输送物料颗粒在气流中的主要物理特性。悬浮速度的数值大小由物料的密度、粒径、形状、表面状态、管道直径、空气密度等因素决定。物料颗粒的悬浮速度是悬浮式气力输送系统设计的主要原始数据之一，它是合理选择输料管安全输送风速的重要依据。

沉降速度、悬浮速度的相关内容可见本书第二章第三节，常见物料的悬浮速度可参考本书第五章表 5-1、表 5-2 等。

二、物料在管道中的运动

管道中的物料在空气动力作用下的运动由于受到许多因素的影响，是一个很复杂的现象，它涉及气固两相流的理论。

1. 输送气流速度与物料运动状态

理论上讲，在垂直管道中，当气流的速度大于颗粒的悬浮速度时，单颗粒物料就能被气流带走，形成气力输送。而在实际装置中，由于物料是颗粒群体而且颗粒之间、颗粒与管道之间存在着摩擦和碰撞，管道边壁附近区域的低速区以及弯头等局部构件处气流速度的不均匀，常造成输料管中实际所需的气流速度远大于颗粒的悬浮速度。

在气力输送过程中，物料颗粒的运动状态主要受输送气流速度的影响和控制。在输送量一定时，输送气流速度越大，颗粒在管道内气流中的分布越接近均匀分布，呈完全悬浮输送状态。气流速度逐渐减小时，在垂直管道中会出现物料颗粒速度下降，物料分布出现密疏不均现象，而对于水平输料管则会出现靠近管底物料分布密度高的现象；当气流速度低于某一值时，对于垂直输料管道会出现局部管段掉料、悬浮但又能够被提升现象，对于水平输料管则会出现一部分颗粒在管底停滞，处于一边滑动，一边被气流推着运动的运动状态；当气流速度进一步减小时，水平输料管管底停滞的物料层做不稳定的移动，最后停顿，产生管道堵塞现象；对于垂直输料管则会出现管道中输送的物料瞬间发生重力沉降，即发生所谓的掉料或堵塞管道等现象。

颗粒群物料在水平输料管中不同输送风速时的物料运动状态如图 6-18 所示。

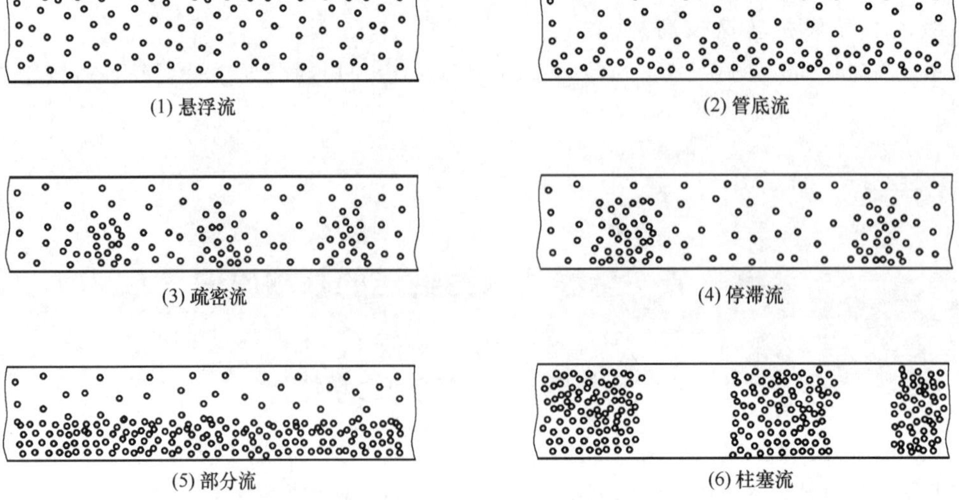

图 6-18　颗粒群物料在水平输料管中的运动状态

（1）悬浮流 输送气流速度较高，颗粒在气流中接近均匀分布状态，以完全悬浮状态输送，因而也称均匀流。这是气力输送一种最理想的输送状态。在除尘风网中，管道内粉尘含尘浓度不高，而气流速度偏高，会出现均匀流输送状态。

（2）管底流 管道中气流速度不高，物料颗粒大部分集中在输料管的下侧。越接近管底区域物料颗粒分布越密，但没有出现停滞。物料颗粒一边作不规则的旋转、碰撞，一边被输送。

（3）疏密流 管道中气流速度降到某数值或者一定的气流输送速度下供料量继续增加时，就会出现颗粒在管道的长度方向上疏密不均现象，在物料密集区域一部分颗粒在管底滑动但没有停顿。疏密流是颗粒悬浮输送的临界状态，这是一种不稳定的输送状态。

（4）停滞流 管道内气流速度低于某数值时，大部分颗粒失去悬浮能力沉降到管底。停滞在管底的颗粒在局部管段聚集在一起，使管道有效断面变狭窄。狭窄的断面又使得流经该处的气流速度增大，增大的气流速度又将停滞的颗粒吹走。颗粒就是这样在停滞聚集和吹走相互交替中处于不稳定输送状态。

（5）部分流 输送气流速度进一步减小时颗粒堆积于管底，气流就在管道内沉积物料的上部空间流动形成部分流。堆积于管底的物料上层表面，有部分颗粒在气流作用下作不规则移动，而且堆积的物料也会随着时间的变化作沙丘似的移动。

（6）柱塞流 输送气流速度很小，沉积到管底的物料层在局部管段已充满了输料管形成物料柱完全堵塞了管道，于是气流压力逐渐升高（风机有足够的压力、电动机功率允许等情况下），物料柱就在较高的空气压力的推动下移动，形成柱塞流或栓流。

柱塞流时，物料颗粒在管道中已完全失去了悬浮能力而形成物料柱，在这种状况下的输送常称为静压输送或栓流输送。其余五种输送状态是靠具有一定速度的气流输送的，常称为动能输送或悬浮输送。

2. 空气动力与物料运动轨迹

在垂直输料管中，空气动力对物料悬浮以及输送起直接作用。空气动力与物料颗粒的重力在同一垂直线上，但方向相反，所以，只要物料颗粒的空气动力大于浮重，物料便可实现气力输送。但由于物料处于紊流气流中，因此颗粒受到径向分力的作用，同时，由于颗粒本身的不规则，颗粒之间、颗粒与管道内壁之间的碰撞、摩擦等引起的作用力和反作用力以及颗粒旋转产生的马格努斯效应等，使颗粒受到除垂直方向力之外的水平分力的作用，最终导致在垂直输料管中物料以一种不规则的曲线上升运动。

在水平输料管中，物料颗粒的重力方向与水平气流方向相垂直，因此空气动力对颗粒的悬浮不起直接作用。但实际气力输送装置中物料颗粒在水平管道中仍能被正常悬浮输送，因此，管道内存在着与物料运动方向垂直的力，这种力即物料悬浮的升力或浮力。一般认为在水平管道中物料颗粒在受到水平方向的空气动力之外还受到了如下所述的几种升力作用。

（1）紊流径向分速度造成的升力。气力输送管道内气流流型为紊流，因而管道内水平气流速度在径向上的分速度会产生使物料悬浮的升力。

（2）颗粒上下表面之间的静压差力。输料管有效断面上空气流动存在速度梯度而引起的颗粒上下表面之间静压差所产生的升力。

在气流速度相同时，小管径的速度梯度大于大管径，所以小管径内气流的升力大。在大管径的输料管中，容易形成管底流就是这个原因。

（3）马格努斯效应引起的升力。由于空气的黏滞性，旋转颗粒周围的空气被带动，形成与颗粒旋转方向一致的环流。颗粒周围的环流与管内气流速度叠加使颗粒上部的气流速度增加、压强下降，而颗粒下部的气流速度降低、压强升高，因而颗粒上下的压力差使颗粒产生了升力的作用，这一现象通常称为马格努斯效应。

在气力输送中，以球形颗粒物料产生的马格努斯效应最为显著。如对水平管道输送大豆进行高速摄影，可以看出大豆每秒钟旋转数千转，根据研究结果，发现由马格努斯效应引起的升力可达大豆颗粒自身重力的几倍。

（4）由于颗粒形状不规则产生的推力在垂直方向上的分力。

（5）由于颗粒之间或与管壁碰撞而产生的跳跃，或受到反作用力的作用在垂直方向的分力。

这些力共同作用的结果，使得颗粒在水平气流中不断处于悬浮状态并呈悬浮状态输送。并且水平管道中的气流速度越大，产生使颗粒悬浮的升力就越大，越有利于物料输送，但同时能量消耗也增大。因此物料颗粒在水平管道中的安全输送是需要消耗较高能量的。所以，设计气力输送装置时尽可能选取最短的水平管段就是这个原因。同时可以知道，水平输料管道内物料的运动轨迹不是一条直线，而是颗粒悬浮和沉降交替出现的不规则曲线运动。

3. 输料管断面气流速度分布

纯空气管流时，有效断面上空气流动为紊流流型时气流速度的分布为对数曲线，在管道轴心线上速度具有最大值，而且速度分布对称于管道的轴心线。

在空气中混有物料流动时，即气力输送管道中，气流速度分布有很大的变化，在水平输料管中最大速度的位置偏移到了管道轴心线之上。

在水平管道中，由于颗粒的重力作用，越接近管底，物料分布越密。因此，使管底的空气流动受到阻碍，速度也就减小。较低的气流速度又会导致颗粒的速度减小，最后影响物料的输送，严重时会出现物料在管底停滞而管道堵塞现象。

不论在垂直输料管或是水平输料管中，气流速度均成紊流流型，而且管道中气流速度的分布总是管道中心区域速度大，管壁区域速度低，而气流中的物料总是存在由高速区向低速区运动的趋势。所以，选用输料管中气流速度时，应保证在气流速度分布较低区域，不致造成颗粒停滞为基准，尤其在选用水平输料管输送风速时更是如此。

4. 气力输送的压损特性

物料颗粒在管道中呈悬浮状态输送时，总存在着颗粒间或与管壁之间的碰撞或摩擦，这样会使物料颗粒损失一部分从气流那里得到的能量，也即气流具有的能量的一部分要消耗在颗粒与管壁的碰撞或摩擦上。而这部分能量损失是以气流压力损失的形式表现出来的。一般，气流速度越大，压力损失越显著；而气流速度减小时，颗粒又会产生停滞现象，加剧颗粒与管壁的摩擦，压力损失反而增大。

气力输送输料管内为空气和固体物料的混合物，在流体力学中称为气-固两相流。气-固两相流的压损特性与纯空气（单相流）流动的压损特性显著不同，气力输送中气-固两相流的压损特性曲线如图 6-19 所示。

由图 6-19 中的曲线①可知，两相流的压损特性曲线可分为三个阶段。

（1）物料与气流的启动加速段　图 6-19 中曲线①的 $a \sim b$ 段。在这一阶段，由于刚喂入输料管的物料颗粒初速度较低或者基本接近于零，而正常的管道物料输送速度需要达到 16~

20m/s，因而物料喂入管道之后，物料与空气都有一个启动、加速的过程。而物料的启动、加速过程需要较高的能量，同时由于在该段空气与物料颗粒之间的相互作用引起的能量损失也较大，因而，在该段两相流的压损随气流速度的增加而急剧增加。

（2）物料的间断悬浮段　图6-19中曲线①的 $b \sim c$ 段。这一阶段表明，物料颗粒由加速运动向悬浮运动状态过渡。颗粒本身的速度增大，从而使颗粒与颗粒之间、颗粒与管道内壁之间的碰撞、摩擦等引起的能量损失减少，这一能量损失的减小值超过了因使颗粒增速所引起的空气流动能量损失增大的程度，使得该段两相流的总压损随流速的增加而减小。

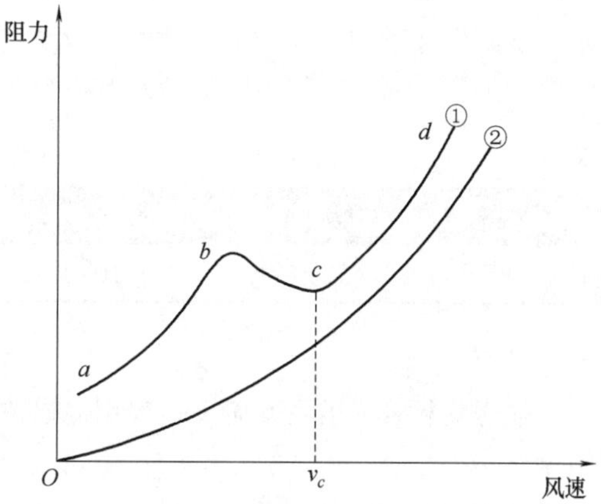

图6-19　气-固两相流的压损特性曲线

①—两相流压损特性曲线；②—单相流（空气）压损特性曲线

当输送气流流速增加到临界数值 v_c 时，物料颗粒达到完全悬浮状态，压损最小。

（3）物料的完全悬浮段　图6-19中曲线①的 $c \sim d$ 段。曲线①的 $c \sim d$ 段表示物料颗粒完全处于悬浮状态，并被正常输送。在本阶段，物料颗粒均匀地悬浮在整个管道断面上，压损随流速的增大而增大。此时的压损特性曲线增大趋势与纯空气单相流的压损特性曲线基本一致。

两相流的压力损失除与输送气流速度密切有关外，也与物料的性质有关。容重大、具有尖角的不规则颗粒，压损也大。

对于容重和表面粗糙度大致相同的物料，其粒度分布越广，压损也就越大。颗粒大小不一时，其速度、碰撞次数、加速度等运动情况不一样。小粒径颗粒比大粒径颗粒更容易加速，所以，从后面追上来的小颗粒就更多，并且小粒径颗粒容易追过大粒径颗粒并和大粒径颗粒碰撞。所以，颗粒碰撞会损失一部分颗粒的动能，另外，大粒径颗粒后产生的旋涡也有可能将小粒径颗粒卷入，因此造成颗粒运动更为不规则，使压力损失增大。

三、气力输送系统的主要参数

气力输送系统的主要参数指计算物料量、输送浓度和输送风速等。这些参数的合理选择和确定，对气力输送装置的设计计算、是否经济可靠等具有重要意义。

1. 计算物料量

在进行气力输送的设计计算时，必须考虑气力输送装置运行时产量的波动性对系统的影响，即所设计的气力输送装置能够满足最大输送量。计算物料量（$G_{算}$）就是在按工艺要求的平均输送产量基础上再增加一定的余量而计算得到的。

$$G_{算} = \alpha G \tag{6-9}$$

式中　$G_{算}$——输料管计算物料量，t/h；

G——输料管的实际平均产量，t/h；

α——产量波动系数，$\alpha = 1.00 \sim 1.20$。

产量波动系数是考虑工艺、操作以及物料供应等因素变化可能引起输送量变化而在实际输送量的基础上又增加了 0~20%余量的一个系数。

小麦加工厂制粉车间气力吸运输送系统中，产量波动系数可参考表 6-1 选取。

表 6-1　　制粉车间气力吸运输送系统计算物料量产量波动系数

物料名称	小麦	1 皮（B）	2 皮（B）	3 皮（B）、4 皮（B）	心磨、渣磨	面粉
α	1.10~1.20	1.00~1.05	1.10~1.15	1.20	1.15~1.20	1.10

2. 输送浓度

气力输送输料管内的物料量，一般用输送浓度表示，输送浓度（μ）也称料气混合比或质量浓度。

输送浓度指单位时间内通过输料管有效断面的物料质量与空气质量的比值，也表示 1kg 空气能够输送多少千克的物料。输送浓度的计算：

$$\mu=\frac{m_s}{m_a}=\frac{m_s}{Q\rho_a} \tag{6-10}$$

$$m_s=G_{算}\times1000$$

$$m_a=Q\rho_a \tag{6-11}$$

式中　μ——输送浓度，kg/kg；

m_s——输料管中物料的质量流量，kg/h；

m_a——输料管中空气的质量流量，kg/h；

Q——输料管中空气流量，m^3/h；

ρ_a——输料管中空气密度，kg/m^3。

输送浓度大，即单位质量空气输送更多的物料，有利于增大输送能力。这时压力损失将增加，但所需的空气量将减小，因而输送所需的功率也将减少。同时，输料管管径、卸料器、除尘器设备等的尺寸也会减小。但是输送浓度选取的过大，易造成输料管物料输送不稳定，发生堵塞、掉料等现象，而且使用的空气量较少，影响工艺设备和物料的冷却。

输送浓度的选取取决于气力输送装置的类型、输料管的布置、物料的性质和风机的类型等。

在小麦加工厂的制粉车间，气力吸运输送装置的输送浓度一般在 4.0kg/kg 以下。对于气力压运输送装置或者一些输送原粮的气力吸运输送装置如吸粮机等，如果选用罗茨鼓风机等作为气源设备，可以选取较高的输送浓度，但一般也不超过 40kg/kg；如果选用高压离心式通风机作为气源设备，一般选取较低的输送浓度。

有时候，输送浓度还可采用体积浓度和实际浓度表示。

输料管中单位时间内固体物料的密实体积流量与空气的体积流量之比，称为体积浓度。

输料管中单位时间内单位长度上固体物料的质量（m_s/u_s，u_s 为管道内的物料流动速度）与空气的质量（m_a/u_a，u_a 为管道内的空气流动速度）之比，称为实际浓度。

3. 输送风速

输送风速（u_a）是气力输送装置设计的重要参数。选择的输送风速是否合适，关系到气力输送系统物料输送的稳定性和经济性。输送风速过低易造成输送不稳定、不安全，如脉动输送、掉料甚至堵塞管道等；输送风速过高，容易实现完全悬浮输送，但过高的风速反而使流动阻力增加过快，能耗增大，而且管道磨损快、破碎率高，输送产量反而会有所下降。

输送风速往往由物料的悬浮速度结合经验确定。通常，对于粒度均匀物料，输送风速为其悬浮速度的1.5~2.5倍；对于粒度分布不均匀的物料，以粒度分布中所占比例最大的物料悬浮速度为准选取输送风速；对于粉状物料，为避免黏结管道和发生管道堵塞，输送风速取5~10倍的悬浮速度。对于粮食加工厂的常见物料，一般输送风速 $u_a \geqslant 18\text{m/s}$，但不超过30m/s。

四、气力输送系统输料管压损的理论计算

在研究气力输送输料管的压损计算时，一般认为物料的输送状态为完全悬浮、均匀输送状态，即将管道内的固体物料当作一种特殊的流体，而且它的流动符合流体力学的流动规律。

在输料管内，颗粒群的平均速度与空气的流动速度是不同的。一般，颗粒群的平均速度小于空气的流动速度。

为了便于压损的理论计算，假设固体颗粒不占用管道的截面面积。

物料在输料管内随气流运动时，物料和空气流动的总压损包括加速压损、摩擦压损、悬移压损和局部压损四部分。

1. 加速压损

加速压损（$H_{加}$）主要用于对空气和物料的启动和加速，发生在输料管的加速段。假设物料喂入管道后和空气充分混合，而且初速度均为零，经过一段输送距离后，物料和空气分别达到最大速度。

根据功能原理，即物料和空气增加的动能等于所消耗的功，得：

$$H_{加} AV_a = \frac{1}{2}m_s V_s^2 + \frac{1}{2}m_a V_a^2 \tag{6-12}$$

根据式（6-10）得：

$$m_s = \mu Q\rho_a = \mu AV_a\rho_a \tag{6-13}$$

又因为：$m_a = Q\rho_a = AV_a\rho_a$，式（6-12）可简化为：

$$H_{加} = \frac{1}{2}\rho_a V_s^2\mu + \frac{1}{2}\rho_a V_a^2 \tag{6-14}$$

即：

$$H_{加} = \frac{1}{2}\rho_a V_a^2\left(1+\mu\frac{V_s^2}{V_a^2}\right) \tag{6-15}$$

令：料气速度比$\frac{V_s}{V_a}=\beta$

所以，有：

$$H_{加} = \frac{1}{2}\rho_a V_a^2(1+\beta\mu) \tag{6-16}$$

2. 摩擦压损

输料管中摩擦压损（$H_{摩}$）由两部分构成，即空气流动的摩擦压损和物料流动的摩擦压损。摩擦压损产生在管道的等速段。

空气流动的摩擦压损为：

$$H_a=\frac{\lambda_a}{D}L\frac{1}{2}\rho_a V_a^2 \tag{6-17}$$

假设在管道断面和长度方向上物料均匀分布，则物料流动的摩擦压损为：

$$H_{摩}=\frac{\lambda_s}{D}L\frac{1}{2}\rho_s V_s^2 \tag{6-18}$$

式中 ρ_s——管道中物料颗粒的密度。

因为：

$$\rho=\frac{m_s}{Q_s}=\frac{m_s}{AV_s} \tag{6-19}$$

所以，根据式（6-10）、式（6-17）、式（6-18）和式（6-19），简化后有：

$$H_{摩}=\frac{\lambda_a}{D}L\frac{1}{2}\rho_a V_a^2\left(1+\frac{\lambda_s}{\lambda_a}\frac{V_s}{V_a}\mu\right) \tag{6-20}$$

令：$\dfrac{\lambda_s}{\lambda_a}\dfrac{V_s}{V_a}=K$

则：

$$H_{摩}=\frac{\lambda_a}{D}L\frac{1}{2}\rho_a V_a^2(1+K\mu) \tag{6-21}$$

式（6-21）中，$1+K\mu$ 称为压损比。

3. 悬移压损

悬移压损（$H_{升}$）指物料和空气在垂直输料管内的悬浮和提升所消耗的能量。

长度为 L 的一段管道，其内部物料的质量为$\dfrac{m_s}{V_s}L$，则使物料悬浮所消耗的能量 H_f 为：

$$H_f=\frac{m_s}{v_s}L\frac{dL}{dt}=\frac{m_s}{V_s}LV_f \tag{6-22}$$

使物料提升一定高度所消耗的能量 H_s 为：

$$H_s=m_sL\sin\theta \tag{6-23}$$

式中 θ——输料管的倾角。

单位体积流量所提供的悬移压损为 $H_{升}$ 为：

$$H_{升}=\frac{1}{Q}\left(\frac{m_s}{V_s}LV_f+m_sL\sin\theta\right) \tag{6-24}$$

简化后得：

$$H_{升}=\mu\gamma_a L\frac{1}{V_s}(V_f+V_s\sin\theta) \tag{6-25}$$

对于垂直输料管，$\theta=90°$，$\sin\theta=1$，则式（6-25）可变为：

$$H_{升}=\mu\gamma_A L\frac{1}{V_s}(V_f+V_s) \tag{6-26}$$

4. 局部压损

管道中气固两相流的局部压损 $H_{局}$ 为：

$$H_{局}=H_{ja}+H_{js} \tag{6-27}$$

即：

$$H_{局}=\zeta_a\frac{1}{2}\rho_a V_a^2+\zeta_s\frac{1}{2}\rho_s V_s^2 \tag{6-28}$$

简化后得：

$$H_{局}=\zeta_{a}\frac{1}{2}\rho_{a}V_{a}^{2}\left(1+\mu\frac{\zeta_{s}}{\zeta_{a}}\frac{V_{s}^{2}}{V_{a}^{2}}\right) \tag{6-29}$$

令：$K_{局}=\frac{\zeta_{s}}{\zeta_{a}}\frac{V_{s}^{2}}{V_{a}^{2}}$，称为局部构件阻力的附加系数。则式（6-29）为：

$$H_{局}=\zeta_{a}\frac{1}{2}\rho_{a}V_{a}^{2}(1+K_{局}\mu) \tag{6-30}$$

气力输送输料管道上的局部构件主要有接料器、弯头、变形管和卸料器等，计算它们的阻力时，分别代入各自的阻力系数即可。表6-2为弯头阻力的附加系数。

表6-2　弯头阻力的附加系数

弯头（90°）的布置形式	$K_{弯}$	弯头（90°）的布置形式	$K_{弯}$
垂直向下转水平	1.0	水平转向垂直向上	2.2
垂直向上转水平	1.6	水平转向垂直向上（粉料）	0.7
水平转向水平	1.5		

第四节　气力输送系统总压损计算

气力输送系统压损（阻力）计算的目的，就是通过系统合理的阻力计算过程，选择和计算出输料管合适的输送风速、输送浓度；确定输料管的管径；选出合适的卸料器、除尘器和风机等设备；保证多输料管气力输送系统的每根输料管阻力平衡；以及部分辅助构件的设计计算等。

一、低真空气力吸运系统总压损计算

气力吸运输送装置根据工作压力的高低分为低真空气力吸运和高真空气力吸运两种，本部分先介绍低真空气力吸运系统总压损计算。

低真空气力吸运系统压损计算的特点，是将低真空气力输送系统中的空气按不可压缩空气模型计算。粮食加工厂的负压气力输送多属于低真空气力输送。

在图6-1中，从空气携带物料进入输料管开始到卸料器（含卸料器）为止的部分，是气力输送系统中输送物料的部分，这一部分产生的压力损失，称为输送物料部分压损；而卸料器之后的管网部分，物料已被卸料器卸掉，主要作用是对卸料器卸过物料之后的空气进行净化，这部分压力损失称为尾气净化部分压损或辅助部分压损。即：

$$\sum H=H_{1}+H_{2} \tag{6-31}$$

式中　$\sum H$——气力吸运系统的总压损；

H_{1}——输送物料部分压损；

H_{2}——尾气净化部分压损。

因此，低真空气力吸运系统的压损计算常分为输送物料部分压损 H_{1} 的计算和尾气净化

部分压损 H_2 的计算两大部分。

1. 输送物料部分压损 H_1 的计算

输送物料部分的压损由工艺设备压损、接料器压损、加速物料压损、提升物料压损、摩擦压损、弯头压损、弯头后的恢复压损和卸料器压损八部分构成。

（1）工艺设备压损（$H_{机}$）

$$H_{机}=9.81\varepsilon Q^2 \quad (\text{Pa}) \tag{6-32}$$

式中 ε——工艺设备的吸风阻力系数；

Q——通过工艺设备的风量，m^3/s。

在小麦加工厂制粉车间气力吸运提升物料时，输料管中的一部分空气来自磨粉机，磨粉机即工艺设备。通过磨粉机的空气可以对磨粉机进行除湿、降温，有利于磨粉机具有良好的研磨性能。工艺设备通过的风量较少时，此项压损可以估计或忽略不计。

（2）接料器压损（$H_{接}$）

$$H_{接}=\zeta\frac{u_a^2}{2g}\gamma_a \quad (\text{Pa}) \tag{6-33}$$

式中 ζ——接料器阻力系数；

γ_a——空气重度，N/m^3；

u_a——输料管中的空气速度，m/s。

（3）加速物料压损（$H_{加}$） 物料通过接料器进入输料管起始段时，具有较低的初速度，物料被气流加速到正常输送速度的压损即加速物料压损。

$$H_{加}=9.81iG_{算} \quad (\text{Pa}) \tag{6-34}$$

式中 i——加速每吨物料的压损，$(kg/m^2)/t$，可通过本书附录十二查出；

$G_{算}$——计算物料量，t/h。

加速每吨物料的压损 i 值与物料的性质有关。一般物料的性质可分为三种：谷物原粮、粗物料和细物料。谷物原粮一般指还未加工过的粮食，如小麦、稻谷等；粗物料在面粉加工厂指小麦制粉中的 1 皮（1B）、2 皮（2B）和 1 心（1M）等物料或者其他大粒径物料；细物料为谷物原粮和粗物料以外的物料。物料性质要根据物料的实际加工程度确定，具有相对性。

（4）提升物料压损（$H_{升}$）

$$H_{升}=\gamma_a\mu S \quad (\text{Pa}) \tag{6-35}$$

式中 μ——输送浓度，kg/kg；

S——物料的垂直提升高度，m；

γ_a——当地空气重度，N/m^3，一般取 $\gamma_a=11.77N/m^3$。

（5）摩擦压损（$H_{摩}$）

$$H_{摩}=9.81RL(1+K\mu) \quad (\text{Pa}) \tag{6-36}$$

式中 R——输料管中空气流动的摩擦阻力，$(kg/m^2)/m$，见附录十二；

L——输料管的长度（包括弯头的展开长度），m；

K——阻力系数，K 值与物料的性质、输料管直径和输送风速有关，见附录十二。物料为水平输送时，按式（6-37）、式（6-38）和式（6-39）计算 K 值。

对于谷物原粮：

$$K_{谷}=\frac{0.15D}{u_a^{1.25}} \tag{6-37}$$

对于粗物料：

$$K_{粗}=\frac{0.135D}{u_a^{1.25}} \tag{6-38}$$

对于细物料：

$$K_{细}=\frac{0.11D}{u_a^{1.25}} \tag{6-39}$$

式中　D——输料管直径，mm。

（6）弯头压损（$H_{弯}$）

$$H_{弯}=\zeta_{弯}\frac{u_a^2}{2g}\gamma_a(1+\mu)\quad (\text{Pa}) \tag{6-40}$$

式中　$\zeta_{弯}$——纯空气通过弯头的局部阻力系数，见附录二。

弯头的压力损失是纯空气经过弯头产生的压损和物料与管壁的碰撞、摩擦引起的压损叠加而成的。气流的速度以及物料颗粒的形状、粒径和磨琢性等均对弯头有影响。实验表明，当弯头的转角一定时，弯头阻力系数的大小只取决于弯头曲率半径的大小。在气力输送装置中，为了减少弯头的压力损失和弯头的磨损，一般曲率半径取6~10倍的输料管直径。

（7）恢复压损（$H_{复}$）　输料管中，物料和空气的混合物经过弯头后，由于和弯头的碰撞、摩擦，物料损失了一部分能量，因而降低了运动速度，为了保证物料在弯头之后仍能正常输送，物料和空气的混合物经过弯头之后仍需要再次加速，从而使物料的运动速度重新恢复到弯头前的运动状态。

当物料通过弯头，其运动方向是垂直向上转水平时，恢复压损$H_{复}$为：

$$H_{复}=C\delta H_{加} \tag{6-41}$$

式中　C——弯头后水平管长度系数，见表6-3；

　　δ——输送量系数，见表6-4。

表6-3　弯头后水平管长度系数C值

弯头后水平管长度/m	1	2	3	4	5
C	0.7	1	1.25	1.4	1.5

表6-4　输送量系数δ值

输送量/（t/h）	<0.5	0.5~1.0	1.0~2.0	2.0~3.0	3.0~5.0	>5.0以上
δ	0.5	0.35	0.25	0.15	0.1	0.07

当物料通过弯头，其运动方向是水平转向垂直向上时，恢复压损$H_{复}$为：

$$H_{复}=2\delta H_{加}\quad (\text{Pa}) \tag{6-42}$$

（8）卸料器压损（$H_{卸}$）　卸料器有多种类型，应按照不同类型的卸料器分别计算其压损。如离心式卸料器，可通过其性能表（如本书附录八）选出型号、规格，确定其阻力。

卸料器压损的一般表达式为：

$$H_{卸}=\zeta_{卸}\frac{u_j^2}{2g}\gamma_a \quad (Pa) \tag{6-43}$$

式中　$\zeta_{卸}$——卸料器阻力系数；

u_j——卸料器进口风速，m/s。

所以，输送物料部分压损 H_1 为：

$$H_1=H_{机}+H_{接}+H_{加}+H_{升}+H_{摩}+H_{弯}+H_{复}+H_{卸} \tag{6-44}$$

2. 尾气净化部分压损 H_2 的计算

尾气净化部分一般由汇集风管、通风连接管道和除尘器三部分构成。所以，尾气净化部分的总压损 H_2 为：

$$H_2=H_{汇}+H_{管}+H_{除} \tag{6-45}$$

式中　$H_{汇}$——汇集风管的压损，参照本书第一章有关汇集风管的内容进行阻力计算；

$H_{管}$——连接管道的压损，按照除尘风网阻力计算的方法计算；

$H_{除}$——除尘器的压损，根据选择的除尘器确定其压损。

（1）按照除尘风网阻力计算的方法计算 H_2　尾气净化部分压损 H_2 的计算方法，一般按照除尘风网阻力计算的方法进行。

首先根据气力输送输料管的风量计算尾气净化部分通风管道内的风量，再依据尾气中粉尘的含量、性质等因素选择合适的风速，由此查本书附录得到管道的管径、阻力系数等，沿程摩阻和局部阻力即可计算出来。如此反复计算，最后累加包括除尘器的阻力即得到尾气净化部分压损 H_2。

（2）估算　在气力输送装置中，汇集风管和连接管道的压损占系统总压损的比例很低，也可估算。估算时，尾气净化部分中的风管总阻力可在 300~500Pa 范围内选取。

除尘器的压损由所选择除尘器的性能参数查得或按局部阻力公式计算。

估算方法简便快速，方便选择风机及其电动机。但尾气净化部分管道、弯头等的结构、尺寸等无法得到，为制作、安装带来麻烦，因此建议进行详细的阻力计算。

3. 低真空气力吸运多输料管系统的阻力平衡

在由多根输料管组成的气力吸运系统中，各输料管处于并联状况，所以各输料管必须进行阻力平衡，否则，由于管网系统气流自动进行阻力平衡的结果，会导致阻力较大的输料管风量下降，风速降低；而阻力较小的输料管风量上升，风速增大，使实际中运行的气力吸运系统各参数偏离设计要求，严重影响气力输送的正常运行，如输料管的产量降低、掉料等。

一般任意两根输料管的输送物料压损 H_1 的不平衡率不超过 5%，可认为两输料管已处于阻力平衡。

输送物料压损 H_1 的阻力平衡方法有：调整输料管的输送风速，重新进行阻力计算，直到阻力平衡；或者调整输料管内的输送浓度。

在气力输送装置中，每根输料管上卸料器之后的排风口管道上（靠近卸料器），一般都安装调节阀门，目的在于气力输送实际运行时，方便进行现场阻力平衡的调节。而输料管上禁止安装各种阀门。

4. 低真空气力吸运系统总压损、总风量的计算

低真空气力吸运系统总压损为输送物料部分压损 H_1 和尾气净化部分压损 H_2 之和。即：

$$\sum H = H_1 + H_2 \tag{6-46}$$

低真空气力吸运系统总风量为每根输料管风量之和。即：

$$\sum Q = Q_1 + Q_2 + \cdots + Q_n \tag{6-47}$$

式中　$\sum Q$——低真空气力吸运系统总风量；

Q_1——第 1 根输料管风量；

Q_n——第 n 根输料管风量。

5. 风机参数的计算和选择风机、电动机

计算风机参数：

$$H_{风机} = (1.0 \sim 1.2) \sum H \tag{6-48}$$

$$Q_{风机} = (1.0 \sim 1.2) \sum Q \tag{6-49}$$

根据计算出的风机参数 $H_{风机}$ 和 $Q_{风机}$ 查阅风机性能曲线或者性能表格，选择适合气力输送装置要求的风机及其电动机。

低真空气力吸运系统总压损计算公式汇总表如表 6-5 所示。

表 6-5　　低真空气力吸运系统总压损计算公式汇总表

压损项目			代号	计算公式（单位：Pa）	备注
输送物料部分压损 H_1	1	工艺设备压损	$H_{机}$	$H_{机} = 9.81\varepsilon Q^2$	输料管中的空气来自工艺设备时，需计算工艺设备压损。否则，可忽略
	2	接料器压损	$H_{接}$	$H_{接} = \zeta \dfrac{u_a^2}{2g}\gamma_a$	诱导式接料器：$\zeta = 0.7$ 吸嘴：$\zeta = 1.5 \sim 1.8$
	3	加速物料压损	$H_{加}$	$H_{加} = 9.81 i G_{算}$	i——(kg/m²)/t，附录十二； $G_{算}$——计算物料量，t/h
	4	提升物料压损	$H_{升}$	$H_{升} = \gamma_a \mu S$	γ_a——空气重度，N/m³； S——垂直提升高度，m
	5	摩擦压损	$H_{摩}$	$H_{摩} = 9.81 RL(1+K\mu)$	R——(kg/m²)/m，附录十二； L——输料管的长度，m； K——阻力系数，附录十二
	6	弯头压损	$H_{弯}$	$H_{弯} = \zeta_{弯} \dfrac{u_a^2}{2g}\gamma_a (1+\mu)$	弯头曲率半径：$R = (6 \sim 10)D$
	7	恢复压损	$H_{复}$	$H_{复} = C\delta H_{加}$ 或 $H_{复} = 2\delta H_{加}$	C——水平管长度系数，见表 6-4； δ——输送量系数，见表 6-5
	8	卸料器压损	$H_{卸}$	$H_{卸} = \zeta_{卸} \dfrac{u_j^2}{2g}\gamma_a$	选择离心式卸料器时，可从附录八直接查出。其他型式的卸料器可按此式计算
	$H_1 = H_{机} + H_{接} + H_{加} + H_{升} + H_{摩} + H_{弯} + H_{复} + H_{卸}$				多输料管系统时，每根输料管的 H_1 必须阻力平衡。要求任意两根输料管的 H_1 不平衡率不超过 5%

续表

压损项目			代号	计算公式（单位：Pa）	备注
尾气净化部分压损 H_2	1	汇集风管压损	$H_{\text{汇}}$	$H_{\text{汇}}=2R_{\text{大}}L$	汇集风管和连接管道的压损计算有两种计算方法： (1)按照除尘风网方法计算阻力 (2)估算，在 300~500Pa 范围内选取
	2	连接管道压损	$H_{\text{管}}$	$H_{\text{管}}=H_m+H_j$	
	3	除尘器压损	$H_{\text{除}}$		按照选择的除尘器型号、规格确定除尘器压损
	$H_2=H_{\text{汇}}+H_{\text{管}}+H_{\text{除}}$				—
系统总压损			$\sum H$	$\sum H=H_1+H_2$	多输料管时，在所有的 H_1 中选取最大的一个数值与 H_2 相加计算系统总压损

二、高真空气力吸运系统总压损计算

高真空气力吸运系统压损的计算，是将系统内的空气按可压缩空气模型进行压损计算的，这是不同于低真空气力吸运的显著特点。下面介绍一种高真空气力吸运系统压损计算的方法。

高真空气力吸运系统的总压损按照启动加速压损、摩擦压损、提升压损和局部压损四部分分别计算。

1. 启动加速压损 Δp_{qd}

这项压损产生于气力输送输料管的启动、加速段，其压损消耗于对空气、物料的启动和加速：

$$\Delta p_{qd}=(1+\psi\mu)\frac{u_a^2}{2g}\gamma_a \quad (\text{Pa}) \tag{6-50}$$

式中 μ——输送浓度，kg/kg；

ψ——系数，$\psi=(u_s/u_a)^2$；

γ_a——管道断面空气的重度，N/m³；

u_a——输料管中颗粒的运动速度，m/s。

输料管中颗粒的运动速度因管道的不同布置形式计算不同。

垂直输料管：

$$u_s=u_a-u_f \tag{6-51}$$

水平输料管：

$$u_s\approx(0.7\sim0.85)u_a \tag{6-52}$$

弯曲输料管：

$$u_s=(0.56\sim0.58)u_a \tag{6-53}$$

2. 摩擦压损 Δp_m

$$\Delta p_m=\left(p_s-\sqrt{p_s^2-2p_s\lambda_a\frac{L}{D}\frac{u_a^2}{2g}\gamma_a}\right)a \quad (\text{Pa}) \tag{6-54}$$

式中 p_s——初始状态压力，Pa；

γ_a——初始状态空气的重度，N/m^3；

u_a——初始状态空气的速度，m/s；

L——输料管长度，m；

D——输料管直径，m；

λ_a——空气在管道中流动的摩擦阻力系数，一般取 $\lambda_a=0.02\sim0.03$，或按式（6-55）计算：

$$\lambda_a=k_g\left(0.0125+\frac{0.0011}{D}\right) \tag{6-55}$$

k_g——管道光洁系数，见表 6-6；

表 6-6　管道光洁系数 k_g 值

输料管情况	内壁光滑	新焊接管	旧焊接管
k_g	1.0	1.3	1.6

a——压损比，可按式（6-56）、式（6-57）计算。

对水平管：

$$a=\sqrt{\frac{30}{u_a}}+0.2\mu \tag{6-56}$$

对垂直管：

$$a=\frac{250}{u_a^{1.5}}+0.15\mu \tag{6-57}$$

3. 提升压损 Δp_{fl}

$$\Delta p_{fl}=\mu\gamma_a s\frac{(u_f\pm u_s\sin\theta)}{u_s}\quad(\text{Pa}) \tag{6-58}$$

式中　θ——管道倾角；

s——输料管垂直高度，m。

式（6-58）中的“+”：表示物料进行上升运动；“-”：表示物料进行下降运动。

4. 局部压损 Δp_j

在气力输送系统中，直长输料管之外的构件均为局部构件，如接料器、弯头、卸料器等。这些局部构件的压损包括纯空气的压损和物料引起的附加局部压损。

（1）接料器的局部压损

$$\Delta p_j=(1+\mu)\zeta\frac{u_a^2}{2g}\gamma_a\quad(\text{Pa}) \tag{6-59}$$

式中　ζ——接料器阻力系数，一般 $\zeta=1.5\sim3.0$。

（2）弯头的压损

$$\Delta p_j=(1+K_{弯}\mu)\zeta\frac{u_a^2}{2g}\gamma_a\quad(\text{Pa}) \tag{6-60}$$

式中　ζ——弯头的阻力系数；

$K_{弯}$——弯头的附加阻力系数，见表 6-2。

（3）卸料器压损

$$\Delta p_j=(1+k_f\mu)\zeta\frac{u_a^2}{2g}\gamma_a\quad(\text{Pa}) \tag{6-61}$$

式中　ζ——卸料器阻力系数；

k_f——卸料器的附加阻力系数，见表 6-7。

表 6-7　分离器的附加阻力系数 k_f 值

分离器进口风速/（m/s）	15	16	17	18	19	20	21
k_f	0.45	0.41	0.38	0.36	0.35	0.34	0.33

三、气力压运输送系统总压损计算

气力压运输送技术的设计与计算远不及气力吸运广泛和成熟，对于气力压运系统的压损计算，目前还没有可以普遍适用的公式，大多是在一定条件下通过试验数据或经验等归纳出的计算式。本部分介绍一种气力压运系统的压损计算方法，仅供参考。

本方法通过饱和风量系数和单位功率因系数进行近似计算。适用于气力压运输送系统的总压损在 40~80kPa、输送距离小于 120m 的低压压送装置。

（1）饱和风量系数（$K_{饱}$）和单位功率系数（$K_{功}$）的确定　饱和风量系数是指每分钟输送 1kg 物料所需的标准状态风量。单位功率系数是指每小时输送 1000kg 物料所需的功率。

根据输送物料的种类和输送距离，由表 6-8 确定饱和风量系数 $K_{饱}$ 和单位功率系数 $K_{功}$。

（2）计算标准状态下的输送风量和输送浓度

$$Q_{标}=GK_{饱} \tag{6-62}$$

$$\mu=\frac{G}{1.2Q_{标}} \tag{6-63}$$

式中　$Q_{标}$——标准状态下的输送风量，m^3/min；

G——计算物料量，kg/min；

μ——输送浓度，kg/kg。

表 6-8　低压压送装置的饱和风量系数（$K_{饱}$）和单位功率系数（$K_{功}$）

物料名称	堆积密度/（kg/m^2）	压力系数 $K_{压}$	输送距离/m 30 $K_{饱}$	30 $K_{功}$	75 $K_{饱}$	75 $K_{功}$	120 $K_{饱}$	120 $K_{功}$	风速/（m/s）
玉米粒	720	2.66	0.056	1.21	0.068	1.78	0.081	2.11	16.8
面　粉	640	1.33	0.043	1.46	0.056	1.78	0.068	2.19	11
粗玉米粉	528	1.86	0.05	1.21	0.081	1.94	0.10	2.35	21.3
小　麦	768	2.66	0.056	1.21	0.068	1.70	0.081	2.11	16.8
麦　芽	448	2.66	0.05	1.21	0.068	1.62	0.081	2.02	16.8
软饲料	320~640	2.02	0.081	2.02	0.106	2.51	0.119	3.00	21.3

（3）确定操作表压　由表 6-8 查得饱和风量系数、单位功率系数和压力系数，计算操作表压：

$$p_{压}=\frac{K_{功}}{K_{饱}}K_{压} \tag{6-64}$$

式中　$p_{压}$——操作表压，kPa；

$K_压$——压力系数，见表6-8。

（4）计算供料器处的输送风量 表6-8中的风速是按供料器处的管内风量计算的，所以应将标准状态下的输送风量换算到供料器处压缩状态的输送风量：

$$Q_供=\frac{101.3Q_标}{101.3+p_压} \tag{6-65}$$

式中 $Q_供$——供料器处压缩状态下的输送风量，m^3/min。

（5）计算输料管直径 计算管道直径系数 c：

$$c=\frac{Q_供}{v} \tag{6-66}$$

式中 v——表6-8中的风速，m/s。

根据计算出的管道直径系数 c，通过表6-9选择管径，以80、100、125、150mm规格为主。

表6-9 管道直径系数 c

系列号	管径/mm						
	80	90	100	125	150	175	200
5	0.334	0.446	0.567	0.873	0.254	—	2.155
10	0.325	0.427	0.548	0.855	1.226	—	2.110
30	—	—	—	—	—	—	1.980
40	0.285	0.376	0.492	0.780	1.115	1.486	—

注：表中系列号实际为管道的壁厚。

也可用式（6-67）计算：

$$D_内=\sqrt{\frac{4Q_供}{60\pi v}} \tag{6-67}$$

式中 $D_内$——输料管内径，m。

（6）计算供料器的压缩空气漏风量 在计算风机风量时，应把供料器的漏风量计算在内。

叶轮式供料器的漏风量：

$$Q'_漏=1.3i_供\ n_供 \tag{6-68}$$

式中 $Q'_漏$——叶轮式供料器在操作表压状态下的压缩空气漏风量，m^3/min；

$i_供$——叶轮式供料器的有效容积，m^3/r；

$n_供$——叶轮式供料器的转速，r/min。

（7）计算供料器的漏风量 将供料器压缩空气的漏风量换算到风机进口标准状态下的漏风量：

$$Q_漏=Q'_漏\times\frac{101.3+p_压}{101.3} \tag{6-69}$$

式中 $Q_漏$——标准状态下的供料器漏风量，m^3/min。

（8）计算风机进风口风量

$$Q_机=Q_标+Q_漏 \tag{6-70}$$

式中　$Q_{机}$——标准状态下风机进风口的风量，m^3/min。

（9）选择风机　计算风机参数：

$$p_{风机}=(1.0\sim1.2)p_{压} \tag{6-71}$$

$$Q_{风机}=(1.0\sim1.2)Q_{机} \tag{6-72}$$

由参数 $p_{风机}$ 和 $Q_{风机}$ 选择风机和计算电动机功率。

第五节　气力输送的设计和压损计算举例

一、气力输送的设计步骤

在进行气力输送系统的设计时，应首先从气力输送装置的使用方了解有关物料输送的各种信息、要求和条件等，然后在综合各种条件、工艺要求后，进行气力输送装置类型的选择与系统设计。气力输送系统的设计步骤归纳如下。

（1）收集各种原始资料。气力输送作为一种输送方式，是为生产工艺服务的。所以，在设计气力输送之前，应熟知工艺流程及其要求，如工艺流程图，工艺设备的平面布置图、剖面图等。

（2）了解输送物料的物理特性和当地空气状态参数。如物料的粒径分布、形状、悬浮速度、磨琢性、流动性、堆积密度、破损性等；空气的密度、重度、温度、湿度等。

（3）确定物料的输送次数、输送产量和输送距离。了解物料的来源及方式、物料送达的位置及要求；根据工艺要求确定物料的输送次数、每次输送的物料性质、输送产量及产量的波动程度；确定输送距离及管道布置路线等。

（4）了解气力输送装置的环境情况。如安装地点情况及要求，气力输送装置与其他设备的配合情况，供料、卸料条件，是否于上下游工艺设备连锁控制，噪声控制和粉尘控制等的要求。

（5）气力输送装置类型的确定。根据了解的资料确定气力输送装置的类型：气力吸运输送方式、气力压运输送方式或是吸-压混合输送方式。如果选择气力吸运输送方式，则要确定气力吸运输料管的根数，若输料管根数较多时，还需对气力吸运进行分组，分成两组或多组；如果选择气力压运输送方式，也要确定气力压运的组数等。

（6）确定气力输送管道的走向、设备的位置等。要求管道布置横平竖直，输料管为最短距离的布置，而且整齐、经济、美观。

（7）绘制气力输送系统的轴测图，并标注主要参数。按照三维坐标走向画出管网和设备，并且在三维坐标上按相同比例尺，这样绘出的管网即为轴测图。

（8）进行气力输送装置的压损计算。选出输料管的合适输送风速，确定输料管的管径，选择出卸料器、除尘器、风机以及辅助构件等。

（9）绘制施工图。包含构件、设备安装、支架等的大样图、设备订货图等。

总之，设计气力输送装置时，在满足输送工艺以及输送产量的前提下，应尽量做到管道布置合理、设备选择合适、动耗低、操作方便、噪声低、尾气排放符合环保要求等。

二、气力吸运系统压损计算举例

（一）低真空气力吸运系统的压损计算举例

某小麦加工厂制粉车间，采用气力吸运提升物料，整条生产线设计有 3 组气力吸运风网，即前路气力输送风网、中路气力输送风网和后路气力输送风网。本例为其中一组气力吸运风网，轴测图如图 6-20 所示，表 6-10 为经过设计步骤得到的风网已知条件。

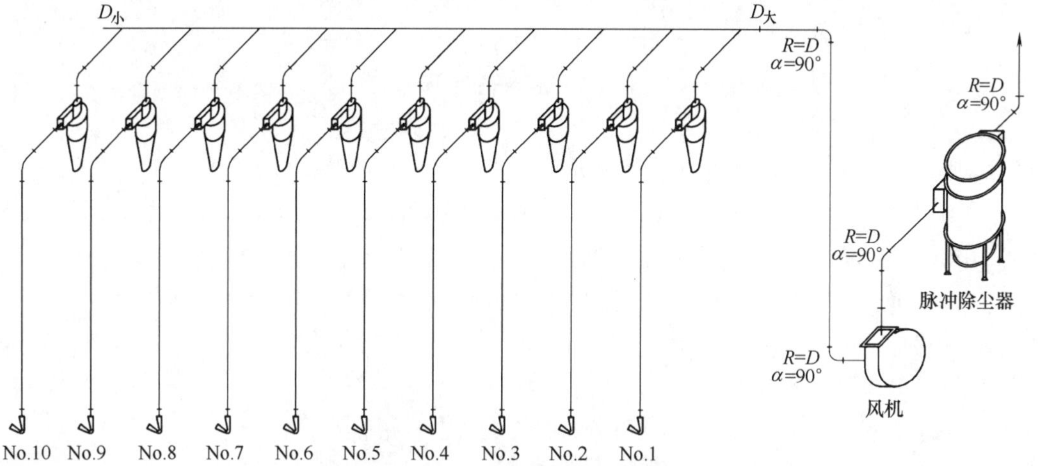

图 6-20　某小麦加工厂制粉车间气力输送风网轴测图

表 6-10　制粉车间气力输送风网已知条件

输料管号	物料性质	实际产量/（t/h）	产量波动系数 α	计算物料量/（t/h）	提升高度 S/m	输料管长度 L/m	备注
No. 1	粗	3. 40	1. 06	3. 600	18	21	1. 诱导式接料器。 2. 下旋 55 型卸料器。 3. 输料管上弯头曲率半径均取 $R=10D$。 4. 输料管弯头后水平管长度取 2m。 5. 汇集风管长度 12. 3m
No. 2	粗	3. 40	1. 06	3. 600	18	21	
No. 3	粗	2. 85	1. 05	3. 000	18	21	
No. 4	粗	2. 85	1. 05	3. 000	18	21	
No. 5	粗	2. 05	1. 05	2. 150	18	21	
No. 6	粗	2. 05	1. 05	2. 150	18	21	
No. 7	粗	1. 70	1. 05	1. 785	18	21	
No. 8	粗	1. 70	1. 05	1. 785	18	21	
No. 9	粗	1. 70	1. 05	1. 785	18	21	
No. 10	粗	1. 70	1. 05	1. 785	18	21	

由表 6-10 可知，此气力吸运输送风网共有 10 根输料管，其中有些输料管的输送产量是相同的。由于是在同一车间、同一风网内，输送产量、输料管长度、输送高度相同的输料管，其输送物料部分压损 H_1 的计算只计算一次即可。

小麦加工厂制粉车间气力输送风网压损计算步骤如下。

1. 输送物料压损 H_1 的计算

（1）No. 1、No. 2 输料管

① 主要参数的确定

a. 计算物料量：$G_{算}=3.6t/h$

b. 选输送风速：$u_a=21m/s$

c. 选输送浓度：$\mu=2.6kg/kg$

d. 计算输料管管径 D

根据计算物料量 $G_{算}$ 和输送浓度 μ，计算输料管风量 Q：

因为，$\mu=\frac{m_s}{m_a}=\frac{m_s}{Q p_a}$

所以，$Q=\frac{m_s}{p_a\mu}=\frac{3600}{1.2\times2.6}=1154$（$m^3/h$）

式中，$m_s=G_{算}\times1000=3.6\times1000=3600$（kg/h）。

根据附录十二气力输送垂直输料管计算表：在输送风速 $u_a=21m/s$ 这一行，只有风量 $Q=1163m^3/h$ 最接近计算风量，所以得到：

$u_a=21m/s$ 时，$Q=1163m^3/h$，$D=140mm$，$R=3.24$，$K_{粗}=0.418$，$i_{谷粗}=35.0$，$H_d=264.6Pa$。

所以，真实浓度为：

$$\mu=\frac{m_s}{Q\rho_a}=\frac{3600}{1163\times1.2}=2.58\ (kg/kg)$$

即输送浓度为：$\mu=2.58kg/kg$。

② 计算输送物料压损 H_1

a. 磨粉机压损（$H_{磨}$）：取 $H_{磨}=80Pa$

b. 接料器压损（$H_{接}$）：

$$H_{接}=\zeta\frac{u_a^2}{2g}\gamma_a=0.7\times264.6=185.2\ (Pa)$$

式中，诱导式接料器的阻力系数 $\zeta=0.7$。

c. 加速压损（$H_{加}$）：

$$H_{加}=9.81iG_{算}=9.81\times35.0\times3600\times10^{-3}=1236.1\ (Pa)$$

d. 提升压损（$H_{升}$）：

$$H_{升}=\gamma_a\mu S=11.77\times2.58\times18=546.6\ (Pa)$$

e. 摩擦压损（$H_{摩}$）：

$$H_{摩}=9.81RL(1+K_{粗}\mu)=9.81\times3.24\times21(1+0.418\times2.58)=1387.3\ (Pa)$$

f. 弯头压损（$H_{弯}$）：

$$H_{弯}=\zeta_{弯}\frac{u_a^2}{2g}\gamma_a(1+\mu)=0.066\times264.6(1+2.58)=62.5\ (Pa)$$

式中，弯头曲率半径 $R=10D$，转角 $\alpha=90°$，根据附录二查得阻力系数 $\zeta=0.066$。

g. 恢复压损（$H_{复}$）：

$$H_{复}=C\delta H_{加}=1\times0.1\times1236.1=123.6\ (Pa)$$

式中，根据表 6-4、表 6-5 得，$C=1$，$\delta=0.1$。

h. 卸料器压损（$H_{卸}$）：选择下旋 55 型卸料器。根据处理风量 $Q=1163m^3/h$，选取卸料

器直径 $D=500$mm，计算得到：

进口风速 $u_j=12.4$m/s，$\Delta H=523.9$Pa。

所以，输送物料压损 H_1：

$$H_1=80+185.2+1236.1+546.6+1387.3+62.5+123.6+523.9=4145.2\ (\text{Pa})$$

（2）No. 3、No. 4 提料管

用同样方法计算得到：$H_1=4082.6$（Pa）

（3）No. 5、No. 6 提料管

用同样方法计算得到：$H_1=4286.5$（Pa）

（4）No. 7、No. 8、No. 9、No. 10 提料管

用同样方法计算得到：$H_1=4202.6$（Pa）

10 根输料管的输送物料压损 H_1 不平衡率均低于 5%，可以认为阻力平衡。

在计算管网系统总压损时，取 H_1 中最大者计算。本例即取 $H_1=4286.5\approx4287$（Pa）。

2. 尾气净化部分压损 H_2 计算

（1）汇集风管和连接管道的阻力计算

① 汇集风管：连接在汇集风管小头端的输料管是第 10 根输料管，所以小头端风量为：

$$Q_{小}=Q_{10}=655\ (\text{m}^3/\text{h})$$

选取汇集风管小头端风速 $u_{小}=13.7$m/s，则 $D_{小}=130$mm

汇集风管大头端风量为：

$$Q_{大}=\sum Q=Q_1+Q_2+\cdots+Q_{10}=8388\ (\text{m}^3/\text{h})$$

选取汇集风管大头端风速 $u_{大}=15.3$m/s，查除尘风管计算表，得到单位摩阻 $R_{大}$ 和管径：

$$R_{大}=4.71\text{Pa/m},\ D_{大}=440\text{mm}$$

所以，汇集风管的阻力：

$$H_{汇}=2R_{大}L=2\times4.71\times12.3=115.9\ (\text{Pa})$$

式中，汇集风管长度 $L=12.3$m。

② 进风机连接管：进风机连接管与汇集风管相连接，所以，风量不变、风速不变，$u_a=15.3$m/s，$D=440$mm，$R=4.71$Pa/m，沿程摩阻为：

$$H_m=RL=4.71\times3.8=17.9\ (\text{Pa})$$

式中，进风机连接管总长度 $L=3.8$m。

进风机连接管有两个弯头，弯头参数 $R=D$，$\alpha=90°$，查附录二得到：阻力系数 $\zeta=0.23$，两个弯头的局部阻力：

$$H_j=2\zeta\frac{u_a^2}{2g}\gamma_a=2\times0.23\times\frac{15.3^2}{2\times9.81}\times11.77=64.6\ (\text{Pa})$$

所以，此段风管总阻力：17.9+64.6=82.5（Pa）

③ 风机与除尘器之间连接管：风机前后风量不变，所以，此段风管风量 $Q=8388\text{m}^3/\text{h}$，风速仍取 $u_a=15.3$m/s，则 $D=440$mm，$R=4.71$Pa/m，所以：

$$H_m=RL=4.71\times(1.2+2.0)=15.1\ (\text{Pa})$$

式中，风机出风口上垂直管道长度 1.2m，弯头后水平管长度 2.0m。

弯头：$R=D$，$\alpha=90°$，阻力系数 $\zeta=0.23$

$$H_j=\zeta\frac{u_a^2}{2g}\gamma_a=0.23\times\frac{15.3^2}{2\times9.81}\times11.77=32.3\ (\text{Pa})$$

所以，此段风管总阻力：15.1+32.3=47.4（Pa）

④ 除尘器排风管：此段风管位于除尘器之后，风管内的空气为净化气流，所以，不再需要较高的风速，风量 $Q=8388\text{m}^3/\text{h}$，选风速 $u_a=12.9\text{m/s}$，查除尘风管计算表得到：$D=480\text{mm}$，$R=3.09\text{Pa/m}$

$$H_m=RL=3.09\times3.5=10.8\ (\text{Pa})$$

式中，除尘器排风管总长度为 3.5m。

弯头：$R=D$，$\alpha=90°$，阻力系数 $\zeta=0.23$

$$H_j=\zeta\frac{u_a^2}{2g}\gamma_a=0.23\times\frac{12.9^2}{2\times9.81}\times11.77=23.0\ (\text{Pa})$$

风帽选取环形风帽，阻力取 160Pa

此段风管总阻力：10.8+23+160=193.8（Pa）

所以，汇集风管和连接管道的总阻力：

$$H_{汇}+H_{管}=115.9+82.5+47.4+193.8\approx440\ (\text{Pa})$$

（2）脉冲除尘器阻力

脉冲除尘器处理风量 $Q_{处}=\sum Q=8388\text{m}^3/\text{h}$，

选脉冲除尘器 TBLM-78 型。处理风量：3438～17180m³/h，滤袋长度 $L=2\text{m}$，过滤面积 $A=57.5\text{m}^2$，过滤风速 $u=2.43\text{m/min}$，阻力 $H_{除}=1470\text{Pa}$。

（3）尾气净化部分压损 H_2

$$H_2=H_{汇}+H_{管}+H_{除}=440+1470=1910\ (\text{Pa})$$

3. 选择风机和电动机

系统总压损：$\sum H=H_1+H_2=4287+1910=6197$（Pa）

系统总风量：$\sum Q=8388$（m³/h）

所以，风机参数：

$$H_{风}=(1.1\sim1.2)\sum H=1.15\times6197=7127\ (\text{Pa})$$

$$Q_{风}=(1.1\sim1.2)\sum Q=1.1\times8388=9227\ (\text{m}^3/\text{h})$$

由 $H_{风}$、$Q_{风}$参数选出风机：6-30 型 No.7，转速 $n=2850\text{r/min}$，效率 $\eta=82.1\%$。

计算电动机功率：

$$N_{dx}=k\frac{HQ}{1000\eta\eta_c}=1.15\times\frac{7127\times9227}{1000\times3600\times0.821\times0.95}=26.9\ (\text{kW})$$

由此选择电动机为：Y200L-2，30kW，2950r/min。

各输料管输送物料压损 H_1 及尾气净化部分压损 H_2 计算的详细结果汇总表 6-11。

表 6-11　小麦加工厂制粉车间气力输送阻力计算表

输料管号	No.1	No.2	No.3	No.4	No.5	No.6	No.7	No.8	No.9	No.10
物料来源	1B	1B	1B	1B	2B	2B	2B	2B	1S	回料
物料性质	粗	粗	粗	粗	粗	粗	粗	粗	粗	粗
$G_{算}$/(kg/h)	3600	3600	3000	3000	2150	2150	1785	1785	1785	1785
S/L/(m/m)	18/21	18/21	18/21	18/21	18/21	18/21	18/21	18/21	18/21	18/21
u_a/(m/s)	21	21	21	21	21	21	21	21	21	21

续表

输料管号		No. 1	No. 2	No. 3	No. 4	No. 5	No. 6	No. 7	No. 8	No. 9	No. 10
μ/(kg/kg)		2.58	2.58	2.49	2.49	2.50	2.50	2.27	2.27	2.27	2.27
H_d/(Pa)		264.6	264.6	264.6	264.6	264.6	264.6	264.6	264.6	264.6	264.6
Q/(m^3/h)		1163	1163	1003	1003	718	718	655	655	655	655
D/mm		140	140	130	130	110	110	105	105	105	105
$K_{粗}$		0.418	0.418	0.377	0.377	0.293	0.293	0.272	0.272	0.272	0.272
$i_{谷粗}$		35.0	35.0	41.0	41.0	57.0	57.0	63.0	63.0	63.0	63.0
R		3.24	3.24	3.53	3.53	4.37	4.37	4.59	4.69	4.59	4.59
输送物料压损 H_1 (Pa)	$H_{工}$	80	80	80	80	80	80	80	80	80	80
	$H_{接}$	185.2	185.2	185.2	185.2	185.2	185.2	185.2	185.2	185.2	185.2
	$H_{加}$	1236.1	1236.1	1206.6	1206.6	1202.2	1202.2	1103.2	1103.2	11012	1103.2
	$H_{升}$	546.6	546.6	528.1	528.1	528.7	528.7	481.1	481.1	481.1	481.1
	$H_{摩}$	1387.2	1387.2	1410.6	1410.6	1558.5	1558.5	1529.7	1529.7	1529.7	1529.7
	$H_{弯}$	62.5	62.5	61.0	61.0	61.0	61.0	57.1	57.1	57.1	57.1
	$H_{复}$	123.6	123.6	120.7	120.7	180.3	180.3	275.8	275.8	275.8	275.8
	$H_{卸}$	523.9	523.9	490.5	490.5	490.5	490.5	490.5	490.5	490.5	490.5
	H_1	4145.2	4145.2	4082.6	4082.6	4286.5	4286.5	4202.6	4202.6	4202.6	4202.6
尾气净化压损 H_2 (Pa)	$H_{汇}$	116									
	$H_{连}$	324									
	$H_{除}$	1470									
	H_2	1910									
卸料器 D/mm		500	500	480	480	405	405	390	390	390	390
系统总压损 ΣH		6197									
系统总风量 ΣQ		8388									
备注		风机:6-30 型 No. 7,n=2850r/min,效率 η=82.1%。电动机:Y200L-2,30kW,2950r/min									

（二）高真空气力吸运系统压损计算举例

气力输送装置输送小麦（吸粮机），原理图如图 6-21 所示。产量为 25t/h，垂直输送高度为 14.5m，水平输送距离 9.5m，确定输料管管径、风机型号规格和电动机功率等。

计算步骤如下。

1. 主要参数的确定

（1）输送风速　选 u_a = 22m/s

（2）输送浓度　选 μ = 15kg/kg

（3）计算物料量　$G_{算} = \alpha G = 1 \times 25 = 25$（t/h）

（4）输料管空气量和直径

$$Q=\frac{G_{算}}{\gamma\mu}=\frac{25000}{1.2\times15}=1389\ (\mathrm{m^3/h})$$

$$D=\sqrt{\frac{4Q}{3600\pi u_a}}=\sqrt{\frac{4\times1389}{3600\times3.14\times22}}=0.149\ (\mathrm{m})$$

选用无缝钢管作为输料管，根据无缝钢管管径系列，取外径为 159mm，壁厚 5mm，内径 $D=150$mm。

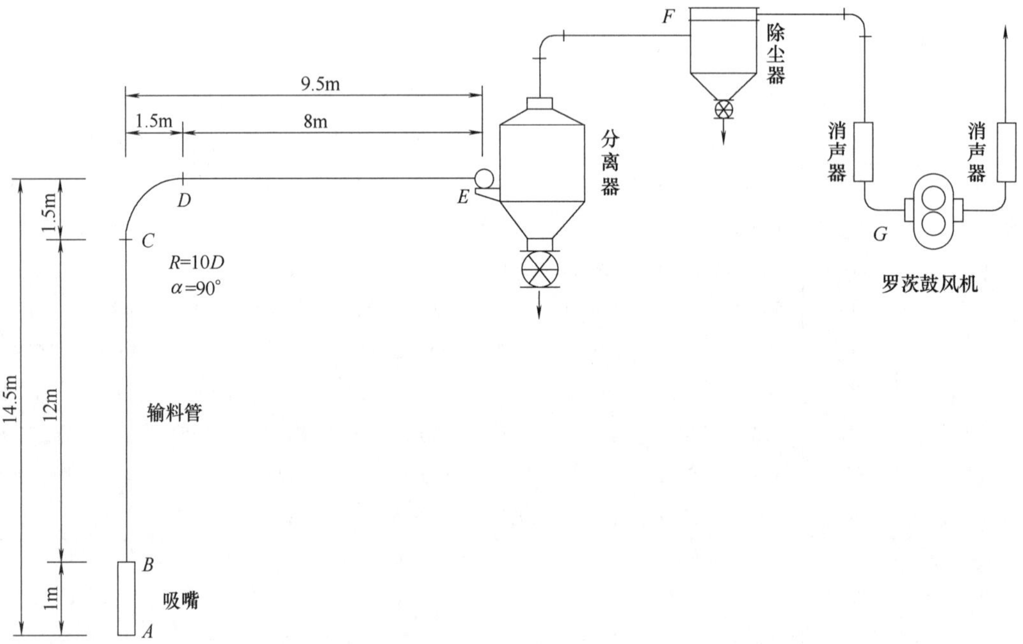

图 6-21　气力输送装置输送小麦（吸粮机）原理图

2. 系统的压损计算

（1）吸嘴压损 Δp_1

① 启动加速压损：

$$\Delta p_{qd}=(1+\varphi\mu)\frac{u_a^2}{2g}\gamma_a=(1+0.33\times15)\frac{22^2}{2g}\times11.77=1728\ (\mathrm{Pa})$$

式中，取小麦的悬浮速度为 9.4m/s，计算得到 $\varphi=0.33$。

② 局部压损：

$$\Delta p_j=(1+\mu)\zeta\frac{u_a^2}{2g}\gamma_a=(1+15)\times1.7\times\frac{22^2}{2g}\times11.77=7899\ (\mathrm{Pa})$$

③ 提升压损：

$$\Delta p_{f1}=\mu\gamma_a L\frac{(u_f\mp u_s\sin\theta)}{u_s}=15\times11.77\times1\times\frac{9.4+12.6\times1}{12.6}=308\ (\mathrm{Pa})$$

式中，$u_s=u_a-u_f=22-9.4=12.6$m/s；吸嘴高度取 1m。

④ 摩擦压损：

$$\Delta p_{m}=\left(p_{S}-\sqrt{p_{S}^{2}-2p_{S}\lambda_{a}\frac{L}{D}\frac{u_{a}^{2}}{2g}\gamma_{a}}\right)\alpha$$

$$=\left[101325-\sqrt{101325^{2}-2\times101325\times0.02\times\frac{1}{0.15}\times\frac{22^{2}}{2g}\times11.77}\right]\times4.67$$

$$=181\ (\mathrm{Pa})$$

式中，$p_s=101325\mathrm{Pa}$，$\lambda_a=0.02$；$\alpha=4.67$。

所以，$\Delta p_1=1728+7899+308+181=10116$（Pa）

（2）垂直段压损 Δp_2

① 吸嘴末端空气的压力 p_B、空气重度 γ_{aB} 和气流速度 u_{aB}：

$$p_B=101325-10116=91209\ (\mathrm{Pa})$$

按等温过程：

$$\gamma_{aB}=\gamma_a\frac{p_B}{p_S}=11.77\times\frac{91209}{101325}=10.59\ (\mathrm{N/m^3})$$

$$u_{aB}=u_a\frac{\gamma_a}{\gamma_{aB}}=22\times\frac{11.77}{10.59}=24.4\ (\mathrm{m/s})$$

② 提升压损：

$$\Delta p_{fl}=\mu\gamma_a l\frac{(u_f\pm u_s\sin\theta)}{u_s}=15\times10.59\times12\times\frac{9.4+15\times1}{15}=3102\ (\mathrm{Pa})$$

式中，$u_s=u_a-u_f=24.4-9.4=15\mathrm{m/s}$；垂直输料管长 12m。

③ 摩擦压损：

$$\Delta p_{m}=\left(p_{S}-\sqrt{p_{S}^{2}-2p_{S}\lambda_{a}\frac{L}{D}\frac{u_{a}^{2}}{2g}\gamma_{a}}\right)\alpha$$

$$=\left[91209-\sqrt{91209^{2}-2\times91209\times0.02\times\frac{12}{0.15}\times\frac{24.4^{2}}{2g}\times10.59}\right]\times4.32$$

$$=2227\ (\mathrm{Pa})$$

式中，压损比 $\alpha=4.32$。

$$\Delta p_2=3102+2227=5329\ (\mathrm{Pa})$$

（3）弯头压损 Δp_3

① 垂直管段末端空气的压力 p_C、空气重度 γ_{aC} 和气流速度 u_{aC}：

$$p_C=91209-5329=85880\ (\mathrm{Pa})$$

按等温过程：

$$\gamma_{aC}=\gamma_a\frac{p_c}{p_S}=11.77\times\frac{85880}{101325}=9.98\ (\mathrm{N/m^3})$$

$$u_{aC}=u_{aB}\frac{\gamma_{aB}}{\gamma_{aC}}=24.4\times\frac{10.59}{9.98}=25.9\ (\mathrm{m/s})$$

② 局部压损：

$$\Delta p_j=(1+k_l\mu)\zeta\frac{u_a^2}{2g}\gamma_{al}=(1+1.6\times15)\times0.066\times\frac{25.9^2}{2g}\times9.98=563\ (\mathrm{Pa})$$

式中，90°转角的弯头曲率半径取 10D，则 $\zeta=0.066$。

③ 提升压损：

$$\Delta p_{\mathrm{fl}}=\mu\gamma_{\mathrm{a}}L\frac{(u_{\mathrm{f}}\pm u_{\mathrm{s}}\sin\theta)}{u_{\mathrm{s}}}=15\times9.98\times1.5\times\frac{9.4+15\times1}{15}=365\ (\mathrm{Pa})$$

式中，$u_s=(0.56\sim0.58)u_a=0.58\times25.8=15\mathrm{m/s}$；垂直提升高度 1.5m。

④ 摩擦压损：

$$\Delta p_{\mathrm{m}}=\left(p_{\mathrm{S}}-\sqrt{p_{\mathrm{S}}^2-2p_{\mathrm{S}}\lambda_{\mathrm{a}}\frac{L}{D}\frac{u_{\mathrm{a}}^2}{2g}\gamma_{\mathrm{a}}}\right)\alpha$$

$$=\left[85880-\sqrt{85880^2-2\times85880\times0.02\times\frac{2.36}{0.15}\times\frac{25.9^2}{2g}\times9.98}\right]\times4.15$$

$$=446\ (\mathrm{Pa})$$

式中，压损比 $\alpha=4.15$；弯头展开长度为 2.36m。

所以，$\Delta p_3=563+365+446=1374$（Pa）。

（4）水平段压损 Δp_4

① 弯头末端空气的压力 p_D、空气重度 γ_{aD} 和气流速度 u_{aD}：

$$p_{\mathrm{D}}=85880-1374=84506\ (\mathrm{Pa})$$

按等温过程：

$$\gamma_{\mathrm{aD}}=\gamma_{\mathrm{a}}\frac{p_{\mathrm{D}}}{p_{\mathrm{S}}}=11.77\times\frac{84506}{101325}=9.82\ (\mathrm{N/m^3})$$

$$u_{\mathrm{aD}}=u_{\mathrm{ac}}\frac{\gamma_{\mathrm{ac}}}{\gamma_{\mathrm{aD}}}=25.9\times\frac{9.98}{9.82}=26.3\ (\mathrm{m/s})$$

② 启动加速压损：

$$\Delta p_{\mathrm{qd}}=(1+\psi\mu)\frac{u_{\mathrm{a}}^2}{2g}\gamma_{\mathrm{a}}=(1+0.64\times15)\times\frac{26.3^2}{2\times9.81}\times9.82=3670\ (\mathrm{Pa})$$

式中，对水平管 $\psi=0.64$。

③ 摩擦压损：

$$\Delta p_{\mathrm{m}}=\left(P_{\mathrm{S}}-\sqrt{P_{\mathrm{S}}^2-2P_{\mathrm{S}}\lambda_{\mathrm{a}}\frac{L}{D}\frac{u_{\mathrm{a}}^2}{2g}\gamma_{\mathrm{a}}}\right)\alpha$$

$$=\left[84506-\sqrt{84506^2-2\times84506\times0.02\times\frac{8}{0.15}\times\frac{26.3^2}{2g}\times9.82}\right]\times4.07$$

$$=1508\ (\mathrm{Pa})$$

式中，水平管的压损比 $\alpha=4.07$；水平管的长度为 8m。

所以，$\Delta p_4=1508+3670=5178$（Pa）。

（5）分离器压损 Δp_5　分离器采用容积式卸料器，进口风速取 14m/s。

① 水平输料管末端空气的压力 P_E、空气重度 γ_{aE} 和末端气流速度 u_{aE}：

$$p_{\mathrm{E}}=84506-5178=79328\ (\mathrm{Pa})$$

按等温过程：

$$\gamma_{\mathrm{aE}}=\gamma_{\mathrm{a}}\frac{p_{\mathrm{E}}}{p_{\mathrm{S}}}=11.77\times\frac{79328}{101325}=9.21\ (\mathrm{N/m^3})$$

$$u_{\mathrm{aE}}=u_{\mathrm{aD}}\frac{\gamma_{\mathrm{aD}}}{\gamma_{\mathrm{aE}}}=26.3\times\frac{9.82}{9.21}=28.0\ (\mathrm{m/s})$$

② 局部压损：

$$\Delta p_j=(1+k_f\mu)\zeta\frac{u_a^2}{2g}\gamma_{al}=(1+0.45\times15)\times3\times\frac{15^2}{2\times9.81}\times9.21=2456\ (Pa)$$

式中，容积式卸料器的进口风速取15m/s，$\zeta=3$，$K_f=0.45$。

所以，$\Delta p_5=2456$（Pa）。

（6）除尘器压损 Δp_6　分离器和除尘器之间的通风管道压损近似取100Pa。除尘器为脉冲除尘器。

除尘器进口空气的压力 p_F、空气重度 γ_{aF} 和气流速度 u_{aF}：

$$p_F=79328-2456-100=76772\ (Pa)$$

$$\gamma_{aF}=\gamma_a\frac{p_F}{p_S}=11.77\times\frac{76772}{101325}=8.92\ (N/m^3)$$

除尘器进口风速取12m/s，脉冲除尘器压损取2000Pa，所以，$\Delta p_6=100+2000=2100$（Pa）。

（7）其余管件压损 Δp_7　连接除尘器和风机的通风管道、风机进出口消音器等压损取1000Pa，所以，$\Delta p_7=1000$Pa。

3. 整个系统的总压损 $\sum\Delta p$ 和总风量 $\sum Q$

$$\begin{aligned}\sum\Delta p&=\Delta p_1+\Delta p_2+\Delta p_3+\Delta p_4+\Delta p_5+\Delta p_6+\Delta p_7+\Delta p_8+\Delta p_9\\&=10116+5329+1374+5178+2456+2100+1000\\&=27553\ (Pa)\end{aligned}$$

风机进口处的空气重度 γ_{aG}：

$$\gamma_{aG}=\gamma_a\frac{p_G}{p_S}=11.77\times\frac{101325-27553}{101325}=8.57\ (N/m^3)$$

所以，总风量：

$$\sum Q=Q\frac{\gamma_a}{\gamma_{aG}}=1389\times\frac{11.77}{8.57}=1908\ (m^3/h)$$

4. 选择风机和电动机

计算风机参数：

$$p_{风机}=(1.1\sim1.2)\sum\Delta p=1.1\times27553=30308\ (Pa)$$

$$Q_{风机}=(1.1\sim1.2)\sum Q=1.15\times1908=2194\ (m^3/h)$$

即：$p_{风机}=30.3$kPa，$Q_{风机}=36.6m^3/min$。

所以，根据罗茨鼓风机样本，选择RRE-150V型罗茨鼓风机，-34.3kPa，37.2m³/min，1250r/min。

电动机：Y225S-4，37kW。

5. 其他

分离器、除尘器、变形管、弯头等结构、尺寸设计计算略。

（三）气力压运系统压损计算举例

面粉气力压运输送线，输送量为6t/h，面粉密度640kg/m³，输送距离30m。

计算步骤如下。

1. 饱和风量系数和单位功率因数的确定

根据输送物料的种类和输送距离，由表 6-8 得：

$K_{饱}=0.043$；$K_{功}=1.46$；$K_{压}=1.33$；$u=11\text{m/s}$；

$G=6\text{t/h}=100\text{kg/min}$。

2. 计算标准状态下的输送风量和输送浓度

$$Q_{标}=GK_{饱}=100\times0.043=4.3\ (\text{m}^3/\text{min})$$

$$\mu=\frac{G}{1.2Q_{标}}=\frac{100}{1.2\times4.3}=19.38\ (\text{kg/kg})$$

3. 确定操作表压

$$p_{压}=\frac{K_{功}}{K_{饱}}K_{压}=\frac{1.46}{0.043}\times1.33=45.16\ (\text{kPa})$$

4. 计算供料器处的输送风量

$$Q_{供}=\frac{101.3Q_{标}}{101.3+P_{压}}=\frac{101.3\times4.3}{101.3+45.16}=2.97\ (\text{m}^3/\text{min})$$

5. 计算输料管直径

计算管道直径系数 c：

$$c=\frac{Q_{供}}{v}=\frac{2.97}{11}=0.27$$

由表 6-9 可知：管系列号 10、管径 $D=80\text{mm}$。即输料管直径 $D=80\text{mm}$。

6. 计算供料器处压缩空气的漏风量

$$Q'_{漏}=1.3i_{供}\ n_{供}=1.3\times0.0075\times30=0.29\ (\text{m}^3/\text{min})$$

选叶轮式供料器：$i_{供}=0.0075\text{m}^3/\text{r}$，$n_{供}=30\text{r/min}$。

7. 计算供料器标准状态下的漏风量

$$Q_{漏}=Q'_{漏}\times\frac{101.3+p_{标}}{101.3}=0.29\times\frac{101.3+45.16}{101.3}=0.42\ (\text{m}^3/\text{min})$$

8. 计算风机进风口风量

$$Q_{机}=Q_{标}+Q_{漏}=4.3+0.42=4.72\ (\text{m}^3/\text{min})$$

9. 选择风机

计算风机参数：

$$p_{风机}=(1.0\sim1.2)p_{压}=1.1\times45.16=49.68\ (\text{kPa})$$

$$Q_{风机}=(1.0\sim1.2)Q_{机}=1.15\times4.72=5.43\ (\text{m}^3/\text{min})$$

计算风机所配电动机功率：

$$N_{电机}=1.15\times\frac{p_{风机}\ Q_{风机}}{60\eta_{容}\ \eta_{机}\ \eta_{传}}=1.15\times\frac{49.68\times5.43}{60\times0.8\times0.88\times0.98}=7.49\ (\text{kW})$$

上式中，罗茨鼓风机的容积效率 $\eta_{容}=0.8$，罗茨鼓风机的机械效率 $\eta_{机}=0.88$。罗茨鼓风机与电动机联轴器传动，传动效率 $\eta_{传}=0.98$。

由计算结果 $p_{风机}$ 和 $Q_{风机}$，查阅罗茨鼓风机性能参数表，选择三叶罗茨鼓风机：SRR-100，53.9kPa，6.64m³/min，1680r/min，11kW。

第六节　空气输送槽

一、空气输送槽的结构、工作原理和特点

空气输送槽结构示意图如本章第一节中图 6-5 所示。

空气输送槽由两个薄钢板制成的断面为矩形的上下槽体联结组成。在槽形结构的上下壳体之间安装有一块多孔板透气层，多孔板之上为输料部分，多孔板下部为通风道。

空气输送槽的安装一般向下倾斜 4°~8°，物料由高的一端加入多孔板上部，具有一定压力的空气也由高的一端端部从下壳体吹入。当空气穿过均匀的多孔板时，使处于多孔板上的物料流态化，于是物料在重力的作用下沿斜槽朝下流动。而穿过物料层的空气则通过安装在槽盖各出气口的空气净化装置净化后排放到大气中。

空气输送槽没有运动部件，气源为离心式通风机或罗茨鼓风机。空气输送槽结构简单，操作方便，磨损小，维修工作量少，能耗小，噪声低，密封性好，安全可靠。输送长度可达 100m，产量达到 300t/h。缺点是输送的物料种类受到限制，而且必须倾斜布置，不宜向上输送物料。

多孔板是空气输送槽的关键部件，多孔板的选取和良好的使用状态，是空气输送槽经济合理、安全运行的重要因素。选择多孔板时，要求开孔率高，分布均匀；多孔板的阻力要高于物料层阻力；能够保持平滑的表面，具备足够的强度，与机壳易于牢固地安装、密封等。常用的多孔板有陶瓷多孔板，金属多孔板，多层帆布等。

二、空气输送槽的设计计算

空气输送槽主要参数的选择和计算如下。

1. 空气输送槽风量 Q

$$Q=60Q_{o}BL \tag{6-73}$$

式中　Q_{o}——单位耗气量，$m^3/(min \cdot m^2)$，当倾斜度为 4°~6.5°时，$Q_{o}=1.5\sim3.0m^3/(min \cdot m^2)$；

B——空气输送槽的宽度，m；

L——空气输送槽的长度，m。

2. 空气输送槽所需的压力

$$p=\Delta p_1+\Delta p_2+\Delta p_3 \tag{6-74}$$

式中　Δp_1——多孔板阻力，Pa；

Δp_2——物料层阻力，Pa；

Δp_3——管网阻力，Pa。

根据计算和试验，空气输送槽所需的压力一般为 $(3.5\sim5)\times10^3$Pa。

3. 产量 G

$$G=3.6k_{s}Bhu_{s}\rho'_{s} \tag{6-75}$$

式中　k_{s}——阻力系数，一般 $k_{s}=0.9$；

h——物料层高度，mm。一般取 $h=45\sim90$mm；

u_s——物料的输送速度，m/s，当空气输送槽的斜度分别在4%、5%、6%时，物料的输送速度分别取1.0、1.25、1.5m/s；

ρ_s'——物料在流态化时的堆积密度，kg/m³，一般 $\rho_s'=0.75\rho_s$，ρ_s 为物料的堆积密度。

第七节　气固两相流数值模拟

一、模拟方法

第一章介绍了流体模拟的基础方法以及基本求解过程，与单相流相比，气固两相流的流动规律更加复杂。对气力输送而言，输料管道内部的流动可以看作是散式流动，即气流内带有固体颗粒。根据气流内固体相的浓度高低可以将两相流分为稀相流和浓相流。稀相流中的固体颗粒在气流中呈分散型运动，颗粒间相互作用对其运动无明显影响，如谷物、面粉、煤粉等的气流输送；浓相流中颗粒在气流中呈分散型运动，颗粒间相互作用对其运动有明显影响，如脉冲式气流输送、流化床等。

实际工程上，人们更多关注颗粒随气流运动的总体情况，这样就可以将并不连续的颗粒相看成是具有连续介质特征的准连续介质，从而就能够把单相连续介质的理论推广到多相系统的相关研究中。在这种假设和处理方式的基础上发展出了欧拉方法用于描述气流中固相运动的方法，即欧拉-欧拉法。

当气流内部的固体颗粒无法看作准连续介质时，就需要将颗粒本身看作不连续的离散颗粒群，把运载颗粒的气流继续看作连续介质。通过分别列出气流与颗粒的运动方程组，计算出气体流动状态和固体颗粒群的运动轨迹。在方程组中，颗粒对气流的影响被处理成气流的连续性方程、动量方程与能量方程中相应的质量源项、动量源项和能量源项。这种同时运用欧拉方法和拉格朗日方法研究气固两相流动的方式被称为欧拉-拉格朗日方法。

二、基本模拟方程

（一）连续相的基础模拟方程

连续相N-S方程的描述，见第一章。

（二）颗粒在气流中的受力与运动

在气固两相流中颗粒的受力可归结为以下三种类型。

(1) 气流对颗粒的作用力　当流体绕物体运动时，物体受到压力和切向应力的作用。在沿物体横截面的流动平面中，这些力的合力 F 可分解为两个力：与来流方向一致的作用力 F_D 以及垂直于来流方向的升力 F_L。

F_D 是由流体绕物体流动引起的切向应力和压力造成的，故可分为摩擦阻力和压差阻力两种。摩擦阻力是黏性直接作用的结果，当黏性流体绕物体流动时，流体作用于物体表面产生切向应力，由切向应力而产生摩擦阻力。所以，摩擦阻力是指作用在物体表面的切向应力在来流方向上投影的总和。

压差阻力是黏性间接作用的结果，当黏性流体绕物体流动时，如果附面层发生分离，将在绕流物体下游形成旋涡。图 6-22 所示是流体绕圆柱流动附面层分离所产生的旋涡，从分离点开始，物体后部所受到的流体压力大致接近于分离点的压力，这样就在物体前后产生压力差，形成压差阻力。压差阻力是指作用在物体表面的压力在来流方向上的投影总和。压差阻力的大小与物体的形状有很大关系，所以又称形状阻力。

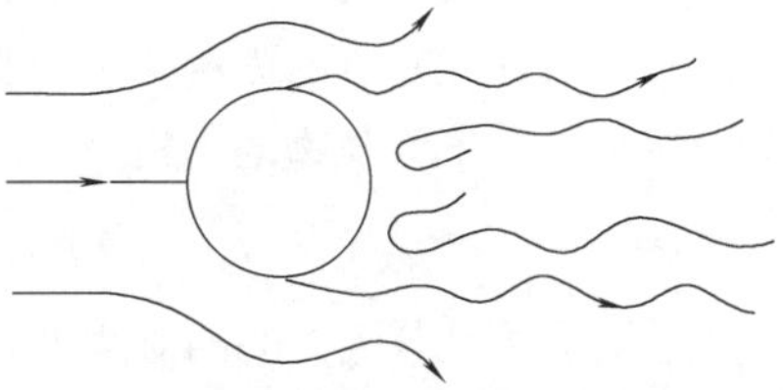

图 6-22　流体绕圆柱流动附面层的分离

（2）颗粒与颗粒、颗粒与固体壁面间的相互接触、碰撞所产生的作用力　由于气流中的颗粒粒径、运动速度等不完全一致，在颗粒与颗粒之间、颗粒与固体壁面之间存在着碰撞与摩擦，因而在颗粒与颗粒之间、颗粒与固体壁面之间存在着相互作用力，相关的有颗粒群的运动阻力、沉降速度和松弛时间等参数。

随着颗粒相浓度的增加，当单个颗粒四周的流体边界层的厚度超过颗粒间间隔的 1/2 时，单个球形颗粒的阻力系数就不适用于颗粒群了。

在低速条件下，阻力系数 C_D：

$$C_D = C_{DS}\varphi(\varepsilon) \tag{6-76}$$

式（6-76）中 C_{DS} 为单个颗粒的阻力系数，$C_{DS}=24Re(1+0.15Re^{0.687})$，其中 Re 根据单个颗粒在气固两相流动与数值模拟限流体内自由沉降的终端速度 u_{ts} 计算；$Re=\dfrac{u_{ts}d_p\rho}{\bar{\mu}}$，$d_p$ 为粒径，ρ 和$\bar{\mu}$ 分别为流体的密度和动力黏性系数。

空隙率 $\varepsilon<0.8$ 时，阻力系数 C_D：

$$C_D=\frac{4}{3}\frac{d_p}{u_f-u_p}\frac{\bar{\rho}_F}{\bar{\rho}}F=200\frac{(1-\varepsilon)}{\varepsilon^2}Re^{-1}+\frac{7}{3\varepsilon} \tag{6-77}$$

式中，$Re=\dfrac{d_p(u_f-u_p)\bar{\rho}}{\bar{\mu}}$，$F$ 为流体与颗粒群动量交换松弛时间的倒数：

$$F=150\frac{(1-\varepsilon)}{\varepsilon^2}=\frac{\bar{\mu}}{\bar{\rho}_p d_p^2}+1.75\frac{\bar{\mu}}{\varepsilon\rho_p d_p}(u_f-u_p) \tag{6-78}$$

（3）外界物理场对颗粒的作用力　如重力场的存在对颗粒运动所产生的作用力，以及在一些特定情况下，如磁场、电场等对铁磁颗粒或带电颗粒运动所产生的作用力等。

（三）气固两相流中颗粒受到的其他作用力及单颗粒的运动方程

固体颗粒在气固两相流中与气体有相对运动时，除了上述流动阻力作用外，还会受到其他一系列力的作用，如马格努斯旋转提升力、萨夫曼剪切提升力、压力梯度力、热作用力、虚拟质量力、倍瑟特力以及范德华力等。对于密相气固悬浮输送系统，颗粒还受到颗粒间碰撞与摩擦的相互作用，随着固相浓度的增加，颗粒间的作用力将对颗粒的运动产生重要影响。在采用欧拉法对气固悬浮系统进行研究时，若颗粒相存在明显不同的粒径分级，则可形成不同颗粒相，不同相颗粒间的碰撞也会引起附加的碰撞阻力，这些力与流动阻力一样都会影响悬浮体内颗粒的运动。

1. 马格努斯旋转提升力 F_M

在气固两相流动中，颗粒间的非对心碰撞会使颗粒产生旋转。在流场不均匀的情况下，速度梯度的存在也会使颗粒产生旋转。在低雷诺数下，颗粒的旋转会带动紧靠它表面的流体在其流动方向与旋转方向相同的一侧增加速度，而在另一侧降低速度，此时，颗粒会受到一个与颗粒运动方向相垂直的力的作用，驱使颗粒向速度较高的一侧移动，这个力称为马格努斯旋转提升力。球形颗粒物的马格努斯旋转提升力计算公式：

$$F_M = \pi a_p^3 \rho \vec{\boldsymbol{\omega}} \times \vec{\boldsymbol{V}} [1 + O(Re)] \tag{6-79}$$

式中，$\vec{\boldsymbol{V}}$ 为颗粒与流体的相对速度，$\vec{\boldsymbol{V}} = \vec{\boldsymbol{u}}_p - \vec{\boldsymbol{u}}_f$；$\vec{\boldsymbol{\omega}}$ 为球体旋转的角速度；ρ 为流体的密度；F_M 的方向与 $\vec{\boldsymbol{V}}$ 和 $\vec{\boldsymbol{\omega}}$ 所在平面垂直；$O(Re)$ 表示未明确写出的级数余数中 Re 的最低阶数为 1。

2. 萨夫曼剪切提升力

萨夫曼指出，当颗粒所在的流场内存在速度梯度时，即使颗粒不旋转，它也会受到一个升力的作用，这个升力是由黏性流体的剪切作用引起的。萨夫曼推导了一个小球在无限大的均匀单纯剪切流场内沿流线低速移动且同时旋转时所受到力的计算公式。分析中使用了三种雷诺数。

剪切雷诺数：

$$(Re)_k = \frac{4a_p^2 k}{\nu} \tag{6-80}$$

旋转雷诺数：

$$(Re)_r = \frac{4a_p^2 \omega}{\nu} \tag{6-81}$$

滑动雷诺数：

$$(Re)_p = \frac{2a_p(u_p - u_f)}{\nu} \tag{6-82}$$

式中　$u_p - u_f$——以颗粒中心为基准量测得的颗粒相对滑动速度；

k——流体横向速度梯度的绝对值 $\left|\frac{\partial u}{\partial y}\right|$；

ω——颗粒旋转的角速度。

在这种情况下，颗粒受到三个力的作用。第一个是斯托克斯阻力：

$$F_D = 6\pi\mu a_p(u_p - u_f) \tag{6-83}$$

第二个力是马格努斯旋转提升力，简化后为：

$$F_M = \pi\rho a_p^3 \omega (u_p - u_f) \tag{6-84}$$

第三个力是因滑动和剪切引起的横向力——剪切提升力：

$$F_L = 6.46 a_p^2 (\rho\mu)^{\frac{1}{2}} k^{\frac{1}{2}} (u_p - u_f) \tag{6-85}$$

上述分析的适用范围为：$(Re)_p$；$(Re)_k$；$(Re)_r \leqslant 1$，且 $(Re)_k$，$(Re)_r \gg (Re)_p$。

3. 压力梯度力

流体内部存在压力梯度时也会对颗粒产生作用力，其受力情况如图 6-23 所示。

图 6-23 中，半径为 a_p 的小球上的环形微元表面在压差 $\frac{\partial p}{\partial x}$ 作用下受到的作用力为：

$$\mathrm{d}F_{\mathrm{p}}=-2a_{\mathrm{p}}\cos\theta\left(\frac{\partial p}{\partial x}\right)2\pi a_{\mathrm{p}}\sin\theta\cdot a_{\mathrm{p}}\mathrm{d}\theta\cos\theta \tag{6-86}$$

积分得出：

$$F_{\mathrm{p}}=-\frac{\partial p}{\partial x}4\pi a_{\mathrm{p}}^{3}\int_{0}^{\frac{\pi}{2}}\cos^{2}\theta\sin\theta\mathrm{d}\theta=-\frac{4}{3}\pi a_{\mathrm{p}}^{2}\frac{\partial p}{\partial x} \tag{6-87}$$

压力梯度作用力与压力梯度的方向相反。

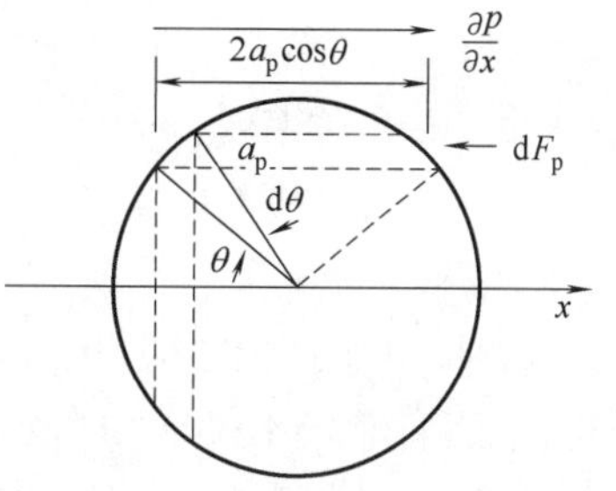

图 6-23　压力梯度力

4. 热作用力

热作用力是由两种原因引起的。一种是由于颗粒周围的流体存在不均匀温度场，冲击颗粒两侧的气体分子具有不同的速度，使颗粒受到热压力——通常称为热泳力，在此力作用下颗粒由高温侧向低温侧移动。另一种是当颗粒处于不均匀的热辐射场中时，颗粒受到不同辐射强度的两侧温度会出现差别，热侧表面上的气体分子离开颗粒表面时将带走比冷侧表面气体分子大的动量，从而对颗粒产生一定的反作用力，推动颗粒从高热辐射侧向低热辐射侧移动，这个力通常称为光泳力。

热泳力计算：

$$F_{\mathrm{t}}=-6\pi\mu a_{\mathrm{p}}f(K_{\mathrm{n}})\ \nabla T \tag{6-88}$$

$$f(K_{\mathrm{n}})=\frac{2a_{\mathrm{p}}(C_{\mathrm{tm}}K_{\mathrm{n}})\left[\left(\frac{k_{\mathrm{f}}}{k_{\mathrm{p}}}+C_{\mathrm{t}}K_{\mathrm{n}}\right)\left(1+\frac{4}{3}a_{3}C_{\mathrm{m}}K_{\mathrm{n}}\right)-\frac{4}{3}(a_{3}C_{\mathrm{m}}K_{\mathrm{n}})\right]}{\left[(1+3C_{\mathrm{m}}K_{\mathrm{n}})\left(1+2\frac{k_{\mathrm{f}}}{p}+2C_{\mathrm{t}}K_{\mathrm{n}}\right)\right]} \tag{6-89}$$

式中，K_{n} 为克努森（Knudsen）数，$k_{\mathrm{n}}=\dfrac{\Lambda}{a_{\mathrm{p}}}$，这里 Λ 是气体分子自由程，a_{p}是颗粒半径；k_{f} 和k_{p} 分别为气体与颗粒材料的导热系数；C_{t} 为温度跃变系数，$C_{\mathrm{t}}=3.32$；C_{m} 为黏性滑动系数，$C_{\mathrm{m}}=1.19$；C_{tm} 为热速度系数，$C_{\mathrm{tm}}=0.461$；a_{3} 为考虑二次滑动的常数，$a_{3}=2.4$。

光泳力计算：

$$F_{\mathrm{tp}}=\frac{3\pi\mu^{2}a_{\mathrm{p}}R}{p}\nabla T_{\mathrm{p}}=-\frac{3\pi\mu^{2}a_{\mathrm{p}}}{\rho T}\nabla T_{\mathrm{p}} \tag{6-90}$$

式中，p 为周围气体压力；T 为气体温度；R 为气体常数；μ 和 ρ 分别为气体的动力黏度和密度；∇T_{p} 为因热辐射引起的颗粒内部温度梯度，如果颗粒很小，∇T_{p} 将很小，F_{tp} 常常可以忽略。

5. 虚拟质量力

当一个颗粒相对于其周围流体加速时，在颗粒周围将产生一个围绕它的二次流动。因此，为了使颗粒运动，除了要消耗使它本身加速所需要的功外，还要额外消耗产生二次流动所需的功。根据计算，一个半径为 a_{p} 的球形颗粒在无限大的静止无黏性流体内以加速度$\dfrac{\mathrm{d}u_{\mathrm{p}}}{\mathrm{d}t}$运动时，所需要的外力为：

$$F'=\frac{4}{3}\pi a_{\rho}^{3}\left(\rho_{\rho}+\frac{\rho}{2}\right)\frac{\mathrm{d}u_{\rho}}{\mathrm{d}t}=\frac{4}{3}\pi a_{\rho}^{3}\rho_{\rho}\left(1+\frac{1}{2}\frac{\rho}{\rho_{\rho}}\right)\frac{\mathrm{d}u_{\rho}}{\mathrm{d}t} \tag{6-91}$$

也就是说，颗粒看起来像有一个附加的“虚拟质量”，其数值等于被它排除的流体质量的一半。对于球形颗粒，当颗粒与流体作相对变速运动时，虚拟质量力可表示为：

$$F_a = \frac{1}{2}\left(\frac{4}{3}\pi a_p^3\right)\rho \frac{d(u_f - u_p)}{dt} \tag{6-92}$$

式中 u_f——流体速度；

u_p——固体颗粒的速度。

6. 倍瑟特力

当颗粒相对于流体作加速运动时，由于流体的黏性效应，颗粒附近会形成边界层并逐渐增长，其瞬间流场不仅与当时的条件有关，而且也与之前颗粒的运动状态有关。因此，计算中必须有一项专门反映“记忆效应”的特殊项，即倍瑟特项。对于层流，倍瑟特力为：

$$F_B = 6a_p^2\sqrt{\pi\rho\mu}\int_{t_0}^{t}(t-\tau)^{-\frac{1}{2}}\frac{d(u_f - u_p)}{d\tau}d\tau \tag{6-93}$$

式（6-93）中 τ 是一个时间变量，通过它对颗粒从开始加速的时间 t_0 到 t 时为止的整个运动过程做出积分。对于颗粒群，由于周围颗粒的影响，Zuber 建议乘上因子 $(-1-\phi)^{-2.5}$。F_B 的数值决定于加速度，只有当颗粒相对于流体的加速度很大时，此力才会比较明显，而必须予以考虑。

7. 场力

场力一般包括重力、离心力、电场力与磁场力等。重力是人们最熟悉的一种场力，其方向恒指向地心。假设颗粒沿与地面垂线 Z 成 θ 角的 x 方向运动时，重力在 x 方向及其垂直方向 y 方向的分力分别为：

$$\left.\begin{aligned}F_x &= m_p g\cos\theta\\ F_y &= m_p g\sin\theta\end{aligned}\right\} \tag{6-94}$$

8. 碰撞阻力

当流体中存在颗粒直径明显不同的两组或多组颗粒群时，应把各组颗粒群看作不同的相处理。不同相间颗粒的相互碰撞会给每一个颗粒群（相）带来附加的碰撞阻力。本文以颗粒（s）与颗粒群（R）的碰撞情况为例进行分析，为方便说明，假设颗粒间为弹性碰撞且仅做单次散射碰撞。假定颗粒（s）不动，颗粒群（R）以 u_p 的速度平行冲向颗粒（s）的表面。颗粒群（R）中的一个颗粒（r），其质量为 m，以碰撞角 θ 碰撞颗粒（s）。根据镜面反射原理，可以求得碰撞前后颗粒（r）在 u_p 方向上的动量变化率：

$$m_r u_p - |m_r u_p\cos(180° - 2\theta)| = m_r u_p(1+\cos 2\theta) \tag{6-95}$$

这也是颗粒（r）对颗粒（s）的碰撞作用力在 u_p 方向上的分量。于是颗粒群（R）作用于颗粒（s）的碰撞力可以表示为：

$$\begin{aligned}F_c &= n_p^{(R)} m_r u_p^2 \int_0^{\frac{\pi}{2}}(1+\cos 2\theta)2\pi(a_s + a_r)^2\sin\theta\cos\theta d\theta\\ &= \pi n_p^{(R)} m_r u_p^2 (a_s + a_r)^2\end{aligned} \tag{6-96}$$

式中 $n_p^{(R)}$——悬浮体中颗粒群（R）的数量密度；

a_s 和 a_r——颗粒（s）和颗粒（r）的半径。

考虑实际情况，由于颗粒（s）附近流体的绕流运动以及颗粒（r）的惯性，颗粒群（R）冲向颗粒（s）时的实际运动轨迹并不平行，只有那些处于以半径 a' 构成的圆形截面内的颗粒（r）才能与颗粒（s）相碰。面积 $\pi(a')^2$ 与颗粒（s）的截面积 πa_s^2 之比用 η 表示，为碰撞份额。

η 值的大小与一系列因素有关，通常将这些因素归集于两个无因次参量 ϕ 和 φ，并表示为：

$$\eta=f(\varphi,\phi)$$

这里 φ 称为惯性参量，表示颗粒（r）在气流中运动的松弛时间与该颗粒通过颗粒（s）的时间之比，在颗粒（s）不动的情况下，惯性参量 φ 为：

$$\varphi=\frac{\rho_p u_0(2a_r)^2}{18\mu\cdot 2(a_s+a_r)} \tag{6-97}$$

式中　u_0——远离颗粒（s）处的气流速度。

考虑上述情况，公式（6-96）的等号右侧应乘上碰撞份额 η。

9. 单颗粒在气流中的运动方程

了解了颗粒所受到的各种作用力，即可列出颗粒与流体作动量交换的全面方程：

$$\frac{du_p}{dt}=F(\vec{U}-\vec{U}_p)+\sum_{i=1}^{8}\vec{f'}_p+\sum_{i=1}^{3}\vec{f}_p \tag{6-98}$$

式中　$\vec{U}-\vec{U}_p$——颗粒与流体之间的速度差；

$\vec{f}_p$——颗粒相单位质量力，因重力场、电场或磁场作用而受到的力；

$\vec{f}'_p$——颗粒相除场力外，因碰撞、加速、流体剪切等受到的力。

三、气固两相流常用数学模型

根据前文阐述，多相流的模拟方法主要有欧拉-欧拉模型方法和欧拉-拉格朗日模型方法。欧拉-欧拉方法中，不同的相被处理成互相贯穿的连续介质。由于一种相所占的体积无法再被其他相占有，故此引入相体积率的概念，体积率是时间和空间的连续函数，各相的体积率之和等于1。从各相的守恒方程可以推导出一组方程，这些方程对于所有的相都具有类似的形式。该方法主要用于模拟离散相浓度比较高的情景。

欧拉-拉格朗日方法中，流体相被处理为连续相，直接求解时均N-S方程，而离散相是通过计算流场中大量的粒子，如颗粒、气泡或是液滴的运动得到的。离散相和流体相之间可以有动量、质量和能量的交换。粒子或液滴运行轨迹的计算是独立的，它们被安排在流体相计算的间隙完成。与欧拉-欧拉模型不同，该模型的一个基本假设是，作为离散的第二相的体积占比应很低。

（一）欧拉-欧拉模型

1. 单流体模型

无滑移单流体模型基于欧拉框架建立。在气固两相流动系统中，假定颗粒速度与气流速度相同，颗粒的湍流扩散系数与气流的湍流扩散系数也相同，且颗粒温度与气流温度相同或等于常量，则可将气固两相合并为一特殊的单相流体，其控制方程可以简化。由于在大多数情况下流体与颗粒之间总会存在速度差和温度差，特别是在初始阶段这种差别可能很大，因此应用这种方法算出的结果与实际差别较大。只有当颗粒尺寸很小时，才能得到满意的结果。

该模型的方程式为：

$$\frac{\partial\rho}{\partial t}+\nabla\cdot(\rho\vec{u_f})=0 \tag{6-99}$$

$$\frac{\partial \rho_p}{\partial t}+\nabla\cdot(\rho_p\vec{u}_p)=\nabla\cdot(D_p\ \nabla\rho_p) \tag{6-100}$$

或：

$$\frac{\partial \rho_p}{\partial t}+\vec{\boldsymbol{u}}_f\cdot\ \nabla\rho_p=\nabla\cdot(D_p\ \nabla\rho_p)-\nabla\cdot\frac{\vec{\boldsymbol{f}}_p\rho_p}{F} \tag{6-101}$$

以及：

$$\frac{\partial \rho_p\vec{\boldsymbol{u}}_f}{\partial t}+\nabla\cdot(\rho_f\vec{\boldsymbol{u}}_f\vec{\boldsymbol{u}}_f)=-\nabla p+\nabla\cdot\tau_f+\rho_f\vec{\boldsymbol{f}}_f \tag{6-102}$$

$$\frac{\partial \rho_f E_f}{\partial t}+\nabla\cdot(\rho_f\vec{\boldsymbol{u}}_f E_f)=-\nabla\cdot q-\nabla\cdot u_f p+\nabla\cdot\vec{\boldsymbol{u}}_f\cdot\vec{\boldsymbol{\tau}}_f+\rho_f u_f\vec{\boldsymbol{f}}_f+Q_f \tag{6-103}$$

式中，下标 f 和 p 分别代表流体和颗粒；$\vec{\boldsymbol{u}}$ 为速度；D 为扩散系数；τ_f 为松弛时间；$\vec{\boldsymbol{f}}$ 为因重力场、电场或磁场作用而受到的力；E 为总能；q 为传递的热量；Q_f 为能量源项。

无滑移单流体模型目前发展已较为成熟，当采用该模型进行数值模拟时，可以自行编程或借助商业计算流体力学软件，如 FLUENT，CFX 等，完成计算。

2. 双流体模型

双流体模型是将每一相都看成充满整个流场的连续介质，其中颗粒相是与流体相相互渗透的虚拟流体。与连续流体相的处理方法一样，采用欧拉坐标系中描述宏观连续介质的质量、动量和能量守恒方程等描述颗粒相的特征。

忽略流体相密度的脉动、颗粒质量变化率的脉动以及非定常关联项，双流体模型中流体相控制方程组和颗粒相控制方程组可以用一个统一的形式表示：

$$\frac{\partial}{\partial t}(\rho_k\alpha_k\overline{\varphi_k})+\frac{\partial}{\partial x_j}(\rho_k\alpha_k\varphi\overline{u_{kj}\varphi_k})=\frac{\partial}{\partial x_j}\left(\Gamma_{qk}\alpha_k\frac{\partial\overline{\varphi_k}}{\partial x_j}\right)+\boldsymbol{\Psi}_{qk} \tag{6-104}$$

式中，k 一般指流体相 g 和固体相 p，在固体相尺寸大小有变化时也代表不同尺寸组的颗粒相；φ 表示某种物理量，如速度分量、温度、焓、质量分数、流体相湍流动能和湍流动能耗散率等；$\boldsymbol{\Psi}_{qk}$ 包含各相自身的源项和相与相的相互作用（相间质量、动量、能量交换等）；该方程组加上一些构成源 $\boldsymbol{\Psi}_{qk}$ 和输运系数 $\boldsymbol{\Gamma}_{qk}$ 的模型（如两相黏度）及一些本构方程（如状态方程、温度和焓的关系式、热传导关系式以及化学组分关系式等）就可得到两流体完整的封闭控制方程组。

（二）欧拉-拉格朗日模型

1. 离散颗粒模型（颗粒轨道模型）

根据气固两相系统中颗粒运动的特点，该模型将两相流动中颗粒的运动过程分解为受冲力支配的瞬时碰撞运动及受流体曳力控制的悬浮运动，进而在拉格朗日坐标系下处理单个的颗粒相，对大量颗粒轨迹进行统计分析得到颗粒群运动的状况。单个颗粒或液滴的运动方程可从牛顿第二定律得出：

$$m_p\frac{\mathrm{d}\vec{u}_p}{\mathrm{d}t}=\sum\vec{F}_p+m_p\vec{g} \tag{6-105}$$

式中，$m_p\mathrm{d}\vec{u}_p/\mathrm{d}t$ 为惯性力，$\sum\vec{F}_p$ 为颗粒受到的浮力、曳力、压力梯度力、虚拟质量力、Basset 力、Magnus 力、Saffman 力、热作用力等；$m_p\vec{g}$ 是颗粒重力。尽管作用在颗粒上的力相当复杂，但一般情况下并非所有力都同样重要，如在气固两相流动中，由于气体的密度通常远小于颗粒的密度，与颗粒本身惯性相比，浮力、压力梯度力、虚假质量力等力均很小，可以忽略不计。但曳力是相对重要的力，不可忽略。

2. 颗粒碰撞模型

随着固相浓度的增加，颗粒间、颗粒与器壁间的碰撞对气固两相流动的影响无法被忽视，因此必须考虑颗粒与颗粒之间、颗粒与器壁之间的作用。

硬球模型基于冲量守恒定律，认为颗粒间碰撞是瞬时发生的，不考虑颗粒受力变形等细节，并假设颗粒的碰撞过程是在一个时间步长内完成的。然而，该模型假设颗粒间的碰撞为两两碰撞，所以无法处理三体或三体以上同时碰撞的情况。因此，硬球模型仅适用于低浓度、快速颗粒流的模拟，而不能针对稠密气固两相流动进行计算。

实际上可能同时存在着多个颗粒间的相互作用力，碰撞也并非瞬时的完全弹性碰撞，由此而发展了一种称为软颗粒接触的方法。在此类方法中，从研究土壤力学发展起来的，可以考虑粒子流中多个颗粒间相互作用的离散单元法（distinct element method，DEM），受到了极大关注，该方法在流体-固体密相流中得到了应用。DEM 方法把颗粒间相互作用力模拟为弹性力、阻尼力，用弹性、阻尼及摩擦滑移等机理模型来计算。当颗粒 1 和颗粒 2 发生接触的时候，作用在颗粒 1 上的法向力$\vec{f}_{\mathrm{Cn12}}$和切向力$\vec{f}_{\mathrm{G12}}$分别为：

$$\vec{f}_{\mathrm{Cn12}}=-k_{\mathrm{n}}\vec{\delta}_{\mathrm{n12}}-\eta_{\mathrm{n}}\vec{u}_{\mathrm{r12}}$$
$$\vec{f}_{\mathrm{G12}}=-k_{1}\vec{\delta}_{\mathrm{t12}}-\eta_{1}\vec{u}_{\mathrm{s12}} \tag{6-106}$$

式中

$$\vec{u}_{\mathrm{s12}}=\vec{u}_{\mathrm{r12}}-(\vec{u}_{\mathrm{r12}}\vec{n}_{12})\vec{n}_{12}+r_{\mathrm{s}}(\vec{\omega}_{1}+\vec{\omega}_{2})\times\vec{n}_{12} \tag{6-107}$$

如果，$\vec{f}_{\mathrm{Ct12}}>\mu_{\mathrm{f}}|\vec{f}_{\mathrm{Cn12}}|$ 颗粒发生滑移，切向力变为：

$$\vec{f}_{\mathrm{Ct12}}=\mu_{\mathrm{f}}|\vec{f}_{\mathrm{Cn12}}|t_{12} \tag{6-108}$$

式中 μ_{f}——颗粒间摩擦系数。

$$t_{12}=\vec{u}_{\mathrm{s12}}/|\vec{u}_{\mathrm{s12}}| \tag{6-109}$$

通常情况下，颗粒 1 可与多个颗粒接触，则作用于其上总的接触力为所有接触力之和。

DEM 将颗粒视为非连续介质，初始时各个颗粒在空间有其固定的位置，处于力平衡状态。当所考虑范围内的作用力系或边界条件发生变化时，某些颗粒在重力及外力的作用下产生一定的加速度和相应的位移，使得颗粒的空间状态发生变化，位移后的颗粒与所接触的颗粒产生所谓的“叠加”，根据力-位移关系，产生新的作用力系状态，使得更多的颗粒由于作用力的传递而产生新的运动和位移。离散单元法交替采用牛顿第二定律和接触的力-位移方程来计算颗粒的运动状态。

四、求解和处理

连续项和离散项计算，前面已经介绍了连续项的计算，这里在连续项的基础上进行离散项的计算。拉格朗日方法处理颗粒计算如果仅考虑气相场对固相场的影响，而不考虑固相场对气相场的影响，则称为单向耦合；如果既考虑气相场对固相场的影响，又同时考虑固相场对气相场的影响，则称为双向耦合。显然，双向耦合比单向耦合具有更高的准确性，但数学模型相对复杂。

采用所谓的单元中颗粒源项方法（particle source in cell，PSIC）来实现相间双向耦合较为常见。

PISC 方法把分散颗粒相对连续流体相的作用看作是连续流体相的质量、动量、能量、湍流动能和湍流动能耗散率守恒方程中的附加源项。在处理动量方程时，它将作用于流体上的总作用力分配给包围颗粒的计算网格面或网格结点。此时，流体相模型中必须加入流-颗粒两相相互作用而产生的附加源项。

PISC 方法的基本步骤是：第 1 步解无颗粒的纯流体流场，求其速度、温度、浓度和湍流特性；第 2 步是在上述流场中计算颗粒轨道及颗粒速度、温度、质量沿轨道的变化；第 3 步计算流体相方程组中颗粒附加源项；第 4 步是解颗粒源项的流体相方程组；重复上述步骤，直到收敛。

（一）连续相求解

这里介绍常用的数值离散方法：有限体积法（FVM），有限体积法在离散化过程中包括两个基本步骤：

第一步，偏微分方程被积分转化为离散单元上的平衡方程，结果为一组半离散方程；

第二步，选择插值方法来逼近单元格中变量的变化，将代数关系转换为代数方程。

以二维稳态传输问题为例。

去掉非稳态相，即稳态时控制方程为：

$$\nabla \cdot (\rho\phi) = \nabla \cdot (\Gamma_\phi \nabla\phi) + S_\phi \tag{6-110}$$

对图 6-24 所示的 D 单元做积分：

$$\int_{V_D} \nabla \cdot (\rho\vec{v}\phi)\mathrm{d}V = \int_{V_D} \nabla \cdot (\Gamma_\phi \nabla\phi)\mathrm{d}V + \int_{V_D} S_\phi \mathrm{d}V \tag{6-111}$$

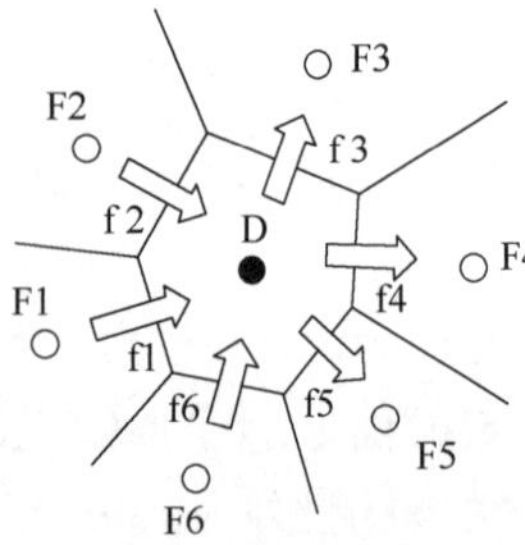

图 6-24　二维离散单元示意图

通过散度定理将扩散项和对流项转化为面积分，则有：

$$\oint_{\partial V_D} (\rho\vec{v}\phi)\cdot \mathrm{d}\vec{S} = \oint_{\partial V_D} (\Gamma_\phi \nabla\phi)\cdot \mathrm{d}\vec{S} + \int_{V_D} S_\phi \mathrm{d}V \tag{6-112}$$

分别用$\vec{J}^{\phi,C}$ 和 $\vec{J}^{\phi,D}$ 表示对流通量项（convection）和扩散通量项（diffusion）：

$$\vec{J}^{\phi,C} = \rho\vec{v}\phi \tag{6-113}$$

$$\vec{J}^{\phi,D} = -\Gamma^\phi \nabla\phi \tag{6-114}$$

总通量定义为：

$$\vec{J}^{\phi} = \vec{J}^{\phi,C} + \vec{J}^{\phi,D} \tag{6-115}$$

将上表面积分替换为通量项总和，则有：

$$\oint_{\partial V_D} \vec{J}^{\phi,C}\cdot \mathrm{d}\vec{S} = \sum_{f\sim faces(V_D)} \left(\int_f (\rho\vec{v}\phi)\cdot \mathrm{d}\vec{S}\right) \tag{6-116}$$

$$\oint_{\partial V_D} \vec{J}^{\phi,D}\cdot \mathrm{d}\vec{S} = \sum_{f\sim faces(V_D)} \left(\int_f (\Gamma^\phi \nabla\phi)\cdot \mathrm{d}\vec{S}\right) \tag{6-117}$$

$$\oint_{\partial V_D} \vec{J}^{\phi}\cdot \mathrm{d}\vec{S} = \sum_{f\sim faces(V_D)} \left(\int_f J_f^\phi \cdot \mathrm{d}\vec{S}\right) \tag{6-118}$$

为了进一步离散化，除了计算源项的体积积分外，还必须计算每个面的表面积分。

使用高斯求积法，有：

$$\int_f J^\phi \cdot \mathrm{d}\vec{S} = \int_f (J^\phi \cdot \vec{n})\mathrm{d}S = \sum_{ip\sim ip(f)} (J^\phi \cdot \vec{n})_{ip}\omega_{ip}S_f \tag{6-119}$$

其中，ip 为积分点，$ip(f)$ 为沿面积分点的个数，ω_{ip} 为权重函数。当只有1个积分点的时候，$\omega_{ip}=1$，只有位于形心的积分点，也称为梯度法则。当有2个积分点的时候，也就是 $\omega_1=\omega_2=1/2$。因此，对流项与离散项的一般离散为：

$$\oint_{\partial V_D}(\rho\vec{v}\phi)\cdot d\vec{S}=\sum_{f\sim faces(V_D)ip\sim i_p(f)}[\omega_{ip}(\rho\vec{v}\phi)_{ip}\cdot\vec{S}_f] \tag{6-120}$$

$$\oint_{\partial V_D}(-\Gamma^{\phi}\nabla\phi)\cdot d\vec{S}=\sum_{f\sim faces(V_D)}\sum_{ip\sim ip(f)}[\omega_{ip}(-\Gamma^{\phi}\nabla\phi)_{ip}\cdot\vec{S}_f] \tag{6-121}$$

对于源项体积分同样采用高斯积分法，源项表示为：

$$\int_V Q^{\phi}dV=\sum_{ip\sim ip(f)}(Q_{ip}^{\phi}\omega_{ip}V) \tag{6-122}$$

通常有限体积法只使用一个积分点，具有二阶精度。因此，可以得到半离散有限体积方程为：

$$\sum_{f\sim nb(V_D)}(\rho\vec{v}\phi-\Gamma^{\phi}\nabla\phi)_f\cdot\vec{S}_f=Q_D^{\phi}V_D \tag{6-123}$$

通量的线性化是离散化过程第二步，用相邻单元中心变量值表示面通量和体通量，将通量分为线性部分和非线性部分：

$$\vec{J}_f^{\phi}\cdot\vec{S}_f=FluxT_f=FluxD_f\phi_D+FluxF_f\phi_F+FluxV_f \tag{6-124}$$

其中，$FluxT_f$ 为通过面 f 的总通量，$FluxD_f\phi_D$ 和 $FluxF_f\phi_F$ 分别为共享面的两个元素在面 f 通量的线性部分，$FluxV_f$ 为无法用 ϕ_C 和 ϕ_F 描述的非线性部分。

将（6-124）带入（6-123）得到：

$$\sum_{f\sim nb(V_D)}(\vec{J}_f^{\phi}\cdot\vec{S}_f)=\sum_{f\sim nb(V_D)}(FluxD_f\phi_D+FluxF_f\phi_F+FluxV_f) \tag{6-125}$$

再将体通量线性化处理，则有：

$$Q_D^{\phi}V_D=FluxT=FluxD\phi_D+FluxV \tag{6-126}$$

当源项为常数时，简化为：

$$FluxD=0,FluxV=Q_D^{\phi}V_D \tag{6-127}$$

综上所述，得到最终的代数关系：

$$a_D\phi_D+\sum_{F\sim NB(D)}(a_F\phi_F)=b_D \tag{6-128}$$

其中：

$$a_D=\sum_{f\sim nb(D)}FluxD_f-FluxD$$

$$a_F=FluxF_f$$

$$b_D=-\sum_{f\sim nb(D)}FluxV_f-FluxV$$

最后通过求解相对应的代数矩阵获得数值解。

（二）离散相求解

离散相求解可通过颗粒的受力分析求解出运动方程，包括颗粒的加速度、速度以及位移等。

对于颗粒的线性运动方程：

$$F=\frac{m\mathrm{d}v}{\mathrm{d}t} \tag{6-129}$$

可写作：

$$dv=(F/m)\,dt \tag{6-130}$$

对于有限的时间间隔，可得到：

$$\Delta v=\left(\frac{F}{m}\right)\Delta t \tag{6-131}$$

该公式计算的是速度改变量的估计值，因此需要知道时间变量 Δt 之前的速度，也就是在模拟开始时的颗粒初速度，即初始状态。

$$v_{t+\Delta t}=v_t+(F/m)\Delta t \tag{6-132}$$

其中的初始状态是：

$$v_{t=0}=v_0$$

式中，v_t是在时间 t 时的速度，$v_{t+\Delta t}$是时间 t 时加上某个时间间隔时的速度，Δt 代表时间间隔，而v_0是时间为 0 时的初速度。

同时利用线性运动方程积分来估计颗粒的位移，当算出新的速度后，可用以下公式估计在时间 $t+\Delta t$ 时的位移 s：

$$s_{t+\Delta t}=s_t+\Delta t(v_{t+\Delta t}) \tag{6-133}$$

其中的初始状态是：

$$s_{t=0}=s_0$$

五、应用案例

在正压气力输送系统中，输料管常常会有竖直管道布置的情况，如图 6-25 所示。本案例采用 FLUNET 中的 DPM 模型模拟气固两相流中固体颗粒通过竖直管道输送的过程。

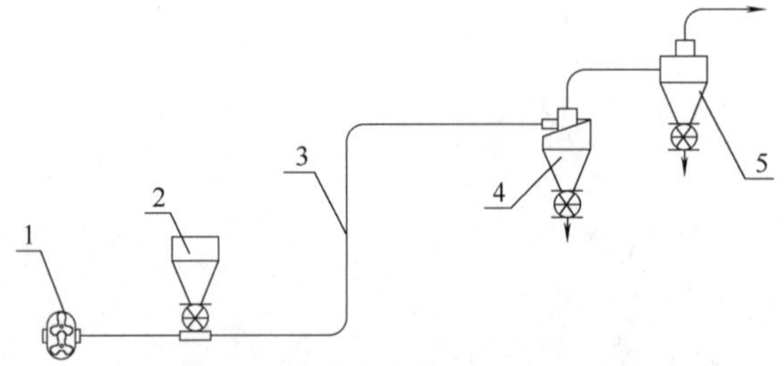

图 6-25　正压输送系统

1—鼓风机；2—供料器；3—输料管；4—物料分离器；5—除尘器

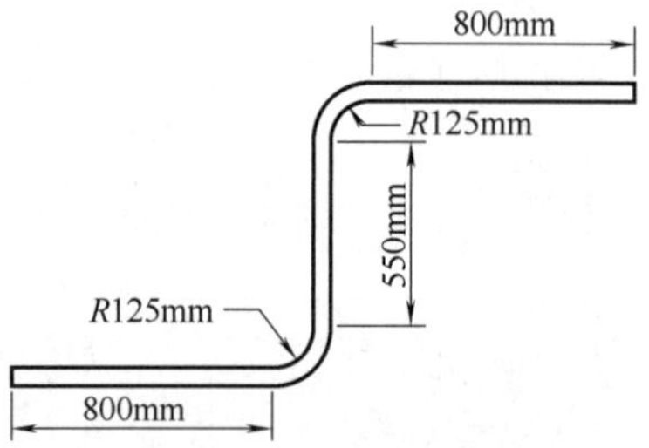

图 6-26　几何模型示意图

（一）几何模型

气力输送系统中输料管的输送距离根据生产工艺的要求不尽相同，本案例主要展示输料管内气固两相流的物理过程进行数值模拟的方法和流程，因此案例模拟仅体现输送管道的结构特征，并未按照实际尺寸建立模型。选取用于演示的几何模型如图 6-26 所示。

（二）网格划分

将几何模型导入 ANSYS Meshing 中进行网格划分。

（1）为边界命名。入口命名为 inlet；出口命名为 outlet；其余边界命名为 wall。如图 6-27 所示。

（2）设置网格物理偏好为 CFD，全局单元尺寸为 0.002m，如图 6-28 所示。

（3）为网格添加膨胀层设置，如图 6-29 所示。

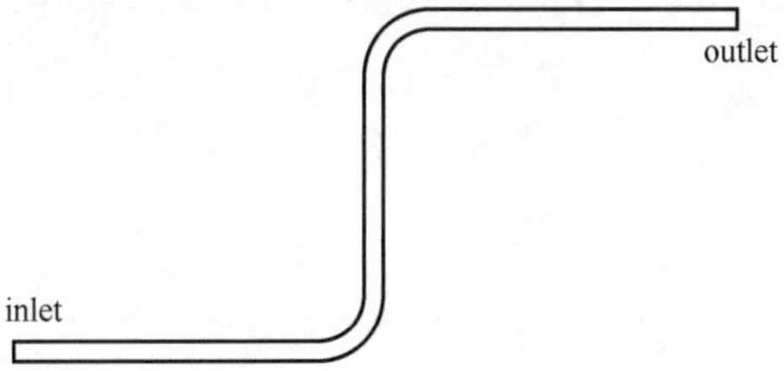

图 6-27　边界命名示意图

显示	
显示风格	使用几何结构设置
默认值	
物理偏好	CFD
求解器偏好	Fluent
单元的阶	线性的
单元尺寸	2.e-003 m
导出格式	标准
导出预览表面网格	否

图 6-28　全局属性设置

范围	
范围限定方法	几何结构选择
几何结构	1 几何体
定义	
抑制的	否
边界范围法	命名选择
边界	wall
膨胀选项	平滑过渡
过渡比	默认 (0.272)
最大层数	5
增长率	1.2
膨胀算法	Pre

图 6-29　膨胀层设置

（4）网格划分。如图 6-30 所示，选用非结构化网格。

（5）输料管下弯头处局部网格放大，如图 6-31 所示。

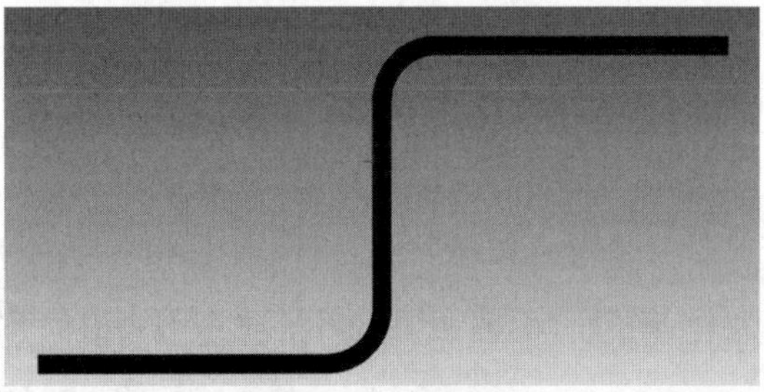

图 6-30　网格划分

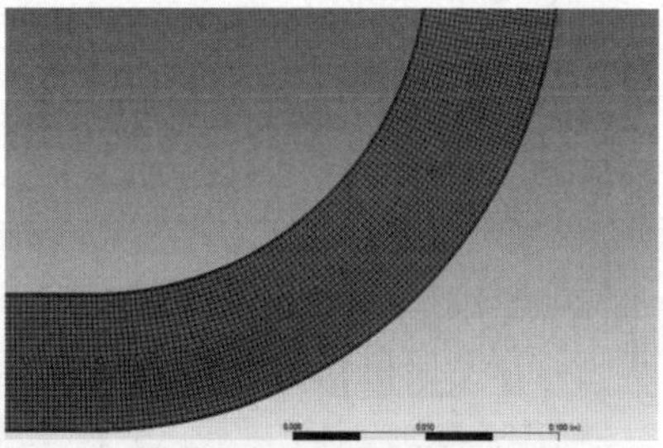

图 6-31　输料管下弯头处局部网格放大

（三）FLUENT 设置

（1）步骤 1　将模型导入 FLUENT 中，界面如图 6-32 所示。

FLUENT 将界面分为五个部分，分别是：

① 菜单栏；

② 节点树，提供了一个模拟的流程；

③ 任务界面，用以显示部分节点树节点的设置内容；

④ 3D 界面，用以显示模型、结果等；

⑤ 控制台，显示输出等内容。

（2）步骤 2　双击“一般”，任务界面的具体设置如下：设置稳态计算，重力轴向为 Y 轴方向，重力加速度为-9.8m/s，如图 6-33 所示。

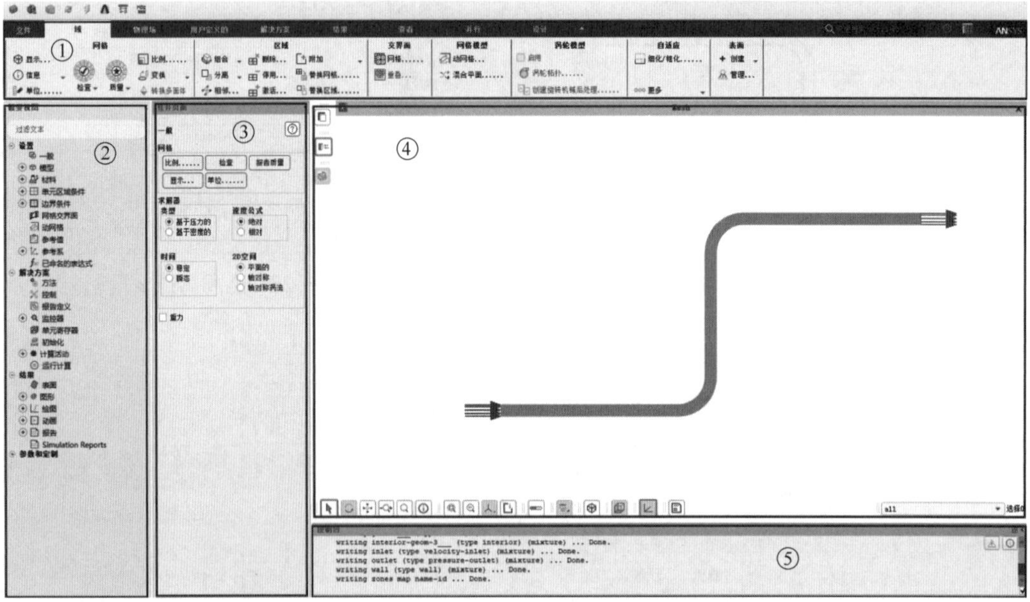

图 6-32　FLUENT 界面

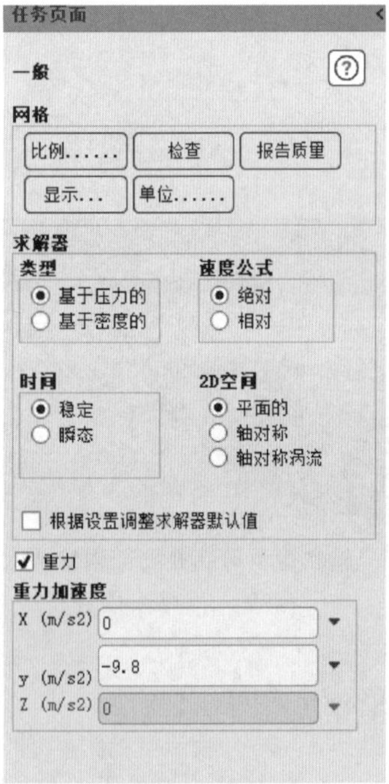

图 6-33　全局设置

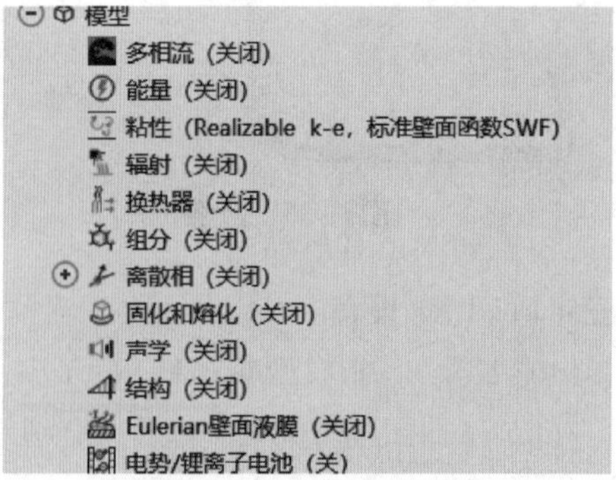

图 6-34　湍流模型设置

（3）步骤 3　修改湍流模型为 Realizable k-e，使用标准壁面函数 SWF，如图 6-34 所示。

（4）步骤 4　开启离散相模型，设置如图 6-35 所示。点击注入，设置粒子注入属性，如图 6-36 所示。

（5）步骤 5　双击节点树节点 Materials>inert particle>anthracite 修改颗粒属性，如图 6-37 所示。

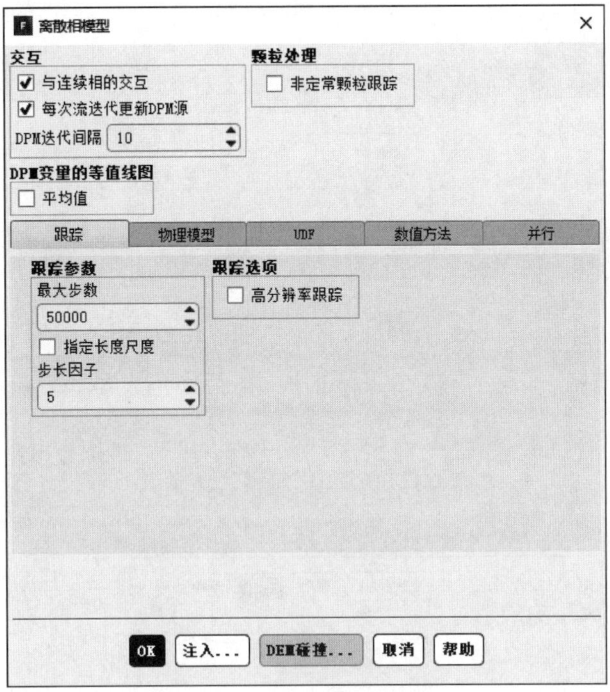

图 6-35　离散相模型设置

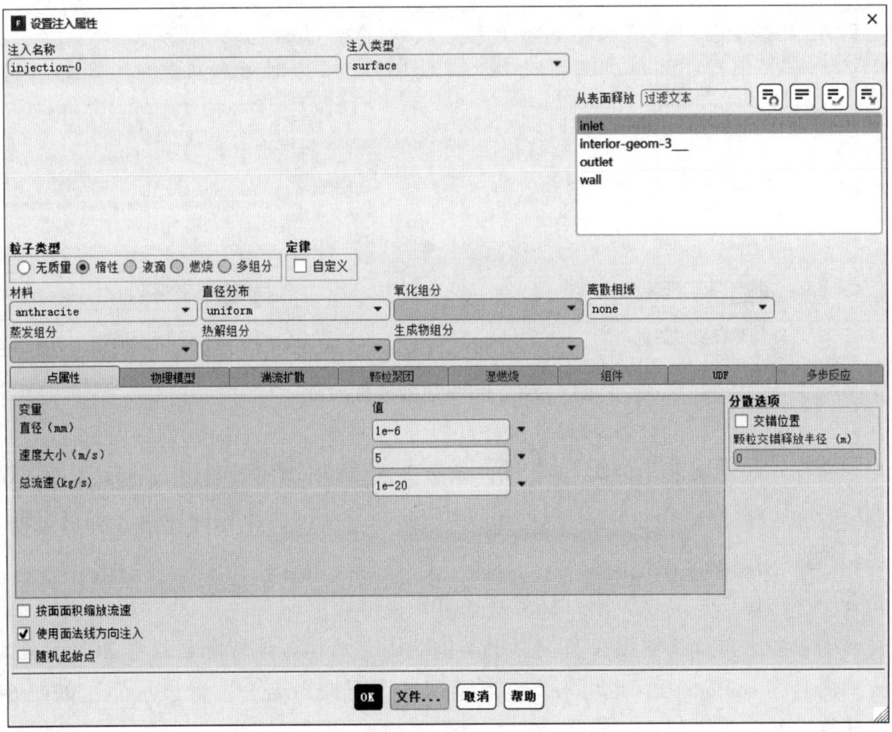

图 6-36　粒子注入属性

（6）步骤 6　设置边界条件。inlet：采用 velocity-inlet 边界，速度为 5m/s，DPM 选项设置为 escape，如图 6-38 所示。

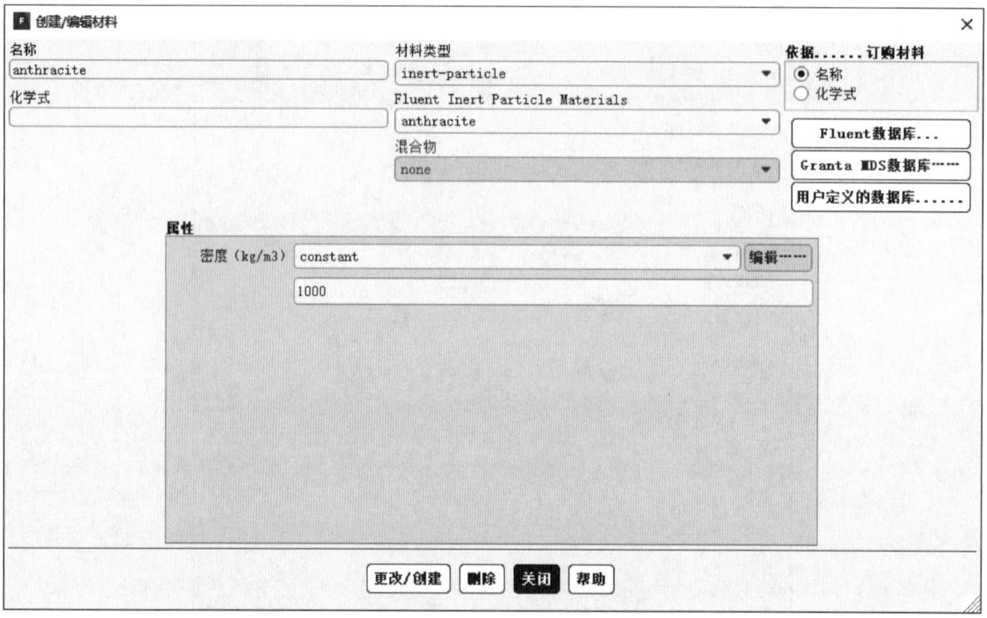

图 6-37　颗粒属性对话框

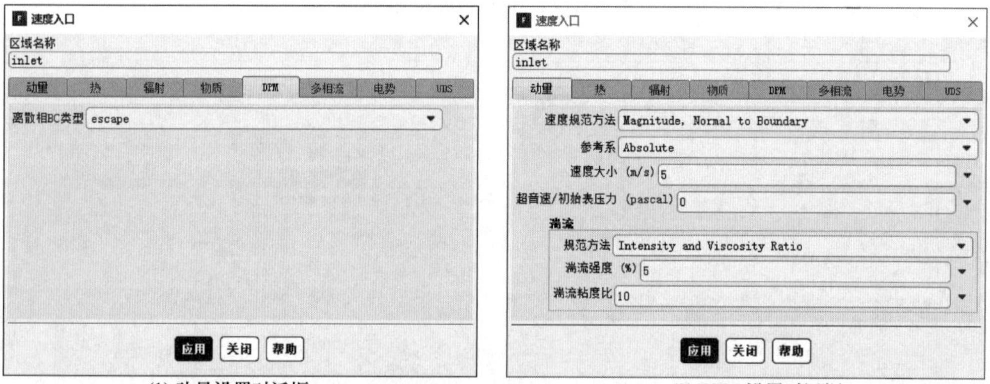

(1) 动量设置对话框　　　　(2) DPM 设置对话框

图 6-38　inlet 边界条件设置

（7）步骤 7　计算设置，迭代 1000 次，设置如图 6-39 所示。计算过程中 4 号视窗显示，如图 6-40 所示。

（四）后处理

（1）步骤 8　在结果节点中进行后处理，如图 6-41 所示。

（2）步骤 9　压力云图输出。右键点击等值线图，新建等值线图，过程如图 6-42 所示。

新云图命名为 contour-1，也可根据实际情况或者习惯命名，设置显示静压如图 6-43 所示。点击计算，然后点击保存/显示。结果如图 6-44 所示。

由图 6-44 可以看出，输料管的下弯头右侧受到的压力较大。

（3）步骤 10　颗粒轨迹显示。右键新建颗粒轨迹，如图 6-45 所示。设置如图 6-46 所示，点击显示后，结果输出如图 6-47 所示。

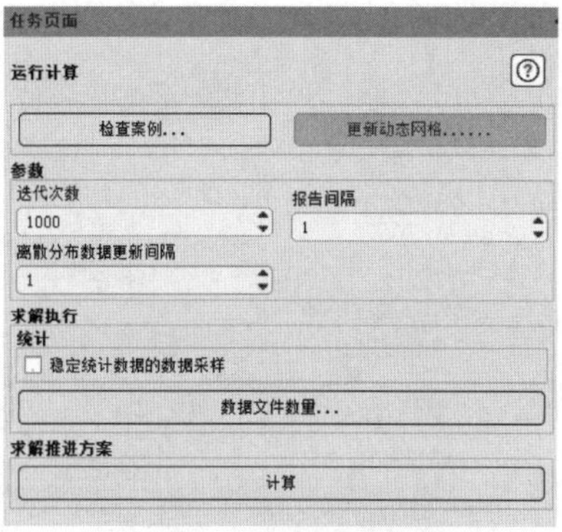

图 6-39　运行计算设置

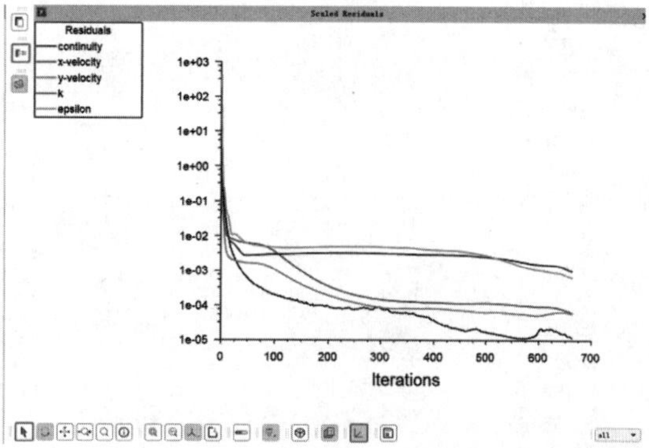

图 6-40　迭代过程窗口

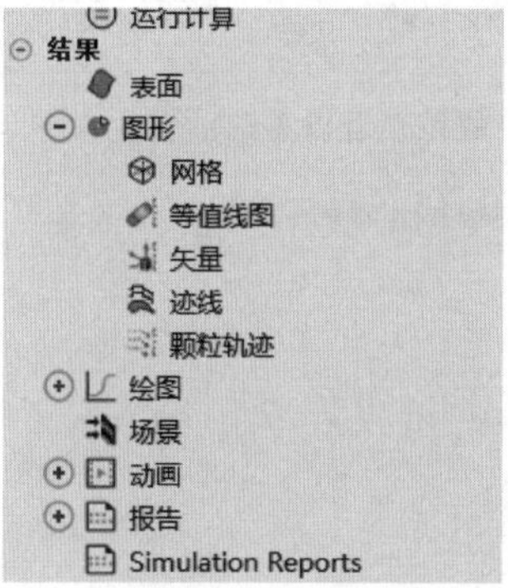

图 6-41　FLUENT 结果节点后处理

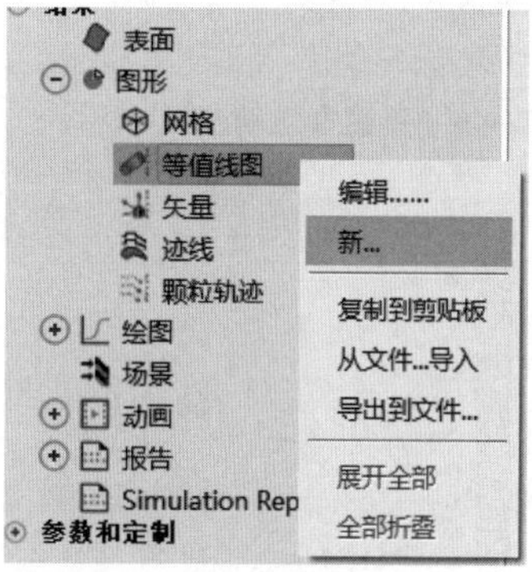

图 6-42　新建等值线图

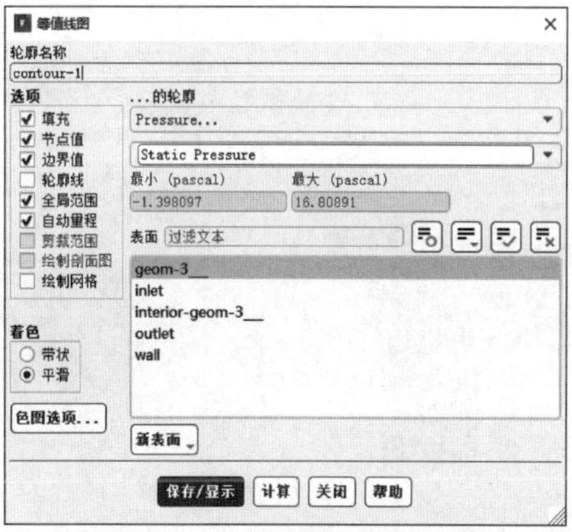

图 6-43　等值线图设置对话框

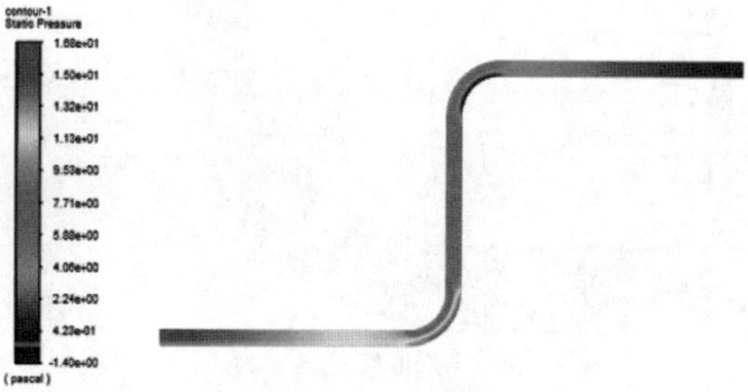

图 6-44　压力云图

由图 6-47 可知，颗粒轨迹线沿流动方向上整体分布比较均匀，在上、下弯头处颗粒由于受离心力的影响出现了向弯管外侧偏移的趋势，因而会对弯管外侧管壁产生一定的作用力，局部作用力情况可由图 6-44 中压力分布情况反映。颗粒在管道内的停留时间长短基本与流体流过管道沿程长度相匹配，但部分颗粒停留时间明显长于其他颗粒，分析认为流体在流经弯管后会在局部产生涡流现象，因而使得部分流体及其携带的颗粒在弯管处停留一定时间，进而增加颗粒在整个流场内的停留时间，如图 6-47（2）、图 6-47（3）所示。

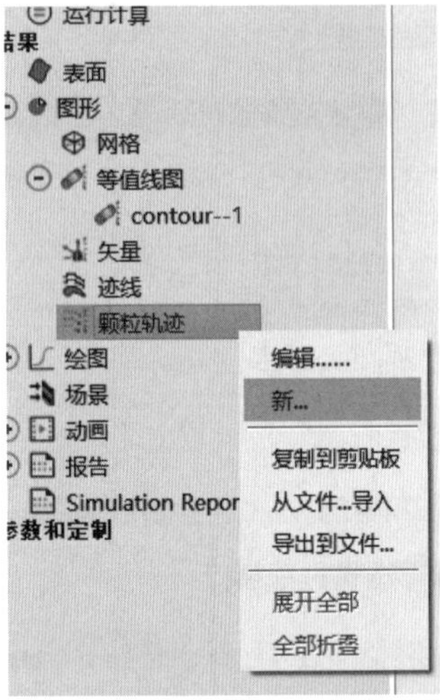

图 6-45　新建颗粒轨迹

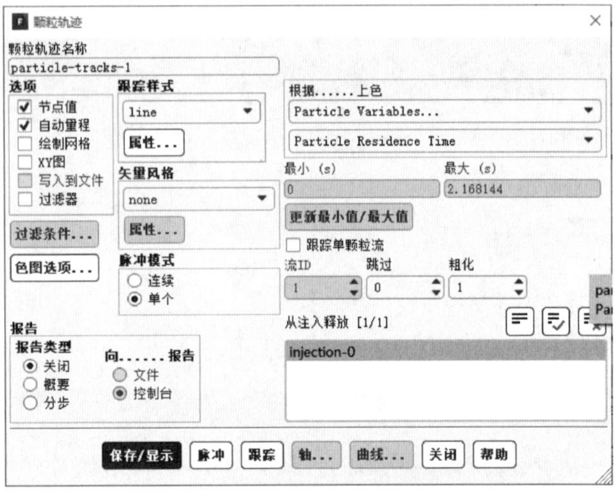

图 6-46　颗粒轨迹设置对话框

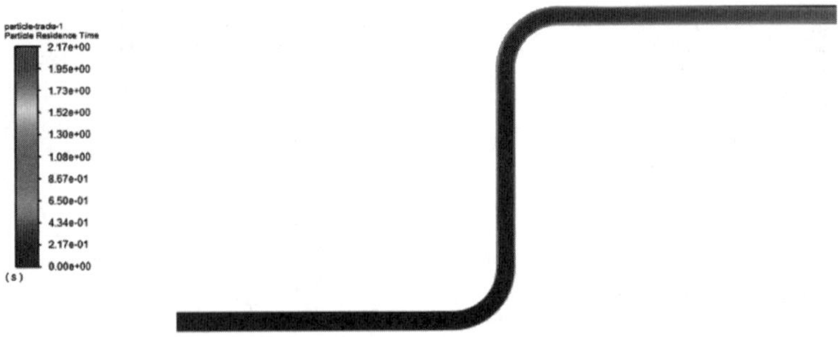

(1) 颗粒轨迹图

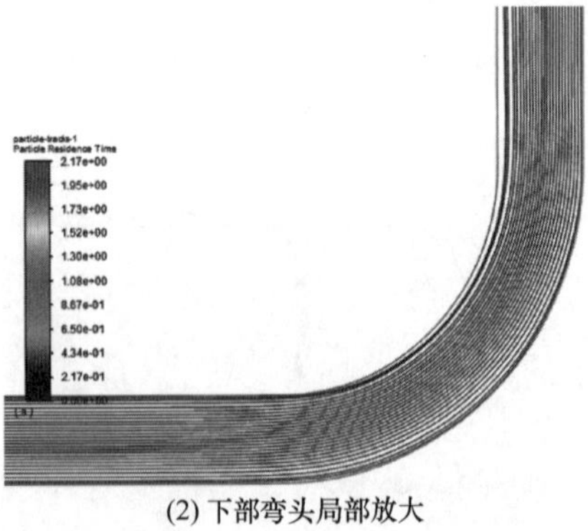

(2) 下部弯头局部放大

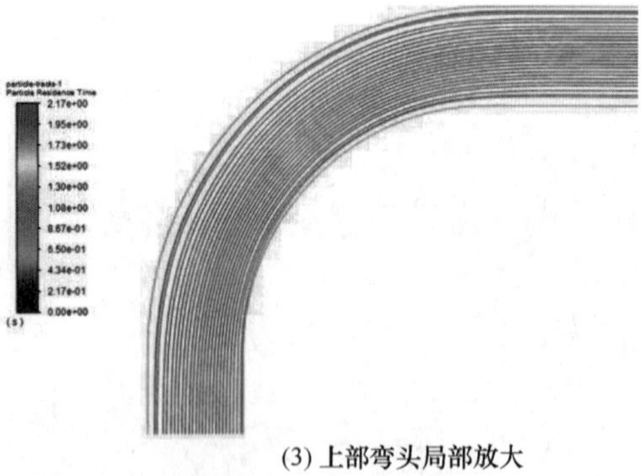

(3) 上部弯头局部放大

图 6-47　颗粒轨迹图

思考题

1. 名词解释

气力输送；气流吸运；气力压运；计算物料量；输送浓度；输送风速。

2. 简述气力输送的类型及其特点。

3. 综述气力输送系统主要设备的作用、类型、结构、工作原理和选用。

(1) 供料器

(2) 卸料器

(3) 风机

(4) 除尘器

4. 简述气力输送中分路阀的作用、应用和选用。

5. 简述悬浮式气力输送的基本原理。

6. 简述低真空气力吸运系统的压损计算方法和步骤。

7. 简述气力输送系统的设计步骤。

8. 根据以下已知条件，绘出风网轴测图，然后进行阻力计算（没有已知的条件自己确定）。

第 8 题 某气力吸运输送风网已知条件

输料管号	物料性质	产量/（kg/h）	S/L/（m/m）	备注
No. 1	粗	3100	21/24	1. 采用诱导式接料器。 2. 下旋 55 型卸料器。 3. 输料管上的弯头曲率半径均取 $R=10D$，弯头后水平管长度 3m。 4. 尾气净化部分：汇集风管和风机之间管道长度为 4.6m，有三个弯头，弯头曲率半径为 D，转角 90°；风机和除尘器之间管道长度为 3.4m，有一个弯头，弯头曲率半径为 D，转角 90°；除尘器排气管道长 3.7m，有一个弯头，弯头曲率半径为 D，转角 90°
No. 2	粗	3100	21/24	
No. 3	粗	2500	21/24	
No. 4	粗	2500	21/24	
No. 5	粗	2050	21/24	
No. 6	粗	2050	21/24	
No. 7	粗	1500	21/24	
No. 8	粗	1500	21/24	
No. 9	粗	1700	21/24	
No. 10	粗	1700	21/24	

9. 气力输送装置输送小麦（吸粮机）。产量为 30t/h，垂直输送高度为 12m，水平输送距离 8m。首先根据本题要求以及气力输送装置的构成绘制吸粮机风网轴测图（没有已知条件的自己确定），然后进行阻力计算并确定吸嘴类型、输料管管径、卸料器、除尘器、风机型号规格和电动机功率等。

10. 面粉气力压运输送装置，输送量为 10t/h，输送距离 50m，其中空气管道上有一个弯头，物料输送管道上有两个弯头。画出气力压运风网轴测图并进行阻力计算（没有已知条件的自己确定）。

11. 简述气固两相流数值模拟的方法、步骤和意义。

CHAPTER 7

第七章 通风除尘与气力输送实验

实验一　认识风网测定中常用仪器

一、实验目的

（1）熟悉毕托管、U 形管压力计、Y-61 型倾斜式微压计、热球风速仪、转速表、钳型电流表等仪器的结构、原理和使用。

（2）熟练掌握风网中静压、动压、全压、风速、风量及风机（电机）的转速、电流等的测量及计算方法。

二、认识和掌握测试仪器的原理、结构和使用方法

（1）标准毕托管；

（2）“S” 型毕托管；

（3）U 形管压力计；

（4）Y-61 型倾斜式微压计；

（5）热球风速仪；

（6）转速表；

（7）钳型电流表。

三、实验步骤

在指定的实验装置通风管道上选择某截面（如 $A—A$ 截面），练习测定静压、动压、全压。

1. 测定 $A—A$ 截面的静压 $H_{静}$

（1）将带刻度的毕托管（如所使用的毕托管不带刻度，要先标注长度）伸进管道中，使全压孔正对气流方向，用软胶管将毕托管的静压端与 U 形管的任一端连接（图 7-1），U 形管压力计中的液柱差即为 $A—A$ 截面的静压。

（2）将 U 形管任一端连接的胶管与管道 *A*—*A* 截面测壁上的静压测孔连接，则该截面上的静压通过胶管传递到 U 形管压力计中，U 形管中的液柱差即为 *A*—*A* 截面的静压（图 7-2）。

2. 测定 *A*—*A* 截面的动压 $H_{动}$

将带刻度的毕托管伸进管道中，使全压孔正对气流方向，用软胶管将毕托管的全压端和静压端分别与 U 形管压力计的两端相连接（图 7-3），则 U 形管压力计中的液柱差即为该断面的动压。按等环截面分环法或一点法放置毕托管在风管断面上的位置，依次测出各点动压，再计算其平均值。

3. 测定 *A*—*A* 截面的全压 $H_{全}$

将带刻度的毕托管伸进管道中，使全压孔正对气流方向，用软胶管将毕托管的全压端与 U 形管压力计的一端相连接（图 7-4），则 U 形管压力计中的液柱差即为该点的全压。按等环截面分环法或一点法测出各点全压，最后计算其平均值。

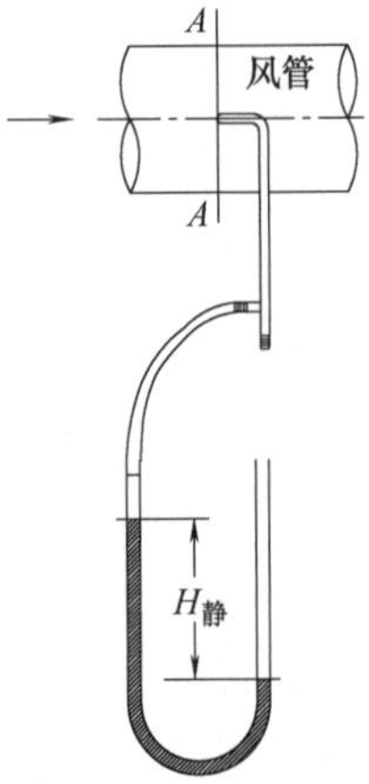

图 7-1　静压测定 1

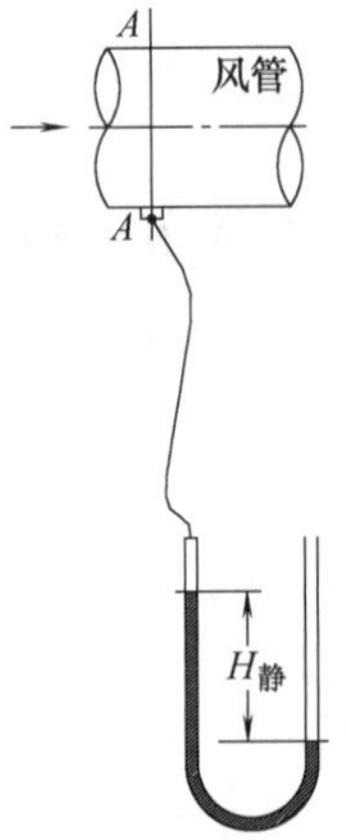

图 7-2　静压测定 2

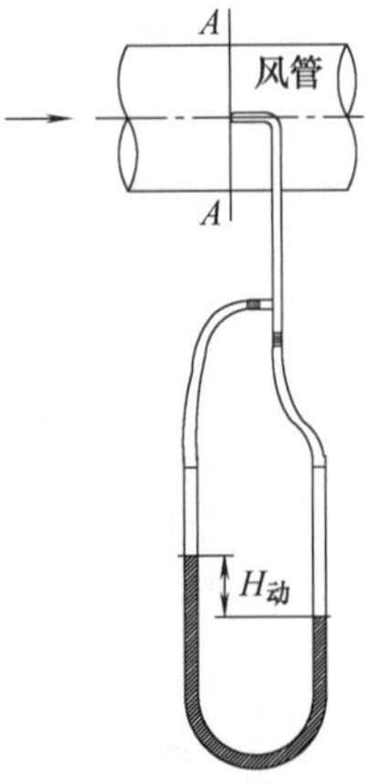

图 7-3　动压测定

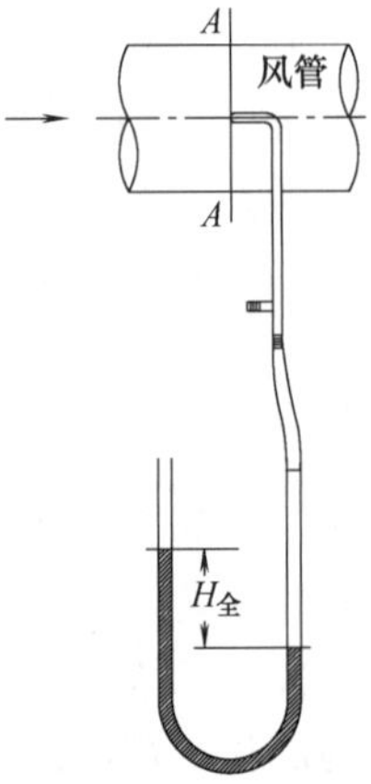

图 7-4　全压测定

4. 计算风速和风量

（1）平均风速

$$V = 1.29\sqrt{H_{动}}$$

式中　V——所选管道断面的平均风速，m/s；

$H_{动}$——所选管道断面上的平均动压，N/m²。

（2）风量计算

$$Q = \frac{\pi}{4}D^2 V \times 3600$$

式中　Q——所选管道断面的风量，m³/h；

D——该截面风管直径，m；

V——所选断面的平均风速，m/s。

5. 转速、电流的测量

用转速表、钳形电流表测出风机的转速、电动机的电流。

四、注意事项

（1）测定时，毕托管与管道壁面保持垂直。

（2）风网运行中，严禁阻挡进风口进风或往风管内投扔杂物。

实验二　直长风管压力分布测定

一、实验目的

（1）测定直长风管沿程静压、动压、全压的分布规律，绘制压力分布图。

（2）掌握通风网路中通风机全压的测定方法。

二、实验装置

直长风管压力分布测定装置如图 7-5 所示。

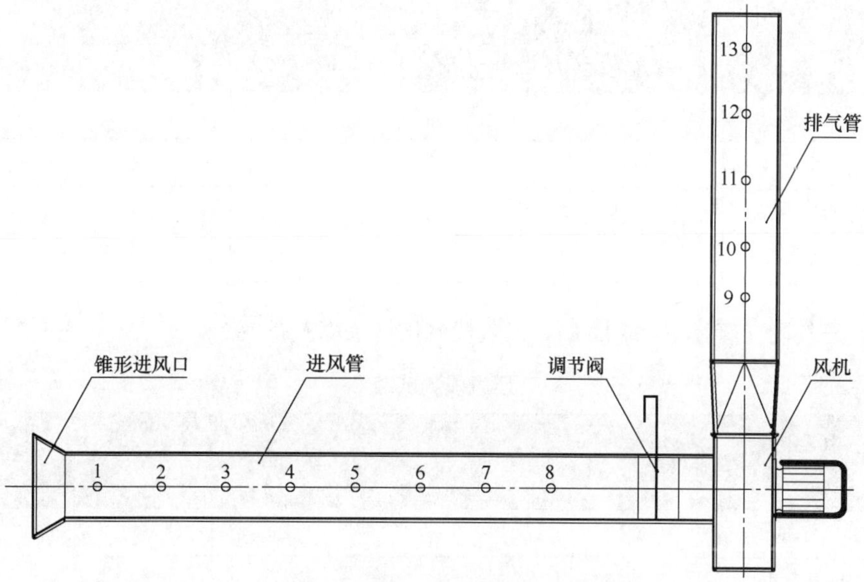

图 7-5　直长风管压力分布测定装置

三、实验基本原理

实际空气管流的能量方程：

$$H_{静1}+H_{动1}=H_{静2}+H_{动2}+H_{损1-2}$$

或

$$H_{全1}=H_{全2}+H_{损1-2}$$

通风管道某截面上的全压、静压和动压的关系：$H_{全}=H_{静}+H_{动}$

由于在通风装置的压气管段上全压、静压为正值，吸气管道上全压、静压为负值，而在

压力计上读数时不分正负数，所以有，

压气段某截面上的全压为：$H_{全}=H_{静}+H_{动}$

吸气段某截面上的全压为：$H_{全}=H_{静}-H_{动}$

风网中通风机的全压为：$H_{风机}=H_{吸全}+H_{压全}$

四、实验步骤

（1）关闭调节阀，启动风机。

（2）待风机运转平稳后，开启调节阀并调节至合适位置，进行测定。

五、注意事项

测定时检测人员不要在风管进风口处来回走动，尽量保持进风口处气流稳定，以提高测试的准确度。

六、实验结果与讨论

（1）吸气段（管径 $D=150$mm） 吸气段测试结果填入表 7-1。

表 7-1 吸气段测试结果

项目	测点							
	1	2	3	4	5	6	7	8
L/m								
$H_{动}$/Pa								
$H_{静}$/Pa								
$H_{全}$/Pa								

（2）压气段（管径 $D=120$mm） 压气段测试结果填入表 7-2。

表 7-2 压气段测试结果

项目	测点				
	9	10	11	12	13
L/m					
$H_{动}$/Pa					
$H_{静}$/Pa					
$H_{全}$/Pa					

（3）风机的风量及全压测定结果

吸气段：平均风速 $V=$ （m/s）；风量：$Q=$ （m^3/h）

压气段：平均风速 $V=$ （m/s）；风量：$Q=$ （m^3/h）

通风机的风量：$Q_{风机}=$ （m^3/h）

通风机的全压：$H_{风机}=$ （Pa）

（4）根据所测数据画出静压、动压、全压的压力分布图。

（5）实验结果分析与讨论。

实验三　离心式通风机空气动力性能实验

一、实验目的

（1）测定离心式通风机在一定转速下的性能，绘出离心式通风机的性能曲线 H-Q、N-Q、η-Q。

（2）分析所测风机性能曲线。

二、实验装置

离心式通风机性能实验装置有三种：①进气实验装置；②排气实验装置；③联合实验装置。对同一台风机，分别用以上三种方法实验，其结果相同。

本实验采用进气实验装置：在通风机进气口连接测试管道，风机出气口开向大气，如图 7-6 所示。

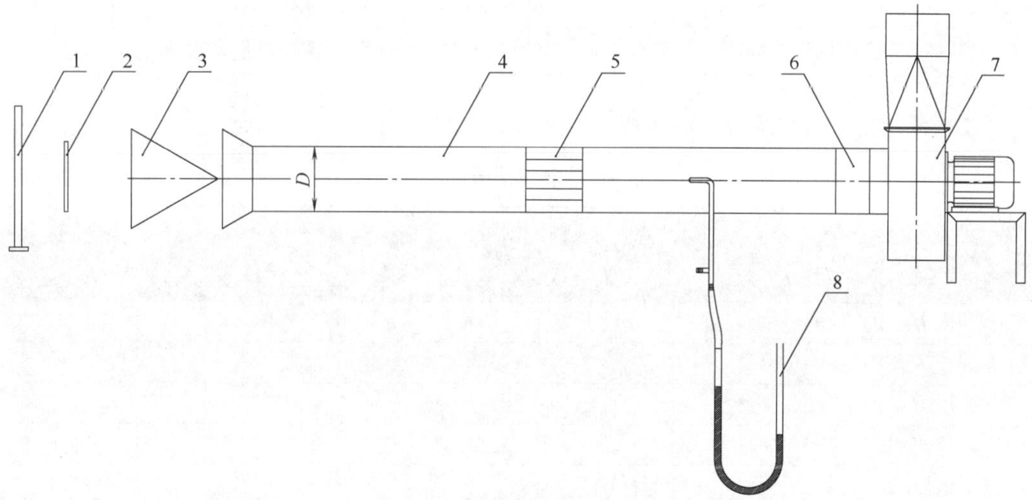

图 7-6　离心式通风机性能实验装置

1—大气压力计；2—温度计；3—节流器；4—实验风管；5—多孔整流器；6—连接管；7—风机；8—测压计

三、仪器设备

毕托管、压力计、转速表、电流表、电压表、功率表、温度计、大气压力计等。

四、实验步骤

（1）记录空气温度、大气压力及离心式通风机和电机的铭牌数据；测量实验管路的直径。

（2）关闭锥形阀，启动风机。

（3）调节锥形阀（12 次左右）以调节风量，记录每一风量下空气的静压、动压和电流、电压、转速及功率因数值。

五、注意事项

（1）压力测量采取等环截面分环法，只在一个方向测量。

（2）功率测量用电测法，即用钳形表（测电压、电流）、功率因数表测量。

（3）风机转速可用电子或机械转速表测量。

六、实验计算表

（1）原始记录　原始记录填入表 7-3。

表 7-3　原始记录

<table>
<tr><td rowspan="6">离心式通风机参数</td><td>型号</td><td></td><td rowspan="3">电动机</td><td>型号</td><td></td></tr>
<tr><td>全压/Pa</td><td></td><td>功率/kW</td><td></td></tr>
<tr><td>风量/(m³/h)</td><td></td><td>转速/(r/min)</td><td></td></tr>
<tr><td>转速/(r/min)</td><td></td><td rowspan="3">实验风管</td><td>直径 D₁/mm</td><td></td></tr>
<tr><td>进风口面积 S₁/m²</td><td></td><td>截面积 S/m²</td><td></td></tr>
<tr><td>出风口面积 S₂/m²</td><td></td><td>测点至风机进口距离/m</td><td></td></tr>
</table>

（2）测定记录　测定记录填入表 7-4。

表 7-4　测定记录

项目	工况											
	1	2	3	4	5	6	7	8	9	10	11	12
动压 $H_{动}$/Pa												
静压 $H_{静}$/Pa												
全压 $H_{全}$/Pa												
电流/A												
电压/V												
转速/(r/min)												
功率因数												
空气温度/℃												
大气压 p/Pa												

七、实验结果与讨论

（1）根据所测数据画出 H-Q、N-Q、η-Q 性能曲线。

（2）实验结果分析与讨论。

实验四　除尘器阻力及阻力系数测定

一、实验目的

（1）了解各种离心式除尘器的构造和工作原理。

（2）测定除尘器的阻力并计算阻力系数。

二、实验装置

除尘器阻力测定装置如图 7-7 所示。

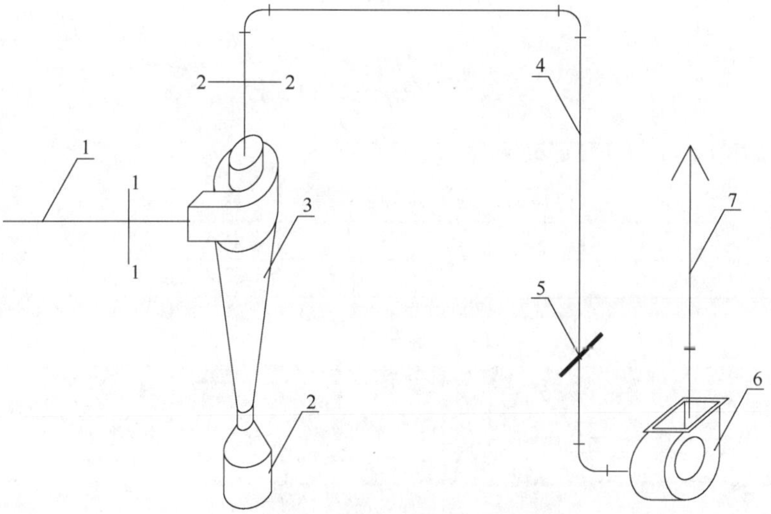

图 7-7　除尘器阻力测定装置

1—进风管；2—灰斗；3—刹克龙；4—刹克龙排风管；5—调节阀；6—风机；7—风机排风管

三、实验基本原理

除尘器的阻力：

$$\Delta H = H_{01} - H_{02}$$

式中　H_{01}——除尘器进口全压，Pa；

H_{02}——除尘器出口全压，Pa。

除尘器阻力系数：

$$\zeta = \frac{\Delta H}{\frac{V_j^2}{2g}\gamma}$$

式中　ΔH——除尘器阻力，Pa；

ζ——除尘器阻力系数；

V_j——除尘器的进口风速，m/s；

γ——空气重度，N/m^3。

四、实验步骤

（1）关闭风机进口阀门，启动风机。

（2）适度开启风阀，待管网运转平稳后开始测定。

（3）测定除尘器出口截面全压、进口截面全压和动压。

（4）用进口截面动压计算出进口截面管道风速，然后换算出除尘器进口处的风速 V_j。

（5）计算阻力及阻力系数。

（6）调节阀每次开启度约总量的 1/3，按步骤测定，共测三组数据。

五、注意事项

测定时请检测人员不要在风管进口处来回走动，尽量保持进风口处气流稳定，以提高测试的准确度。

六、实验结果与讨论

原始记录填入表 7-5，测定记录填入表 7-6。

表 7-5　　离心式通风机和除尘器基本参数

离心式通风机型号		除尘器规格型号	
空气密度/(kg/m^3)		除尘器进口尺寸/mm	

表 7-6　　测定记录

阀门调节次数	进口截面全压/Pa	出口截面全压/Pa	除尘器阻力/Pa	进风管直径/mm	进风管动压/Pa	进气量/(m^3/h)	除尘器进口风速/(m/s)	除尘器阻力系数
1								
2								
3								

实验五　颗粒状物料悬浮速度的测定

一、实验目的

（1）观察物料在管道内的运动状态，分析影响颗粒悬浮速度的因素。

（2）掌握颗粒物料悬浮速度的测定方法和计算方法。

二、实验装置

悬浮速度测定装置如图 7-8 所示。

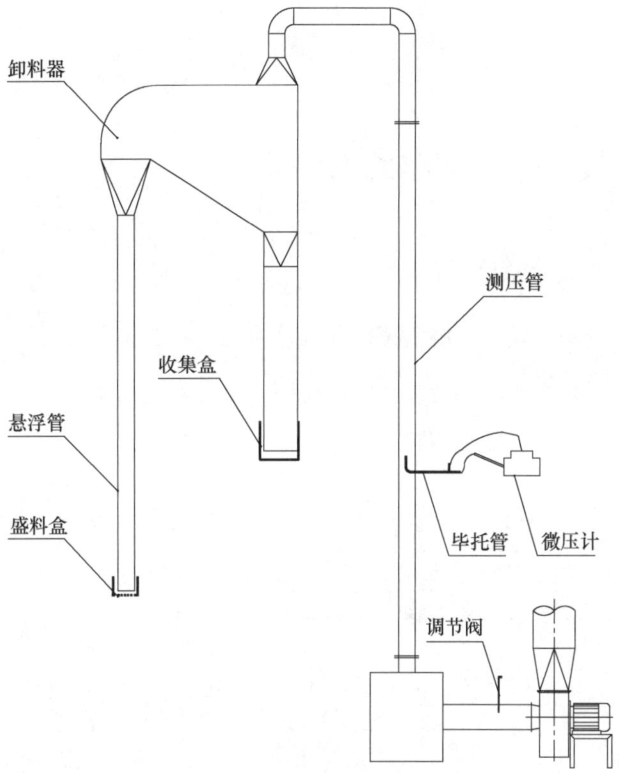

图 7-8　悬浮速度测定装置

三、仪器设备

毕托管、Y-61 型倾斜式微压计等。

四、实验基本原理

测出物料颗粒悬浮时管道中气流的动压，然后计算所得的气流速度即是物料颗粒的悬浮速度。

悬浮速度按下式计算：

$$u_f = 1.29\sqrt{H_{动}}$$

式中　u_f——物料颗粒的悬浮速度，m/s；

$H_{动}$——所测断面上空气流动的平均动压，Pa。

五、实验步骤

（1）关闭风机进口风阀，启动电机。待风机运转平稳后，开始进行测定。

（2）先把所测物料放在底部为多孔板的盛料盒内，将盛料盒固定到吸气管口上。

（3）逐渐开启调节阀。在调节风阀的同时观看物料的运动状态。

（4）当物料在悬浮管段内呈悬浮状态时，保持风阀位置不动，记录测压计的读数。

（5）计算所测颗粒物料的悬浮速度。

（6）重复（2）~（5）步骤两次，计算颗粒悬浮速度，得到颗粒物料的悬浮速度范围。

六、注意事项

（1）启动风机前，先调整好倾斜式微压计。

（2）测定时，风阀开关要缓慢。

七、实验结果与讨论

（1）测定结果　测定结果填入表 7-7。

表 7-7　　测定结果

项目	小麦			玉米			稻谷		
	1	2	3	1	2	3	1	2	3
动压/Pa									
悬浮速度/(m/s)									

（2）分析与讨论。

实验六　气力输送网路综合测定

一、实验目的

（1）认识粮食加工厂气力输送装置的形式，了解主要设备的性能。

（2）测量各输料管参数并进行网路分析。

二、实验装置

气力输送测定装置如图 7-9 所示。

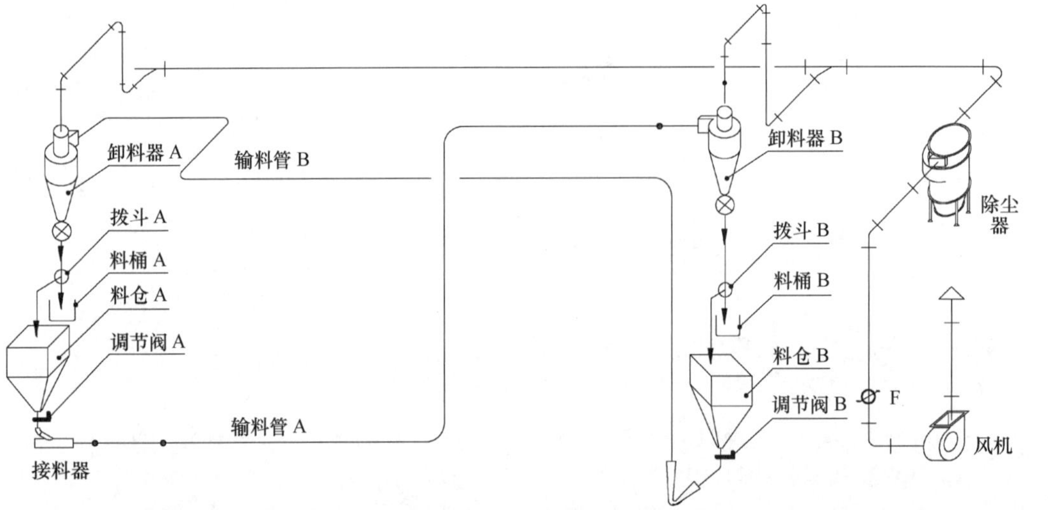

图 7-9　气力输送测定装置

三、仪器设备

毕托管、U 形压力计、Y-61 型微压计、热球风速仪、转速表、钳型电流表、秒表、计量秤等。

四、实验内容

利用具有一定压力和速度的气流在管道内输送物料的装置即气力输送。测量实验装置中指定断面的全压、动压，以及测定一定时间内被输送的物料量，通过计算风速、风量、输送产量、输送浓度以及除尘器、风机设备等参数，分析气力输送网路的主要参数和性能指标。

五、实验步骤

（1）认识和检查实验装置。

(2) 按顺序开启卸料器的闭风器、脉冲除尘器，然后关闭风机进口总风阀，启动风机。风机运转正常后，开启总风阀。

(3) 同时开启料仓 A、料仓 B 下的调节阀 A、调节阀 B，调节到合适的输送量。

(4) 风网运行正常、稳定后，开始测定。

① 测接料器的阻力：在接料器的出口处测全压即为 $H_{接}$；

② 测卸料器的阻力：在卸料器的进口和出口处测全压，其压差即为 $H_{卸}$；

③ 测除尘器的阻力：在除尘器进口和出口处测全压，其压差即为 $H_{除}$；

④ 测各输料管的风速：实测各输料管的动压（可用一点法测量）；

⑤ 测输料管的实际输料量：在卸料器的出料口下端接料，计时，称重，计算输送产量、输送浓度；

⑥ 测离心式通风机的全压、风量、转速、电压、电流等。

a. 风机全压：即吸入段全压与压出段全压绝对值之和；

b. 风机风量：用等环截面法测风机进风管的动压 H_d；

c. 风机转速：用数字或机械式转速表测量；

d. 电压、电流测量：在电压表上读出电压、用钳形电流表测量电流。

(5) 以上各项测定完毕后，先关闭料仓下的调节阀门停止供料，再依次关停风机、除尘器、闭风器等。

六、实验计算

(1) 计算平均风速

$$V = 1.29\sqrt{H_{动}}$$

式中　V——所选管道断面的平均风速，m/s；

$H_{动}$——该断面上的动压，N/m^2。

(2) 计算风量

$$Q = \frac{\pi}{4}D^2 V \times 3600$$

式中　Q——所选管道断面的风量，m^3/h；

D——该截面风管直径，m；

V——所选断面的平均风速，m/s。

(3) 计算输送产量和输送浓度

$$G_s = \frac{\Delta G}{t} \times 3600$$

$$\mu = \frac{G_s}{Q\rho}$$

式中　G_s——输送产量，kg/h；

ΔG——料筒所接物料质量，kg；

t——料筒接料时间，s；

μ——输送浓度，kg/kg；

ρ——空气密度，kg/m^3；

Q——输料管内风量，m^3/h。

七、注意事项

（1）为避免管道漏风，测定时应将其他测孔用胶带贴住。

（2）气力输送运行时，随时观察输料管内物料的输送状态，发生堵塞时，及时关闭料箱排料管上的调节阀。

（3）每根输料管的流量调好后，卸料器后的支管空气阀门应固定。

八、实验结果

原始记录及计算结果填入表 7-8。

表 7-8　　原始记录及计算表

<table>
<tr><th colspan="3">各种参数</th><th colspan="2">输料管 A</th><th colspan="2">输料管 B</th><th colspan="4">除尘器和风机</th></tr>
<tr><td colspan="3">管径 D/mm</td><td colspan="2"></td><td colspan="2"></td><td colspan="3">除尘器型式</td><td></td></tr>
<tr><td colspan="3">接料器型式</td><td colspan="2"></td><td colspan="2"></td><td colspan="3">进口风量</td><td></td></tr>
<tr><td colspan="3">全压 $H_{o接}$</td><td colspan="2"></td><td colspan="2"></td><td colspan="3">过滤面积</td><td></td></tr>
<tr><td colspan="3">动压 $H_{d料}$</td><td colspan="2"></td><td colspan="2"></td><td rowspan="2">全压</td><td colspan="2">进口 $H_{o进}$/Pa</td><td></td></tr>
<tr><td colspan="3">阻力系数 $\zeta_{接}$</td><td colspan="2"></td><td colspan="2"></td><td colspan="2">出口 $H_{o出}$/Pa</td><td></td></tr>
<tr><td colspan="3">输料管风速 V/(m/s)</td><td colspan="2"></td><td colspan="2"></td><td colspan="3">除尘器阻力 $H_{剥}$/Pa</td><td></td></tr>
<tr><td colspan="3">输料管风量 Q/(m^3/h)</td><td colspan="2"></td><td colspan="2"></td><td colspan="3">过滤风速/(m/min)</td><td></td></tr>
<tr><td rowspan="4">接料</td><td rowspan="2">1</td><td>时间 t_1/s</td><td></td><td rowspan="4"></td><td></td><td rowspan="4"></td><td colspan="3">风机进口管径 $d_{进}$/mm</td><td></td></tr>
<tr><td>重量 G_1/kg</td><td></td><td></td><td colspan="3">风机进口管道动压 H_d/Pa</td><td></td></tr>
<tr><td rowspan="2">2</td><td>时间 t_2/s</td><td></td><td></td><td colspan="3">风机进口管道风速 $V_{进}$</td><td></td></tr>
<tr><td>重量 G_2/kg</td><td></td><td></td><td colspan="3">风量 $Q_{进}$/(m^3/h)</td><td></td></tr>
<tr><td colspan="3">平均输料量 G_s/(kg/h)</td><td colspan="2"></td><td colspan="2"></td><td colspan="3">风机进口全压 H_o/Pa</td><td></td></tr>
<tr><td colspan="3">输送浓度 μ/(kg/kg)</td><td colspan="2"></td><td colspan="2"></td><td colspan="3">风机出口全压 H_o/Pa</td><td></td></tr>
<tr><td colspan="3">卸料器型式</td><td colspan="2"></td><td colspan="2"></td><td colspan="3">风机全压 $H_{风机}$/Pa</td><td></td></tr>
<tr><td rowspan="2">全压</td><td colspan="2">进口 $H_{o进}$/Pa</td><td colspan="2"></td><td colspan="2"></td><td colspan="3">风机转速 n/(r/min)</td><td></td></tr>
<tr><td colspan="2">出口 $H_{o出}$/Pa</td><td colspan="2"></td><td colspan="2"></td><td colspan="3">电机功率/kW</td><td></td></tr>
<tr><td colspan="3">卸料器阻力 $H_{卸}$/Pa</td><td colspan="2"></td><td colspan="2"></td><td colspan="3">传动形式</td><td></td></tr>
<tr><td colspan="3">阻力系数 $\zeta_{卸}$</td><td colspan="2"></td><td colspan="2"></td><td colspan="3">电压 E/V</td><td></td></tr>
<tr><td colspan="3">出风口直径 $D_{出}$/mm</td><td colspan="2"></td><td colspan="2"></td><td colspan="2" rowspan="3">电流/A</td><td>1</td><td></td></tr>
<tr><td colspan="3">出口动压 $H_{d出}$/Pa</td><td colspan="2"></td><td colspan="2"></td><td>2</td><td></td></tr>
<tr><td colspan="3">出风口风量 $Q_{出}$/(m^3/h)</td><td colspan="2"></td><td colspan="2"></td><td>3</td><td></td></tr>
<tr><td colspan="3">漏风量 $Q_{漏}$/(m^3/h)</td><td colspan="2"></td><td colspan="2"></td><td colspan="2"></td><td></td><td></td></tr>
</table>

APPENDIX

附录

附录一　除尘风管计算表

一、以 λ/d 值表示的除尘风管计算表

动压/(kg/m²)	风速/(m/s)	外径 D/(mm)								
		80	90	100	110	120	130	140	150	160
3. 92	8. 0	134 0. 350	171 0. 300	213 0. 261	259 0. 231	310 0. 206	365 0. 186	425 0. 169	489 0. 155	558 0. 143
4. 43	8. 5	142 0. 348	182 0. 298	226 0. 260	275 0. 229	329 0. 205	388 0. 185	451 0. 168	519 0. 154	592 0. 142
4. 96	9. 0	151 0. 345	193 0. 296	239 0. 258	291 0. 228	348 0. 204	410 0. 184	478 0. 167	550 0. 153	627 0. 141
5. 53	9. 5	159 0. 344	203 0. 294	253 0. 257	308 0. 227	368 0. 203	433 0. 183	504 0. 166	580 0. 152	662 0. 140
6. 12	10. 0	168 0. 342	214 0. 293	266 0. 255	324 0. 226	387 0. 202	456 0. 182	531 0. 166	611 0. 152	697 0. 140
6. 75	10. 5	176 0. 340	225 0. 291	279 0. 254	340 0. 225	406 0. 201	479 0. 181	557 0. 165	642 0. 151	732 0. 139
7. 41	11. 0	184 0. 339	235 0. 290	293 0. 253	356 0. 224	426 0. 200	502 0. 180	584 0. 164	672 0. 150	767 0. 138
8. 10	11. 5	193 0. 337	246 0. 289	306 0. 252	372 0. 223	445 0. 199	524 0. 180	610 0. 163	703 0. 150	801 0. 138
8. 82	12. 0	201 0. 336	257 0. 288	319 0. 251	388 0. 222	464 0. 198	547 0. 179	637 0. 163	733 0. 149	836 0. 137

续表

动压/（kg/m²）	风速/（m/s）	外径 D/（mm）								
		80	90	100	110	120	130	140	150	160
9.57	12.5	210 0.335	268 0.287	333 0.250	405 0.221	484 0.198	570 0.178	663 0.162	764 0.149	871 0.137
10.35	13.0	218 0.334	278 0.286	346 0.249	421 0.220	503 0.197	593 0.178	690 0.162	794 0.148	906 0.136
11.16	13.5	226 0.333	289 0.285	359 0.249	437 0.220	523 0.196	616 0.177	710 0.161	825 0.148	941 0.136
12.01	14.0	235 0.332	300 0.284	372 0.248	453 0.219	542 0.196	638 0.177	743 0.161	855 0.147	976 0.136
12.88	14.5	243 0.331	310 0.284	386 0.247	469 0.219	561 0.195	661 0.176	769 0.160	886 0.147	1011 0.135
13.78	15.0	251 0.330	321 0.283	399 0.247	486 0.218	581 0.195	684 0.176	796 0.160	916 0.147	1045 0.135
14.72	15.5	260 0.329	332 0.282	412 0.246	502 0.217	600 0.194	707 0.175	823 0.160	947 0.146	1080 0.135
15.68	16.0	268 0.328	342 0.281	426 0.245	518 0.217	619 0.194	730 0.175	849 0.159	978 0.146	1115 0.134
16.68	16.5	277 0.328	353 0.281	439 0.245	534 0.216	639 0.194	752 0.175	876 0.159	1008 0.146	1150 0.134
17.70	17.0	285 0.327	364 0.280	452 0.244	550 0.216	658 0.193	775 0.174	902 0.159	1039 0.145	1185 0.134
18.76	17.5	293 0.326	375 0.280	466 0.244	566 0.216	677 0.193	798 0.174	929 0.158	1069 0.145	1220 0.134
19.85	18.0	302 0.326	385 0.279	479 0.243	583 0.215	697 0.192	821 0.174	955 0.158	1100 0.145	1254 0.133
20.96	18.5	310 0.325	396 0.279	492 0.243	599 0.215	716 0.192	844 0.173	982 0.158	1130 0.144	1289 0.133
22.11	19.0	319 0.325	407 0.278	505 0.243	615 0.214	735 0.192	866 0.173	1008 0.157	1161 0.144	1324 0.133
23.29	19.5	327 0.324	417 0.278	519 0.242	631 0.214	755 0.191	889 0.173	1035 0.157	1191 0.144	1359 0.133

动压/（kg/m²）	风速/（m/s）	外径 D/（mm）								
		170	180	190	200	210	220	240	250	260
3.92	8.0	631 0.132	709 0.123	791 0.115	878 0.108	969 0.101	1065 0.0956	1271 0.0857	1380 0.0158	1494 0.0707
4.43	8.5	670 0.131	753 0.122	840 0.114	933 0.107	1030 0.101	1132 0.0950	1350 0.0852	1466 0.0808	1587 0.0771

续表

动压/(kg/m^2)	风速/(m/s)	外径 *D*/(mm)								
		170	180	190	200	210	220	240	250	260
4.96	9.0	710 0.131	797 0.122	890 0.114	988 0.106	1090 0.100	1198 0.0944	1429 0.0847	1552 0.0805	1681 0.0766
5.53	9.5	749 0.130	842 0.121	939 0.113	1042 0.106	1151 0.0996	1265 0.0939	1509 0.0842	1639 0.0801	1774 0.0762
6.12	10.0	789 0.129	886 0.120	989 0.112	1097 0.105	1212 0.0991	1331 0.0935	1588 0.0838	1725 0.0979	1867 0.0759
6.75	10.5	828 0.129	930 0.120	1038 0.112	1152 0.105	1272 0.0987	1398 0.0931	1668 0.0835	1881 0.0793	1961 0.0755
7.41	11.0	867 0.128	974 0.119	1088 0.111	1207 0.104	1333 0.0982	1465 0.0927	1747 0.0831	1897 0.0790	2054 0.0752
8.10	11.5	907 0.128	1019 0.119	1137 0.111	1262 0.104	1393 0.0979	1531 0.0923	1826 0.0828	1984 0.0787	2148 0.0749
8.82	12.0	946 0.127	1063 0.118	1187 0.111	1317 0.104	1454 0.0975	1598 0.0920	1906 0.0825	2070 0.0784	2241 00747
9.57	12.5	986 0.127	1107 0.118	1236 0.110	1372 0.103	1514 0.0972	1664 0.0917	1985 0.0822	2156 0.0781	2334 0.0744
10.35	13.0	1025 0.126	1152 0.118	1285 0.110	1426 0.103	1575 0.0969	1731 0.0914	2065 0.0820	2242 0.0779	2428 0.0742
11.16	13.5	1065 0.126	1196 0.117	1335 0.110	1481 0.103	1636 0.0966	1797 0.0911	2144 0.0817	2329 0.0777	2521 0.0740
12.01	14.0	1104 0.126	1240 0.117	1384 0.109	1536 0.102	1696 0.0963	1864 0.0909	2223 0.0815	2415 0.0775	2614 0.0738
12.88	14.5	1143 0.125	1284 0.117	1434 0.109	1591 0.102	1757 0.0961	1931 0.0907	2287 0.0813	2484 0.0773	2708 0.0736
13.78	15.0	1183 0.125	1329 0.116	1483 0.109	1646 0.102	1817 0.0958	1997 0.0904	2382 0.0811	2587 0.0771	2801 0.0734
14.72	15.5	1222 0.125	1373 0.116	1533 0.108	1701 0.102	1878 0.0956	2064 0.0902	2462 0.0809	2674 0.0769	2895 0.0732
15.68	16.0	1262 0.124	1417 0.116	1582 0.108	1756 0.101	1938 0.0954	2130 0.0900	2541 0.0807	2760 0.0767	2988 0.0731
16.68	16.5	1301 0.124	1462 0.116	1631 0.108	1811 0.101	1999 0.0952	2197 0.0898	2620 0.0806	2846 0.0766	3081 0.0729
17.70	17.0	1341 0.124	1506 0.115	1681 0.108	1865 0.101	2060 0.0950	2263 0.0896	2700 0.0804	2932 0.0764	3175 0.0728
18.76	17.5	1380 0.124	1550 0.115	1730 0.108	1920 0.0948	2330 0.0895	2779 0.0802	3019 0.0763	3268 0.0726	3796 0.0662

续表

动压/（kg/m²）	风速/（m/s）	外径 D/（mm）								
		170	180	190	200	210	220	240	250	260
19. 85	18. 0	1419 0. 123	1594 0. 115	1780 0. 107	1975 0. 101	2181 0. 0946	2397 0. 0893	2859 0. 0801	3105 0. 0761	3361 0. 0725
20. 96	18. 5	1459 0. 123	1639 0. 115	1829 0. 107	2030 0. 100	2241 0. 0945	2463 0. 0891	2938 0. 0800	3191 0. 0760	3455 0. 0724
22. 11	19. 0	1498 0. 123	1683 0. 114	1879 0. 107	2085 0. 100	2302 0. 0943	2530 0. 0943	2530 0. 0890	3017 0. 0798	3277 0. 0759
23. 29	19. 5	1538 0. 123	1727 0. 114	1928 0. 107	2140 0. 100	2362 0. 0942	2596 0. 0888	3097 0. 0797	3364 0. 0757	3642 0. 0721

动压/（kg/m²）	风速/（m/s）	外径 D/（mm）								
		280	300	320	340	360	380	400	420	450
3. 92	8. 0	1736 0. 0707	1995 0. 0649	2273 0. 0599	2569 0. 0556	2883 0. 0518	3215 0. 0485	3565 0. 0455	3933 0. 0428	4520 0. 0394
4. 43	8. 5	1844 0. 0703	2120 0. 0645	2415 0. 0592	2729 0. 0553	3063 0. 0515	3416 0. 0482	3788 0. 0452	4179 0. 0626	4802 0. 0398
4. 96	9. 0	1953 0. 0699	2245 0. 0642	2557 0. 0592	2890 0. 0549	3243 0. 0512	3617 0. 0479	4011 0. 0450	4425 0. 0423	5085 0. 0390
5. 53	9. 5	2061 0. 0695	2369 0. 0638	2700 0. 0589	3051 0. 0547	3423 0. 0509	3818 0. 0476	4233 0. 0447	4671 0. 0421	5367 0. 0387
6. 12	10. 0	2169 0. 0692	2494 0. 0635	2841 0. 0586	3211 0. 0544	3604 0. 0507	4019 0. 0474	4456 0. 0445	4917 0. 0149	5649 0. 0385
6. 75	10. 5	2278 0. 0689	2619 0. 0632	2983 0. 0584	3372 0. 0542	3784 0. 0505	4220 0. 0472	4679 0. 0443	5162 0. 0417	5932 0. 0384
7. 41	11. 0	2386 0. 0868	2743 0. 0630	3125 0. 0581	3532 0. 0539	3964 0. 0503	4420 0. 0470	4902 0. 0441	5408 0. 0416	6214 0. 0382
8. 10	11. 5	2495 0. 0683	2868 0. 0627	3267 0. 0579	3693 0. 0537	4144 0. 0501	4621 0. 0468	5125 0. 0440	5654 0. 0414	6497 0. 0381
8. 82	12. 0	2603 0. 0681	2993 0. 0625	3409 0. 0577	3853 0. 0535	4324 0. 0499	4822 0. 0467	5348 0. 0438	5900 0. 0413	6779 0. 0379
9. 57	12. 5	2712 0. 0679	3112 0. 0623	3552 0. 0575	4014 0. 0534	4504 0. 0497	5023 0. 0465	5570 0. 0437	6146 0. 0411	7062 0. 0378
10. 35	13. 0	2820 0. 0677	3242 0. 0621	3694 0. 0573	4174 0. 0532	4685 0. 0496	5224 0. 0464	5793 0. 0436	6392 0. 0410	7344 0. 0377
11. 16	13. 5	2929 0. 0675	3367 0. 0619	3836 0. 0572	4335 0. 0530	4865 0. 0494	5425 0. 0463	6016 0. 0434	6637 0. 0409	7627 0. 0376
12. 01	14. 0	3037 0. 0673	3492 0. 0618	3978 0. 0570	4496 0. 0529	5045 0. 0493	5626 0. 0461	6239 0. 0433	6883 0. 0408	7909 0. 0375

续表

动压/（kg/m²）	风速/（m/s）	外径 *D*/（mm）								
		280	300	320	340	360	380	400	420	450
12.88	14.5	3116 0.0671	3616 0.0616	4120 0.0569	4656 0.0528	5225 0.0492	5827 0.0460	6462 0.0432	7129 0.0407	8192 0.0374
13.78	15.0	3254 0.0669	3741 0.0614	4262 0.0567	4817 0.0526	5405 0.0491	6028 0.0459	6684 0.0431	7375 0.0406	8474 0.0373
14.72	15.5	3363 0.0668	3866 0.0613	4404 0.0566	4977 0.0525	5585 0.0489	6229 0.0458	6907 0.0430	7621 0.0405	8757 0.0372
15.68	16.0	3471 0.0666	3990 0.0612	4546 0.0565	5138 0.0524	5766 0.0488	6430 0.0457	7130 0.0429	7867 0.0404	9039 0.0371
16.68	16.5	3580 0.0665	4115 0.0610	4688 0.0654	5298 0.0523	5946 0.0487	6631 0.0456	7353 0.0428	8012 0.0403	9322 0.0371
17.70	17.0	3688 0.0664	4240 0.0609	4830 0.0562	5459 0.0522	6126 0.0486	6832 0.0455	7576 0.0427	8358 0.0402	9604 0.0370
18.76	17.5	3796 0.0662	4365 0.0608	4972 0.0561	5619 0.0521	6306 0.0485	7033 0.0454	7799 0.0426	8604 0.0402	9887 0.0369
19.85	18.0	3905 0.0661	4489 0.0607	5114 0.0560	5780 0.0520	6486 0.0485	7233 0.0453	8021 0.0426	8850 0.0401	10170 0.0368
20.96	18.5	4014 0.0660	4614 0.0606	5256 0.0559	5941 0.0519	6667 0.0484	7434 0.0453	8244 0.0425	9096 0.0400	10450 0.0368
22.11	19.0	4122 0.0659	4739 0.0605	5398 0.0559	6101 0.0518	6847 0.0483	7635 0.0452	8467 0.0424	9342 0.0400	10730 0.0367
23.29	19.5	4230 0.0658	4863 0.0604	5540 0.0558	6262 0.0517	7027 0.0482	7836 0.0451	8690 0.0424	9587 0.0399	11020 0.0367

动压/（kg/m²）	风速/（m/s）	外径 *D*/（mm）								
		480	500	530	560	600				
3.92	8.0	5147 0.0364	5587 0.0346	6528 0.0323	6992 0.0302	8035 0.0278				
4.43	8.5	5468 0.0362	5936 0.0344	6649 0.0321	7430 0.0300	8537 0.0276				
4.96	9.0	5790 0.0360	6286 0.0342	7041 0.0319	7867 0.0298	9039 0.0274				
5.53	9.5	6112 0.0358	6635 0.0340	7432 0.0318	8304 0.0297	9541 0.0273				
6.12	10.0	6433 0.0356	6984 0.0339	7823 0.0316	8741 0.0296	10040 0.0272				
6.75	10.5	6755 0.0354	7333 0.0337	8214 0.0315	9178 0.0294	10550 0.0271				

续表

动压/（kg/m²）	风速/（m/s）	外径 D/（mm）								
		480	500	530	560	600				
7.41	11.0	7077 0.0353	7682 0.0336	8605 0.0313	9615 0.0293	11050 0.0269				
8.10	11.5	7398 0.0352	8032 0.0335	8996 0.0312	10050 0.0292	11550 0.0268				
8.82	12.0	7720 0.0350	8381 0.0333	9387 0.0311	10490 0.0291	12050 0.0268				
9.57	12.5	8042 0.0349	8730 0.0332	9779 0.0310	10930 0.0290	12550 0.0267				
10.35	13.0	8368 0.0348	9079 0.0331	10170 0.0309	11360 0.0289	13060 0.0266				
11.16	13.5	8685 0.0347	9428 0.0330	10560 0.0308	11800 0.0288	13560 0.0265				
12.01	14.0	9007 0.0346	9778 0.0329	10950 0.0308	12240 0.0288	14060 0.0264				
12.88	14.5	9328 0.0345	10130 0.0329	11340 0.0307	12670 0.0287	14560 0.0264				
13.78	15.0	9650 0.0345	10480 0.0328	11730 0.0306	13110 0.0286	15070 0.0263				
14.72	15.5	9972 0.0344	10830 0.0327	12130 0.0305	13550 0.0286	15570 0.0261				
15.68	16.0	10290 0.0342	11170 0.0326	12520 0.0305	13980 0.0285	16070 0.0262				
16.68	16.5	10610 0.0342	11520 0.0326	12910 0.0304	14420 0.0284	16570 0.0261				
17.70	17.0	10940 0.0342	11870 0.0325	13300 0.0303	14860 0.0284	17070 0.0260				
18.76	17.5	11260 0.0341	12220 0.0325	13690 0.0303	15300 0.0283	17580 0.0260				
19.85	18.0	11580 0.0640	12570 0.0324	14080 0.0302	15730 0.0283	18080 0.0260				
20.96	18.5	11900 0.0340	12920 0.0323	14470 0.0302	16170 0.0282	18580 0.0260				
22.11	19.0	12220 0.0339	13270 0.0323	14860 0.0301	16610 0.0282	19080 0.0259				
23.29	19.5	12540 0.0339	13620 0.0322	15250 0.0301	17040 0.0281	19580 0.0259				

注：① 表中：上行——风量（m^3/h）；下行——λ/d，d——内径。摘自《全国通用通风管道计算表》，中国建筑工业出版社，1977。

② 表中风管外径 $D \leqslant 500$mm 时，壁厚为 $\sigma = 1.5$mm；$D > 500$mm 时，壁厚为 $\sigma = 2.0$mm。

二、以单位摩阻 *R* 值表示的除尘风管计算表

动压/(kg/m^2)	速度/(m/s)	管径/mm												
		100	115	130	140	150	165	195	215	235	265	285	320	375
		1	2	3	4	5	6	7	8	9	10	11	12	13
14.14	15.2	430 2.77	570 2.33	725 2.01	840 1.84	965 1.70	1170 1.51	1630 1.24	1990 1.10	2370 0.995	3020 0.861	3490 0.791	4400 0.690	6040 0.571
14.51	15.4	435 2.83	575 2.38	735 2.06	855 1.88	980 1.74	1180 1.55	1650 1.27	2010 1.13	2400 1.02	3060 0.810	3530 0.810	4460 0.706	6120 0.585
14.89	15.6	440 2.89	585 2.44	745 2.10	865 1.98	990 1.78	1200 1.59	1680 1.30	2040 1.16	2430 1.04	3100 0.901	3580 0.830	4510 0.723	6200 0.600
15.28	15.8	445 2.95	590 2.50	755 2.15	875 1.97	1000 1.82	1220 1.62	1700 1.33	2060 1.19	2470 1.07	3140 0.923	3630 0.850	4570 0.740	6280 0.614
15.67	16.0	450 3.02	600 2.56	765 2.20	885 1.02	1020 1.86	1230 1.66	1720 1.36	2090 1.21	2500 1.09	3180 0.945	3670 0.870	4630 0.757	6360 0.628
16.06	16.2	460 3.09	605 2.61	775 2.26	895 2.06	1030 1.90	1250 1.70	1740 1.39	2120 1.24	2530 1.12	3210 0.966	3720 0.890	4690 0.774	6440 0.642
16.46	16.4	465 3.16	615 2.67	785 2.31	910 2.11	1040 1.95	1260 1.74	1760 1.42	2140 1.27	2560 1.14	3250 0.985	3760 0.870	4750 0.791	6520 0.656
16.87	16.6	470 3.22	620 2.73	795 2.36	920 2.16	1060 1.99	1280 1.78	1780 1.46	2170 1.30	2590 1.17	3290 1.01	3810 0.930	4800 0.809	6600 0.671
17.27	16.8	475 3.29	630 2.79	800 2.41	930 2.20	1070 2.03	1290 1.81	1810 1.49	2190 1.32	2620 1.19	3330 1.03	3860 0.950	4860 0.827	6680 0.685
17.69	17.0	480 3.37	635 2.85	810 2.46	940 2.25	1080 2.08	1310 1.85	1830 1.52	2220 1.35	2650 1.22	3370 1.05	3900 0.970	4920 0.845	6760 0.700
18.11	17.2	485 3.44	645 2.91	820 2.51	950 2.30	1090 1.12	1320 1.89	1850 1.55	2250 1.38	2680 1.25	3410 1.08	3950 0.990	4980 0.864	6840 0.716
18.53	17.4	490 3.51	650 2.97	830 2.56	965 2.35	1110 2.16	1340 1.93	1870 1.58	2270 1.41	2720 1.27	3450 1.10	3990 1.01	5040 0.883	6910 0.731
18.96	17.6	495 3.58	660 3.04	840 2.62	975 2.40	1120 2.21	1350 1.98	1890 1.62	2300 1.44	2750 1.30	3490 1.12	4040 1.03	5090 0.900	6990 0.748
19.39	17.8	505 3.66	665 3.10	850 2.68	985 2.45	1130 2.25	1370 2.02	1910 1.65	2330 1.50	2780 1.32	3530 1.15	4090 1.05	5150 0.919	7070 0.762
19.83	18.0	510 3.73	675 3.16	860 2.73	995 2.50	1140 2.30	1380 2.06	1930 1.68	2350 1.50	2810 1.35	3570 1.17	4130 1.07	5210 0.938	7150 0.778
20.27	18.2	515 3.81	680 3.22	870 2.78	1010 2.55	1160 2.35	1400 2.10	1960 1.72	2380 1.53	2840 1.38	3610 1.19	4180 1.10	5270 0.957	7230 0.794
20.72	18.4	520 3.88	690 3.28	880 2.84	1020 2.60	1170 2.40	1420 2.14	1980 1.75	2400 1.56	2870 1.41	3650 1.22	4220 1.12	5320 0.975	7310 0.811

续表

动压/(kg/m²)	速度/(m/s)	管径/mm												
		100	115	130	140	150	165	195	215	235	265	285	320	375
		1	2	3	4	5	6	7	8	9	10	11	12	13
21.17	18.6	525 3.96	695 3.36	890 2.90	1030 2.65	1180 2.44	1430 2.18	2000 1.79	2430 1.59	2900 1.44	3690 1.24	4270 1.14	5380 0.995	7390 0.826
21.63	18.8	530 4.04	705 3.42	900 2.96	1040 2.70	1200 2.49	1450 2.22	2020 1.82	2460 1.63	2930 1.46	3730 1.26	4320 1.16	5440 1.02	7470 0.841
22.09	19.0	535 4.11	710 3.48	905 3.01	1050 2.75	1210 2.54	1460 2.26	2040 1.86	2480 1.66	2970 1.49	3770 1.29	4360 1.19	5500 1.03	7550 0.858
22.56	19.2	540 4.19	720 3.55	915 3.07	1060 2.81	1220 2.59	1480 2.31	2060 1.89	2510 1.69	3000 1.52	3810 1.32	4410 1.21	5560 1.05	7630 0.875
23.03	19.4	550 4.27	725 3.62	925 3.12	1070 2.86	1230 2.64	1490 2.35	2080 1.93	2530 1.72	3030 1.55	3850 1.34	4450 1.23	5610 1.07	7710 0.890
23.51	19.6	555 4.35	730 3.68	935 3.18	1090 2.92	1250 2.69	1510 2.40	2110 1.97	2560 1.75	3060 1.58	3890 1.37	4500 1.25	5670 1.09	7790 0.908
23.99	19.8	560 4.43	740 3.75	945 3.24	1100 2.97	1260 2.74	1520 2.44	2130 2.00	2590 1.79	3090 1.61	3930 1.39	4540 1.28	5730 1.12	7870 0.925
24.28	20.0	565 4.52	745 3.82	955 3.30	1110 3.02	1270 2.78	1540 2.49	2150 2.04	2610 1.82	3120 1.64	3970 1.42	4590 1.30	5790 1.14	7950 0.942

动压/(kg/m²)	速度/(m/s)	管径/mm												
		440	495	545	595	660	775	885	1025	1100	1200	1325	1425	1540
		14	15	16	17	18	19	20	21	22	23	24	25	26
14.14	15.2	8320 0.474	10500 0.412	12750 0.363	15200 0.332	18700 0.294	25800 0.243	33650 0.208	45150 0.175	52000 0.161	61850 0.146	75400 0.130	87250 0.119	10900 0.109
14.51	15.4	8430 0.485	10650 0.421	12950 0.376	15400 0.339	18950 0.300	26150 0.249	34100 0.213	45700 0.179	52650 0.165	62650 0.149	76400 0.133	88350 0.122	103200 0.111
14.89	15.6	8530 0.496	10800 0.431	13100 0.386	15600 0.347	19200 0.307	26500 0.255	34550 0.218	46300 0.184	53350 0.169	63500 0.153	77400 0.136	89500 0.125	104600 0.114
15.28	15.8	8640 0.508	10950 0.442	13250 0.395	15800 0.356	19450 0.315	26800 0.261	34950 0.223	46900 0.188	54050 0.173	64300 0.156	78400 0.139	90650 0.128	105900 0.117
15.67	16.0	8750 0.520	11100 0.452	13450 0.404	16000 0.364	19700 0.322	27150 0.267	35400 0.229	47500 0.193	54700 0.177	65100 0.160	79400 0.143	91800 0.131	107200 0.120
16.06	16.2	8860 0.531	11200 0.462	13600 0.413	16200 0.372	19950 0.330	27500 0.273	35850 0.234	48100 0.197	55400 0.181	65900 0.164	80350 0.146	92950 0.134	108600 0.122
16.46	16.4	8970 0.543	11350 0.473	13750 0.423	16400 0.381	20200 0.357	27850 0.279	36300 0.240	48700 0.201	56100 0.185	66750 0.167	81350 0.149	94100 0.137	109900 0.125
16.87	16.6	9080 0.555	11500 0.484	13950 0.432	16600 0.389	20450 0.344	28200 0.285	36750 0.245	49300 0.206	56750 0.190	67550 0.171	82350 0.152	95250 0.140	111300 0.128

续表

动压/ (kg/m²)	速度/ (m/s)	管径/mm												
		440	495	545	595	660	775	885	1025	1100	1200	1325	1425	1540
		14	15	16	17	18	19	20	21	22	23	24	25	26
17.27	16.8	9190 0.568	11650 0.494	14100 0.441	16800 0.398	20700 0.352	28500 28850	37200 0.250	49900 0.210	57450 0.194	68350 0.175	83350 0.156	96400 0.143	112600 0.131
17.69	17.0	9300 0.580	11750 0.505	14250 0.450	17000 0.406	20950 0.360	0.298 29200	37650 0.56	50450 0.215	58150 0.198	69200 0.179	84350 0.159	97550 0.146	113900 0.134
18.11	17.2	9410 0.592	11900 0.515	14450 0.460	17200 0.415	21150 0.367	0.305 29550	38050 0.261	51050 0.220	98800 0.202	70000 0.183	85350 0.163	98700 0.149	115300 0.137
18.53	17.4	9520 0.604	12050 0.526	14600 0.470	17400 0.424	21400 0.375	0.311 29850	38500 0.266	51650 0.224	59500 0.207	70800 0.183	86350 0.166	99850 0.152	116600 0.140
18.96	17.6	9630 0.618	12200 0.538	14750 0.480	17600 0.433	21650 0.384	0.318 30200	38950 0.272	52250 0.229	60200 0.212	71600 0.191	87300 0.170	101000 0.156	118000 0.143
19.39	17.8	9740 0.630	12350 0.549	14950 0.490	17800 0.442	21900 0.391	0.324 30550	39400 0.278	52850 0.234	60850 0.215	72450 0.194	88300 0.173	102100 0.159	119300 0.146
19.83	18.0	9850 0.643	12450 0.560	15100 0.500	18000 0.450	22150 0.399	0.331 30900	39850 0.284	53450 0.239	61550 0.220	73250 0.199	89300 0.177	103300 0.163	120600 0.149
20.27	18.2	9960 0.657	12600 0.571	15300 0.510	18200 0.460	22400 0.407	30900 0.338	40300 0.290	54050 0.243	62250 0.224	74050 0.202	90300 0.181	104400 0.166	122000 0.152
20.72	18.4	10050 0.670	12750 0.583	15450 0.520	18400 0.469	22650 0.416	31250 0.345	40750 0.296	54650 0.248	62900 0.229	74900 0.206	91300 0.184	105600 0.169	123300 0.155
21.17	18.6	10200 0.685	12900 0.595	15600 0.532	18600 0.749	22900 0.425	31550 0.351	41150 0.302	55200 0.254	63600 0.234	75700 0.211	92300 0.188	106700 0.173	124700 0.158
21.63	18.8	10300 0.696	13000 0.606	15800 0.542	18800 0.488	23150 0.432	31900 0.358	41600 0.348	55800 0.258	64300 0.238	76500 0.215	93250 0.192	107900 0.176	126000 0.161
22.09	19.0	10400 0.710	13150 0.618	15950 0.552	19000 0.497	23400 0.440	32250 0.365	42050 0.314	56400 0.264	64950 0.242	77300 0.219	94250 0.195	109000 0.180	127300 0.164
22.56	19.2	10500 0.724	13300 0.606	16100 0.562	19200 0.507	23650 0.450	32600 0.373	42500 0.320	57000 0.268	65650 0.247	78150 0.223	95250 0.199	110200 0.183	128700 0.167
23.03	19.4	10600 0.738	13450 0.642	16300 0.573	19400 0.516	23900 0.458	32950 0.379	42950 0.326	57600 0.273	66350 0.251	78950 0.227	96250 0.203	111300 0.186	130000 0.170
23.51	19.6	10700 0.752	13550 0.654	16450 0.580	19600 0.526	24150 0.466	33250 0.386	43400 0.332	58200 0.279	67000 0.257	79750 0.232	97250 0.207	112500 0.190	131400 0.173
23.99	19.8	10850 0.765	13700 0.667	16600 0.595	19800 0.536	24350 0.475	33600 0.394	43800 0.338	58800 0.284	67700 0.262	80550 0.236	98250 0.211	113600 0.194	132700 0.177
24.28	20.0	10950 0.780	13850 0.679	16800 0.605	20000 0.546	24600 0.484	33950 0.401	44250 0.344	59400 0.290	68400 0.266	81400 0.241	99250 0.214	114800 0.197	134000 0.180

注：表中：上行—风量，m^3/h；下行—单位摩擦阻力 R，$(kg/m^2)/m$，$1\ (kg/m^2)/m=9.80665Pa$。

附录二　局部构件阻力系数表

一、弯头阻力系数

（1）圆形截面弯头阻力系数 $\zeta_{圆}$

弯头转角 α	曲率半径 R						
	D	$1.5D$	$2D$	$2.5D$	$3D$	$6D$	$10D$
30°	0.110	0.081	0.069	0.061	0.054	0.038	0.030
60°	0.18	0.14	0.12	0.10	0.091	0.064	0.051
90°	0.23	0.18	0.15	0.13	0.12	0.083	0.066

（2）矩形截面弯头阻力系数

$\zeta=C\cdot\zeta_{圆}$					
a/b	0.25	0.5	0.75	1.0	1.25
C	1.8	1.5	1.2	1.0	0.8
a/b	1.50	1.75	2.0	2.5	3.0
C	0.68	0.53	0.47	0.40	0.40

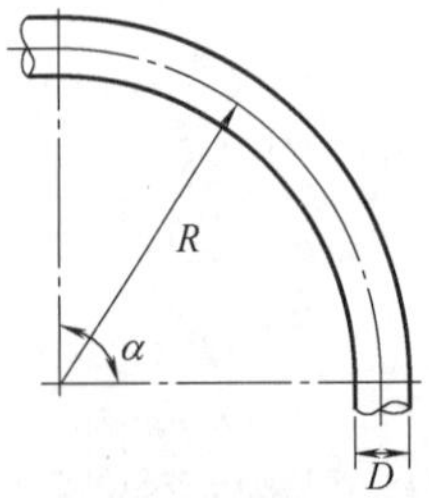

圆形截面弯头

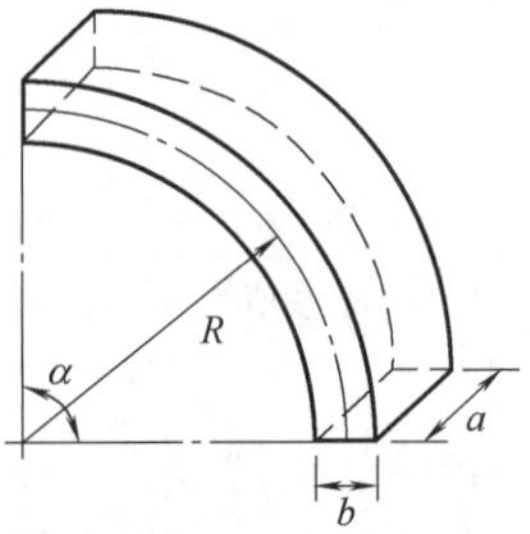

矩形截面弯头

二、变形渐扩管阻力系数

$\frac{F}{f}$	α				
	10°	15°	20°	25°	30°
1.25	0.02	0.02	0.02	0.03	0.04
1.50	0.03	0.04	0.05	0.06	0.08
1.75	0.05	0.05	0.07	0.10	0.11
2.00	0.06	0.07	0.09	0.13	0.15
2.25	0.08	0.08	0.12	0.17	0.19
2.50	—	0.10	0.14	0.20	0.23
2.75	—	0.12	0.16	0.23	0.27
3.00	—	0.13	0.19	0.27	0.31
3.25	—	0.15	0.21	0.30	0.35
3.50	—	0.17	0.24	0.34	0.39
3.75	—	0.18	0.26	0.37	0.43
4.00	—	0.20	0.28	0.40	0.47

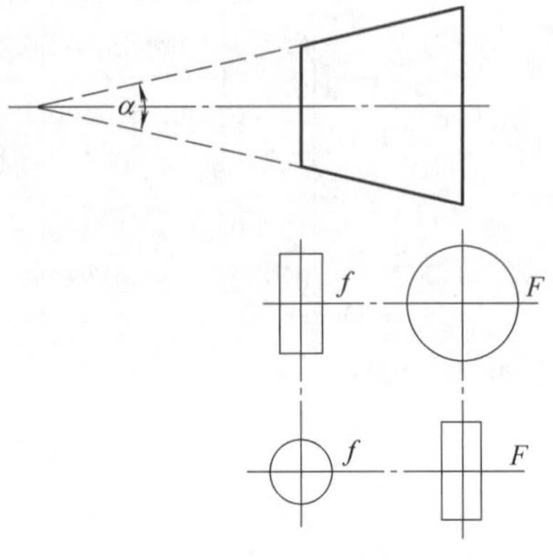

注：图中 F 表示渐扩管大端的截面面积，f 表示渐扩管小端的截面面积，α 为锥角。

三、变形渐缩管阻力系数

$\alpha \leqslant 45°$时，变形渐缩管的阻力系数$\zeta = 0.1$。

四、伞形风帽阻力系数

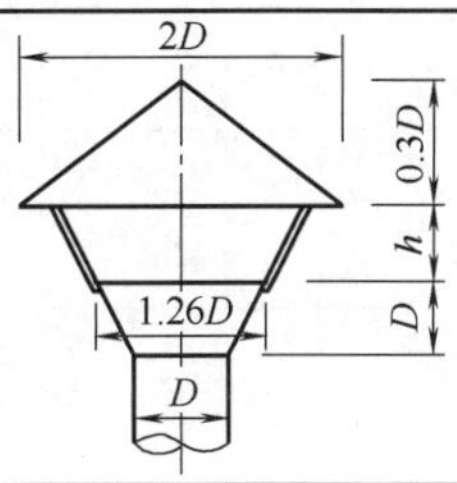

h/D	0.1	0.2	0.3	0.4	0.5
ζ	2.6	1.3	0.8	0.7	0.6
h/D	0.6	0.7	0.8	0.9	1.0
ζ	0.6	0.6	0.6	0.6	

五、变径管阻力系数

圆形渐扩管

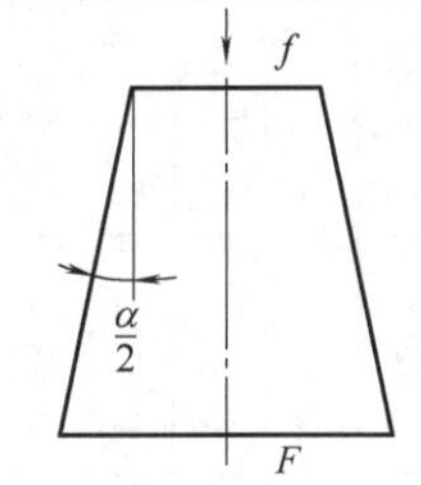

$\frac{F}{f}$	α					
	10°	15°	20°	25°	30°	45°
1.25	0.01	0.02	0.03	0.03	0.04	0.04
1.50	0.03	0.07	0.10	0.11	0.12	0.12
1.75	0.05	0.14	0.17	0.18	0.19	0.19
2.00	0.06	0.18	0.20	0.22	0.25	0.25
2.25	0.08	0.22	0.27	0.39	0.31	0.31
2.50	0.09	0.25	0.30	0.33	0.36	0.36

圆形渐缩管

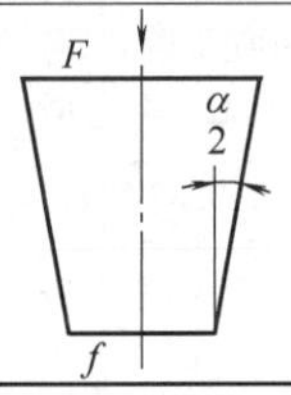

$\frac{F}{f}$	α					
	10°	15°	20°	25°	30°	
1.25	0.22	0.27	0.31	0.36	0.40	
1.50	0.31	0.39	0.45	0.51	0.57	
1.75	0.43	0.53	0.61	0.70	0.77	
2.00	0.56	0.69	0.80	0.91	1.01	

六、插板阀阻力系数

h/D	0.1	0.2	0.3	0.4	0.5	0.6	0.7	0.8	0.9	1.0
圆形管 ζ	97.8	35	10	4.6	2.06	0.98	0.44	0.17	0.06	0.05
矩形管 ζ	193	44.6	17.8	8.12	4.0	2.1	0.95	0.39	0.29	0

七、蝶阀阻力系数

α/(°)	0	5	10	15	30	45	60	70	90
圆形管ζ	0.05	0.3	0.52	0.9	3.91	18.7	118	751	∞
矩形管ζ	0.05	0.28	0.45	0.77	3.54	15	77.4	368	∞

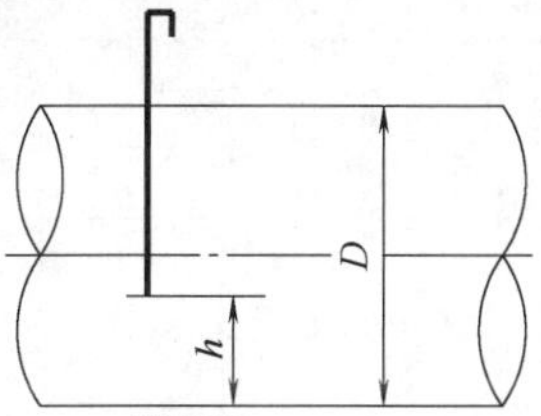

插板阀

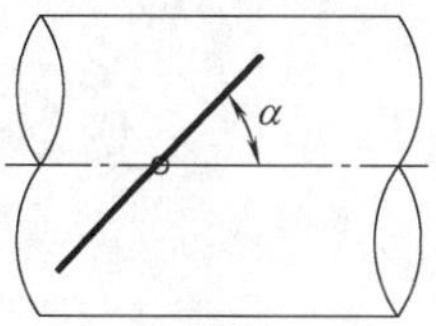

蝶阀

附录三　三通阻力系数表

一、30°三通主路阻力系数表（$\zeta_{主}$）

$\frac{D_{主}}{D_{支}}$	$\frac{v_{支}}{v_{主}}$																
	0.5	0.6	0.7	0.8	0.85	0.9	0.95	1.0	1.05	1.10	1.15	1.20	1.25	1.30	1.4	1.5	1.6
1.0	0.60	0.60	0.57	0.55	0.52	0.49	0.47	0.45	0.41	0.37	0.33	0.30	0.25	0.20	0.15	0.00	−0.15
1.1	0.53	0.53	0.50	0.48	0.46	0.43	0.41	0.40	0.36	0.33	0.29	0.26	0.21	0.16	0.11	−0.03	−0.17
1.2	0.47	0.47	0.44	0.42	0.40	0.37	0.36	0.35	0.31	0.29	0.25	0.22	0.17	0.12	0.07	−0.06	−0.18
1.3	0.41	0.41	0.38	0.36	0.34	0.32	0.31	0.30	0.27	0.25	0.21	0.18	0.13	0.08	0.03	−0.08	−0.19
1.4	0.35	0.35	0.32	0.30	0.28	0.27	0.26	0.25	0.23	0.21	0.18	0.15	0.10	0.05	0.00	−0.1	−0.2
1.5	0.31	0.31	0.29	0.27	0.25	0.24	0.23	0.22	0.20	0.18	0.16	0.13	0.08	0.04	0.00	−0.1	−0.2
1.6	0.27	0.27	0.26	0.24	0.22	0.21	0.20	0.19	0.17	0.15	0.14	0.11	0.06	0.03	−0.01	−0.1	−0.19
1.7	0.24	0.24	0.23	0.21	0.20	0.19	0.18	0.16	0.14	0.13	0.12	0.09	0.05	0.02	−0.02	−0.1	−0.18
1.8	0.21	0.21	0.20	0.19	0.18	0.17	0.16	0.14	0.12	0.11	0.10	0.09	0.04	0.01	−0.03	−0.1	−0.17
1.9	0.18	0.18	0.17	0.17	0.16	0.15	0.14	0.12	0.10	0.09	0.08	0.08	0.03	0.00	−0.04	−0.1	−0.16
2.0	0.15	0.15	0.15	0.05	0.14	0.13	0.12	0.10	0.08	0.07	0.06	0.05	0.02	−0.01	−0.05	−0.1	−0.15
3.0	0.05	0.05	0.05	0.05	0.05	0.05	0.05	0.05	0.03	0.02	0.01	0.00	0.01	−0.03	−0.05	−0.08	−0.1
4.0	0.05	0.05	0.05	0.05	0.03	0.02	0.01	0.00	0.00	0.00	0.00	0.00	−0.01	−0.03	−0.05	−0.05	−0.05

二、30°三通支路阻力系数表（$\zeta_{支}$）

$\frac{D_{主}}{D_{支}}$	$\frac{v_{支}}{v_{主}}$																
	0.5	0.6	0.7	0.8	0.85	0.9	0.95	1.0	1.05	1.10	1.15	1.20	1.25	1.30	1.4	1.5	1.6
1.0	-1.92	-0.85	-0.50	-0.15	-0.07	0.01	0.08	0.15	0.19	0.23	0.27	0.30	0.32	0.34	0.35	0.37	0.40
1.1	-2.08	-0.94	-0.56	-0.19	-0.11	-0.02	0.06	0.13	0.18	0.22	0.26	0.30	0.33	0.35	0.37	0.39	0.42
1.2	-2.24	-1.03	-0.62	-0.23	-0.14	-0.05	0.04	0.12	0.17	0.21	0.26	0.30	0.33	0.36	0.38	0.41	0.43
1.3	-2.40	-1.12	-0.68	-0.27	-0.17	-0.08	0.02	0.11	0.16	0.20	0.25	0.30	0.34	0.37	0.39	0.42	0.44
1.4	-2.55	-1.20	-0.75	-0.30	-0.20	-0.10	0.00	0.10	0.15	0.20	0.25	0.30	0.34	0.37	0.40	0.43	0.45
1.5	-2.62	-1.25	-0.78	-0.32	-0.22	-0.12	-0.01	0.09	0.14	0.20	0.25	0.30	0.34	0.37	0.40	0.43	0.45
1.6	-2.69	-1.29	-0.81	-0.34	-0.24	-0.13	-0.02	0.08	0.14	0.19	0.25	0.30	0.34	0.38	0.41	0.43	0.46
1.7	-2.78	-1.33	-0.84	-0.36	-0.25	-0.14	-0.03	0.07	0.13	0.19	0.25	0.30	0.34	0.38	0.42	0.44	0.47
1.8	-2.84	-1.37	-0.87	-0.38	-0.26	-0.15	-0.04	0.06	0.13	0.18	0.24	0.30	0.35	0.39	0.43	0.45	0.48
1.9	-2.90	-1.41	-0.90	-0.39	-0.27	-0.16	-0.05	0.05	0.12	0.18	0.24	0.30	0.35	0.39	0.44	0.46	0.49
2.0	-2.97	-1.45	-0.92	-0.40	-0.28	-0.17	-0.06	0.05	0.12	0.18	0.24	0.30	0.35	0.40	0.45	0.47	0.50
3.0	-3.25	-1.60	-1.05	-0.50	-0.36	-0.22	-0.08	0.05	0.12	0.18	0.24	0.30	0.36	0.40	0.45	0.50	0.55
4.0	-3.40	-1.70	-1.10	-0.50	-0.37	-0.24	-0.12	0.00	0.08	0.16	0.23	0.30	0.36	0.44	0.50	0.55	0.60

三、45°三通主路阻力系数表（$\zeta_{主}$）

$\frac{D_{主}}{D_{支}}$	$\frac{v_{支}}{v_{主}}$																
	0. 5	0. 6	0. 7	0. 8	0. 85	0. 9	0. 95	1. 0	1. 05	1. 10	1. 15	1. 20	1. 25	1. 30	1. 4	1. 5	1. 6
1. 0	0. 65	0. 65	0. 65	0. 65	0. 64	0. 63	0. 62	0. 60	0. 59	0. 58	0. 57	0. 55	0. 50	0. 45	0. 40	0. 32	0. 25
1. 1	0. 61	0. 57	0. 57	0. 57	0. 56	0. 56	0. 55	0. 53	0. 52	0. 51	0. 50	0. 48	0. 46	0. 42	0. 35	0. 27	0. 21
1. 2	0. 27	0. 49	2349	2349	0. 49	0. 49	0. 48	0. 47	0. 46	0. 45	0. 44	0. 42	0. 43	0. 39	0. 30	0. 23	0. 17
1. 3	0. 53	0. 42	2342	2342	0. 42	0. 42	0. 41	0. 41	0. 40	0. 39	0. 38	0. 36	0. 40	0. 35	0. 25	0. 19	0. 13
1. 4	0. 50	0. 35	0. 35	0. 35	0. 35	0. 35	0. 35	0. 35	0. 34	0. 33	0. 32	0. 30	0. 37	0. 34	0. 20	0. 15	0. 10
1. 5	0. 45	0. 33	0. 33	0. 33	0. 33	0. 33	0. 32	0. 32	0. 31	0. 29	0. 27	0. 25	0. 23	0. 21	0. 19	0. 14	0. 09
1. 6	0. 40	0. 31	0. 31	0. 31	0. 31	0. 30	0. 29	0. 29	0. 28	0. 27	0. 26	0. 24	0. 22	0. 20	0. 18	0. 13	0. 08
1. 7	0. 35	0. 29	0. 29	0. 29	0. 28	0. 27	0. 26	0. 26	0. 25	0. 24	0. 23	0. 22	0. 20	0. 18	0. 16	0. 11	0. 06
1. 8	0. 30	0. 26	0. 26	0. 26	0. 25	0. 24	0. 23	0. 23	0. 22	0. 21	0. 20	0. 19	0. 18	0. 16	0. 14	0. 09	0. 04
1. 9	0. 24	0. 23	0. 23	0. 23	0. 22	0. 21	0. 20	0. 19	0. 18	0. 17	0. 16	0. 15	0. 14	0. 13	0. 12	0. 07	0. 02
2. 0	0. 18	0. 20	0. 20	0. 20	0. 19	0. 18	0. 17	0. 15	0. 14	0. 13	0. 12	0. 12	0. 11	0. 11	0. 10	0. 05	0. 00
3. 0	0. 07	0. 10	0. 10	0. 10	0. 09	0. 08	0. 07	0. 05	0. 05	0. 05	0. 05	0. 05	0. 04	0. 02	0. 00	0. 00	0. 00
4. 0	0. 05	0. 05	0. 05	0. 05	0. 05	0. 05	0. 05	0. 05	0. 04	0. 03	0. 02	0. 00	0. 00	0. 00	0. 00	0. 00	0. 00

四、45°三通支路阻力系数表（$\zeta_{支}$）

$\frac{D_{主}}{D_{支}}$	$\frac{v_{支}}{v_{主}}$																
	0.5	0.6	0.7	0.8	0.85	0.9	0.95	1.0	1.05	1.10	1.15	1.20	1.25	1.30	1.4	1.5	1.6
1.0	−1.80	−0.7	−0.35	0.00	0.03	0.16	0.23	0.30	0.34	0.38	0.42	0.45	0.47	0.49	0.50	0.53	0.55
1.1	−1.97	−0.8	−0.43	−0.05	0.03	0.12	0.19	0.27	0.31	0.36	0.40	0.43	0.47	0.49	0.50	0.53	0.55
1.2	−2.12	−0.9	−0.51	−0.10	−0.02	0.08	0.16	0.24	0.29	0.34	0.38	0.42	0.46	0.48	0.50	0.53	0.55
1.3	−2.28	−1.0	−0.58	−0.15	−0.06	0.04	0.13	0.22	0.27	0.32	0.36	0.41	0.45	0.48	0.50	0.53	0.55
1.4	−2.45	−1.1	−0.65	−0.20	−0.10	0.00	0.10	0.20	0.25	0.30	0.35	0.40	0.44	0.47	0.50	0.53	0.55
1.5	−2.53	−1.15	−0.69	−0.23	−0.13	−0.02	0.08	0.19	0.24	0.29	0.34	0.39	0.43	0.47	0.50	0.53	0.56
1.6	−2.60	−1.20	−0.73	−0.26	−0.15	−0.04	0.06	0.19	0.23	0.28	0.33	0.38	0.42	0.47	0.50	0.54	0.57
1.7	−2.68	−1.25	−0.77	−0.29	−0.17	−0.06	0.04	0.16	0.22	0.27	0.32	0.37	0.42	0.46	0.50	0.54	0.58
1.8	−2.76	−1.30	−0.81	−0.31	−0.19	−0.08	0.02	0.14	0.21	0.26	0.31	0.36	0.41	0.46	0.50	0.54	0.59
1.9	−2.83	−1.35	−0.84	−0.33	−0.21	−0.10	0.00	0.12	0.19	0.25	0.30	0.36	0.41	0.46	0.50	0.55	0.59
2.0	−2.90	−1.40	−0.87	−0.35	−0.23	−0.12	−0.01	0.10	0.17	0.23	0.29	0.35	0.40	0.45	0.50	0.55	0.60
3.0	−3.25	−1.60	−1.05	−0.50	−0.36	−0.22	−0.08	0.05	0.13	0.21	0.28	035	0.40	0.45	0.50	0.55	0.60
4.0	−3.32	−1.65	−1.08	−0.50	−0.36	−0.22	−0.08	0.05	0.13	0.21	0.28	0.35	0.40	0.45	0.50	0.55	0.60

附录四　离心式通风机性能参数

一、4-72 型离心式通风机性能

表 1

机号 No.	转速/（r/min）	序号	全压/Pa	风量/（m^3/h）	效率/%	传动方式	电动机	
							功率/kW	型号
2. 8	2900	1	994	1131	82. 4	A	1. 5	Y90S-2
		2	966	1310	86			
		3	933	1480	89. 5			
		4	887	1659	91			
		5	835	1828	91			
		6	770	2007	88. 5			
		7	702	2177	85. 5			
		8	303	2356	82. 4			
3. 2	2900	1	1300	1688	82. 4	A	2. 2	Y90S-2
		2	1263	1955	86			
		3	1220	2209	89. 5			
		4	1160	2476	91			
		5	1091	2729	91			
		6	1006	2996	88. 5			
		7	918	3250	85. 5			
		8	792	3517	82. 4			
3. 6	2900	1	1578	2664	82. 4	A	3	Y100L-2
		2	1531	3045	86			
		3	1481	3405	89. 5			
		4	1419	3786	91			
		5	1343	4146	91			
		6	1256	4527	88. 5			
		7	1144	4887	85. 5			
		8	989	5268	82. 4			
4	2900	1	2014	4012	82. 4	A	5. 5	Y132S1-2
		2	1969	4506	86			
		3	1915	4973	89. 5			
		4	1830	5468	91			
		5	1723	5962	91			
		6	1606	6457	88. 5			
		7	1459	6924	85. 5			
		8	1320	7419	82. 4			

续表

机号 No.	转速/(r/min)	序号	全压/Pa	风量/(m^3/h)	效率/%	传动方式	电动机	
							功率/kW	型号
4.5	2900	1	2554	5712	82.4	A	7.5	Y132S2-2
		2	2497	6416	86			
		3	2428	7081	89.5			
		4	2320	7785	91			
		5	2184	8489	91			
		6	2036	9194	88.5			
		7	1849	9859	85.5			
		8	1849Pa	9859	82.4			

表 2

机号 No.	转速/(r/min)	序号	全压/Pa	风量/(m^3/h)	所需功率/kW	传动方式	电动机	
							功率/kW	型号
5	2900	1	3178	7728	10.02	A	15	Y160M2-2
		2	3145	8855	10.76			
		3	3074	9928	11.39			
		4	2962	11054	12.04			
		5	2792	12128	12.44			
		6	2567	13255	12.72			
		7	2335	14328	12.90			
		8	2019	15455	12.75			
5.5	1450	1	1010	5142	2.02	A	4	Y112M-4
		2	951	5893	2.17			
		3	930	6607	2.29			
		4	896	7357	2.42			
		5	845	8071	2.50			
		6	777	8821	2.56			
		7	706	9535	2.60			
		8	611	10285	2.57			
5.5	2900	1	4040	10285	16.14	A	18.5	Y160L-2
		2	3805	11786	17.33			
		3	3720	13214	18.34			
		4	3584	14713	19.39	A	22	Y160M-2
		5	3378	16142	20.03			
		6	3106	17642	20.49			
		7	2825	19070	20.78			
		8	2443	20570	20.53			
6	960	1	498	4420	1.10	A	1.5	Y100L-6
		2	492	5065	1.18			
		3	481	5679	1.25			
		4	463	6324	1.32			
		5	437	6938	1.37			
		6	402	7582	1.40			
		7	366	8196	1.32			
		8	317	8841	1.30			

续表

机号 No.	转速/（r/min）	序号	全压/Pa	风量/（m^3/h）	所需功率/kW	传动方式	电动机	
							功率/kW	型号
6	1450	1	1139	6677	3. 25	A	4	Y112M-4
		2	1124	7650	3. 49			
		3	1099	8575	3. 70			
		4	1059	9551	3. 91			
		5	999	10478	4. 04			
		6	919	11452	4. 13			
		7	836	12379	4. 19			
		8	724	13353	4. 14			
6	2240	1	2734	10314	12. 10	C	15	Y160L-4
		2	2698	11818	12. 98			
		3	2637	13251	13. 74			
		4	2541	14755	14. 53			
		5	2396	16187	15. 02			
		6	2202	17692	15. 36			
		7	2004	19124	15. 57			
		8	1733	20628	15. 89			
6	2600	1	3683	11972	18. 92	C	30	Y200L_1-2
		2	3634	13717	20. 30			
		3	3553	15380	21. 49			
		4	3423	17126	22. 72			
		5	3228	18788	23. 49			
		6	2967	20535	24. 02			
		7	2700	22197	24. 35			
		8	2334	23943	24. 85			

二、4-72Ⅱ型离心式通风机性能

机号 No.	传动方式	转速/（r/min）	序号	流量/（m^3/h）	全压/Pa	电动机	
						型号	功率 kW
4. 2	A	2900	1	5884	2517	Y132S1-2	5. 5
			2	6551	2396		
			3	7188	2240		
			4	7700	2156		
			5	8194	1978		
			6	8940	1663		
			7	10154	1308		

续表

机号 No.	传动方式	转速/（r/min）	序号	流量/（m^3/h）	全压/Pa	电动机	
						型号	功率 kW
4.5	A	2900	1	7237	2889	Y132S2-2	7.5
			2	8058	2751		
			3	8841	2572		
			4	9470	2475		
			5	10078	2271		
			6	10993	1910		
			7	12489	1502		
4.7	A	2900	1	8245	3152	$Y160M_1-2$	11
			2	9181	3001		
			3	10073	2806		
			4	10790	2700		
			5	11482	2477		
			6	12525	2084		
			7	14229	1638		
5	A	2900	1	9928	3566	Y160M2-2	15
			2	11054	3396		
			3	12128	3175		
			4	12990	3055		
			5	13824	2804		
			6	15080	2358		
			7	17130	1855		
5.2	A	2900	1	11167	3857	Y160M2-2	15
			2	12434	3673		
			3	13642	3434		
			4	14612	3305		
			5	15550	3033		
			6	16962	2551		
			7	19270	2007		
			8	20548	1667		

续表

机号 No.	传动方式	转速/（r/min）	序号	流量/（m³/h）	全压/Pa	电动机	
						型号	功率 kW
5.5	A	2900	1	13214	4315	Y160L-2	18.5
			2	14713	4109		
			3	16142	3842		
			4	17290	3697		
			5	18400	3393		
			6	20070	2854		
			7	22800	2245	Y180M-2	22
			8	24313	1865		
5.7	A	2900	1	14709	4635	$Y200L_1$-2	30
			2	16377	4413		
			3	17968	4126		
			4	19246	3970		
			5	20481	3644		
			6	22340	3065		
			7	25380	2411		
			8	27063	2003		

三、4-73型离心式通风机性能（部分）

机号 No.	转速/（r/min）	序号	全压/Pa	风量/（m³/h）	传动方式	电动机	
						功率/kW	型号
3.6	2800	1	1862	2990	C	3	Y100L-2
		2	1519	3380			
		3	1470	3710			
		4	1421	4050			
		5	1323	4420			
		6	1225	4770			
		7	1029	5120			
		8	931	5450			
3.6	2500	1	1225	2640	C	2.2	Y90L-2
		2	1196	3200			
		3	1176	3320			
		4	1127	3630			
		5	1078	3960			
		6	1029	4270			
		7	833	4520			
		8	735	4870			

续表

机号 No.	转速/（r/min）	序号	全压/Pa	风量/（m^3/h）	传动方式	电动机	
						功率/kW	型号
4.5	2800	1	2450	5800	C	7.5	Y132S2-2
		2	2352	6550			
		3	2303	7200			
		4	2205	7900			
		5	2107	8600			
		6	1911	9300			
		7	1666	10000			
		8	1421	10500			
4.5	2500	1	1960	5200	C	5.5	Y132S1-2
		2	1911	5850			
		3	1862	6450			
		4	1764	7050			
		5	1715	7700			
		6	1519	8300			
		7	1323	8900			
		8	1127	9500			
5.5	2240	1	2313	8400	C	11	Y160M1-2
		2	2254	9500			
		3	2215	10400			
		4	2127	11400			
		5	2029	12500			
		6	1813	13400			
		7	1568	14300			
		8	1372	15350			
5.5	1800	1	1470	6800	C	5.5	Y132S1-2
		2	1441	7660			
		3	1411	8400			
		4	1352	9200			
		5	1284	10000			
		6	1156	10850			
		7	1000	11560			
		8	872	12400			
5.5	1600	1	1215	6060	C	4	Y112M-2
		2	1176	6850			
		3	1147	7520			
		4	1098	8240			
		5	1049	9000			
		6	941	9700			
		7	813	10300			
		8	715	11100			

四、4-79 型离心式通风机性能（部分）

机号 No.	转速/（r/min）	序号	全压/Pa	风量/（m^3/h）	效率/%	传动方式	电动机 功率/kW	电动机 型号
3	2900	1	1220	1970	83	A	1.5	Y90S-2
		2	1190	2180	84			
		3	1180	2430	86			
		4	1140	2670	87			
		5	1090	2900	86			
		6	1060	3130	84			
		7	910	3480	81			
		8	740	3830	79			
3.5	2900	1	1660	3120	83	A	3	Y100L-2
		2	1620	3460	84			
		3	1600	3860	86			
		4	1540	4240	87			
		5	1490	4600	86			
		6	1450	4960	84			
		7	1230	5520	81			
		8	1000	6070	79			
4	2900	1	2180	4670	83	A	5.5	Y132S1-2
		2	2120	5220	84			
		3	2090	5760	86			
		4	2020	6310	87			
		5	1940	6860	86			
		6	1890	7410	84			
		7	1610	8240	81			
		8	1300	9080	79			
4.5	2900	1	2750	6640	83	A	11	Y160M1-2
		2	2680	7440	84			
		3	2650	8200	86			
		4	2560	8990	87			
		5	2460	9790	86			
		6	2390	10550	84			
		7	2040	11720	81			
		8	1650	12920	79			
5	2900	1	3400	9100	83	A	15	Y160M2-2
		2	3320	10200	84			
		3	3280	11250	86			
		4	3160	12350	87			
		5	3040	13410	86			
		6	2960	14480	84			
		7	2520	16100	81			
		8	2040	17720	79			

续表

机号 No.	转速/ （r/min）	序号	全压/ Pa	风量/ （m^3/h）	效率/ %	传动方式	电动机	
							功率/kW	型号
5	1450	1	850	4560	83	A	2. 2	Y100L1-4
		2	830	5100	84			
		3	820	5630	86			
		4	790	6180	87			
		5	760	6710	86			
		6	740	7240	84			
		7	630	8000	81			
		8	510	8860	79			
6	1450	1	1220	7890	83	A	5. 5	Y112M-4
		2	1200	8820	84			
		3	1180	9740	86			
		4	1140	10700	87			
		5	1090	11600	86			
		6	1060	12520	84			
		7	910	13920	81			
		8	720	15320	79			

五、5-48 型离心式通风机性能（部分）

机号 No.	转速/ （r/min）	序号	全压/ Pa	风量/ （m^3/h）	效率/ %	传动方式	电动机	
							功率/kW	型号
5	2900	1	3010	5360	80	D	7. 5	Y132S2-2
		2	3010	6010	85			
		3	2991	6650	89		11	Y160M1-2
		4	2883	7300	90. 5			
		5	2726	7940	90			
		6	2569	8580	89			
		7	2383	9230	86			
		8	2059	9870	80			
5. 5	2900	1	3648	7140	80	D	15	Y160M2-2
		2	3648	8000	85			
		3	3609	8850	89			
		4	3491	9700	90. 5			
		5	3393	10530	90			
		6	3109	11400	89			
		7	2893	12300	86			
		8	2491	13200	80			

续表

机号 No.	转速/（r/min）	序号	全压/Pa	风量/（m^3/h）	效率/%	传动方式	电动机 功率/kW	电动机 型号
6	2900	1	4335	9260	80	D	22	Y180M-2
		2	4335	10390	85			
		3	4295	11500	89			
		4	4148	12600	90. 5			
		5	3923	13700	90			
		6	3697	14800	89			
		7	3442	15950	86			
		8	2962	17050	80			

六、4-68 型离心式通风机性能（部分）

机号 No.	转速/（r/min）	序号	全压/Pa	风量/（m^3/h）	内效率/%	传动方式	电动机 功率/kW	电动机 型号
3. 55	2900	1	1608	2708	81. 1	A	3	Y100L-2
		2	1608	3092	85. 3			
		3	1569	3477	88. 1			
		4	1510	3861	89. 4			
		5	1402	4245	87. 8			
		6	1265	4629	82. 5			
		7	1108	5013	76. 7			
4	2900	1	2069	3984	82. 3	A	4	Y112M-2
		2	2060	4534	86. 2			
		3	2010	5083	88. 9			
		4	1932	5633	90			
		5	1795	6182	88. 6			
		6	1628	6732	83. 6			
		7	1432	7281	78. 2			
4. 5	2900	1	2658	5790	83. 3	A	7. 5	Y132S2-2
		2	2628	6573	87			
		3	2569	7355	89. 5			
		4	2462	8137	90. 5			
		5	2295	8920	89. 2			
		6	2069	9702	84. 5			
		7	1834	10485	79. 4			
5	2900	1	3315	8050	84. 2	A	15	Y160M2-2
		2	3266	9123	87. 6			
		3	3187	10197	90			
		4	3050	11270	91			
		5	2844	12343	89. 8			
		6	2589	13416	85. 3			
		7	2305	14490	80. 5			

七、9-19 型离心式通风机性能（部分）

机号 No.	转速/（r/min）	序号	全压/Pa	风量/（m^3/h）	内效率/%	传动方式	电动机 功率/kW	电动机 型号
4	2900	1	3584	824	70	A	2. 2	Y90L-2
		2	3665	970	73. 5			
		3	3647	1116	75. 5			
		4	3597	1264	76			
		5	3507	1410	75. 5		3	Y100L-2
		6	3384	1558	73. 5			
		7	3253	1704	70			
4. 5	2900	1	4603	1174	71. 2	A	4	Y112M-2
		2	4684	1397	75			
		3	4672	1616	77			
		4	4580	1835	77. 3			
		5	4447	2062	76. 2			
		6	4297	2281	73. 8		5. 5	Y132S1-2
		7	4112	2504	70			
5	2900	1	5697	1610	72. 7	A	7. 5	Y132S2-2
		2	5768	1932	76. 2			
		3	5740	2254	78. 2			
		4	5630	2576	78. 5			
		5	5517	2844	77. 2			
		6	5323	3166	74. 5			
		7	5080	3488	70. 5		11	Y160M1-2
5. 6	2900	1	7182	2622	72. 7	A	11	Y160M1-2
		2	7273	2714	76. 2			
		3	7236	3167	78. 2			
		4	7109	3619	78. 5			
		5	6954	3996	77. 2		18. 5	Y160L-2
		6	6709	4448	74. 5			
		7	6400	4901	70. 5			

续表

机号 No.	转速/（r/min）	序号	全压/Pa	风量/（m³/h）	内效率/%	传动方式	电动机	
							功率/kW	型号
6.3	2900	1	9149	3220	72.7	A	18.5	Y160L-2
		2	9265	3865	76.2			
		3	9219	4509	78.2			
		4	9055	5153	78.5		30	Y200L1-2
		5	8857	5690	77.2			
		6	8543	6334	74.5			
		7	8148	6978	70.5			
7.1	2900	1	11717	4610	72.7	D	37	Y200L2-2
		2	11868	5532	76.2			
		3	11807	6454	78.2			
		4	11596	7376	78.5		55	Y250M-2
		5	11340	8144	77.2			
		6	10935	9066	74.5			
		7	10426	9988	70.5			

八、9-26 型离心式通风机性能（部分）

机号 No.	转速/（r/min）	序号	全压/Pa	风量/（m³/h）	内效率/%	传动方式	电动机	
							功率/kW	型号
4	2900	1	3852	2198	74.7	A	5.5	Y132S-2
		2	3820	2368	75.5			
		3	3765	2536	75.7			
		4	3684	2706	75			
		5	3607	2877	73.8			
		6	3502	2044	72.1			
		7	3407	3215	70			
4.5	2900	1	4910	3130	76.1	A	7.5	Y132S2-2
		2	4863	3407	77.1			
		3	4776	3685	77.1			
		4	4661	3963	76		11	Y160M1-2
		5	4546	4237	74.5			
		6	4412	4515	72.3			
		7	4256	4792	70			

续表

机号 No.	转速/（r/min）	序号	全压/Pa	风量/（m^3/h）	内效率/%	传动方式	电动机	
							功率/kW	型号
5	2900	1	6035	4293	77.2	A	15	Y160M2-2
		2	5984	4706	78.2			
		3	5869	5114	78			
		4	5725	5527	76.7			
		5	5553	5941	74.9			
		6	5381	6349	72.7			
		7	5180	6762	70		18.5	Y160L-2
5.6	2900	1	7610	6032	77.2	A	22	Y180M-2
		2	7546	6612	78.2			
		3	7400	7185	78			
		4	7218	7766	76.7		30	Y200L1-2
		5	7000	8346	74.9			
		6	6781	8919	72.7			
		7	6527	9500	70			
6.3	2900	1	9698	8588	77.2	A	45	Y225M-2
		2	9616	9415	78.2			
		3	9429	10230	78			
		4	9195	11056	76.7			
		5	8915	11883	74.9			
		6	8636	12699	72.7		55	Y250M-2
		7	8310	13525	70			
7.1	2900	1	12467	12292	77.2	D	75	Y280S-2
		2	12321	13475	78.2			
		3	12078	14643	78			
		4	11776	15826	76.7		110	Y315S-2
		5	11415	17009	74.9			
		6	11055	18177	72.7			
		7	10635	19360	70			

九、GLF5-18 型离心式通风机性能

型号	转速/（r/min）	工作点	风量/（m^3/h）	全压/Pa	内效率/%	轴功率/kW	电动机型号、功率/kW
GLF5-18-7A	2950	1	6500	9300	78	21	Y200L1-2 30
		2	6900	9000	80	21	
		3	7500	8300	82	22	
		4	8000	7800	78	22	
		5	8800	7200	72.9	23.7	
		6	9600	6800	67.5	26.3	
		7	10000	6000	60	27.2	
GLF5-18-7B	2950	1	5000	12700	65	24	Y200L2-2 37
		2	5500	12500	75	24	
		3	6500	11500	85	24	
		4	7300	10000	85.4	24	
		5	8150	9600	76	28	
		6	9800	8800	69	31	
		7	10100	7800	65.4	32.8	
GLF5-18-8A	2950	1	6000	11600	76	25	Y225M-2 45
		2	7000	11400	80	27	
		3	8000	108500	72	29	
		4	9000	10700	83	31.6	
		5	10000	9900	82	33	
		6	11000	9400	79	36	
		7	12000	9000	75		
GLF5-18-8B	2950	1	10000	11400	88	38.8	Y250M-2 55
		2	10500	11200	81	39.5	
		3	11000	10900	81	40.3	
		4	11000	10300	79.4	41.7	
		5	12500	9800	73	45.7	
		6	13000	9500	67	50.2	
GLF5-18-9	2950	1	11500	11800	81.3	45.5	Y280S-2 75
		2	13060	11000	63.6	61.5	
		3	13600	10000	54.2	68.3	

十、TLGF-HY 高压系列风机性能

型号	传动方式	转速/（r/min）	流量/（m^3/h）	全压/Pa	电流/A	电动机	
						型号	功率/kW
TLGF-HY-45-1	A	2960	10681	10709	65	Y2-225M-2	45
			11880	10444	69		
			13363	10130	75.3		
			14159	9871	77		
			14880	9713	78.5		
			15840	9329	79.5		
			16812	8869	82		
TLGF-HY-45-2	A	2960	10419	11383	74	Y2-225M-2	45
			12157	11170	77		
			13010	10960	80.5		
			13800	10739	83.5		
			14170	10460	85		
			14544	10211	86		
			14832	10049	88		
TLGF-HY-55-1	A	2965	14500	10570	88	Y2-250M-2	55
			16020	10264	93		
			17405	9888	97		
			18659	9541	100		
			19379	9197	103		
TLGF-HY-55-2	A	2965	12888	11350	91	Y2-250M-2	55
			14112	11205	90		
			15500	11130	98		
			17100	10783	104		
			18288	10314	105		
TLGF-HY-55-3	A	2965	11384	12387	80	Y2-250M-2	55
			12661	12147	91		
			13812	12048	92		
			14514	11787	95		
			15347	11531	100		
			16114	11335	102		

续表

型号	传动方式	转速/(r/min)	流量/(m³/h)	全压/Pa	电流/A	电动机	
						型号	功率/kW
TLGF-HY-55-4	A	2965	11041	12710	84	Y2-250M-2	55
			12081	12583	91		
			12570	12415	93		
			13122	12309	95		
			14291	12170	98		
			14938	12049	101		
			15979	11871	103		
TLGF-HY-75-1	A	2970	13050	13912	103.8	Y2-280S-2	75
			14500	13750	110.7		
			15720	13350	117		
			17120	13040	124.8		
			19100	12547	142		
TLGF-HY-75-2	A	2970	14936	12160	112	Y2-280S-2	75
			16315	11949	117.8		
			17650	11759	117		
			18800	11510	121.5		
			19801	11341	127		
			20394	11083	129		
			20905	10892	130		

十一、TY 系列高压风机性能

型号	转速/(r/min)	工况点	流量/(m³/h)	全压/Pa	电流/A	配用电动机功率/kW
TYNo.9-2.2A	2970	1	13276	13780	122	90 或 110
		2	15006	13790	131	
		3	16376	13820	137	
		4	18081	13610	144	
		5	19597	13460	152	
		6	21443	12990	160	
		7	23062	12790	167	
		8	24345	12710	174	
		9	25954	12650	182	
		10	26971	12490	190	

续表

型号	转速/(r/min)	工况点	流量/(m^3/h)	全压/Pa	电流/A	配用电动机功率/kW
TYNo. 8. 8-2. 2A	2970	1	9318	14500	93	90 或 110
		2	10160	14640	99	
		3	11589	14420	107	
		4	13859	14460	118	
		5	15299	14230	125	
		6	16993	13870	132	
		7	19256	13270	142	
		8	21252	12520	151	
		9	23648	10810	160	
		10	25750	10640	168	
TYNo. 8. 8-2. 5A	2970	1	15084	13110	123	90
		2	16741	13160	130	
		3	18563	12880	135	
		4	19677	12580	141	
		5	20645	12350	146	
		6	21944	12000	151	
		7	23247	11620	156	
		8	25118	11200	162	
		9	26586	10340	167	
		10	27320	9450	171	
TYNo. 8. 4-2A	2970	1	12782	12740	98	75 或 90
		2	14090	12660	104	
		3	15146	12560	109	
		4	16656	12360	115	
		5	18581	11910	122	
		6	19802	11570	127	
		7	21646	11270	135	
		8	22417	10910	139	
		9	23369	10690	142	
		10	24767	10110	148	

续表

型号	转速/（r/min）	工况点	流量/（m^3/h）	全压/Pa	电流/A	配用电动机功率/kW
TYNo. 8. 4-2. 4A	2970	1	13682	12230	96	55
		2	14943	12010	101	
		3	16638	11810	109	
		4	18197	11220	114	
		5	19939	10920	122	
		6	21814	10430	127	
		7	23951	9720	**133**	
		8	24386	8670	139	
		9	26193	8480	143	
		10	26939	7470	146	
TYNo. 8-1. 8A	2970	1	10074	11260	74	55 或 75
		2	12401	11250	83	
		3	13660	11330	89	
		4	15100	11280	95	
		5	15978	11080	99	
		6	16848	11020	101	
		7	17506	10800	103	
		8	18218	10460	105	
		9	18681	10350	107	
		10	20092	10080	111	
TYNo. 8. 4-1. 4A	2970	1	8372	12250	70	55 或 75
		2	10254	12170	77	
		3	11254	12090	82	
		4	11995	12110	87	
		5	12937	11900	91	
		6	13772	11680	95	
		7	14066	11680	99	
		8	14472	11300	101	
		9	15858	10990	103	
		10	17107	10380	108	

续表

型号	转速/（r/min）	工况点	流量/（m^3/h）	全压/Pa	电流/A	配用电动机功率/kW
TYNo. 8. 4-1. 1A	2970	1	8885	12590	63	45 或 55
		2	9748	12370	68	
		3	10808	12290	74	
		4	11377	11920	77	
		5	11797	11680	79	
		6	12387	11030	81	
		7	13021	10670	83	
		8	13413	10290	86	
		9	14002	9780	89	
		10	14701	9100	91	
TYNo. 8. 8-0. 85A	2970	1	4118	15400	63	55
		2	5594	15640	69	
		3	6174	15560	74	
		4	7113	15680	80	
		5	7787	15780	87	
		6	8254	15990	90	
		7	8715	16070	95	
		8	9209	15750	**101**	
		9	9878	15600	**108**	
		10	10352	15550	**113**	
TYNo. 8. 4-0. 75A	2970	1	5902	13800	54	45
		2	6263	13850	58	
		3	6640	14030	61	
		4	7003	14040	64	
		5	7504	14150	68	
		6	7941	13950	72	
		7	8342	13940	76	
		8	8580	13920	**79**	
		9	8932	13850	**83**	
		10	9067	13740	**85**	

续表

型号	转速/（r/min）	工况点	流量/（m^3/h）	全压/Pa	电流/A	配用电动机功率/kW
TYNo. 7. 7-2. 1A	2970	1	15669	9500	79	55
		2	15838	9370	81	
		3	16722	8930	84	
		4	17247	8570	86	
		5	18575	8180	89	
		6	19805	7650	91	
		7	21018	6740	**92**	
		8	22424	6000	**93**	
		9	23167	5320	**95**	
		10	24100	4650	**95**	
TYNo. 7. 7-1. 8A		1	13813	10160	80	55
		2	14483	9870	83	
		3	15490	9620	87	
		4	16217	9470	90	
		5	17625	9460	93	
		6	18407	9380	97	
		7	18820	9330	**99**	
		8	19328	9170	**101**	
		9	20160	8790	**103**	
		10	20663	8270	**105**	
TYNo. 7. 7-1. 5A	2970	1	7835	10940	52	45 或 55
		2	9410	10820	59	
		3	10963	10640	64	
		4	12471	10480	70	
		5	13667	10180	76	
		6	14628	10000	79	
		7	15189	9910	81	
		8	16024	9730	83	
		9	16817	9540	86	
		10	16573	9210	89	

续表

型号	转速/(r/min)	工况点	流量/(m^3/h)	全压/Pa	电流/A	配用电动机功率/kW
TYNo. 7. 3-1. 8A	2970	1	10493	9020	57	45
		2	11504	9060	60	
		3	12843	8620	64	
		4	14052	8250	67	
		5	15237	7810	71	
		6	16703	7220	74	
		7	17752	6990	77	
		8	18834	6400	**80**	
		9	19956	5610	**83**	
		10	21363	4750	**86**	
TYNo. 7. 3-1. 5A	2970	1	755	9530	49	37
		2	8423	9450	50	
		3	9510	9610	54	
		4	10739	9250	57	
		5	12220	9130	61	
		6	12881	8930	63	
		7	14082	8670	**68**	
		8	14616	8620	**69**	45
		9	15378	8310	**70**	
		10	16422	8330	**73**	
TYNo. 7. 3-1. 5A	2970	1	6862	9210	45	37
		2	8029	8890	47	
		3	10813	8340	51	
		4	11838	8250	54	
		5	12943	7660	57	
		6	13988	7010	60	
		7	15228	6400	62	
		8	16885	5240	**65**	
		9	18756	4170	**67**	
		10	19485	4060	**69**	

续表

型号	转速/（r/min）	工况点	流量/（m³/h）	全压/Pa	电流/A	配用电动机功率/kW
TYNo. 8-0. 65A	2970	1	2790	11810	42	30
		2	3364	12360	45	
		3	3738	12660	49	
		4	4258	12840	52	
		5	4965	13180	55	
		6	5776	13470	60	
		7	6732	13540	**65**	
		8	7073	13560	**68**	
		9	7396	13540	**70**	
		10	8015	13070	**75**	

资料来源：蚌埠市风机厂。

十二、6-23 型离心式通风机

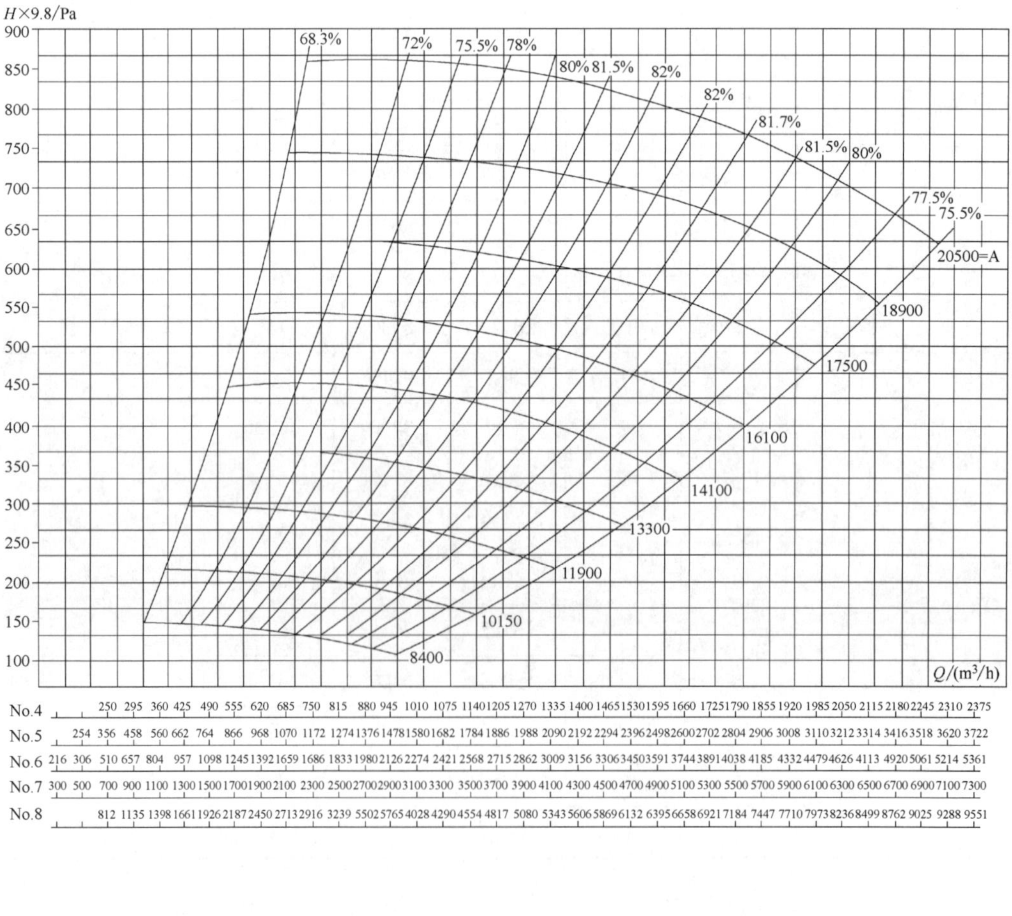

附录五　罗茨鼓风机性能

一、双叶罗茨鼓风机

1. RRC-80 型罗茨鼓风机性能（部分）

转速/（r/min）	理论流量/（m^3/min）	升压/（kPa）	流量/（m^3/min）	轴功率/kW	配套电动机		最大重量/kg
					型号	功率/kW	
1150	4. 48	9. 8	3. 18	1. 3	Y100L1-4	2. 2	320
		19. 6	2. 83	2. 1	Y100L2-4	3	
		29. 4	2. 53	2. 8	Y112M-4	4	
		39. 2	2. 28	3. 5	Y112M-4	4	
		49. 0	2. 03	4. 3	Y132S-4	5. 5	
		58. 8	1. 83	5. 0	Y132M-4	7. 5	
1450	5. 66	9. 8	4. 36	1. 6	Y100L1-4	2. 2	370
		19. 6	4. 01	2. 6	Y100L2-4	3	
		29. 4	3. 71	3. 5	Y112M-4	4	
		39. 2	3. 46	4. 4	Y132S-4	5. 5	
		49. 0	3. 21	5. 4	Y132M-4	7. 5	
		58. 8	3. 01	6. 3	Y132M-4	7. 5	
		68. 8	2. 86	7. 3	Y160M-4	11	
1750	6. 83	9. 8	5. 53	2. 0	Y100L2-4	3	390
		19. 6	5. 18	3. 1	Y112M-4	4	
		29. 4	4. 88	4. 3	Y132S-4	5. 5	
		39. 2	4. 63	5. 4	Y132M-4	7. 5	
		49. 0	4. 38	6. 5	Y132M-4	7. 5	
		58. 8	4. 18	7. 6	Y160M-4	11	
		68. 6	4. 03	8. 7	Y160M-4	11	
		78. 4	3. 88	9. 8	Y160L-4	15	
2000	7. 80	9. 8	6. 50	2. 3	Y100L2-4	3	390
		19. 6	6. 15	3. 6	Y132S-4	5. 5	
		29. 4	5. 85	4. 9	Y132M-4	7. 5	
		39. 2	5. 60	6. 1	Y132M-4	7. 5	

续表

转速/（r/min）	理论流量/（m³/min）	升压/（kPa）	流量/（m³/min）	轴功率/kW	配套电动机		最大重量/kg
					型号	功率/kW	
2000	7.80	49.0	5.35	7.4	Y160M-4	11	390
		58.8	5.15	8.7	Y160M-4	11	
		68.6	5.00	10.0	Y160L-4	15	
		78.4	4.85	11.2	Y160L-4	15	
		88.2	4.70	12.5	Y160L-4	15	
2500	9.76	9.8	8.46	2.8	Y112M-2	4	395
		19.6	8.11	4.4	Y132S1-2	5.5	
		29.4	7.81	6.0	Y132S2-2	7.5	
		39.2	7.56	7.7	Y160M1-2	11	
		49.0	7.31	9.3	Y160M1-2	11	
		58.8	7.11	10.9	Y160M2-2	15	
		68.6	6.96	12.5	Y160M2-2	15	
		78.4	6.81	14.2	Y160L-2	18.5	
		88.2	6.66	15.8	Y160L-2	18.5	600

2. RRC-80V 型干式罗茨真空泵性能（部分）

转速/（r/min）	理论流量/（m³/min）	真空度/（kPa）	流量/（m³/min）	轴功率/kW	配套电动机		最大重量/kg
					型号	功率/kW	
1150	4.48	-9.8	3.18	1.3	Y100L1-4	2.2	290
		-14.7	2.83	1.7	Y100L2-4	3	
		-19.6	2.68	2.1	Y100L2-4	3	
		-24.5	2.41	2.45	Y112M-4	4	
		-29.4	2.16	2.8	Y112M-4	4	
		-34.3	1.93	3.15	Y112M-4	4	
1450	5.66	-9.8	4.36	1.6	Y100L1-4	2.2	315
		-14.7	4.01	2.1	Y100L2-4	3	
		-19.6	3.86	2.6	Y112M-4	4	
		-24.5	3.59	3.05	Y112M-4	4	
		-29.4	3.34	3.5	Y132S-4	5.5	
		-34.3	3.11	3.95	Y132S-4	5.5	
		-39.2	2.94	4.4	Y132S-4	5.5	

续表

转速/（r/min）	理论流量/（m^3/min）	真空度/（kPa）	流量/（m^3/min）	轴功率/kW	配套电动机		最大重量/kg
					型号	功率/kW	
1750	6.83	-9.8	5.53	2.0	Y100L2-4	3	320
		-14.7	5.18	2.55	Y112M-4	4	
		-19.6	5.03	3.1	Y112M-4	4	
		-24.5	4.76	3.7	Y132S-4	5.5	
		-29.4	4.45	4.3	Y132S-4	5.5	
		-34.3	4.22	4.85	Y132M-4	7.5	
		-39.2	4.05	5.4	Y132M-4	7.5	
		-44.1	3.88	5.96	Y132M-4	7.5	
2000	7.80	-9.8	6.50	2.3	Y100L2-4	3	370
		-14.7	6.15	2.95	Y112M-4	4	
		-19.6	6.00	3.6	Y132S-4	5.5	
		-24.5	5.73	4.25	Y132S-4	5.5	
		-29.4	5.48	4.9	Y132M-4	7.5	
		-34.3	5.25	5.5	Y132M-4	7.5	
		-39.2	5.08	6.1	Y132M-4	7.5	
		-44.1	4.85	6.75	Y160M-4	11	
2500	9.76	-9.8	8.46	2.8	Y112M-2	4	374
		-14.7	8.11	3.6	Y132S1-2	5.5	
		-19.6	7.96	4.4	Y132S1-2	5.5	
		-24.5	7.69	5.2	Y132S2-2	7.5	
		-29.4	7.44	6.0	Y132S2-2	7.5	
		-34.3	7.21	6.85	Y160M1-2	11	
		-39.2	7.04	7.7	Y160M1-2	11	
		-44.1	6.81	8.5	Y160M1-2	11	
		-49.0	6.62	9.3	Y160M2-2	15	

二、SSR 型三叶罗茨鼓风机性能

1. SSR50 型（口径 50A）

型式			SSR50									
口径			50A									
转速/（r/min）			1100	1230	1350	1450	1530	1640	1730	1840	1950	2120
排出压力	9.8 kPa	*Q*	1.22	1.38	1.53	1.66	1.75	1.89	2.00	2.13	2.27	2.48
		N	0.75	0.75	0.75	0.75	0.75	0.75	1.1	1.1	1.1	1.5
	14.7 kPa	*Q*	1.16	1.31	1.46	1.58	1.68	1.81	1.92	2.05	2.19	2.39
		N	0.75	0.75	0.75	0.75	1.1	1.1	1.1	1.5	1.5	1.5
	19.6 kPa	*Q*	1.12	1.27	1.42	1.53	1.64	1.76	1.87	2.00	2.13	2.33
		N	0.75	0.75	1.1	1.1	1.1	1.5	1.5	1.5	1.5	2.2
	24.5 kPa	*Q*	1.05	1.20	1.34	1.46	1.55	1.68	1.79	1.92	2.05	2.25
		N	0.75	1.1	1.1	1.1	1.5	1.5	1.5	1.5	2.2	2.2
	29.4 kPa	*Q*	0.99	1.14	1.28	1.40	1.49	1.62	1.73	1.86	1.99	2.19
		N	1.1	1.1	1.5	1.5	1.5	1.5	2.2	2.2	2.2	2.2
	34.3 kPa	*Q*	0.93	1.08	1.23	1.34	1.43	1.56	1.66	1.79	0.92	2.12
		N	1.1	1.5	1.5	1.5	1.5	2.2	2.2	2.2	2.2	3
	39.2 kPa	*Q*	0.90	1.05	1.19	1.30	1.39	1.52	1.62	1.75	1.88	2.08
		N	1.5	1.5	1.5	2.2	2.2	2.2	2.2	2.2	3	3
	44.1 kPa	*Q*	0.85	1.00	1.14	1.25	1.35	1.47	1.57	1.70	1.83	2.03
		N	1.5	1.5	2.2	2.2	2.2	2.2	2.2	3	3	3
	49 kPa	*Q*	0.78	0.94	1.09	1.20	1.30	1.43	1.53	1.67	1.81	2.01
		N	1.5	2.2	2.2	2.2	2.2	3	3	3	3	4
	53.9 kPa	*Q*		0.90	1.05	1.16	1.26	1.40	1.50	1.64	1.77	1.98
		N		2.2	2.2	2.2	3	3	3	3	4	4
	58.8 kPa	*Q*				1.14	1.24	1.38	1.48	1.62	1.75	1.96
		N				3	3	3	3	4	4	4

注：*Q*——进风状态风量，m^3/min；*N*——电动机功率，kW。

2. SSR65 型（口径 65A）

型式			SSR65									
口径			65A									
转速/（r/min）			1110	1240	1360	1450	1530	1640	1740	1820	1940	2130
排出压力	9.8 kPa	*Q*	1.67	1.92	2.16	2.31	2.45	2.66	2.86	3.02	3.26	3.64
		N	0.75	0.75	0.75	0.75	1.1	1.1	1.1	1.1	1.5	1.5
	14.7 kPa	*Q*	1.57	1.82	2.06	2.22	2.36	2.57	2.77	2.93	3.17	3.55
		N	0.75	1.1	1.1	1.1	1.1	1.5	1.5	1.5	1.5	2.2
	19.6 kPa	*Q*	1.48	1.73	1.97	2.14	2.28	2.49	2.69	2.85	3.09	3.47
		N	1.1	1.1	1.5	1.5	1.5	1.5	2.2	2.2	2.2	2.2
	24.5 kPa	*Q*	1.40	1.65	1.89	2.07	2.21	2.42	2.62	2.78	3.02	3.40
		N	1.1	1.5	1.5	1.5	2.2	2.2	2.2	2.2	2.2	2.2
	29.4 kPa	*Q*	1.32	1.58	1.82	2.00	2.14	2.36	2.56	2.72	2.96	3.33
		N	1.5	1.5	2.2	2.2	2.2	2.2	2.2	3	3	3
	34.3 kPa	*Q*	1.25	1.51	1.75	1.93	2.08	2.30	2.50	2.66	2.90	3.27
		N	1.5	2.2	2.2	2.2	2.2	3	3	3	4	4
	39.2 kPa	*Q*	1.18	1.44	1.68	1.86	2.02	2.24	2.44	2.60	2.83	3.21
		N	2.2	2.2	2.2	3	3	3	3	4	4	4
	44.1 kPa	*Q*	1.12	1.38	1.62	1.80	1.96	2.18	2.38	2.54	2.77	3.15
		N	2.2	2.2	3	3	3	4	4	4	4	5.5
	49 kPa	*Q*	1.07	1.32	1.56	1.74	1.90	2.12	2.32	2.48	2.71	3.09
		N	2.2	3	3	3	4	4	4	4	4	5.5
	53.9 kPa	*Q*		1.27	1.51	1.69	1.84	2.06	2.26	2.42	2.66	3.04
		N		3	3	4	4	4	4	5.5	5.5	5.5
	58.8 kPa	*Q*				1.63	1.79	2.01	2.21	2.37	2.61	2.99
		N				4	4	4	5.5	5.5	5.5	5.5

注：*Q*——进风状态风量，m^3/min；*N*——电动机功率，kW。

3. SSR80 型（口径 80A）

型式			SSR80									
口径			80A									
转速/（r/min）			1140	1230	1300	1360	1460	1560	1650	1730	1820	1900
排出压力	9.8 kPa	Q	3.09	3.37	3.59	3.77	4.08	4.38	4.66	4.90	5.18	5.43
		N	2.2	2.2	2.2	2.2	2.2	2.2	2.2	2.2	2.2	2.2
	14.7 kPa	Q	3.00	3.28	3.50	3.68	3.99	4.30	4.57	4.82	5.10	5.35
		N	2.2	2.2	2.2	2.2	2.2	2.2	3	3	3	3
	19.6 kPa	Q	2.90	3.18	3.41	3.59	3.90	4.21	4.48	4.73	5.00	5.27
		N	2.2	2.2	2.2	2.2	3	3	3	3	4	4
	24.5 kPa	Q	2.84	3.10	3.33	3.52	3.82	4.14	4.41	4.67	4.94	5.19
		N	2.2	3	3	3	3	4	4	4	4	4
	29.4 kPa	Q	2.78	3.06	3.27	3.46	3.76	4.07	4.36	4.60	4.88	5.12
		N	3	3	3	3	4	4	4	4	5.5	5.5
	34.3 kPa	Q	2.71	2.99	3.20	3.38	3.69	4.00	4.28	4.53	4.81	5.06
		N	3	3	4	4	4	4	5.5	5.5	5.5	5.5
	39.2 kPa	Q	2.63	2.91	3.12	3.30	3.62	3.93	4.20	4.46	4.74	4.99
		N	3	4	4	4	5.5	5.5	5.5	5.5	5.5	5.5
	44.1 kPa	Q	2.54	2.82	3.03	3.22	3.53	3.84	4.12	4.38	4.65	4.89
		N	4	4	4	5.5	5.5	5.5	5.5	5.5	5.5	7.5
	49 kPa	Q	2.48	2.76	2.97	3.16	3.46	3.77	4.05	4.30	4.58	4.82
		N	4	4	5.5	5.5	5.5	5.5	5.5	7.5	7.5	7.5
	53.9 kPa	Q	2.40	2.68	2.90	3.09	3.40	3.71	3.98	4.24	4.52	4.77
		N	4	5.5	5.5	5.5	5.5	5.5	7.5	7.5	7.5	7.5
	58.8 kPa	Q	2.36	2.63	2.84	3.02	3.34	3.65	3.92	4.18	4.45	4.70
		N	5.5	5.5	5.5	5.5	5.5	7.5	7.5	7.5	7.5	7.5

注：Q——进风状态风量，m^3/min；N——电动机功率，kW。

4. SSR100 型（口径 100A）

型式			SSR100									
口径			100A									
转速/（r/min）			1060	1140	1220	1310	1460	1540	1680	1780	1880	1980
排出压力	9.8 kPa	*Q*	4.57	4.97	5.34	5.73	6.53	6.91	7.63	8.09	8.57	9.07
		N	3	3	3	3	3	3	4	4	4	4
	14.7 kPa	*Q*	4.40	4.81	5.18	5.58	6.38	6.77	7.49	7.96	8.45	8.96
		N	3	3	3	3	4	4	4	5.5	5.5	5.5
	19.6 kPa	*Q*	4.24	4.65	5.03	5.44	6.25	6.64	7.36	7.84	8.36	8.85
		N	3	3	4	4	4	5.5	5.5	5.5	5.5	7.5
	24.5 kPa	*Q*	4.09	4.50	4.89	5.31	6.12	6.52	7.24	7.73	8.25	7.75
		N	3	4	4	4	5.5	5.5	5.5	7.5	7.5	7.5
	29.4 kPa	*Q*	3.95	4.36	4.76	5.18	6.00	6.40	7.13	7.62	8.15	8.65
		N	4	4	5.5	5.5	5.5	5.5	7.5	7.5	7.5	7.5
	34.3 kPa	*Q*	3.82	4.23	4.64	5.06	5.89	6.29	7.02	7.52	8.05	8.55
		N	4	5.5	5.5	5.5	7.5	7.5	7.5	7.5	11	11
	39.2 kPa	*Q*	3.70	4.12	4.53	4.95	5.78	6.19	6.92	7.42	7.95	8.46
		N	5.5	5.5	5.5	7.5	7.5	7.5	7.5	11	11	11
	44.1 kPa	*Q*	3.59	4.01	4.42	4.84	5.68	6.09	6.82	7.32	7.86	8.37
		N	5.5	5.5	7.5	7.5	7.5	7.5	11	11	11	11
	49 kPa	*Q*	3.48	3.90	4.32	4.74	5.58	5.99	6.73	7.23	7.77	8.26
		N	5.5	7.5	7.5	7.5	7.5	11	11	11	11	15
	53.9 kPa	*Q*	3.38	3.80	4.22	4.64	5.48	5.90	6.64	7.14	7.68	8.20
		N	7.5	7.5	7.5	7.5	11	11	11	11	15	15
	58.8 kPa	*Q*	3.28	3.71	4.13	4.55	5.39	5.81	6.55	7.06	7.60	8.12
		N	7.5	7.5	7.5	11	11	11	11	15	15	15

注：*Q*——进风状态风量，m^3/min；*N*——电动机功率，kW。

三、吸粮机用罗茨真空泵（部分）

1. RRE-145V 型罗茨真空泵性能

转速/（r/min）	理论流量/（m^3/min）	真空度/kPa	流量/（m^3/min）	轴功率/kW	配套电机		机组最大重量/kg
					型号	功率/kW	
730*	20.8	-9.8	17.4	5.3	Y160L-8	7.5	1470
		-14.7	16.2	7.3	Y180L-8	11	
		-19.6	15.8	9.2	Y180L-8	11	
		-24.5	15.1	10.7	Y200L-8	15	
		-29.4	14.4	12.1	Y200L-8	15	
		-34.3	13.9	13.9	Y225S-8	18.5	
		-39.2	13.4	15.5	Y225S-8	18.5	
		-44.1	12.8	17.5	Y225M-8	22	
970*	27.6	-9.8	24.2	7.0	Y160L-6	11	1470
		-14.7	23.0	9.25	Y160L-6	11	
		-19.6	22.6	11.5	Y180L-6	15	
		-24.5	21.9	14	Y200L1-6	18.5	
		-29.4	21.2	16.5	Y200L1-6	18.5	
		-34.3	20.7	18.8	Y200L2-6	22	
		-39.2	20.2	21.0	Y225M-6	30	
		-44.1	19.6	23.3	Y225M-6	30	
		-49.0	18.5	25.5	Y225M-6	30	
1170	33.3	-9.8	29.9	8.5	Y160M-4	11	1430
		-14.7	28.7	11.3	Y160L-4	15	
		-19.6	28.3	14.0	Y180M-4	18.5	
		-24.5	27.6	16.8	Y180L-4	22	
		-29.4	26.9	19.5	Y180L-4	22	
		-34.3	26.4	22.3	Y200L-4	30	
		-39.2	25.9	25.0	Y200L-4	30	
		-44.1	25.3	27.8	Y225S-4	37	
		-49.0	24.6	30.5	Y225S-4	37	
1250	35.6	-9.8	32.2	9.0	Y160M-4	11	1430
		-14.7	31.0	12	Y160L-4	15	
		-19.6	30.6	15.0	Y180M-4	18.5	
		-24.5	29.9	18	Y180L-4	22	
		-29.4	29.2	21.0	Y200L-4	30	
		-34.3	28.7	24	Y200L-4	30	
		-39.2	28.2	27.0	Y200L-4	30	
		-44.1	27.6	30	Y225S-4	37	
		-49.0	26.9	33.0	Y225S-4	37	

续表

转速/（r/min）	理论流量/（m^3/min）	真空度/kPa	流量/（m^3/min）	轴功率/kW	配套电机		机组最大重量/kg
					型号	功率/kW	
1350	38.4	9.8	35.0	9.5	Y160M-4	11	1460
		-14.7	33.8	12.8	Y160L-4	15	
		-19.6	33.4	16.0	Y180M-4	18.5	
		-24.5	32.7	19.3	Y180L-4	22	
		-29.4	32.0	22.5	Y200L-4	30	
		-34.3	31.5	25.8	Y200L-4	30	
		-39.2	31.0	29.0	Y225S-4	37	
		-44.1	30.4	32.3	Y225S-4	37	
		-49.0	29.7	35.5	Y225M-4	45	

注：1. * 所示转速的罗茨真空泵采用联轴器传动，其余为皮带轮传动。

2. 电机防护等级 IP44，电压 380V。

2. RRE-150V 型罗茨真空泵性能

转速/（r/min）	理论流量/（m^3/min）	真空度/kPa	流量/（m^3/min）	轴功率/kW	配套电机		机组最大重量/kg
					型号	功率/kW	
730*	26.7	-9.8	22.2	6.8	Y180L-8	11	1680
		-14.7	21.0	9.0	Y180L-8	11	
		-19.6	20.6	11.2	Y200L-8	15	
		-24.5	19.6	13.4	Y200L-8	15	
		-29.4	18.8	15.5	Y225S-8	18.5	
		-34.3	18.1	17.8	Y225M-8	22	
		-39.2	17.5	19.9	Y225M-8	22	
		-44.1	16.7	22.2	Y250M-8	30	
970*	35.5	-9.8	31.0	8.5	Y160L-6	11	1670
		-14.7	29.8	11.5	Y180L-6	15	
		-19.6	29.4	14.5	Y200L1-6	18.5	
		-24.5	28.5	17.5	Y200L2-6	22	
		-29.4	27.7	20.5	Y225M-6	30	
		-34.3	27.0	23.5	Y225M-6	30	
		-39.2	26.4	26.5	Y225M-6	30	
		-44.1	25.5	29.5	Y250M-6	37	
		-49.0	24.8	32.5	Y250M-6	37	
1170	42.8	-9.8	38.4	10.0	Y160M-4	11	1550
		-14.7	37.2	13.8	Y180M-4	18.5	
		-19.6	36.7	17.5	Y180L-4	22	
		-24.5	35.8	21	Y200L-4	30	
		-29.4	35.0	24.3	Y200L-4	30	
		-34.3	34.3	28.3	Y225S-4	37	
		-39.2	33.7	32.0	Y225S-4	37	
		-44.1	32.9	35.5	Y225M-4	45	
		-49.0	32.2	39.0	Y225M-4	45	

续表

转速/（r/min）	理论流量/（m³/min）	真空度/kPa	流量/（m³/min）	轴功率/kW	配套电机		机组最大重量/kg
					型号	功率/kW	
1250	45.8	-9.8	41.3	11.0	Y160L-4	15	1630
		-14.7	40.1	14.8	Y180M-4	18.5	
		-19.6	39.6	18.5	Y180L-4	22	
		-24.5	38.7	22.5	Y200L-4	30	
		-29.4	37.9	26.5	Y200L-4	30	
		-34.3	37.2	30.3	Y225S-4	37	
		-39.2	36.6	34.0	Y225M-4	45	
		-44.1	34.8	37.8	Y225M-4	45	
		-49.0	34.1	41.5	Y250M-4	55	
1350	49.4	-9.8	45.0	12.0	Y160L-4	15	1630
		-14.7	43.8	16	Y180M-4	18.5	
		-19.6	43.3	20.0	Y180L-4	22	
		-24.5	42.4	24.3	Y200L-4	30	
		-29.4	41.6	28.5	Y225S-4	37	
		-34.3	40.9	32.5	Y225S-4	37	
		-39.2	40.3	36.5	Y225M-4	45	
		-44.1	39.5	40.8	Y225M-4	45	
		-49.0	38.8	45.5	Y250M-4	55	

注：1. * 所示转速的罗茨真空泵采用联轴器传动，其余为皮带轮传动。

2. 电机防护等级 IP44，电压 380V。

3. RRE-190V 型罗茨真空泵性能

转速/（r/min）	理论流量/（m³/min）	真空度/kPa	流量/（m³/min）	轴功率/kW	配套电机		机组最大重量/kg
					型号	功率/kW	
730*	33.4	-9.8	29.0	8.3	Y180L-8	11	2025
		-14.7	27.4	11.0	Y200L-8	15	
		-19.6	26.6	13.6	Y200L-8	15	
		-24.5	25.3	16.5	Y225S-8	18.5	
		-29.4	24.2	19.4	Y225M-8	22	
		-34.3	23.2	22.1	Y250M-8	30	
		-39.2	22.3	24.8	Y250M-8	30	
		-44.1	21.2	27.7	Y280S-8	37	
		-49.0	19.7	30.6	Y280S-8	37	
970*	44.4	-9.8	40.0	10.5	Y180L-6	15	2025
		-14.7	38.4	14.3	Y200L1-6	18.5	
		-19.6	37.6	18.0	Y200L2-6	22	
		-24.5	36.3	21.8	Y225M-6	30	
		-29.4	35.2	25.5	Y225M-6	30	
		-34.3	34.2	29.3	Y250M-6	37	
		-39.2	33.3	33.0	Y250M-6	37	
		-44.1	32.2	36.5	Y280S-6	45	
		-49.0	30.8	40.0	Y280S-6	45	

续表

转速/（r/min）	理论流量/（m³/min）	真空度/kPa	流量/（m³/min）	轴功率/kW	配套电机		机组最大重量/kg
					型号	功率/kW	
1170	53.6	-9.8	49.2	12.5	Y160L-4	15	1850
		-14.7	47.6	17	Y180L-4	22	
		-19.6	46.8	21.5	Y200L-4	30	
		-24.5	45.5	26	Y200L-4	30	
		-29.4	44.4	30.5	Y225S-4	37	
		-34.3	43.4	35	Y225M-4	45	
		-39.2	42.5	39.5	Y225M-4	45	
		-44.1	41.4	44	Y250M-4	55	
		-49.0	40.0	48.5	Y250M-4	55	
1250	57.2	-9.8	52.8	13.5	Y180M-4	18.5	2000
		-14.7	51.2	18.3	Y180L-4	22	
		-19.6	50.4	23.0	Y200L-4	30	
		-24.5	49.1	27.8	Y225S-4	37	
		-29.4	48.0	32.5	Y225S-4	37	
		-34.3	47.0	37.3	Y225M-4	45	
		-39.2	46.1	42.0	Y250M-4	55	
		-44.1	45.0	47	Y250M-4	55	
		-49.0	43.6	52.0	Y280S-4	75	
1350	61.8	-9.8	57.4	14.5	Y180M-4	18.5	2000
		-14.7	55.8	19.8	Y180L-4	22	
		-19.6	55.0	25.0	Y200L-4	30	
		-24.5	53.7	30.0	Y225S-4	37	
		-29.4	52.6	35.0	Y225M-4	45	
		-34.3	51.6	40.3	Y225M-4	45	
		-39.2	50.7	45.5	Y250M-4	55	
		-44.1	49.6	50.8	Y280S-4	75	
		-49.0	48.2	56.0	Y280S-4	75	

注：1. * 所示转速的罗茨真空泵采用联轴器传动，其余为皮带轮传动。

2. 电机防护等级 IP44，电压 380V。

4. RRE-200V 型罗茨真空泵性能

转速/（r/min）	理论流量/（m³/min）	真空度/kPa	流量/（m³/min）	轴功率/kW	配套电机		机组最大重量/kg
					型号	功率/kW	
730*	40.8	-9.8	35.4	9.7	Y180L-8	11	1640
		-14.7	33.8	13.1	Y200L-8	15	
		-19.6	33.1	16.5	Y225S-8	18.5	
		-24.5	31.9	19.9	Y225M-8	22	
		-29.4	30.8	23.3	Y250M-8	30	
		-34.3	29.8	26.7	Y250M-8	30	
		-39.2	28.8	30.1	Y280S-8	37	
		-44.1	27.6	33.5	Y280S-8	37	
		-49.0	26.0	36.9	Y280M-8	45	

续表

转速/（r/min）	理论流量/（m^3/min）	真空度/kPa	流量/（m^3/min）	轴功率/kW	配套电机		机组最大重量/kg
					型号	功率/kW	
970*	54.3	-9.8	48.9	13	Y180L-6	15	1645
		-14.7	47.3	17.5	Y200L2-6	22	
		-19.6	46.6	22	Y225M-6	30	
		-24.5	45.4	26.5	Y250M-6	37	
		-29.4	44.3	31	Y250M-6	37	
		-34.3	43.3	35.6	Y280S-6	45	
		-39.2	42.3	40	Y280M-6	55	
		-44.1	41.1	44.6	Y280M-6	55	
		-49.0	39.5	49	Y280M-6	55	
1170	65.5	-9.8	60.1	15	Y180M-4	18.5	2080
		-14.7	58.5	21.3	Y200L-4	30	
		-19.6	57.8	26	Y200L-4	30	
		-24.5	56.6	31.5	Y225S-4	37	
		-29.4	55.5	37	Y225M-4	45	
		-34.3	54.5	42.5	Y250M-4	55	
		-39.2	53.5	48	Y250M-4	55	
		-44.1	52.3	53.5	Y280S-4	75	
		-49.0	50.7	59	Y280S-4	75	
1250	70.0	-9.8	64.6	16	Y180M-4	18.5	2080
		-14.7	63.0	21.8	Y200L-4	30	
		-19.6	62.3	27.5	Y225S-4	37	
		-24.5	61.1	33.3	Y225S-4	37	
		-29.4	60.0	39	Y225M-4	45	
		-34.3	59.0	45	Y250M-4	55	
		-39.2	58.0	51	Y280S-4	75	
		-44.1	56.8	57	Y280S-4	75	
		-49.0	55.2	63	Y280S-4	75	
1350	75.5	-9.8	70.1	17	Y180L-4	22	2080
		-14.7	68.5	23.5	Y200L-4	30	
		-19.6	67.8	30	Y225S-4	37	
		-24.5	66.6	36	Y225M-4	45	
		-29.4	65.5	42	Y250M-4	55	
		-34.3	64.5	48.5	Y250M-4	55	
		-39.2	65.5	55	Y280S-4	75	
		-44.1	62.3	61.5	Y280S-4	75	
		-49.0	60.7	68	Y280S-4	75	

注：1. * 所示转速的罗茨真空泵采用联轴器传动，其余为皮带轮传动。
2. 电机防护等级 IP44，电压 380V。

附录六 部分国产空气压缩机性能参数

一、单级风冷式

项目	规格							
	VA-65	TA-65	VA-80	TA-80	VA-100	TA-100	VA-120	TA-120
实际排气量/(m^3/min)	0.085	0.19	0.37	0.52	0.67	1	1.5	1.5
使用压力/MPa	0.8	0.8	0.8	0.8	0.8	0.8	0.8	0.8
转速/(r/min)	510	680	950	875	950	900	800	800
电动机功率/kW	0.75	1.5	3	4	5.5	7.5	11	11

二、两级风冷式

项目	规格							
	HTA-65	HTA-65H	HTA-80	HTA-100	HTA-100H	HTA-120	TA-155	HTA-155H
实际排气量/(m^3/min)	0.18	0.22	0.45	0.65	0.84	1.22	2.5	2.0
使用压力/MPa	12.5	12.5	12.5	12.5	12.5	12.5	12.5	12.5
转速/(r/min)	800	950	950	750	990	800	900	750
电动机功率/kW	1.5	2.2	4	5.5	7.5	11	18.5	18.5

附录七 风机配套用的 Y 系列电动机

型号	额定功率/kW	满载时				堵转电流/额定电流	堵转转矩/额定转矩	堵转转速/额定转矩
		电流/A	转速/(r/min)	效率/%	功率因数			
Y801-2	0.75	1.9	2825	73	0.84	7.0	2.2	2.2
Y802-2	1.1	2.6	2825	76	0.86	7.0	2.2	2.2
Y90S-2	1.5	3.4	2840	79	0.85	7.0	2.2	2.2
Y90L-2	2.2	4.7	2840	82	0.86	7.0	2.2	2.2
Y100L-2	3.0	6.4	2880	82	0.87	7.0	2.2	2.2
Y112M-2	4.0	8.2	2890	85.5	0.87	7.0	2.2	2.2
Y132S1-2	5.5	11.1	2900	85.2	0.88	7.0	2.0	2.2

续表

型号	额定功率/kW	满载时				堵转电流/额定电流	堵转转矩/额定转矩	堵转转速/额定转矩
		电流/A	转速/（r/min）	效率/%	功率因数			
Y132S2-2	7.5	15	2900	86.2	0.88	7.0	2.0	2.2
Y160M1-2	11	21.8	2930	97.2	0.88	7.0	2.0	2.2
Y160M2-2	15	29.4	2930	88.2	0.88	7.0	2.0	2.2
Y160L-2	18.5	35.5	2930	89	0.89	7.0	2.0	2.2
Y180M-2	22	42.2	2940	89	0.89	7.0	2.0	2.2
Y200L1-2	30	56.9	2950	90	0.89	7.0	2.0	2.2
Y200L2-2	37	69.8	2950	90.5	0.89	7.0	2.0	2.2
Y225M-2	45	84	2970	91.5	0.89	7.0	2.0	2.2
Y250M-2	55	102.7	2970	91.4	0.89	7.0	2.0	2.2
Y280S-2	75	140.1	2970	91.4	0.89	7.0	2.0	2.2
Y280M-2	90	167	2970	92	0.89	7.0	2.0	2.2
Y315S-2	110	204	2970	91	0.90	7.0	1.8	2.2
Y315M1-2	132	245	2970	91	0.90	7.0	1.8	2.2
Y315M2-2	180	295	2970	91.5	0.90	7.0	1.8	2.2
Y801-4	0.55	1.6	1390	70.5	0.76	6.5	2.2	2.2
Y802-4	0.75	2.1	1390	72.5	0.76	6.5	2.2	2.2
Y90S-4	1.1	2.7	1400	79	0.78	6.5	2.2	2.2
Y90L-4	1.5	3.7	1400	79	0.79	6.5	2.2	2.2
Y1001L-4	2.2	5	1420	81	0.81	7.0	2.2	2.2
Y100L2-4	3.0	6.8	1420	82.5	0.82	7.0	2.2	2.2
Y112M-4	4.0	8.8	1440	84.5	0.82	7.0	2.2	2.2
Y1321-4	5.5	11.6	1440	85.5	0.84	7.0	2.2	2.2
Y132M-4	7.5	15.4	1440	87	0.85	7.0	2.2	2.2
Y160M-4	11.0	22.6	1460	88	0.84	7.0	2.2	2.2
Y160L-4	15.0	30.3	1460	88.5	0.85	7.0	2.2	2.2
Y180M-4	18.5	35.9	1470	91	0.86	7.0	2.0	2.2
Y180L-4	22	42.5	1470	91.5	0.86	7.0	2.0	2.2
Y200L-4	30	56.8	1470	92.2	0.87	7.0	2.0	2.2
Y225S-4	37	70.4	1480	91.8	0.87	7.0	1.9	2.2
Y225M-4	45	84.2	1480	92.3	0.88	7.0	1.9	2.2
Y250M-4	55	102.5	1480	92.6	0.88	7.0	2.0	2.2
Y280S-4	75	139.7	1480	92.7	0.88	7.0	1.9	2.2
Y280M-4	90	164.3	1480	93.5	0.89	7.0	1.9	2.2
Y315S-4	110	202	1480	93	0.89	7.0	1.8	2.2
Y315M1-4	132	242	1480	93	0.89	7.0	1.8	2.2
Y315M2-4	160	294	1480	93	0.89	7.0	1.8	2.2
Y90S-6	0.75	2.3	910	72.5	0.70	6.0	2.0	2.0
Y90L-6	1.1	3.2	910	73.5	0.72	6.0	2.0	2.0
Y100L-6	1.5	4	940	77.7	0.74	6.0	2.0	2.0
Y112M-6	2.2	5.6	940	80.5	0.74	6.0	2.0	2.0
Y132S-6	3.0	7.2	960	83	0.76	6.5	2.0	2.0

续表

型号	额定功率/kW	满载时				堵转电流/额定电流	堵转转矩/额定转矩	堵转转速/额定转矩
		电流/A	转速/(r/min)	效率/%	功率因数			
Y132M1-6	4.0	9.4	960	84	0.77	6.5	2.0	2.0
Y132M2-6	5.5	12.6	960	85.3	0.78	6.5	2.0	2.0
Y160M-6	7.5	17	970	86	0.78	6.5	2.0	2.0
Y160L-6	11	24.6	970	87	0.78	6.5	2.0	2.0
Y180L-6	15	31.6	970	89.5	0.81	6.5	1.8	2.0
Y200L1-6	18.5	37.7	970	89.8	0.83	6.5	1.8	2.0
Y200L2-6	22	44.6	970	90.2	0.83	6.5	1.8	2.0
Y225M-6	30	59.5	980	90.2	0.85	6.5	1.7	2.0
Y250M-6	37	72	980	90.8	0.86	6.5	1.8	2.0
Y280S-6	45	85.4	980	92	0.87	6.5	1.8	2.0
Y280M-6	55	104.9	980	91.6	0.87	6.5	1.8	2.0
Y315S-6	75	142	980	92.5	0.87	6.5	1.6	2.0
Y315M1-6	90	167	980	93	0.88	6.5	1.6	2.0
Y315M2-6	110	204	980	93	0.88	6.5	1.6	2.0
Y315M3-6	132	244	980	93.5	0.88	6.5	1.6	2.0
Y132S-8	2.2	5.8	710	81	0.71	5.5	2.0	2.0
Y132M-8	3	7.7	710	82	0.72	5.5	2.0	2.0
Y160M1-8	4	9.9	720	84	0.73	6.0	2.0	2.0
Y160M2-8	5.5	13.3	720	85	0.74	6.0	2.0	2.0
Y160L-8	7.5	17.7	720	86	0.75	5.5	2.0	2.0
Y180L-8	11	25.1	730	86.5	0.77	6.0	1.7	2.0
Y200L-8	15	34.1	730	88	0.76	6.0	1.8	2.0
Y225S-8	18.5	41.3	730	89.3	0.76	6.0	1.7	2.0
Y225M-8	22	47.6	730	90	0.78	6.0	1.8	2.0
Y250M-M	30	63	730	90.5	0.80	6.0	1.8	2.0
Y280S-8	37	78.7	740	91	0.79	6.0	1.8	2.0
Y280M-8	45	93.2	740	91.7	0.80	6.0	1.8	2.0
Y315S-8	55	109	740	92.5	0.83	6.5	1.6	2.0
Y315M1-8	75	148	740	92.5	0.83	6.5	1.6	2.0
Y315M2-8	90	175	740	93	0.84	6.5	1.6	2.0
Y315M3-8	110	214	740	93	0.84	6.5	1.6	2.0
Y315S-10	45	98	585	91.5	0.76	6.5	1.4	2.0
Y315M2-10	55	120	585	92	0.76	6.5	1.4	2.0
Y315M3-10	75	160	585	92.5	0.77	6.5	1.4	2.0

附录八　离心式除尘器（卸料器）

一、下旋 60 型离心式除尘器处理风量和阻力

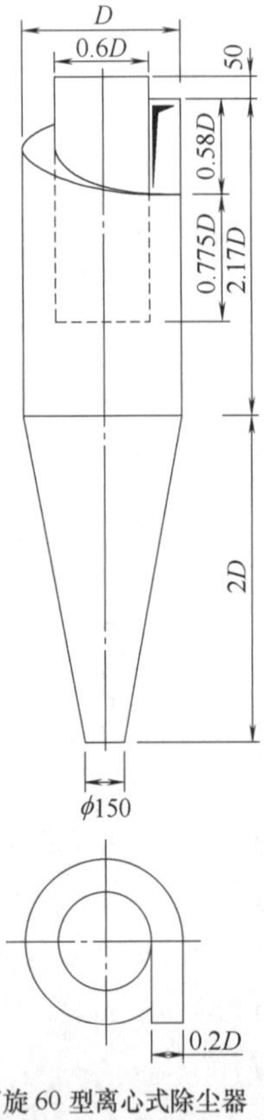

下旋 60 型离心式除尘器

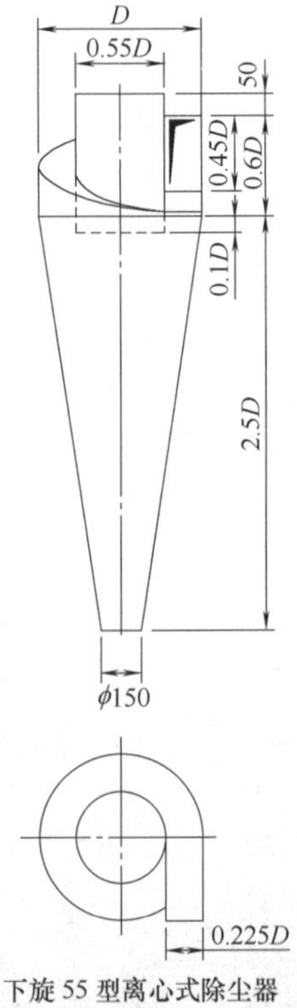

下旋 55 型离心式除尘器

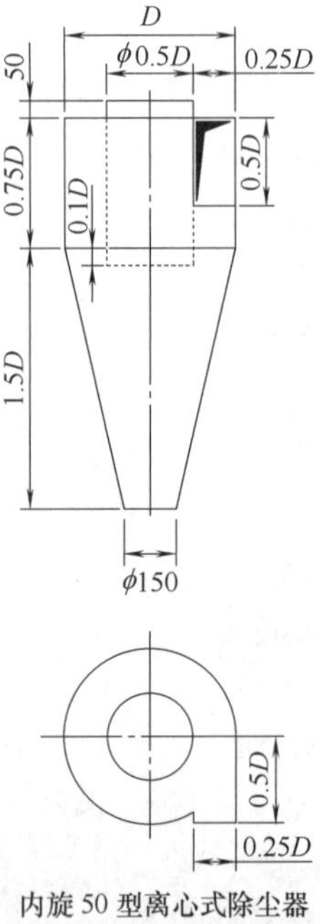

内旋 50 型离心式除尘器

u	*H*	*D*										
		250	275	300	325	350	375	400	425	450	475	500
12	41	314	380	450	529	614	710	802	906	1020	1130	1252
13	47	340	412	487	574	665	768	870	982	1105	1225	1355
14	55	365	443	525	617	715	827	935	1057	1190	1320	1450
15	64	391	475	561	662	766	886	1000	1132	1275	1415	1566
16	72	417	507	600	706	819	945	1065	1210	1360	1510	1670
17	81	444	530	637	750	870	1006	1135	1285	1445	1605	1775
18	91	470	570	674	795	920	1064	1200	1360	1530	1700	1880

注：*D*——离心式除尘器外筒体直径，mm；*H*——离心式除尘器阻力，mmH_2O；*u*——进口风速，m/s；阻力系数 $\zeta=4.6$。

二、下旋 55 型离心式除尘器处理风量和阻力

u	*H*	*D*												
		250	275	300	325	350	375	400	425	450	475	500	550	600
12	50	272	324	393	458	536	609	700	782	881	976	1093	1322	1570
13	59	295	351	426	496	580	660	758	847	955	1057	1184	1432	1704
14	68	318	378	459	534	625	711	816	912	1028	1139	1275	1542	1835
15	80	340	405	491	572	670	761	875	977	1102	1220	1366	1650	1966
16	90	363	432	524	610	714	812	933	1042	1175	1302	1457	1763	2097

三、内旋 50 型离心式除尘器处理风量和阻力

u	*H*	*D*								
		500	550	600	650	700	750	800	900	1000
12	45	1350	1630	1940	2280	2650	3040	3460	4360	5400
13	53	1460	1770	2100	2460	2870	3300	3740	4730	5850
14	61	1570	1900	2270	2660	3090	3550	4030	5100	6300
15	70	1685	2040	2430	2840	3310	3800	4320	5450	6750
16	80	1800	2180	2590	3030	3530	4050	4610	5820	7200

四、外旋 38 型离心式除尘器处理风量和阻力

u		*D*										
		240	260	280	300	320	340	360	380	400	450	500
12	*Q*	155	181	212	242	276	311	350	389	432	562	674
	H	42	46	49	53	56	60	63	67	70	79	88
13	*Q*	169	197	229	262	300	336	379	421	468	608	730
	H	49	54	58	62	66	70	74	78	81	93	103
14	*Q*	181	212	247	282	322	362	401	454	504	655	785
	H	58	62	67	72	77	82	86	91	96	108	120

五、外旋 45 型离心式除尘器处理风量和阻力

u		*D*										
		240	260	280	300	320	340	360	380	400	450	500
12	*Q*	259	306	354	410	462	523	587	656	726	912	1137
	H	53	57	62	66	70	75	80	84	88	99	110
13	*Q*	281	332	384	445	502	567	637	712	787	997	1232
	H	62	67	72	77	82	88	93	98	103	116	129
14	*Q*	302	358	413	479	539	609	685	766	847	1073	1325
	H	72	78	84	90	96	102	108	114	120	135	150

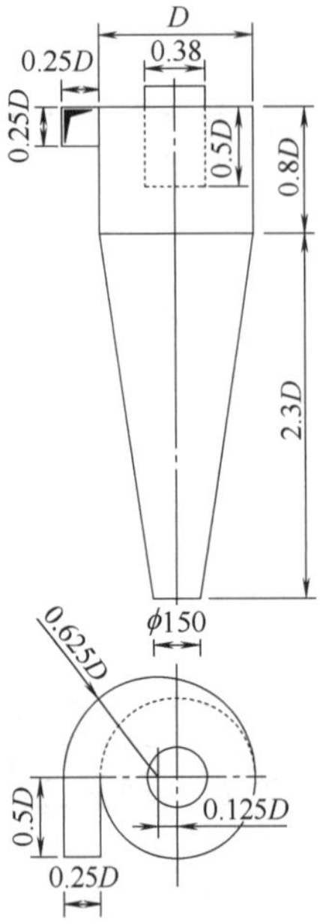

外旋 38 型离心式除尘器

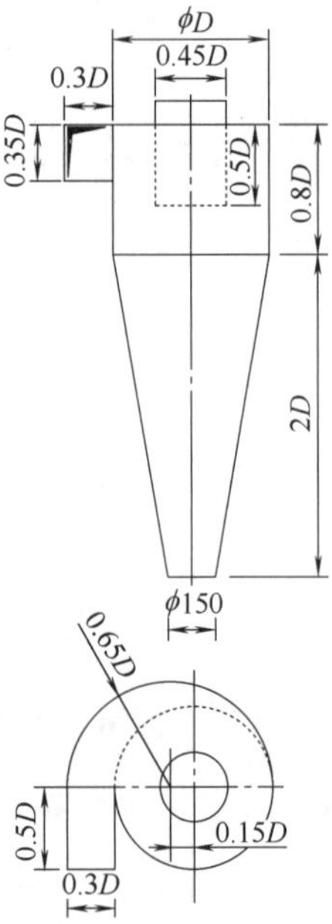

外旋 45 型离心式除尘器

附录九　脉冲除尘器性能表

一、TBLM 型低压脉冲除尘器

型号	滤袋长度/mm	处理风量/（m^3/h）	过滤面积/m^2	闭风器功率/kW	刮板功率/kW	气泵功率/kW	重量/kg
TBLM-4	1800	156～780	2.6	0.55	—	1.1	375
	2000	174～870	2.9				383
	2400	210～1050	3.5				398
TBLM-10	1800	396～1980	6.6	0.55	—	1.1	521
	2000	444～2220	7.4				532
	2400	534～2670	8.9				554
TBLM-18	1800	714～3570	11.9	0.55	—	1.1	637
	2000	792～3960	13.2				652
	2400	954～4770	15.9				682
TBLM-26 Ⅰ	1800	1032～5160	17.2	0.55	0.55	1.1	1028
	2000	1146～5730	19.1				1053
	2400	1380～6900	23				1103

续表

型号	滤袋长度/mm	处理风量/(m^3/h)	过滤面积/m^2	闭风器功率/kW	刮板功率/kW	气泵功率/kW	重量/kg
TBLM-39 Ⅰ	1800	1542~7710	25.7	0.75	0.75	1.5	1295
	2000	1722~8610	28.7				1319
	2400	2076~10380	34.6				1367
TBLM-52 Ⅰ	1800	2112~11460	35.2	1.1	1.1	2.2	1505
	2000	2292~11460	38.2				1531
	2400	2766~13830	46.1				1584
TBLM-78 Ⅰ	1800	3090~15450	51.5	1.1	1.1	2.2	2129
	2000	3438~17190	57.5				2172
	2400	4146~20730	69.1				2258
TBLM-104 Ⅰ	1800	4116~20580	68.6	1.5	1.5	3	2767
	2000	4590~22950	76.5				2815
	2400	5526~27630	92.1				2911
TBLM-130 Ⅰ	1800	5292~26460	88.2	1.5	1.5	3	3304
	2000	5880~29400	95.2				3359
	2400	6912~34560	115.3				3469
TBLM-156 Ⅰ	1800	6180~30900	103	2.2	1.5	3	3718
	2000	6882~34410	114.2				3775
	2400	8292~41460	138.2				3898

注：一般低压脉冲除尘器的过滤风速为1~5m/min，最佳过滤风速3~4m/min；设备阻力小于1470Pa；除尘器工作压力1960~2940Pa；脉冲喷吹压力4.9×10^4Pa；除尘效率≥99.5%；进风口含尘浓度高或粉尘湿度大时，处理风量取小值。

二、LYDZ型低压脉冲除尘器

型号	滤袋长度/mm	处理风量/(m^3/h)	过滤面积/m^2	关风器电机功率/kW	刮板电机功率/kW	低压泵功率/kW	重量/kg		
							A	B	C
LYDZ-4	2000	174~870	2.9	0.75	—	1.5	478	384	434
LYDZ-10	2000	444~2220	7.4				740	590	670
LYDZ-18	1800	714~3570	11.9	1.1			1140	870	1030
	2000	792~3960	13.2				1200	920	1090
	2400	954~4770	15.9				1270	990	1160
LYDZ-26	1800	1032~5160	17.2				1350	1030	1230
	2000	1146~5730	19.1				1420	1090	1290
	2400	1380~6900	23				1500	1180	1370

续表

型号	滤袋长度/mm	处理风量/（m^3/h）	过滤面积/m^2	关风器电机功率/kW	刮板电机功率/kW	低压泵功率/kW	重量/kg		
							A	B	C
LYDZ-39	1800	1542~7710	25.7	1.1	1.5	1.5	1960	1460	1780
	2000	1722~8610	28.7				2060	1530	1870
	2400	2076~10380	34.6				2140	1640	1940
LYDZ-52	1800	2112~10560	35.2				2360	1770	2150
	2000	2292~11460	38.0				2480	1860	2250
	2400	2766~13830	46.1				2600	1990	2370
LYDZ-78	1800	3090~15450	51.5			2.2	3290	2450	2990
	2000	3438~17190	57.3				3460	2570	3140
	2400	4146~20730	69.1				3620	2740	3280
LYDZ-104	1800	4116~20580	68.6				4200	3130	3820
	2000	4590~22950	76.5				4410	3296	4010
	2400	5526~27630	92.1				4650	3530	4220
LYDZ-120	1800	4752~23760	79.2				4848	3613	4410
	2000	5298~26490	88.3				5090	3804	4628
	2400	6378~31890	106.3				5366	4074	4870
LYDZ-130	1800	5148~25740	85.8				5253	3974	4777
	2000	5736~28680	95.6				5511	4118	5011
	2400	6906~34530	115.1				5811	4411	5274

注：表中的处理风量是指过滤风速为 1~5m/min、设备阻力为 0.8~1.5kPa、漏风率≤5%、除尘效率≥99.5%时的计算值，具体应按工况来选择合理的过滤风速。

三、高压脉冲除尘器

型号	过滤面积/m^2	滤袋数量/条	处理风量/（m^3/h）	脉冲阀数量/个	喷吹风量/（m^3/min）	备注
BLM24	18	24	2160~4300	4	0.07~0.15	1. 过滤风速 2~4m/min 2. 喷吹压力 0.4~0.6MPa 3. 滤袋尺寸 $\varphi120\times L2000$ 4. 设备阻力 1000~1200Pa 5. 脉冲周期 30~60s 6. 脉冲时间 0.1~0.2s 7. 进口含尘浓度 3~5g/m^3
BLM36	37	36	3250~6480	6	0.11~0.22	
BLM48	36	48	4320~8630	8	0.15~0.30	
BLM60	45	60	540~10800	10	0.18~0.37	
BLM72	54	72	6450~12900	12	0.22~0.44	
BLM84	63	84	7550~15100	14	0.25~0.50	
BLM96	72	96	8650~17300	16	0.29~0.58	
BLMl08	81	108	97200~19440	18	0.33~0.66	
BLMl20	90	120	10800~20800	20	0.37~0.73	

四、回转反吹风脉冲除尘器

型号	过滤面积		过滤风速/（m/min）	处理风量/（m^3/h）	袋长/m	圈数/圈	袋数/袋	入口含尘浓度/（g/m^3）	设备阻力/Pa	反吹风机	
	公称	实际								型号	功率/kW
24ZCⅡ200	40	38	1.0~1.5	2400~3600	2.0	1	24	<15	<1200	9-19 No. 4A	2.2
			2.0~2.5	4800~6000						9-19 No. 4.5A	4
24ZCⅡ300	60	57	1.0~1.5	3600~5400	3.0	1	24	<15	<1200		
			2.0~2.5	7200~9000							
24ZCⅡ400	80	76	1.0~1.5	4800~7200	4.0	1	24	<15	<1200		
			2.0~2.5	9600~12000							
72ZCⅡ200	110	114	1.0~1.5	6600~9900	2.0	2	72	<15	<1200	9-19 No. 5A	7.5
			2.0~2.5	13200~16500							
72ZCⅡ300	170	170	1.0~1.5	10200~15300	3.0	2	72	<15	<1200		
			2.0~2.5	20400~25500							
72ZCⅡ400	230	228	1.0~1.5	13800~20700	4.0	2	72	<15	<1200		
			2.0~2.5	27600~34500							
144ZCⅡ300	340	340	1.0~1.5	20400~30600	3.0	3	144	<15	<1200		
			2.0~2.5	40800~51000							
144ZCⅡ400	450	455	1.0~1.5	27000~40500	4.0	3	144	<15	<1200		
			2.0~2.5	5400~67500							
144ZCⅡ500	570	569	1.0~1.5	34200~51300	5.0	3	144	<15	<1200		
			2.0~2.5	68400~85500							
240ZCⅢ400	760	758	1.0~1.5	45600~68400	4.0	4	240	<15	<1200		
			2.0~2.5	91200~114000							
240ZCⅢ500	950	948	1.0~1.5	57000~85500	5.0	4	240	<15	<1200		
			2.0~2.5	114000~142500							
240ZCⅢ600	1140	1138	1.0~1.5	68400~102600	6.0	4	240	<15	<1200	9-19 No. 5.6A	11

五、插入式除尘器

型号	过滤面积/m^2	处理风量/(m^3/h)	喷吹压力/MPa	喷吹风量/(m^3/h)	风机		滤袋长度/m
					代号	功率/kW	
LCR-4/7	4	700	0.45	4	CF18	1.1	0.7
LCR-6/10	6	1000	0.45	4	CF18	1.5	1.0
LCR-7/7	7	1250	0.45	5	CF19	3	0.7
LCR-8/7	8	1350	0.6	5	CF19	3	0.7
LCR-10/10	10	1750	0.6	7	CF19	3	1.0
LCR-12/10	12	2000	0.6	7	CF19	3	1.0
LCR-14/7	14	2400	0.6	9	CF20	4	0.7
LCR-20/10	20	3500	0.6	9	CF20	4	1.0
LCR-21/7	21	3600	0.6	10	CF20	4	0.7
LCR-30/10	30	5100	0.6	10	CF21	5.5	1.0
LCR-39/10	39	6500	0.6	13	CF26	5.5	1.0

附录十　叶轮式闭风器（供料器）

一、叶轮式闭风器（供料器）性能规格

项　目	TGFY2.8 TGFZ2.8	TGFY4 TGFZ4	TGFY5 TGFZ5	TGFY7 TGFZ7	TGFY9 TGFZ9
容量/L	2.8	4	5	7	9
转速/(r/min)	20~60				
配用功率/kW	0.25~0.55			0.5~0.75	

注：T—粮油通用机械；GF—关风器；Y—叶轮关风器，不带传动机构；Z—组合式叶轮关风器，带传动机构。

二、叶轮式闭风器（供料器）各部分尺寸

单位：mm

型号 No.	叶轮直径	*K*	*B*	*H*	*E*	*L*	*Φ*1	*Φ*2	*Φ*3	*D*	*C*	*M*	*G*	*F*	*N*
2.8	180	130	260	405	235	300	120	170	200	200	140	130	230	210	120
5.0	220	150	300	458	275	338	150	200	230	230	140	160	260	240	150
7.0	250	165	330	498	305	365	170	220	250	250	160	180	285	265	170
9.0	280	185	370	544	325	380	190	240	270	270	190	195	310	2902	190

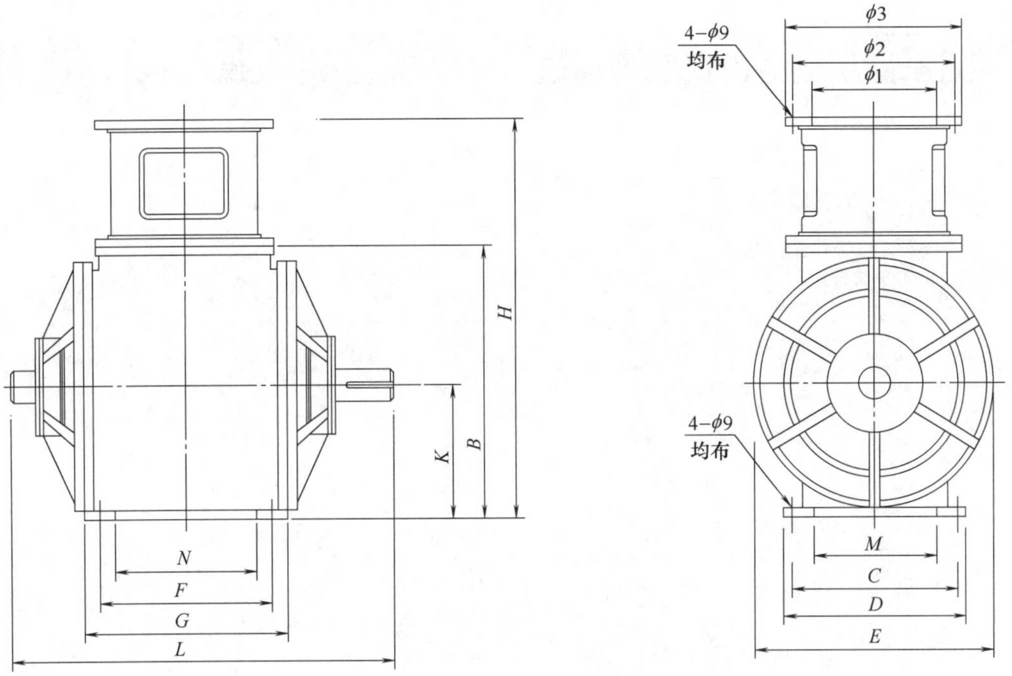

叶轮式闭风器（供料器）外形和各部分尺寸

附录十一　粮食加工厂部分工艺设备（尘源设备）吸风量和阻力

尘源设备		吸风量/（m^3/h）	阻力/Pa	备注
卸粮坑	颗粒料	2000~4500	50~100	
	粉料	1000~3000	50~100	
圆筒初清筛	SCY. 42	240	150	
	SCY. 63	480	150	
	SCY. 80	720	150	
打麦机	DML67×106	300	100~300	
重力分级去石机	TQSF. 63	5000	200~1000	
	TQSF. 80	5000	200~1000	
	TQSF. 100	7500	300~1000	
	TQSF. 125	7500	300~1000	
	TQSF. 160	7500	300~1000	
永磁滚筒	TCSY. 25	300	50~100	
	TCSY. 40	300	50~100	

续表

尘源设备		吸风量/（m^3/h）	阻力/Pa	备注
皮带输送机进料口		300~600	30~200	
斗式提升机		200~800	50~200	
刮板输送机		200~600	30~200	
叠片精选机		600	50	
溜筛		200~400	30~100	
滚筒精选机	FJXG. 60	500	80~250	
	FJXG. 60×2	800	80~250	
	FJXG. 60×3	1000	80~250	
	FJXG. 71×2	900	80~250	
振动筛	TQLZ. 80	3000~3300	300~300	
	TQLZ. 10	4000~4500	300~300	
	TQLZ. 150	6000~7000	300~300	
平面回转筛	TQLM. 63	1800	300~600	
	TQLM. 80	2275	300~600	
	TQLM. 100	2840	300~600	
	TQLM. 125	3550	300~600	

附录十二　气力输送垂直输料管计算表

（1）输送风速 $u_a = 18m/s$，动压 19. 85kg/m^2

D/mm	Q	R	$K_{谷}$	$K_{粗}$	$K_{细}$	$i_{谷粗}$	$i_{细}$
60	183	7. 04	0. 469	0. 103	0. 069	165	179
65	215	6. 39	0. 495	0. 128	0. 086	141	152
70	249	5. 83	0. 524	0. 154	0. 103	121	131
75	286	5. 39	0. 552	0. 180	0. 120	106	115
80	326	4. 96	0. 586	0. 205	0. 137	93	100
85	368	4. 56	0. 604	0. 233	0. 154	82	89
90	412	4. 26	0. 626	0. 251	0. 171	73	79
95	459	3. 98	0. 655	0. 282	0. 188	66	71
100	509	3. 75	0. 685	0. 308	0. 205	59	64
105	561	3. 55	0. 702	0. 334	0. 223	54	58
110	616	3. 33	0. 727	0. 360	0. 240	49	53

续表

D/mm	Q	R	$K_{谷}$	$K_{粗}$	$K_{细}$	$i_{谷粗}$	$i_{细}$
115	673	3. 15	0. 765	0. 385	0. 257	45	48
120	733	2. 99	0. 785	0. 411	0. 274	41	45
125	795	2. 82	0. 805	0. 437	0. 291	38	41
130	860	2. 72	0. 828	0. 462	0. 308	35	38
135	927	2. 58	0. 852	0. 488	0. 325	33	35
140	997	2. 46	0. 874	0. 514	0. 342	30	33
145	1070	2. 36	0. 896	0. 539	0. 360	28	31
150	1145	2. 26	0. 918	0. 565	0. 377	26	29
155	1223	2. 18	0. 939	0. 591	0. 394	25	27
160	1303	2. 08	0. 956	0. 616	0. 411	23	25
170	1472	1. 94	1. 003	0. 668	0. 446	21	22
180	1643	1. 84	1. 048	0. 714	0. 479	18	19
190	1840	1. 73	1. 092	0. 772	0. 514	16	18
200	2038	1. 63	1. 136	0. 823	0. 548	15	16

（2）输送风速 $u_a = 19m/s$，动压 22. 1kg/m^2

D/mm	Q	R	$K_{谷}$	$K_{粗}$	$K_{细}$	$i_{谷粗}$	$i_{细}$
60	193	7. 73	0. 448	0. 092	0. 064	174	188
65	227	7. 04	0. 471	0. 119	0. 080	148	161
70	263	6. 41	0. 500	0. 143	0. 096	128	138
75	302	5. 60	0. 526	0. 167	0. 112	111	121
80	344	5. 41	0. 558	0. 191	0. 127	98	106
85	388	5. 04	0. 577	0. 215	0. 143	88	94
90	435	4. 66	0. 598	0. 239	0. 159	77	84
95	485	4. 40	0. 623	0. 263	0. 175	69	75
100	537	4. 11	0. 646	0. 287	0. 191	63	68
105	592	3. 89	0. 667	0. 311	0. 207	57	61
110	650	3. 67	0. 693	0335	0. 223	52	56
115	711	3. 48	0. 722	0. 358	0. 239	47	51
120	774	3. 29	0. 747	0. 382	0. 255	44	47
125	839	3. 11	0. 767	0. 406	0. 271	40	43
130	908	2. 98	0. 791	0. 430	0. 287	37	40
135	979	2. 86	0. 815	0. 454	0. 303	34	37
140	1053	2. 72	0. 836	0. 478	0. 319	32	35
145	1129	2. 61	0. 856	0. 502	0. 335	30	32
150	1209	2. 50	0. 876	0. 526	0. 351	28	30
155	1291	2. 39	0. 897	0. 550	0. 366	26	28

续表

D/mm	Q	R	$K_{谷}$	$K_{粗}$	$K_{细}$	$i_{谷粗}$	$i_{细}$
160	1376	2. 29	0. 913	0. 574	0. 382	24	26. 5
170	1530	2. 18	0. 857	0. 622	0. 414	22	23. 5
180	1745	2. 03	1. 000	0. 669	0. 447	19	21
190	1942	1. 91	1. 042	0. 717	0. 478	17	18. 8
200	2150	1. 81	1. 083	0. 765	0. 510	26	17

（3）输送风速 u_a = 20m/s，动压 24. 4kg/m^2

D/mm	Q	R	$K_{谷}$	$K_{粗}$	$K_{细}$	$i_{谷粗}$	$i_{细}$
60	204	8. 45	0. 425	0. 089	0. 060	183	198
65	239	7. 64	0. 449	0. 111	0. 074	156	169
70	277	7. 04	0. 476	0. 134	0. 089	135	146
75	318	6. 37	0. 501	0. 156	0. 104	111	127
80	362	5. 91	0. 531	0. 179	0. 11+9	103	112
85	409	5. 45	0. 549	0. 2101	0. 134	91	99
90	458	5. 12	0. 568	0. 223	0. 149	81	88
95	510	4. 81	0. 590	0. 246	0. 164	73	79
100	565	4. 47	0. 615	0. 268	0. 179	66	71
105	623	5. 23	0. 635	0. 290	0. 193	60	65
110	684	3. 98	0. 659	0. 313	0. 208	55	59
115	748	3. 79	0. 685	0. 335	0. 223	50	54
120	814	3. 60	0. 712	0. 357	0. 238	46	50
125	883	3. 42	0. 728	0. 380	0. 253	42	46
130	955	3. 22	0. 751	0. 402	0. 268	39	42
135	1030	3. 12	0. 774	0. 424	0. 283	36	39
140	1108	2. 93	0. 759	0. 447	0. 298	34	36
145	1189	2. 85	0. 814	0. 469	0. 313	31	34
150	1272	2. 69	0. 834	0. 491	0. 328	29	32
155	1359	2. 61	0. 852	0. 514	0. 342	27	30
160	1448	2. 50	0. 868	0. 536	0. 357	26	28
170	1635	2. 39	0. 912	0. 581	0. 387	23	25
180	1837	2. 22	0. 952	0. 626	0. 417	20	22
190	2045	2. 10	0. 993	0. 670	0. 447	18	20
200	2263	1. 98	1. 034	0. 714	0. 477	17	18

（4）输送风速 $u_a=21m/s$，动压 27.0kg/m²

D/mm	Q	R	$K_谷$	$K_粗$	$K_细$	$i_{谷粗}$	$i_细$
60	214	9.23	0.410	0.084	0.056	192	208
65	251	8.34	0.431	0.105	0.070	164	177
70	291	7.61	0.459	0.126	0.084	141	153
75	334	7.01	0.483	0.146	0.098	123	134
80	370	6.46	0.511	0.167	0.112	108	117
85	429	5.96	0.528	0.188	0.126	96	104
90	481	5.61	0.548	0.209	0.139	86	93
95	536	5.19	0.569	0.230	0.153	77	83
100	594	4.87	0.592	0.251	0.167	69	75
105	655	4.59	0.612	0.272	0.181	63	68
110	718	4.37	0.635	0.293	0.195	57	62
115	785	4.11	0.661	0.314	0.209	52	57
120	855	3.94	0.685	0.335	0.223	48	52
125	928	3.72	0.702	0.356	0.237	44	48
130	1003	3.53	0.724	0.377	0.251	41	44
135	1082	3.37	0.746	0.398	0.265	38	41
140	1163	3.24	0.766	0.418	0.279	35	38
145	1248	3.09	0.785	0.439	0.293	33	36
150	1336	2.97	0.803	0.460	0.307	31	33
155	1427	2.86	0.821	0.481	0.321	29	31
160	1520	2.71	0.835	0.502	0.335	27	29
170	1718	2.60	0.877	0.544	0.363	24	26
180	1929	2.43	0.916	0.586	0.391	21	23
190	2145	2.30	0.955	0.628	0.418	19	21
200	2378	2.21	0.994	0.669	0.447	17	19

（5）输送风速 $u_a=22m/s$，动压 29.6kg/m²

D/mm	Q	R	$K_谷$	$K_粗$	$K_细$	$i_{谷粗}$	$i_细$
60	224	10.07	0.396	0.079	0.052	207	218
65	263	9.12	0.417	0.098	0.066	172	186
70	305	8.29	0.440	0.118	0.077	148	160
75	350	7.61	0.464	0.138	0.092	12 * 9	140
80	398	7.02	0.493	0.157	0.105	123	123
85	449	6.49	0.510	0.177	0.118	100	109
90	504	6.04	0.528	0.197	0.131	90	97
95	561	5.63	0.548	0.216	0.144	80	87
100	622	5.32	0.572	0.236	0.157	73	79

续表

D/mm	Q	R	$K_{谷}$	$K_{粗}$	$K_{细}$	$i_{谷粗}$	$i_{细}$
105	686	5. 01	0. 590	0. 256	0. 170	66	71
110	753	4. 74	0. 613	0. 275	0. 184	60	65
115	821	4. 47	0. 637	0. 295	0. 200	55	59
120	896	4. 24	0. 661	0. 315	0. 210	50	55
125	972	4. 09	0. 678	0. 334	0. 223	46	50
130	1051	3. 85	0. 699	0. 354	0. 236	43	46
135	1133	3. 70	0. 720	0. 374	0. 249	40	43
140	1219	3. 50	0. 739	0. 393	0. 262	37	40
145	1308	3. 35	0. 757	0. 413	0. 275	34	37
150	1400	3. 23	0. 775	0. 432	0. 288	32	35
155	1495	3. 11	0. 793	0. 452	0. 302	30	33
160	1593	2. 93	0. 806	0. 472	0. 315	28	31
170	1800	2. 81	0. 848	0. 512	0. 341	25	27
180	2020	2. 64	0. 885	0. 551	0. 367	22	24
190	2247	2. 49	0. 922	0. 591	0. 394	20	22
200	2490	2. 38	0. 960	0. 630	0. 419	18	20

（6）输送风速 $u_a = 23m/s$，动压 32. 4kg/m^2

D/mm	Q	R	$K_{谷}$	$K_{粗}$	$K_{细}$	$i_{谷粗}$	$i_{细}$
60	234	10. 94	0. 385	0. 074	0. 049	211	228
65	275	9. 88	0. 407	0. 093	0. 062	180	194
70	319	9. 00	0. 436	0. 112	0. 074	155	168
75	367	8. 23	0. 453	0. 130	0. 087	135	146
80	416	7. 61	0. 480	0. 148	0. 098	119	128
85	470	7. 06	0. 496	0. 167	0. 110	105	114
90	527	6. 54	0. 514	0. 185	0. 124	94	101
95	587	6. 15	0. 537	0. 204	0. 136	84	91
100	650	5. 67	0. 561	0. 223	0. 148	76	82
105	717	5. 41	0. 575	0. 241	0. 161	69	74
110	770	5. 05	0. 596	0. 260	0. 173	63	68
115	860	4. 79	0. 620	0. 278	0. 185	57	62
120	936	4. 57	0. 644	0. 297	0. 198	53	57
125	1016	4. 31	0. 657	0. 315	0. 210	49	52
130	1099	4. 14	0. 678	0. 334	0. 223	45	49
135	1185	4. 02	0. 698	0. 352	0. 235	42	45
140	1274	3. 79	0. 718	0. 371	0. 247	39	42
145	1367	3. 63	0. 736	0. 389	0. 260	36	39

续表

D/mm	Q	R	$K_{谷}$	$K_{粗}$	$K_{细}$	$i_{谷粗}$	$i_{细}$
150	1463	3. 47	0. 753	0. 408	0. 272	34	37
155	1562	3. 30	0. 771	0. 426	0. 284	32	34
160	1665	3. 21	0. 785	0. 445	0. 300	30	32
170	1881	2. 96	0. 820	0. 479	0. 319	26	28
180	2109	2. 76	0. 860	0. 515	0. 344	23	25
190	2350	2. 58	0. 890	0. 552	0. 368	21	23
200	2604	2. 42	0. 930	0. 589	0. 393	19	20

（7）输送风速 $u_a = 24$m/s，动压 35. 3kg/m^2

D/mm	Q	R	$K_{谷}$	$K_{粗}$	$K_{细}$	$i_{谷粗}$	$i_{细}$
60	244	11. 71	0. 375	0. 070	0. 047	220	238
65	287	10. 58	0. 396	0. 088	0. 058	188	203
70	333	9. 81	0. 420	0. 105	0. 070	162	175
75	382	8. 89	0. 440	0. 123	0. 081	141	152
80	434	8. 26	0. 467	0. 140	0. 093	124	134
85	490	7. 55	0. 482	0. 158	0. 105	111	119
90	550	7. 06	0. 500	0. 175	0. 117	98	106
95	612	6. 63	0. 519	0. 193	0. 128	88	95
100	679	6. 17	0. 539	0. 210	0. 140	79	86
105	748	5. 82	0. 558	0. 228	0. 152	72	78
110	821	5. 43	0. 580	0. 245	0. 164	66	71
115	898	5. 22	0. 604	0. 263	0. 175	60	65
120	977	4. 94	0. 627	0. 280	0. 187	55	60
125	1060	4. 66	0. 641	0. 299	0. 199	51	55
130	1147	4. 48	0. 661	0. 315	0. 210	47	51
135	1236	4. 23	0. 680	0. 333	0. 222	43	47
140	1330	4. 09	0. 698	0. 350	0. 234	40	44
145	1426	3. 92	0. 714	0. 368	0. 245	38	42
150	1527	3. 78	0. 731	0. 385	0. 257	35	38
155	1630	3. 60	0. 749	0. 403	0. 269	33	36
160	1738	3. 46	0. 763	0. 420	0. 280	31	34
170	1985	3. 17	0. 800	0. 451	0. 301	27	30
180	2193	2. 95	0. 830	0. 486	0. 324	24	26
190	2454	2. 78	0. 860	0. 520	0. 347	22	24
200	2716	2. 58	0. 890	0. 555	0. 370	20	21

（8）输送风速 $u_a = 25m/s$，动压 38. 3kg/m²

D/mm	Q	R	$K_{谷}$	$K_{粗}$	$K_{细}$	$i_{谷粗}$	$i_{细}$
60	254	12. 62	0. 367	0. 064	0. 044	229	248
65	299	11. 40	0. 384	0. 083	0. 053	195	210
70	346	10. 40	0. 411	0. 097	0. 064	168	182
75	398	9. 56	0. 437	0. 116	0. 074	147	159
80	452	8. 80	0. 457	0. 135	0. 089	129	139
85	511	8. 11	0. 473	0. 149	0. 099	114	124
90	573	7. 65	0. 490	0. 166	0. 111	102	110
95	638	7. 03	0. 507	0. 183	0. 122	91	99
100	707	6. 58	0. 527	0. 199	0. 133	83	89
105	779	6. 20	0. 545	0. 216	0. 144	75	81
110	855	5. 85	0. 567	0. 232	0. 155	68	74
115	935	5. 55	0. 591	0. 249	0. 166	62	63
120	1018	5. 32	0. 613	0. 266	0. 177	57	62
125	1104	5. 01	0. 628	0. 282	0. 188	53	57
130	1194	4. 78	0. 647	0. 299	0. 199	49	53
135	1288	4. 59	0. 666	0. 315	0. 210	45	49
140	1385	4. 36	0. 684	0. 332	0. 221	42	46
145	1486	4. 21	0. 701	0. 348	0. 232	39	42
150	1590	4. 02	0. 718	0. 365	0. 243	37	40
155	1698	3. 90	0. 734	0. 382	0. 255	34	37
160	1810	3. 75	0. 747	0. 398	0. 266	32	35
170	2043	3. 16	0. 780	0. 427	0. 284	28	31
180	2290	2. 94	0. 810	0. 464	0. 306	25	28
190	2552	2. 75	0. 840	0. 493	0. 328	23	25
200	2830	2. 57	0. 870	0. 525	0. 349	21	22

参考文献

[1] 马中飞. 工业通风与防尘 [M]. 北京：化学工业出版社，2007.

[2] 杜广生. 工程流体力学 [M]. 北京：中国电力出版社，2005.

[3] 朱天乐. 室内空气污染控制 [M]. 北京：化学工业出版社，2003.

[4] A. C. 霍夫曼，L. E. 斯坦因. 旋风分离器 [M]. 彭维明，译. 北京：化学工业出版社，2004.

[5] 周世辉. 气体中颗粒的分离 [M]. 北京：化学工业出版社，1991.

[6] 谭天佑. 工业通风除尘技术 [M]. 北京：中国建筑工业出版社，1984.

[7] 吴小胜，黄晓鹏. 计算流体力学基础 [M]. 北京：北京理工大学出版社，2021.

[8] 张殿印，王纯. 除尘工程设计手册 [M]. 北京：化学工业出版社，2003.

[9] 李诗久，周晓君. 气力输送理论与应用 [M]. 北京：机械工业出版社，1992.

[10] 蔡增基，龙天渝. 流体力学泵与风机 [M]. 北京：中国建筑工业出版社，1999.

[11] 谢洪勇，刘志军. 粉体力学与工程 [M]. 2 版. 北京：化学工业出版社，2007.

[12] 袁竹林，朱立平，耿凡. 气固两相流动与数值模拟 [M]. 南京：东南大学出版社，2013.

[13] 无锡轻工业学院，郑州粮食学院. 通风除尘与气力输送 [M]. 北京：中国财政经济出版社，1984.

[14] 阮少明. 粉粒体的气力输送 [M]. 北京：电力工业出版社，1982.

[15] 余洲生. 气力输送及其应用 [M]. 北京：人民交通出版社，1989.

[16] 佟庆理. 两相流动理论基础 [M]. 北京：冶金工业出版社，1982.

[17] 戴干策. 化工流体力学 [M]. 北京：化学工业出版社，1988.

[18] 郭烈锦. 两相与多相流动力学 [M]. 西安：西安交通大学出版社，2002.

[19] 孙一坚，沈恒根. 工业通风 [M]. 4 版. 北京：中国建筑工业出版社，1985.

[20] 上滝具贞著. 粉粒体的空气输送 [M]. 阮少明，译. 北京：电力工业出版社，1982.

[21] 利光裕. 工业通风设计手册 [M]. 北京：中国建筑工业出版社，1987.

[22] 夏泰淳. 工程流体力学 [M]. 上海：上海交通大学出版社，2006.

[23] 胡传鼎. 通风除尘设备设计手册 [M]. 北京：化学工业出版社，2003.

[24] 周乃如，朱凤德. 气力输送原理与设计计算 [M]. 郑州：河南科技出版社，1981.

[25] 刘国勇. 流体力学数值方法 [M]. 北京：冶金工业出版社，2016.

[26] 吴建章. 谷物清理中粉尘的捕捉方式研究 [J]. 粮食与饲料工业，2006 (8)：15-16.

[27] 江梅，张国宁. 国家大气污染物排放标准体系研究 [J]. 环境科学，2012，33 (12)：4417-4421.

[28] 张殿印，张学义. 除尘技术手册 [M]. 北京：冶金工业出版社，2002.

[29] 张政，谢灼利. 流体-固体两相流的数值模拟 [J]. 化工学报，2001 (1)：1-12.

[30] 袁竹林，徐益谦. 从软、硬球模型探讨颗粒自转对流化状态的影响 [J]. 工程热物理

学报，2001，22（3）：363-366.
［31］ 李伟锋，刘海峰，龚欣．工程流体力学［M］．2 版．上海：华东理工大学出版社，2016.
［32］ 王维，李佑楚．颗粒流体两相流模型研究进展［J］．化学进展，2000（2）：208-217.
［33］ Tomás Norton，Da-Wen Sun. Computational fluid dynamics（CFD）- an effective and efficient design and analysis tool for the food industry：A review［J］. Trends in Food Science & Technology，2006，17（11）：600-620.
［34］ A. McLay. Computational Fluid Dynamics：the Basics with Applications［J］. The Aeronautical Journal，1996，100（998）：365-365.
［35］ Jiang，Kun，et al. Research progress of industrial application based on two-phase flow system of supercritical carbon dioxide and particles［J］. Powder Technology，2022：117621.
［36］ Zhou，Lianyong，and Yongzhi Zhao. CFD-DEM simulation of fluidized bed with an immersed tube using a coarse-grain model［J］. Chemical engineering science 231，2021：116290.
［37］ Versteeg H K，Malalasekera W. An introduction to computational fluid dynamics：the finite volume method［M］. Pearson education，2007.
［38］ Ferziger J H，Perić M，Street R L. Computational methods for fluid dynamics［M］. Berlin：springer，2002.
［39］ Patankar S. Numerical heat transfer and fluid flow［M］. Taylor & Francis，2018.
［40］ Guo Y，Curtis J S. Discrete element method simulations for complex granular flows［J］. Annual Review of Fluid Mechanics，2015，47：21-46.
［41］ Date A W. Introduction to computational fluid dynamics［M］. Cambridge university press，2005.
［42］ Hirsch C. Numerical computation of internal and external flows：The fundamentals of computational fluid dynamics［M］. Elsevier，2007.
［43］ Blazek J. Computational fluid dynamics：principles and applications［M］. Butterworth-Heinemann，2015.
［44］ Hsu C J. Numerical heat transfer and fluid flow［M］. 1981.
［45］ Sharma A. Introduction to computational fluid dynamics：development，application and analysis［M］. Springer Nature，2021.
［46］ Lomax H，Pulliam T H，Zingg D W，et al. Fundamentals of computational fluid dynamics［M］. Berlin：Springer，2001.
［47］ Tu J，Yeoh G H，Liu C. Computational fluid dynamics：a practical approach［M］. Butterworth-Heinemann，2018.
［48］ Kleinstreuer，Cl. Two-phase flow：theory and applications［M］. CRC Press，2003.
［49］ Peng，Zhengbiao，Elham Doroodchi，and Geoffrey Evans. DEM simulation of aggregation of suspended nanoparticles［J］. Powder Technology 204. 1，2010：91-102.
［50］ Peker，Sümer M.，and Serife S. Helvaci. Solid-liquid two phase flow［M］. Elsevier，2011.
［51］ Wright，Stuart F.，Ivan Zadrazil，and Christos N. Markides. A review of solid-fluid selection options for optical-based measurements in single-phase liquid，two-phase liquid-liquid and multiphase solid-liquid flows［J］. Experiments in Fluids 58，2017：1-39.